高等学校教材

# 数学分析讲义

## 第六版（下册）

刘玉琏 傅沛仁 刘伟 林玎 编

高等教育出版社·北京

内容提要

本书分上、下两册，是在第五版的基础上修订而成的。 在内容和体例上未作较大变动。 知识内容稍有扩充，涉及的方面很广。 增加了反常重积分的内容及少量的说明性文字，使内容更加完善，并适当补充了数字资源（以图标 ▦ 示意）。 下册内容包括：级数、多元函数微分学、隐函数、反常积分与含参变量的积分、重积分、曲线积分与曲面积分等。

本书阐述细致，范例较多，便于自学，可作为高等师范学校本科教材。

图书在版编目（CIP）数据

数学分析讲义. 下册 / 刘玉琏等编. -- 6 版. -- 北京 : 高等教育出版社, 2019.4（2021.4 重印）
　ISBN 978-7-04-051263-2

Ⅰ. ①数⋯ Ⅱ. ①刘⋯ Ⅲ. ①数学分析-高等学校-教材 Ⅳ. ①O17

中国版本图书馆 CIP 数据核字（2019）第 011967 号

项目策划　李艳馥　李　蕊　兰莹莹
策划编辑　李　蕊　　　责任编辑　张晓丽　　　封面设计　王凌波　　　版式设计　马　云
插图绘制　于　博　　　责任校对　高　歌　　　责任印制　刁　毅

| | | | |
|---|---|---|---|
| 出版发行 | 高等教育出版社 | 网　　址 | http://www.hep.edu.cn |
| 社　　址 | 北京市西城区德外大街 4 号 | | http://www.hep.com.cn |
| 邮政编码 | 100120 | 网上订购 | http://www.hepmall.com.cn |
| 印　　刷 | 山东韵杰文化科技有限公司 | | http://www.hepmall.com |
| 开　　本 | 787mm×1092mm　1/16 | | http://www.hepmall.cn |
| 印　　张 | 20.75 | 版　　次 | 1966 年 3 月第 1 版 |
| 字　　数 | 470 千字 | | 2019 年 4 月第 6 版 |
| 购书热线 | 010-58581118 | 印　　次 | 2021 年 4 月第 3 次印刷 |
| 咨询电话 | 400-810-0598 | 定　　价 | 40.30 元 |

# 数学分析讲义

## 第六版（下册）

刘玉琏 傅沛仁 刘伟 林玎 编

1. 计算机访问http://abook.hep.com.cn/1255302，或手机扫描二维码、下载并安装 Abook 应用。
2. 注册并登录，进入"我的课程"。
3. 输入封底数字课程账号（20位密码，刮开涂层可见），或通过 Abook 应用扫描封底数字课程账号二维码，完成课程绑定。
4. 单击"进入课程"按钮，开始本数字课程的学习。

课程绑定后一年为数字课程使用有效期。受硬件限制，部分内容无法在手机端显示，请按提示通过计算机访问学习。

如有使用问题，请发邮件至 abook@hep.com.cn。

扫描二维码
下载 Abook 应用

数学分析简史（上）

数学分析简史（下）

http://abook.hep.com.cn/1255302

# 目录

# 第九章

# 级 数

级数分为数项级数与函数项级数.函数项级数是表示函数,特别是表示非初等函数的一个重要的数学工具.例如,有的微分方程的解不是初等函数,但其解却可表示为函数项级数.函数项级数又是研究函数(初等函数与非初等函数)性质的一个重要手段.因此,函数项级数在自然科学、工程技术和数学本身都有广泛的应用.数项级数是函数项级数的特殊情况,它又是函数项级数的基础.本章首先讨论数项级数的基本理论.

## §9.1 数 项 级 数

### 一、收敛与发散概念

设有数列 $\{u_n\}$,即

$$u_1,u_2,u_3,\cdots,u_n,\cdots. \tag{1}$$

将数列(1)的项依次用加号连接起来,即

$$u_1+u_2+u_3+\cdots+u_n+\cdots \quad 或 \quad \sum_{n=1}^{\infty}u_n, \tag{2}$$

称为**数项级数**,简称**级数**,其中 $u_n$ 称为级数(2)的**第 $n$ 项**或**通项**.

级数(2)是无限多个数的和.我们只会计算有限个数的和,不仅不会计算无限多个数的和,甚至都不知道何谓无限多个数的和.因此,级数(2)只是一种形式,也是一个符号,它尚没有具体的意义.无限多个数的和是一个未知的新概念.这个新概念不是孤立的,它与我们已知的有限个数的和联系着.不难想到,由有限个数的和转化到"无限多个数的和"应借助极限这个工具来实现.

设级数(2)前 $n$ 项的和是 $S_n$,即

$$S_n=u_1+u_2+\cdots+u_n \quad 或 \quad S_n=\sum_{k=1}^{n}u_k,$$

称为级数(2)的 $n$ 项**部分和**.显然,对给定级数(2),其任意 $n$ 项部分和 $S_n$ 都是已知的.于是,级数(2)对应着一个已知的部分和数列 $\{S_n\}$.

**定义** 若级数(2)的部分和数列 $\{S_n\}$ 收敛,设

$$\lim_{n\to\infty}S_n=S \quad 或 \quad \lim_{n\to\infty}\sum_{k=1}^{n}u_k=S,$$

则称级数(2)**收敛**,$S$ 是级数(2)的**和**,记为

$$S = \sum_{n=1}^{\infty} u_n = u_1 + u_2 + u_3 + \cdots + u_n + \cdots.$$

若部分和数列 $\{S_n\}$ **发散**,则称级数(2)**发散**.

**定义**　若级数 $\sum_{n=1}^{\infty} u_n$ 收敛,其和是 $S$,而 $S - S_n$ 记为 $r_n$,即

$$r_n = S - S_n = \sum_{k=1}^{\infty} u_k - \sum_{k=1}^{n} u_k = u_{n+1} + u_{n+2} + \cdots,$$

称为收敛级数 $\sum_{n=1}^{\infty} u_n$ 的 $n$ **项余和**,简称**余和**.显然,级数收敛,总有

$$\lim_{n \to \infty} r_n = \lim_{n \to \infty} (S - S_n) = 0.$$

由此可见,级数的敛散性(收敛与发散)是借助于它的部分和数列的敛散性定义的.反之,数列的敛散性也可归结为级数的敛散性.事实上,设有数列 $\{S_n\}$.令

$$a_1 = S_1, a_2 = S_2 - S_1, \cdots, a_n = S_n - S_{n-1}, \cdots.$$

显然,

$$S_n = S_1 + (S_2 - S_1) + \cdots + (S_n - S_{n-1}) = a_1 + a_2 + \cdots + a_n = \sum_{k=1}^{n} a_k,$$

即数列 $\{S_n\}$ 的敛散性可归结为级数 $\sum_{n=1}^{\infty} a_n$ 的敛散性.

因此,研究收敛级数及其和只不过是研究收敛数列及其极限的一种新形式.因为级数是有限和的推广,有鲜明的直观性,所以,这种新形式不是收敛数列及其极限的简单重复,它使我们处理不同形式的极限具有更大的灵活性,并提供了新的数学工具.

**例 1**　讨论几何级数

$$\sum_{n=1}^{\infty} ar^{n-1} = a + ar + ar^2 + \cdots + ar^{n-1} + \cdots$$

的敛散性,其中 $a \neq 0$, $r$ 是公比.

**解**　1) 当 $|r| \neq 1$ 时,已知几何级数的 $n$ 项部分和

$$S_n = a + ar + \cdots + ar^{n-1} = \frac{a - ar^n}{1 - r}. \text{①}$$

当 $|r| < 1$ 时,存在极限,且

$$\lim_{n \to \infty} S_n = \lim_{n \to \infty} \frac{a - ar^n}{1 - r} = \frac{a}{1 - r}.$$

因此,当 $|r| < 1$ 时,几何级数收敛,其和是 $\dfrac{a}{1-r}$,即

$$\sum_{n=1}^{\infty} ar^{n-1} = \frac{a}{1 - r}.$$

当 $|r| > 1$ 时,不存在极限,且

---

①　见 §2.1 例3,当 $|r| < 1$ 时, $\lim\limits_{n \to \infty} r^n = 0$.

$$\lim_{n \to \infty} S_n = \lim_{n \to \infty} \frac{a - ar^n}{1 - r} = \infty.$$

因此,当$|r| > 1$时,几何级数发散.

2) 当$|r| = 1$时,有两种情况:

当$r = 1$时,几何级数是$(a \neq 0)$

$$a + a + a + \cdots + a + \cdots.$$

$$S_n = \underbrace{a + a + \cdots + a}_{n\text{个}} = na,$$

$$\lim_{n \to \infty} S_n = \lim_{n \to \infty} na = \infty,$$

即部分和数列$\{S_n\}$发散.

当$r = -1$时,几何级数是

$$a - a + a - a + \cdots + (-1)^{n-1} a + \cdots.$$

$$S_n = \begin{cases} 0, & n \text{ 是偶数}, \\ a, & n \text{ 是奇数}, \end{cases}$$

即部分和数列$\{S_n\}$发散.

于是,当$|r| = 1$时,几何级数发散.

综上所述,几何级数$\sum\limits_{n=1}^{\infty} ar^{n-1}$,当$|r| < 1$时收敛,其和是$\dfrac{a}{1-r}$;当$|r| \geqslant 1$时发散.

**例 2**　证明级数

$$\frac{1}{1 \cdot 6} + \frac{1}{6 \cdot 11} + \frac{1}{11 \cdot 16} + \cdots + \frac{1}{(5n-4)(5n+1)} + \cdots$$

收敛,并求其和.

**证明**　通项$u_n$可改写为

$$u_n = \frac{1}{(5n-4)(5n+1)} = \frac{1}{5}\left(\frac{1}{5n-4} - \frac{1}{5n+1}\right).$$

级数的$n$项部分和

$$S_n = \left[ \frac{1}{1 \cdot 6} + \frac{1}{6 \cdot 11} + \cdots + \frac{1}{(5n-4)(5n+1)} \right]$$

$$= \frac{1}{5}\left[ \left(1 - \frac{1}{6}\right) + \left(\frac{1}{6} - \frac{1}{11}\right) + \cdots + \left(\frac{1}{5n-4} - \frac{1}{5n+1}\right) \right]$$

$$= \frac{1}{5}\left(1 - \frac{1}{5n+1}\right).$$

$$\lim_{n \to \infty} S_n = \lim_{n \to \infty} \frac{1}{5}\left(1 - \frac{1}{5n+1}\right) = \frac{1}{5}.$$

于是,级数收敛,其和是$\dfrac{1}{5}$,即

$$\sum_{n=1}^{\infty} \frac{1}{(5n-4)(5n+1)} = \frac{1}{5}.$$

**例 3**　证明调和级数

$$\sum_{n=1}^{\infty} \frac{1}{n} = 1 + \frac{1}{2} + \frac{1}{3} + \cdots + \frac{1}{n} + \cdots$$

发散.

**证明** 设调和级数 $\sum\limits_{n=1}^{\infty}\dfrac{1}{n}$ 的 $n$ 项部分和是 $S_n$,即

$$S_n = 1 + \frac{1}{2} + \frac{1}{3} + \cdots + \frac{1}{n}.$$

由 §2.2 例 11,已知数列 $\{S_n\}$ 发散,从而,调和级数发散.

**注** 由上册 §2.2 例 11 知

$$\lim_{n\to\infty}\left(1 + \frac{1}{2} + \cdots + \frac{1}{n} - \ln n\right) = c \quad (\text{欧拉常数}).$$

或

$$\lim_{n\to\infty}\frac{1 + \dfrac{1}{2} + \cdots + \dfrac{1}{n}}{\ln n} = 1.$$

即当 $n\to\infty$ 时,调和级数的部分和 $S_n = 1 + \dfrac{1}{2} + \cdots + \dfrac{1}{n}$ 与 $\ln n$ 是等价无穷大,即部分和 $S_n$ 发散到正无穷大的速度与 $\ln n$ 发散的速度相当.欧拉曾计算过

$$S_{1\,000} = 7.48\cdots, \quad S_{1\,000\,000} = 14.39\cdots, \quad \cdots.$$

## 二、收敛级数的性质

级数研究的基本问题之一是寻求判别级数敛散性的方法.因为级数 $\sum\limits_{n=1}^{\infty}u_n$ 的收敛与它的部分和数列 $\{S_n\}$ 的收敛是等价的,所以部分和数列 $\{S_n\}$ 收敛的充分必要条件也就是级数 $\sum\limits_{n=1}^{\infty}u_n$ 收敛的充分必要条件.已知数列 $\{S_n\}$ 的柯西收敛准则:

数列 $\{S_n\}$ 收敛 $\Longleftrightarrow \forall \varepsilon > 0, \exists N \in \mathbf{N}_+, \forall n > N, \forall p \in \mathbf{N}_+,$ 有 $|S_{n+p} - S_n| < \varepsilon$.

设 $S_n$ 是级数 $\sum\limits_{n=1}^{\infty}u_n$ 的 $n$ 项部分和,有

$$S_{n+p} - S_n = u_{n+1} + u_{n+2} + \cdots + u_{n+p}.$$

于是,有下面级数的柯西收敛准则.

**定理 1(柯西收敛准则)** 级数 $\sum\limits_{n=1}^{\infty}u_n$ 收敛 $\Longleftrightarrow \forall \varepsilon > 0, \exists N \in \mathbf{N}_+, \forall n > N, \forall p \in \mathbf{N}_+,$ 有 $|u_{n+1} + u_{n+2} + \cdots + u_{n+p}| < \varepsilon$.

柯西收敛准则在理论上十分重要,但用它来判别一个具体级数的敛散性,却往往很麻烦,甚至很困难.

根据定理 1 的必要性,若级数 $\sum\limits_{n=1}^{\infty}u_n$ 收敛,即 $\forall \varepsilon > 0, \exists N \in \mathbf{N}_+, \forall n > N,$ 取 $p = 1$,有 $|u_{n+1}| < \varepsilon$.于是,有

**推论 1** 若级数 $\sum\limits_{n=1}^{\infty}u_n$ 收敛,则 $\lim\limits_{n\to\infty}u_n = 0$.

推论 1 的等价命题是,若 $\lim\limits_{n \to \infty} u_n \neq 0$,则级数 $\sum\limits_{n=1}^{\infty} u_n$ 发散.

例如,级数

$$\frac{1}{101} + \frac{2}{201} + \frac{3}{301} + \cdots + \frac{n}{100n+1} + \cdots.$$

因为 $\lim\limits_{n \to \infty} u_n = \lim\limits_{n \to \infty} \frac{n}{100n+1} = \frac{1}{100} \neq 0$,所以级数 $\sum\limits_{n=1}^{\infty} \frac{n}{100n+1}$ 发散.

**注** $\lim\limits_{n \to \infty} u_n = 0$ 仅是级数 $\sum\limits_{n=1}^{\infty} u_n$ 收敛的必要条件,而不是充分条件,即当 $\lim\limits_{n \to \infty} u_n = 0$ 时,级数 $\sum\limits_{n=1}^{\infty} u_n$ 也可能发散.例如,调和级数(见例 3)

$$1 + \frac{1}{2} + \frac{1}{3} + \cdots + \frac{1}{n} + \cdots,$$

有 $\lim\limits_{n \to \infty} u_n = \lim\limits_{n \to \infty} \frac{1}{n} = 0$,而调和级数 $\sum\limits_{n=1}^{\infty} \frac{1}{n}$ 却是发散的.

**注** 级数 $\sum\limits_{n=1}^{\infty} u_n$ 收敛不仅要求级数一般项 $u_n$ 趋近于 0,还要求 $u_n$ 趋近于 0 的速度比调和级数 $\sum\limits_{n=1}^{\infty} \frac{1}{n}$ 的一般项 $\frac{1}{n}$ 趋近于 0 的速度快才行.

定理 1 指出,级数 $\sum\limits_{n=1}^{\infty} u_n$ 收敛等价于级数 $\sum\limits_{n=1}^{\infty} u_n$ 的充分远(即 $n>N$)的任意片段(即 $\forall p \in \mathbf{N}_+, u_{n+1}+u_{n+2}+\cdots+u_{n+p}$)的绝对值可以任意小.由此可见,级数 $\sum\limits_{n=1}^{\infty} u_n$ 的敛散性仅与级数充分远的任意片段有关,而与级数 $\sum\limits_{n=1}^{\infty} u_n$ 前面有限项无关.于是,又有

**推论 2** 去掉、增添或改变级数 $\sum\limits_{n=1}^{\infty} u_n$ 的有限项,不改变级数 $\sum\limits_{n=1}^{\infty} u_n$ 的敛散性.

例如,去掉发散级数 $\sum\limits_{n=1}^{\infty} \frac{1}{n}$ 的前面 100 项,新级数

$$\sum_{n=101}^{\infty} \frac{1}{n} = \frac{1}{101} + \frac{1}{102} + \cdots + \frac{1}{100+m} + \cdots$$

仍是发散的.

根据数列极限运算定理可得级数运算定理.

**定理 2** 若级数 $\sum\limits_{n=1}^{\infty} u_n$ 收敛,其和是 $S$,则级数

$$\sum_{n=1}^{\infty} c u_n = c u_1 + c u_2 + \cdots + c u_n + \cdots$$

也收敛,其和是 $cS$,其中 $c$ 是非零常数.

**证明** 设级数 $\sum\limits_{n=1}^{\infty} u_n$ 与 $\sum\limits_{n=1}^{\infty} c u_n$ 的 $n$ 项部分和分别是 $S_n$ 与 $\sigma_n$,有

$$\sigma_n = cu_1 + cu_2 + \cdots + cu_n = c(u_1 + u_2 + \cdots + u_n) = cS_n.$$

已知 $\lim\limits_{n\to\infty} S_n = S$，有

$$\lim_{n\to\infty} \sigma_n = \lim_{n\to\infty} cS_n = cS,$$

即级数 $\sum\limits_{n=1}^{\infty} cu_n$ 收敛，其和是 $cS$.

定理 2 的结果可改写为

$$\sum_{n=1}^{\infty} cu_n = cS = c\sum_{n=1}^{\infty} u_n,$$

即收敛级数(无限个数的和)满足数(非零)的分配律.

**定理 3** 若级数 $\sum\limits_{n=1}^{\infty} u_n$ 收敛，其和是 $S$，则不改变级数每项的位置，按原有的顺序将某些项结合在一起，构成的新级数

$$(u_1 + \cdots + u_{n_1}) + (u_{n_1+1} + \cdots + u_{n_2}) + \cdots + (u_{n_{k-1}+1} + \cdots + u_{n_k}) + \cdots ① \qquad (3)$$

也收敛，其和也是 $S$.

**证明** 设级数 $\sum\limits_{n=1}^{\infty} u_n$ 的 $n$ 项部分和是 $S_n$，新级数(3)的 $k$ 项部分和是 $\sigma_k$，有

$$\sigma_k = (u_1 + \cdots + u_{n_1}) + (u_{n_1+1} + \cdots + u_{n_2}) + \cdots + (u_{n_{k-1}+1} + \cdots + u_{n_k})$$
$$= u_1 + u_2 + \cdots + u_{n_k} = S_{n_k},$$

即新级数(3)的部分和数列 $\{\sigma_k\}$ 是级数 $\sum\limits_{n=1}^{\infty} u_n$ 的部分和数列 $\{S_n\}$ 的子数列.根据 §2.2 定理 9,已知 $\lim\limits_{n\to\infty} S_n = S$,则 $\lim\limits_{k\to\infty} \sigma_k = S$.于是,新级数(3)收敛,其和也是 $S$.

定理 3 告诉我们,像有限和一样,对任何一个收敛级数的项与项之间不改变次序任意加括号,不会改变级数的收敛性,也不改变它的和,即收敛级数满足结合律.

**注** 对有限和来说,不但能随意加括号,而且可以随意去掉括号.但在级数中就不能随便去掉(无限多个)括号.例如,级数

$$(1-1) + (1-1) + \cdots + (1-1) + \cdots$$

收敛于 0,但去掉括号之后的级数

$$1 - 1 + 1 - 1 + \cdots + 1 - 1 + \cdots$$

却是发散的.通俗地说,收敛级数的项与项之间可以任意加括号,但不能任意去掉括号.

这个命题的逆否命题也常用到,即

**推论** 若把级数 $\sum\limits_{n=1}^{\infty} a_n$ 中的项不改变次序加括号后所得到的级数发散,则原级数 $\sum\limits_{n=1}^{\infty} a_n$ 也发散.

例如,对于级数

$$\frac{1}{\sqrt{2}-1} - \frac{1}{\sqrt{2}+1} + \frac{1}{\sqrt{3}-1} - \frac{1}{\sqrt{3}+1} + \cdots + \frac{1}{\sqrt{n}-1} - \frac{1}{\sqrt{n}+1} + \cdots,$$

---

① 每个括号内的和数作为新级数的一项,新级数的第 $k$ 项是 $(u_{n_{k-1}+1} + \cdots + u_{n_k})$.

判定它的敛散性,并非十分明显.如果不改变次序加括号成为

$$\sum_{n=2}^{\infty}\left(\frac{1}{\sqrt{n}-1}-\frac{1}{\sqrt{n}+1}\right)=\sum_{n=2}^{\infty}\frac{2}{n-1},$$

这是调和级数,是发散级数,所以原级数发散.

**定理 4**　若级数(3)中在同一括号中的项都有相同的符号,则从(3)的收敛便能推出原级数 $\sum_{n=1}^{\infty}u_n$ 收敛,而且二者有相同的和.

**证明**　设(3)的部分和为

$$A_1,A_2,\cdots,A_k,\cdots,$$

并设 $\lim\limits_{k\to\infty}A_k=S$. 因为(3)的括号中的项都同号,所以当 $n$ 由 $n_{k-1}$ 到 $n_k$ 时,相应的原级数的部分和 $S_n$ 将单调地在 $A_{k-1}$ 和 $A_k$ 之间变动,即

$$A_{k-1}\leqslant S_n\leqslant A_k \quad 或 \quad A_k\leqslant S_n\leqslant A_{k-1} \quad (n_{k-1}<n\leqslant n_k).$$

当 $n\to+\infty$ 时,有 $k\to+\infty$,而 $\lim\limits_{k\to+\infty}A_k=\lim\limits_{k\to+\infty}A_{k-1}=S$,从而有

$$\lim_{n\to\infty}S_n=S.$$

**定理 5**　若级数 $\sum_{n=1}^{\infty}u_n$ 与 $\sum_{n=1}^{\infty}v_n$ 都收敛,其和分别是 $A$ 与 $B$,则级数

$$\sum_{n=1}^{\infty}(u_n\pm v_n)=(u_1\pm v_1)+(u_2\pm v_2)+\cdots+(u_n\pm v_n)+\cdots$$

也收敛,其和是 $A\pm B$.

**证明**　设级数 $\sum_{n=1}^{\infty}u_n$,$\sum_{n=1}^{\infty}v_n$ 与 $\sum_{n=1}^{\infty}(u_n\pm v_n)$ 的 $n$ 项部分和分别是 $A_n$,$B_n$ 与 $C_n$,有

$$C_n=\sum_{k=1}^{n}(u_k\pm v_k)=(u_1\pm v_1)+(u_2\pm v_2)+\cdots+(u_n\pm v_n)$$

$$=(u_1+u_2+\cdots+u_n)\pm(v_1+v_2+\cdots+v_n)=A_n\pm B_n.$$

已知 $\lim\limits_{n\to\infty}A_n=A$ 与 $\lim\limits_{n\to\infty}B_n=B$,有

$$\lim_{n\to\infty}C_n=\lim_{n\to\infty}A_n\pm\lim_{n\to\infty}B_n=A\pm B,$$

即级数 $\sum_{n=1}^{\infty}(u_n\pm v_n)$ 收敛,其和是 $A\pm B$.

# 练习题 9.1(一)

1. 求下列级数的和:

1) $\sum_{n=1}^{\infty}\dfrac{1}{n(n+1)}$;

2) $\sum_{n=1}^{\infty}\dfrac{1}{(2n-1)(2n+1)}$;

3) $\sum_{n=1}^{\infty}\dfrac{n}{(n+1)(n+2)(n+3)}$;

4) $\sum_{n=1}^{\infty}\dfrac{2n-1}{2^n}$.

2. 证明:若 $m$ 是固定的正整数,有

$$\sum_{n=1}^{\infty} \frac{1}{n(n+m)} = \frac{1}{m}\left(1 + \frac{1}{2} + \cdots + \frac{1}{m}\right).$$

3. 证明:若 $\lim\limits_{n\to\infty} na_n = a > 0$,则级数 $\sum\limits_{n=1}^{\infty} a_n$ 发散.

4. 证明:若级数 $\sum\limits_{n=1}^{\infty} a_n (a_n \geqslant 0)$ 收敛,则级数 $\sum\limits_{n=1}^{\infty} a_n^2$ 也收敛.反之是否成立?

5. 证明:若 $\{a_n\}$ 是整数数列,且 $0 \leqslant a_n \leqslant 9$,则级数 $\sum\limits_{n=1}^{\infty} a_n 10^{-n}$ 收敛,其和是 $0.a_1 a_2 \cdots a_n \cdots$.

6. 证明:若级数 $\sum\limits_{n=1}^{\infty} a_n$ 与 $\sum\limits_{n=1}^{\infty} b_n$ 收敛,且

$$a_n \leqslant c_n \leqslant b_n, \quad n = 1, 2, \cdots,$$

则级数 $\sum\limits_{n=1}^{\infty} c_n$ 也收敛.(提示:应用级数的柯西收敛准则.)

7. 证明:若级数 $\sum\limits_{n=1}^{\infty} a_n$ 收敛,级数 $\sum\limits_{n=1}^{\infty} b_n$ 发散,则级数 $\sum\limits_{n=1}^{\infty} (a_n + b_n)$ 发散.

8. 证明:若级数 $\sum\limits_{k=1}^{\infty} a_{2k-1}$ 与 $\sum\limits_{k=1}^{\infty} a_{2k}$ 都收敛,则级数 $\sum\limits_{n=1}^{\infty} a_n$ 收敛.

&ast; &ast; &ast; &ast; &ast; &ast; &ast; &ast;

9. 证明:若级数 $\sum\limits_{n=1}^{\infty} (a_{2n-1} + a_{2n})$ 收敛,且 $\lim\limits_{n\to\infty} a_n = 0$,则级数 $\sum\limits_{n=1}^{\infty} a_n$ 收敛.(提示:证明级数 $\sum\limits_{n=1}^{\infty} a_n$ 的部分和数列 $\{S_n\}$ 的两个子数列 $\{S_{2n}\}$ 与 $\{S_{2n-1}\}$ 有相同的极限.)

10. 证明:若数列 $\{na_n\}$ 收敛,且级数 $\sum\limits_{n=1}^{\infty} n(a_n - a_{n-1})$ 收敛,则级数 $\sum\limits_{n=1}^{\infty} a_n$ 也收敛.

11. 证明:若 $a_1 \geqslant a_2 \geqslant \cdots \geqslant a_n \geqslant \cdots \geqslant 0$,且级数 $\sum\limits_{n=1}^{\infty} a_n$ 收敛,则

$$\lim_{n\to\infty} na_n = 0.$$

12. 证明:若将级数 $\sum\limits_{n=1}^{\infty} a_n$ 的依次若干项结合得到的新级数 $\sum\limits_{k=1}^{\infty} A_k$ 收敛,其中 $A_k = a_{n_{k-1}+1} + \cdots + a_{n_k}$,且 $A_k$ 的项有相同的符号,则原级数 $\sum\limits_{n=1}^{\infty} a_n$ 收敛,且两个收敛级数的和相等.

## 三、同号级数

给了一个无穷级数,究竟怎样判别它的敛散性呢? 在收敛的情况下,怎样求出它的和呢? 这两个问题都是不容易解决的,本段将讨论一类特殊的同号级数的敛散性问题.

同号级数是指级数

$$u_1 + u_2 + u_3 + \cdots + u_n + \cdots$$

的每一项 $u_n$ 的符号都是非负或都是非正.若 $u_n \geqslant 0 (n = 1, 2, \cdots)$,称级数 $\sum\limits_{n=1}^{\infty} u_n$ 是**正项级数**;若 $u_n \leqslant 0 (n = 1, 2, \cdots)$,称级数 $\sum\limits_{n=1}^{\infty} u_n$ 是**负项级数**.

将负项级数的每项乘以 $-1$,负项级数就变成了正项级数,根据定理 2,负项级数与正项级数具有相同的敛散性.于是,讨论负项级数的敛散性可以归结为讨论正项级数的敛散性.因此,下面只讨论正项级数的敛散性及其敛散性的判别法.

若级数 $\displaystyle\sum_{n=1}^{\infty} u_n$ 是正项级数,则此级数的部分和数列 $\{S_n\}$ 单调增加,即

$$S_1 \leqslant S_2 \leqslant \cdots \leqslant S_n \leqslant \cdots.$$

根据 §2.2 公理,有判别正项级数收敛性的定理:

**定理 6** 正项级数 $\displaystyle\sum_{n=1}^{\infty} u_n$ 收敛 $\Longleftrightarrow$ 它的部分和数列 $\{S_n\}$ 有上界.

定理 6 是判别正项级数敛散性最基本的方法. 几乎所有其他的判别法都是由它导出的.

**例 4** 证明:正项级数

$$\sum_{n=0}^{\infty} \frac{1}{n!} = 1 + \frac{1}{1!} + \frac{1}{2!} + \cdots + \frac{1}{n!} + \cdots$$

收敛.

**证明** 已知

$$\frac{1}{n!} = \frac{1}{1 \cdot 2 \cdot 3 \cdot \cdots \cdot n} \leqslant \frac{1}{\underbrace{1 \cdot 2 \cdot 2 \cdot \cdots \cdot 2}_{n-1\text{个}}} = \frac{1}{2^{n-1}}, \quad n = 1, 2, \cdots.$$

从而,$\forall n \in \mathbf{N}_+$,有

$$S_n = 1 + \frac{1}{1!} + \frac{1}{2!} + \frac{1}{3!} + \cdots + \frac{1}{n!} \leqslant 1 + 1 + \frac{1}{2} + \frac{1}{2^2} + \cdots + \frac{1}{2^{n-1}} = 1 + \frac{1 - \dfrac{1}{2^n}}{1 - \dfrac{1}{2}} = 3 - \frac{1}{2^{n-1}} < 3,$$

即部分和数列 $\{S_n\}$ 有上界,则正项级数 $\displaystyle\sum_{n=0}^{\infty} \frac{1}{n!}$ 收敛.

从上例看到,判别正项级数的敛散性,先将其通项与某个已知的正项级数的通项进行比较,再应用定理 6 可判别其敛散性. 于是,有下面的正项级数比较判别法:

**定理 7(比较判别法)** 有两个正项级数 $\displaystyle\sum_{n=1}^{\infty} u_n$ 与 $\displaystyle\sum_{n=1}^{\infty} v_n$,且 $\exists N \in \mathbf{N}_+$,$\forall n \geqslant N$,有 $u_n \leqslant c v_n$,$c$ 是正常数.

1)若级数 $\displaystyle\sum_{n=1}^{\infty} v_n$ 收敛,则级数 $\displaystyle\sum_{n=1}^{\infty} u_n$ 也收敛;

2)若级数 $\displaystyle\sum_{n=1}^{\infty} u_n$ 发散,则级数 $\displaystyle\sum_{n=1}^{\infty} v_n$ 也发散.

**证明** 根据定理 1 的推论 2,改变级数前面有限项并不改变级数的敛散性. 因此,不妨设 $\forall n \in \mathbf{N}_+$,有 $u_n \leqslant c v_n$.

设级数 $\displaystyle\sum_{n=1}^{\infty} u_n$ 与 $\displaystyle\sum_{n=1}^{\infty} v_n$ 的 $n$ 项部分和分别是 $A_n$ 与 $B_n$,由上述不等式,有

$$A_n = u_1 + u_2 + \cdots + u_n \leqslant c v_1 + c v_2 + \cdots + c v_n = c(v_1 + v_2 + \cdots + v_n) = c B_n.$$

1)若级数 $\displaystyle\sum_{n=1}^{\infty} v_n$ 收敛,根据定理 6,数列 $\{B_n\}$ 有上界,从而数列 $\{A_n\}$ 也有上界,级

数 $\displaystyle\sum_{n=1}^{\infty} u_n$ 收敛.

2）若级数 $\displaystyle\sum_{n=1}^{\infty} u_n$ 发散,根据定理6,数列 $\{A_n\}$ 无上界,从而数列 $\{B_n\}$ 也无上界,级

数 $\displaystyle\sum_{n=1}^{\infty} v_n$ 发散.

**例5** 讨论正项级数

$$\sum_{n=1}^{\infty} \frac{1}{n^p} = 1 + \frac{1}{2^p} + \frac{1}{3^p} + \cdots + \frac{1}{n^p} + \cdots$$

的敛散性,其中 $p$ 是任意实数.此级数称为**广义调和级数**,或 **$p$ 级数**.

**解** 广义调和级数的敛散性与数 $p$ 有关,下面分三种情况讨论:

1）当 $p=1$ 时,广义调和级数就是调和级数 $\displaystyle\sum_{n=1}^{\infty} \frac{1}{n}$,已知调和级数发散,即广义调

和级数发散.

2）当 $p<1$ 时,$\forall n \in \mathbf{N}_+$,有

$$\frac{1}{n^p} \geqslant \frac{1}{n}.$$

已知调和级数 $\displaystyle\sum_{n=1}^{\infty} \frac{1}{n}$ 发散,根据定理7,当 $p<1$ 时,广义调和级数也发散.

3）当 $p>1$ 时,由练习题6.1第9题的5）,$\forall n \geqslant 2$,有

$$\frac{1}{n^p} < \frac{1}{p-1}\left[\frac{1}{(n-1)^{p-1}} - \frac{1}{n^{p-1}}\right].$$

于是,$\forall n \in \mathbf{N}_+$,有

$$S_n = 1 + \frac{1}{2^p} + \frac{1}{3^p} + \cdots + \frac{1}{n^p}$$

$$< 1 + \frac{1}{p-1}\left(\frac{1}{1^{p-1}} - \frac{1}{2^{p-1}}\right) + \frac{1}{p-1}\left(\frac{1}{2^{p-1}} - \frac{1}{3^{p-1}}\right) + \cdots + \frac{1}{p-1}\left[\frac{1}{(n-1)^{p-1}} - \frac{1}{n^{p-1}}\right]$$

$$= 1 + \frac{1}{p-1}\left[\frac{1}{1^{p-1}} - \frac{1}{2^{p-1}} + \frac{1}{2^{p-1}} - \frac{1}{3^{p-1}} + \cdots + \frac{1}{(n-1)^{p-1}} - \frac{1}{n^{p-1}}\right]$$

$$= 1 + \frac{1}{p-1}\left(1 - \frac{1}{n^{p-1}}\right) < 1 + \frac{1}{p-1} = \frac{p}{p-1},$$

即广义调和级数的部分和数列 $\{S_n\}$ 有上界,从而广义调和级数收敛.

综上所述,广义调和级数 $\displaystyle\sum_{n=1}^{\infty} \frac{1}{n^p}$,当 $p \leqslant 1$ 时发散,当 $p>1$ 时收敛.

**例6** 判别下列正项级数的敛散性:

1）$\displaystyle\sum_{n=1}^{\infty} \frac{1}{\sqrt{n(n^2+1)}}$;　　　2）$\displaystyle\sum_{n=2}^{\infty} \frac{1}{\sqrt[3]{n^2-1}}$.

**解** 1) $\dfrac{1}{\sqrt{n(n^2+1)}} < \dfrac{1}{\sqrt{n(n^2+0)}} = \dfrac{1}{n^{\frac{3}{2}}}$. 已知广义调和级数 $\displaystyle\sum_{n=1}^{\infty} \dfrac{1}{n^{\frac{3}{2}}} \left(p=\dfrac{3}{2}>1\right)$ 收敛,根

据定理 7,级数 $\displaystyle\sum_{n=1}^{\infty} \dfrac{1}{\sqrt{n(n^2+1)}}$ 也收敛.

2) $\dfrac{1}{\sqrt[3]{n^2-1}} > \dfrac{1}{\sqrt[3]{n^2}} = \dfrac{1}{n^{\frac{2}{3}}}$. 已知广义调和级数 $\displaystyle\sum_{n=2}^{\infty} \dfrac{1}{n^{\frac{2}{3}}} \left(p=\dfrac{2}{3}<1\right)$ 发散,根据定理 7,级

数 $\displaystyle\sum_{n=2}^{\infty} \dfrac{1}{\sqrt[3]{n^2-1}}$ 也发散.

**例 7** 证明级数 $\displaystyle\sum_{n=1}^{\infty} \left[\dfrac{1}{n} - \ln\left(1+\dfrac{1}{n}\right)\right]$ 收敛.

**证明** 已知不等式

$$\ln(1+x) < x, \quad x \neq 0, -1 < x < +\infty.$$

由此得

$$\ln\dfrac{n+1}{n} = \ln\left(1+\dfrac{1}{n}\right) < \dfrac{1}{n},$$

同时

$$\ln\dfrac{n+1}{n} = -\ln\dfrac{n}{n+1} = -\ln\left(1-\dfrac{1}{n+1}\right) > \dfrac{1}{n+1}.$$

于是,有

$$0 < \dfrac{1}{n} - \ln\left(1+\dfrac{1}{n}\right) < \dfrac{1}{n} - \dfrac{1}{n+1} = \dfrac{1}{n(n+1)} < \dfrac{1}{n^2}.$$

已知级数 $\displaystyle\sum_{n=1}^{\infty} \dfrac{1}{n^2}$ 收敛,故原级数收敛.设它的和为 $c$,即

$$\lim_{n\to\infty} \sum_{k=1}^{n} \left[\dfrac{1}{k} - \ln\left(1+\dfrac{1}{k}\right)\right] = c.$$

易知

$$\sum_{k=1}^{n} \ln\left(1+\dfrac{1}{k}\right) = \sum_{k=1}^{n} \ln\dfrac{k+1}{k} = \ln(n+1).$$

$$\ln(n+1) - \ln n = \ln\left(1+\dfrac{1}{n}\right) \to 0 \quad (n\to+\infty),$$

由此得到我们已知的重要公式

$$\lim_{n\to\infty}\left(1 + \dfrac{1}{2} + \dfrac{1}{3} + \cdots + \dfrac{1}{n} - \ln n\right) = c.$$

其中 $c$ 就是欧拉常数.这就是 §2.2 的例 11.

使用比较判别法,有时运用不等式比较困难,它的极限形式在实际应用中常常更为方便.见下面的推论:

**推论(极限形式)** 有两个正项级数 $\displaystyle\sum_{n=1}^{\infty} u_n$ 与 $\displaystyle\sum_{n=1}^{\infty} v_n (v_n \neq 0)$,且 $\displaystyle\lim_{n\to\infty} \dfrac{u_n}{v_n} = k \ (0 \leqslant k \leqslant +\infty)$.

1）若级数 $\sum\limits_{n=1}^{\infty} v_n$ 收敛,且 $0 \leqslant k < +\infty$,则级数 $\sum\limits_{n=1}^{\infty} u_n$ 也收敛;

2）若级数 $\sum\limits_{n=1}^{\infty} v_n$ 发散,且 $0 < k \leqslant +\infty$,则级数 $\sum\limits_{n=1}^{\infty} u_n$ 也发散.

**证明** 1）若级数 $\sum\limits_{n=1}^{\infty} v_n$ 收敛,且 $0 \leqslant k < +\infty$,由已知条件,$\exists \varepsilon_0 > 0$,$\exists N \in \mathbf{N}_+$,$\forall n \geqslant N$,有

$$\left| \frac{u_n}{v_n} - k \right| < \varepsilon_0 \qquad \text{或} \qquad \frac{u_n}{v_n} < k + \varepsilon_0,$$

即 $\forall n \geqslant N$,有 $u_n < (k + \varepsilon_0) v_n$,根据定理7,级数 $\sum\limits_{n=1}^{\infty} u_n$ 也收敛.

2）若级数 $\sum\limits_{n=1}^{\infty} v_n$ 发散,且 $0 < k < +\infty$,由已知条件,$\exists \varepsilon_0 (0 < \varepsilon_0 < k)$,$\exists N \in \mathbf{N}_+$,$\forall n \geqslant N$,有

$$\left| \frac{u_n}{v_n} - k \right| < \varepsilon_0 \qquad \text{或} \qquad k - \varepsilon_0 < \frac{u_n}{v_n} \quad (k - \varepsilon_0 > 0),$$

即 $\forall n \geqslant N$,有 $v_n < \dfrac{1}{k - \varepsilon_0} u_n$,根据定理7,级数 $\sum\limits_{n=1}^{\infty} u_n$ 也发散.

若级数 $\sum\limits_{n=1}^{\infty} v_n$ 发散,且 $k = +\infty$,由已知条件,$\exists M > 0$,$\exists N \in \mathbf{N}_+$,$\forall n \geqslant N$,有 $\dfrac{u_n}{v_n} > M$,

即 $\exists N \in \mathbf{N}_+$,$\forall n \geqslant N$,有 $v_n < \dfrac{1}{M} u_n$,根据定理7,级数 $\sum\limits_{n=1}^{\infty} u_n$ 也发散.

**例8** 判别下列正项级数的敛散性:

1）$\sum\limits_{n=1}^{\infty} \dfrac{1}{n \cdot n!}$; 2）$\sum\limits_{n=1}^{\infty} \ln\left(1 + \dfrac{1}{n}\right)$.

**解** 1）取 $v_n = \dfrac{1}{n!}$,有

$$\lim_{n \to \infty} \frac{\dfrac{1}{n \cdot n!}}{\dfrac{1}{n!}} = \lim_{n \to \infty} \frac{1}{n} = 0,$$

已知级数 $\sum\limits_{n=1}^{\infty} \dfrac{1}{n!}$ 收敛（见例4）,根据定理7的推论,级数 $\sum\limits_{n=1}^{\infty} \dfrac{1}{n \cdot n!}$ 也收敛.

2）取 $v_n = \dfrac{1}{n}$,有

$$\lim_{n \to \infty} \frac{\ln\left(1 + \dfrac{1}{n}\right)}{\dfrac{1}{n}} = \lim_{n \to \infty} \ln\left(1 + \dfrac{1}{n}\right)^n = 1,$$

已知调和级数 $\sum\limits_{n=1}^{\infty} \dfrac{1}{n}$ 发散,根据定理 7 的推论,级数 $\sum\limits_{n=1}^{\infty} \ln\left(1 + \dfrac{1}{n}\right)$ 也发散.

应用正项级数的比较判别法不仅能直接判别某些正项级数的敛散性,还能导出下面比较简便的正项级数敛散性的判别法:

**定理 8(柯西判别法)** 有正项级数 $\sum\limits_{n=1}^{\infty} u_n$.

1) 若 $\exists N \in \mathbf{N}_+, \forall n \geq N$,有

$$\sqrt[n]{u_n} \leq q(\text{常数}) < 1,$$

则级数 $\sum\limits_{n=1}^{\infty} u_n$ 收敛.

2) 若存在无限个 $n$,有

$$\sqrt[n]{u_n} \geq 1,$$

则级数 $\sum\limits_{n=1}^{\infty} u_n$ 发散.

**证明** 1) 已知 $\exists N \in \mathbf{N}_+, \forall n \geq N$,有

$$\sqrt[n]{u_n} \leq q \quad \text{或} \quad u_n \leq q^n.$$

又已知几何级数 $\sum\limits_{n=0}^{\infty} q^n (0 \leq q < 1)$ 收敛,于是级数 $\sum\limits_{n=1}^{\infty} u_n$ 收敛.

2) 已知存在无限个 $n$,有

$$\sqrt[n]{u_n} \geq 1 \quad \text{或} \quad u_n \geq 1,$$

即 $u_n$ 不趋近于 $0(n \to \infty)$,于是级数 $\sum\limits_{n=1}^{\infty} u_n$ 发散.

**推论(极限形式)** 有正项级数 $\sum\limits_{n=1}^{\infty} u_n$,若 $\lim\limits_{n \to \infty} \sqrt[n]{u_n} = l$,则

1) 当 $l < 1$ 时,级数 $\sum\limits_{n=1}^{\infty} u_n$ 收敛;

2) 当 $l > 1$ 时,级数 $\sum\limits_{n=1}^{\infty} u_n$ 发散.

**证明** 1) $\exists q(l < q < 1)$,由数列极限定义,$\exists \varepsilon_0 = q - l > 0, \exists N \in \mathbf{N}_+, \forall n \geq N$,有

$$|\sqrt[n]{u_n} - l| < q - l \quad \text{或} \quad \sqrt[n]{u_n} < q < 1.$$

根据定理 8,级数 $\sum\limits_{n=1}^{\infty} u_n$ 收敛.

2) 已知 $l > 1$,根据数列极限的保号性,$\exists N \in \mathbf{N}_+, \forall n \geq N$,有

$$\sqrt[n]{u_n} > 1.$$

根据定理 8,级数 $\sum\limits_{n=1}^{\infty} u_n$ 发散.

**例 9** 判别下列正项级数的敛散性:

1) $\sum\limits_{n=1}^{\infty} \left(\dfrac{n}{2n+1}\right)^n$;    2) $\sum\limits_{n=2}^{\infty} \dfrac{1}{\ln^n n}$;    3) $\sum\limits_{n=1}^{\infty} \dfrac{2^n}{3^{\ln n}}$.

**解**　1）$\lim\limits_{n\to\infty}\sqrt[n]{u_n}=\lim\limits_{n\to\infty}\sqrt[n]{\left(\dfrac{n}{2n+1}\right)^n}=\lim\limits_{n\to\infty}\dfrac{n}{2n+1}=\dfrac{1}{2}<1$，级数 $\sum\limits_{n=1}^{\infty}\left(\dfrac{n}{2n+1}\right)^n$ 收敛.

2）$\lim\limits_{n\to\infty}\sqrt[n]{u_n}=\lim\limits_{n\to\infty}\sqrt[n]{\dfrac{1}{\ln^n n}}=\lim\limits_{n\to\infty}\dfrac{1}{\ln n}=0<1$，级数 $\sum\limits_{n=2}^{\infty}\dfrac{1}{\ln^n n}$ 收敛.

3）$\lim\limits_{n\to\infty}\sqrt[n]{u_n}=\lim\limits_{n\to\infty}\sqrt[n]{\dfrac{2^n}{3^{\ln n}}}=\lim\limits_{n\to\infty}\dfrac{2}{3^{\frac{\ln n}{n}}}=\dfrac{2}{3^0}=2>1$，级数 $\sum\limits_{n=1}^{\infty}\dfrac{2^n}{3^{\ln n}}$ 发散.

**定理 9（达朗贝尔①判别法）**　有正项级数 $\sum\limits_{n=1}^{\infty}u_n$.

1）若 $\exists N\in\mathbf{N}_+,\forall n\geqslant N$，有

$$\frac{u_{n+1}}{u_n}\leqslant q(\text{常数})<1,$$

则级数 $\sum\limits_{n=1}^{\infty}u_n$ 收敛.

2）若 $\exists N\in\mathbf{N}_+,\forall n\geqslant N$，有

$$\frac{u_{n+1}}{u_n}\geqslant 1,$$

则级数 $\sum\limits_{n=1}^{\infty}u_n$ 发散.

**证明**　1）不妨设 $\forall n\in\mathbf{N}_+$，有

$$\frac{u_{n+1}}{u_n}\leqslant q\qquad\text{或}\qquad u_{n+1}\leqslant u_nq.$$

$$n=1：u_2\leqslant u_1q,$$

$$n=2：u_3\leqslant u_2q\leqslant u_1q^2,$$

$$n=3：u_4\leqslant u_3q\leqslant u_1q^3,$$

$$\cdots\cdots\cdots\cdots$$

$$n=k：u_{k+1}\leqslant u_kq\leqslant u_1q^k,$$

$$\cdots\cdots\cdots\cdots$$

已知几何级数 $\sum\limits_{k=1}^{\infty}u_1q^k(0<q<1)$ 收敛，根据定理 7，则级数 $\sum\limits_{n=1}^{\infty}u_n$ 收敛.

2）已知 $\exists N\in\mathbf{N}_+,\forall n\geqslant N$，有

$$\frac{u_{n+1}}{u_n}\geqslant 1\qquad\text{或}\qquad u_{n+1}\geqslant u_n,$$

即正数数列 $\{u_n\}$ 从 $N$ 项以后单调增加，$u_n$ 不趋近于 $0(n\to\infty)$，则级数 $\sum\limits_{n=1}^{\infty}u_n$ 发散.

**推论（极限形式）**　有正项级数 $\sum\limits_{n=1}^{\infty}u_n$，且 $\lim\limits_{n\to\infty}\dfrac{u_{n+1}}{u_n}=l$.则

---

①　达朗贝尔（d'Alembert，1717—1783），法国数学家.

1）当 $l<1$ 时, 级数 $\sum\limits_{n=1}^{\infty} u_n$ 收敛;

2）当 $l>1$ 时, 级数 $\sum\limits_{n=1}^{\infty} u_n$ 发散.

**证明**　1）$\exists q(l<q<1)$, 由数列极限定义, $\exists \varepsilon_0 = q-l>0$, $\exists N \in \mathbf{N}_+$, $\forall n>N$, 有

$$\left| \frac{u_{n+1}}{u_n} - l \right| < q-l \qquad 或 \qquad \frac{u_{n+1}}{u_n} < q < 1.$$

根据定理 9, 级数 $\sum\limits_{n=1}^{\infty} u_n$ 收敛.

2）已知 $l>1$, 根据数列极限的保号性, $\exists N \in \mathbf{N}_+$, $\forall n \geq N$, 有

$$\frac{u_{n+1}}{u_n} > 1.$$

根据定理 9, 级数 $\sum\limits_{n=1}^{\infty} u_n$ 发散.

**例 10**　判别下列正项级数的敛散性:

1）$\sum\limits_{n=1}^{\infty} \frac{n}{2^{n-1}}$;　　　　2）$\sum\limits_{n=1}^{\infty} \frac{n!}{n^n}$;　　　　3）$\sum\limits_{n=1}^{\infty} \frac{5^n}{n^5}$.

**解**　1）$\lim\limits_{n\to\infty} \frac{u_{n+1}}{u_n} = \lim\limits_{n\to\infty} \frac{n+1}{2^n} \Big/ \frac{n}{2^{n-1}} = \lim\limits_{n\to\infty} \frac{1}{2} \frac{n+1}{n} = \frac{1}{2} < 1$, 级数 $\sum\limits_{n=1}^{\infty} \frac{n}{2^{n-1}}$ 收敛.

2）$\lim\limits_{n\to\infty} \frac{u_{n+1}}{u_n} = \lim\limits_{n\to\infty} \frac{(n+1)!}{(n+1)^{n+1}} \Big/ \frac{n!}{n^n} = \lim\limits_{n\to\infty} \left( \frac{n}{n+1} \right)^n = \lim\limits_{n\to\infty} \frac{1}{\left(1+\dfrac{1}{n}\right)^n} = \frac{1}{e} < 1$,

级数 $\sum\limits_{n=1}^{\infty} \frac{n!}{n^n}$ 收敛.

3）$\lim\limits_{n\to\infty} \frac{u_{n+1}}{u_n} = \lim\limits_{n\to\infty} \frac{5^{n+1}}{(n+1)^5} \Big/ \frac{5^n}{n^5} = \lim\limits_{n\to\infty} 5 \left( \frac{n}{n+1} \right)^5 = 5 > 1$, 级数 $\sum\limits_{n=1}^{\infty} \frac{5^n}{n^5}$ 发散.

当 $\lim\limits_{n\to\infty} \sqrt[n]{u_n} = 1$ 或 $\lim\limits_{n\to\infty} \frac{u_{n+1}}{u_n} = 1$ 时, 级数 $\sum\limits_{n=1}^{\infty} u_n$ 可能收敛也可能发散. 例如, 级数 $\sum\limits_{n=1}^{\infty} \frac{1}{n^p}$, 有

$$\lim\limits_{n\to\infty} \sqrt[n]{u_n} = \lim\limits_{n\to\infty} \sqrt[n]{\frac{1}{n^p}} = \lim\limits_{n\to\infty} \frac{1}{(\sqrt[n]{n})^p} = 1.$$

$$\lim\limits_{n\to\infty} \frac{u_{n+1}}{u_n} = \lim\limits_{n\to\infty} \frac{1}{(n+1)^p} \Big/ \frac{1}{n^p} = \lim\limits_{n\to\infty} \left( \frac{n}{n+1} \right)^p = 1.$$

而级数 $\sum\limits_{n=1}^{\infty} \frac{1}{n^p}$, 当 $p>1$ 时收敛; 当 $p \leq 1$ 时发散.

**注**　达朗贝尔判别法和柯西判别法都是以比较判别法(定理 7)为基础, 以几何级数 $\sum\limits_{n=1}^{\infty} q^{n-1}$ 为尺度比较得到的. 当极限 $\lim\limits_{n\to\infty} \frac{u_{n+1}}{u_n} = 1$ 或 $\lim\limits_{n\to\infty} \sqrt[n]{u_n} = 1$ 时, 这两个判别法都失

效了.但是柯西判别法比达朗贝尔判别法适用的范围稍广些.例如,判别正项级数 $\sum\limits_{n=1}^{\infty}\dfrac{2+(-1)^n}{2^n}$ 的敛散性,用柯西判别法,设 $a_n=\dfrac{2+(-1)^n}{2^n}$,当 $n=2m$ 时,有 $\sqrt[2m]{a_{2m}}=$

$\sqrt[2m]{\dfrac{3}{2^{2m}}}\to\dfrac{1}{2}(m\to+\infty)$;当 $n=2m+1$ 时,有 $\sqrt[2m+1]{a_{2m+1}}=\sqrt[2m+1]{\dfrac{1}{2^{2m+1}}}=\dfrac{1}{2}\to\dfrac{1}{2}(m\to\infty)$.由此推

出,$\lim\limits_{n\to\infty}\sqrt[n]{a_n}=\dfrac{1}{2}$.根据柯西判别法,级数收敛.若应用达朗贝尔判别法,有

$$\lim_{m\to\infty}\frac{a_{2m}}{a_{2m-1}}=\lim_{m\to\infty}\frac{\dfrac{3}{2^{2m}}}{\dfrac{1}{2^{2m-1}}}=\lim_{m\to\infty}\frac{3}{2}=\frac{3}{2},$$

$$\lim_{m\to\infty}\frac{a_{2m+1}}{a_{2m}}=\lim_{m\to\infty}\frac{\dfrac{1}{2^{2m+1}}}{\dfrac{3}{2^{2m}}}=\lim_{m\to\infty}\frac{1}{6}=\frac{1}{6}.$$

因此用达朗贝尔判别法不能判别此正项级数的收敛性.此例说明,这两个判别法是不等效的,而柯西判别法略优于达朗贝尔判别法.虽然在理论上,柯西判别法优于达朗贝尔判别法,但是在实际应用上,前者涉及开方运算,而后者只涉及除法运算,所以从实用来说,后者比较简单、易算.理论上可以证明,用达朗贝尔判别法能判别敛散性的正项级数一定也能用柯西判别法判别其敛散性.总的来说,这两个判别法适用的范围都不宽.为什么用柯西判别法和达朗贝尔判别法连常见的正项级数 $\sum\limits_{n=1}^{\infty}\dfrac{1}{n}$ 与 $\sum\limits_{n=1}^{\infty}\dfrac{1}{n^2}$ 的敛

散性都不能判别呢?原因是这两个判别法都是与几何级数 $\sum\limits_{n=1}^{\infty}q^n$ 的敛散性比较得到的,因此这两个判别法只能判别比几何级数收敛快或发散快的正项级数.这里所说的

正项级数 $\sum\limits_{n=1}^{\infty}a_n$ 比 $\sum\limits_{n=1}^{\infty}b_n$ 收敛快是指 $\lim\limits_{n\to\infty}\dfrac{a_n}{b_n}=0$,发散快是指 $\lim\limits_{n\to\infty}\dfrac{a_n}{b_n}=+\infty$.

为了扩大比较判别法的使用范围,必须寻找更精细的、比几何级数收敛更慢或发散更慢的正项级数,作为比较的尺度.首先我们选择的是广义调和级数 $\sum\limits_{n=1}^{\infty}\dfrac{1}{n^p}(p>1$ 收

敛,$p\leqslant1$ 发散)作为比较的尺度,广义调和级数 $\sum\limits_{n=1}^{\infty}\dfrac{1}{n^p}$ 与几何级数 $\sum\limits_{n=1}^{\infty}q^n$ 比较可知

$$\lim_{n\to\infty}\frac{q^n}{\dfrac{1}{n^p}}=\begin{cases}0, & 0<q<1,p>1,\\ +\infty, & q\geqslant1,p\leqslant1.\end{cases}$$

当 $0<q<1,p>1$ 时,当 $n\to\infty$ 时,$\{q^n\}$ 与 $\left\{\dfrac{1}{n^p}\right\}$ 都是无穷小,而 $\{q^n\}$ 是 $\left\{\dfrac{1}{n^p}\right\}$ 的高阶无穷小,

即 $q^n\to0$ 的速度比 $\dfrac{1}{n^p}\to0$ 的速度快,或说,广义调和级数 $\sum\limits_{n=1}^{\infty}\dfrac{1}{n^p}$ 比几何级数 $\sum\limits_{n=1}^{\infty}q^n$ 收敛

得慢;当 $q \geqslant 1$, $p \leqslant 1$ 时,广义调和级数 $\sum\limits_{n=1}^{\infty} \dfrac{1}{n^p}$ 比几何级数 $\sum\limits_{n=1}^{\infty} q^n$ 发散得慢.

这样,以广义调和级数作为尺度,又可建立一套判别法,如拉比判别法等,同样,寻找到比广义调和级数收敛慢和发散慢的正项级数 $\sum\limits_{n=2}^{\infty} \dfrac{1}{n\ln^p n}$($p>1$ 收敛,$p \leqslant 1$ 发散),又可建立相应的一套判别法,等等.本书就不讨论了,有兴趣的读者可参考理论性较严谨的数学分析教材.

但人们已发现,任何一个收敛或发散的正项级数,总能构造出比它收敛更慢或发散更慢的正项级数.因此,在正项级数中不存在"收敛最慢"或"发散最慢"的正项级数.于是,建立能判别一切正项级数敛散性的"万能"判别法是不可能的.对我们来说,上面介绍的这些判别法对于常见的正项级数也就够用了.

## 四、变号级数

若级数 $\sum\limits_{n=1}^{\infty} u_n$ 既有无限多项是正数,又有无限多项是负数,则称此级数 $\sum\limits_{n=1}^{\infty} u_n$ 是**变号级数**.

例如,级数的项依次有一项正两项负,即
$$u_1 + (-u_2) + (-u_3) + u_4 + (-u_5) + (-u_6) + u_7 + (-u_8) + (-u_9) + \cdots \quad (u_n > 0),$$
是变号级数.为书写简便,将这个变号级数写为
$$u_1 - u_2 - u_3 + u_4 - u_5 - u_6 + u_7 - u_8 - u_9 + \cdots \quad (u_n > 0).$$

特别地,级数的项依次是正数与负数相间,即
$$u_1 - u_2 + u_3 - u_4 + \cdots + u_{2k-1} - u_{2k} + \cdots \quad (u_n > 0),$$
称为**交错级数**.判别交错级数的收敛性有下面的判别法:

**定理 10(莱布尼茨判别法)** 有交错级数 $\sum\limits_{n=1}^{\infty} (-1)^{n-1} u_n$ $(u_n > 0)$.若

1)$\forall n \in \mathbf{N}_+$,有 $u_n \geqslant u_{n+1}$; 2)$\lim\limits_{n\to\infty} u_n = 0$,

则交错级数 $\sum\limits_{n=1}^{\infty} (-1)^{n-1} u_n$ 收敛,且
$$|r_n| = |S - S_n| < u_{n+1},$$
其中 $S$、$S_n$ 与 $r_n$ 分别是交错级数 $\sum\limits_{n=1}^{\infty} (-1)^{n-1} u_n$ 的和、$n$ 项部分和与余和.

**证明** 首先讨论交错级数部分和数列 $\{S_n\}$ 的偶子列 $\{S_{2k}\}$,$\forall k \in \mathbf{N}_+$,有
$$S_{2k} = (u_1 - u_2) + (u_3 - u_4) + \cdots + (u_{2k-1} - u_{2k}).$$
由条件 1),$\forall m \in \mathbf{N}_+$,有 $u_{2m-1} - u_{2m} \geqslant 0$,于是,偶子列 $\{S_{2k}\}$ 单调增加,又有
$$S_{2k} = u_1 - u_2 + u_3 - \cdots + u_{2k-1} - u_{2k} = u_1 - (u_2 - u_3) - \cdots - (u_{2k-2} - u_{2k-1}) - u_{2k} \leqslant u_1,$$
即偶子列 $\{S_{2k}\}$ 有上界.根据 §2.2 公理,偶子列 $\{S_{2k}\}$ 收敛,设 $\lim\limits_{k\to\infty} S_{2k} = S$.由条件 2),有
$$\lim\limits_{k\to\infty} S_{2k+1} = \lim\limits_{k\to\infty} (S_{2k} + u_{2k+1}) = \lim\limits_{k\to\infty} S_{2k} + \lim\limits_{k\to\infty} u_{2k+1} = S,$$
即奇子列 $\{S_{2k+1}\}$ 也收敛于 $S$.根据 §2.2 定理 10,有
$$\lim\limits_{n\to\infty} S_n = S,$$

即交错级数 $\sum\limits_{n=1}^{\infty} (-1)^{n-1} u_n$ 收敛.

由条件 1),即 $\forall n \in \mathbf{N}_+$,有 $u_n - u_{n+1} \geqslant 0$.再根据定理 3,有

$$|r_n| = |S - S_n| = |u_{n+1} - u_{n+2} + u_{n+3} - u_{n+4} + \cdots|$$
$$= u_{n+1} - u_{n+2} + u_{n+3} - u_{n+4} + u_{n+5} - \cdots$$
$$= u_{n+1} - (u_{n+2} - u_{n+3}) - (u_{n+4} - u_{n+5}) - \cdots$$
$$< u_{n+1}.$$

**注** 判别交错级数 $\sum\limits_{n=1}^{\infty} (-1)^n u_n (u_n \geqslant 0)$ 的收敛性有莱布尼茨判别法,若仅有 $\lim\limits_{n\to\infty} u_n = 0$,而缺少数列 $\{u_n\}$ 单调减少,能否判定交错级数的收敛性?答案是否定的.例如,级数

$$\sum_{n=2}^{\infty} \frac{(-1)^n}{\sqrt{n} + (-1)^n} = \frac{1}{\sqrt{2}+1} - \frac{1}{\sqrt{3}-1} + \frac{1}{\sqrt{4}+1} - \frac{1}{\sqrt{5}-1} + \cdots$$

$$= \sqrt{2} - 1 - \frac{1}{2}(\sqrt{3}+1) + \frac{1}{3}(\sqrt{4}-1) - \frac{1}{4}(\sqrt{5}+1) + \cdots$$

$$= \sum_{n=1}^{\infty} \left[ (-1)^{n-1} \frac{\sqrt{n+1}}{n} - \frac{1}{n} \right]$$

是交错级数,且一般项趋于 0,而缺少数列 $\{u_n\}$ 单调减少的条件,是发散的.因为它是收敛的交错级数 $\sum\limits_{n=1}^{\infty} (-1)^{n-1} \frac{\sqrt{n+1}}{n}$ 与发散的调和级数 $\sum\limits_{n=1}^{\infty} \frac{1}{n}$ 的差.此例说明,莱布尼茨判别法中,数列 $\{u_n\}$ 单调减少这个条件是不可缺少的.

**例 11** 判别下列交错级数的收敛性:

1) $\sum\limits_{n=1}^{\infty} (-1)^{n-1} \frac{1}{n}$ ;　　　　　2) $\sum\limits_{n=1}^{\infty} (-1)^{n-1} \frac{n}{10^n}$ ;

3) $\sum\limits_{n=1}^{\infty} (-1)^n \frac{(2n-1)!!}{(2n)!!}$ .

**解** 1) $\forall n \in \mathbf{N}_+$,有 $\frac{1}{n} > \frac{1}{n+1}$ ; $\lim\limits_{n\to\infty} \frac{1}{n} = 0$.根据莱布尼茨判别法,交错级数 $\sum\limits_{n=1}^{\infty} (-1)^{n-1} \frac{1}{n}$ 收敛.

2) $\forall n \in \mathbf{N}_+$,有 $\frac{n}{10^n} > \frac{n+1}{10^{n+1}}$ ;① $\lim\limits_{n\to\infty} \frac{n}{10^n} = 0.$② 根据莱布尼茨判别法,交错级数 $\sum\limits_{n=1}^{\infty} (-1)^{n-1} \frac{n}{10^n}$ 收敛.

---

① 已知 $10n > n+1$,不等号两端同除以 $10^{n+1}$,有 $\frac{n}{10^n} > \frac{n+1}{10^{n+1}}$.

② $\lim\limits_{x\to+\infty} \frac{x}{10^x} = \lim\limits_{x\to+\infty} \frac{1}{10^x \ln 10} = 0$(用洛必达法则).

3）$\forall n \in \mathbf{N}_+$，有

$$\frac{(2n-1)!!}{(2n)!!} > \frac{(2n+1)!!}{(2n+2)!!};①$$

$$\lim_{n\to\infty}\frac{(2n-1)!!}{(2n)!!} = 0.②$$

根据莱布尼茨判别法，交错级数 $\sum\limits_{n=1}^{\infty}(-1)^n\frac{(2n-1)!!}{(2n)!!}$ 收敛.

**例 12** 证明：级数

$$\sum_{n=1}^{\infty}\frac{(-1)^{n-1}}{n} = 1-\frac{1}{2}+\frac{1}{3}-\cdots+(-1)^{n-1}\frac{1}{n}+\cdots = \ln 2.$$

**证明** 它是交错级数，$u_n=\dfrac{1}{n}$ 单调减少且趋近于零.由莱布尼茨判别法知，它收敛.

由著名公式（上述例 7）

$$1+\frac{1}{2}+\frac{1}{3}+\cdots+\frac{1}{n} = \ln n + c + \varepsilon_n,$$

其中 $c$ 是欧拉常数，$\lim\limits_{n\to\infty}\varepsilon_n=0$，有

$$S_{2n} = 1-\frac{1}{2}+\frac{1}{3}-\frac{1}{4}+\cdots+\frac{1}{2n-1}-\frac{1}{2n}$$

$$= 1+\frac{1}{2}+\frac{1}{3}+\frac{1}{4}+\cdots+\frac{1}{2n-1}+\frac{1}{2n}-2\left(\frac{1}{2}+\frac{1}{4}+\cdots+\frac{1}{2n}\right)$$

$$= \left(1+\frac{1}{2}+\frac{1}{3}+\frac{1}{4}+\cdots+\frac{1}{2n}\right)-\left(1+\frac{1}{2}+\frac{1}{3}+\cdots+\frac{1}{n}\right)$$

$$= (\ln 2n + c + \varepsilon_{2n})-(\ln n + c + \varepsilon_n)$$

$$= \ln 2 + \varepsilon_{2n} - \varepsilon_n,$$

$$S_{2n+1} = S_{2n} + \frac{1}{2n+1}.$$

所以 $\lim\limits_{n\to\infty}S_{2n} = \lim\limits_{n\to\infty}S_{2n+1} = \ln 2$，即 $\sum\limits_{n=1}^{\infty}\frac{(-1)^{n-1}}{n} = \ln 2.$

下面讨论一般变号级数 $\sum\limits_{n=1}^{\infty}u_n$ 的敛散性.

**定义** 若正项级数 $\sum\limits_{n=1}^{\infty}|u_n|$ 收敛，则称级数 $\sum\limits_{n=1}^{\infty}u_n$ **绝对收敛**；若级数 $\sum\limits_{n=1}^{\infty}u_n$ 收敛，而正项级数 $\sum\limits_{n=1}^{\infty}|u_n|$ 发散，则称级数 $\sum\limits_{n=1}^{\infty}u_n$ **条件收敛**.

例如，正项级数 $\sum\limits_{n=1}^{\infty}\left|\dfrac{(-1)^{n-1}}{n^2}\right| = \sum\limits_{n=1}^{\infty}\dfrac{1}{n^2}$（$p$ 级数，$p=2>1$）收敛，从而级数

---

① 已知 $\dfrac{2n+1}{2n+2}<1$，有 $\dfrac{(2n-1)!!}{(2n)!!} > \dfrac{(2n-1)!!}{(2n)!!}\cdot\dfrac{(2n+1)}{(2n+2)} = \dfrac{(2n+1)!!}{(2n+2)!!}$.

② 见上册常用符号与不等式中的不等式 1.

$\sum\limits_{n=1}^{\infty} \dfrac{(-1)^{n-1}}{n^2}$ 绝对收敛.

正项级数 $\sum\limits_{n=1}^{\infty} \left| \dfrac{(-1)^{n-1}}{n} \right| = \sum\limits_{n=1}^{\infty} \dfrac{1}{n}$ 发散,而级数 $\sum\limits_{n=1}^{\infty} \dfrac{(-1)^{n-1}}{n}$ 收敛(见例 11),从而级数 $\sum\limits_{n=1}^{\infty} \dfrac{(-1)^{n-1}}{n}$ 条件收敛.

**定理 11** 若级数 $\sum\limits_{n=1}^{\infty} u_n$ 绝对收敛,则级数 $\sum\limits_{n=1}^{\infty} u_n$ 必收敛.

**证明** 已知正项级数 $\sum\limits_{n=1}^{\infty} |u_n|$ 收敛,根据级数的柯西收敛准则,$\forall \varepsilon > 0$,$\exists N \in \mathbf{N}_+$,$\forall n > N$,$\forall p \in \mathbf{N}_+$,有

$$|u_{n+1}| + |u_{n+2}| + \cdots + |u_{n+p}| < \varepsilon.$$

从而,有

$$|u_{n+1} + u_{n+2} + \cdots + u_{n+p}| \leqslant |u_{n+1}| + |u_{n+2}| + \cdots + |u_{n+p}| < \varepsilon,$$

即级数 $\sum\limits_{n=1}^{\infty} u_n$ 收敛.

**例 13** 讨论下列变号级数的绝对收敛性和条件收敛性:

1) $\sum\limits_{n=1}^{\infty} \dfrac{(-1)^{\frac{n(n+1)}{2}}}{2^n}$;  2) $\sum\limits_{n=1}^{\infty} \dfrac{\sin \frac{n\pi}{4}}{n^2}$;

3) $\sum\limits_{n=1}^{\infty} \dfrac{(-1)^n}{\sqrt{n}}$.

**解** 1) $\sum\limits_{n=1}^{\infty} \dfrac{(-1)^{\frac{n(n+1)}{2}}}{2^n} = -\dfrac{1}{2} - \dfrac{1}{2^2} + \dfrac{1}{2^3} + \dfrac{1}{2^4} - \dfrac{1}{2^5} - \dfrac{1}{2^6} + \cdots$. $\forall n \in \mathbf{N}_+$,有

$$\left| \dfrac{(-1)^{\frac{n(n+1)}{2}}}{2^n} \right| = \dfrac{1}{2^n}.$$

已知正项级数 $\sum\limits_{n=1}^{\infty} \dfrac{1}{2^n}$ 收敛.根据定理 11,级数 $\sum\limits_{n=1}^{\infty} \dfrac{(-1)^{\frac{n(n+1)}{2}}}{2^n}$ 收敛,且绝对收敛.

2) $\sum\limits_{n=1}^{\infty} \dfrac{\sin \frac{n\pi}{4}}{n^2} = \dfrac{\frac{\sqrt{2}}{2}}{1} + \dfrac{1}{2^2} + \dfrac{\frac{\sqrt{2}}{2}}{3^2} - \dfrac{\frac{\sqrt{2}}{2}}{5^2} + \cdots$. $\forall n \in \mathbf{N}_+$,有

$$\left| \dfrac{\sin \frac{n\pi}{4}}{n^2} \right| \leqslant \dfrac{1}{n^2}.$$

已知正项级数 $\sum\limits_{n=1}^{\infty} \dfrac{1}{n^2}$ 收敛,根据定理 7,级数 $\sum\limits_{n=1}^{\infty} \dfrac{\sin \frac{n\pi}{4}}{n^2}$ 收敛,且绝对收敛.

3) $\forall n \in \mathbf{N}_+$,有 $\dfrac{1}{\sqrt{n}} > \dfrac{1}{\sqrt{n+1}}$,且 $\lim\limits_{n \to \infty} \dfrac{1}{\sqrt{n}} = 0$.根据莱布尼茨判别法,(交错)级数

$\displaystyle\sum_{n=1}^{\infty} \frac{(-1)^n}{\sqrt{n}}$ 收敛. 而正项级数

$$\sum_{n=1}^{\infty} \left| \frac{(-1)^n}{\sqrt{n}} \right| = \sum_{n=1}^{\infty} \frac{1}{\sqrt{n}} = \sum_{n=1}^{\infty} \frac{1}{n^{\frac{1}{2}}} \quad \left( p \text{ 级数}, p = \frac{1}{2} < 1 \right)$$

发散. 从而级数 $\displaystyle\sum_{n=1}^{\infty} \frac{(-1)^n}{\sqrt{n}}$ 条件收敛.

判别级数 $\displaystyle\sum_{n=1}^{\infty} u_n$ 的绝对收敛可归结为判别正项级数 $\displaystyle\sum_{n=1}^{\infty} |u_n|$ 的收敛. 判别变号级数 $\displaystyle\sum_{n=1}^{\infty} u_n$ 的条件收敛, 有下面两个判别法.

**定理 12(狄利克雷判别法)**　若级数 $\displaystyle\sum_{n=1}^{\infty} a_n b_n$ 满足下列条件:

1) 数列 $\{a_n\}$ 单调减少, 且 $\lim\limits_{n\to\infty} a_n = 0$;

2) 级数 $\displaystyle\sum_{n=1}^{\infty} b_n$ 的部分和数列 $\{B_n\}$ 有界, 即 $\exists M > 0, \forall n \in \mathbf{N}_+$, 有

$$|B_n| = |b_1 + b_2 + \cdots + b_n| \leqslant M,$$

则级数 $\displaystyle\sum_{n=1}^{\infty} a_n b_n$ 收敛.

**证明**　$\forall n, p \in \mathbf{N}_+$, 有

$$|b_{n+1} + b_{n+2} + \cdots + b_{n+p}| = |B_{n+p} - B_n| \leqslant |B_{n+p}| + |B_n| \leqslant 2M.$$

根据 § 8.4 阿贝尔变换, 有

$$|a_{n+1}b_{n+1} + a_{n+2}b_{n+2} + \cdots + a_{n+p}b_{n+p}| \leqslant a_{n+1} \cdot 2M.$$

已知 $\lim\limits_{n\to\infty} a_n = 0$, 即 $\forall \varepsilon > 0, \exists N \in \mathbf{N}_+, \forall n > N$, 有

$$|a_{n+1}| < \varepsilon \quad \text{或} \quad a_{n+1} < \varepsilon.$$

于是, $\forall \varepsilon > 0, \exists N \in \mathbf{N}_+, \forall n > N, \forall p \in \mathbf{N}_+$, 有

$$|a_{n+1}b_{n+1} + a_{n+2}b_{n+2} + \cdots + a_{n+p}b_{n+p}| \leqslant a_{n+1} \cdot 2M < 2M\varepsilon,$$

根据定理 1, 级数 $\displaystyle\sum_{n=1}^{\infty} a_n b_n$ 收敛.

不难看到, 判别交错级数 $\displaystyle\sum_{n=1}^{\infty} (-1)^{n-1} u_n \, (u_n > 0)$ 收敛的莱布尼茨判别法只是狄利克雷判别法的特殊情况. 事实上, 若数列 $\{u_n\}$ 单调减少, 且 $\lim\limits_{n\to\infty} u_n = 0$, 而级数 $\displaystyle\sum_{n=1}^{\infty} (-1)^{n-1}$ 的部分和数列 $\{B_n\}$ 有界, 即

$$B_n = \begin{cases} 1, & n \text{ 是奇数}, \\ 0, & n \text{ 是偶数}, \end{cases} \qquad |B_n| \leqslant 1.$$

根据狄利克雷判别法, 交错级数 $\displaystyle\sum_{n=1}^{\infty} (-1)^{n-1} u_n$ 收敛.

**定理 13(阿贝尔判别法)**　若级数 $\displaystyle\sum_{n=1}^{\infty} a_n b_n$ 满足下列条件:

1）数列 $\{a_n\}$ 单调有界；

2）级数 $\displaystyle\sum_{n=1}^{\infty} b_n$ 收敛，

则级数 $\displaystyle\sum_{n=1}^{\infty} a_n b_n$ 收敛.

**证明**　若数列 $\{a_n\}$ 单调减少有下界，则数列 $\{a_n\}$ 收敛，设 $\lim\limits_{n\to\infty} a_n = a$. 从而数列 $\{a_n - a\}$ 单调减少且 $\lim\limits_{n\to\infty}(a_n - a) = 0$. 已知级数 $\displaystyle\sum_{n=1}^{\infty} b_n$ 收敛，则它的部分和数列必有界. 根据定理 12，级数 $\displaystyle\sum_{n=1}^{\infty} (a_n - a) b_n$ 收敛. 已知级数 $\displaystyle\sum_{n=1}^{\infty} a b_n$ 收敛. 再根据定理 5，级数

$$\sum_{n=1}^{\infty} a_n b_n = \sum_{n=1}^{\infty} (a_n - a) b_n + \sum_{n=1}^{\infty} a b_n$$

收敛.

若数列 $\{a_n\}$ 单调增加有上界，则数列 $\{-a_n\}$ 单调减少有下界. 利用上面结果，级数 $\displaystyle\sum_{n=1}^{\infty} (-a_n) b_n$ 收敛，于是级数 $\displaystyle\sum_{n=1}^{\infty} a_n b_n$ 收敛.

以上两个判别法的条件互有强弱：狄利克雷判别法中 $\{a_n\}$ 单调减少、趋近于 0 的条件比阿贝尔判别法中 $\{a_n\}$ 单调有界的条件强；而 $B_n = \displaystyle\sum_{k=1}^{n} b_k$ 有界的条件则弱于阿贝尔判别法中 $\displaystyle\sum_{n=1}^{\infty} b_n$ 收敛的条件. 因此，在使用中用哪个判别法较好，要对具体问题作具体分析.

**例 14**　设数列 $\{a_n\}$ 单调减少，且 $\lim\limits_{n\to\infty} a_n = 0$. 讨论下列级数的收敛性：

1）$\displaystyle\sum_{n=1}^{\infty} a_n \sin nx$；　　2）$\displaystyle\sum_{n=1}^{\infty} a_n \cos nx$.

**解**　1）求级数 $\displaystyle\sum_{n=1}^{\infty} \sin nx$ 的部分和 $S_n = \displaystyle\sum_{k=1}^{n} \sin kx$.

$$S_n = \sum_{k=1}^{n} \sin kx = \frac{1}{2\sin\frac{x}{2}} \sum_{k=1}^{n} 2\sin kx \sin\frac{x}{2}$$

$$= \frac{1}{2\sin\frac{x}{2}} \sum_{k=1}^{n} \left[\cos\left(k-\frac{1}{2}\right)x - \cos\left(k+\frac{1}{2}\right)x\right]$$

$$= \frac{\cos\frac{1}{2}x - \cos\left(n+\frac{1}{2}\right)x}{2\sin\frac{x}{2}}.$$

$\forall x \neq 2k\pi\,(k\in\mathbf{Z})$，有

$$|S_n| = \left|\sum_{k=1}^{n} \sin kx\right| = \left|\frac{\cos\frac{1}{2}x - \cos\left(n+\frac{1}{2}\right)x}{2\sin\frac{x}{2}}\right| \leqslant \frac{1}{\left|\sin\frac{x}{2}\right|},$$

即 $x \neq 2k\pi\,(k \in \mathbf{Z})$，部分和数列 $\{S_n\}$ 有界. 根据狄利克雷判别法，级数 $\displaystyle\sum_{n=1}^{\infty} a_n \sin nx$ 收敛.

$\forall x = 2k\pi\,(k \in \mathbf{Z})$，有 $\sin nx = 0$. 显然，级数 $\displaystyle\sum_{n=1}^{\infty} a_n \sin nx$ 也收敛.

于是，$\forall x \in \mathbf{R}$，级数 $\displaystyle\sum_{n=1}^{\infty} a_n \sin nx$ 收敛.

2）求级数 $\displaystyle\sum_{n=1}^{\infty} \cos nx$ 的部分和 $P_n = \displaystyle\sum_{k=1}^{n} \cos kx$，同法有

$$P_n = \sum_{k=1}^{n} \cos kx = \frac{\sin\left(n+\dfrac{1}{2}\right)x - \sin\dfrac{x}{2}}{2\sin\dfrac{x}{2}}.$$

$\forall x \neq 2k\pi\,(k \in \mathbf{Z})$，有

$$|P_n| = \left| \sum_{k=1}^{n} \cos kx \right| \leqslant \frac{1}{\left|\sin\dfrac{x}{2}\right|},$$

即 $x \neq 2k\pi\,(k \in \mathbf{Z})$，部分和数列 $\{P_n\}$ 有界. 根据狄利克雷判别法，级数 $\displaystyle\sum_{n=1}^{\infty} a_n \cos nx$ 收敛.

$\forall x = 2k\pi\,(k \in \mathbf{Z})$，有 $\cos nx = 1$，级数 $\displaystyle\sum_{n=1}^{\infty} a_n \cos nx = \sum_{n=1}^{\infty} a_n$.

于是，级数 $\displaystyle\sum_{n=1}^{\infty} a_n \cos nx$ 与 $\displaystyle\sum_{n=1}^{\infty} a_n$ 同时收敛，同时发散.

由例 14 知：

$\forall x \in \mathbf{R}$，级数 $\displaystyle\sum_{n=1}^{\infty} \frac{\sin nx}{\sqrt{n}}$ 与 $\displaystyle\sum_{n=1}^{\infty} \frac{\sin nx}{\ln(n+1)}$ 都收敛.

$\forall x \neq 2k\pi\,(k \in \mathbf{Z})$，级数 $\displaystyle\sum_{n=1}^{\infty} \frac{\cos nx}{\sqrt[3]{n^2}}$ 与 $\displaystyle\sum_{n=1}^{\infty} \frac{\cos nx}{\ln(n+1)}$ 都收敛.

**例 15** 判别下列级数的绝对收敛性与条件收敛性：

1）$\displaystyle\sum_{n=1}^{\infty} (-1)^n \frac{n+2}{n+1} \cdot \frac{1}{\sqrt[3]{n}}$；

2）$\displaystyle\sum_{n=1}^{\infty} \frac{\sin nx}{n^p}$，$p$ 是参数，且 $p > 0, 0 < x < \pi$.

**解** 1）正项级数 $\displaystyle\sum_{n=1}^{\infty} \left| (-1)^n \frac{n+2}{n+1} \cdot \frac{1}{\sqrt[3]{n}} \right| = \sum_{n=1}^{\infty} \frac{n+2}{n+1} \cdot \frac{1}{\sqrt[3]{n}}$ 发散. 事实上，有

$$\lim_{n \to \infty} \left( \frac{n+2}{n+1} \cdot \frac{1}{\sqrt[3]{n}} \bigg/ \frac{1}{\sqrt[3]{n}} \right) = \lim_{n \to \infty} \frac{n+2}{n+1} = 1.$$

已知级数 $\displaystyle\sum_{n=1}^{\infty} \frac{1}{\sqrt[3]{n}}$ 发散，根据定理 7 的推论，正项级数发散.

已知交错级数 $\sum\limits_{n=1}^{\infty} \dfrac{(-1)^n}{\sqrt[3]{n}}$ 收敛，而数列 $\left\{\dfrac{n+2}{n+1}\right\} = \left\{1 + \dfrac{1}{n+1}\right\}$ 严格减少且有下界．根据阿贝尔判别法，级数 $\sum\limits_{n=1}^{\infty}(-1)^n \dfrac{n+2}{n+1} \cdot \dfrac{1}{\sqrt[3]{n}}$ 收敛．

于是，级数 $\sum\limits_{n=1}^{\infty}(-1)^n \dfrac{n+2}{n+1} \cdot \dfrac{1}{\sqrt[3]{n}}$ 条件收敛．

2）$\forall p > 1$，有 $\left|\dfrac{\sin nx}{n^p}\right| \leqslant \dfrac{1}{n^p}$．已知级数 $\sum\limits_{n=1}^{\infty} \dfrac{1}{n^p}$ 收敛，于是，级数 $\sum\limits_{n=1}^{\infty} \dfrac{\sin nx}{n^p}$ 绝对收敛．

$\forall p (0 < p \leqslant 1)$，由例 14 知，级数 $\sum\limits_{n=1}^{\infty} \dfrac{\sin nx}{n^p}$ 收敛．又因为

$$\left|\dfrac{\sin nx}{n^p}\right| \geqslant \dfrac{\sin^2 nx}{n^p} = \dfrac{1}{n^p}\left(\dfrac{1 - \cos 2nx}{2}\right) = \dfrac{1}{2n^p} - \dfrac{\cos 2nx}{2n^p}.$$

已知级数 $\sum\limits_{n=1}^{\infty} \dfrac{1}{2n^p}$ 发散，$\sum\limits_{n=1}^{\infty} \dfrac{\cos 2nx}{2n^p}, 0 < p \leqslant 1, 0 < x < \pi$ 收敛（见例 14），则级数 $\sum\limits_{n=1}^{\infty}\left(\dfrac{1}{2n^p} - \dfrac{\cos 2nx}{2n^p}\right)$ 发散（见练习题 9.1（一）第 7 题），从而级数 $\sum\limits_{n=1}^{\infty}\left|\dfrac{\sin nx}{n^p}\right|$ 发散．于是，当 $0 < p \leqslant 1$ 时，级数 $\sum\limits_{n=1}^{\infty} \dfrac{\sin nx}{n^p}$ 条件收敛．

**注** 与狄利克雷判别法和阿贝尔判别法很相似的条件：级数 $\sum\limits_{n=1}^{\infty} a_n$ 收敛，而数列 $\{b_n\}$，有 $b_n \to 1 (n \to \infty)$，问级数 $\sum\limits_{n=1}^{\infty} a_n b_n$ 是否收敛．答：否．例如，级数 $\sum\limits_{n=1}^{\infty} \dfrac{(-1)^n}{\sqrt{n}}$ 收敛，而数列 $\left\{\dfrac{\sqrt{n}}{\sqrt{n} + (-1)^n}\right\}$，有 $\dfrac{\sqrt{n}}{\sqrt{n} + (-1)^n} \to 1 (n \to \infty)$，而它们的乘积是级数 $\sum\limits_{n=1}^{\infty} \dfrac{(-1)^n}{\sqrt{n} + (-1)^n}$，却是发散的（见定理 10 之后的注）．

## 练习题 9.1（二）

1. 判别下列正项级数的敛散性：

1）$\sum\limits_{n=1}^{\infty} \dfrac{1}{n^2 + 1}$；

2）$\sum\limits_{n=7}^{\infty} \dfrac{1}{\sqrt[3]{n-6}}$；

3）$\sum\limits_{n=1}^{\infty} \dfrac{n+1}{2n+1}$；

4）$\sum\limits_{n=1}^{\infty} \dfrac{1}{\sqrt{n(n+1)}}$；

5）$\sum\limits_{n=1}^{\infty} \dfrac{2n-1}{(\sqrt{2})^n}$；

6）$\sum\limits_{n=1}^{\infty}\left(\dfrac{n+1}{2n+1}\right)^n$；

7）$\sum\limits_{n=1}^{\infty}\left(\dfrac{2n+1}{3n-1}\right)^{\frac{n}{2}}$；

8）$\sum\limits_{n=1}^{\infty} \dfrac{2 \cdot 5 \cdot 8 \cdot \cdots \cdot (3n-1)}{1 \cdot 5 \cdot 9 \cdot \cdots \cdot (4n-3)}$；

9) $\displaystyle\sum_{n=1}^{\infty} \frac{2^n n!}{n^n}$;

10) $\displaystyle\sum_{n=1}^{\infty} \frac{3^n n!}{n^n}$;

11) $\displaystyle\sum_{n=2}^{\infty} \frac{1}{\ln n}$;

12) $\displaystyle\sum_{n=2}^{\infty} \frac{1}{n^2 \ln n}$;

13) $\displaystyle\sum_{n=1}^{\infty} \frac{2+(-1)^n}{2^n}$;

14) $\displaystyle\sum_{n=1}^{\infty} \sin \frac{1}{n}$;

15) $\displaystyle\sum_{n=1}^{\infty} \left(1-\cos \frac{1}{n}\right)$.

2. 设级数 $\displaystyle\sum_{n=1}^{\infty} a_n$ 收敛. 下列级数是否收敛, 为什么?

1) $\displaystyle\sum_{n=1}^{\infty} a_n^2$;

2) $\displaystyle\sum_{n=1}^{\infty} \frac{a_n+a_{n+1}}{2}$;

3) $\displaystyle\sum_{n=1}^{\infty} \sqrt{a_n}\,(a_n>0)$;

4) $\displaystyle\sum_{n=1}^{\infty} \sqrt{a_n a_{n+1}}\,(a_n>0)$.

3. 证明: 若级数 $\displaystyle\sum_{n=1}^{\infty} a_n^2$ 与 $\displaystyle\sum_{n=1}^{\infty} b_n^2$ 收敛, 则下列级数也收敛:

$$\sum_{n=1}^{\infty} |a_n b_n|; \qquad \sum_{n=1}^{\infty} (a_n+b_n)^2; \qquad \sum_{n=1}^{\infty} \frac{|a_n|}{n}.$$

4. 证明: 若 $\{a_n\}$ 是等差数列, 则级数 $\displaystyle\sum_{n=1}^{\infty} \frac{1}{a_n}$ 发散.

5. 证明: 若 $a_1 \geqslant a_2 \geqslant \cdots \geqslant a_n \geqslant \cdots \geqslant 0$, 则级数 $\displaystyle\sum_{n=1}^{\infty} a_n$ 与级数 $\displaystyle\sum_{n=0}^{\infty} 2^n a_{2^n}$ 同时收敛, 同时发散.

6. 设 $P(n)$ 与 $Q(n)$ 分别是关于 $n$ 的 $p$ 次与 $q$ 次多项式, 且 $Q(n) \neq 0$. 证明: 级数 $\displaystyle\sum_{n=1}^{\infty} \frac{P(n)}{Q(n)}$ 收敛 $\Longleftrightarrow q-p \geqslant 2$.

7. 判别下列级数的敛散性, 并指出是绝对收敛还是条件收敛:

1) $\displaystyle\sum_{n=1}^{\infty} (-1)^n \frac{n}{n+1} \cdot \frac{1}{\sqrt[5]{n}}$;

2) $\displaystyle\sum_{n=1}^{\infty} (-1)^{\frac{n(n-1)}{2}} \frac{n^2}{2^n}$;

3) $\displaystyle\sum_{n=2}^{\infty} \frac{\sin \frac{n\pi}{12}}{\ln n}$;

4) $\displaystyle\sum_{n=1}^{\infty} (-1)^n \sin \frac{1}{n}$.

8. 参数 $s$ 取何值, 下列级数是绝对收敛或条件收敛:

1) $\displaystyle\sum_{n=1}^{\infty} \frac{(-1)^n}{n^s}$;

2) $\displaystyle\sum_{n=1}^{\infty} (-1)^n \left[\frac{(2n-1)!!}{(2n)!!}\right]^s$.

9. 证明: 若级数 $\displaystyle\sum_{n=1}^{\infty} a_n$ 绝对收敛, 数列 $\{b_n\}$ 有界, 则级数 $\displaystyle\sum_{n=1}^{\infty} a_n b_n$ 绝对收敛.

10. 证明: 若级数 $\displaystyle\sum_{n=1}^{\infty} b_n$ 收敛, 且级数 $\displaystyle\sum_{n=1}^{\infty} (a_n-a_{n-1})$ 绝对收敛, 则级数 $\displaystyle\sum_{n=1}^{\infty} a_n b_n$ 也收敛. (提示: 应用级数的柯西收敛准则. 设 $S_n = b_1 + \cdots + b_n$, 而 $b_n = S_n - S_{n-1}$.)

11. 有级数 $\displaystyle\sum_{n=1}^{\infty} a_n$, 设

$$a_n^+ = \frac{|a_n|+a_n}{2}; \qquad a_n^- = \frac{|a_n|-a_n}{2}.$$

证明: 级数 $\displaystyle\sum_{n=1}^{\infty} a_n$ 绝对收敛 $\Longleftrightarrow$ 正项级数 $\displaystyle\sum_{n=1}^{\infty} a_n^+$ 与 $\displaystyle\sum_{n=1}^{\infty} a_n^-$ 都收敛, 当级数 $\displaystyle\sum_{n=1}^{\infty} a_n$ 绝对收敛时, 有

$$\sum_{n=1}^{\infty} a_n = \sum_{n=1}^{\infty} a_n^+ - \sum_{n=1}^{\infty} a_n^-.$$

12. 证明:若级数 $\sum_{n=1}^{\infty} a_n$ 条件收敛,则正项级数 $\sum_{n=1}^{\infty} a_n^+$ 与 $\sum_{n=1}^{\infty} a_n^-$(符号 $a_n^+$ 与 $a_n^-$ 见第 11 题)都发散到正无穷大($+\infty$).

    \*       \*       \*       \*       \*       \*       \*

13. 证明:若级数 $\sum_{n=1}^{\infty} a_n(a_n>0)$ 发散,$S_n = a_1 + a_2 + \cdots + a_n$,则级数 $\sum_{n=1}^{\infty} \dfrac{a_n}{S_n}$ 也发散. $\left(\text{提示}: \dfrac{a_{N+1}}{S_{N+1}} + \dfrac{a_{N+2}}{S_{N+2}} + \cdots + \dfrac{a_{N+k}}{S_{N+k}} \geqslant 1 - \dfrac{S_N}{S_{N+k}}.\right)$

14. 证明:若级数 $\sum_{n=1}^{\infty} a_n(a_n>0)$ 收敛,$r_n = \sum_{k=n}^{\infty} a_k$,则级数 $\sum_{n=1}^{\infty} \dfrac{a_n}{r_n}$ 发散. $\left(\text{提示}: \text{当} n>k \text{时}, \dfrac{a_k}{r_k} + \dfrac{a_{k+1}}{r_{k+1}} + \cdots + \dfrac{a_n}{r_n} > 1 - \dfrac{r_n}{r_k}.\right)$

15. 证明:若在调和级数 $\sum_{n=1}^{\infty} \dfrac{1}{n}$ 中去掉分母 $n$ 含有数字 0 的项,则剩余项组成的新级数收敛,其和不超过 90.

16. 证明:若级数 $\sum_{n=1}^{\infty} \dfrac{a_n}{n^\alpha}$ 收敛,则 $\forall \beta > \alpha$,级数 $\sum_{n=1}^{\infty} \dfrac{a_n}{n^\beta}$ 也收敛.(提示:应用阿贝尔判别法.)

17. 证明:若级数 $\sum_{n=1}^{\infty} \dfrac{a_n}{n^\sigma}(\sigma>0)$ 收敛,则

$$\lim_{n \to \infty} \frac{a_1 + a_2 + \cdots + a_n}{n^\sigma} = 0.$$

18. 证明:若级数 $\sum_{n=1}^{\infty} a_n$ 收敛,且有数列 $\{b_n\}$ 满足 $\exists M>0, \forall n \in \mathbf{N}_+$,有

$$\sum_{k=1}^{n} |b_k - b_{k+1}| \leqslant M,$$

则级数 $\sum_{n=1}^{\infty} a_n b_n$ 收敛.(提示:应用 §2.2 第 20 题的结果(数列 $\{b_n\}$ 收敛)和柯西收敛准则,它是阿贝尔判别法的推广.)

## 五、绝对收敛级数的性质

已知有限和的运算满足结合律、交换律和分配律.收敛级数是无限和,那么收敛级数的运算是否也满足结合律、交换律和分配律呢?① 定理 3 已回答收敛级数满足结合律.一般来说,收敛级数不满足交换律和分配律.

例如,已知交错级数 $\sum_{n=1}^{\infty} \dfrac{(-1)^{n-1}}{n}$ 收敛,设其和为 $A$,即

$$A = 1 - \frac{1}{2} + \frac{1}{3} - \frac{1}{4} + \frac{1}{5} - \frac{1}{6} + \cdots + \frac{(-1)^{n-1}}{n} + \cdots.$$

如果将其项作如下交换:按此级数原有的正项与负项的顺序,一项正两项负交替排列,即

---

① 这里所说的"交换"是指交换级数中无限个项的位置."分配"是指两个级数相乘.

$$1 - \frac{1}{2} - \frac{1}{4} + \frac{1}{3} - \frac{1}{6} - \frac{1}{8} + \frac{1}{5} - \frac{1}{10} - \frac{1}{12} + \cdots.$$

将此级数作如下的结合：

$$\left(1 - \frac{1}{2}\right) - \frac{1}{4} + \left(\frac{1}{3} - \frac{1}{6}\right) - \frac{1}{8} + \left(\frac{1}{5} - \frac{1}{10}\right) - \frac{1}{12} + \cdots$$

$$= \frac{1}{2} - \frac{1}{4} + \frac{1}{6} - \frac{1}{8} + \frac{1}{10} - \frac{1}{12} + \cdots$$

$$= \frac{1}{2}\left(1 - \frac{1}{2} + \frac{1}{3} - \frac{1}{4} + \frac{1}{5} - \frac{1}{6} + \cdots\right) = \frac{1}{2}A,$$

即交换其项之后的新级数其和却是 $\frac{1}{2}A$. 由此可见, 收敛级数不满足交换律. 这是有限和与无限和(收敛级数)的区别之一. 交错级数 $\sum\limits_{n=1}^{\infty} \frac{(-1)^{n-1}}{n}$ 不满足交换律, 因为它是条件收敛的. 关于条件收敛的级数还有更为一般的结果, 这就是黎曼定理：

若级数 $\sum\limits_{n=1}^{\infty} u_n$ 条件收敛, $\forall a \in \mathbf{R}$(包括 $a = \pm\infty$), 则适当交换级数 $\sum\limits_{n=1}^{\infty} u_n$ 的项, 可使交换后的新级数收敛于 $a$(或发散到 $\pm\infty$).

证明从略.

下面的定理指出, 绝对收敛的级数满足交换律.

**定理 14** 若级数 $\sum\limits_{n=1}^{\infty} u_n$ 绝对收敛, 其和为 $S$, 则任意交换级数 $\sum\limits_{n=1}^{\infty} u_n$ 的项, 得到的新级数 $\sum\limits_{k=1}^{\infty} u_{n_k}$① 也绝对收敛, 其和也是 $S$.

**证明** 首先证明新级数 $\sum\limits_{k=1}^{\infty} u_{n_k}$ 绝对收敛, 即 $\sum\limits_{k=1}^{\infty} |u_{n_k}|$ 收敛.

已知级数 $\sum\limits_{n=1}^{\infty} u_n$ 绝对收敛. 设 $\sum\limits_{n=1}^{\infty} |u_n| = A$. 级数 $\sum\limits_{k=1}^{\infty} |u_{n_k}|$ 的 $m$ 项部分和 $P_m = \sum\limits_{k=1}^{m} |u_{n_k}|$. $\forall m \in \mathbf{N}_+$, $|u_{n_1}|, |u_{n_2}|, \cdots, |u_{n_m}|$ 都是正项级数 $\sum\limits_{n=1}^{\infty} |u_n|$ 中的某一项. 令

$$j = \max\{n_1, n_2, \cdots, n_m\}.$$

于是, $\forall m \in \mathbf{N}_+$, 有

$$P_m = \sum_{k=1}^{m} |u_{n_k}| \leqslant \sum_{n=1}^{j} |u_n| \leqslant A,$$

---

① 新级数 $\sum\limits_{k=1}^{\infty} u_{n_k}$ 中的第 $k$ 项 $u_{n_k}$ 是原级数 $\sum\limits_{n=1}^{\infty} u_n$ 中的第 $n_k$ 项. 例如,

原级数 $u_1 + u_2 + u_3 + u_4 + u_5 + u_6 + u_7 + \cdots$

新级数 $\underset{\substack{\| \\ u_{n_1}}}{u_3} + \underset{\substack{\| \\ u_{n_2}}}{u_4} + \underset{\substack{\| \\ u_{n_3}}}{u_1} + \underset{\substack{\| \\ u_{n_4}}}{u_6} + \underset{\substack{\| \\ u_{n_5}}}{u_7} + \underset{\substack{\| \\ u_{n_6}}}{u_9} + \underset{\substack{\| \\ u_{n_7}}}{u_2} + \cdots$

即 $n_1 = 3, n_2 = 4, n_3 = 1, n_4 = 6, n_5 = 7, n_6 = 9, n_7 = 2, \cdots$.

即正项级数 $\sum\limits_{k=1}^{\infty}|u_{n_k}|$ 的部分和数列 $\{P_m\}$ 有上界,则新级数 $\sum\limits_{k=1}^{\infty}u_{n_k}$ 绝对收敛.

其次证明新级数 $\sum\limits_{k=1}^{\infty}u_{n_k}$ 的和也是 $S$.

设级数 $\sum\limits_{n=1}^{\infty}u_n$ 的 $n$ 项部分和是 $S_n$. 已知 $\lim\limits_{n\to\infty}S_n=S$ 和级数 $\sum\limits_{1}^{\infty}|u_n|$ 收敛. 根据数列极限定义与级数的柯西收敛准则,即 $\forall\varepsilon>0$, $\exists N\in\mathbf{N}_+$, $\forall p\in\mathbf{N}_+$, 有

$$|S_N-S|<\varepsilon \quad \text{与} \quad \sum_{k=N+1}^{N+p}|u_k|<\varepsilon.$$

因为 $p$ 是任意正整数,当 $p\to\infty$ 时,有 $\sum\limits_{k=N+1}^{\infty}|u_k|\leqslant\varepsilon$.

原级数 $\sum\limits_{n=1}^{\infty}u_n$ 的前 $N$ 项 $u_1,u_2,\cdots,u_N$ 必在新级数 $\sum\limits_{k=1}^{\infty}u_{n_k}$ 中出现. 设 $u_1,u_2,\cdots,u_N$ 在新级数中分别是 $u_{n_{k_1}},u_{n_{k_2}},\cdots,u_{n_{k_N}}$. 令

$$\max\{n_{k_1},n_{k_2},\cdots,n_{k_N}\}=L.$$

显然,$L\geqslant N$. 当 $m\geqslant L$ 时,新级数的部分和

$$\sigma_m=\sum_{k=1}^{m}u_{n_k}$$

中除包含原级数的前 $N$ 项 $u_1,u_2,\cdots,u_N$ 外,还可能包含原级数第 $N$ 项 $u_N$ 以后的若干项. 设这些项的总和是 $q$, 有

$$|q|\leqslant\sum_{k=N+1}^{\infty}|u_k|\leqslant\varepsilon.$$

$$\sigma_m=\sum_{k=1}^{m}u_{n_k}=\sum_{n=1}^{N}u_n+q=S_N+q.$$

$$|\sigma_m-S|\leqslant|S_N-S|+|q|.$$

于是,当 $m\geqslant L(\geqslant N)$ 时,有

$$|\sigma_m-S|\leqslant|S_N-S|+|q|<\varepsilon+\varepsilon=2\varepsilon,$$

即 $\lim\limits_{m\to\infty}\sigma_m=S$, 则新级数 $\sum\limits_{k=1}^{\infty}u_{n_k}$ 收敛,其和是 $S$.

由此可见,虽然级数的条件收敛与绝对收敛都是收敛,但是二者收敛的机制却是不同的. 条件收敛级数不满足交换律,而绝对收敛级数满足交换律.

下面讨论两个级数的乘积. 两个级数的乘积是两个有限和乘积的推广.

**定义** 两个级数 $\sum\limits_{n=1}^{\infty}a_n$ 与 $\sum\limits_{n=1}^{\infty}b_n$ 的**乘积级数**是所有乘积 $a_ib_k(i,k\in\mathbf{N}_+)$ 之和,即

$$\left(\sum_{n=1}^{\infty}a_n\right)\left(\sum_{n=1}^{\infty}b_n\right)=\sum_{i=1}^{\infty}\sum_{k=1}^{\infty}a_ib_k.$$

乘积级数的项可按不同的顺序排列. 常用的是按正方形顺序或对角线顺序排列:

$$\begin{array}{ccccc} a_1b_1 & a_2b_1 & a_3b_1 & \cdots \\ a_1b_2 & a_2b_2 & a_3b_2 & \cdots \\ a_1b_3 & a_2b_3 & a_3b_3 & \cdots \\ \vdots & \vdots & \vdots \end{array} \qquad \begin{array}{ccccc} a_1b_1 & a_2b_1 & a_3b_1 & \cdots \\ a_1b_2 & a_2b_2 & a_3b_2 & \cdots \\ a_1b_3 & a_2b_3 & a_3b_3 & \cdots \\ \vdots & \vdots & \vdots \end{array}$$

（正方形排列）　　　　　　　　　（对角线排列）

按正方形顺序排列:

$$\sum_{i=1}^{\infty}\sum_{k=1}^{\infty} a_i b_k = a_1b_1 + a_1b_2 + a_2b_2 + a_2b_1 + a_1b_3 + a_2b_3 + a_3b_3 + a_3b_2 + a_3b_1 + \cdots.$$

按对角线顺序排列:

$$\sum_{i=1}^{\infty}\sum_{k=1}^{\infty} a_i b_k = a_1b_1 + a_1b_2 + a_2b_1 + a_1b_3 + a_2b_2 + a_3b_1 + \cdots = \sum_{n=1}^{\infty} c_n,$$

其中 $c_n = a_1 b_n + a_2 b_{n-1} + a_3 b_{n-2} + \cdots + a_n b_1$.

**定义**　两个级数 $\sum\limits_{n=1}^{\infty} a_n$ 与 $\sum\limits_{n=1}^{\infty} b_n$ 的按对角线的顺序排列的乘积级数 $\sum\limits_{n=1}^{\infty} c_n$,其中

$c_n = a_1 b_n + a_2 b_{n-1} + a_3 b_{n-2} + \cdots + a_n b_1$ (每项下角标之和是 $n+1$),称为两个级数 $\sum\limits_{n=1}^{\infty} a_n$ 与

$\sum\limits_{n=1}^{\infty} b_n$ 的**柯西乘积**.

两个收敛级数的乘积级数可能发散.例如,已知级数

$$\sum_{n=1}^{\infty} \frac{(-1)^{n-1}}{\sqrt{n}}$$

(条件)收敛,此收敛级数自乘的柯西乘积是

$$\left[ \sum_{n=1}^{\infty} \frac{(-1)^{n-1}}{\sqrt{n}} \right]^2 = \sum_{k=1}^{\infty} (-1)^{k-1} c_k, \tag{4}$$

其中

$$c_k = \frac{1}{1 \cdot \sqrt{k}} + \frac{1}{\sqrt{2} \cdot \sqrt{k-1}} + \cdots + \frac{1}{\sqrt{i} \cdot \sqrt{k-i+1}} + \cdots + \frac{1}{\sqrt{k} \cdot 1}.$$

$\forall i = 1, 2, \cdots, k$,有

$$\frac{1}{\sqrt{i} \cdot \sqrt{k-i+1}} \geqslant \frac{1}{\sqrt{k} \cdot \sqrt{k}} = \frac{1}{k},$$

从而 $c_k \geqslant \dfrac{1}{k}k = 1$,即 $\forall N \in \mathbf{N}_+$,$\exists k > N$,使 $|(-1)^{k-1} c_k| \geqslant 1$.于是,级数(4)发散.这是因为

级数 $\sum\limits_{n=1}^{\infty} \dfrac{(-1)^{n-1}}{\sqrt{n}}$ 是条件收敛的.关于绝对收敛的级数有下面的定理:

**定理 15**　若级数 $\sum\limits_{n=1}^{\infty} a_n$ 与 $\sum\limits_{n=1}^{\infty} b_n$ 都绝对收敛,其和分别是 $A$ 与 $B$,则它们的乘积

级数 $\displaystyle\sum_{i=1}^{\infty}\sum_{k=1}^{\infty} a_i b_k$ 也绝对收敛,其和为 $AB$.

**证明** 首先证明 $\displaystyle\sum_{i=1}^{\infty}\sum_{k=1}^{\infty} a_i b_k$ 绝对收敛.已知正项级数 $\displaystyle\sum_{n=1}^{\infty}|a_n|$ 与 $\displaystyle\sum_{n=1}^{\infty}|b_n|$ 收敛.设它们的 $n$ 项部分和分别是 $A'_n$ 与 $B'_n$,且数列 $\{A'_n\}$ 与 $\{B'_n\}$ 都有上界,设它们的上界分别是 $A'$ 与 $B'$.

设正项级数 $\displaystyle\sum_{i=1}^{\infty}\sum_{k=1}^{\infty}|a_i b_k|$ 的 $m$ 项部分和是 $S'_m$,即

$$S'_m = \sum_{p=1}^{m}|a_{i_p} b_{k_p}| = |a_{i_1} b_{k_1}| + |a_{i_2} b_{k_2}| + \cdots + |a_{i_m} b_{k_m}|,$$

其中 $i_p, k_p$ 都是正整数.令

$$q = \max\{i_1, i_2, \cdots, i_m; k_1, k_2, \cdots, k_m\}.$$

$\forall m \in \mathbf{N}_+$,有

$$S'_m \leqslant (|a_1| + |a_2| + \cdots + |a_q|)(|b_1| + |b_2| + \cdots + |b_q|),$$

或

$$S'_m \leqslant A'_q B'_q \leqslant A'B' \quad (\text{常数}).$$

即正数数列 $\{S'_m\}$ 有上界,根据定理 6,级数 $\displaystyle\sum_{i=1}^{\infty}\sum_{k=1}^{\infty}|a_i b_k|$ 收敛,从而乘积级数 $\displaystyle\sum_{i=1}^{\infty}\sum_{k=1}^{\infty} a_i b_k$ 绝对收敛.

其次证明 $\displaystyle\sum_{i=1}^{\infty}\sum_{k=1}^{\infty} a_i b_k = AB$.设级数 $\displaystyle\sum_{n=1}^{\infty} a_n$,$\displaystyle\sum_{n=1}^{\infty} b_n$ 与 $\displaystyle\sum_{i=1}^{\infty}\sum_{k=1}^{\infty} a_i b_k$ 的 $n$ 项部分和分别是 $A_n, B_n$ 与 $S_n$.又已知 $\displaystyle\lim_{n\to\infty} A_n = A$ 与 $\displaystyle\lim_{n\to\infty} B_n = B$.根据定理 14,只讨论按正方形顺序排列的乘积级数即可.显然,$\forall n \in \mathbf{N}_+$,有

$$S_{n^2} = A_n B_n.$$

从而,

$$\lim_{n\to\infty} S_{n^2} = \lim_{n\to\infty} A_n B_n = AB.$$

已知部分和数列 $\{S_n\}$ 收敛,且它有一个子数列 $\{S_{n^2}\}$ 收敛于 $AB$,根据 §2.2 定理 9,则数列 $\{S_n\}$ 收敛于 $AB$,即

$$\lim_{n\to\infty} S_n = AB.$$

于是,乘积级数 $\displaystyle\sum_{i=1}^{\infty}\sum_{k=1}^{\infty} a_i b_k = AB$.

定理 14 和定理 15 指出:绝对收敛级数满足交换律和分配律.换句话说,绝对收敛级数这种无限和具有较多有限和的性质.条件收敛的级数,则在某些方面与有限和差异较大.

**注** 数项级数收敛性到此已讨论完了.下面小结一下判别数项级数敛散性的一般方法,供读者参考.

1. 利用级数收敛的定义,如果级数的部分和好求,可直接研究部分和数列的敛散性.

2. 利用级数的柯西收敛准则.

3. 利用级数的收敛性的运算性质.

4. 加括号或去括号:正项级数任意加括号后得到的新级数敛散性不变.若将级数按一定方式(如定理 4)加括号得到的新级数与原级数有相同的收敛性,其和不变.

5. 正项级数和变号级数绝对收敛的判别法主要有:

1) 比较判别法(不等式形式和极限形式),正确选择比较尺度的关键是对一般项无穷小阶的估计.

2) 几个常用的判别法:柯西判别法、达朗贝尔判别法等.

6. 变号级数敛散性的判别法.除前面所提到的 1~4 外,对交错级数常用莱布尼茨判别法,对非交错级数常用狄利克雷判别法和阿贝尔判别法.

# 练习题 9.1(三)

1. 证明:将收敛级数 $\displaystyle\sum_{n=1}^{\infty} a_n$ 相邻的奇偶项交换位置得到的新级数也收敛,且和不变.

2. 交换条件收敛级数 $\displaystyle\sum_{n=1}^{\infty} \frac{(-1)^{n-1}}{n}$ 的各项,使交换项之后的新级数发散到正无穷大 $(+\infty)$.(提示:应用练习题 9.1(二)第 12 题的结果.)

3. 证明:若 $|q|<1$,有

$$\left(\sum_{n=0}^{\infty} q^n\right)^2 = \sum_{n=0}^{\infty} (n+1) q^n.$$

4. 证明:级数 $\displaystyle\sum_{n=1}^{\infty} \frac{(-1)^{n-1}}{n}$ 自乘的柯西乘积收敛.

5. 研究下列交错级数的敛散性:

1) $\displaystyle\sum_{n=2}^{\infty} \frac{(-1)^n}{\sqrt{n}+(-1)^n}$;　　　　　2) $\displaystyle\sum_{n=1}^{\infty} \sin\left(\pi\sqrt{n^2+k^2}\right)$.

\*　　　　\*　　　　\*　　　　\*　　　　\*　　　　\*　　　　\*　　　　\*

6. 证明:若级数 $\displaystyle\sum_{n=1}^{\infty} a_n$ 收敛,将其项重排,使新级数中每一项的序号与该项在原级数中的序号之差的绝对值不超过 $m$($m$ 是固定的正整数),则新级数收敛,且其和与原级数的和相等.(第 1 题是它的特殊情况.)

7. 证明:将级数 $\displaystyle\sum_{n=1}^{\infty} \frac{(-1)^{n-1}}{n}$ 重排,首先依次有 $p$ 个正项,其次依次有 $q$ 个负项,以下如此循环,则新级数的和是

$$\ln 2 + \frac{1}{2}\ln\frac{p}{q}.$$

(提示:已知

$$H_m = 1 + \frac{1}{2} + \cdots + \frac{1}{m} = \ln m + c + r_m,$$

其中 $c$ 是欧拉常数,$r_m \to 0\,(m\to\infty)$.而

$$\frac{1}{2} + \frac{1}{4} + \cdots + \frac{1}{2m} = \frac{1}{2}H_m,\qquad 1 + \frac{1}{3} + \cdots + \frac{1}{2m-1} = H_{2m} - \frac{1}{2}H_m.)$$

## §9.2　函数项级数

### 一、函数项级数的收敛域

设函数列 $\{u_n(x)\}$ 的每个函数都在数集 $A$ 上有定义,将它们依次用加号联结起来,即

$$\sum_{n=1}^{\infty} u_n(x) = u_1(x) + u_2(x) + \cdots + u_n(x) + \cdots, \tag{1}$$

就是数集 $A$ 上的**函数项级数**.函数项级数(1)的前 $n$ 项和

$$S_n(x) = u_1(x) + u_2(x) + \cdots + u_n(x)$$

就是函数项级数(1)的 $n$ 项**部分和函数**,简称**部分和**.

$\forall \alpha \in A$,函数项级数(1)在 $\alpha$ 处对应一个数项级数

$$\sum_{n=1}^{\infty} u_n(\alpha) = u_1(\alpha) + u_2(\alpha) + \cdots + u_n(\alpha) + \cdots. \tag{2}$$

它的敛散性可用 §9.1 关于数项级数敛散性的判别法判别.若级数(2)收敛,则称 $\alpha$ 是函数项级数(1)的**收敛点**;若级数(2)发散,则称 $\alpha$ 是函数项级数(1)的**发散点**.

**定义**　函数项级数(1)的收敛点的集合,称为函数项级数(1)的**收敛域**.若收敛域是一个区间,则称此区间是函数项级数(1)的**收敛区间**.

显然,函数项级数(1)在收敛域的每个点都有和.于是,函数项级数(1)的和是定义在收敛域的函数,设此函数是 $S(x)$,即

$$\lim_{n \to \infty} S_n(x) = S(x) \tag{3}$$

或

$$S(x) = \sum_{n=1}^{\infty} u_n(x) = u_1(x) + u_2(x) + \cdots + u_n(x) + \cdots,$$

称 $S(x)$ 是函数项级数(1)在收敛域的**和函数**.

函数项级数(1)的和函数 $S(x)$ 与它的 $n$ 项部分和的差,记为 $R_n(x)$,即

$$R_n(x) = S(x) - S_n(x) = u_{n+1}(x) + u_{n+2}(x) + \cdots,$$

称为函数项级数(1)的第 $n$ 项**余和**.由(3)式知,对收敛域内任意 $x$,有

$$\lim_{n \to \infty} R_n(x) = \lim_{n \to \infty} \left[ S(x) - S_n(x) \right] = 0.$$

**例1**　讨论函数项级数 $\displaystyle\sum_{n=0}^{\infty} x^n$ 的收敛域.

**解**　函数项级数 $\displaystyle\sum_{n=0}^{\infty} x^n$ 是几何级数,公比是 $x$.当 $|x| \geqslant 1$ 时,函数项级数 $\displaystyle\sum_{n=0}^{\infty} x^n$ 发散;当 $|x| < 1$ 时,函数项级数 $\displaystyle\sum_{n=0}^{\infty} x^n$ 收敛,和函数 $S(x) = \dfrac{1}{1-x}$,即

$$\frac{1}{1-x} = 1 + x + x^2 + \cdots + x^n + \cdots.$$

于是,它的收敛域是收敛区间$(-1,1)$.

**例 2** 讨论函数项级数$\sum\limits_{n=1}^{\infty}\dfrac{\sin^n x}{n^2}$的收敛域.

**解** $\forall x \in \mathbf{R}$,有

$$\left|\frac{\sin^n x}{n^2}\right| \leqslant \frac{1}{n^2}.$$

已知级数$\sum\limits_{n=1}^{\infty}\dfrac{1}{n^2}$收敛,根据§9.1比较判别法,$\forall x \in \mathbf{R}$,函数项级数$\sum\limits_{n=1}^{\infty}\dfrac{\sin^n x}{n^2}$都收敛.于是,它的收敛域是实数集$\mathbf{R}$.

**例 3** 讨论函数项级数$\sum\limits_{n=1}^{\infty}\dfrac{\cos nx}{n}$的收敛域.

**解** 由§9.1例14知,$x \neq 2k\pi(k \in \mathbf{Z})$,级数$\sum\limits_{n=1}^{\infty}\dfrac{\cos nx}{n}$收敛;$x = 2k\pi(k \in \mathbf{Z})$,级数

$\sum\limits_{n=1}^{\infty}\dfrac{\cos nx}{n} = \sum\limits_{n=1}^{\infty}\dfrac{1}{n}$发散.于是,它的收敛域是$\mathbf{R} \setminus \{2k\pi \mid k \in \mathbf{Z}\}$.

## 二、一致收敛概念

设函数项级数$\sum\limits_{n=1}^{\infty}u_n(x)$在收敛区间$I$① 的和函数是$S(x)$,即

$$S(x) = \sum_{n=1}^{\infty}u_n(x), \quad x \in I.$$

我们将通过函数项级数的每一项所具有的连续性、可微性与可积性相应地讨论和函数的连续性、可微性与可积性.

一般来说,函数项级数$\sum\limits_{n=1}^{\infty}u_n(x)$的每一项$u_n(x)(n \in \mathbf{N}_+)$都在区间$I$连续,它的和函数$S(x)$在区间$I$可能不连续.例如,函数项级数

$$\frac{x}{1+x} + \frac{x}{(1+x)^2} + \cdots + \frac{x}{(1+x)^n} + \cdots$$

的每一项$\dfrac{x}{(1+x)^n}(n \in \mathbf{N}_+)$都在区间$[0,1]$连续,而它的和函数$S(x)$在区间$[0,1]$却不连续.

事实上,函数项级数$\sum\limits_{n=1}^{\infty}\dfrac{x}{(1+x)^n}$是首项为$\dfrac{x}{1+x}$,公比为$\dfrac{1}{1+x}$的几何级数.$\forall x > 0$,$\dfrac{1}{1+x} < 1$,有

$$S(x) = \sum_{n=1}^{\infty}\frac{x}{(1+x)^n} = \frac{\dfrac{x}{1+x}}{1 - \dfrac{1}{1+x}} = 1,$$

---

① 区间$I$可以是开区间、闭区间、半开区间、有限区间或无限区间.

$x=0$，函数项级数每项都是 0，有

$$S(0)=0.$$

显然，和函数

$$S(x)=\begin{cases}1, & 0<x\le 1,\\ 0, & x=0\end{cases}$$

在区间 $[0,1]$ 不连续.

一般来说，函数项级数 $\sum\limits_{n=1}^{\infty}u_n(x)$ 的每一项 $u_n(x)$ 都在区间 $[a,b]$ 可积，其和函数 $S(x)$ 在区间 $[a,b]$ 不一定可积，即使和函数 $S(x)$ 在区间 $[a,b]$ 可积，而每项积分之和也不一定等于和函数的积分，即

$$\int_a^b S(x)\,\mathrm{d}x\ne\sum_{n=1}^{\infty}\int_a^b u_n(x)\,\mathrm{d}x.$$

对可微也有类似的情况.那么，在什么条件之下，函数项级数每一项所具有的分析性质，其和函数也同样具有，且函数项级数的每项积分（极限、导数）之和等于和函数的积分（极限、导数）呢？而极限函数的连续性、可积性、可微性都不只牵涉一点的性质，为此必须进一步"加强"级数收敛的概念，引入一个新概念———一致收敛.

设函数项级数 $\sum\limits_{n=1}^{\infty}u_n(x)$ 在区间 $I$ 收敛，和函数是 $S(x)$，即 $\forall x\in I$，有

$$S(x)=\sum_{n=1}^{\infty}u_n(x).$$

如果 $\alpha\in I$，则数项级数 $\sum\limits_{n=1}^{\infty}u_n(\alpha)$ 收敛，有

$$S(\alpha)=u_1(\alpha)+u_2(\alpha)+\cdots+u_n(\alpha)+\cdots, \tag{4}$$

即 $\forall\varepsilon>0$，$\exists N_\alpha\in\mathbf{N}_+$（$N_\alpha$ 取最小者），$\forall n>N_\alpha$，有

$$|S(\alpha)-S_n(\alpha)|=|R_n(\alpha)|<\varepsilon. \tag{5}$$

如果 $\beta\in I$，且 $\beta\ne\alpha$，则数项级数 $\sum\limits_{n=1}^{\infty}u_n(\beta)$ 收敛，有

$$S(\beta)=u_1(\beta)+u_2(\beta)+\cdots+u_n(\beta)+\cdots, \tag{6}$$

即对上述同样的 $\varepsilon>0$，$\exists N_\beta\in\mathbf{N}_+$（$N_\beta$ 取最小者），$\forall n>N_\beta$，有

$$|S(\beta)-S_n(\beta)|=|R_n(\beta)|<\varepsilon. \tag{7}$$

一般来说，数项级数（4）与（6）是不相同的，因此它们收敛的速度①不同，在 $\varepsilon$ 相等的情况下，使不等式（5）与（7）成立的正整数 $N$ 也是不相等的.使不等式（5）成立的 $N=N_\alpha$，使不等式（7）成立的 $N=N_\beta$.由此可见，对任意给定的 $\varepsilon>0$，对区间 $I$ 内不同的点 $x$，各自存在相应的正整数 $N_x$（取最小者），$\forall n>N_x$，有

$$|S(x)-S_n(x)|=|R_n(x)|<\varepsilon. \tag{8}$$

区间 $I$ 有无限多个点 $x$，因而对应着无限多个正整数 $N_x$（$\forall n>N_x$，有 $|R_n(x)|<\varepsilon$），这无限多个正整数 $N_x$ 中是否存在最大的呢？换句话说，对区间 $I$ 内所有的点 $x$ 是否存在一

---

① $N_\alpha$ 的大小刻画了级数（4）收敛的速度，$N_\alpha$ 愈小，收敛的速度愈快；$N_\alpha$ 愈大，收敛的速度愈慢.

个"通用"的正整数$N(\forall n>N,\forall x\in I$,有$|R_n(x)|<\varepsilon)$呢？事实上,有的函数项级数在区间$I$存在着通用的正整数$N$,有的函数项级数在区间$I$不存在通用的正整数$N$.于是,有下面的一致收敛和非一致收敛概念：

**定义** 设函数项级数$\displaystyle\sum_{n=1}^{\infty}u_n(x)$在区间$I$收敛于和函数$S(x)$.若$\forall\varepsilon>0$,$\exists N\in\mathbf{N}_+$,$\forall n>N$(通用),$\forall x\in I$,有

$$|S(x)-S_n(x)|=|R_n(x)|<\varepsilon,\tag{9}$$

则称函数项级数$\displaystyle\sum_{n=1}^{\infty}u_n(x)$在区间$I$**一致收敛**或**一致收敛**于和函数$S(x)$.

不等式(9)可改写成

$$S(x)-\varepsilon<S_n(x)<S(x)+\varepsilon.$$

若和函数$S(x)$在区间$I$的图像是一条连续曲线,则函数项级数$\displaystyle\sum_{n=1}^{\infty}u_n(x)$在区间$I$一致收敛于和函数$S(x)$的几何意义是,不论给定的以曲线$S(x)+\varepsilon$与$S(x)-\varepsilon$为边界的带形区域怎样窄,总存在正整数$N$(通用的$N$),$\forall n>N$,任意一个部分和$S_n(x)$的图像都位于这个带形区域之内,如图9.1.

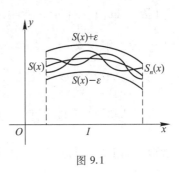

图 9.1

若函数项级数在某个区间不存在通用的$N$,就是非一致收敛.现将一致收敛与非一致收敛列表对比如下：

| 函数项级数 $\displaystyle\sum_{n=1}^{\infty}u_n(x)$ 在区间 $I$ | |
| --- | --- |
| 一致收敛于 $S(x)$ | $\forall\varepsilon>0$,$\exists N\in\mathbf{N}_+$,$\forall n>N$,$\forall x\in I$,有 $|S(x)-S_n(x)|<\varepsilon$ |
| 非一致收敛于 $S(x)$ | $\exists\varepsilon_0>0$,$\forall N\in\mathbf{N}_+$,$\exists n_0>N$,$\exists x_0\in I$,有 $|S(x_0)-S_{n_0}(x_0)|\geq\varepsilon_0$ |

**例 4** 证明：函数项级数$\displaystyle\sum_{n=0}^{\infty}x^n$

1）在$[-1+\delta,1-\delta]$(其中$0<\delta<1$)一致收敛；

2）在$(-1,1)$非一致收敛.

**证明** $\forall x\in[0,1)$,有

$$|S(x)-S_n(x)|=|R_n(x)|=|x^n+x^{n+1}+\cdots|=\left|\frac{x^n}{1-x}\right|=\frac{|x|^n}{1-x}.$$

1）$\forall x\in[-1+\delta,1-\delta]$,即$|x|\in[0,1-\delta]$,$\forall\varepsilon>0$,要使不等式

$$|S(x)-S_n(x)|=|R_n(x)|=\frac{|x|^n}{1-x}\leq\frac{(1-\delta)^n}{\delta}<\varepsilon$$

成立.从不等式$\dfrac{(1-\delta)^n}{\delta}<\varepsilon$解得$n>\dfrac{\ln\varepsilon\delta}{\ln(1-\delta)}$.取$N=\left[\dfrac{\ln\varepsilon\delta}{\ln(1-\delta)}\right]$,于是,$\forall\varepsilon>0$,$\exists N=\left[\dfrac{\ln\varepsilon\delta}{\ln(1-\delta)}\right]\in\mathbf{N}_+$,$\forall n>N$,$\forall x\in[-1+\delta,1-\delta]$,有

$$|S(x)-S_n(x)|<\varepsilon,$$

即函数项级数 $\sum\limits_{n=0}^{\infty} x^n$ 在 $[-1+\delta,1-\delta]$ 一致收敛.

2) $\exists\,\varepsilon_0=1,\forall N\in\mathbf{N}_+,\exists\,n_0>N,\exists\,x_0=1-\dfrac{1}{n_0}\in(-1,1)$，有

$$|S(x_0)-S_{n_0}(x_0)|=|R_{n_0}(x_0)|=\frac{\left(1-\dfrac{1}{n_0}\right)^{n_0}}{\dfrac{1}{n_0}}=n_0\left(1-\frac{1}{n_0}\right)^{n_0}\geqslant 1$$

$\left(\text{因为}\lim\limits_{n\to\infty}\left(1-\dfrac{1}{n}\right)^n=\dfrac{1}{\mathrm{e}},\text{所以}\,\exists\,n_0\in\mathbf{N}_+,\text{使}\,n_0\left(1-\dfrac{1}{n_0}\right)^{n_0}\geqslant 1\right).$ 即函数项级数 $\sum\limits_{n=0}^{\infty} x^n$ 在 $(-1,1)$ 非一致收敛.

请注意,这个函数项级数 $\sum\limits_{n=0}^{\infty} x^n$ 在 $(-1,1)$ 非一致收敛,而在它的任何一个闭子区间 $[-1+\delta,1-\delta]\subset(-1,1)$ 都一致收敛.一般来说,若函数项级数 $\sum\limits_{n=1}^{\infty} u_n(x)$ 在区间 $I$ 上非一致收敛,而在 $I$ 内任何一个闭子区间上都一致收敛,则称函数项级数 $\sum\limits_{n=1}^{\infty} u_n(x)$ 在 $I$ **内闭一致收敛**.

## 三、一致收敛判别法

讨论和函数的分析性质经常要判别函数项级数的一致收敛性.如果函数项级数的和函数或余和易于求得,判别它的一致收敛性可应用上述的一致收敛定义.有时虽然知道函数项级数 $\sum\limits_{n=1}^{\infty} u_n(x)$ 在区间 $I$ 收敛,但很难求得它的和函数或余和,这时要判别此函数项级数在区间 $I$ 的一致收敛性就需要根据函数项级数自身的结构,找到判别一致收敛性的判别法.

**定理 1（柯西一致收敛准则）** 函数项级数 $\sum\limits_{n=1}^{\infty} u_n(x)$ 在区间 $I$ 一致收敛 $\Longleftrightarrow \forall\,\varepsilon>0$, $\exists\,N\in\mathbf{N}_+,\forall\,n>N,\forall\,p\in\mathbf{N}_+,\forall\,x\in I$,有

$$|u_{n+1}(x)+u_{n+2}(x)+\cdots+u_{n+p}(x)|<\varepsilon.$$

**证明** （$\Rightarrow$）已知函数项级数 $\sum\limits_{n=1}^{\infty} u_n(x)$ 在区间 $I$ 一致收敛,设其和函数是 $S(x)$,即 $\forall\,\varepsilon>0,\exists\,N\in\mathbf{N}_+,\forall\,n>N,\forall\,p\in\mathbf{N}_+,\forall\,x\in I$,有

$$|S(x)-S_n(x)|<\varepsilon.$$

也有

$$|S(x)-S_{n+p}(x)|<\varepsilon.$$

于是,

$$|u_{n+1}(x)+u_{n+2}(x)+\cdots+u_{n+p}(x)|$$
$$=|S_{n+p}(x)-S_n(x)|$$

$$= |S_{n+p}(x) - S(x) + S(x) - S_n(x)|$$
$$\leqslant |S(x) - S_{n+p}(x)| + |S(x) - S_n(x)|$$
$$< \varepsilon + \varepsilon = 2\varepsilon.$$

($\Leftarrow$) 已知 $\forall \varepsilon > 0$, $\exists N \in \mathbf{N}_+$, $\forall n > N$, $\forall p \in \mathbf{N}_+$, $\forall x \in I$, 有

$$|u_{n+1}(x) + u_{n+2}(x) + \cdots + u_{n+p}(x)| = |S_{n+p}(x) - S_n(x)| < \varepsilon.$$

从而, 函数项级数 $\sum\limits_{n=1}^{\infty} u_n(x)$ 在区间 $I$ 收敛, 设其和函数是 $S(x)$. 因为 $p$ 是任意正整数, 所以当 $p \to \infty$ 时, 上述不等式有

$$|S(x) - S_n(x)| \leqslant \varepsilon,$$

即函数项级数 $\sum\limits_{n=1}^{\infty} u_n(x)$ 在区间 $I$ 一致收敛.

在上面定理 1 中, 取 $p = 1$, 即

$$\forall \varepsilon > 0, \exists N \in \mathbf{N}_+, \forall n > N, p = 1, \forall x \in I, 有 |u_{n+1}(x)| < \varepsilon.$$

就得到级数一致收敛的一个必要条件:

函数项级数 $\sum\limits_{n=1}^{\infty} u_n(x)$ 在区间 $I$ 上一致收敛的必要条件是它的通项 $u_n(x)$ 在 $I$ 上一致收敛于 0.

这个必要条件常被用来判别函数项级数的非一致收敛性, 非常方便.

**例 5**　证明函数项级数 $\sum\limits_{n=1}^{\infty} n e^{-nx}$ 在 $(0, +\infty)$ 上非一致收敛.

**证明**　只需证明它的通项 $u_n(x) = n e^{-nx}$ 在 $(0, +\infty)$ 上非一致收敛于 0. 即 $\exists 1 > 0$, $\forall N \in \mathbf{N}_+$, $\exists n_0 > N$, $\exists x_0 = \dfrac{1}{n_0} \in (0, +\infty)$, 有

$$u_{n_0}\left(\frac{1}{n_0}\right) = n_0 e^{-n_0 \frac{1}{n_0}} = n_0 e^{-1} \geqslant 1.$$

于是, 函数项级数 $\sum\limits_{n=1}^{\infty} n e^{-nx}$ 在 $(0, +\infty)$ 上非一致收敛.

**定理 2($M$ 判别法)**　有函数项级数 $\sum\limits_{n=1}^{\infty} u_n(x)$, $I$ 是区间. 若存在收敛的正项级数 $\sum\limits_{n=1}^{\infty} a_n$, $\forall n \in \mathbf{N}_+$, $\forall x \in I$, 有

$$|u_n(x)| \leqslant a_n,$$

则函数项级数 $\sum\limits_{n=1}^{\infty} u_n(x)$ 在区间 $I$ 一致收敛.

**证明**　已知正项级数 $\sum\limits_{n=1}^{\infty} a_n$ 收敛, 根据柯西收敛准则($\S 9.1$ 定理 1), 即 $\forall \varepsilon > 0$, $\exists N \in \mathbf{N}_+$, $\forall n > N$, $\forall p \in \mathbf{N}_+$, 有

$$a_{n+1} + a_{n+2} + \cdots + a_{n+p} < \varepsilon.$$

由已知条件, $\forall x \in I$, 有

$$|u_{n+1}(x)+u_{n+2}(x)+\cdots+u_{n+p}(x)|$$

$$\leqslant|u_{n+1}(x)|+|u_{n+2}(x)|+\cdots+|u_{n+p}(x)|$$

$$\leqslant a_{n+1}+a_{n+2}+\cdots+a_{n+p}<\varepsilon,$$

即函数项级数 $\displaystyle\sum_{n=1}^{\infty}u_n(x)$ 在区间 $I$ 一致收敛.

满足不等式 $|u_n(x)|\leqslant a_n$ 的数项级数 $\displaystyle\sum_{n=1}^{\infty}a_n$，称为函数项级数 $\displaystyle\sum_{n=1}^{\infty}u_n(x)$ 在区间 $I$ 上的**优级数**.定理 2 是说,若函数项级数在区间 $I$ 上存在收敛的优级数,则在区间 $I$ 上一致收敛.

**例 6** 讨论函数项级数 $\displaystyle\sum_{n=1}^{\infty}\left(\dfrac{x^n}{n}-\dfrac{x^{n+1}}{n+1}\right)$ 在区间 $[-1,1]$ 上的一致收敛性.

**解** 应用定理 1. $\forall x\in[-1,1]$，即 $|x|\leqslant 1$，$\forall\varepsilon>0$，$\forall p\in\mathbf{N}_+$，要使不等式

$$|S_{n+p}(x)-S_n(x)|$$

$$=\left|\left(\frac{x^{n+1}}{n+1}-\frac{x^{n+2}}{n+2}\right)+\left(\frac{x^{n+2}}{n+2}-\frac{x^{n+3}}{n+3}\right)+\cdots+\left(\frac{x^{n+p}}{n+p}-\frac{x^{n+p+1}}{n+p+1}\right)\right|$$

$$=\left|\frac{x^{n+1}}{n+1}-\frac{x^{n+p+1}}{n+p+1}\right|\leqslant\frac{|x|^{n+1}}{n+1}+\frac{|x|^{n+p+1}}{n+p+1}$$

$$\leqslant\frac{1}{n+1}+\frac{1}{n+p+1}<\frac{2}{n+1}<\varepsilon$$

成立.从不等式 $\dfrac{2}{n+1}<\varepsilon$ 解得 $n>\dfrac{2}{\varepsilon}-1$.取 $N=\left[\dfrac{2}{\varepsilon}-1\right]$.于是,$\forall\varepsilon>0$，$\exists N=\left[\dfrac{2}{\varepsilon}-1\right]\in\mathbf{N}_+$，$\forall n>N$，$\forall p\in\mathbf{N}_+$，$\forall x\in[-1,1]$，有

$$|S_{n+p}(x)-S_n(x)|<\varepsilon,$$

即函数项级数 $\displaystyle\sum_{n=1}^{\infty}\left(\dfrac{x^n}{n}-\dfrac{x^{n+1}}{n+1}\right)$ 在区间 $[-1,1]$ 一致收敛.

**例 7** 证明:

1) $\displaystyle\sum_{n=1}^{\infty}\dfrac{x^n}{n!}$ 在区间 $[-a,a]$（$a$ 是正数）一致收敛;

2) $\displaystyle\sum_{n=1}^{\infty}\dfrac{x}{1+n^4x^2}$ 在 $\mathbf{R}$ 一致收敛.

**证明** 1) $\forall x\in[-a,a]$，即 $|x|\leqslant a$，有

$$\left|\frac{x^n}{n!}\right|=\frac{|x|^n}{n!}\leqslant\frac{a^n}{n!}.$$

已知优级数 $\displaystyle\sum_{n=1}^{\infty}\dfrac{a^n}{n!}$ 收敛,根据定理 2,函数项级数 $\displaystyle\sum_{n=1}^{\infty}\dfrac{x^n}{n!}$ 在区间 $[-a,a]$ 一致收敛.

2) $\forall x\in\mathbf{R}$，有

$$\left| \frac{x}{1+n^4x^2} \right| = \left| \frac{2n^2x}{1+n^4x^2} \cdot \frac{1}{2n^2} \right| \leqslant \frac{1}{2n^2}. \text{①}$$

已知优级数 $\sum\limits_{n=1}^{\infty} \dfrac{1}{2n^2}$ 收敛,根据定理 2,函数项级数 $\sum\limits_{n=1}^{\infty} \dfrac{x}{1+n^4x^2}$ 在 **R** 一致收敛.

**注** 定理 2(M 判别法)是判别函数项级数一致收敛的很简便的判别法.但是这个方法有很大的局限性,凡能用 M 判别法判别函数项级数必是一致收敛,此函数项级数必然是绝对收敛;如果函数项级数是一致收敛,而非绝对收敛,即条件收敛,那么就不能使用 M 判别法.对于条件收敛的函数项级数,判别其一致收敛,有下面的狄利克雷判别法与阿贝尔判别法.

首先给出几个概念:

**定义** 设函数列 $\{u_n(x)\}$ 的每个函数 $u_n(x)$ 都在数集 A 有定义.

1)若 $\forall x \in A$,数列 $\{u_n(x)\}$ 单调增加(单调减少),则称函数列 $\{u_n(x)\}$ 在 A **单调增加(单调减少)**.单调增加或单调减少,统称为**单调**.

2)若 $\exists M > 0$,$\forall n \in \mathbf{N}_+$,$\forall x \in A$,有 $|u_n(x)| \leqslant M$,则称函数列 $\{u_n(x)\}$ 在 A **一致有界**.

前面有判别变号级数条件收敛的狄利克雷判别法和阿贝尔判别法,完全类似地有判别函数项级数一致收敛性的狄利克雷判别法和阿贝尔判别法:

**定理 3(狄利克雷判别法)** 若级数 $\sum\limits_{n=1}^{\infty} a_n(x)b_n(x)$ 满足下面两个条件:

1)函数列 $\{a_n(x)\}$ 对每个 $x \in I$ 是单调的,且在区间 I 一致收敛于 0;

2)函数项级数 $\sum\limits_{n=1}^{\infty} b_n(x)$ 的部分和函数列 $\{B_n(x)\}$ 在区间 I 一致有界,

则函数项级数 $\sum\limits_{n=1}^{\infty} a_n(x)b_n(x)$ 在区间 I 一致收敛.

**证明** 已知函数列 $\{a_n(x)\}$ 一致收敛于 0,即 $\forall \varepsilon > 0$,$\exists N \in \mathbf{N}_+$,$\forall n > N$,$\forall x \in I$,有
$$|a_{n+1}(x)| < \varepsilon.$$

又已知函数项级数 $\sum\limits_{n=1}^{\infty} b_n(x)$ 的部分和函数列 $\{B_n(x)\}$ 在区间 I 一致有界,即 $\exists M > 0$,$\forall n \in \mathbf{N}_+$,$\forall x \in I$,有
$$|B_n(x)| \leqslant M.$$

从而,有
$$|b_{n+1}(x)+b_{n+2}(x)+\cdots+b_{n+p}(x)| = |B_{n+p}(x)-B_n(x)| \leqslant |B_{n+p}(x)|+|B_n(x)| \leqslant 2M.$$

根据阿贝尔变换(§8.4),$\forall x \in I$,有
$$|a_{n+1}(x)b_{n+1}(x)+a_{n+2}(x)b_{n+2}(x)+\cdots+a_{n+p}(x)b_{n+p}(x)| \leqslant 2Ma_{n+1}(x).$$

于是,$\forall \varepsilon > 0$,$\exists N \in \mathbf{N}_+$,$\forall n > N$,$\forall p \in \mathbf{N}_+$,$\forall x \in I$,有
$$|a_{n+1}(x)b_{n+1}(x)+a_{n+2}(x)b_{n+2}(x)+\cdots+a_{n+p}(x)b_{n+p}(x)| < 2M\varepsilon,$$

---

① 因为 $1-2n^2x+n^4x^2 = (1-n^2x)^2 \geqslant 0$,所以 $2n^2x \leqslant 1+n^4x^2$,即 $\dfrac{2n^2x}{1+n^4x^2} \leqslant 1$.

即函数项级数 $\sum\limits_{n=1}^{\infty} a_n(x)b_n(x)$ 在区间 $I$ 一致收敛.

**定理4(阿贝尔判别法)** 若级数 $\sum\limits_{n=1}^{\infty} a_n(x)b_n(x)$ 满足下面两个条件:

1) 函数列 $\{a_n(x)\}$ 对每个 $x \in I$ 是单调的,且在区间 $I$ 一致有界;

2) 函数项级数 $\sum\limits_{n=1}^{\infty} b_n(x)$ 在区间 $I$ 一致收敛,

则函数项级数 $\sum\limits_{n=1}^{\infty} a_n(x)b_n(x)$ 在区间 $I$ 一致收敛.

**证明** 不妨设函数列 $\{a_n(x)\}$ 在区间 $I$ 单调减少.已知它在区间 $I$ 一致有界,即 $\exists M>0, \forall n \in \mathbf{N}_+, \forall x \in I$,有

$$|a_n(x)| \leqslant M.$$

有

$$M \geqslant a_1(x) \geqslant a_2(x) \geqslant \cdots \geqslant a_n(x) \geqslant \cdots \geqslant -M.$$

从而,$\forall x \in I$,有

$$a_1(x)+M \geqslant a_2(x)+M \geqslant \cdots \geqslant a_n(x)+M \geqslant \cdots \geqslant 0.$$

又已知函数项级数 $\sum\limits_{n=1}^{\infty} b_n(x)$ 在区间 $I$ 一致收敛,即 $\forall \varepsilon>0, \exists N \in \mathbf{N}_+, \forall n>N, \forall p \in \mathbf{N}_+, \forall x \in I$,有

$$|b_{n+1}(x)+b_{n+2}(x)+\cdots+b_{n+p}(x)| < \varepsilon.$$

由阿贝尔变换(§8.4),有

$$|[a_{n+1}(x)+M]b_{n+1}(x)+[a_{n+2}(x)+M]b_{n+2}(x)+\cdots+[a_{n+p}(x)+M]b_{n+p}(x)|$$
$$\leqslant [a_{n+1}(x)+M]\varepsilon \leqslant 2M\varepsilon,$$

即函数项级数 $\sum\limits_{n=1}^{\infty} [a_n(x)+M]b_n(x)$ 在区间 $I$ 一致收敛.

已知函数项级数 $\sum\limits_{n=1}^{\infty} Mb_n(x)$ 在区间 $I$ 一致收敛(见练习题9.2(一)第4题);两个函数项级数在区间 $I$ 都一致收敛,它们的"差"在区间 $I$ 也一致收敛(见练习题9.2(一)第5题).因此,函数项级数

$$\sum_{n=1}^{\infty} a_n(x)b_n(x) = \sum_{n=1}^{\infty} [a_n(x)b_n(x) + Mb_n(x) - Mb_n(x)]$$
$$= \sum_{n=1}^{\infty} [a_n(x) + M]b_n(x) - \sum_{n=1}^{\infty} Mb_n(x)$$

在区间 $I$ 一致收敛.

以上两个一致收敛的判别法(定理3与定理4)的条件互有强弱,与§9.1的定理11与定理12非常类似.

**例8** 证明:函数项级数 $\sum\limits_{n=1}^{\infty} \dfrac{\sin nx}{n}$ 在区间 $[\delta, 2\pi-\delta]$ $(0<\delta<\pi)$ 一致收敛.

**证明** $\forall x \in [\delta, 2\pi-\delta], \forall n \in \mathbf{N}_+$,有(见§9.1,例14)

$$\left| \sum_{k=1}^{n} \sin kx \right| = \left| \frac{\cos \frac{1}{2}x - \cos\left(n + \frac{1}{2}\right)x}{2\sin \frac{1}{2}x} \right| \le \frac{1}{\left| \sin \frac{1}{2}x \right|} \le \frac{1}{\sin \frac{1}{2}\delta} = M.$$

即函数项级数 $\sum\limits_{n=1}^{\infty} \sin nx$ 的部分和函数列在 $[\delta, 2\pi-\delta]$ 一致有界,而数列 $\left\{\dfrac{1}{n}\right\}$ 单调减少趋近于 0(当然在 $[\delta, 2\pi-\delta]$ 也是一致收敛于 0).根据狄利克雷判别法,函数项级数 $\sum\limits_{n=1}^{\infty} \dfrac{\sin nx}{n}$ 在区间 $[\delta, 2\pi-\delta]$ 一致收敛.

## 四、函数列的一致收敛

如同数项级数与数列之间的关系一样,函数项级数与函数列只是形式不同,没有本质的区别.因为任意函数项级数 $\sum\limits_{n=1}^{\infty} u_n(x)$ 都对应着它的部分和函数列 $\{S_n(x)\}$.反之,任意函数列 $\{f_n(x)\}$,都对应着一个函数项级数 $\sum\limits_{n=1}^{\infty} [f_n(x) - f_{n-1}(x)]$ $(f_0(x) \equiv 0)$,此级数的部分和函数列恰是已知的函数列 $\{f_n(x)\}$.因此,关于函数项级数的一致收敛概念可相应地转移到函数列上来.

设函数列 $\{f_n(x)\}$ 的每个函数 $f_n(x)$ 在区间 $I$ 有定义.若 $\forall x \in I$,数列 $\{f_n(x)\}$ 都收敛,设它的极限是 $f(x)$,即 $\forall x \in I$,有

$$\lim_{n \to \infty} f_n(x) = f(x),$$

则称函数列 $\{f_n(x)\}$ 在区间 $I$ **收敛于** $f(x)$,并称 $f(x)$ 是函数列 $\{f_n(x)\}$ 的**极限函数**.

**定义** 设函数列 $\{f_n(x)\}$ 在区间 $I$ 收敛于极限函数 $f(x)$.若 $\forall \varepsilon > 0$,$\exists N \in \mathbf{N}_+$,$\forall n > N$,$\forall x \in I$,有

$$|f_n(x) - f(x)| < \varepsilon,$$

则称函数列 $\{f_n(x)\}$ 在区间 $I$ **一致收敛**或**一致收敛于极限函数** $f(x)$.

函数列一致收敛与非一致收敛列表对比如下:

| 函数列 $\{f_n(x)\}$ 在区间 $I$ | |
|---|---|
| 一致收敛于极限函数 $f(x)$ | $\forall \varepsilon > 0$,$\exists N \in \mathbf{N}_+$,$\forall n > N$,$\forall x \in I$,有 $|f_n(x) - f(x)| < \varepsilon$ |
| 非一致收敛于极限函数 $f(x)$ | $\exists \varepsilon_0 > 0$,$\forall N \in \mathbf{N}_+$,$\exists n_0 > N$,$\exists x_0 \in I$,有 $|f_{n_0}(x_0) - f(x_0)| \ge \varepsilon_0$ |

**例 9** 证明:函数列 $\{x^n\}$

1)在区间 $[0, \delta]$ $(0 < \delta < 1)$ 一致收敛;

2)在区间 $[0, 1)$ 非一致收敛.

**证明** $\forall x \in [0, 1)$,有

$$\lim_{n \to \infty} x^n = 0,$$

即函数列 $\{x^n\}$ 在 $[0,1)$ 的极限函数 $f(x) \equiv 0$.

1）$\forall \varepsilon > 0$，$\forall x \in [0, \delta]$，要使不等式

$$|f_n(x) - f(x)| = |x^n - 0| = |x|^n \leqslant \delta^n < \varepsilon$$

成立，从不等式 $\delta^n < \varepsilon$，解得 $n > \dfrac{\ln \varepsilon}{\ln \delta}$. 取 $N = \left[\dfrac{\ln \varepsilon}{\ln \delta}\right]$. 于是，$\forall \varepsilon > 0$，$\exists N = \left[\dfrac{\ln \varepsilon}{\ln \delta}\right] \in \mathbf{N}_+$，$\forall n > N$，$\forall x \in [0, \delta]$，有

$$|x^n - 0| < \varepsilon,$$

即函数列 $\{x^n\}$ 在 $[0, \delta]$ 一致收敛.

2）$\exists \varepsilon_0 = \dfrac{1}{2} > 0$，$\forall N \in \mathbf{N}_+$，$\exists n_0 > N$，$\exists x_0 = \left(\dfrac{1}{2}\right)^{\frac{1}{n_0}} \in [0,1)$，有

$$|f_{n_0}(x_0) - f(x_0)| = \left[\left(\dfrac{1}{2}\right)^{\frac{1}{n_0}}\right]^{n_0} = \dfrac{1}{2} = \varepsilon_0,$$

即函数列 $\{x^n\}$ 在 $[0,1)$ 非一致收敛.

仿照函数项级数的柯西一致收敛准则，不难平行地写出函数列的柯西一致收敛准则：

**定理 1′（柯西一致收敛准则）** 函数列 $\{f_n(x)\}$ 在区间 $I$ 一致收敛 $\Longleftrightarrow \forall \varepsilon > 0$，$\exists N \in \mathbf{N}_+$，$\forall n > N$，$\forall p \in \mathbf{N}_+$，$\forall x \in I$，有

$$|f_{n+p}(x) - f_n(x)| < \varepsilon.$$

函数列的一致收敛判别法原则上与函数项级数的一致收敛判别法是平行的. 由于二者形式上的区别，它们各有比较简便的一致收敛判别法.

一般来说，函数列 $\{f_n(x)\}$ 在区间 $I$ 收敛，它的极限函数较易求得. 因此判别函数列 $\{f_n(x)\}$ 在区间 $I$ 的一致收敛性经常使用如下的判别法：

**定理 5** 函数列 $\{f_n(x)\}$ 在区间 $I$ 一致收敛于极限函数 $f(x) \Longleftrightarrow \lim\limits_{n \to \infty} \left\{ \sup\limits_{x \in I} |f(x) - f_n(x)| \right\} = 0.$

**证明** （$\Rightarrow$）已知函数列 $\{f_n(x)\}$ 在区间 $I$ 一致收敛于极限函数 $f(x)$，即 $\forall \varepsilon > 0$，$\exists N \in \mathbf{N}_+$，$\forall n > N$，$\forall x \in I$，有

$$|f(x) - f_n(x)| < \varepsilon,$$

从而，

$$\sup_{x \in I} |f(x) - f_n(x)| \leqslant \varepsilon,$$

即 $\lim\limits_{n \to \infty} \left\{ \sup\limits_{x \in I} |f(x) - f_n(x)| \right\} = 0.$

（$\Leftarrow$）已知 $\lim\limits_{n \to \infty} \left\{ \sup\limits_{x \in I} |f(x) - f_n(x)| \right\} = 0$，即 $\forall \varepsilon > 0$，$\exists N \in \mathbf{N}_+$，$\forall n > N$，有

$$\sup_{x \in I} |f(x) - f_n(x)| < \varepsilon.$$

从而，$\forall x \in I$，有

$$|f(x) - f_n(x)| < \varepsilon.$$

即函数列 $\{f_n(x)\}$ 在区间 $I$ 一致收敛于极限函数 $f(x)$.

**例 10** 判别下列函数列在区间 $[0,1]$ 的一致收敛性：

1) $\left\{\dfrac{nx}{1+n+x}\right\}$ ;　　　　2) $\{nx(1-x)^n\}$ .

**解** 1) $\forall x \in [0,1]$ ,有

$$\lim_{n\to\infty}\frac{nx}{1+n+x}=x,$$

即极限函数 $f(x)=x$ .

$$\sup_{x\in[0,1]}|f_n(x)-f(x)|=\sup_{x\in[0,1]}\left|\frac{nx}{1+n+x}-x\right|=\sup_{x\in[0,1]}\frac{x(1+x)}{1+n+x}<\frac{2}{n}.$$

显然, $\lim\limits_{n\to\infty}\left\{\sup\limits_{x\in[0,1]}|f_n(x)-f(x)|\right\}=0$ ,即函数列 $\left\{\dfrac{nx}{1+n+x}\right\}$ 在 $[0,1]$ 一致收敛.

2) $\forall x \in [0,1]$ ,有

$$\lim_{n\to\infty}nx(1-x)^n=0,$$

即极限函数 $f(x)\equiv0$ .设函数

$$\varphi(x)=|f_n(x)-f(x)|=nx(1-x)^n,$$

函数 $\varphi(x)$ 在闭区间 $[0,1]$ 连续,必取得最大值.由

$$\varphi'(x)=n(1-x)^{n-1}[1-(n+1)x],$$

令 $\varphi'(x)=0$ ,解得稳定点 $1$ 与 $\dfrac{1}{n+1}$ .

$$\varphi(0)=\varphi(1)=0,\qquad\varphi\left(\frac{1}{n+1}\right)=\left(1-\frac{1}{n+1}\right)^{n+1}.$$

于是, $\dfrac{1}{n+1}\in[0,1]$ 是函数 $\varphi(x)$ 的极大点,最大值(极大值)是 $\left(1-\dfrac{1}{n+1}\right)^{n+1}$ ,有

$$\lim_{n\to\infty}\left\{\sup_{x\in[0,1]}|f_n(x)-f(x)|\right\}=\lim_{n\to\infty}\left\{\sup_{x\in[0,1]}\varphi(x)\right\}=\lim_{n\to\infty}\left(1-\frac{1}{n+1}\right)^{n+1}=\frac{1}{e}\neq0,$$

即函数列 $\{nx(1-x)^n\}$ 在 $[0,1]$ 非一致收敛.

## 练习题 9.2(一)

1. 判别下列函数项级数在指定区间的一致收敛性:

1) $\sum\limits_{n=0}^{\infty}(1-x)x^n$ ,① 在 $[0,1]$ ,② 在 $[0,\delta]$ (其中 $0<\delta<1$ );

2) $\sum\limits_{n=1}^{\infty}\dfrac{1}{(x+n)(x+n+1)}$ ,在 $(0,+\infty)$ ; $\left(\text{提示}:\dfrac{1}{(x+n)(x+n+1)}=\dfrac{1}{x+n}-\dfrac{1}{x+n+1}.\right)$

3) $\sum\limits_{n=1}^{\infty}\dfrac{x}{[(n-1)x+1](nx+1)}$ ,在 $(0,+\infty)$ .

2. 判别下列函数项级数在指定区间的一致收敛性:

1) $\sum\limits_{n=1}^{\infty}\dfrac{1}{x^2+n^2}$ ,在 $\mathbf{R}$ 上;　　　　2) $\sum\limits_{n=1}^{\infty}\dfrac{(-1)^n}{x+2^n}$ ,在 $(-2,+\infty)$ ;

3) $\sum\limits_{n=1}^{\infty} \dfrac{nx}{1+n^5x^2}$,在 **R** 上;      4) $\sum\limits_{n=1}^{\infty} \dfrac{\sin nx}{\sqrt[3]{n^4+x^4}}$,在 **R** 上;

5) $\sum\limits_{n=1}^{\infty} 2^n \sin \dfrac{1}{3^nx}$,在 $(0,+\infty)$.

3. 证明:若函数项级数 $\sum\limits_{n=1}^{\infty} |f_n(x)|$ 在区间 $I$ 一致收敛,则函数项级数 $\sum\limits_{n=1}^{\infty} f_n(x)$ 在区间 $I$ 也一致收敛.反之是否成立? 考虑函数项级数

$$\sum_{n=1}^{\infty} (-1)^n(1-x)x^n, \quad x \in [0,1].$$

4. 证明:若函数项级数 $\sum\limits_{n=1}^{\infty} f_n(x)$ 在 $[a,b]$ 一致收敛,且函数 $\varphi(x)$ 在 $[a,b]$ 有界,则函数项级数 $\sum\limits_{n=1}^{\infty} \varphi(x)f_n(x)$ 在 $[a,b]$ 也一致收敛.

5. 证明:若函数项级数 $\sum\limits_{n=1}^{\infty} f_n(x)$ 与 $\sum\limits_{n=1}^{\infty} g_n(x)$ 在区间 $I$ 都一致收敛,则函数项级数 $\sum\limits_{n=1}^{\infty} [af_n(x)+bg_n(x)]$ 在区间 $I$ 也一致收敛,其中 $a$ 与 $b$ 是常数.

6. 证明:若函数项级数 $\sum\limits_{n=1}^{\infty} |f_n(x)|$ 在区间 $I$ 一致收敛(亦称 $\sum\limits_{n=1}^{\infty} f_n(x)$ 在区间 $I$ 绝对一致收敛),函数列 $\{g_n(x)\}$ 在区间 $I$ 一致有界,则函数项级数 $\sum\limits_{n=1}^{\infty} f_n(x)g_n(x)$ 在区间 $I$ 一致收敛.

7. 证明:函数项级数 $\sum\limits_{n=1}^{\infty} \dfrac{(-1)^{n-1}}{n+x^2}$ 在 **R** 一致收敛,但是 $\forall x \in$ **R**,它非绝对收敛.函数项级数 $\sum\limits_{n=1}^{\infty} \dfrac{x^2}{(1+x^2)^n}$,$\forall x \in$ **R** 都绝对收敛,但是在 **R** 它非一致收敛.这说明了什么?

8. 证明:若级数 $\sum\limits_{n=1}^{\infty} a_n$ 与 $\sum\limits_{n=1}^{\infty} b_n$ 绝对收敛,则函数项级数 $\sum\limits_{n=1}^{\infty} (a_n\cos nx+b_n\sin nx)$ 在 **R** 一致收敛.

9. 证明:若函数项级数 $\sum\limits_{n=1}^{\infty} u_n(x)$ 在区间 $I$ 一致收敛,则函数列 $\{u_n(x)\}$ 在区间 $I$ 一致收敛于 0.反之是否成立? 考虑函数项级数 $\sum\limits_{n=1}^{\infty} \dfrac{x^n}{n}$ 在区间 $(0,1)$ 的情况.

10. 证明:若函数 $f(x)$ 在 $(a,b)$ 有连续导数 $f'(x)$,且

$$f_n(x) = n\left[f\left(x+\dfrac{1}{n}\right)-f(x)\right],$$

则函数列 $\{f_n(x)\}$ 在 $[\alpha,\beta] \subset (a,b)$ 一致收敛于函数 $f'(x)$.

11. 证明:若函数列 $\{f_n(x)\}$ 在区间 $I_i(i=1,2,\cdots,m)$ 都一致收敛,则函数列 $\{f_n(x)\}$ 在 $\bigcup\limits_{i=1}^{m} I_i$ 也一致收敛.

12. 证明:若 $\forall n \in$ **N**$_+$,$\exists a_n>0$,$\forall x \in I$(区间),有

$$|f_{n+1}(x)-f_n(x)| \leqslant a_n,$$

且 $\sum\limits_{n=1}^{\infty} a_n$ 收敛,则函数列 $\{f_n(x)\}$ 在区间 $I$ 一致收敛.

13. 判别下列函数列在指定区间的一致收敛性:

1) $f_n(x)=\dfrac{1}{x+n}$,在 $(0,+\infty)$;    2) $f_n(x)=\sqrt{x^2+\dfrac{1}{n^2}}$,在 **R** 上;

3) $f_n(x) = \dfrac{\sin nx}{n}$, 在 **R** 上; 　　4) $f_n(x) = \sin \dfrac{x}{n}$, 在 **R** 上;

5) $f_n(x) = \dfrac{x^n}{1+x^n}$, ① 在 $[0, 1-\delta]$, ② 在 $[1-\delta, 1+\delta]$, ③ 在 $[1+\delta, +\infty)$, 其中 $0 < \delta < 1$.

14. 描绘下面函数列 $\{f_n(x)\}$ 的图像, 并求其极限函数. 证明函数列 $\{f_n(x)\}$ 在 **R** 非一致收敛:

$$f_n(x) = \begin{cases} -1, & x \leqslant -\dfrac{1}{n}, \\[2mm] nx, & -\dfrac{1}{n} < x < \dfrac{1}{n}, \\[2mm] 1, & \dfrac{1}{n} \leqslant x. \end{cases}$$

15. 证明: 若函数 $f_0(x)$ 在 $[0, a]$ 连续, $\forall n \in \mathbf{N}_+$, 有 $f_n(x) = \int_0^x f_{n-1}(t)\,\mathrm{d}t$, $0 \leqslant x \leqslant a$, 则函数列 $\{f_n(x)\}$ 在 $[0, a]$ 一致收敛于 0. (提示: $\exists M > 0$, $\forall x \in [0, a]$, 有 $|f_0(x)| \leqslant M$, $|f_1(x)| \leqslant \int_0^x |f_0(t)|\,\mathrm{d}t \leqslant Mx$, 又有 $|f_2(x)| \leqslant M\dfrac{x^2}{2!}, \cdots.$)

　　\* 　　　\* 　　　\* 　　　\* 　　　\* 　　　\* 　　　\* 　　　\*

16. 证明: 函数项级数 $\displaystyle\sum_{n=1}^{\infty} \left(1 - \cos\dfrac{x}{n}\right)$ 在区间 $[-a, a]$ $(a > 0)$ 一致收敛, 在 **R** 非一致收敛.

17. 证明: 若 $f_n(x) = \displaystyle\sum_{k=0}^{n} \dfrac{1}{n} f\left(x + \dfrac{k}{n}\right)$, 其中函数 $f(x)$ 在 **R** 连续, 则函数列 $\{f_n(x)\}$ 在任意区间 $[a, b]$ 都一致收敛.

18. 证明: 若函数列 $\{f_n(x)\}$ 在区间 $I$ 一致收敛于 $f(x)$, 而每个函数 $f_n(x)$ 在区间 $I$ 有界, 则函数列 $\{f_n(x)\}$ 在区间 $I$ 一致有界.

19. 证明: 若 $\forall n \in \mathbf{N}_+$, 函数 $\varphi_n(x)$ 在 $[a, b]$ 单调, 且级数 $\displaystyle\sum_{n=1}^{\infty} \varphi_n(a)$ 与 $\displaystyle\sum_{n=1}^{\infty} \varphi_n(b)$ 都绝对收敛, 则函数项级数 $\displaystyle\sum_{n=1}^{\infty} \varphi_n(x)$ 在 $[a, b]$ 一致收敛.

20. 证明: 若连续函数列 $\{f_n(x)\}$ 在 $[a, b]$ 一致收敛于 $f(x)$, $\forall n \in \mathbf{N}_+$, $x_n \in [a, b]$, 且 $x_n \to x (n \to \infty)$, 则

$$\lim_{n \to \infty} f_n(x_n) = f(x).$$

21. 证明: 若 $f_1(x) = f(x) = \dfrac{x}{\sqrt{1+x^2}}$, $\forall n \in \mathbf{N}_+$, $f_{n+1}(x) = f[f_n(x)]$, 则函数列 $\{f_n(x)\}$ 在 **R** 一致收敛于 0. (提示: 见练习题 1.3 第 10 题.)

## 五、和函数的分析性质

**定理 6**　若函数项级数 $\displaystyle\sum_{n=1}^{\infty} u_n(x)$ 在区间 $I$ 一致收敛于和函数 $S(x)$, 且 $\forall n \in \mathbf{N}_+$, $u_n(x)$ 在区间 $I$ 连续, 则和函数 $S(x)$ 在区间 $I$ 也连续.

　　**证法**　只需证明: 和函数 $S(x)$ 在 $\forall x_0 \in I$ 连续, 即 $\forall \varepsilon > 0$, $\exists \delta > 0$ (找到 $\delta$), $\forall x \in I$: $|x - x_0| < \delta$, 有 $|S(x) - S(x_0)| < \varepsilon$.

　　估算 $|S(x) - S(x_0)|$ 要借助与和函数 $S(x)$ 有密切联系的部分和函数 $S_n(x)$.

**证明** $\forall x_0 \in I$, 已知函数项级数 $\sum\limits_{n=1}^{\infty} u_n(x)$ 在区间 $I$ 一致收敛于和函数 $S(x)$, 即 $\forall \varepsilon > 0$, $\exists N \in \mathbf{N}_+$, $\forall n > N$, $\forall x \in I$, 有

$$|S(x) - S_n(x)| < \frac{\varepsilon}{3}.$$

取定正整数 $m > N$, $\forall x \in I$, 有

$$|S(x) - S_m(x)| < \frac{\varepsilon}{3}$$

与

$$|S(x_0) - S_m(x_0)| < \frac{\varepsilon}{3}.$$

已知部分和函数 $S_m(x)$ 在区间 $I$ 连续, 从而在 $x_0$ 必连续, 即对上述 $\varepsilon > 0$, $\exists \delta > 0$, $\forall x \in I: |x - x_0| < \delta$, 有

$$|S_m(x) - S_m(x_0)| < \frac{\varepsilon}{3}.$$

于是,

$$|S(x) - S(x_0)|$$
$$= |S(x) - S_m(x) + S_m(x) - S_m(x_0) + S_m(x_0) - S(x_0)|$$
$$\leqslant |S(x) - S_m(x)| + |S_m(x) - S_m(x_0)| + |S_m(x_0) - S(x_0)|$$
$$< \frac{\varepsilon}{3} + \frac{\varepsilon}{3} + \frac{\varepsilon}{3} = \varepsilon,$$

即和函数 $S(x)$ 在 $x_0$ 连续, 从而和函数 $S(x)$ 在区间 $I$ 连续.

$\forall x_0 \in I$, 定理 6 可写成

$$\lim_{x \to x_0} \sum_{n=1}^{\infty} u_n(x) = \lim_{x \to x_0} S(x) = S(x_0) = \sum_{n=1}^{\infty} u_n(x_0) = \sum_{n=1}^{\infty} \lim_{x \to x_0} u_n(x).$$

定理 6 指出, 在函数项级数一致收敛的条件下, 极限运算与无限和运算可以交换次序.

**定理 7** 若函数项级数 $\sum\limits_{n=1}^{\infty} u_n(x)$ 在 $[a, b]$ 一致收敛于和函数 $S(x)$, 且 $\forall n \in \mathbf{N}_+$, $u_n(x)$ 在 $[a, b]$ 连续, 则和函数 $S(x)$ 在 $[a, b]$ 可积, 且

$$\int_a^b S(x) \, \mathrm{d}x = \sum_{n=1}^{\infty} \int_a^b u_n(x) \, \mathrm{d}x.$$

简称逐项积分.

**证法** 由于

$$\sum_{n=1}^{\infty} \int_a^b u_n(x) \, \mathrm{d}x = \lim_{n \to \infty} \sum_{k=1}^{n} \int_a^b u_k(x) \, \mathrm{d}x = \lim_{n \to \infty} \int_a^b \left[ \sum_{k=1}^{n} u_k(x) \right] \mathrm{d}x = \lim_{n \to \infty} \int_a^b S_n(x) \, \mathrm{d}x,$$

只需证明, $\forall \varepsilon > 0$, $\exists N \in \mathbf{N}_+$, $\forall n > N$, 有

$$\left| \int_a^b S(x) \, \mathrm{d}x - \int_a^b S_n(x) \, \mathrm{d}x \right| \leqslant \int_a^b |S(x) - S_n(x)| \, \mathrm{d}x < \varepsilon.$$

估算 $\int_a^b |S(x) - S_n(x)| \, \mathrm{d}x$ 要用到函数项级数 $\sum\limits_{n=1}^{\infty} u_n(x)$ 在 $[a, b]$ 一致收敛于和函数 $S(x)$.

**证明** 根据定理 6,和函数 $S(x)$ 在 $[a,b]$ 连续,从而和函数 $S(x)$ 在 $[a,b]$ 可积.

已知函数项级数 $\sum\limits_{n=1}^{\infty} u_n(x)$ 在 $[a,b]$ 一致收敛于和函数 $S(x)$,即 $\forall \varepsilon>0, \exists N\in\mathbf{N}_+$, $\forall n>N, \forall x\in[a,b]$,有

$$|S(x)-S_n(x)|<\frac{\varepsilon}{b-a}.$$

于是,

$$\left|\int_a^b S(x)\,\mathrm{d}x-\int_a^b S_n(x)\,\mathrm{d}x\right| = \left|\int_a^b [S(x)-S_n(x)]\,\mathrm{d}x\right|$$

$$\leqslant \int_a^b |S(x)-S_n(x)|\,\mathrm{d}x<\frac{\varepsilon}{b-a}\int_a^b \mathrm{d}x=\varepsilon,$$

即

$$\int_a^b S(x)\,\mathrm{d}x=\lim_{n\to\infty}\int_a^b S_n(x)\,\mathrm{d}x=\sum_{n=1}^{\infty}\int_a^b u_n(x)\,\mathrm{d}x.$$

定理 7 可改写成

$$\int_a^b \left[\sum_{n=1}^{\infty} u_n(x)\right]\mathrm{d}x = \sum_{n=1}^{\infty}\int_a^b u_n(x)\,\mathrm{d}x.$$

定理 7 指出,在函数项级数一致收敛的条件下,定积分运算与无限和运算可以交换次序.

**定理 8** 若函数项级数 $\sum\limits_{n=1}^{\infty} u_n(x)$ 在区间 $I$ 满足下列条件:

1) 收敛于和函数 $S(x)$,即 $\forall x\in I$,有 $S(x)=\sum\limits_{n=1}^{\infty} u_n(x)$;

2) $\forall n\in\mathbf{N}_+, u_n(x)$ 有连续导函数;

3) 导函数的函数项级数 $\sum\limits_{n=1}^{\infty} u'_n(x)$ 一致收敛,

则和函数 $S(x)$ 在区间 $I$ 有连续导函数,且

$$S'(x)=\sum_{n=1}^{\infty} u'_n(x).$$

简称逐项微分.

**证法** 设 $p(x)=\sum\limits_{n=1}^{\infty} u'_n(x)$,只需证明 $p(x)=S'(x)$,应用逐项积分(定理 7)证明.

**证明** 已知函数项级数 $\sum\limits_{n=1}^{\infty} u'_n(x)$ 在区间 $I$ 满足定理 6 的条件,设它的和函数是 $p(x)$,即 $\forall x\in I$,

$$p(x)=\sum_{n=1}^{\infty} u'_n(x)$$

在区间 $I$ 连续. 任意取定 $a\in I, \forall x\in I$,根据定理 7,有

$$\int_a^x p(t)\,\mathrm{d}t = \sum_{n=1}^{\infty}\int_a^x u'_n(t)\,\mathrm{d}t = \sum_{n=1}^{\infty} u_n(t)\bigg|_a^x$$

$$= \sum_{n=1}^{\infty} \left[ u_n(x) - u_n(a) \right] = \sum_{n=1}^{\infty} u_n(x) - \sum_{n=1}^{\infty} u_n(a) = S(x) - S(a).$$

对上述等式的两端对 $x$ 求导数,有

$$p(x) = S'(x),$$

即和函数 $S(x)$ 在区间 $I$ 有连续导函数,且

$$S'(x) = \sum_{n=1}^{\infty} u_n'(x).$$

定理 8 可改写成

$$\frac{\mathrm{d}}{\mathrm{d}x} \sum_{n=1}^{\infty} u_n(x) = \sum_{n=1}^{\infty} \frac{\mathrm{d}}{\mathrm{d}x} u_n(x).$$

定理 8 指出,在 $\sum\limits_{n=1}^{\infty} u_n'(x)$ 一致收敛的条件下,求导运算与无限和运算可以交换次序.

以上三个定理告诉我们:收敛的函数项级数每项具有的分析性质,在一致收敛的条件下,其和函数也保持同样的分析性质(连续性、可积性、可微性),但是一致收敛仅是和函数保持同样的分析性质的充分条件,而非必要条件,实例从略.

**例 11** 讨论(和)函数

$$\zeta(x) = \sum_{n=1}^{\infty} \frac{1}{n^x}$$

的定义域,以及它在定义域的连续性与可微性.

**解** 函数项级数 $\sum\limits_{n=1}^{\infty} \dfrac{1}{n^x}$ 是广义调和级数,已知 $x > 1$ 时收敛;$x \leqslant 1$ 时发散,即函数 $\zeta(x)$ 的定义域是区间 $(1, +\infty)$.

$\forall x_0 \in (1, +\infty)$,$\exists \delta > 0$,有 $1 + \delta \leqslant x_0 < +\infty$. 已知 $\forall x \in [1+\delta, +\infty)$,有

$$\frac{1}{n^x} \leqslant \frac{1}{n^{1+\delta}}.$$

而级数 $\sum\limits_{n=1}^{\infty} \dfrac{1}{n^{1+\delta}}$ 收敛,由 $M$ 判别法,函数项级数 $\sum\limits_{n=1}^{\infty} \dfrac{1}{n^x}$ 在 $[1+\delta, +\infty)$ 一致收敛. $\forall n \in \mathbf{N}_+$,函数 $\dfrac{1}{n^x}$ 在 $[1+\delta, +\infty)$ 连续. 根据定理 6,函数 $\zeta(x)$ 在 $[1+\delta, +\infty)$ 连续,从而,函数 $\zeta(x)$ 在 $x_0$ 连续. 因为 $x_0$ 是 $(1, +\infty)$ 内任意一点,所以函数 $\zeta(x)$ 在其定义域 $(1, +\infty)$ 连续.

对函数项级数 $\sum\limits_{n=1}^{\infty} \dfrac{1}{n^x}$ 的每项求导数,得新级数

$$\sum_{n=1}^{\infty} \left( \frac{1}{n^x} \right)' = - \sum_{n=1}^{\infty} \frac{\ln n}{n^x}.$$

$\forall x_0 \in (1, +\infty)$,$\exists \delta > 0$,有 $1 + \delta \leqslant x_0 < +\infty$. 已知 $\forall x \in [1+\delta, +\infty)$,有

$$\frac{\ln n}{n^x} \leqslant \frac{\ln n}{n^{1+\delta}}.$$

而

$$\lim_{n \to \infty} \frac{\ln n}{n^{1+\delta}} \Big/ \frac{1}{n^{1+\frac{\delta}{2}}} = \lim_{n \to \infty} \frac{\ln n}{n^{\frac{\delta}{2}}} = 0.$$

已知级数 $\sum\limits_{n=1}^{\infty}\dfrac{1}{n^{1+\frac{\delta}{2}}}$ 收敛,根据 §9.1 定理 7 的推论,级数 $\sum\limits_{n=1}^{\infty}\dfrac{\ln n}{n^{1+\delta}}$ 也收敛,由 $M$ 判别法,函数项级数 $\sum\limits_{n=1}^{\infty}\left(\dfrac{1}{n^x}\right)'$ 在 $[1+\delta,+\infty)$ 一致收敛.根据定理 8,函数 $\zeta(x)$ 在 $[1+\delta,+\infty)$ 有连续导函数,从而函数 $\zeta(x)$ 在 $x_0$ 有连续的导函数.因为 $x_0$ 是 $(1,+\infty)$ 内任意一点,所以函数 $\zeta(x)$ 在定义域 $(1,+\infty)$ 有连续导函数,且

$$\zeta'(x)=\sum_{n=1}^{\infty}\left(\frac{1}{n^x}\right)'=-\sum_{n=1}^{\infty}\frac{\ln n}{n^x}.$$

同法可证,函数 $\zeta(x)$ 在其定义域 $(1,+\infty)$ 存在任意阶连续导函数.

**注**　函数项级数 $\sum\limits_{n=1}^{\infty}\dfrac{1}{n^x}$ 在区间 $(1,+\infty)$ 并非一致收敛,可是我们却得到它的和函数 $\zeta(x)$ 在区间 $(1,+\infty)$ 连续.这是因为证明函数在区间连续,只需证明函数在该区间每一点连续即可.尽管函数项级数 $\sum\limits_{n=1}^{\infty}\dfrac{1}{n^x}$ 在区间 $(1,+\infty)$ 非一致收敛,但是,$\forall x_0\in(1,+\infty)$,$\exists\delta>0$,使 $x_0\in[1+\delta,+\infty)$.不难证明,函数项级数 $\sum\limits_{n=1}^{\infty}\dfrac{1}{n^x}$ 在区间 $[1+\delta,+\infty)$ 一致收敛.从而 $\zeta(x)$ 在点 $x_0$ 连续.因为 $x_0$ 是区间 $(1,+\infty)$ 任意一点,所以和函数 $\zeta(x)$ 在区间 $(1,+\infty)$ 连续.

**例 12**　讨论函数 $S(x)=\sum\limits_{n=0}^{\infty}r^n\cos nx(|r|<1)$ 在区间 $[0,2\pi]$ 的积分.

**解**　$\forall x\in[0,2\pi]$,有 $|r^n\cos nx|\leqslant|r|^n$.已知级数 $\sum\limits_{n=0}^{\infty}|r|^n$ 收敛,由 $M$ 判别法,函数项级数 $\sum\limits_{n=0}^{\infty}r^n\cos nx$ 在区间 $[0,2\pi]$ 一致收敛.$\forall n\in\mathbf{N}_+$,函数 $r^n\cos nx$ 在区间 $[0,2\pi]$ 连续.此外

$$\int_0^{2\pi}\mathrm{d}x=2\pi,\qquad\int_0^{2\pi}\cos nx\mathrm{d}x=0\quad(n=1,2,\cdots),$$

根据定理 7,有

$$\int_0^{2\pi}S(x)\mathrm{d}x=\sum_{n=0}^{\infty}\int_0^{2\pi}r^n\cos nx\mathrm{d}x=2\pi.$$

函数列的极限函数的分析性质类似于函数项级数的定理 6、定理 7 和定理 8.将它们抄录如下,证明从略.

**定理 6′**　若函数列 $\{f_n(x)\}$ 在区间 $I$ 一致收敛于极限函数 $f(x)$,且 $\forall n\in\mathbf{N}_+$,$f_n(x)$ 在区间 $I$ 连续,则极限函数 $f(x)$ 在区间 $I$ 连续.

$\forall x_0\in I$,定理 6′ 可写成

$$\lim_{x\to x_0}\left[\lim_{n\to\infty}f_n(x)\right]=\lim_{n\to\infty}\left[\lim_{x\to x_0}f_n(x)\right].$$

**定理 7′**　若函数列 $\{f_n(x)\}$ 在 $[a,b]$ 一致收敛于极限函数 $f(x)$,且 $\forall n\in\mathbf{N}_+$,$f_n(x)$ 在 $[a,b]$ 连续,则极限函数 $f(x)$ 在 $[a,b]$ 可积,且

$$\int_a^b f(x)\mathrm{d}x=\lim_{n\to\infty}\int_a^b f_n(x)\mathrm{d}x.$$

或

$$\int_a^b \Big[\lim_{n\to\infty} f_n(x)\Big]\mathrm{d}x = \lim_{n\to\infty}\int_a^b f_n(x)\,\mathrm{d}x.$$

简称积分号下取极限.

**定理 8'** 若函数列 $\{f_n(x)\}$ 在区间 $I$ 满足下列条件:

1) 收敛于极限函数 $f(x)$,即 $\forall x \in I$,有 $\lim\limits_{n\to\infty} f_n(x) = f(x)$;

2) $\forall n \in \mathbf{N}_+, f_n(x)$ 有连续导函数;

3) 导函数的函数列 $\{f_n'(x)\}$ 一致收敛,

则极限函数 $f(x)$ 在区间 $I$ 有连续导函数,且

$$f'(x) = \lim_{n\to\infty} f_n'(x)$$

或

$$\frac{\mathrm{d}}{\mathrm{d}x}\Big[\lim_{n\to\infty} f_n(x)\Big] = \lim_{n\to\infty}\Big[\frac{\mathrm{d}}{\mathrm{d}x} f_n(x)\Big].$$

简称微分号下取极限.

**注** 函数项级数的收敛域一般可作为数项级数判别法问题处理. 函数项级数 $\sum\limits_{n=1}^{\infty} u_n(x)$ 的一致收敛性与它的部分和函数列 $\{S_n(x)\}$ 的一致收敛性是等价的. 证明它们一致收敛的主要方法有:

1. 如果和函数 $S(x)$ 好求,可用定义研究其一致收敛性.

2. 研究余项的一致收敛性:函数列 $\{S_n(x)\}$ 一致收敛于 $S(x)$ 的充要条件是 $\lim\limits_{n\to\infty}\sup\limits_{x\in I}|S_n(x)-S(x)|=0$;函数项级数 $\sum\limits_{n=1}^{\infty} u_n(x)$ 一致收敛的充要条件是 $r_n(x) = \sum\limits_{k=n}^{\infty} u_k(x)$ 一致收敛于 $0$,即

$$\lim_{n\to\infty}\sup_{x\in I}|r_n(x)| = 0.$$

3. 利用柯西一致收敛准则.

4. 函数项级数一致收敛的 $M$ 判别法.

5. 函数项级数一致收敛的狄利克雷判别法和阿贝尔判别法.

证明函数项级数 $\sum\limits_{n=1}^{\infty} u_n(x)$ 非一致收敛的常用方法有:

1. 利用一致收敛定义的否定形式和柯西一致收敛的否定形式.

2. 研究和函数的连续性:若 $u_n(x)(n=1,2,\cdots)$ 皆连续而和函数 $S(x)$ 不连续,则 $\sum\limits_{n=1}^{\infty} u_n(x)$ 非一致连续.

3. 若 $\sum\limits_{n=1}^{\infty} u_n(x)$ 在 $x_0$ 发散,则 $\sum\limits_{n=1}^{\infty} u_n(x)$ 在 $(x_0, x_0+\delta)$ 或 $(x_0-\delta, x_0)$ 皆非一致收敛.

4. 如果 $\{S_n(x)\}$ 在区间 $I$ 收敛于 $S(x)$,且 $\exists\varepsilon_0>0, \exists\{x_n\}\subset I$,使 $|S_n(x_n)-S(x_n)| \geq \varepsilon_0>0$,则 $S_n(x)$ 非一致收敛.

## 练习题 9.2(二)

1. 证明：函数 $f(x) = \sum\limits_{n=1}^{\infty} \dfrac{1}{n^2} \mathrm{e}^{\frac{x^2}{n^2}}$ 在 $[0, +\infty)$ 连续.

2. 证明：函数 $g(x) = \sum\limits_{n=1}^{\infty} n\mathrm{e}^{-nx}$ 在区间 $(0, +\infty)$ 连续.

3. 设函数 $f(x) = \sum\limits_{n=0}^{\infty} \dfrac{x^n}{3^n} \cos n\pi x^2$，求 $\lim\limits_{x \to 1} f(x)$.

4. 设函数 $\varphi(x) = \sum\limits_{n=1}^{\infty} \dfrac{\cos nx}{n^2}$，求 $\int_0^{\pi} \varphi(x)\,\mathrm{d}x$.

5. 证明：函数列 $f_n(x) = \dfrac{nx}{nx+1}$ 在 $[0,1]$ 非一致收敛，却有

$$\lim_{n \to \infty} \int_0^1 f_n(x)\,\mathrm{d}x = \int_0^1 \lim_{n \to \infty} f_n(x)\,\mathrm{d}x.$$

这说明了什么？

6. 设 $f_n(x) = \dfrac{1}{2n}\ln(1+n^2x^2)$，证明：函数列 $\{f_n'(x)\}$ 在 $[0,1]$ 非一致收敛，却有

$$\frac{\mathrm{d}}{\mathrm{d}x}\left[\lim_{n \to \infty} f_n(x)\right] = \lim_{n \to \infty}\left[\frac{\mathrm{d}}{\mathrm{d}x} f_n(x)\right].$$

这说明了什么？

7. 设 $h(x) = \sum\limits_{n=1}^{\infty} \dfrac{1}{n^3 + n^4 x^2}$，求 $h'(x)$.

8. 证明：函数 $f(x) = \sum\limits_{n=1}^{\infty} \dfrac{\sin nx}{n^4}$ 在 $\mathbf{R}$ 有连续二阶导函数，并求 $f''(x)$.

9. 证明：若函数列 $\{f_n(x)\}$ 在 $\mathbf{R}$ 一致收敛于极限函数 $f(x)$，且 $\forall n \in \mathbf{N}_+$，函数 $f_n(x)$ 在 $\mathbf{R}$ 一致连续，则函数 $f(x)$ 在 $\mathbf{R}$ 也一致连续.

10. 证明：若函数项级数 $\sum\limits_{n=1}^{\infty} u_n(x)$ 在开区间 $(a,b)$ 一致收敛于和函数 $S(x)$，且 $\forall n \in \mathbf{N}_+$，函数 $u_n(x)$ 在闭区间 $[a,b]$ 连续，则和函数 $S(x)$ 在闭区间 $[a,b]$ 连续.

  \*     \*     \*     \*     \*     \*     \*

11. 证明：若函数项级数 $\sum\limits_{n=1}^{\infty} u_n(x)$ 在 $[a,b]$ 一致收敛于和函数 $S(x)$，且 $\forall n \in \mathbf{N}_+$，函数 $u_n(x)$ 在 $[a,b]$ 可积，则和函数 $S(x)$ 在 $[a,b]$ 也可积.

12. 证明：若函数列 $\{f_n(x)\}$ 在 $[a,b]$ 满足定理 8' 的条件，则函数列 $\{f_n(x)\}$ 在 $[a,b]$ 一致收敛.

13. 证明：若函数 $f(x)$ 在 $\mathbf{R}$ 有任意阶导函数，且函数列 $\{f^{(n)}(x)\}$ 在 $\mathbf{R}$ 一致收敛于极限函数 $\varphi(x)$，则

$$\varphi(x) = c\mathrm{e}^x,$$

其中 $c$ 是常数.

14. 验证：

1) $\lim\limits_{m \to \infty} \lim\limits_{n \to \infty} \cos^{2n}(m!\,\pi x) = \begin{cases} 1, & x \in \mathbf{Q}, \\ 0, & x \in \mathbf{R} \backslash \mathbf{Q}; \end{cases}$

2) $\lim\limits_{m \to \infty} \sum\limits_{n=0}^{\infty} \sin^2(m!\,\pi x)\cos^{2n}(m!\,\pi x) = \begin{cases} 0, & x \in \mathbf{Q}, \\ 1, & x \in \mathbf{R} \backslash \mathbf{Q}. \end{cases}$

**注** 1) 是狄利克雷函数 $D(x)$ 的解析式.

# §9.3 幂 级 数

在函数项级数中有一类结构简单、应用广泛的特殊的函数项级数

$$\sum_{n=0}^{\infty} a_n(y-a)^n = a_0 + a_1(y-a) + a_2(y-a)^2 + \cdots + a_n(y-a)^n + \cdots,$$

称为**幂级数**,其中 $a_0, a_1, \cdots, a_n, \cdots$ 都是常数,称为**幂级数的系数**.

如果令 $y-a=x$,上面的幂级数就化为最简形式的幂级数

$$\sum_{n=0}^{\infty} a_n x^n = a_0 + a_1 x + a_2 x^2 + \cdots + a_n x^n + \cdots. \tag{1}$$

为了书写简便,下面主要讨论幂级数(1).

幂级数(1)的每一项都是非负整数幂的幂函数,这就是幂级数名称的来源.可以形象地把幂级数(1)看作是按自变量 $x$ 升幂排列的"无穷次多项式".由幂级数所定义的这类函数,在许多方面与多项式类似.虽然幂级数的和函数可能很复杂,但是总可用它的部分和——$n$ 次多项式函数近似代替其和函数,其误差可达到某种精确程度.

本节讨论幂级数的两个问题:一是幂级数的和函数的分析性质;二是将函数"展成"幂级数的条件和展开公式.

## 一、幂级数的收敛域

显然,幂级数

$$\sum_{n=0}^{\infty} a_n x^n = a_0 + a_1 x + a_2 x^2 + \cdots + a_n x^n + \cdots$$

在 0 收敛.关于幂级数(1)的收敛有下面定理:

**定理 1(阿贝尔第一定理)** 1) 若幂级数(1)在 $x_0 \neq 0$ 收敛,则幂级数(1)在 $\forall x: |x| < |x_0|$ 都绝对收敛.

2) 若幂级数(1)在 $x_1$ 发散,则幂级数(1)在 $\forall x: |x| > |x_1|$ 都发散.

**证明** 1) 已知级数 $\sum\limits_{n=0}^{\infty} a_n x_0^n$ 收敛,由收敛的必要条件,有 $\lim\limits_{n \to \infty} a_n x_0^n = 0$. 从而,数列 $\{a_n x_0^n\}$ 有界,即 $\exists M > 0, \forall n = 0, 1, 2, \cdots$,有

$$|a_n x_0^n| \le M.$$

$\forall x: |x| < |x_0|$,即 $\left| \dfrac{x}{x_0} \right| < 1$,有

$$|a_n x^n| = |a_n x_0^n| \left| \frac{x^n}{x_0^n} \right| \le M \left| \frac{x}{x_0} \right|^n.$$

已知几何级数 $\sum\limits_{n=0}^{\infty} M \left| \dfrac{x}{x_0} \right|^n \left(\text{公比} \left| \dfrac{x}{x_0} \right| < 1 \right)$ 收敛. 于是, 幂级数(1)在 $\forall x: |x| < |x_0|$ 都绝对收敛.

2) 用反证法. 假设 $\exists \xi: |\xi| > |x_1|$, 幂级数(1)在 $\xi$ 收敛, 则幂级数(1)在 $x_1$ (绝对)收敛, 与已知条件矛盾, 即幂级数(1)在 $\forall x: |x| > |x_1|$ 都发散.

由定理 1 不难想到, 若幂级数(1)既有非 0 的收敛点又有发散点, 那么数轴上必存在关于原点对称的两个点 $-r$ 与 $r(r>0)$, 它们是幂级数(1)的收敛点集和发散点集的分界点. 显然, 这个正数 $r$ 就是幂级数(1)收敛点集的上确界, 即

$$r = \sup\{|x| \mid x \text{ 是幂级数(1)的收敛点}\}.$$

不难证明, 幂级数(1)在 $\forall x: |x| < r$ 绝对收敛, 在 $\forall x: |x| > r$ 发散. 这个 $r$ 称为幂级数(1)的**收敛半径**.

事实上, $\forall x: |x| < r$, 由上确界定义, $\exists \eta: |x| < \eta < r$. 已知幂级数(1)在 $\eta$ 收敛, 根据定理 1, $\forall x: |x| < r$ 幂级数(1)绝对收敛; $\forall x: |x| > r$, 显然, 幂级数(1)在 $x$ 发散(否则, 与收敛半径 $r$ 的定义矛盾). 因此, $\forall x: |x| > r$ 幂级数(1)发散.

我们作如下的规定: 若幂级数(1)仅在原点收敛, 则它的收敛半径 $r = 0$; 若幂级数(1)在 **R** 收敛, 则它的收敛半径 $r = +\infty$. 于是, 任意幂级数都有唯一一个收敛半径 $r(0 \leqslant r \leqslant +\infty)$.

设幂级数(1)的收敛半径是 $r(0 < r < +\infty)$, 那么 $\forall x \in (-r, r)$, 幂级数(1)都绝对收敛. 在开区间 $(-r, r)$ 的两个端点 $-r$ 与 $r$, 幂级数(1)可能收敛也可能发散, 由幂级数(1)本身确定. 因此幂级数(1)的收敛域必是收敛区间, 只能是四类区间: $(-r, r)$, $(-r, r]$, $[-r, r)$, $[-r, r]$ 之一.

幂级数(1), 即 $\sum\limits_{n=0}^{\infty} a_n x^n$, 由它的系数数列 $\{a_n\}$ 所确定. 因此幂级数(1)的收敛半径 $r$ 也必由它的系数数列 $\{a_n\}$ 唯一确定. 怎样求幂级数(1)的收敛半径呢? 有下面定理:

**定理 2** 有幂级数(1), 即 $\sum\limits_{n=0}^{\infty} a_n x^n$, 若

$$\lim_{n \to \infty} \left| \frac{a_{n+1}}{a_n} \right| = l \quad \left( \text{或} \lim_{n \to \infty} \sqrt[n]{|a_n|} = l \right),$$

则幂级数(1)的收敛半径

$$r = \begin{cases} \dfrac{1}{l}, & 0 < l < +\infty, \\ +\infty, & l = 0, \\ 0, & l = +\infty. \end{cases}$$

**证明** 讨论正项级数 $\sum\limits_{n=0}^{\infty} |a_n x^n|$. 根据 §9.1 达朗贝尔判别法(或柯西判别法), 有

$$\lim_{n \to \infty} \frac{u_{n+1}}{u_n} = \lim_{n \to \infty} \left| \frac{a_{n+1}}{a_n} \right| |x| = l|x|.$$

1) $0 < l < +\infty$, 当 $l|x| < 1$ 或 $|x| < \dfrac{1}{l}$, 幂级数(1)绝对收敛; 当 $l|x| > 1$ 或 $|x| > \dfrac{1}{l}$, 幂级

数(1)发散.于是,收敛半径 $r = \dfrac{1}{l}$.

2) $l = 0$, $\forall x \in \mathbf{R}$,有 $l|x| = 0 < 1$,即 $\forall x \in \mathbf{R}$,幂级数(1)绝对收敛.于是,收敛半径 $r = +\infty$.

3) $l = +\infty$, $\forall x \in \mathbf{R}$,且 $x \neq 0$,有 $l|x| = +\infty$,即 $\forall x \in \mathbf{R}$, $x \neq 0$,幂级数(1)发散.于是,收敛半径 $r = 0$.

**例 1** 求幂级数 $\displaystyle\sum_{n=1}^{\infty} \dfrac{2^n}{n} x^n$ 的收敛半径,并讨论收敛域.

**解** 已知 $a_n = \dfrac{2^n}{n}$, $a_{n+1} = \dfrac{2^{n+1}}{n+1}$.

$$l = \lim_{n \to \infty} \left| \dfrac{2^{n+1}}{n+1} \Big/ \dfrac{2^n}{n} \right| = \lim_{n \to \infty} \dfrac{2n}{n+1} = 2.$$

于是,收敛半径 $r = \dfrac{1}{2}$.

幂级数在区间 $\left( -\dfrac{1}{2}, \dfrac{1}{2} \right)$ 端点的敛散性需分别讨论:

当 $x = \dfrac{1}{2}$ 时,级数 $\displaystyle\sum_{n=1}^{\infty} \dfrac{2^n}{n} \left( \dfrac{1}{2} \right)^n = \sum_{n=1}^{\infty} \dfrac{1}{n}$ 发散.

当 $x = -\dfrac{1}{2}$ 时,级数 $\displaystyle\sum_{n=1}^{\infty} \dfrac{2^n}{n} \left( -\dfrac{1}{2} \right)^n = \sum_{n=1}^{\infty} \dfrac{(-1)^n}{n}$ 收敛.

于是,幂级数的收敛域是 $\left[ -\dfrac{1}{2}, \dfrac{1}{2} \right)$.

**例 2** 求幂级数 $\displaystyle\sum_{n=0}^{\infty} \dfrac{1}{n!} x^n$ 的收敛半径.

**解** 已知 $a_n = \dfrac{1}{n!}$, $a_{n+1} = \dfrac{1}{(n+1)!}$,

$$l = \lim_{n \to \infty} \left| \dfrac{1}{(n+1)!} \Big/ \dfrac{1}{n!} \right| = \lim_{n \to \infty} \dfrac{1}{n+1} = 0.$$

于是,收敛半径 $r = +\infty$,即收敛域是 $\mathbf{R}$.

**例 3** 求幂级数 $\displaystyle\sum_{n=1}^{\infty} n^n x^n$ 的收敛半径.

**解** 已知 $a_n = n^n$, $a_{n+1} = (n+1)^{n+1}$,

$$l = \lim_{n \to \infty} \dfrac{(n+1)^{n+1}}{n^n} = \lim_{n \to \infty} (n+1) \left( 1 + \dfrac{1}{n} \right)^n = +\infty.$$

于是,收敛半径 $r = 0$,即收敛域是 $\{0\}$.

**例 4** 求幂级数 $\displaystyle\sum_{n=1}^{\infty} \dfrac{1}{n^2} (x-2)^n$ 的收敛半径,并讨论收敛域.

**解** 设 $x - 2 = y$, $\displaystyle\sum_{n=1}^{\infty} \dfrac{1}{n^2} (x-2)^n = \sum_{n=1}^{\infty} \dfrac{1}{n^2} y^n$.已知 $a_n = \dfrac{1}{n^2}$, $a_{n+1} = \dfrac{1}{(n+1)^2}$,

$$l = \lim_{n \to \infty} \left| \frac{1}{(n+1)^2} \middle/ \frac{1}{n^2} \right| = \lim_{n \to \infty} \left( \frac{n}{n+1} \right)^2 = 1,$$

即幂级数 $\sum\limits_{n=1}^{\infty} \dfrac{1}{n^2} y^n$ 的收敛半径是 $1$. 当 $y = \pm 1$ 时, 幂级数 $\sum\limits_{n=1}^{\infty} \dfrac{1}{n^2} y^n$ 都收敛. 因此幂级数

$\sum\limits_{n=1}^{\infty} \dfrac{1}{n^2} y^n$ 的收敛域是 $[-1,1]$. 于是, 幂级数 $\sum\limits_{n=1}^{\infty} \dfrac{1}{n^2} (x-2)^n$ 的收敛域是 $[1,3]$.

## 二、幂级数和函数的分析性质

设幂级数 $(1)$, 即 $\sum\limits_{n=0}^{\infty} a_n x^n$ 的收敛半径 $r > 0$. 幂级数 $(1)$ 在收敛区间确定了一个和函数 $S(x)$, 即

$$S(x) = \sum_{n=0}^{\infty} a_n x^n.$$

为了讨论和函数 $S(x)$ 的分析性质, 首先要讨论幂级数 $(1)$ 的一致收敛性. 一般来说, 幂级数在其收敛区间不一定一致收敛. 例如, 幂级数 $\sum\limits_{n=0}^{\infty} x^n$ 在收敛区间 $(-1,1)$ 并不一致收敛, 见 §9.2 例 4, 但是却有下面的定理:

**定理 3**  若幂级数 $(1)$ 的收敛半径 $r > 0$, 则幂级数 $(1)$ 在任意闭区间 $[-a,a] \subset (-r, r)$ 都一致收敛.

**证明**  $\forall x \in [-a,a]$, 即 $|x| \leqslant a (0 < a < r)$, 有
$$|a_n x^n| \leqslant |a_n| a^n.$$

已知级数 $\sum\limits_{n=0}^{\infty} |a_n| a^n$ 收敛. 根据 $M$ 判别法, 幂级数 $(1)$ 在闭区间 $[-a,a]$ 一致收敛.

由此可见, 虽然幂级数在其收敛区间不一定一致收敛, 但是它在收敛区间内的任意闭区间都一致收敛, 即内闭一致收敛.

**定理 4**  若幂级数 $\sum\limits_{n=0}^{\infty} a_n x^n$ 与 $\sum\limits_{n=0}^{\infty} (a_n x^n)' = \sum\limits_{n=1}^{\infty} n a_n x^{n-1}$ 的收敛半径分别是正数 $r_1$ 与 $r_2$, 则 $r_1 = r_2$.

**证法**  首先证明 $r_1 \leqslant r_2$, 即往证, 若 $x_0$ 是 $\sum\limits_{n=0}^{\infty} a_n x^n$ 的收敛点, 则 $x_0$ 也是 $\sum\limits_{n=0}^{\infty} (a_n x^n)'$ 的收敛点. 其次证明 $r_1 \geqslant r_2$, 于是 $r_1 = r_2$.

**证明**  首先证明 $r_1 \leqslant r_2$. $\forall x_0 : 0 < |x_0| < r_1$, $\exists x_1 : |x_0| < |x_1| < r_1$. 已知级数 $\sum\limits_{n=0}^{\infty} |a_n x_1^n|$ 收敛. $\forall n \in \mathbf{N}_+$, 有

$$|n a_n x_0^{n-1}| = \frac{n}{|x_0|} \left| \frac{x_0}{x_1} \right|^n |a_n x_1^n|.$$

已知极限 $\lim\limits_{n\to\infty}\dfrac{n}{|x_0|}\left|\dfrac{x_0}{x_1}\right|^n=0$,①从而数列 $\left\{\dfrac{n}{|x_0|}\left|\dfrac{x_0}{x_1}\right|^n\right\}$ 有界,即 $\exists M>0$,$\forall n\in\mathbf{N}_+$,有

$$\dfrac{n}{|x_0|}\left|\dfrac{x_0}{x_1}\right|^n\leqslant M.$$

于是,

$$|na_nx_0^{n-1}|\leqslant M|a_nx_1^n|.$$

根据比较判别法,级数 $\sum\limits_{n=1}^{\infty}na_nx_0^{n-1}$ 绝对收敛,即 $r_1\leqslant r_2$.

同法证明 $r_1\geqslant r_2$. $\forall x_0:0<|x_0|<r_2$,$\exists x_1:|x_0|<|x_1|<r_2$.已知级数 $\sum\limits_{n=1}^{\infty}|na_nx_1^{n-1}|$ 收敛.
$\forall n\in\mathbf{N}_+$,有

$$|a_nx_0^n|=\dfrac{|x_0|}{n}\left|\dfrac{x_0}{x_1}\right|^{n-1}|na_nx_1^{n-1}|.$$

已知极限 $\lim\limits_{n\to\infty}\dfrac{|x_0|}{n}\left|\dfrac{x_0}{x_1}\right|^{n-1}=0$,从而数列 $\left\{\dfrac{|x_0|}{n}\left|\dfrac{x_0}{x_1}\right|^{n-1}\right\}$ 有界,即 $\exists M>0$,$\forall n\in\mathbf{N}_+$,有

$$\dfrac{|x_0|}{n}\left|\dfrac{x_0}{x_1}\right|^{n-1}\leqslant M.$$

于是,

$$|a_nx_0^n|\leqslant M|na_nx_1^{n-1}|.$$

根据比较判别法,级数 $\sum\limits_{n=0}^{\infty}a_nx_0^n$ 绝对收敛,即 $r_1\geqslant r_2$.

综上所证,$r_1=r_2$.

**推论** 若幂级数 $\sum\limits_{n=0}^{\infty}a_nx^n$ 与 $\sum\limits_{n=0}^{\infty}\int_0^x a_nt^n\mathrm{d}t=\sum\limits_{n=0}^{\infty}\dfrac{a_n}{n+1}x^{n+1}$ 的收敛半径分别是 $r_1$ 与 $r_2$,
则 $r_1=r_2$.

**证明** 因为 $\sum\limits_{n=0}^{\infty}\left(\dfrac{a_n}{n+1}x^{n+1}\right)'=\sum\limits_{n=0}^{\infty}a_nx^n$,根据定理4,所以 $r_1=r_2$.

**注** 虽然幂级数 $\sum\limits_{n=0}^{\infty}a_nx^n$,$\sum\limits_{n=0}^{\infty}(a_nx^n)'$,$\sum\limits_{n=0}^{\infty}\int_0^x a_nt^n\mathrm{d}t$ 的收敛半径相等,但是它们的
收敛域可能不相同.例如,幂级数

$\sum\limits_{n=1}^{\infty}\dfrac{x^n}{n^2}$,收敛半径 $r=1$,收敛域是 $[-1,1]$.

---

① 已知 $\left|\dfrac{x_0}{x_1}\right|<1$,根据达朗贝尔判别法,不难判别级数 $\sum\limits_{n=1}^{\infty}n\left|\dfrac{x_0}{x_1}\right|^n$ 收敛.由级数收敛的必要条

件,有 $\lim\limits_{n\to\infty}n\left|\dfrac{x_0}{x_1}\right|^n=0$.

$$\sum_{n=1}^{\infty} \left( \frac{x^n}{n^2} \right)' = \sum_{n=1}^{\infty} \frac{x^{n-1}}{n}, \text{收敛半径 } r=1, \text{收敛域是} [-1,1).$$

$$\sum_{n=1}^{\infty} \left( \frac{x^n}{n^2} \right)'' = \sum_{n=2}^{\infty} \frac{n-1}{n} x^{n-2}, \text{收敛半径 } r=1, \text{收敛域是} (-1,1).$$

**定理 5** 若幂级数 $\sum_{n=0}^{\infty} a_n x^n$ 的收敛半径 $r>0$，则它的和函数 $S(x)$ 在区间 $(-r,r)$ 连续.

**证明** $\forall x \in (-r,r), \exists \eta>0$，使 $x \in [-\eta,\eta] \subset (-r,r)$. 已知幂级数内闭一致收敛，根据 §9.2 定理 6，和函数 $S(x)$ 在 $x$ 连续，从而，和函数 $S(x)$ 在区间 $(-r,r)$ 连续.

**定理 6** 若幂级数 $\sum_{n=0}^{\infty} a_n x^n$ 的收敛半径 $r>0$，则 $\forall x \in (-r,r)$，它的和函数 $S(x)$ 由 0 到 $x$ 可积，且可逐项积分，即

$$\int_0^x S(t) \, \mathrm{d}t = \sum_{n=0}^{\infty} \int_0^x a_n t^n \, \mathrm{d}t = \sum_{n=0}^{\infty} \frac{a_n}{n+1} x^{n+1}.$$

**证明** $\forall x \in (-r,r), \exists \eta>0$，使 $x \in [-\eta,\eta] \subset (-r,r)$. 已知幂级数内闭一致收敛. 根据 §9.2 定理 7，和函数 $S(x)$ 由 0 到 $x$ 可积，且可逐项积分，即

$$\int_0^x S(t) \, \mathrm{d}t = \sum_{n=0}^{\infty} \int_0^x a_n t^n \, \mathrm{d}t = \sum_{n=0}^{\infty} \frac{a_n}{n+1} x^{n+1}.$$

根据定理 4，此幂级数的收敛半径也是 $r$.

**定理 7** 若幂级数 $\sum_{n=0}^{\infty} a_n x^n$ 的收敛半径 $r>0$，则它的和函数 $S(x)$ 在区间 $(-r,r)$ 可导，且可逐项微分，即 $\forall x \in (-r,r)$，有

$$S'(x) = \sum_{n=0}^{\infty} (a_n x^n)' = \sum_{n=1}^{\infty} n a_n x^{n-1}.$$

**证明** 根据定理 4，幂级数 $\sum_{n=1}^{\infty} n a_n x^{n-1}$ 的收敛半径也是 $r$. $\forall x \in (-r,r), \exists \eta>0$，使 $x \in [-\eta,\eta] \subset (-r,r)$. 已知幂级数内闭一致收敛. 根据 §9.2 定理 8，和函数 $S(x)$ 在 $x$ 可导，从而和函数 $S(x)$ 在区间 $(-r,r)$ 可导，且可逐项微分，即 $\forall x \in (-r,r)$，有

$$S'(x) = \sum_{n=0}^{\infty} (a_n x^n)' = \sum_{n=1}^{\infty} n a_n x^{n-1}.$$

逐次应用定理 7 与定理 4，有

**推论** 若幂级数 $\sum_{n=0}^{\infty} a_n x^n$ 的收敛半径 $r>0$，则它的和函数 $S(x)$ 在区间 $(-r,r)$ 存在任意阶导数，且 $\forall x \in (-r,r), \forall k \in \mathbf{N}_+$，有

$$S^{(k)}(x) = \sum_{n=0}^{\infty} (a_n x^n)^{(k)} = \sum_{n=k}^{\infty} n(n-1) \cdots (n-k+1) a_n x^{n-k},$$

此幂级数的收敛半径也是 $r$.

**定理 8(阿贝尔第二定理)**　若幂级数 $\sum\limits_{n=0}^{\infty} a_n x^n$ 的收敛半径是 $r$,并且在 $r$ 收敛(或在 $-r$ 收敛),则这个幂级数 $\sum\limits_{n=0}^{\infty} a_n x^n$ 在闭区间 $[0,r]$(或在闭区间 $[-r,0]$)上一致收敛,因而和函数 $S(x)=\sum\limits_{n=0}^{\infty} a_n x^n$ 在 $r$ 左连续(或在 $-r$ 右连续).

**证明**　把幂级数改写成如下的形式

$$\sum_{n=0}^{\infty} a_n x^n = \sum_{n=0}^{\infty} a_n r^n \left(\frac{x}{r}\right)^n,$$

$\forall x \in [0,r]$,函数列 $\left\{\left(\dfrac{x}{r}\right)^n\right\}$ 单调减少,且一致有界,

$$1 \geqslant \frac{x}{r} \geqslant \left(\frac{x}{r}\right)^2 \geqslant \cdots \geqslant \left(\frac{x}{r}\right)^n \geqslant \cdots \geqslant 0.$$

且级数 $\sum\limits_{n=0}^{\infty} a_n r^n$ 收敛(可看成一致收敛的函数项级数).

根据 §9.2 定理 4,幂级数 $\sum\limits_{n=0}^{\infty} a_n x^n$ 在 $[0,r]$ 一致收敛,其和函数 $S(x)=\sum\limits_{n=0}^{\infty} a_n x^n$ 在 $r$ 左连续.(同法可证,和函数 $S(x)=\sum\limits_{n=0}^{\infty} a_n x^n$ 在 $-r$ 右连续.)

由定理 1—8 看到,幂级数 $\sum\limits_{n=0}^{\infty} a_n x^n$(收敛半径 $r>0$)具有以下性质:

1. 收敛域是以原点为中心的区间(可能是开区间、闭区间、半开区间,特殊情况可能是 **R** 或退化为原点).

2. 在区间 $(-r,r)$ 内闭一致收敛.

3. 和函数在区间 $(-r,r)$ 连续.

4. 和函数在任意闭区间 $[a,b] \subset (-r,r)$ 可积,且可逐项积分,特别地,$\forall x \in (-r,r)$,由 0 到 $x$ 可逐项积分,逐项积分得到的幂级数的收敛半径也是 $r$.

5. 和函数在区间 $(-r,r)$ 存在任意阶导函数,且可逐项微分.逐项微分得到的幂级数的收敛半径也是 $r$.

6. 若幂级数在收敛半径 $r$(或 $-r$)处收敛,则其和函数 $S(x)$ 在 $r$ 左连续(或在 $-r$ 右连续).

**例 5**　求下列幂级数的和函数:

1) $\sum\limits_{n=1}^{\infty} (-1)^{n-1} \dfrac{x^n}{n}$;　　2) $\sum\limits_{n=0}^{\infty} (n+1) x^n$.

**解**　1)不难计算它的收敛半径是 1.

设它的和函数是 $S(x)$,即 $\forall x \in (-1,1)$,有

$$S(x) = \sum_{n=1}^{\infty} (-1)^{n-1} \frac{x^n}{n} = x - \frac{x^2}{2} + \frac{x^3}{3} - \frac{x^4}{4} + \cdots.$$

根据定理 7,逐项微分,有

$$S'(x) = \sum_{n=1}^{\infty} (-1)^{n-1} x^{n-1} = 1 - x + x^2 - x^3 + \cdots = \frac{1}{1+x}.$$

$\forall x \in (-1,1)$,对上式等号两端从 0 到 $x$ 积分,有

$$\int_0^x S'(t) \,\mathrm{d}t = \int_0^x \frac{\mathrm{d}t}{1+t} \quad \text{或} \quad S(x) - S(0) = \ln(1+x).$$

已知 $S(0) = 0$.于是,$S(x) = \ln(1+x)$,即 $\forall x \in (-1,1)$,有

$$\ln(1+x) = x - \frac{x^2}{2} + \frac{x^3}{3} - \frac{x^4}{4} + \cdots.$$

根据定理 8,当 $x = 1$ 时,有

$$\ln 2 = 1 - \frac{1}{2} + \frac{1}{3} - \frac{1}{4} + \cdots.$$

2)不难计算它的收敛半径也是 1.

设它的和函数是 $S(x)$,即 $\forall x \in (-1,1)$,有

$$S(x) = \sum_{n=0}^{\infty} (n+1) x^n = 1 + 2x + 3x^2 + 4x^3 + \cdots.$$

根据定理 6,$\forall x \in (-1,1)$,从 0 到 $x$ 逐项积分,有

$$\int_0^x S(t) \,\mathrm{d}t = \sum_{n=0}^{\infty} (n+1) \int_0^x t^n \,\mathrm{d}t = \int_0^x \mathrm{d}t + 2\int_0^x t \,\mathrm{d}t + 3\int_0^x t^2 \,\mathrm{d}t + \cdots = x + x^2 + x^3 + x^4 + \cdots = \frac{x}{1-x}.$$

对上式等号两端求导数,有

$$S(x) = \frac{1}{(1-x)^2},$$

即 $\forall x \in (-1,1)$,有

$$\frac{1}{(1-x)^2} = \sum_{n=0}^{\infty} (n+1) x^n = 1 + 2x + 3x^2 + 4x^3 + \cdots.$$

**例 6**　求幂级数 $\sum_{n=1}^{\infty} n^2 x^n$ 的和函数.

**解**　不难计算幂级数的收敛半径是 1,

设它的和函数是 $S(x)$,即 $\forall x \in (-1,1)$,有 $S(x) = \sum_{n=1}^{\infty} n^2 x^n$.为了逐项积分,将它改写为

$$\frac{S(x)}{x} = \sum_{n=1}^{\infty} n^2 x^{n-1}.$$

$$\lim_{x \to 0} \frac{S(x)}{x} = \lim_{x \to 0} \sum_{n=1}^{\infty} n^2 x^{n-1} = \sum_{n=1}^{\infty} n^2 \left( \lim_{x \to 0} x^{n-1} \right) = 1.$$

将函数$\dfrac{S(x)}{x}$在 0 作连续延拓$\left(x=0\ \text{时},\text{定义}\ \dfrac{S(x)}{x}=1\right)$.

$\forall\, x\in(-1,1)$,从 0 到 $x$ 逐项积分,有

$$\int_0^x \frac{S(t)}{t}\mathrm{d}t=\sum_{n=1}^{\infty}n^2\int_0^x t^{n-1}\mathrm{d}t=\sum_{n=1}^{\infty}nx^n=x\sum_{n=1}^{\infty}nx^{n-1}=x(1+2x+3x^2+4x^3+\cdots).$$

由例 5 的 2),有

$$\int_0^x \frac{S(t)}{t}\mathrm{d}t=\frac{x}{(1-x)^2}.$$

对上式等号两端求导数,有

$$\frac{S(x)}{x}=\frac{(1-x)^2+x\cdot 2(1-x)}{(1-x)^4}=\frac{1+x}{(1-x)^3},$$

于是,

$$S(x)=\frac{x(1+x)}{(1-x)^3}.$$

### 三、泰勒级数

以上是在给定幂级数的情况下,讨论幂级数的收敛域以及和函数的分析性质.但是也常常遇到相反的问题,即将给定的函数"展成"幂级数,这对我们进一步认识这些函数有着重要意义.

如果函数能展成幂级数,那么幂级数的系数与这个函数有什么关系呢?有下面的定理:

**定理 9**　若函数 $f(x)$ 在区间 $(a-r,a+r)$ 能展成幂级数,即 $\forall\, x\in(a-r,a+r)$,有

$$f(x)=\sum_{n=0}^{\infty}a_n(x-a)^n, \tag{2}$$

则函数 $f(x)$ 在区间 $(a-r,a+r)$ 存在任意阶导数,且

$$a_k=\frac{f^{(k)}(a)}{k!},\quad k=0,1,2,\cdots.$$

**证明**　根据定理 7 的推论,函数 $f(x)$ 在区间 $(a-r,a+r)$ 存在任意阶导数,且

$$f^{(k)}(x)=\sum_{n=k}^{\infty}n(n-1)\cdots(n-k+1)a_n(x-a)^{n-k}$$

$$=k!\,a_k+(k+1)k\cdots 2a_{k+1}(x-a)+\cdots.$$

令 $x=a$,$f^{(k)}(a)=k!\,a_k$,即

$$a_k=\frac{f^{(k)}(a)}{k!}.$$

**推论**　若函数 $f(x)$ 在区间 $(a-r,a+r)$ 能展成幂级数(2),则其幂级数展开式是唯一的,即若 $\forall\, x\in(a-r,a+r)$,有

$$f(x)=\sum_{n=0}^{\infty}a_n(x-a)^n\quad \text{与}\quad f(x)=\sum_{n=0}^{\infty}b_n(x-a)^n,$$

则 $a_n=b_n$,$n=0,1,2,\cdots$.

**证明** 根据定理9，$a_n = \dfrac{f^{(n)}(a)}{n!}$，$b_n = \dfrac{f^{(n)}(a)}{n!}$，有

$$a_n = b_n, \quad n = 0, 1, 2, \cdots.$$

定理9指出，若函数 $f(x)$ 在 $a$ 的邻域能展成幂级数，则 $f(x)$ 在此邻域必存在任意阶导数，并且幂级数的系数 $a_k$ 由函数 $f(x)$ 的 $k$ 阶导数在 $a$ 的值唯一确定，即

$$a_k = \frac{f^{(k)}(a)}{k!}.$$

注意，这是在"能展成"，即（2）式成立的前提下得到的. 反之，如果函数 $g(x)$ 在 $a$ 存在任意阶导数，我们总能形式地写出相应的幂级数：

$$g(a) + \frac{g'(a)}{1!}(x-a) + \frac{g''(a)}{2!}(x-a)^2 + \cdots + \frac{g^{(n)}(a)}{n!}(x-a)^n + \cdots,$$

称为函数 $g(x)$ 在 $a$ 的**泰勒级数**，记为

$$g(x) \sim \sum_{n=0}^{\infty} \frac{g^{(n)}(a)}{n!}(x-a)^n, \tag{3}$$

其中符号"$\sim$"表示（3）式右端的泰勒级数是由函数 $g(x)$ 生成的.

特别地，函数 $g(x)$ 在 0 的泰勒级数，即

$$g(x) \sim \sum_{n=0}^{\infty} \frac{g^{(n)}(0)}{n!}x^n$$

称为函数 $g(x)$ 的**麦克劳林级数**.

如果泰勒级数（3）在区间 $(a-r, a+r)$ 收敛，那么它的和函数是否就是函数 $g(x)$ 呢？回答是否定的.（因此（3）式才用符号"$\sim$"，而不用等号"$=$".）例如，函数

$$g(x) = \begin{cases} \mathrm{e}^{-\frac{1}{x^2}}, & x \neq 0, \\ 0, & x = 0. \end{cases}$$

（见练习题6.2第8题）函数 $g(x)$ 在 0 存在任意阶导数，且 $\forall n \in \mathbf{N}_+$，有

$$g^{(n)}(0) = 0.$$

于是，函数 $g(x)$ 的麦克劳林级数是

$$g(x) \sim g(0) + \frac{g'(0)}{1!}x + \frac{g''(0)}{2!}x^2 + \cdots + \frac{g^{(n)}(0)}{n!}x^n + \cdots. \tag{4}$$

显然，级数（4）在 $\mathbf{R}$ 收敛于 0. 但是 $\forall x \neq 0, g(x) \neq 0$，即

$$g(x) \neq g(0) + \frac{g'(0)}{1!}x + \frac{g''(0)}{2!}x^2 + \cdots + \frac{g^{(n)}(0)}{n!}x^n + \cdots.$$

由此可见，若函数 $g(x)$ 在 $a$ 存在任意阶导数，我们总能写出幂级数（3），一般来说幂级数（3）在区间 $(a-r, a+r)$ 不一定收敛于函数 $g(x)$. 那么在什么条件下幂级数（3）收敛于函数 $g(x)$ 呢？

**定理 10** 若函数 $f(x)$ 在区间 $(a-r, a+r)$ 存在任意阶导数，且 $\forall x \in (a-r, a+r)$，泰勒公式的余项 $R_n(x) \to 0 (n \to \infty)$，则 $\forall x \in (a-r, a+r)$，有

$$f(x) = \sum_{n=0}^{\infty} \frac{f^{(n)}(a)}{n!}(x-a)^n.$$

**证明** 由 §6.3 泰勒公式,$\forall x \in (a-r, a+r)$,有

$$f(x) - \sum_{k=0}^{n} \frac{f^{(k)}(a)}{k!}(x-a)^k = R_n(x) \to 0 \quad (n \to \infty),$$

即

$$f(x) = \sum_{n=0}^{\infty} \frac{f^{(n)}(a)}{n!}(x-a)^n.$$

应用定理 10 判别函数可展成泰勒级数并不方便,下面再给一个比较简便的函数可展成泰勒级数的充分条件:

**定理 11** 若函数 $f(x)$ 在区间 $(a-r, a+r)$ 存在任意阶导数,且 $\exists M > 0$,$\forall x \in (a-r, a+r)$,$\forall n = 0, 1, 2, \cdots$,有

$$|f^{(n)}(x)| \leqslant M, ①$$

则

$$f(x) = \sum_{n=0}^{\infty} \frac{f^{(n)}(a)}{n!}(x-a)^n, \quad x \in (a-r, a+r). \tag{5}$$

**证明** 由 §6.3 带有拉格朗日余项的泰勒公式,有

$$|R_{n-1}(x)| = \left| \frac{(x-a)^n}{n!} f^{(n)}[a + \theta(x-a)] \right| \quad (0 < \theta < 1)$$

$$= \frac{|x-a|^n}{n!} |f^{(n)}[a + \theta(x-a)]| \leqslant \frac{r^n}{n!} M.$$

已知 $\lim\limits_{n \to \infty} \dfrac{r^n}{n!} = 0$,② 有 $\lim\limits_{n \to \infty} R_{n-1}(x) = 0$. 根据定理 10,(5)式成立.

## 四、初等函数的幂级数展开

下面给出几个常用的初等函数的幂级数展开式:

1. $f(x) = \sin x$,$g(x) = \cos x$

由 §5.5 例 3,有

$$f^{(n)}(x) = (\sin x)^{(n)} = \sin\left(x + n \cdot \frac{\pi}{2}\right).$$

$\forall x \in \mathbf{R}$,$\forall n = 0, 1, 2, \cdots$,有

$$|f^{(n)}(x)| = \left| \sin\left(x + n \cdot \frac{\pi}{2}\right) \right| \leqslant 1.$$

根据定理 11,函数 $\sin x$ 在 $\mathbf{R}$ 可展成幂级数. 当 $a = 0$ 时,有

$$f(0) = 0, f'(0) = 1, f''(0) = 0, f'''(0) = -1, \cdots.$$

于是,

$$\sin x = x - \frac{x^3}{3!} + \cdots + (-1)^n \frac{x^{2n+1}}{(2n+1)!} + \cdots, \quad x \in \mathbf{R}.$$

用同样方法可把函数 $\cos x$ 在 $\mathbf{R}$ 展成幂级数,

---

① 即函数列 $\{f^{(n)}(x)\}$ 在区间 $(a-r, a+r)$ 一致有界.

② 见 §2.2 例 5. 另法,因为级数 $\sum\limits_{n=0}^{\infty} \dfrac{r^n}{n!}$ 收敛,所以 $\dfrac{r^n}{n!} \to 0 (n \to \infty)$.

$$\cos x = 1 - \frac{x^2}{2!} + \cdots + (-1)^n \frac{x^{2n}}{(2n)!} + \cdots, \quad x \in \mathbf{R}.$$

2. $f(x) = e^x$

已知 $\forall n = 0, 1, 2, \cdots$,有 $f^{(n)}(x) = (e^x)^{(n)} = e^x$. 当 $a = 0$ 时,有

$$f^{(n)}(0) = e^0 = 1.$$

$\forall r > 0, x \in (-r, r), \forall n = 0, 1, 2, \cdots$,有

$$|f^{(n)}(x)| = |e^x| \leqslant e^r.$$

根据定理 11,函数 $e^x$ 在 $(-r, r)$ 可展成幂级数. 因为 $r$ 是任意的,所以函数 $e^x$ 在 $\mathbf{R}$ 可展成幂级数,即

$$e^x = 1 + \frac{x}{1!} + \frac{x^2}{2!} + \cdots + \frac{x^n}{n!} + \cdots, \quad x \in \mathbf{R}.$$

特别地,当 $x = 1$ 时,有

$$e = 1 + \frac{1}{1!} + \frac{1}{2!} + \cdots + \frac{1}{n!} + \cdots.$$

3. $f(x) = \ln(1 + x)$

已知

$$\frac{1}{1+x} = 1 - x + x^2 - x^3 + \cdots.$$

不难计算,这个幂级数的收敛半径是 1. 根据定理 6,$\forall x \in (-1, 1)$,从 0 到 $x$ 逐项积分,有

$$\int_0^x \frac{\mathrm{d}t}{1+t} = \int_0^x \mathrm{d}t - \int_0^x t \mathrm{d}t + \int_0^x t^2 \mathrm{d}t - \int_0^x t^3 \mathrm{d}t + \cdots,$$

即

$$\ln(1+x) = x - \frac{x^2}{2} + \frac{x^3}{3} - \cdots + (-1)^{n-1} \frac{x^n}{n} + \cdots, \quad |x| < 1.$$

当 $x = 1$ 时,根据定理 8,有

$$\ln 2 = 1 - \frac{1}{2} + \frac{1}{3} - \frac{1}{4} + \cdots + (-1)^{n-1} \frac{1}{n} + \cdots.$$

4. $f(x) = \arctan x$

已知

$$\frac{1}{1+x^2} = 1 - x^2 + x^4 - \cdots + (-1)^n x^{2n} + \cdots, \quad x \in (-1, 1).$$

不难计算,这个幂级数的收敛半径是 1,根据定理 6,$\forall x \in (-1, 1)$,从 0 到 $x$ 逐项积分,有

$$\int_0^x \frac{\mathrm{d}t}{1+t^2} = \int_0^x \mathrm{d}t - \int_0^x t^2 \mathrm{d}t + \int_0^x t^4 \mathrm{d}t - \cdots + (-1)^n \int_0^x t^{2n} \mathrm{d}t + \cdots,$$

即

$$\arctan x = x - \frac{x^3}{3} + \frac{x^5}{5} - \cdots + (-1)^n \frac{x^{2n+1}}{2n+1} + \cdots, \quad x \in (-1, 1).$$

上述幂级数在 $x=\pm 1$ 都是收敛的交错级数. 当 $x=1$ 时,根据定理 8,有

$$\frac{\pi}{4}=1-\frac{1}{3}+\frac{1}{5}-\cdots+(-1)^n\frac{1}{2n+1}+\cdots.$$

5. $f(x)=(1+x)^\alpha,\alpha$ 是常数

$$f'(x)=\alpha(1+x)^{\alpha-1},f''(x)=\alpha(\alpha-1)(1+x)^{\alpha-2},\cdots,$$
$$f^{(n)}(x)=\alpha(\alpha-1)\cdots(\alpha-n+1)(1+x)^{\alpha-n},\cdots.$$

当 $x=0$ 时,有

$$f(0)=1,f'(0)=\alpha,f''(0)=\alpha(\alpha-1),\cdots,$$
$$f^{(n)}(0)=\alpha(\alpha-1)\cdots(\alpha-n+1),\cdots.$$

从而,函数 $(1+x)^\alpha$ 的麦克劳林级数是

$$1+\frac{\alpha}{1!}x+\frac{\alpha(\alpha-1)}{2!}x^2+\cdots+\frac{\alpha(\alpha-1)\cdots(\alpha-n+1)}{n!}x^n+\cdots. \tag{6}$$

当 $\alpha=n\in\mathbf{N}_+$ 时,已知 $\forall k>n$,有 $f^{(k)}(x)\equiv 0$.这时,函数 $(1+x)^n$ 的麦克劳林级数就是我们熟知的牛顿二项式公式,即

$$(1+x)^n=1+\frac{n}{1!}x+\frac{n(n-1)}{2!}x^2+\cdots+\frac{n!}{n!}x^n=C_n^0+C_n^1x+C_n^2x^2+\cdots+C_n^nx^n.$$

当 $\alpha\neq n\in\mathbf{N}_+$ 时,有极限

$$\lim_{n\to\infty}\left|\frac{a_{n+1}}{a_n}\right|=\lim_{n\to\infty}\left|\frac{\alpha-n}{n+1}\right|=1.$$

即幂级数(6)的收敛半径是 1.下面证明麦克劳林级数(6)在区间 $(-1,1)$ 收敛于函数 $(1+x)^\alpha$.这里选用柯西余项,直接用定理 10 证明.函数 $(1+x)^\alpha$ 的麦克劳林公式的柯西余项(见 §6.3 定理 2)是

$$R_n(x)=\frac{(1-\theta)^n x^{n+1}}{n!}\alpha(\alpha-1)\cdots(\alpha-n)(1+\theta x)^{\alpha-n-1}$$
$$=\frac{\alpha(\alpha-1)\cdots(\alpha-n)}{n!}x^{n+1}\left(\frac{1-\theta}{1+\theta x}\right)^n(1+\theta x)^{\alpha-1}, \tag{7}$$

其中 $0<\theta<1$.不难证明,(7)式中的因式 $\left(\dfrac{1-\theta}{1+\theta x}\right)^n$ 与 $(1+\theta x)^{\alpha-1}$ 有界.

事实上,$\forall x>-1$,有 $0<1-\theta<1+\theta x$ 或 $0<\dfrac{1-\theta}{1+\theta x}<1$,从而 $\forall x\in(-1,1)$,$\forall n\in\mathbf{N}_+$,有

$$0<\left(\frac{1-\theta}{1+\theta x}\right)^n<1.$$

因为 $\forall x:0\leq x<1$,有 $1\leq 1+\theta x<1+x$;$\forall x:-1<x\leq 0$,有 $1+x<1+\theta x\leq 1$,所以 $\forall x\in(-1,1)$,有

$$|(1+\theta x)^{\alpha-1}|\leq\max\{1,(1+x)^{\alpha-1}\}\quad(与 n 无关).$$

又已知,$\forall x\in(-1,1)$,有极限

$$\lim_{n \to \infty} \frac{\alpha(\alpha-1)\cdots(\alpha-n)}{n!} x^{n+1} = 0. \text{①}$$

于是,由(7)式,$\forall x \in (-1,1)$,有

$$\lim_{n \to \infty} R_n(x) = 0.$$

根据定理10,函数$(1+x)^\alpha$在区间$(-1,1)$可展成幂级数(6),即

$$(1+x)^\alpha = 1 + \frac{\alpha}{1!}x + \frac{\alpha(\alpha-1)}{2!}x^2 + \cdots + \frac{\alpha(\alpha-1)\cdots(\alpha-n+1)}{n!}x^n + \cdots,$$

称为**二项式展开公式**.

下面是二项式展开公式的几个特殊情况$(|x|<1)$:

当$\alpha = -1$时,

$$\frac{1}{1+x} = 1 - x + x^2 - x^3 + \cdots, \quad -1 < x \leqslant 1.$$

当$\alpha = -k$时,

$$\frac{1}{(1+x)^k} = 1 - \frac{k}{1!}x + \frac{k(k+1)}{2!}x^2 - \frac{k(k+1)(k+2)}{3!}x^3 + \cdots.$$

当$\alpha = \frac{1}{2}$时,

$$\sqrt{1+x} = 1 + \frac{1}{2}x - \frac{1}{2 \cdot 4}x^2 + \frac{1 \cdot 3}{2 \cdot 4 \cdot 6}x^3 - \cdots + (-1)^{n-1}\frac{(2n-3)!!}{(2n)!!}x^n + \cdots, \quad -1 \leqslant x \leqslant 1.$$

当$\alpha = -\frac{1}{2}$时,

$$\frac{1}{\sqrt{1+x}} = 1 - \frac{x}{2} + \frac{3}{8}x^2 - \frac{5}{16}x^3 + \cdots + (-1)^n\frac{(2n-1)!!}{(2n)!!}x^n + \cdots, \quad -1 < x \leqslant 1.$$

**例7** 将函数$f(x) = \dfrac{\ln(1-x)}{1-x}$展成幂级数.

**解** 已知在区间$(-1,1)$中,有

$$\frac{1}{1-x} = \sum_{n=0}^{\infty} x^n, \qquad \ln(1-x) = -\sum_{n=0}^{\infty} \frac{x^n}{n}.$$

根据幂级数的乘法定理,有

$$\frac{\ln(1-x)}{1-x} = -\left(\sum_{n=0}^{\infty} x^n\right)\left(\sum_{n=0}^{\infty} \frac{x^n}{n}\right),$$

其中$c_n = \sum_{k=0}^{n} a_k b_{n-k} = \sum_{k=0}^{n} \frac{1}{k}, a_k = 1, b_k = \frac{1}{k}.$于是,

$$\frac{\ln(1-x)}{1-x} = -\sum_{n=0}^{\infty}\left(\sum_{k=0}^{n} \frac{1}{k}\right)x^n = -\sum_{n=0}^{\infty}\left(1 + \frac{1}{2} + \cdots + \frac{1}{n}\right)x^n, \quad -1 < x < 1.$$

---

① 因为$\forall x \in (-1,1)$,级数$\sum_{0}^{\infty} \dfrac{\alpha(\alpha-1)\cdots(\alpha-n)}{n!}x^{n+1}$收敛,所以

$$\lim_{n \to \infty} \frac{\alpha(\alpha-1)\cdots(\alpha-n)}{n!} x^{n+1} = 0.$$

定理 10 和定理 11 给出了把函数 $f(x)$ 展成幂级数的方法. 除此之外, 利用某些函数的已知的展开式, 通过幂级数的微分, 积分以及代数运算也能将函数展成幂级数. 下面六个初等函数的幂级数展开式以后经常碰到, 必须熟练地掌握:

$$\sin x = \sum_{n=0}^{\infty} \frac{(-1)^n}{(2n+1)!} x^{2n+1}, \quad -\infty < x < +\infty.$$

$$\cos x = \sum_{n=0}^{\infty} \frac{(-1)^n}{(2n)!} x^{2n}, \quad -\infty < x < +\infty.$$

$$e^x = \sum_{n=0}^{\infty} \frac{x^n}{n!}, \quad -\infty < x < +\infty.$$

$$\ln(1+x) = \sum_{n=0}^{\infty} \frac{(-1)^{n-1}}{n} x^n, \quad -1 < x \leq 1.$$

$$\arctan x = \sum_{n=0}^{\infty} \frac{(-1)^n}{2n+1} x^{2n+1}, \quad -1 \leq x \leq 1.$$

$$(1+x)^{\alpha} = 1 + \sum_{n=1}^{\infty} \frac{\alpha(\alpha-1)\cdots(\alpha-n+1)}{n!} x^n, \quad -1 < x < 1.$$

## 五、幂级数的应用

### 1. 数 π 的近似计算

数 π 是一个很重要的常数, 它在数学和物理中应用的频率很高. 近似计算数 π 时, 幂级数是一个理想的工具.

已知函数 $\arctan x$ 的麦克劳林级数是

$$\arctan x = x - \frac{x^3}{3} + \frac{x^5}{5} - \cdots + (-1)^n \frac{x^{2n+1}}{2n+1} + \cdots, \quad -1 \leq x \leq 1.$$

令 $x = 1$, 有

$$\frac{\pi}{4} = 1 - \frac{1}{3} + \frac{1}{5} - \cdots + \frac{(-1)^n}{2n+1} + \cdots$$

或

$$\pi = 4 \left[ 1 - \frac{1}{3} + \frac{1}{5} - \cdots + \frac{(-1)^n}{2n+1} + \cdots \right].$$

这是人们最早发现的数 π 的既有规律又很简明的级数形式. 可惜此级数收敛甚慢, 没有实用价值. 为了提高收敛速度. 在函数 $\arctan x$ 的麦克劳林级数中, 令 $x = \frac{1}{\sqrt{3}} \in [-1, 1]$, 有

$$\frac{\pi}{6} = \frac{1}{\sqrt{3}} - \frac{1}{3(\sqrt{3})^3} + \frac{1}{5(\sqrt{3})^5} - \cdots + (-1)^n \frac{1}{2n+1} \frac{1}{(\sqrt{3})^{2n+1}} + \cdots$$

或

$$\pi = 2\sqrt{3} \left[ 1 - \frac{1}{3 \cdot 3} + \frac{1}{5 \cdot 3^2} - \cdots + \frac{(-1)^n}{(2n+1) \cdot 3^n} + \cdots \right].$$

如果取前 8 项部分和, 即

$$\pi \approx 2\sqrt{3}\left(1-\frac{1}{9}+\frac{1}{45}-\frac{1}{189}+\frac{1}{729}-\frac{1}{2\,673}+\frac{1}{9\,477}-\frac{1}{32\,805}\right).$$

根据 §9.1 定理 9,其误差不超过第 9 项的绝对值,即

$$2\sqrt{3}\cdot\frac{1}{17\cdot3^8}=\frac{2\sqrt{3}}{111\,537}<\frac{3.5}{100\,000}=0.000\,035.$$

2. 数 e 的近似计算

数 e 也是一个重要常数.它是我们熟知的自然对数的底.表示数 e 有多种不同的方法,级数是表示数 e 的理想工具.

已知函数 $e^x$ 的麦克劳林级数是

$$e^x=\sum_{n=0}^{\infty}\frac{x^n}{n!}=1+\frac{x}{1!}+\frac{x^2}{2!}+\cdots+\frac{x^n}{n!}+\cdots,\quad x\in\mathbf{R}.$$

令 $x=1$,有

$$e=\sum_{n=0}^{\infty}\frac{1}{n!}=1+\frac{1}{1!}+\frac{1}{2!}+\cdots+\frac{1}{n!}+\cdots.$$

这就是数 e 的级数表示.用它的部分和 $S_n=\sum_{k=0}^{n}\frac{1}{k!}$(这是 $n+1$ 项的和)近似代替数 e,则误差不超过 $\frac{1}{n!\,n}$,即

$$e-S_n=e-\sum_{k=0}^{n}\frac{1}{k!}<\frac{1}{n!\,n}. \tag{8}$$

事实上,$\forall n\in\mathbf{N}_+$,有

$$\begin{aligned}
e-S_n&=\sum_{k=0}^{\infty}\frac{1}{k!}-\sum_{k=0}^{n}\frac{1}{k!}=\frac{1}{(n+1)!}+\frac{1}{(n+2)!}+\frac{1}{(n+3)!}+\cdots\\
&=\frac{1}{(n+1)!}\left[1+\frac{1}{n+2}+\frac{1}{(n+2)(n+3)}+\cdots\right]\\
&<\frac{1}{(n+1)!}\left[1+\frac{1}{n+1}+\frac{1}{(n+1)^2}+\cdots\right]=\frac{1}{(n+1)!}\cdot\frac{1}{1-\frac{1}{n+1}}=\frac{1}{n!\,n}.
\end{aligned}$$

例如,取 $n=10$,即用 $S_{10}$ 近似代替数 e,即

$$e\approx1+\frac{1}{1!}+\frac{1}{2!}+\cdots+\frac{1}{10!},$$

其误差不超过 $\frac{1}{10!\,10}=\frac{1}{36\,288\,000}<\frac{1}{36\times10^6}.$

应用不等式(8)很容易证明:数 e 是无理数.

用反证法.假设数 e 是有理数 $\frac{p}{q}$,其中 $p,q\in\mathbf{N}_+$,设部分和 $S_q=1+\frac{1}{1!}+\frac{1}{2!}+\cdots+\frac{1}{q!}$.一方面,由不等式(8),有

$$0<q!\,(e-S_q)<q!\,\frac{1}{q!\,q}=\frac{1}{q}\leqslant1,$$

即 $q!\,(e-S_q)$ 是 0 与 1 之间的小数;另一方面,又有

$$q!\,(\mathrm{e}-S_q)=q!\left[\frac{p}{q}-\left(1+\frac{1}{1!}+\frac{1}{2!}+\cdots+\frac{1}{q!}\right)\right]$$

是正整数,矛盾.于是,数 e 是无理数.

3. 对数的近似计算

已知函数 $\ln(1+x)$ 的麦克劳林级数是

$$\ln(1+x)=x-\frac{x^2}{2}+\frac{x^3}{3}-\frac{x^4}{4}+\cdots,\quad -1<x\leqslant 1. \tag{9}$$

应用幂级数(9)计算自然对数的近似值有两个缺点:一是 $x$ 的变化范围太小;二是收敛的速度太慢.因此它没有实用价值.为此,在幂级数(9)的基础上构造一个新的级数,既扩大 $x$ 的变化范围,又提高收敛速度.具体做法如下(有很高的技巧):

在幂级数(9)中,以 $-x$ 代替 $x(|x|<1)$,有

$$\ln(1-x)=-x-\frac{x^2}{2}-\frac{x^3}{3}-\frac{x^4}{4}-\cdots. \tag{10}$$

将幂级数(9)与(10)的等号两端分别相减,有

$$\ln(1+x)-\ln(1-x)=2\left(x+\frac{x^3}{3}+\frac{x^5}{5}+\frac{x^7}{7}+\cdots\right)$$

或

$$\ln\frac{1+x}{1-x}=2\left(x+\frac{x^3}{3}+\frac{x^5}{5}+\frac{x^7}{7}+\cdots\right),\quad |x|<1. \tag{11}$$

令 $x=\dfrac{1}{2n+1}\in(-1,1),n\in\mathbf{N}_+$,有

$$\frac{1+x}{1-x}=\frac{1+\dfrac{1}{2n+1}}{1-\dfrac{1}{2n+1}}=\frac{n+1}{n}.$$

将 $x=\dfrac{1}{2n+1}$ 代入幂级数(11)中,有

$$\ln\frac{n+1}{n}=2\left[\frac{1}{2n+1}+\frac{1}{3(2n+1)^3}+\frac{1}{5(2n+1)^5}+\cdots\right]$$

或

$$\ln(n+1)=\ln n+2\left[\frac{1}{2n+1}+\frac{1}{3(2n+1)^3}+\frac{1}{5(2n+1)^5}+\cdots\right]. \tag{12}$$

由级数(12)看到,一方面,应用递推方法,能求出任意正整数 $n$ 的自然对数 $\ln n$;另一方面,提高了级数的收敛速度,即取很少几项的部分和就能达到较高的精度.

例如,$n=1$,已知 $\ln 1=0$,由级数(12),有

$$\ln 2=2\left(\frac{1}{3}+\frac{1}{3\cdot 3^3}+\frac{1}{5\cdot 3^5}+\frac{1}{7\cdot 3^7}+\cdots\right).$$

只计算括号内写出来的 4 项部分和,即

$$\ln 2\approx 2\left(\frac{1}{3}+\frac{1}{3\cdot 3^3}+\frac{1}{5\cdot 3^5}+\frac{1}{7\cdot 3^7}\right)\approx 0.693\ 13,$$

其误差不超过

$$2\left(\frac{1}{9 \cdot 3^9}+\frac{1}{11 \cdot 3^{11}}+\cdots\right)<2\left(\frac{1}{9 \cdot 3^9}+\frac{1}{9 \cdot 3^{11}}+\cdots\right)<7\times10^{-5}.$$

由于级数(12)能计算任意正整数 $n$ 的自然对数 $\ln n$,它的收敛速度又较快.因此它是造自然对数表的理想公式.

## 六、指数函数与三角函数的幂级数定义

指数函数与三角函数在数学分析中占有十分重要的地位.初等数学定义三角函数是应用几何方法,将它与直角三角形的边与角紧紧联系在一起.这是不必要的,完全可以脱离几何用纯分析方法定义三角函数.幂级数就是定义指数函数、正弦函数和余弦函数的理想的分析工具.

下面我们直接用幂级数来定义指数函数、正弦函数和余弦函数,并讨论它们的性质.

1. 指数函数的定义

**定义**　设幂级数 $\displaystyle\sum_{n=0}^{\infty}\frac{x^n}{n!}$ 的和函数是 $E(x)$,即

$$E(x)=1+\frac{x}{1!}+\frac{x^2}{2!}+\cdots+\frac{x^n}{n!}+\cdots,$$

称为**指数函数**.

下面讨论指数函数 $E(x)$ 的性质和运算公式:

1) 指数函数 $E(x)$ 的定义域是 $\mathbf{R}$.

2) 指数函数 $E(x)$ 在定义域 $\mathbf{R}$ 连续.

3) $E(0)=1.$

上述性质易证.

4) $\forall x,y\in\mathbf{R}$,有 $E(x)\cdot E(y)=E(x+y)$.

事实上,

$$E(x)=1+\frac{x}{1!}+\frac{x^2}{2!}+\cdots+\frac{x^n}{n!}+\cdots. \tag{13}$$

$$E(y)=1+\frac{y}{1!}+\frac{y^2}{2!}+\cdots+\frac{y^n}{n!}+\cdots. \tag{14}$$

幂级数(13)与(14)在 $\mathbf{R}$ 都绝对收敛.根据 §9.1 定理15,幂级数(13)与(14)的乘积级数也在 $\mathbf{R}$ 绝对收敛,并与项的次序无关.在乘积级数的项中,$x$ 的次数与 $y$ 的次数之和是 $n$ 的共有 $n+1$ 项,即

$$1\cdot\frac{y^n}{n!}+\frac{x}{1!}\cdot\frac{y^{n-1}}{(n-1)!}+\frac{x^2}{2!}\cdot\frac{y^{n-2}}{(n-2)!}+\cdots+\frac{x^{n-k}}{(n-k)!}\cdot\frac{y^k}{k!}+\cdots+\frac{x^n}{n!}\cdot1$$

$$=\sum_{k=0}^{n}\frac{1}{k!(n-k)!}x^k y^{n-k}=\frac{1}{n!}\sum_{k=0}^{n}C_n^k x^k y^{n-k}=\frac{(x+y)^n}{n!}.$$

于是,

$$E(x)\cdot E(y)=\left(\sum_{n=0}^{\infty}\frac{x^n}{n!}\right)\left(\sum_{n=0}^{\infty}\frac{y^n}{n!}\right)$$

$$= \sum_{n=0}^{\infty} \left( \sum_{k=0}^{n} \frac{1}{k!\ (n-k)!} x^k y^{n-k} \right)$$

$$= \sum_{n=0}^{\infty} \frac{(x+y)^n}{n!} = E(x+y).$$

5）$\forall x \in \mathbf{R}$, 有 $E(x) \cdot E(-x) = 1$.

事实上, 由 4）, 令 $y = -x$, 有

$$E(x) \cdot E(-x) = E(x-x) = E(0) = 1.$$

6）$\forall x \in \mathbf{R}$, 有 $E(x) \neq 0$, 且 $E(-x) = [E(x)]^{-1}$.

事实上, 由 5）立刻就得到此结果.

7）$E'(x) = E(x)$.

事实上, 幂级数（13）在 $\mathbf{R}$ 可逐项微分, 即

$$E'(x) = \left( \sum_{n=0}^{\infty} \frac{x^n}{n!} \right)' = \sum_{n=0}^{\infty} \left( \frac{x^n}{n!} \right)' = \sum_{n=1}^{\infty} \frac{x^{n-1}}{(n-1)!} = \sum_{n=0}^{\infty} \frac{x^n}{n!} = E(x). \tag{15}$$

关于指数函数 $E(x)$ 的其他性质和公式, 不再列证.

不难证明, 指数函数 $E(x)$ 就是我们熟知的以 e 为底的指数函数 $e^x$.

事实上, $\forall x \in \mathbf{R}, E(x) > 0$, 由（15）式, 有

$$\frac{E'(x)}{E(x)} = 1.$$

$\forall x \in \mathbf{R}$, 从 0 到 $x$ 积分, 有

$$\int_0^x \frac{E'(t)}{E(t)} \mathrm{d}t = \int_0^x \mathrm{d}t \quad \text{或} \quad \ln E(x) = x,$$

即

$$E(x) = e^x.$$

2. 三角函数的分析定义

**定义** 设幂级数 $\displaystyle\sum_{n=0}^{\infty} (-1)^n \frac{x^{2n}}{(2n)!}$ 与 $\displaystyle\sum_{n=0}^{\infty} (-1)^n \frac{x^{2n+1}}{(2n+1)!}$ 的和函数分别是 $C(x)$ 与 $S(x)$, 即

$$C(x) = 1 - \frac{x^2}{2!} + \frac{x^4}{4!} - \frac{x^6}{6!} + \cdots = \sum_{n=0}^{\infty} (-1)^n \frac{x^{2n}}{(2n)!}$$

与

$$S(x) = x - \frac{x^3}{3!} + \frac{x^5}{5!} - \frac{x^7}{7!} + \cdots = \sum_{n=0}^{\infty} (-1)^n \frac{x^{2n+1}}{(2n+1)!},$$

称 $C(x)$ 是**余弦函数**, $S(x)$ 是**正弦函数**.

下面给出余弦函数与正弦函数的性质和运算公式：

1）余弦函数 $C(x)$ 与正弦函数 $S(x)$ 的定义域都是 $\mathbf{R}$.

2）余弦函数 $C(x)$ 与正弦函数 $S(x)$ 在定义域 $\mathbf{R}$ 都连续.

3）$C(0) = 1, S(0) = 0$.

以上性质易证.

4）$\forall x, y \in \mathbf{R}$, 有

$$C(x+y) = C(x) \cdot C(y) - S(x) \cdot S(y), \tag{16}$$

$$S(x+y) = S(x) \cdot C(y) + C(x) \cdot S(y). \tag{17}$$

事实上,幂级数(16)与(17)在 $\mathbf{R}$ 上都绝对收敛.根据§9.1定理15,它们自乘或相乘的幂级数也绝对收敛,将 $x$ 的次数与 $y$ 的次数之和的同次幂项合并在一起,由低次到高次顺序排列,有

$$
\begin{aligned}
C(x) \cdot C(y) &= \left[ \sum_{n=0}^{\infty} (-1)^n \frac{x^{2n}}{(2n)!} \right] \left[ \sum_{n=0}^{\infty} (-1)^n \frac{y^{2n}}{(2n)!} \right] \\
&= \left( 1 - \frac{x^2}{2!} + \frac{x^4}{4!} - \cdots \right) \left( 1 - \frac{y^2}{2!} + \frac{y^4}{4!} - \cdots \right) \\
&= 1 - \left( \frac{x^2}{2!} + \frac{y^2}{2!} \right) + \left( \frac{x^4}{4!} + \frac{x^2 y^2}{2! \cdot 2!} + \frac{y^4}{4!} \right) - \cdots.
\end{aligned} \tag{18}
$$

$$
\begin{aligned}
S(x) \cdot S(y) &= \left[ \sum_{n=0}^{\infty} (-1)^n \frac{x^{2n+1}}{(2n+1)!} \right] \left[ \sum_{n=0}^{\infty} (-1)^n \frac{y^{2n+1}}{(2n+1)!} \right] \\
&= \left( x - \frac{x^3}{3!} + \frac{x^5}{5!} - \cdots \right) \left( y - \frac{y^3}{3!} + \frac{y^5}{5!} - \cdots \right) \\
&= xy - \left( \frac{x^3 y}{3!} + \frac{x y^3}{3!} \right) + \left( \frac{x y^5}{5!} + \frac{x^3 y^3}{3! \cdot 3!} + \frac{x^5 y}{5!} \right) - \cdots.
\end{aligned} \tag{19}
$$

作幂级数(18)与(19)之差,它仍在 $\mathbf{R}$ 上绝对收敛,将 $xy$ 的同次幂由低次到高次顺序排列,经过整理,有

$$
\begin{aligned}
&C(x)C(y) - S(x)S(y) \\
&= \left[ 1 - \left( \frac{x^2}{2!} + \frac{y^2}{2!} \right) + \left( \frac{x^4}{4!} + \frac{x^2 y^2}{2! \cdot 2!} + \frac{y^4}{4!} \right) - \cdots \right] - \\
&\quad \left[ xy - \left( \frac{x^3 y}{3!} + \frac{x y^3}{3!} \right) + \left( \frac{x y^5}{5!} + \frac{x^3 y^3}{3! \cdot 3!} + \frac{x^5 y}{5!} \right) - \cdots \right] \\
&= 1 - \left( \frac{x^2}{2!} + xy + \frac{y^2}{2!} \right) + \left( \frac{x^4}{4!} + \frac{x^3 y}{3!} + \frac{x^2 y^2}{2! \cdot 2!} + \frac{x y^3}{3!} + \frac{y^4}{4!} \right) - \cdots \\
&= 1 - \frac{1}{2!} (x^2 + 2xy + y^2) + \frac{1}{4!} (x^4 + 4x^3 y + 6 x^2 y^2 + 4 x y^3 + y^4) - \cdots \\
&= 1 - \frac{1}{2!} (x+y)^2 + \frac{1}{4!} (x+y)^4 - \cdots \\
&= C(x+y),
\end{aligned}
$$

即(16)式成立.同法可证(17)式也成立.

5)余弦函数 $C(x)$ 在 $\mathbf{R}$ 上是偶函数,正弦函数 $S(x)$ 在 $\mathbf{R}$ 上是奇函数.

事实上,$\forall x \in \mathbf{R}$,有

$$C(-x) = \sum_{n=0}^{\infty} (-1)^n \frac{(-x)^{2n}}{(2n)!} = \sum_{n=0}^{\infty} (-1)^n \frac{x^{2n}}{(2n)!} = C(x),$$

即余弦函数 $C(x)$ 在 $\mathbf{R}$ 上是偶函数.

同法可证,正弦函数 $S(x)$ 在 $\mathbf{R}$ 上是奇函数.

6)$[C(x)]^2 + [S(x)]^2 = 1$.

事实上,在(16)式中,令 $y = -x$,有

$$C(x)C(-x)-S(x)S(-x)=C(x-x)=C(0).$$

由 3) 知,$C(0)=1$,由 5) 知,$\forall x \in \mathbf{R}$,有

$$C(-x)=C(x) \quad 和 \quad S(-x)=-S(x).$$

于是,$[C(x)]^2+[S(x)]^2=1$.

7) $\lim\limits_{x \to 0}\dfrac{S(x)}{x}=1,\lim\limits_{x \to 0}\dfrac{1-C(x)}{x^2}=\dfrac{1}{2}$.

8) $[C(x)]'=-S(x),[S(x)]'=C(x)$.

这两个性质易证,从略.

9) 存在数 $\pi\left(0<\dfrac{\pi}{2}<2\right)$,使 $C\left(\dfrac{\pi}{2}\right)=0$ 与 $S\left(\dfrac{\pi}{2}\right)=1$.

事实上,由余弦函数 $C(x)$ 的麦克劳林公式,取拉格朗日余项,有

$$C(x)=1-\dfrac{x^2}{2!}+\dfrac{x^4}{4!}C(\theta x), \quad 0<\theta<1.$$

由 6),$[C(\theta x)]^2+[S(\theta x)]^2=1$,有 $|C(\theta x)| \leqslant 1.x=2$,有

$$C(2)=-1+\dfrac{2}{3}C(2\theta) \leqslant -1+\dfrac{2}{3}=-\dfrac{1}{3}<0.$$

又已知,$C(0)=1>0$.从而,连续函数 $C(x)$ 在区间 $(0,2)$ 至少有一个零点.

因为 $\forall x \in (0,2)$,有

$$S(x)=x\left(1-\dfrac{x^2}{2 \cdot 3}\right)+\dfrac{x^5}{5!}\left(1-\dfrac{x^2}{6 \cdot 7}\right)+\cdots>0,$$

所以 $[C(x)]'=-S(x)<0$,即余弦函数 $C(x)$ 在区间 $(0,2)$ 严格减少.从而,余弦函数 $C(x)$ 在区间 $(0,2)$ 只有唯一零点.将此零点记为 $\dfrac{\pi}{2}$(在这里 $\pi$ 仅是一个符号),于是,存在数 $\pi$,使

$$C\left(\dfrac{\pi}{2}\right)=0.$$

由 6),又有

$$S\left(\dfrac{\pi}{2}\right)=1.$$

由 (16) 式与 (17) 式,当 $x=y=\dfrac{\pi}{2}$ 时,有

$$C(\pi)=C\left(\dfrac{\pi}{2}\right)C\left(\dfrac{\pi}{2}\right)-S\left(\dfrac{\pi}{2}\right)S\left(\dfrac{\pi}{2}\right)=-1, \tag{20}$$

$$S(\pi)=S\left(\dfrac{\pi}{2}\right)C\left(\dfrac{\pi}{2}\right)+C\left(\dfrac{\pi}{2}\right)S\left(\dfrac{\pi}{2}\right)=0. \tag{21}$$

10) 余弦函数 $C(x)$ 与正弦函数 $S(x)$ 都是以 $2\pi$ 为周期的周期函数.

事实上,由 (16) 式、(17) 式与 (20) 式、(21) 式,有

$$C(2\pi)=C(\pi)C(\pi)-S(\pi)S(\pi)=1,$$
$$S(2\pi)=S(\pi)C(\pi)+C(\pi)S(\pi)=0.$$

$\forall x \in \mathbf{R}$,有

$$C(x+2\pi) = C(x)C(2\pi) - S(x)S(2\pi) = C(x),$$

$$S(x+2\pi) = S(x)C(2\pi) + C(x)S(2\pi) = S(x).$$

即余弦函数 $C(x)$ 与正弦函数 $S(x)$ 都是以 $2\pi$ 为周期的周期函数.

能够证明,余弦函数 $C(x)$ 与正弦函数 $S(x)$ 就是我们熟知的三角函数 $\cos x$ 与 $\sin x$.这个证明涉及二阶常微分方程求解,从略.

## 练习题 9.3

1. 求下列幂级数的收敛半径和收敛域:

1) $\displaystyle\sum_{n=1}^{\infty} \frac{x^n}{n \cdot 2^n}$;　　　　2) $\displaystyle\sum_{n=1}^{\infty} \frac{x^{2n-1}}{2n-1}$;　　　　3) $\displaystyle\sum_{n=0}^{\infty} \frac{(n+1)^5}{2n+1} x^{2n}$;

4) $\displaystyle\sum_{n=1}^{\infty} \frac{(x-2)^n}{(2n-1) \cdot 2^n}$;　　　5) $\displaystyle\sum_{n=1}^{\infty} (-1)^n \frac{(2n-1)!!}{(2n)!!}(x-1)^n$;

6) $\displaystyle\sum_{n=1}^{\infty} \left(1+\frac{1}{2}+\cdots+\frac{1}{n}\right) x^n$.

2. 求下列函数的导数 $f'(x)$ 与定积分 $\displaystyle\int_0^x f(t)\,\mathrm{d}t$,并给出收敛区间:

1) $f(x) = \displaystyle\sum_{n=1}^{\infty} \frac{n+1}{3^n} x^{2n}$;　　2) $f(x) = \displaystyle\sum_{n=1}^{\infty} \frac{1}{n}(2x)^n$;

3) $f(x) = \displaystyle\sum_{n=1}^{\infty} \left(\frac{a^n}{n^2}+\frac{b^n}{n^2}\right) x^n, a>0, b>0$.

3. 求下列级数的和函数:

1) $\displaystyle\sum_{n=1}^{\infty} \frac{x^n}{n}$;　　　　2) $\displaystyle\sum_{n=1}^{\infty} \frac{x^{2n-1}}{2n-1}$;　　　　3) $\displaystyle\sum_{n=1}^{\infty} nx^n$;　　　4) $\displaystyle\sum_{n=1}^{\infty} \frac{x^n}{n(n+1)}$.

4. 将下列函数展成麦克劳林级数(可用已知的展开公式):

1) $a^x (a>0)$;　　　　2) $\dfrac{1}{2-x}$;　　　　3) $\sqrt[3]{1-x}$;

4) $\sin^2 x$　$\left(\text{提示}:\sin^2 x = \dfrac{1-\cos 2x}{2}\right)$;

5) $\ln\sqrt{\dfrac{1+x}{1-x}}$;　　　　6) $\displaystyle\int_0^x \frac{\sin t}{t}\,\mathrm{d}t$;

7) $\dfrac{\mathrm{d}}{\mathrm{d}x}\left(\dfrac{e^x-1}{x}\right)$;　　　　8) $\displaystyle\int_0^x \frac{1-\cos t}{t^2}\,\mathrm{d}t$.

5. 应用级数乘积,将下列函数展成麦克劳林级数:

1) $(1+x)e^{-x}$;　　　　2) $[\ln(1-x)]^2$;　　　3) $e^x \sin x$.

6. 证明:幂级数 $y = \displaystyle\sum_{n=0}^{\infty} \frac{(-1)^n}{(n!)^2}\left(\frac{x}{2}\right)^{2n}$ 满足微分方程 $xy''+y'+xy=0$.

7. 证明:$\forall x, y \in \mathbf{R}$,有

1) $S(x+y) = S(x)C(y)+C(x)S(y)$;　　　2) $\displaystyle\lim_{x\to 0}\frac{S(x)}{x}=1$.

8. 证明:等式 $(1-x)^{-1} = \displaystyle\sum_{n=0}^{\infty} x^n$ 的等号两端平方是

$$(1-x)^{-2} = \sum_{n=0}^{\infty} (n+1)x^n.$$

9. 证明:若函数 $f(x) = \sum_{n=0}^{\infty} a_n x^n$ 是偶函数(或奇函数),当 $n$ 是奇数(或偶数)时,则 $a_n = 0$.

10. 证明:若幂级数 $\sum_{n=0}^{\infty} a_n x^n$ 的收敛半径是 $r$,且在区间 $(-r,r)$ 一致收敛,则幂级数 $\sum_{n=0}^{\infty} a_n x^n$ 在区间 $[-r,r]$ 一致收敛.

    *       *       *       *       *       *       *       *

11. 设 $f(x) = \sum_{n=1}^{\infty} \dfrac{x^n}{n^2}, 0 \le x \le 1$.证明:$\forall x \in (0,1)$,有

1) $f(x) + f(1-x) + \ln x \cdot \ln(1-x) = C$(常数);

2) $C = f(1) = \sum_{n=1}^{\infty} \dfrac{1}{n^2}$.

12. 证明:若 $f(x) = \sum_{n=0}^{\infty} a_n x^n, |x| < r$,且 $\sum_{n=0}^{\infty} \dfrac{a_n}{n+1} r^{n+1}$ 收敛,则

$$\int_0^r f(x)\,\mathrm{d}x = \sum_{n=0}^{\infty} \dfrac{a_n}{n+1} r^{n+1}.$$

13. 证明:若 $f(x) = \sum_{n=0}^{\infty} a_n x^n, a_n \ge 0$,收敛半径 $r=1$,且 $\lim\limits_{x \to 1^-} f(x) = s$,则 $\sum_{n=0}^{\infty} a_n$ 收敛,且 $\sum_{n=0}^{\infty} a_n = s$.

14. 证明:若 $f(x) = \sum_{n=0}^{\infty} a_n x^n$ 的收敛半径是 $r$,存在某个数列 $\{x_n\}, x_n \in (-r,r)$($\forall m \in \mathbf{N}_+, \exists n > m$,有 $x_n \ne 0$),使 $\lim\limits_{n \to \infty} x_n = 0$,且 $f(x_n) = 0$($n = 1, 2, \cdots$),则 $a_n = 0$($n = 0, 1, 2, \cdots$).(提示:首先证明 $a_0 = f(0) = 0$,再证 $a_1 = f'(0) = 0, \cdots$.)

# §9.4 傅里叶[①]级数

    自然界中周期现象的数学描述就是周期函数.最简单的周期现象,如单摆的摆动、音叉的振动等,都可用正弦函数 $y = a\sin \omega t$ 或余弦函数 $y = a\cos \omega t$ 表示.但是,复杂的周期现象,如热传导、电磁波以及机械振动等,就不能仅用一个正弦函数或余弦函数表示,需要用很多个甚至无限多个正弦函数和余弦函数的叠加表示.本节就是讨论将周期函数表示为(展成)无限多个正弦函数与余弦函数之和,即傅里叶级数.

## 一、傅里叶级数

    函数列

$$1, \cos x, \sin x, \cos 2x, \sin 2x, \cdots, \cos nx, \sin nx, \cdots \qquad (1)$$

称为**三角函数系**.$2\pi$ 是三角函数系(1)中每个函数的周期.因此,讨论三角函数系(1)只需在长是 $2\pi$ 的一个区间上即可.通常选取区间 $[-\pi, \pi]$.由练习题 8.4 第 6 题知,三角函数系具有下列性质:$m$ 与 $n$ 是任意非负整数,有

---

① 傅里叶(Fourier,1768—1830),法国数学家.

$$\int_{-\pi}^{\pi} \sin mx \sin nx \, \mathrm{d}x = \begin{cases} 0, & m \neq n, \\ \pi, & m = n \neq 0, \end{cases}$$

$$\int_{-\pi}^{\pi} \sin mx \cos nx \, \mathrm{d}x = 0,$$

$$\int_{-\pi}^{\pi} \cos mx \cos nx \, \mathrm{d}x = \begin{cases} 0, & m \neq n, \\ \pi, & m = n \neq 0, \end{cases}$$

即三角函数系(1)中任意两个不同函数之积在$[-\pi, \pi]$的定积分是 0,而每个函数的平方在$[-\pi, \pi]$的定积分不是 0.因为函数之积的积分可以视为有限维空间中内积概念的推广,所以三角函数系(1)的这个性质称为**正交性**.三角函数系(1)的正交性是三角函数系优越性的源泉.以三角函数系(1)为基础所作成的函数项级数

$$\frac{a_0}{2} + a_1 \cos x + b_1 \sin x + a_2 \cos 2x + b_2 \sin 2x + \cdots + a_n \cos nx + b_n \sin nx + \cdots,$$

简写为

$$\frac{a_0}{2} + \sum_{n=1}^{\infty} (a_n \cos nx + b_n \sin nx), \tag{2}$$

称为**三角级数**,其中$a_0, a_n, b_n (n = 1, 2, \cdots)$都是常数.

如果函数$f(x)$在区间$[-\pi, \pi]$能展成三角级数(2),或三角级数(2)在区间$[-\pi, \pi]$收敛于函数$f(x)$,即

$$f(x) = \frac{a_0}{2} + \sum_{n=1}^{\infty} (a_n \cos nx + b_n \sin nx), \tag{3}$$

那么级数(3)的系数$a_0, a_n, b_n (n = 1, 2, \cdots)$与其和函数$f(x)$有什么关系呢? 为了讨论这个问题,不妨假设级数(3)在区间$[-\pi, \pi]$可逐项积分,并且乘以 $\sin mx$ 或 $\cos mx$ 之后仍可逐项积分.

首先,求$a_0$.

对(3)式等号左右两端在区间$[-\pi, \pi]$积分,并将右端逐项积分.由三角函数系(1)的正交性,有

$$\int_{-\pi}^{\pi} f(x) \, \mathrm{d}x = \int_{-\pi}^{\pi} \frac{a_0}{2} \mathrm{d}x + \sum_{n=1}^{\infty} \left( a_n \int_{-\pi}^{\pi} \cos nx \, \mathrm{d}x + b_n \int_{-\pi}^{\pi} \sin nx \, \mathrm{d}x \right) = a_0 \pi$$

或

$$a_0 = \frac{1}{\pi} \int_{-\pi}^{\pi} f(x) \, \mathrm{d}x.$$

其次,求$a_k (k \neq 0)$.

将(3)式等号左右两端乘以 $\cos kx$,左右两端在区间$[-\pi, \pi]$积分,并将右端逐项积分.由三角函数系(1)的正交性,有

$$\int_{-\pi}^{\pi} f(x) \cos kx \, \mathrm{d}x$$

$$= \int_{-\pi}^{\pi} \frac{a_0}{2} \cos kx \, \mathrm{d}x + \sum_{n=1}^{\infty} \left( a_n \int_{-\pi}^{\pi} \cos nx \cos kx \, \mathrm{d}x + b_n \int_{-\pi}^{\pi} \sin nx \cos kx \, \mathrm{d}x \right)$$

$$= a_k \int_{-\pi}^{\pi} \cos^2 kx \mathrm{d}x = a_k \pi$$

或

$$a_k = \frac{1}{\pi} \int_{-\pi}^{\pi} f(x) \cos kx \mathrm{d}x. ①$$

最后,求 $b_k$.

将(3)式等号左右两端乘以 $\sin kx$,左右两端在区间 $[-\pi,\pi]$ 积分,并将右端逐项积分.由三角函数系(1)的正交性,有

$$\int_{-\pi}^{\pi} f(x) \sin kx \mathrm{d}x$$

$$= \int_{-\pi}^{\pi} \frac{a_0}{2} \sin kx \mathrm{d}x + \sum_{n=1}^{\infty} \left( a_n \int_{-\pi}^{\pi} \cos nx \sin kx \mathrm{d}x + b_n \int_{-\pi}^{\pi} \sin nx \sin kx \mathrm{d}x \right)$$

$$= b_k \int_{-\pi}^{\pi} \sin^2 kx \mathrm{d}x = b_k \pi$$

或

$$b_k = \frac{1}{\pi} \int_{-\pi}^{\pi} f(x) \sin kx \mathrm{d}x.$$

由此可见,如果函数 $f(x)$ 在区间 $[-\pi,\pi]$ 能展成三角级数(3),其系数 $a_0, a_k, b_k (k = 1, 2, \cdots)$ 将由函数 $f(x)$ 确定.

**定义**　若函数 $f(x)$ 在区间 $[-\pi,\pi]$ 可积,②则称

$$a_n = \frac{1}{\pi} \int_{-\pi}^{\pi} f(x) \cos nx \mathrm{d}x \quad (n = 0, 1, 2, \cdots), \tag{4}$$

$$b_n = \frac{1}{\pi} \int_{-\pi}^{\pi} f(x) \sin nx \mathrm{d}x \quad (n = 1, 2, 3, \cdots) \tag{5}$$

是函数 $f(x)$ 的**傅里叶系数**.

以函数 $f(x)$ 的傅里叶系数为系数的三角级数

$$\frac{a_0}{2} + \sum_{n=1}^{\infty} (a_n \cos nx + b_n \sin nx)$$

称为函数 $f(x)$ 的**傅里叶级数**,记为

$$f(x) \sim \frac{a_0}{2} + \sum_{n=1}^{\infty} (a_n \cos nx + b_n \sin nx). \tag{6}$$

如果函数 $f(x)$ 在区间 $[-\pi,\pi]$ 可积,我们总能够形式地写出函数 $f(x)$ 的傅里叶级数(6).于是,产生了两个问题:

1) 函数 $f(x)$ 的傅里叶级数(6)在 $[-\pi,\pi]$ 是否收敛?

2) 如果函数 $f(x)$ 的傅里叶级数(6)在 $[-\pi,\pi]$ 收敛,那么它的和函数是否就是函

---

① 当 $k = 0$ 时, $a_0 = \frac{1}{\pi} \int_{-\pi}^{\pi} f(x) \mathrm{d}x$.因此三角级数(3)的常数项取为 $\frac{a_0}{2}$.

② 由 §8.3 定理 4,函数 $f(x) \sin nx$ 与 $f(x) \cos nx$ 在 $[-\pi,\pi]$ 都可积.

数 $f(x)$？

这两个问题的答案都是否定的，即函数 $f(x)$ 的傅里叶级数(6)在 $[-\pi,\pi]$ 可能发散，即使傅里叶级数(6)在 $[-\pi,\pi]$ 收敛，它的和函数也不一定就是函数 $f(x)$．那么，在什么条件下，函数 $f(x)$ 的傅里叶级数(6)在 $[-\pi,\pi]$ 收敛，其和函数就是函数 $f(x)$ 呢？这就是下面将要讨论的傅里叶级数的收敛定理．

## 二、两个引理

在证明傅里叶级数的收敛定理之前，先证两个引理．

设函数 $f(x)$ 在 $[-\pi,\pi]$ 的傅里叶级数是

$$\frac{a_0}{2}+\sum_{n=1}^{\infty}(a_n\cos nx+b_n\sin nx).$$

为书写简单，将它的 $2n+1$ 项的部分和表示为 $S_n(x)$，即

$$S_n(x)=\frac{a_0}{2}+\sum_{k=1}^{n}(a_k\cos kx+b_k\sin kx),\qquad(7)$$

称为**三角多项式**．将要证明的收敛定理是，在一定条件下，函数 $f(x)$ 的傅里叶级数的部分和 $S_n(x)$ 收敛于函数 $f(x)$，即需要证明 $|f(x)-S_n(x)|\to0(n\to\infty)$．为此，一方面，要将函数 $f(x)$ 与 $S_n(x)$ 化为相同的数学形式（这里是化为积分形式），从而能够进行差的运算；另一方面，将差 $|f(x)-S_n(x)|$ 化为积分形式之后，要有相应定理，使其极限为 0 $(n\to\infty)$．这就是下面的引理 1 及其推论和引理 2．

设 $D_n(x)=\dfrac{1}{2}+\cos x+\cos 2x+\cdots+\cos nx$．由 §9.1 例 14，不难得到

$$D_n(x)①=\frac{\sin\left(n+\dfrac{1}{2}\right)x}{2\sin\dfrac{x}{2}}.$$

**引理 1**　若函数 $f(x)$ 是以 $2\pi$ 为周期的函数，在 $[-\pi,\pi]$ 可积，则(7)式部分和 $S_n(x)$ 可表示为

$$S_n(x)=\frac{1}{\pi}\int_0^{\pi}\left[f(x+t)+f(x-t)\right]D_n(t)\,\mathrm{d}t,\qquad(8)$$

其中

$$D_n(t)=\frac{1}{2}+\cos t+\cos 2t+\cdots+\cos nt=\frac{\sin\left(n+\dfrac{1}{2}\right)t}{2\sin\dfrac{t}{2}}.$$

**证明**　将傅里叶系数 $a_n$ 与 $b_n$ 用(4)式与(5)式表示出来，有

---

① 这种写法 $D_n(x)$ 在 $x=0$ 没有定义，但是 $\lim\limits_{x\to0}D_n(x)=n+\dfrac{1}{2}$．在 0 作连续延拓，它与上述 $D_n(x)$ 和式的写法只是形式的区别．

$$S_n(x) = \frac{a_0}{2} + \sum_{k=1}^{n} (a_k \cos kx + b_k \sin kx)$$

$$= \frac{1}{2\pi} \int_{-\pi}^{\pi} f(u) \mathrm{d}u + \frac{1}{\pi} \sum_{k=1}^{n} \left[ \cos kx \int_{-\pi}^{\pi} f(u) \cos ku \mathrm{d}u + \sin kx \int_{-\pi}^{\pi} f(u) \sin ku \mathrm{d}u \right]$$

$$= \frac{1}{\pi} \int_{-\pi}^{\pi} f(u) \left[ \frac{1}{2} + \sum_{k=1}^{n} (\cos kx \cos ku + \sin kx \sin ku) \right] \mathrm{d}u$$

$$= \frac{1}{\pi} \int_{-\pi}^{\pi} f(u) \left[ \frac{1}{2} + \sum_{k=1}^{n} \cos k(u - x) \right] \mathrm{d}u$$

$$= \frac{1}{\pi} \int_{-\pi}^{\pi} f(u) \frac{\sin\left(n + \frac{1}{2}\right)(u-x)}{2\sin\frac{1}{2}(u-x)} \mathrm{d}u.$$

设 $u - x = t, \mathrm{d}u = \mathrm{d}t$, 有

$$S_n(x) = \frac{1}{\pi} \int_{-\pi-x}^{\pi-x} f(x+t) \frac{\sin\left(n+\frac{1}{2}\right)t}{2\sin\frac{1}{2}t} \mathrm{d}t$$

$$= \frac{1}{\pi} \int_{-\pi-x}^{\pi-x} f(x+t) D_n(t) \mathrm{d}t = \frac{1}{\pi} \int_{-\pi}^{\pi} f(x+t) D_n(t) \mathrm{d}t \text{①}$$

$$= \frac{1}{\pi} \left[ \int_{-\pi}^{0} f(x+t) D_n(t) \mathrm{d}t + \int_{0}^{\pi} f(x+t) D_n(t) \mathrm{d}t \right].$$

在上式等号右端第一个积分中,将 $t$ 换成 $-t$,有

$$\int_{-\pi}^{0} f(x+t) D_n(t) \mathrm{d}t = \int_{0}^{\pi} f(x-t) D_n(t) \mathrm{d}t. \text{②}$$

于是 $S_n(x) = \dfrac{1}{\pi} \displaystyle\int_{0}^{\pi} [f(x+t) + f(x-t)] D_n(t) \mathrm{d}t.$

当 $f(x) \equiv 1$ 时,由(8)式,有

**推论**  $1 = \dfrac{2}{\pi} \displaystyle\int_{0}^{\pi} D_n(t) \mathrm{d}t.$

根据此推论,可将可积函数 $f(x)$ 改写为积分形式,即

$$f(x) \cdot 1 = \frac{2}{\pi} \int_{0}^{\pi} f(x) D_n(t) \mathrm{d}t.$$

**引理 2(黎曼引理)**  若函数 $f(x)$ 在 $[a, b]$ 可积, $\forall p > 0$,则

$$\lim_{p \to +\infty} \int_{a}^{b} f(x) \cos px \mathrm{d}x = 0 \quad \text{与} \quad \lim_{p \to +\infty} \int_{a}^{b} f(x) \sin px \mathrm{d}x = 0.$$

**证明**  两个极限证法相同,只给出 $\displaystyle\lim_{p \to +\infty} \int_{a}^{b} f(x) \sin px \mathrm{d}x = 0$ 的证明.

---

① 已知被积函数 $f(x+t) D_n(t)$ 是以 $2\pi$ 为周期的函数,由 §8.4 例 13 知,在长度为 $2\pi$ 的任意区间的定积分皆相等.

② $D_n(t)$ 是偶函数.

对任意有界区间 $[\alpha,\beta]$,有

$$\left|\int_\alpha^\beta \sin px\,\mathrm{d}x\right| = \left|\frac{\cos p\beta-\cos p\alpha}{p}\right| \leqslant \frac{2}{p}.$$

已知函数 $f(x)$ 在 $[a,b]$ 可积,则 $f(x)$ 在 $[a,b]$ 有界,即 $\exists A>0$,$\forall x\in[a,b]$,有 $|f(x)|\leqslant A$. 根据 §8.2 定理 1′,$\forall \varepsilon>0$,存在 $[a,b]$ 的分法 $T$,即

$$a = x_0 < x_1 < x_2 < \cdots < x_n = b,$$

使 $\sum\limits_{k=1}^n \omega_k\Delta x_k < \varepsilon/2$,其中 $\omega_k$ 是函数 $f(x)$ 在 $[x_{k-1},x_k]$ 的振幅. 将正整数 $n$ 暂时固定. 于是,

$$\left|\int_a^b f(x)\sin px\,\mathrm{d}x\right|$$

$$= \left|\sum_{k=1}^n \int_{x_{k-1}}^{x_k} [f(x_k) + f(x) - f(x_k)]\sin px\,\mathrm{d}x\right|$$

$$= \left|\sum_{k=1}^n \left\{\int_{x_{k-1}}^{x_k} f(x_k)\sin px\,\mathrm{d}x + \int_{x_{k-1}}^{x_k} [f(x) - f(x_k)]\sin px\,\mathrm{d}x\right\}\right|$$

$$\leqslant \sum_{k=1}^n \left\{|f(x_k)|\left|\int_{x_{k-1}}^{x_k} \sin px\,\mathrm{d}x\right| + \int_{x_{k-1}}^{x_k} |f(x) - f(x_k)||\sin px|\mathrm{d}x\right\}$$

$$\leqslant A\sum_{k=1}^n \left|\int_{x_{k-1}}^{x_k} \sin px\,\mathrm{d}x\right| + \sum_{k=1}^n \int_{x_{k-1}}^{x_k} \omega_k\,\mathrm{d}x$$

$$\leqslant \frac{2An}{p} + \sum_{k=1}^n \omega_k\Delta x_k < \frac{2An}{p} + \frac{\varepsilon}{2}.$$

当 $p>\dfrac{4An}{\varepsilon}$ 或 $\dfrac{2An}{p}<\dfrac{\varepsilon}{2}$,有

$$\left|\int_a^b f(x)\sin px\,\mathrm{d}x\right| < \frac{\varepsilon}{2}+\frac{\varepsilon}{2} = \varepsilon,$$

即 $\lim\limits_{p\to+\infty}\int_a^b f(x)\sin px\,\mathrm{d}x = 0.$

## 三、收敛定理

**定义** 若函数 $f(x)$ 在区间 $[a,b]$ 除有限个第一类间断点外皆连续,则称函数 $f(x)$ 在 $[a,b]$ **逐段连续**. 若函数 $f(x)$ 与它的导函数 $f'(x)$ 都逐段连续,则称函数 $f(x)$ 在 $[a,b]$ **逐段光滑**.

显然,逐段光滑的函数是可积的.

**定理** 若 $f(x)$ 是 $\mathbf{R}$ 上以 $2\pi$ 为周期的在 $[-\pi,\pi]$ 逐段光滑的函数,则函数 $f(x)$ 的傅里叶级数(6)在 $\mathbf{R}$ 收敛,其和函数是 $\dfrac{1}{2}[f(x+0) + f(x-0)]$,即 $\forall x\in[-\pi,\pi]$,有

$$\frac{1}{2}[f(x+0) + f(x-0)] = \frac{a_0}{2} + \sum_{n=1}^\infty (a_n\cos nx + b_n\sin nx). \tag{9}$$

**注** 若 $x$ 是函数 $f(x)$ 的第一类间断点,则函数 $f(x)$ 的傅里叶级数(9)收敛于函数 $f(x)$ 在点 $x$ 的左、右极限的平均值,即 $\dfrac{1}{2}[f(x+0) + f(x-0)]$. 若 $x$ 是函数 $f(x)$ 的连续点,有

$f(x+0)=f(x-0)=f(x)$,则函数 $f(x)$ 的傅里叶级数(9)收敛于 $f(x)$.

**证法** 因为函数 $f(x)$ 以 $2\pi$ 为周期,所以只需证明, $\forall x \in [-\pi, \pi]$,有

$$\lim_{n \to \infty}\left\{S_n(x)-\frac{1}{2}[f(x+0)+f(x-0)]\right\}=0.$$

为此,根据引理 1,将 $S_n(x)$ 改写成积分形式,即

$$S_n(x)=\frac{1}{\pi}\int_0^\pi [f(x+t)+f(x-t)]D_n(t)\,\mathrm{d}t.$$

再根据引理 1 的推论,将 $\frac{1}{2}[f(x+0)+f(x-0)]$ 也改写成积分形式,即

$$\frac{1}{2}[f(x+0)+f(x-0)]\cdot 1$$

$$=\frac{1}{2}[f(x+0)+f(x-0)]\cdot\frac{2}{\pi}\int_0^\pi D_n(t)\,\mathrm{d}t=\frac{1}{\pi}\int_0^\pi[f(x+0)+f(x-0)]D_n(t)\,\mathrm{d}t.$$

于是,

$$S_n(x)-\frac{1}{2}[f(x+0)+f(x-0)]$$

$$=\frac{1}{\pi}\int_0^\pi[f(x+t)+f(x-t)]D_n(t)\,\mathrm{d}t-\frac{1}{\pi}\int_0^\pi[f(x+0)+f(x-0)]D_n(t)\,\mathrm{d}t$$

$$=\frac{1}{\pi}\int_0^\pi[f(x+t)+f(x-t)-f(x+0)-f(x-0)]D_n(t)\,\mathrm{d}t$$

$$=\frac{1}{\pi}\int_0^\pi[f(x+t)-f(x+0)]D_n(t)\,\mathrm{d}t+\frac{1}{\pi}\int_0^\pi[f(x-t)-f(x-0)]D_n(t)\,\mathrm{d}t.$$

因此,只需证明上述等式右端的每个积分的极限都是 $0(n\to\infty)$.

**证明** $\forall x \in [-\pi, \pi]$,由引理 1 及其推论,有

$$S_n(x)-\frac{1}{2}[f(x+0)+f(x-0)]$$

$$=\frac{1}{\pi}\left\{\int_0^\pi[f(x+t)-f(x+0)]D_n(t)\,\mathrm{d}t+\int_0^\pi[f(x-t)-f(x-0)]D_n(t)\,\mathrm{d}t\right\}.$$

分别讨论上式等号右端的每个积分.

$$\int_0^\pi[f(x+t)-f(x+0)]D_n(t)\,\mathrm{d}t$$

$$=\int_0^\pi[f(x+t)-f(x+0)]\frac{\sin\left(n+\frac{1}{2}\right)t}{2\sin\frac{1}{2}t}\,\mathrm{d}t=\int_0^\pi\frac{f(x+t)-f(x+0)}{2\sin\frac{1}{2}t}\sin\left(n+\frac{1}{2}\right)t\,\mathrm{d}t.$$

设 $F(t)=\dfrac{f(x+t)-f(x+0)}{2\sin\frac{1}{2}t},0<t\leqslant\pi.$ 有

$$\lim_{t\to 0^+}F(t)=\lim_{t\to 0^+}\frac{f(x+t)-f(x+0)}{2\sin\frac{1}{2}t}=\lim_{t\to 0^+}\frac{f(x+t)-f(x+0)}{t}\frac{\frac{1}{2}t}{\sin\frac{1}{2}t}=f'(x+0).$$

令 $F(0) = f'(x+0)$，则函数 $F(t)$ 在 $[0, \pi]$ 逐段连续. 于是，函数 $\dfrac{f(x+t) - f(x+0)}{2\sin\frac{1}{2}t}$ 在 $[0,$

$\pi]$ 是 $t$ 的可积函数. 根据引理 $2\left(p = n + \dfrac{1}{2}\right)$，有

$$\lim_{n \to \infty} \int_0^\pi [f(x+t) - f(x+0)] D_n(t) \, dt = \lim_{n \to \infty} \int_0^\pi \frac{f(x+t) - f(x+0)}{2\sin\frac{1}{2}t} \sin\left(n + \frac{1}{2}\right) t \, dt = 0.$$

同理可证

$$\lim_{n \to \infty} \int_0^\pi [f(x-t) - f(x-0)] D_n(t) \, dt = 0.$$

于是

$$\lim_{n \to \infty} \left\{ S_n(x) - \frac{1}{2} [f(x+0) + f(x-0)] \right\} = 0,$$

即 $\forall x \in [-\pi, \pi]$，有

$$\frac{1}{2} [f(x+0) + f(x-0)] = \frac{a_0}{2} + \sum_{n=1}^\infty (a_n \cos nx + b_n \sin nx).$$

定理给出了函数 $f(x)$ 可展成傅里叶级数的充分条件. 显然，可展成傅里叶级数的函数(逐段光滑)要比可展成幂级数的函数(存在任意阶导数)广泛得多.

以下三例的函数都是在长为 $2\pi$ 的半开区间上给出的，不难将它们在 **R** 上延拓为以 $2\pi$ 为周期的周期函数. 显然，它们在区间 $[-\pi, \pi]$ 满足定理的条件. 这里侧重于将函数展成傅里叶级数.

**例 1** 将函数 $f(x) = \begin{cases} x, & -\pi < x \leq 0, \\ 0, & 0 < x \leq \pi \end{cases}$ 展成傅里叶级数.

**解** 首先求傅里叶系数.

$$a_0 = \frac{1}{\pi} \int_{-\pi}^\pi f(x) \, dx = \frac{1}{\pi} \int_{-\pi}^0 x \, dx = -\frac{\pi}{2}.$$

$$a_n = \frac{1}{\pi} \int_{-\pi}^\pi f(x) \cos nx \, dx = \frac{1}{\pi} \int_{-\pi}^0 x \cos nx \, dx$$

$$= \frac{1}{\pi} \left( \frac{x \sin nx}{n} + \frac{\cos nx}{n^2} \right) \Big|_{-\pi}^0 = \frac{1}{\pi n^2} (1 - \cos n\pi)$$

$$= \frac{1}{\pi n^2} [1 - (-1)^n] = \begin{cases} \dfrac{2}{\pi n^2}, & n \text{ 是奇数}. \\ 0, & n \text{ 是偶数}. \end{cases}$$

$$b_n = \frac{1}{\pi} \int_{-\pi}^\pi f(x) \sin nx \, dx = \frac{1}{\pi} \int_{-\pi}^0 x \sin nx \, dx$$

$$= \frac{1}{\pi} \left( -\frac{x \cos nx}{n} + \frac{\sin nx}{n^2} \right) \Big|_{-\pi}^0 = -\frac{\cos n\pi}{n} = \frac{(-1)^{n+1}}{n}.$$

将上述系数代入(9)式，有

$$f(x) = -\frac{\pi}{4} + \sum_{n=1}^{\infty} \left\{ \frac{1}{\pi n^2} \left[ 1 - (-1)^n \right] \cos nx + \frac{(-1)^{n+1}}{n} \sin nx \right\}$$

$$= -\frac{\pi}{4} + \left( \frac{2}{\pi} \cos x + \sin x \right) - \frac{1}{2} \sin 2x +$$

$$\left( \frac{2}{\pi 3^2} \cos 3x + \frac{1}{3} \sin 3x \right) - \frac{1}{4} \sin 4x + \cdots, \quad |x| < \pi.$$

当 $x = \pm \pi$ 时,傅里叶级数收敛于

$$\frac{f(-\pi+0) + f(\pi-0)}{2} = \frac{-\pi+0}{2} = -\frac{\pi}{2}.$$

傅里叶级数的和函数是以 $2\pi$ 为周期的周期函数,它的图像是图 9.2.

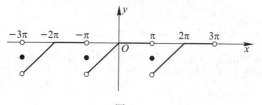

图 9.2

**例 2** 将函数 $\varphi(x) = \begin{cases} 0, & -\pi < x \leq 0, \\ 1, & 0 < x \leq \pi \end{cases}$ 展成傅里叶级数.

**解** $a_0 = \frac{1}{\pi} \int_{-\pi}^{\pi} \varphi(x) \, dx = \frac{1}{\pi} \int_{0}^{\pi} dx = 1.$

$a_n = \frac{1}{\pi} \int_{-\pi}^{\pi} \varphi(x) \cos nx \, dx = \frac{1}{\pi} \int_{0}^{\pi} \cos nx \, dx = 0.$

$b_n = \frac{1}{\pi} \int_{-\pi}^{\pi} \varphi(x) \sin nx \, dx = \frac{1}{\pi} \int_{0}^{\pi} \sin nx \, dx$

$$= \frac{1}{\pi n} (-\cos nx) \Big|_{0}^{\pi} = \frac{1}{\pi n} \left[ 1 - (-1)^n \right] = \begin{cases} \dfrac{2}{\pi n}, & n \text{ 是奇数}, \\ 0, & n \text{ 是偶数}. \end{cases}$$

将上面傅里叶系数代入(9)式,有

$$\varphi(x) = \frac{1}{2} + \frac{2}{\pi} \left[ \sin x + \frac{\sin 3x}{3} + \cdots + \frac{\sin(2n+1)x}{2n+1} + \cdots \right], 0 < |x| < \pi.$$

当 $x = 0$ 时,傅里叶级数收敛于

$$\frac{\varphi(0+0) + \varphi(0-0)}{2} = \frac{1+0}{2} = \frac{1}{2}.$$

当 $x = \pm \pi$ 时,傅里叶级数收敛于

$$\frac{\varphi(-\pi+0) + \varphi(\pi-0)}{2} = \frac{0+1}{2} = \frac{1}{2}.$$

傅里叶级数的和函数是以 $2\pi$ 为周期的周期函数,它的图像是图 9.3.

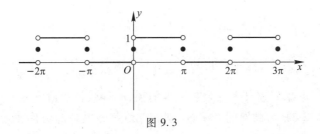

图 9.3

**例 3**　将函数 $f(x)=x^2$ 在 $(0,2\pi]$①展成傅里叶级数.

**解**　$a_0=\dfrac{1}{\pi}\displaystyle\int_0^{2\pi}f(x)\,\mathrm{d}x=\dfrac{1}{\pi}\displaystyle\int_0^{2\pi}x^2\,\mathrm{d}x=\dfrac{8}{3}\pi^2.$

$a_n=\dfrac{1}{\pi}\displaystyle\int_0^{2\pi}f(x)\cos nx\mathrm{d}x=\dfrac{1}{\pi}\displaystyle\int_0^{2\pi}x^2\cos nx\mathrm{d}x=\dfrac{-2}{\pi n}\displaystyle\int_0^{2\pi}x\sin nx\mathrm{d}x=\dfrac{4}{n^2}.$

$b_n=\dfrac{1}{\pi}\displaystyle\int_0^{2\pi}f(x)\sin nx\mathrm{d}x=\dfrac{1}{\pi}\displaystyle\int_0^{2\pi}x^2\sin nx\mathrm{d}x=-\dfrac{4\pi}{n}+\dfrac{2}{\pi n}\displaystyle\int_0^{2\pi}x\cos nx\mathrm{d}x=-\dfrac{4\pi}{n}.$

于是，

$$x^2=\frac{4}{3}\pi^2+4\sum_{n=1}^{\infty}\left(\frac{\cos nx}{n^2}-\frac{\pi\sin nx}{n}\right),\quad 0<x<2\pi.$$

傅里叶级数的和函数是以 $2\pi$ 为周期的周期函数，它的图像是图 9.4.

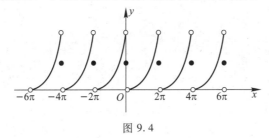

图 9.4

当 $x=0$ 时，傅里叶级数收敛于

$$\frac{f(0+0)+f(0-0)}{2}=\frac{0+4\pi^2}{2}=2\pi^2.$$

当 $x=2\pi$ 时，傅里叶级数收敛于

$$\frac{f(2\pi+0)+f(2\pi-0)}{2}=\frac{4\pi^2+0}{2}=2\pi^2.$$

## 四、奇、偶函数的傅里叶级数

如果 $f(x)$ 是以 $2\pi$ 为周期的偶函数，则 $f(x)\cos nx$ 也是偶函数，而 $f(x)\sin nx$ 是奇函数.②于是，函数 $f(x)$ 的傅里叶系数③

---

①　周期函数在长度为周期的任意区间上的积分相等.

②　已知 $\cos nx$ 是偶函数，$\sin nx$ 是奇函数，而两个偶函数之积仍是偶函数；偶函数与奇函数之积是奇函数.

③　若 $\varphi(x)$ 是偶函数，$\displaystyle\int_{-a}^{a}\varphi(x)\,\mathrm{d}x=2\int_0^a\varphi(x)\,\mathrm{d}x.$ 若 $\varphi(x)$ 是奇函数，则 $\displaystyle\int_{-a}^{a}\varphi(x)\,\mathrm{d}x=0.$

$$a_n = \frac{1}{\pi} \int_{-\pi}^{\pi} f(x) \cos nx \, dx = \frac{2}{\pi} \int_{0}^{\pi} f(x) \cos nx \, dx, \quad n = 0, 1, 2, \cdots.$$

$$b_n = \frac{1}{\pi} \int_{-\pi}^{\pi} f(x) \sin nx \, dx = 0, \quad n = 1, 2, 3, \cdots.$$

显然,偶函数的傅里叶级数只含有余弦函数的项,亦称**余弦级数**.

如果 $f(x)$ 是以 $2\pi$ 为周期的奇函数,则 $f(x) \cos nx$ 也是奇函数,而 $f(x) \sin nx$ 是偶函数.于是,函数 $f(x)$ 的傅里叶系数

$$a_n = \frac{1}{\pi} \int_{-\pi}^{\pi} f(x) \cos nx \, dx = 0, \quad n = 0, 1, 2, \cdots.$$

$$b_n = \frac{1}{\pi} \int_{-\pi}^{\pi} f(x) \sin nx \, dx = \frac{2}{\pi} \int_{0}^{\pi} f(x) \sin nx \, dx, \quad n = 1, 2, 3, \cdots.$$

显然,奇函数的傅里叶级数只含有正弦函数的项,亦称**正弦级数**.

**例 4** 将函数 $F(x) = |x|$ 在 $[-\pi, \pi]$①展成傅里叶级数.

**解** 函数 $F(x) = |x|$ 在 $[-\pi, \pi]$ 是偶函数,有

$$a_0 = \frac{2}{\pi} \int_{0}^{\pi} x \, dx = \pi.$$

$$a_n = \frac{2}{\pi} \int_{0}^{\pi} x \cos nx \, dx = \frac{2}{\pi n^2} [(-1)^n - 1] = \begin{cases} -\dfrac{4}{\pi n^2}, & n \text{ 是奇数}, \\ 0, & n \text{ 是偶数}. \end{cases}$$

$$b_n = 0.$$

于是,

$$|x| = \frac{\pi}{2} - \frac{4}{\pi} \left( \cos x + \frac{\cos 3x}{3^2} + \frac{\cos 5x}{5^2} + \cdots \right), \quad |x| \leqslant \pi.$$

特别地,当 $x = \pi$ 时,有

$$\frac{\pi^2}{8} = \sum_{n=1}^{\infty} \frac{1}{(2n-1)^2} = 1 + \frac{1}{3^2} + \frac{1}{5^2} + \frac{1}{7^2} + \cdots.$$

**例 5** 将函数 $f(x) = x^2$ 在 $[-\pi, \pi]$ 展成傅里叶级数.

**解** 函数 $f(x) = x^2$ 在 $[-\pi, \pi]$ 是偶函数,有

$$a_0 = \frac{2}{\pi} \int_{0}^{\pi} x^2 \, dx = \frac{2}{3} \pi^2.$$

$$a_n = \frac{2}{\pi} \int_{0}^{\pi} x^2 \cos nx \, dx = \frac{4}{\pi n^2} (\pi \cos n\pi) = \begin{cases} \dfrac{4}{n^2}, & n \text{ 是偶数}, \\ -\dfrac{4}{n^2}, & n \text{ 是奇数}. \end{cases}$$

$$b_n = 0.$$

于是,

$$x^2 = \frac{\pi^2}{3} - 4 \left( \frac{\cos x}{1} - \frac{\cos 2x}{2^2} + \frac{\cos 3x}{3^2} - \cdots \right), \quad |x| \leqslant \pi.$$

---

① 因为 $F(\pi) = F(-\pi)$,所以这里可以为闭区间 $[-\pi, \pi]$.下同.

特别地,当 $x=\pi,x=0$ 时,分别有

$$\frac{\pi^2}{6} = \sum_{n=1}^{\infty} \frac{1}{n^2} = 1 + \frac{1}{2^2} + \frac{1}{3^2} + \frac{1}{4^2} + \cdots.$$

$$\frac{\pi^2}{12} = \sum_{n=1}^{\infty} \frac{(-1)^{n-1}}{n^2} = 1 - \frac{1}{2^2} + \frac{1}{3^2} - \frac{1}{4^2} + \cdots.$$

**例 6**　将函数 $f(x)=x$ 在 $(-\pi,\pi]$ 展成傅里叶级数.

**解**　函数 $f(x)=x$ 在 $(-\pi,\pi)$ 是奇函数,有

$$a_n = 0.$$

$$b_n = \frac{2}{\pi} \int_0^\pi x\sin nx\,\mathrm{d}x = (-1)^{n+1}\frac{2}{n}.$$

于是,

$$x = 2\left( \frac{\sin x}{1} - \frac{\sin 2x}{2} + \frac{\sin 3x}{3} - \cdots \right), \quad |x| < \pi.$$

特别地,当 $x=\dfrac{\pi}{2}$ 时,有

$$\frac{\pi}{4} = \sum_{n=1}^{\infty} \frac{(-1)^{n+1}}{2n-1} = 1 - \frac{1}{3} + \frac{1}{5} - \frac{1}{7} + \cdots.$$

**例 7**　将函数 $g(x)=\begin{cases} -1 & -\pi<x\leq 0, \\ 1, & 0<x\leq\pi \end{cases}$,展成傅里叶级数.

**解**　函数 $g(x)$ 在 $(-\pi,\pi)\setminus\{0\}$ 是奇函数,有

$$a_n = 0.$$

$$b_n = \frac{2}{\pi} \int_0^\pi g(x)\sin nx\,\mathrm{d}x = \frac{2}{\pi} \int_0^\pi \sin nx\,\mathrm{d}x$$

$$= \frac{2}{\pi n}(1-\cos n\pi) = \frac{2}{\pi n}\left[1-(-1)^n\right] = \begin{cases} 0, & n \text{ 是偶数}, \\ \dfrac{4}{\pi n}, & n \text{ 是奇数}. \end{cases}$$

于是,

$$g(x) = \frac{4}{\pi}\left( \frac{\sin x}{1} + \frac{\sin 3x}{3} + \frac{\sin 5x}{5} + \cdots \right), \quad 0 < |x| < \pi.$$

例 7 的傅里叶级数的几何意义是,当 $n\to\infty$ 时,它的部分和 $S_n(x)$ 的图像无限趋近函数 $g(x)$ 的图像,即 $S_n(x)$ 图像的极限状态就是 $g(x)$ 的图像,如图 9.5,并且在 $x=0$,傅里叶级数收敛于

$$\frac{g(0+0)+g(0-0)}{2} = \frac{1-1}{2} = 0.$$

有时需要将函数 $f(x)$ 在区间 $[0,\pi]$ 展成傅里叶级数.为了便于计算傅里叶系数,将函数 $f(x)$ 延拓到 $(-\pi,0)$,使其延拓的函数在区间 $(-\pi,\pi)$ 是偶函数(这时,$b_n=0$,如图 9.6)或奇函数①(这时,$a_n=0$,如图 9.7),即所谓函数 $f(x)$ 的偶延拓或奇延拓,亦称

---

①　当 $f(0)\neq 0$ 时,作奇延拓,令 $f(0)=0$.

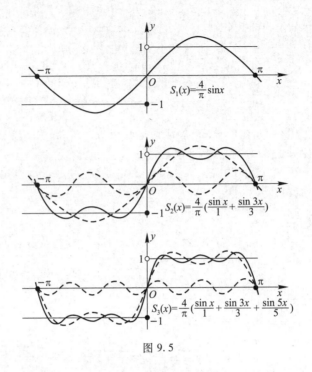

图 9.5

函数 $f(x)$ 的偶式展开或奇式展开.由傅里叶系数公式,有

1）偶式展开

$$a_n = \frac{2}{\pi} \int_0^\pi f(x) \cos nx \mathrm{d}x, \quad n = 0,1,2,\cdots.$$

$$b_n = 0, \quad n = 1,2,3,\cdots.$$

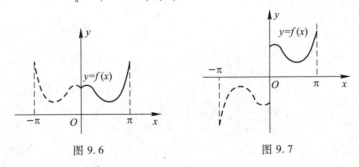

图 9.6      图 9.7

因此函数 $f(x)$ 的傅里叶级数中只含有余弦项,称它为**余弦级数**.

2）奇式展开

$$a_n = 0, \quad n = 0,1,2,\cdots.$$

$$b_n = \frac{2}{\pi} \int_0^\pi f(x) \sin nx \mathrm{d}x, \quad n = 1,2,3,\cdots.$$

因此函数 $f(x)$ 的傅里叶级数中只含有正弦项,称它为**正弦级数**.

**例 8** 将函数 $f(x) = x^2$ 在 $[0,\pi]$ 展成傅里叶级数.

**解** 按偶式展开,延拓的函数 $f(x) = x^2$ 在 $(-\pi,\pi)$ 是偶函数（如图 9.8）.它的傅里

叶级数是例 5 的结果,即

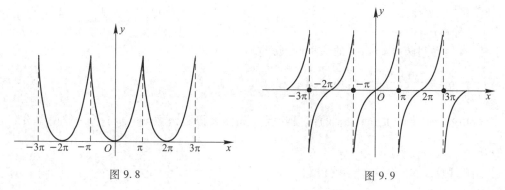

图 9.8               图 9.9

$$x^2 = \frac{\pi^2}{3} - 4\left(\frac{\cos x}{1} - \frac{\cos 2x}{2^2} + \frac{\cos 3x}{3^2} - \cdots\right), \quad 0 \leq x \leq \pi.$$

按奇式展开,延拓的函数 $f(x) = \begin{cases} x^2, & 0 \leq x \leq \pi \\ -x^2, & -\pi < x < 0 \end{cases}$ 在 $(-\pi, \pi)$ 是奇函数 (如图

9.9),它的傅里叶系数是

$$a_n = 0.$$

$$b_n = \frac{2}{\pi}\int_0^\pi x^2 \sin nx\,\mathrm{d}x = \frac{2(-1)^{n+1}\pi}{n} + \frac{4[(-1)^n - 1]}{\pi n^3}.$$

于是,

$$x^2 = \left(\frac{2\pi}{1} - \frac{8}{\pi}\right)\sin x - \frac{2\pi}{2}\sin 2x + \left(\frac{2\pi}{3} - \frac{8}{\pi 3^3}\right)\sin 3x - \frac{2\pi}{4}\sin 4x + \cdots, \quad 0 \leq x < \pi.$$

当 $x = \pi$ 时,傅里叶级数收敛于

$$\frac{f(-\pi+0) + f(\pi-0)}{2} = \frac{-\pi^2 + \pi^2}{2} = 0.$$

从这个例子看到,$[0,\pi]$ 上给定的函数 $f(x) = x^2$,在 $[-\pi,\pi]$ 上既可按偶函数延拓,也可按奇函数延拓,从而有余弦级数与正弦级数.这是两个不同的级数,但是在 $[0,\pi]$ 上它们都收敛于同一个函数 $f(x) = x^2$.展成余弦级数或正弦级数的好处是系数的计算量比较小.由此可见,对于只在区间 $[0,\pi]$ 上有定义的函数,只要它满足收敛定理的条件,既可展成余弦级数,也可展成正弦级数.

**例 9** 将函数 $f(x) = \cos \alpha x$($\alpha$ 不是整数)在 $[-\pi,\pi]$ 上展成傅里叶级数.

**解** 因为给定的函数是偶函数,所以可展成余弦级数,有

$$a_n = \frac{2}{\pi}\int_0^\pi \cos \alpha x \cos nx\,\mathrm{d}x = \frac{1}{\pi}\int_0^\pi [\cos(\alpha + n)x + \cos(\alpha - n)x]\,\mathrm{d}x$$

$$= \frac{1}{\pi}\left[\frac{\sin(\alpha+n)\pi}{\alpha+n} + \frac{\sin(\alpha-n)\pi}{\alpha-n}\right] = \frac{2\alpha}{\pi}\cdot\frac{\sin \alpha\pi}{\alpha^2 - n^2}\cos n\pi$$

$$= \frac{(-1)^n}{\pi}\cdot\frac{2\alpha}{\alpha^2 - n^2}\sin \alpha\pi, \quad n = 1,2,\cdots.$$

$$a_0 = \frac{2}{\pi} \int_0^\pi \cos \alpha x \mathrm{d}x = \frac{2\sin \alpha\pi}{\alpha\pi}.$$

$$b_n = 0, \quad n = 1, 2, \cdots.$$

于是,我们得到函数 $\cos \alpha x$ 的傅里叶展开式:

$$\cos \alpha x = \frac{\sin \alpha\pi}{\pi} \left[ \frac{1}{\alpha} + 2\alpha \sum_{n=1}^\infty (-1)^n \frac{\cos nx}{\alpha^2 - n^2} \right], x \in [-\pi, \pi]. \tag{10}$$

**推论** 由例 9 的 $\cos \alpha x$ 的傅里叶展开式可以得到函数 $\cot z$ 与 $\frac{1}{\sin z}$ 的简单分式展开.

在(10)式中,令 $x = \pi$,就得到

$$\pi \cot \alpha\pi = \frac{1}{\alpha} + \sum_{n=1}^\infty \left( \frac{1}{\alpha - n} + \frac{1}{\alpha + n} \right). \tag{11}$$

在上式中,令 $\alpha\pi = z$,就得到

$$\cot z = \frac{1}{z} + \sum_{n=1}^\infty \left( \frac{1}{z - n\pi} + \frac{1}{z + n\pi} \right), z \neq k\pi, \quad k = 0, \pm 1, \pm 2, \cdots. \tag{12}$$

在(10)式中,令 $x = 0$,就得到

$$\frac{\pi}{\sin \alpha\pi} = \frac{1}{\alpha} + \sum_{n=1}^\infty (-1)^n \left( \frac{1}{\alpha - n} + \frac{1}{\alpha + n} \right). \tag{13}$$

在上式中,令 $\alpha = x$,就得到

$$\frac{\pi}{\sin \pi x} = \frac{1}{x} + \sum_{n=1}^\infty (-1)^n \left( \frac{1}{x - n} + \frac{1}{x + n} \right), \quad x \notin \mathbf{Z}.$$

在(13)式中,令 $\alpha\pi = z$,就得到

$$\frac{1}{\sin z} = \frac{1}{z} + \sum_{n=1}^\infty (-1)^n \left( \frac{1}{z - n\pi} + \frac{1}{z + n\pi} \right), \quad z \neq k\pi, \quad k = 0, \pm 1, \pm 2, \cdots.$$
$$\tag{14}$$

以上这四个式子,即(11),(12),(13),(14) 分别将函数 $\cot z, \frac{1}{\sin z}$ 表示为简单分式展开,是三角函数的重要公式之一,后面将用到它们.

### 五、以 $2l$ 为周期的函数的傅里叶级数

如果函数 $f(x)$ 以 $2l$ 为周期,只在长为 $2l$ 的区间 $[-l, l]$ 将函数 $f(x)$ 展成傅里叶级数即可.作变量替换,将以 $2l$ 为周期的函数 $f(x)$ 换成以 $2\pi$ 为周期的新函数 $\varphi(x)$,再按已知的公式展开.

设 $x = \frac{l}{\pi} y$,即 $y = \frac{\pi}{l} x$.代入 $f(x)$ 之中,令

$$f(x) = f\left( \frac{l}{\pi} y \right) = \varphi(y),$$

则 $\varphi(y)$ 是以 $2\pi$ 为周期的周期函数.

事实上,

$$\varphi(y + 2\pi) = f\left[ \frac{l}{\pi} (y + 2\pi) \right] = f\left( \frac{l}{\pi} y + 2l \right) = f\left( \frac{l}{\pi} y \right) = \varphi(y).$$

已知 $\varphi(y)$ 在 $[-\pi,\pi]$ 的傅里叶级数是

$$\varphi(y)=\frac{a_0}{2}+\sum_{n=1}^{\infty}(a_n\cos ny+b_n\sin ny),$$

其中

$$a_n=\frac{1}{\pi}\int_{-\pi}^{\pi}\varphi(y)\cos ny\mathrm{d}y, \quad b_n=\frac{1}{\pi}\int_{-\pi}^{\pi}\varphi(y)\sin ny\mathrm{d}y.$$

于是,将 $y=\frac{\pi}{l}x$ 代入上式,就得到函数 $f(x)$ 在 $[-l,l]$ 的傅里叶级数

$$f(x)=\frac{a_0}{2}+\sum_{n=1}^{\infty}\left(a_n\cos\frac{n\pi x}{l}+b_n\sin\frac{n\pi x}{l}\right), \tag{15}$$

其中

$$a_n=\frac{1}{l}\int_{-l}^{l}f(x)\cos\frac{n\pi x}{l}\mathrm{d}x, \quad n=0,1,2,\cdots,$$

$$b_n=\frac{1}{l}\int_{-l}^{l}f(x)\sin\frac{n\pi x}{l}\mathrm{d}x, \quad n=1,2,\cdots.$$

**例 10** 将函数 $f(x)=\begin{cases}0, & -2<x<0, \\ p, & 0\leqslant x\leqslant 2\end{cases}$ （$p$ 是不为 0 的常数）展成傅里叶级数.

**解** $l=2$. 傅里叶系数是

$$a_0=\frac{1}{2}\int_{-2}^{2}f(x)\mathrm{d}x=\frac{1}{2}\int_{0}^{2}p\mathrm{d}x=p.$$

$$a_n=\frac{1}{2}\int_{-2}^{2}f(x)\cos\frac{n\pi x}{2}\mathrm{d}x=\frac{1}{2}\int_{0}^{2}p\cos\frac{n\pi x}{2}\mathrm{d}x=\frac{p}{n\pi}\sin\frac{n\pi x}{2}\bigg|_{0}^{2}=0.$$

$$b_n=\frac{1}{2}\int_{-2}^{2}f(x)\sin\frac{n\pi x}{2}\mathrm{d}x=\frac{1}{2}\int_{0}^{2}p\sin\frac{n\pi x}{2}\mathrm{d}x=-\frac{p}{n\pi}\cos\frac{n\pi x}{2}\bigg|_{0}^{2}=\frac{p}{n\pi}[1-(-1)^n].$$

于是,由(15)式,

$$f(x)=\frac{p}{2}+\frac{2p}{\pi}\left(\sin\frac{\pi x}{2}+\frac{1}{3}\sin\frac{3\pi x}{2}+\frac{1}{5}\sin\frac{5\pi x}{2}+\cdots\right),0<|x|<2.$$

**例 11** 将函数 $f(x)=\begin{cases}1, & 0<x\leqslant\dfrac{a}{2}, \\ -1, & \dfrac{a}{2}<x\leqslant a\end{cases}$ （$a>0$）展成余弦函数(即偶式展开)的傅里叶级数.

**解** 按偶式展开,有 $b_n=0$.

$$a_0=\frac{2}{a}\left[\int_{0}^{\frac{a}{2}}\mathrm{d}x+\int_{\frac{a}{2}}^{a}(-1)\mathrm{d}x\right]=0.$$

$$a_n=\frac{2}{a}\left[\int_{0}^{\frac{a}{2}}\cos\frac{n\pi x}{a}\mathrm{d}x+\int_{\frac{a}{2}}^{a}(-1)\cos\frac{n\pi x}{a}\mathrm{d}x\right]$$

$$=\frac{2}{n\pi}\sin\frac{n\pi x}{a}\bigg|_{0}^{\frac{a}{2}}-\frac{2}{n\pi}\sin\frac{n\pi x}{a}\bigg|_{\frac{a}{2}}^{a}=\frac{4}{n\pi}\sin\frac{n\pi}{2}.$$

$$a_1 = \frac{4}{\pi}, a_3 = -\frac{4}{3\pi}, a_5 = \frac{4}{5\pi}, a_7 = -\frac{4}{7\pi}, \cdots.$$

$$a_{2k} = 0, \quad k = 1, 2, \cdots.$$

于是,由(15)式,有

$$f(x) = \frac{4}{\pi}\left(\cos\frac{\pi x}{a} - \frac{1}{3}\cos\frac{3\pi x}{a} + \frac{1}{5}\cos\frac{5\pi x}{a} - \cdots\right), 0 < \left|x - \frac{a}{2}\right| < \frac{a}{2}.$$

当 $x = \frac{a}{2}$ 时,傅里叶级数收敛于

$$\frac{f\left(\frac{a}{2}+0\right) + f\left(\frac{a}{2}-0\right)}{2} = \frac{-1+1}{2} = 0.$$

傅里叶级数的和函数是以 $2a$ 为周期的周期函数,它的图像是图 9.10.

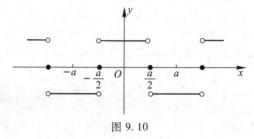

图 9.10

## 练习题 9.4

1. 将下列函数在指定的区间展成傅里叶级数,并画出和函数图像.

1) $f(x) = \begin{cases} a, & -\pi < x \leqslant 0, \\ b, & 0 < x \leqslant \pi \end{cases}$ ($a$ 与 $b$ 是常数);

2) $f(x) = \begin{cases} \pi + x, & -\pi \leqslant x \leqslant 0, \\ \pi - x, & 0 < x < \pi; \end{cases}$

3) $f(x) = \pi^2 - x^2, -\pi < x \leqslant \pi$;

4) $f(x) = |\cos x|, 0 \leqslant x < 2\pi$.

2. 将下列函数按偶式与奇式展成傅里叶级数,并画出函数图像.

1) $f(x) = x, 0 \leqslant x \leqslant \pi$; 　　　2) $f(x) = \frac{\pi}{4}, 0 \leqslant x \leqslant \pi$.

3. 将下列函数在指定的区间上展成傅里叶级数,并画出和函数图像.

1) $f(x) = |x|, -1 < x \leqslant 1$; 　　　2) $f(x) = \begin{cases} A, & 0 \leqslant x \leqslant l, \\ 0, & l < x < 2l; \end{cases}$

3) $f(x) = x^2, -l \leqslant x < l$.

4. 证明:三角多项式 $P_n(x) = \sum\limits_{k=0}^{n}(a_k\cos kx + b_k\sin kx)$ 的傅里叶级数就是三角多项式 $P_n(x)$.

5. 设函数 $f(x)$ 在 $[-\pi, \pi]$ 光滑,证明:

1) 若 $f(-x) = f(x)$ 且 $f(\pi - x) = -f(x)$,则函数 $f(x)$ 的傅里叶级数是

$$f(x) = \sum_{n=1}^{\infty} a_{2n-1} \cos(2n-1) x;$$

2) 若 $f(-x) = -f(x)$ 且 $f(\pi-x) = f(x)$，则函数 $f(x)$ 的傅里叶级数是

$$f(x) = \sum_{n=1}^{\infty} b_{2n-1} \sin(2n-1) x.$$

6. 设函数 $f(x)$ 在 $[-\pi, \pi]$ 可积. 证明:

1) 若 $\forall x \in [-\pi, \pi]$，有 $f(x+\pi) = f(x)$，则 $a_{2k-1} = b_{2k-1} = 0$;

2) 若 $\forall x \in [-\pi, \pi]$，有 $f(x+\pi) = -f(x)$，则 $a_{2k} = b_{2k} = 0.$

其中 $a_i, b_i$ 是函数 $f(x)$ 的傅里叶系数.

   \*       \*       \*       \*       \*       \*       \*       \*

7. 证明:若函数 $f(x)$ 在区间 $[-\pi, \pi]$ 可积,且 $a_k, b_k$ 是函数 $f(x)$ 的傅里叶系数,则 $\forall n \in \mathbf{N}_+$,有不等式

1) $\dfrac{a_0^2}{2} + \sum_{k=1}^{n} (a_k^2 + b_k^2) \leqslant \dfrac{1}{\pi} \int_{-\pi}^{\pi} [f(x)]^2 \mathrm{d}x;$

2) $\dfrac{a_0^2}{2} + \sum_{n=1}^{\infty} (a_n^2 + b_n^2) \leqslant \dfrac{1}{\pi} \int_{-\pi}^{\pi} [f(x)]^2 \mathrm{d}x.$

后者称为贝塞尔[①]不等式.(提示:证明 1,讨论积分 $\int_{-\pi}^{\pi} [f(x)-S_n(x)]^2 \mathrm{d}x$.参见练习题 8.4 第 6 题的 4).)

8. 证明:若函数 $f(x)$ 在 $[-\pi, \pi]$ 连续,

$$T_n(x) = \frac{A_0}{2} + \sum_{k=1}^{n} (A_k \cos kx + B_k \sin kx),$$

则当 $A_0, A_k, B_k (k=1, 2, \cdots, n)$ 是函数 $f(x)$ 的傅里叶系数时,才能使

$$I = \int_{-\pi}^{\pi} [f(x) - T_n(x)]^2 \mathrm{d}x$$

取最小值.

9. 证明:若函数 $f(x)$ 的傅里叶级数在区间 $[-\pi, \pi]$ 一致收敛于有界函数 $f(x)$,则有帕塞瓦尔[②]等式

$$\frac{a_0^2}{2} + \sum_{n=1}^{\infty} (a_n^2 + b_n^2) = \frac{1}{\pi} \int_{-\pi}^{\pi} [f(x)]^2 \mathrm{d}x.$$

10. 设 $S_n(x) = \dfrac{1}{2} + \sum_{k=1}^{n} \cos kx, S_0(x) = \dfrac{1}{2}.$

$$\sigma_n(x) = \frac{S_0(x) + S_1(x) + \cdots + S_n(x)}{n+1},$$

证明:1) $\sigma_n(x) = \dfrac{1}{2(n+1)} \left( \dfrac{\sin \dfrac{n+1}{2} x}{\sin \dfrac{1}{2} x} \right)^2$;     2) $\int_{-\pi}^{\pi} \sigma_n(x) \mathrm{d}x = \pi.$

 **答疑解惑**

---

# 第十章
# 多元函数微分学

一元函数微积分学的多数概念和定理都能相应地推广到多元函数(两个或两个以上自变量的函数)上来,并且有些概念和定理尚可得到进一步的发展.这种推广,从数学角度来看,不仅是可能的,从实际应用来说,也是必需的.尽管多元函数的微积分学与一元函数的微积分学有许多共同点,但是两者之间也有一些差异之处.这些差异主要是由多元函数是"多元"这一特殊性产生的.

# §10.1  多 元 函 数

## 一、$n$ 维欧氏空间

在学习一元函数时,对一元函数的定义域所在的数集 **R** 的子集结构和完备性作了全面的讨论,为学习一元函数的微积分学打下了基础.现在学习多元函数也同样如此.首先从多元函数定义域的 $n$ 维空间的结构和完备性入手.

我们已知,坐标平面上一点 $(a,b)$ 中的 $a$ 与 $b$ 是不能变更次序的,像这样一对有序元素,称为**有序数对**,它有性质:$(a,b)=(c,d)\Longleftrightarrow a=c$ 与 $b=d$.

**定义**  设有两个非空集合 $A$ 与 $B$.在 $A$ 中任取一个元素 $a\in A$ 放在第一个位置,在 $B$ 中任取一个元素 $b\in B$ 放在第二个位置,组成了有序数对 $(a,b)$.将所有这样的有序数对的集合记为

$$A\times B=\{(a,b)\mid a\in A,b\in B\},$$

称为集合 $A$ 与 $B$ 的**直积**或**笛卡儿**①**积集**.

若 $A=\{甲,乙,丙\}$,$B=\{a,b\}$,则

$$A\times B=\{(甲,a),(甲,b),(乙,a),(乙,b),(丙,a),(丙,b)\}.$$
$$B\times A=\{(a,甲),(b,甲),(a,乙),(b,乙),(a,丙),(b,丙)\}.$$

由此可见,因为 $A\neq B$,所以一般来说也有 $A\times B\neq B\times A$.

若 $A=\{n\mid n\in \mathbf{N}_+\}$,$B=\{m\mid m\in \mathbf{N}_+\}$,则

$$A\times B=\{(n,m)\mid n,m\in \mathbf{N}_+\},\quad B\times A=\{(m,n)\mid m,n\in \mathbf{N}_+\}.$$

$A\times B$ 或 $B\times A$ 都是坐标平面上正整数的点 $(n,m)$($n$ 与 $m$ 都是正整数)的集合.因为 $A=$

---

①  笛卡儿(Descartes,1596—1650),法国数学家.

$B$,所以有 $A×B=B×A$,记 $\mathbf{R}^2=\mathbf{R}×\mathbf{R}=\{(x,y)\mid x,y\in\mathbf{R}\}$,称为**二维空间**.

若 $A=\mathbf{R}$,$B=\mathbf{R}×\mathbf{R}$,则

$$\mathbf{R}×\mathbf{R}×\mathbf{R}=\{(x,y,z)\mid x\in\mathbf{R},(y,z)\in\mathbf{R}×\mathbf{R}\}.$$

记 $\mathbf{R}^3=\mathbf{R}×\mathbf{R}×\mathbf{R}=\{(x,y,z)\mid x,y,z\in\mathbf{R}\}$,称为**三维空间**.

一般情况,

$$\mathbf{R}^n=\mathbf{R}×\mathbf{R}×\cdots×\mathbf{R}=\{(x_1,x_2,\cdots,x_n)\mid x_i\in\mathbf{R},i=1,2,\cdots,n\},$$

称为 $n$ **维空间**.

由解析几何知,二维空间 $\mathbf{R}^2$ 中的有序数对集合与 $\mathbf{R}^2$ 中坐标平面上的点的集合一一对应.一般情况,$n$ 维空间 $\mathbf{R}^n$ 中有序 $n$ 数组 $(x_1,x_2,\cdots,x_n)$ 的集合与 $\mathbf{R}^n$ 中坐标空间的点的集合一一对应.因此,$\mathbf{R}^n$ 中的有序 $n$ 数组 $(x_1,x_2,\cdots,x_n)$ 与 $\mathbf{R}^n$ 的坐标空间的点不加区别,并把有序 $n$ 数组 $(x_1,x_2,\cdots,x_n)$ 中的 $x_i(1\leqslant i\leqslant n)$ 称为它的第 $i$ 个坐标.

有了 $n$ 维空间 $\mathbf{R}^n$ 之后,接着要引入 $\mathbf{R}^n$ 中两点之间的距离.设 $\mathbf{R}^n$ 中有任意两点 $P(a_1,a_2,\cdots,a_n)$ 与 $Q(b_1,b_2,\cdots,b_n)$,它们之间的距离记为 $\|P-Q\|$,定义

$$\|P-Q\|=\sqrt{\sum_{i=1}^n(a_i-b_i)^2}.$$

这个距离的定义与我们在解析几何中已知的 $n=1,n=2,n=3$ 即在 $\mathbf{R},\mathbf{R}^2$ 与 $\mathbf{R}^3$ 中两点距离是一致的,并将它推广到 $\mathbf{R}^n$.

$\mathbf{R}^n$ 中的距离,具有以下三个性质:

1) $\|P-Q\|\geqslant 0$,$\|P-Q\|=0\Longleftrightarrow P=Q$; （正定性）

2) $\|P-Q\|=\|Q-P\|$; （对称性）

3) $\|P-Q\|\leqslant\|P-R\|+\|R-Q\|$. （三角不等式）

特别地,当 $n=1$ 时,距离就是两点坐标的绝对值,即

$$\|P-Q\|=|a_1-b_1|,$$

此时上述三个性质显然都成立.当 $n\geqslant 2$ 时,上述性质 1)与 2)显然都成立.三角不等式性质 3)并不显然,是需要证明的.

事实上,设 $\mathbf{R}^n$ 中任意三点 $P(a_1,a_2,\cdots,a_n)$,$Q(b_1,b_2,\cdots,b_n)$,$R(c_1,c_2,\cdots,c_n)$.已知当 $n\in\mathbf{N}_+$,$n\geqslant 2$ 时,由 §6.4 例 16,闵可夫斯基不等式(5)($p=2$),有

$$\sqrt{\sum_{i=1}^n(x_i+y_i)^2}\leqslant\sqrt{\sum_{i=1}^n x_i^2}+\sqrt{\sum_{i=1}^n y_i^2}.$$

令 $x_i=a_i-c_i$,$y_i=c_i-b_i$,有 $x_i+y_i=a_i-b_i$,$i=1,2,\cdots,n$,则

$$\sqrt{\sum_{i=1}^n(a_i-b_i)^2}\leqslant\sqrt{\sum_{i=1}^n(a_i-c_i)^2}+\sqrt{\sum_{i=1}^n(c_i-b_i)^2}$$

或

$$\|P-Q\|\leqslant\|P-R\|+\|R-Q\|,$$

即 $\forall n\geqslant 2$ 时,三角不等式性质 3)也成立.

在 $\mathbf{R}^n$ 中引入了上述距离,$\mathbf{R}^n$ 就称为 $n$ **维欧几里得空间**,简称为 $n$ **维欧氏空间**,或 $n$ **维度量空间**.

讨论多元函数,首先要讨论 $n$ 维欧氏空间 $\mathbf{R}^n$ 中点集的结构,这是讨论 $n$ 元函数微积分的基础.为了书写简单、形象直观,这里重点讨论 $\mathbf{R}^2$ 中点集的结构,其结果也适用

于 $\mathbf{R}^3$ 和一般的 $\mathbf{R}^n$,当然也适用 $\mathbf{R}^1 = \mathbf{R}$.二维欧氏空间 $\mathbf{R}^2$ 的子集称为平面点集.

**注** 当 $n=1$ 时,两点 $P(a)$ 与 $Q(b)$ 之间的距离就是两点坐标之差的绝对值 $|a-b|$;当 $n \geq 2$ 时,两点 $P$ 与 $Q$ 之间的距离,记为 $\| P-Q \|$.

**定义** 设 $P(a,b) \in \mathbf{R}^2$,以 $P(a,b)$ 为圆心,任意 $r>0$ 为半径的圆内所有点 $(x,y)$ 的集合

$$\{(x,y) \mid \sqrt{(x-a)^2+(y-b)^2} < r\}$$

称为点 $P(a,b)$ 的 $r$(**圆形**)**邻域**,记为 $U(P,r)$.以点 $P(a,b)$ 为中心,任意 $2r$ 为边长的正四边形内所有点 $(x,y)$ 的集合

$$\{(x,y) \mid |x-a| < r, |y-b| < r\}$$

称为点 $P(a,b)$ 的 $r$(**方形**)**邻域**,也记为 $U(P,r)$.

这两种邻域只是形式不同,没有本质的区别,这是因为以 $P$ 为圆心的圆形邻域内总存在以 $P$ 为中心的方形邻域;反之亦然,如图 10.1.以后所说的"点 $P$ 的 $r$ 邻域",可以是圆形邻域,也可以是方形邻域.

在点 $P(a,b)$ 的 $r$ 邻域 $U(P,r)$ 中去掉点 $P$,即点集

$$\{(x,y) \mid 0 < \sqrt{(x-a)^2+(y-b)^2} < r\}$$

或

$$\{(x,y) \mid |x-a| < r, |y-b| < r, (x,y) \neq (a,b)\}$$

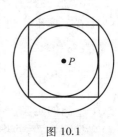

图 10.1

称为点 $P$ 的 $r$ **去心邻域**,记为 $\overset{\circ}{U}(P,r)$.当不需要指明邻域半径 $r$ 时,简称点 $P$ 的**去心邻域**,表示为 $\overset{\circ}{U}(P)$.

**定义** 设 $E \subset \mathbf{R}^2, P \in \mathbf{R}^2$.

1)若 $\exists r>0$,有 $U(P,r) \subset E$,则称 $P$ 是 $E$ 的**内点**,如图 10.2(a).

2)若 $\forall r>0$,邻域 $U(P,r)$ 内既有属于 $E$ 的点,又有不属于 $E$ 的点,则称点 $P$ 是 $E$ 的**边界点**,如图 10.2(b).$E$ 的所有边界点,即边界点集合,称为 $E$ 的**边界**.

3)若 $\exists l>0$,有 $E \subset U(O,l)$,则称 $E$ 是**有界集**,如图 10.2(c),其中 $O$ 是坐标原点.反之,称 $E$ 是**无界集**.

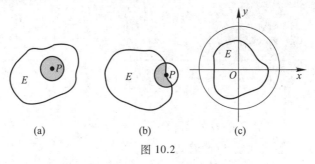

(a)          (b)          (c)

图 10.2

例如:

① $E = \{(x,y) \mid x^2+y^2 < 1\}$,即 $E$ 是以原点为圆心的单位圆内部的所有点.$E$ 的任意点都是 $E$ 的内点;单位圆周 $x^2+y^2=1$ 上的点都是 $E$ 的边界点.单位圆周 $x^2+y^2=1$ 是 $E$

的边界,边界不属于 $E$;显然,$E$ 是有界集.

② $F = \{(x,y) \mid x^2 + y^2 \geqslant 1\}$,即 $F$ 是以原点为圆心的单位圆周外部的所有点.单位圆外部任意点都是 $F$ 的内点;单位圆周 $x^2 + y^2 = 1$ 上的点都是 $F$ 的边界点.单位圆周 $x^2 + y^2 = 1$ 是 $F$ 的边界,边界属于 $F$;显然,$F$ 是无界集.

③ $G = \{(x,y) \mid 1 \leqslant x^2 + y^2 \leqslant 4\}$,即 $G$ 是以原点为圆心,半径分别是 1 与 2 的圆周和这两个圆周之间的圆环内部所有点.环内部的任意点都是 $G$ 的内点;圆周 $x^2 + y^2 = 1$ 与 $x^2 + y^2 = 4$ 是 $G$ 的边界,边界属于 $G$;显然,$G$ 是有界集.

④ $H = \{(x,y) \mid x \in \mathbf{R}, y > 0\}$,即 $H$ 是不包含 $x$ 轴的上半平面的所有点.上半平面中任意点都是 $H$ 的内点;$x$ 轴是 $H$ 的边界,边界不属于 $H$;显然,$H$ 是无界集.

由此可见,一个点集的内点必属于它.一个点集的边界点可能属于它(如②和③),也可能不属于它(如①和④).

**定义**  设 $E \subset \mathbf{R}^2$.

1) 若 $E$ 的任意点都是它的内点,并且 $E$ 内任意两点都能用属于 $E$ 的折线连接起来(即 $E$ 是**连通**的),则称点集 $E$ 是**开区域**.

2) 若 $E$ 是开区域,添加它的边界,则称 $E$ 是**闭区域**.

如上述的①与④都是开区域,②和③都是闭区域.

由此可见,$\mathbf{R}^2$ 的开区域与闭区域是数轴上开区间与闭区间的推广.今后,如果不需要指明区域的开闭性或区域的开闭性比较明显,就简称为**区域**.

**定义**  设 $E \subset \mathbf{R}^2$,$E$ 是有界区域.正数

$$\sup\{\|P_1 - P_2\| \mid P_1, P_2 \in E\}$$

称为区域 $E$ 的**直径**,记为 $d(E)$,即

$$d(E) = \sup\{\|P_1 - P_2\| \mid P_1, P_2 \in E\}.$$

例如,圆域的直径就是圆的直径,矩形域的直径是它的对角线的长.

易证,点集 $E$ 有界 $\Longleftrightarrow \sup\{\|P_1 - P_2\| \mid P_1, P_2 \in E\}$ 是有限数.

**定义**  设 $E \subset \mathbf{R}^2$,$P \in \mathbf{R}^2$.

1) 若 $\forall r > 0$,邻域 $U(P, r)$ 内都含有 $E$ 的无限多个点,则称 $P$ 是点集 $E$ 的**聚点**.

2) 若 $\exists r > 0$,邻域 $U(P, r) \cap E = \{P\}$,则称 $P$ 是 $E$ 的**孤立点**.

易知,$E$ 的孤立点 $P$ 必属于 $E$;$E$ 的聚点 $P$ 可能属于 $E$,也可能不属于 $E$.

不难证明,$P$ 是 $E$ 的聚点 $\Longleftrightarrow \forall r > 0, \overset{\circ}{U}(P, r) \cap E \neq \varnothing$.

例如:

⑤ $K = \{(x,y) \mid x^2 + y^2 = 0 \text{ 与 } 1 < x^2 + y^2 < 4\}$,即 $K$ 是以原点为圆心,半径分别是 1 和 2 的两个圆周之间圆环内部所有的点以及原点 $(0,0)$.原点 $(0,0)$ 是 $K$ 的孤立点、边界点;两个圆周上的点都是 $K$ 的边界点、聚点,但它们不属于 $K$;$K$ 不是开区域(因为它不连通),也不是闭区域;$K$ 是有界集.

⑥ $L = \{(x,y) \mid x \geqslant 0, y \geqslant 0\}$,即 $L$ 是第一象限上所有点构成的点集.第一象限内部的所有点 $(x,y)$ $(x>0, y>0)$ 都是 $L$ 的内点;第一象限的边界点 $(x,y)$ $(x = 0, y > 0; y = 0, x > 0)$ 的集合都是 $L$ 的边界,且属于 $L$;$L$ 的每个点都是 $L$ 的聚点;$L$ 是闭区域;$L$ 是无界集.

⑦ $J = \{(x,y) \mid x, y \in \mathbf{Q}\} = \mathbf{Q} \times \mathbf{Q}$,即 $J$ 是有理点(坐标 $x$ 与 $y$ 都是有理数)全体所成

的集合.$J$ 无内点；$\mathbf{R}^2$ 中每个点都是 $J$ 的聚点，也是 $J$ 的边界点，即 $\mathbf{R}^2$ 是 $J$ 的边界；$J$ 是无界集；$J$ 既不是开区域，也不是闭区域.

以上关于 $\mathbf{R}^2$ 给出的内点、外点、边界点、聚点、孤立点、开区域、闭区域、直径等概念很容易推广到 $\mathbf{R}^n$.

## 二、多元函数概念

我们在第一章应用"对应关系"给出了一元函数的定义，但是，这个函数定义是有缺陷的.它是利用了与函数概念等价的尚未定义的"对应关系"定义了函数.本章将用集合论的语言较严格地给出多元函数概念.我们已知一元函数 $y=f(x)$，$x\in A$ 的图像是坐标平面 $\mathbf{R}^2$ 上有序数对的集合 $\{(x,y)\,|\,x\in A,y=f(x)\in B\}$，这个有序数对的集合实质是笛卡儿积集 $A\times B$ 的一个子集，而且它是一个特殊的子集，它的特殊性就是单值性，即 $\forall x\in A$，有唯一一个 $y=f(x)$，使 $(x,y)\in A\times B$.这就启发我们，函数实质是笛卡儿积集 $A\times B$ 内的具有单值性的一个子集.现将对函数这种认识推广到多元函数上来，有

**定义**　设有两个非空集合 $A$ 与 $B$ 所构成的笛卡儿积集 $A\times B$，$f$ 是笛卡儿积集 $A\times B$ 的子集，即 $f\subset A\times B$，如果 $\forall x\in A$，有唯一一个 $y\in B$，使 $(x,y)\in f$，则称 $f$ 是**函数**或**映射**，记为 $f:A\to B$.其中集合

$$\{x\,|\,x\in A,\exists y\in B,使(x,y)\in f\}\subset A$$

称为函数 $f$ 的**定义域**.若 $(x,y)\in f$，则记 $y=f(x)$，$x\in A$，$y\in B$，其中 $y$ 称为 $x$ 的**值**或 $x$ 关于 $f$ 的**像**.集合

$$\{y\,|\,y\in B,\exists x\in A,使(x,y)\in f\}\subset B$$

称为函数 $f$ 的**值域**或**像集**.

由此可见，确定一个函数仍有两个要素：一是它的定义域；二是 $\forall x\in A$，都有唯一一个 $y$，使 $(x,y)\in f$.这与第一章的函数定义完全相同.这个函数定义只涉及笛卡儿积集、集合的子集，都是已知的概念.避免了第一章函数定义中"对应关系"一词的不确定性，并使"对应关系"获得了集合论的基础，又使函数与它的直观化——函数图像统一了起来，在第一章中约定的有关函数的表示法和有关函数的术语都继续适用，其中 $A$，$B$ 可能是 $\mathbf{R}$，$\mathbf{R}^2$，$\cdots$，$\mathbf{R}^n$ 的子集.这个函数定义包括了过去学过的一元函数以及将要学习的所有的多元函数.下面讨论 $A$，$B$ 不同情况下的各种函数：

1）设 $A\subset\mathbf{R}$，$B\subset\mathbf{R}$，即 $A$，$B$ 都是 $\mathbf{R}$ 的子集.$\forall x\in A$，$\exists y\in B$，使 $(x,y)\in f$ 或 $y=f(x)$，$x\in A$，$y\in B$，这就是我们熟知的一元实值函数，简称一元函数.

2）设 $A\subset\mathbf{R}^2$，$B\subset\mathbf{R}$，即 $\forall(x,y)\in A\subset\mathbf{R}^2$，$\exists z\in B$，使 $(x,y,z)\in f\subset\mathbf{R}^2\times\mathbf{R}=\mathbf{R}^3$ 或 $z=f(x,y)$，$(x,y)\in A$，$z\in B$，这是二元实值函数，简称二元函数.

二元实值函数 $z=f(x,y)$ 在三维欧氏空间 $\mathbf{R}^3$ 中的点集

$$\{(x,y,z)\,|\,(x,y)\in A\subset\mathbf{R}^2,z=f(x,y)\in B\subset\mathbf{R}\}$$

称为二元实值函数的**图像**，通常它是三维空间 $\mathbf{R}^3$ 中的一张曲面.

例如，由空间解析几何知：

$z=ax+by+c$（$a,b,c$ 是常数），它的定义域是 $\mathbf{R}^2$，图像是 $\mathbf{R}^3$ 中的一个平面.

$z=\sqrt{1-x^2-y^2}$，它的定义域 $A$：$1-x^2-y^2\geq 0$，即 $x^2+y^2\leq 1$ 是以原点为圆心，以 1 为半径的圆形闭区域，图像是 $A$ 上的上半单位球面，如图 10.3.

$z = x^2 + y^2$, 它的定义域 $A = \mathbf{R}^2$, 图像是以原点为顶点开口向上的旋转抛物面, 如图 10.4.

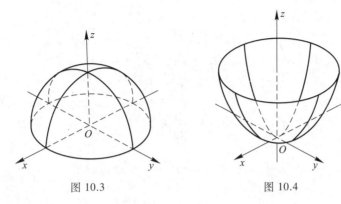

图 10.3              图 10.4

3) 设 $A \subset \mathbf{R}^n, B \subset \mathbf{R}$, 即 $(x_1, x_2, \cdots, x_n) \in A \subset \mathbf{R}^n, y \in B \subset \mathbf{R}$, 有 $(x_1, x_2, \cdots, x_n, y) \in f \subset \mathbf{R}^n \times \mathbf{R} = \mathbf{R}^{n+1}$ 或 $y = f(x_1, x_2, \cdots, x_n), (x_1, x_2, \cdots, x_n) \in A \subset \mathbf{R}^n, y \in B \subset \mathbf{R}$, 就是 $n$ 元实值函数.

二元和二元以上的函数称为**多元函数**.

例如, 在 $\mathbf{R}^3$ 中, 长、宽、高分别是 $x, y, z$ 的立体体积

$$V = xyz, \quad x, y, z \in [0, +\infty) \subset \mathbf{R}, V \in \mathbf{R},$$

$V$ 是 $x, y, z$ 的三元实值函数.

$$y = \sqrt{x_1^2 + x_2^2 + \cdots + x_n^2}, \quad x_i \in \mathbf{R}, i = 1, 2, \cdots, n, y \in \mathbf{R},$$

$y$ 是 $x_1, x_2, \cdots, x_n$ 的 $n$ 元实值函数. 它的定义域 $A$:

$$x_1^2 + x_2^2 + \cdots + x_n^2 \geqslant 0.$$

有时将 $n$ 元实值函数记为 $y = f(P), P \in \mathbf{R}^n$, 称为**点 $P$ 的函数**, 简称**点函数**. 点函数的表示与一元函数的形式一致, 且与点 $P$ 所在空间的维数无关. 因此点函数形式简单, 又具有一般性. 对点函数 $y = f(P)$ 得到的论断, 对 $P$ 在任意维欧氏空间都成立. 有时为了书写简单, 将多元函数也写成点函数的形式.

4) 设 $A \subset \mathbf{R}, B \subset \mathbf{R}^2$, 即 $t \in A \subset \mathbf{R}, (x, y) \in B \subset \mathbf{R}^2$, 有 $(t, x, y) \in f \subset A \times B \subset \mathbf{R} \times \mathbf{R}^2 = \mathbf{R}^3, f$ 可记为 $\boldsymbol{f} = (f_1, f_2)$ 或 $\boldsymbol{f}: A \to B$ 或

$$\begin{cases} x = f_1(t), \\ y = f_2(t), \end{cases} \quad t \in A \subset \mathbf{R}, (x, y) \in B \subset \mathbf{R}^2,$$

是一元二值向量函数, 即我们已知的参数方程, 通常这个参数方程的图像是 $\mathbf{R}^2$ 上一条曲线. 例如, 圆的参数方程:

$$\begin{cases} x = r\cos t, \\ y = r\sin t, \end{cases} \quad t \in [0, 2\pi] \subset \mathbf{R}, (x, y) \in B \subset \mathbf{R}^2,$$

其中 $r$ 是正常数.

5) 设 $A \subset \mathbf{R}, B \subset \mathbf{R}^3$, 即 $t \in A \subset \mathbf{R}, (x, y, z) \in B \subset \mathbf{R}^3$, 有 $(t, x, y, z) \in f \subset A \times B \subset \mathbf{R} \times \mathbf{R}^3 = \mathbf{R}^4. f$ 可记为 $\boldsymbol{f} = (f_1, f_2, f_3)$ 或 $\boldsymbol{f}: A \to B$ 或

$$\begin{cases} x = f_1(t), \\ y = f_2(t), \\ z = f_3(t), \end{cases} \quad t \in A \subset \mathbf{R}, (x, y, z) \in B \subset \mathbf{R}^3,$$

是一元三值向量函数,也是参数方程,通常这个参数方程的图像是 $\mathbf{R}^3$ 中一条曲线.例如,螺旋线的参数方程:

$$\begin{cases} x = r\cos t, \\ y = r\sin t, \qquad t \in A = \mathbf{R}, (x,y,z) \in B \subset \mathbf{R}^3, \\ z = t, \end{cases}$$

其中 $r$ 是正常数.

6) 设 $A \subset \mathbf{R}^2, B \subset \mathbf{R}^3$,即 $(\varphi, \theta) \in A \subset \mathbf{R}^2$,$(x,y,z) \in B \subset \mathbf{R}^3$,有 $(\varphi, \theta, x, y, z) \in f \subset \mathbf{R}^2 \times \mathbf{R}^3 = \mathbf{R}^5.f$ 可记为 $f = (f_1, f_2, f_3)$ 或 $f: A \to B$ 或

$$\begin{cases} x = f_1(\varphi, \theta), \\ y = f_2(\varphi, \theta), \qquad (\varphi, \theta) \in A \subset \mathbf{R}^2, (x,y,z) \in B \subset \mathbf{R}^3, \\ z = f_3(\varphi, \theta), \end{cases}$$

是二元三值向量函数,也是参数方程,通常这个参数方程的图像是 $\mathbf{R}^3$ 中一张曲面.例如,球心在原点,半径为 $r$ 的球面参数方程

$$\begin{cases} x = r\sin \varphi\cos \theta, \\ y = r\sin \varphi\sin \theta, \qquad \begin{matrix}(\varphi, \theta) \in [0, \pi] \times [0, 2\pi] = A \subset \mathbf{R}^2, \\ (x,y,z) \in B \subset \mathbf{R}^3, \end{matrix} \\ z = r\cos \varphi, \end{cases}$$

其中 $r$ 是正常数.

7) 设 $A \subset \mathbf{R}^n, B \subset \mathbf{R}^m$,即 $(x_1, x_2, \cdots, x_n) \in A \subset \mathbf{R}^n$,$(y_1, y_2, \cdots, y_m) \in B \subset \mathbf{R}^m$,有 $(x_1, x_2, \cdots x_n, y_1, y_2, \cdots, y_m) \in f \subset A \times B \subset \mathbf{R}^n \times \mathbf{R}^m = \mathbf{R}^{n+m}.f$ 可记为 $f = (f_1, f_2, \cdots, f_m)$ 或 $f: A \to B$ 或

$$\begin{cases} y_1 = f_1(x_1, x_2, \cdots, x_n), \\ y_2 = f_2(x_1, x_2, \cdots, x_n), \qquad (x_1, x_2, \cdots, x_n) \in A \subset \mathbf{R}^n, \\ \qquad \cdots\cdots\cdots \qquad\qquad (y_1, y_2, \cdots, y_m) \in B \subset \mathbf{R}^m, \\ y_m = f_m(x_1, x_2, \cdots, x_n), \end{cases}$$

是 $n$ 元 $m$ 值向量函数,也是以 $x_1, x_2, \cdots, x_n$ 为参数的 $m$ 值参数方程,是函数的最一般的情况.它的图像是 $\mathbf{R}^m$ 中一张超曲面.

虽然本书也涉及 $n$ 元 $m$ 值向量函数,但是它不是本书主要讨论的内容,本书侧重讨论 $n$ 元实值函数.本章名曰多元函数微分学,但在叙述上却是以二元实值函数微分学为主,这是因为,由一元实值函数到二元实值函数,单与多的差异已能充分显露出来,而二元、三元以至一般的 $n$ 元实值函数之间,只有形式上的不同,没有本质上的区别,突出二元实值函数既能使书写简便、形象直观,又能反映出"多元"的特点,二元实值函数简称**二元函数**.

## 三、$\mathbf{R}^2$ 的点列极限与连续性

为了建立一元函数的极限和连续的理论基础,我们曾用几个形式不同的等价的定理描述了 $\mathbf{R}$ 的连续性.如闭区间套定理、确界定理、有限覆盖定理、聚点定理等.同样,为了讨论多元函数的极限和连续,需要将 $\mathbf{R}$ 的连续性推广到二维欧氏空间 $\mathbf{R}^2$ 上来,其结果对 $n$ 维欧氏空间 $\mathbf{R}^n$ 也成立.

与数列极限类似有 $\mathbf{R}^2$ 的点列极限.

**定义** $\mathbf{R}^2$ 中按正整数的顺序排列的一串点:

$$P_1, P_2, \cdots, P_n, \cdots$$

称为**点列**,记为 $\{P_n\}$.它的项可能重复,即不同的项可能是同一点.把它看成点集 $\{P_n \mid n \in \mathbf{N}_+\}$,它可能是无限点集,也可能是有限点集,但是作为点列,$\{P_n\}$ 有无限多项.

**定义** 设 $\mathbf{R}^2$ 中有点列 $\{P_n\}$ 及 $P \in \mathbf{R}^2$.若 $\forall \varepsilon > 0, \exists N \in \mathbf{N}_+$,当 $n > N$ 时,有

$$\| P_n - P \| < \varepsilon,$$

则称点列 $\{P_n\}$ **收敛于** $P$,或点列 $\{P_n\}$ **存在有限极限**,极限是 $P$,记为

$$\lim_{n \to \infty} P_n = P.$$

否则,就称点列**发散**.

如果用 $\mathbf{R}^2$ 的坐标表示,设 $P_n(a_n, b_n), P(a, b), \lim\limits_{n \to \infty} P_n = P$,即 $\forall \varepsilon > 0, \exists N \in \mathbf{N}_+$, $\forall n > N$,有

$$\left| \sqrt{(a_n - a)^2 + (b_n - b)^2} \right| < \varepsilon$$

或

$$|a_n - a| < \varepsilon \quad \text{与} \quad |b_n - b| < \varepsilon.$$

记为

$$\lim_{n \to \infty} P_n(a_n, b_n) = P(a, b).$$

**定理 1** $\lim\limits_{n \to \infty} P_n(a_n, b_n) = P(a, b) \Longleftrightarrow \lim\limits_{n \to \infty} a_n = a$ 与 $\lim\limits_{n \to \infty} b_n = b$.

**证明** 由等式

$$\| P_n - P \| = \sqrt{(a_n - a)^2 + (b_n - b)^2},$$

有不等式

$$|a_n - a| \leq \| P_n - P \| \leq |a_n - a| + |b_n - b|$$

与

$$|b_n - b| \leq \| P_n - P \| \leq |a_n - a| + |b_n - b|.$$

($\Rightarrow$)已知 $\lim\limits_{n \to \infty} P_n(a_n, b_n) = P(a, b)$,即 $\forall \varepsilon > 0, \exists N \in \mathbf{N}_+, \forall n > N$ 时,有

$$\| P_n - P \| < \varepsilon,$$

从而,有

$$|a_n - a| < \varepsilon \quad \text{与} \quad |b_n - b| < \varepsilon,$$

即

$$\lim_{n \to \infty} a_n = a \quad \text{与} \quad \lim_{n \to \infty} b_n = b.$$

($\Leftarrow$)已知 $\lim\limits_{n \to \infty} a_n = a$ 与 $\lim\limits_{n \to \infty} b_n = b$,即 $\forall \varepsilon > 0, \exists N \in \mathbf{N}_+, \forall n > N$,有

$$|a_n - a| < \varepsilon \quad \text{与} \quad |b_n - b| < \varepsilon,$$

从而,有

$$\| P_n - P \| \leq |a_n - a| + |b_n - b| < 2\varepsilon,$$

即

$$\lim_{n \to \infty} P_n(a_n, b_n) = P(a, b).$$

定理 1 指出,点列 $\{P_n\}$ 收敛 $\Longleftrightarrow$ 点列 $\{P_n\}$ 的每个点的同名坐标数列都是收敛数列.

**定义** 设 $\{P_n\}$ 是 $\mathbf{R}^2$ 中的点列，若 $\forall \varepsilon>0$，$\exists N\in\mathbf{N}_+$，当 $m,n>N$ 时，有

$$\|P_m-P_n\|<\varepsilon,$$

则称 $\{P_n\}$ 是一个柯西列.

**定理 2（柯西收敛准则）** 点列 $\{P_n\}\subset\mathbf{R}^2$ 收敛 $\Longleftrightarrow$ 点列 $\{P_n\}$ 是柯西列，即 $\forall\varepsilon>0$，$\exists N\in\mathbf{N}_+$，$\forall m,n>N$，有

$$\|P_m-P_n\|<\varepsilon.$$

**证明** （$\Rightarrow$）设点列 $\{P_n\}$ 收敛于 $P$，即 $\forall\varepsilon>0$，$\exists N\in\mathbf{N}_+$，当 $n>N$ 时，有

$$\|P_n-P\|<\frac{\varepsilon}{2}.$$

由三角不等式，当 $m,n>N$ 时，有

$$\|P_m-P_n\|\leqslant\|P_m-P\|+\|P-P_n\|<\frac{\varepsilon}{2}+\frac{\varepsilon}{2}=\varepsilon.$$

即点列 $\{P_n\}$ 是一个柯西列.

（$\Leftarrow$）设 $P_n=(x_n,y_n)\subset\mathbf{R}^2$，$n=1,2,\cdots$，则

$$\max\{|x_m-x_n|,|y_m-y_n|\}\leqslant\|P_m-P_n\|.$$

由点列 $\{P_n\}$ 是柯西列，可知同名坐标数列 $\{x_n\}$ 与 $\{y_n\}$ 皆收敛.设它们分别收敛于 $x$ 与 $y$，即点列 $\{P_n\}$ 收敛于点 $P(x,y)$.

上述柯西收敛准则的充分性，就是 $\mathbf{R}^2$ 的完备性.

**定理 3（闭矩形套定理）** 设 $\mathbf{R}^2$ 中有闭矩形区域列 $\{D_n\}$，其中 $\forall n\in\mathbf{N}_+$，

$$D_n=\{(x,y)\mid a_n\leqslant x\leqslant b_n,c_n\leqslant y\leqslant d_n\}.$$

若闭矩形列 $\{D_n\}$ 满足下列条件：

1）$D_1\supset D_2\supset\cdots\supset D_n\supset\cdots$；

2）$\lim\limits_{n\to\infty}d(D_n)=\lim\limits_{n\to\infty}\sqrt{(b_n-a_n)^2+(d_n-c_n)^2}=0$，

则存在唯一一点 $P_0\in\mathbf{R}^2$ 属于任意一个闭矩形区域 $D_n$（如图10.5）.

**证明** 由条件1），$\forall n\in\mathbf{N}_+$，有

$$[a_n,b_n]\supset[a_{n+1},b_{n+1}].$$

由条件2），有

$$\lim_{n\to\infty}(b_n-a_n)=0.$$

根据闭区间套定理（§4.1 定理1），存在唯一一个 $x_0$，$\forall n\in\mathbf{N}_+$，有 $x_0\in[a_n,b_n]$.

同法可证，存在唯一一个 $y_0$，$\forall n\in\mathbf{N}_+$，有 $y_0\in[c_n,d_n]$.因此，存在唯一一点 $P_0(x_0,y_0)\in\mathbf{R}^2$ 属于任意一个闭矩形区域 $D_n$.

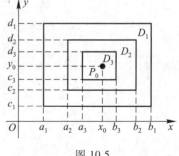

图 10.5

**定义** 设 $\mathbf{R}^2$ 中有点集 $E$ 和区域集合 $\{S\}$，若 $\forall P\in E$，$\{S\}$ 中至少存在一个区域 $G$，使 $P\in G$，称区域集合 $\{S\}$ **覆盖点集** $E$.

**定理 4（有限覆盖定理）** 若 $\mathbf{R}^2$ 中有开区域集合 $\{S\}$ 覆盖有界闭区域 $D$，则 $\{S\}$ 中存在有限个开区域也覆盖 $D$.

**证法** 用反证法.假设有界闭区域 $D$ 不能用 $\{S\}$ 中任意有限个开区域所覆盖，就说

$D$"没有有限覆盖".因为 $D$ 有界,所以存在一个闭正方形 $R_1$,使 $D \subset R_1$.通过 $R_1$ 的中点将闭正方形 $R_1$ 分成四个相等的正方形,其中至少有一个闭正方形所包含的 $D$ 的子集 $D_1$ 没有有限覆盖.如此继续进行下去,应用闭区域套定理,将得到矛盾.

**证明** 用反证法,假设有界闭区域 $D$ 没有有限覆盖.因为 $D$ 有界,所以存在一个闭正方形 $R_1$,使 $D \subset R_1$.设闭正方形 $R_1$ 的一边长是 $l$,$R_1$ 的直径 $d(R_1) = \sqrt{2}\, l$.通过闭正方形 $R_1$ 的中点将 $R_1$ 分成四个相等的正方形,其中至少有一个闭正方形 $R_2$ 所包含的 $D$ 的(非空)子集 $D_1$ 没有有限覆盖,$d(R_2) = \dfrac{\sqrt{2}}{2} l$.再通过闭正方形 $R_2$ 的中点将 $R_2$ 分成四个相等的正方形,其中至少有一个闭正方形 $R_3$ 所包含的 $D$ 的(非空)子集 $D_2$ 没有有限覆盖.如此无限进行下去,得到闭正方形区域列 $\{R_n\}$,它满足下列条件:

1) $R_1 \supset R_2 \supset \cdots \supset R_n \supset \cdots$; 2) $\lim\limits_{n \to \infty} d(R_n) = \lim\limits_{n \to \infty} \dfrac{\sqrt{2}}{2^{n-1}} l = 0$.

每个 $R_n$ 中所包含的 $D$ 的(非空)子集 $D_{n-1}$ 没有有限覆盖.根据定理 3(闭矩形套定理),存在唯一一点 $P \in R_n (n = 1, 2, \cdots)$.

下面证明 $P \in D$.用反证法,假设 $P \notin D$.因为 $D$ 是闭区域,所以 $P$ 既不是 $D$ 的内点也不是 $D$ 的边界点,即 $\exists r > 0$,邻域 $U(P, r)$ 不包含 $D$ 的点.由 2),当 $n$ 充分大时,有 $d(R_n) < r$.已知 $P \in R_n$,从而 $R_n \subset U(P, r)$.这表明 $R_n$ 不包含 $D$ 的点,这与 $R_n$ 包含 $D$ 的(非空)子集 $D_{n-1}$ 矛盾.于是,$P \in D$.

由于 $P \in D$,由已知条件,$\{S\}$ 中至少存在一个开区域 $G$,使 $P \in G$,即 $P$ 是 $G$ 的内点,也就是 $\exists \delta > 0$,使 $U(P, \delta) \subset G$.由 2),当 $n$ 充分大时,有 $R_n \subset U(P, \delta) \subset G$.一方面,已知 $R_n$ 中包含有 $D$ 的(非空)子集 $D_{n-1}$ 没有有限覆盖;另一方面,$D_{n-1}$ 被 $\{S\}$ 中一个开区域 $G$ 所覆盖.矛盾.

**定理 5(聚点定理)** $\mathbf{R}^2$ 中有界无限点集 $E$ 至少有一个聚点.

**证明** 已知 $E$ 有界,则存在有界闭区域 $D$,使 $E \subset D$.

用反证法.假设 $E$ 没有聚点,即 $\forall P \in D$,$P$ 不是 $E$ 的聚点,从而 $\exists r_P > 0$,邻域 $U(P, r_P)$ 至多含有 $E$ 的有限多个点.于是,开区域

$$\{U(P, r_P) \mid P \in D\}$$

覆盖有界闭区域 $D$.根据有限覆盖定理,存在有限个开区域

$$\{U(P_k, r_{P_k}) \mid k = 1, 2, \cdots, n\}$$

也覆盖有界闭区域 $D$,从而也覆盖 $E$.而每个 $U(P_k, r_{P_k})$ 至多含有 $E$ 的有限多个点.因此点集 $E$ 至多含有有限多个点,与已知条件矛盾.

**定义** 设 $\mathbf{R}^2$ 中有点列 $\{P_n\}$,$\{n_k\}$ 是正整数集 $\mathbf{N}_+$ 的无限子集,且 $n_1 < n_2 < \cdots < n_k < \cdots$,则称点列 $\{P_{n_k}\}$ 是点列 $\{P_n\}$ 的**子点列**,也简称**子列**.

**定理 6(致密性定理)** $\mathbf{R}^2$ 中有界点列 $\{P_n\}$ 存在收敛的子点列.

**证明** 设 $\{P_n(a_n, b_n)\}$ 是有界点列,即 $\exists l > 0$,$\forall n \in \mathbf{N}_+$,有 $P_n(a_n, b_n) \subset U(0, l)$.显然,$\{a_n\}$ 与 $\{b_n\}$ 都是有界数列.根据 §4.1 定理 5,数列 $\{a_n\}$ 存在收敛的子列 $\{a_{n_k}\}$,设 $\lim\limits_{k \to \infty} a_{n_k} = a_0$.相应的 $\{b_{n_k}\}$ 也是有界数列.再根据 §4.1 定理 5,$\{b_{n_k}\}$ 也存在收敛的子数列 $\{b_{n_{k_i}}\}$,设 $\lim\limits_{i \to \infty} b_{n_{k_i}} = b_0$.于是,有界点列 $\{P_n\}$ 存在收敛的子点列 $\{P_{n_{k_i}}\}$.

以上定理 2、3、4、5、6 都是描述二维欧氏空间 $\mathbf{R}^2$ 的连续性.描述实数集 $\mathbf{R}$ 的连续性还有确界定理和单调有界数列存在极限定理.因为这两个定理的共同基础是实数集的有序性,而二维欧氏空间 $\mathbf{R}^2$ 没有定义有序实数对的序,所以在二维欧氏空间 $\mathbf{R}^2$ 中没有与这两个定理相应的定理.

## 练习题 10.1

1. 描绘下列平面区域,并指出它是开区域还是闭区域,是有界区域还是无界区域:

1) $\{(x,y) \mid x^2 > y\}$；　　　　　　　　2) $\{(x,y) \mid x^2 - y^2 \leqslant 1\}$；

3) $\{(x,y) \mid |xy| \leqslant 1\}$；　　　　　　4) $\{(x,y) \mid |x+y| < 1\}$；

5) $\{(x,y) \mid |x| + |y| \leqslant 1\}$；　　　　6) $\{(x,y) \mid |x| + y \leqslant 1\}$.

2. 描绘空间区域的图像,并指出它是开区域还是闭区域:

1) $V = \{(x,y,z) \mid x^2 + y^2 + z^2 \leqslant 4\}$；

2) $V = \left\{(x,y,z) \left| \dfrac{x^2}{a^2} + \dfrac{y^2}{b^2} + \dfrac{z^2}{c^2} < 1 \right.\right\}$；

3) $V = \{(x,y,z) \mid x^2 + y^2 \leqslant a^2, |z| \leqslant h\}$；

4) $V = \{(x,y,z) \mid x^2 + y^2 < z, z < 2\}$；

5) $V = \{(x,y,z) \mid |x| + |y| + |z| \leqslant 1\}$.

3. 证明:在点 $P$ 的圆形邻域内部必存在点 $P$ 的方形邻域.反之,在点 $P$ 的方形邻域内部必存在点 $P$ 的圆形邻域.

4. 证明:区域 $D \subset \mathbf{R}^2$ 有界 $\Longleftrightarrow$ 区域 $D$ 的直径
$$d(D) = \sup\{ \parallel P - Q \parallel \mid P \in D, Q \in D\}$$
是有限数.

5. 指出下列各平面点集 $E$ 的所有聚点所成的集合 $E'$：

1) $E = \{(x,y) \mid 0 < x^2 + y^2 < 1\}$；

2) $E = \{(r_1, r_2) \mid 0 < r_1 < 1, 0 < r_2 < 1, r_1 \text{ 与 } r_2 \text{ 是无理数}\}$；

3) $E = \left\{\left(\dfrac{1}{n}, \dfrac{1}{n}\right) \middle| n \in \mathbf{N}_+ \right\}$；

4) $E = \{(m,n) \mid m, n \text{ 为整数}\}$.

6. 证明:点 $P$ 是集合 $E$ 的聚点 $\Longleftrightarrow \forall r > 0, \overset{\circ}{U}(P,r) \cap E \neq \varnothing$.

7. 证明:若点 $P$ 是集合 $E$ 的聚点,但不是集合 $E$ 的内点,则点 $P$ 是集合 $E$ 的边界点.

8. 证明:若点 $P$ 是区域 $D$ 的聚点,则 $\exists \{P_n\}, \forall n \in \mathbf{N}_+, P_n \in D$,有 $\lim\limits_{n \to \infty} P_n = P$.

9. 求下列函数的定义域:

1) $z = \dfrac{1}{\sqrt{2 - x^2 - y^2}}$；　　　　　2) $z = \ln(4 - xy)$；

3) $z = x + \arccos y$；　　　　　　　4) $z = \dfrac{1}{\sqrt{y - \sqrt{x}}}$；

5) $z = \sqrt{x^2 - 4} + \sqrt{4 - y^2}$；　　6) $z = \sqrt{\sin(x^2 + y^2)}$；

7) 三角形三边长分别是 $x, y, z$,已知 $x + y + z = 2p$,则三角形面积

$$A = \sqrt{p(p-x)(p-y)(x+y-p)}.$$

10. 求下列函数在指定点的函数值:

1) 若 $f(x,y) = xy + \dfrac{x}{y}$,求 $f\left(\dfrac{1}{2}, 3\right)$ 与 $f(1, -1)$;

2) 若 $f(x,y) = \dfrac{x^2 - y^2}{2xy}$,求 $f(y,x)$,$f(-x,-y)$,$f\left(\dfrac{1}{x}, \dfrac{1}{y}\right)$,$\dfrac{f(x+h,y) - f(x,y)}{h}$.

11. 若 $f\left(x+y, \dfrac{y}{x}\right) = x^2 - y^2$,求 $f(x,y)$.

12. 描绘下列函数的图像:

1) $z = 1 - x - y$;　　　　　　　2) $z = \sqrt{x^2 + y^2}$;

3) $z = 1 - x^2 - y^2$;　　　　　　4) $z = xy$;

5) $z = \dfrac{x^2}{a^2} + \dfrac{y^2}{b^2}$.

*　　　*　　　*　　　*　　　*　　　*　　　*　　　*

13. 在定理 4 中,将有界闭区域 $D$ 换成有界开区域 $D$ 或无界闭区域 $D$,定理 4 都不成立,举例说明.将开区域集合 $\{S\}$ 换成闭区域集合 $\{S\}$,定理 4 也不成立,举例说明.

14. 应用闭矩形套定理证明聚点定理.

# § 10.2　二元函数的极限与连续

## 一、二元函数的极限

与一元函数的极限类似,可定义二元函数 $f(P)$ 的极限.

**定义**　设二元实值函数 $f(P)$ 在区域 $D \subset \mathbf{R}^2$ 有定义,$P_0$ 是 $D$ 的聚点.若 $\exists A \in \mathbf{R}$,$\forall \varepsilon > 0$,$\exists \delta > 0$,$\forall P \in D : 0 < \| P - P_0 \| < \delta$(或 $P \in \mathring{U}(P_0, \delta)$),有

$$|f(P) - A| < \varepsilon,$$

则称函数 $f(P)$(关于区域 $D$)在点 $P_0$ **存在有限极限**,极限是 $A$,记为

$$\lim_{P \to P_0} f(P) = A.$$

如果二元函数 $f(P)$ 用坐标表示,即 $P(x,y)$,$P_0(x_0, y_0)$,那么二元函数 $f(x,y)$ 在点 $P_0(x_0, y_0)$ 的极限是 $A$,就是(用方形去心邻域):

$\forall \varepsilon > 0$,$\exists \delta > 0$,$\forall (x,y) \in D : |x - x_0| < \delta$,$|y - y_0| < \delta$,且 $(x,y) \neq (x_0, y_0)$,有

$$|f(x,y) - A| < \varepsilon,$$

也记为

$$\lim_{\substack{x \to x_0 \\ y \to y_0}} f(x,y) = A.$$

这个极限也常常叫做**二重极限**.

**注**　"$|x - x_0| < \delta$,$|y - y_0| < \delta$,且 $(x,y) \neq (x_0, y_0)$"表示点 $P_0(x_0, y_0)$ 的方形去心邻域.一般来说,验证二元函数的极限应用方形去心邻域比较方便.当然这里也可用点

$P_0(x_0,y_0)$ 的圆形去心邻域：$0<\sqrt{(x-x_0)^2+(y-y_0)^2}<\delta$. "去心"表明函数 $f(x,y)$ 在点 $P_0(x_0,y_0)$ 的极限与函数 $f(x,y)$ 在点 $P_0(x_0,y_0)$ 的情况无关.

我们看到,二元实值函数(三元实值函数、$n$ 元实值函数等)与一元函数极限的定义基本相同.因此二元实值函数有关极限的唯一性、四则运算等性质也成立,这里不再赘述.

**例 1**　证明：$\lim\limits_{\substack{x\to 2\\y\to 1}}(3x^2+2y)=14$.

**证明**　限定 $|x-2|<1$ 与 $|y-1|<1$（取 $\delta=1$）,有

$$|x+2|=|x-2+4|\leqslant|x-2|+4<5.$$

$$|(3x^2+2y)-14|=|3x^2-12+2y-2|\leqslant 3|x+2||x-2|+2|y-1|$$
$$<15|x-2|+2|y-1|<15(|x-2|+|y-1|).$$

$\forall\varepsilon>0$,要使不等式

$$|(3x^2+2y)-14|<15(|x-2|+|y-1|)<\varepsilon$$

成立,取 $\delta=\min\left\{\dfrac{\varepsilon}{30},1\right\}$. 于是,$\forall\varepsilon>0$,$\exists\delta=\min\left\{\dfrac{\varepsilon}{30},1\right\}>0$,$\forall(x,y):|x-2|<\delta,|y-1|<\delta$,且 $(x,y)\neq(2,1)$,有

$$|(3x^2+2y)-14|<\varepsilon,$$

即

$$\lim\limits_{\substack{x\to 2\\y\to 1}}(3x^2+2y)=14.$$

**例 2**　证明：函数

$$f(x,y)=\begin{cases}x\sin\dfrac{1}{y}+y\sin\dfrac{1}{x}, & xy\neq 0,\\[2mm] 0, & xy=0.\end{cases}$$

在原点 $(0,0)$ 的极限是 0.

**证明**

$$|f(x,y)-0|=\begin{cases}\left|x\sin\dfrac{1}{y}+y\sin\dfrac{1}{x}\right|, & xy\neq 0,\\[2mm] 0, & xy=0.\end{cases}$$

下面分两种情况讨论：$\forall\varepsilon>0$.

1）$xy=0,(x,y)\neq(0,0)$.显然,$\forall\delta>0$,$\forall(x,y):|x|<\delta$ 与 $|y|<\delta$,有

$$|f(x,y)-0|=0<\varepsilon.$$

2）$xy\neq 0$,$\exists\delta=\dfrac{\varepsilon}{2}>0$,$\forall(x,y):|x|<\delta$ 与 $|y|<\delta$,有

$$|f(x,y)-0|=\left|x\sin\dfrac{1}{y}+y\sin\dfrac{1}{x}\right|$$

$$\leqslant|x|\cdot\left|\sin\dfrac{1}{y}\right|+|y|\cdot\left|\sin\dfrac{1}{x}\right|\leqslant|x|+|y|<2\delta=\varepsilon.$$

于是,$\forall\varepsilon>0$,$\exists\delta=\dfrac{\varepsilon}{2}>0$,$\forall(x,y):|x|<\delta$ 与 $|y|<\delta$,且 $(x,y)\neq(0,0)$,有

$$|f(x,y)-0|<\varepsilon,$$

即函数 $f(x,y)$ 在原点 $(0,0)$ 的极限是 0.

**注** 在例 2 中,原点 $(0,0)$ 并不属于函数 $f(x,y)$ 的定义域,但是它在原点 $(0,0)$ 仍然存在极限.

但必须指出,在二重极限 $\lim\limits_{\substack{x\to x_0\\y\to y_0}}f(x,y)=A$ 的定义中,动点 $(x,y)$ 在 $\mathbf{R}^2$ 中趋向于点 $P_0(x_0,$ $y_0)$ 与一元函数 $y=f(x)$ 的自变量 $x$ 在数轴上的变化不同,它可以在区域 $D\subset\mathbf{R}^2$ 内沿着不同的道路(如曲线或直线等)和不同的方式(连续或离散等),从四面八方趋近于点 $P_0(x_0,y_0)$,二元函数 $f(x,y)$ 在点 $(x_0,y_0)$ 的极限都是 $A$.反之,动点 $P(x,y)$ 沿着某两条不同的曲线(或点列)无限趋近于点 $P_0(x_0,y_0)$,二元函数 $f(x,y)$ 有不同的"极限",则二元函数 $f(x,y)$ 在点 $P_0(x_0,y_0)$ 不存在极限.

**例 3** 证明:函数 $f(x,y)=\dfrac{x^2y}{x^4+y^2}((x,y)\neq(0,0))$ 在原点 $(0,0)$ 不存在极限.

**证明** 当动点 $P(x,y)$ 沿着 $x$ 轴 $(y=0)$ 和 $y$ 轴 $(x=0)$ 无限趋近于原点 $(0,0)$ 时,极限都是 0,即

$$\lim_{x\to 0}f(x,0)=0 \quad \text{与} \quad \lim_{y\to 0}f(0,y)=0.$$

当动点 $P(x,y)$ 沿着通过原点 $(0,0)$ 的抛物线 $y=x^2$ 无限趋近于原点 $(0,0)$ 时,有(将 $y$ 换成 $x^2$)

$$\lim_{x\to 0}f(x,x^2)=\lim_{x\to 0}\frac{x^2\cdot x^2}{x^4+(x^2)^2}=\frac{1}{2}.$$

于是,函数 $f(x,y)$ 在原点 $(0,0)$ 不存在极限.

一元函数 $f(x)$ 有自变量 $x$ 趋于无穷 $(+\infty,-\infty,\infty)$ 的极限和无穷大.类似地,二元函数 $f(x,y)$ 也有各种类型点 $(x,y)$ 趋于无穷的极限和无穷大.我们可仿照一元函数自变量趋于无穷的极限和无穷大的定义,写出下列符号的定义:

$$\lim_{\substack{x\to+\infty\\y\to y_0}}f(x,y)=A\Longleftrightarrow\forall\varepsilon>0,\exists B>0\text{ 与 }\delta>0,\forall(x,y):x>B\text{ 与 }|y-y_0|<\delta,\text{有 }|f(x,y)-A|<\varepsilon.$$

$$\lim_{\substack{x\to-\infty\\y\to+\infty}}f(x,y)=-\infty\Longleftrightarrow\forall C>0,\exists B>0,\forall(x,y):x<-B\text{ 与 }y>B,\text{有 }f(x,y)<-C.$$

等等.与一元函数极限类似,二元函数极限也有局部有界性、极限保序性、四则运算、柯西收敛准则等.证明方法与一元函数极限证法相同,从略.

上述二元函数极限 $\lim\limits_{\substack{x\to x_0\\y\to y_0}}f(x,y)$ 是两个自变量 $x$ 与 $y$ 分别独立以任意方式无限趋近于 $x_0$ 与 $y_0$.这就是二重极限.二元函数还有一种极限:

**定义** 若当 $x\to a$ 时($y$ 看作常数),函数 $f(x,y)$ 存在极限,设

$$\lim_{x\to a}f(x,y)=\varphi(y).$$

当 $y\to b$ 时,$\varphi(y)$ 也存在极限,设

$$\lim_{y\to b}\varphi(y)=\lim_{y\to b}\lim_{x\to a}f(x,y)=B,$$

则称 $B$ 是函数 $f(x,y)$ 在点 $P(a,b)$ 的**累次极限**.同样,可定义另一个不同次序的累次极限,即

$$\lim_{x\to a}\lim_{y\to b}f(x,y)=C.$$

那么二重极限与累次极限之间有什么关系呢? 一般来说,它们之间没有蕴涵关系.
例如:

1) 两个累次极限都存在,且相等,但是二重极限可能不存在.如上述的例 3.

$$\lim_{x\to 0}\lim_{y\to 0}\frac{x^2 y}{x^4 + y^2} = \lim_{y\to 0}\lim_{x\to 0}\frac{x^2 y}{x^4 + y^2} = 0,$$

而 $\lim\limits_{\substack{x\to 0\\y\to 0}}\dfrac{x^2 y}{x^4 + y^2}$ 不存在.

2) 二重极限存在,但是两个累次极限可能都不存在.如上述的例 2.

$$\lim_{\substack{x\to 0\\y\to 0}}\left( x\sin\frac{1}{y} + y\sin\frac{1}{x}\right) = 0,$$

而 $\lim\limits_{y\to 0}\lim\limits_{x\to 0}\left( x\sin\dfrac{1}{y} + y\sin\dfrac{1}{x}\right)$ 与 $\lim\limits_{x\to 0}\lim\limits_{y\to 0}\left( x\sin\dfrac{1}{y} + y\sin\dfrac{1}{x}\right)$ 都不存在.因为当 $x\to 0$ 时($y$ 看作常数),$\sin\dfrac{1}{x}$ 不存在极限;当 $y\to 0$ 时($x$ 看作常数),$\sin\dfrac{1}{y}$ 不存在极限,所以这两个累次极限都不存在.

由此可见,一般来说当累次极限存在时,不能用累次极限计算二重极限.但是,累次极限是连续两次一元函数的极限,而一元函数的极限又是我们所熟悉的.为此,希望将计算二重极限化成累次极限,即

$$\lim_{\substack{x\to x_0\\y\to y_0}} f(x,y) = \lim_{y\to y_0}\lim_{x\to x_0} f(x,y)$$

或

$$\lim_{\substack{x\to x_0\\y\to y_0}} f(x,y) = \lim_{x\to x_0}\lim_{y\to y_0} f(x,y).$$

那么在什么条件下这个等式成立呢? 有下面的定理:

**定理 1** 若函数 $f(x,y)$ 在点 $P_0(x_0,y_0)$ 的二重极限与累次极限(首先 $y\to y_0$,其次 $x\to x_0$)都存在,则

$$\lim_{\substack{x\to x_0\\y\to y_0}} f(x,y) = \lim_{x\to x_0}\lim_{y\to y_0} f(x,y).$$

**证明** 设 $\lim\limits_{\substack{x\to x_0\\y\to y_0}} f(x,y) = A$ 与 $\lim\limits_{x\to x_0}\lim\limits_{y\to y_0} f(x,y) = B$.只需证明 $A = B$,即 $\forall\,\varepsilon > 0$,有 $|B - A| \leqslant \varepsilon$.由二重极限的定义,$\forall\,\varepsilon > 0$,$\exists\,\delta > 0$,$\forall\,(x,y):|x - x_0| < \delta$ 与 $|y - y_0| < \delta$,且 $(x,y) \neq (x_0, y_0)$,有

$$|f(x,y) - A| < \varepsilon. \tag{1}$$

由累次极限知,$\forall\,x:0 < |x - x_0| < \delta$,极限 $\lim\limits_{y\to y_0} f(x,y)$ 存在,设 $\lim\limits_{y\to y_0} f(x,y) = \varphi(x)$.从而,有

$$\lim_{x\to x_0}\lim_{y\to y_0} f(x,y) = \lim_{x\to x_0}\varphi(x) = B.$$

对不等式(1)取极限($y\to y_0$),有

$$\lim_{y\to y_0}|f(x,y) - A| \leqslant \varepsilon, \quad \text{即}\ |\varphi(x) - A| \leqslant \varepsilon.$$

再取极限 $\lim\limits_{x\to x_0}|\varphi(x) - A| \leqslant \varepsilon$,即 $|B - A| \leqslant \varepsilon$.

### 二、二元函数①的连续性

**定义** 设二元函数 $f(P)$ 在区域 $D \subset \mathbf{R}^2$ 有定义,且 $P_0 \in D$.若

$$\lim_{P \to P_0} f(P) = f(P_0),$$

即 $\forall \varepsilon > 0, \exists \delta > 0, \forall P \in D: \| P - P_0 \| < \delta$(或 $P \in U(P_0, \delta)$),有

$$|f(P) - f(P_0)| < \varepsilon,$$

则称二元函数 $f(P)$ 在 $P_0$ **连续**.

若二元函数 $f(P)$ 在 $P_0$ 不连续,则称 $P_0$ 是二元函数 $f(P)$ 的**间断点**.

**定义** 若二元函数 $f(P)$ 在区域 $D$ 的任意点都连续,则称二元函数 $f(P)$ 在**区域 $D$ 连续**.

若二元函数 $f(P)$ 用坐标表示,即 $P(x, y)$,$P_0(x_0, y_0)$,那么二元函数 $f(x, y)$ 在点 $P_0(x_0, y_0)$ 连续记为 $\lim\limits_{\substack{x \to x_0 \\ y \to y_0}} f(x, y) = f(x_0, y_0)$,即(用方形邻域)

$\forall \varepsilon > 0, \exists \delta > 0, \forall (x, y) \in D: |x - x_0| < \delta, |y - y_0| < \delta$,有 $|f(x, y) - f(x_0, y_0)| < \varepsilon$.

例如,二元函数 $f(x, y) = 3x^2 + 2y$ 在 $(2, 1)$ 连续(见例1).事实上,

$$\lim_{\substack{x \to 2 \\ y \to 1}} f(x, y) = \lim_{\substack{x \to 2 \\ y \to 1}} (3x^2 + 2y) = 14 = f(2, 1).$$

二元连续函数的运算法则与一元连续函数类似.有

**定理 2** 若二元函数 $f(P)$ 与 $g(P)$ 在点 $P_0$ 连续,则函数

$$f(P) \pm g(P), \quad f(P)g(P), \quad \frac{f(P)}{g(P)} \quad (g(P_0) \neq 0)$$

都在点 $P_0$ 连续.

证明从略.

**定理 3** 若二元函数 $u = \varphi(x, y)$,$v = \psi(x, y)$ 在点 $P_0(x_0, y_0)$ 连续,并且二元函数 $f(u, v)$ 在点 $(u_0, v_0) = [\varphi(x_0, y_0), \psi(x_0, y_0)]$ 连续,则复合函数 $f[\varphi(x, y), \psi(x, y)]$ 在点 $P_0(x_0, y_0)$ 连续.

**证明** 已知二元函数 $f(u, v)$ 在点 $(u_0, v_0)$ 连续,即 $\forall \varepsilon > 0, \exists \eta > 0, \forall (u, v): |u - u_0| < \eta$ 与 $|v - v_0| < \eta$,有

$$|f(u, v) - f(u_0, v_0)| < \varepsilon.$$

又已知函数 $u = \varphi(x, y)$ 与 $v = \psi(x, y)$ 在点 $P_0(x_0, y_0)$ 连续,即对上述的 $\eta > 0, \exists \delta > 0, \forall (x, y): |x - x_0| < \delta$ 与 $|y - y_0| < \delta$,同时有

$$|u - u_0| = |\varphi(x, y) - \varphi(x_0, y_0)| < \eta$$

与

$$|v - v_0| = |\psi(x, y) - \psi(x_0, y_0)| < \eta.$$

于是,$\forall (x, y): |x - x_0| < \delta$ 与 $|y - y_0| < \delta$,有

$$|f[\varphi(x, y), \psi(x, y)] - f[\varphi(x_0, y_0), \psi(x_0, y_0)]| = |f(u, v) - f(u_0, v_0)| < \varepsilon,$$

即复合函数 $f[\varphi(x, y), \psi(x, y)]$ 在点 $P_0(x_0, y_0)$ 连续.

---

① 这里所说的"二元函数"都是指"二元实值函数",下同.

**定理 4(保号性)** 若二元函数 $f(P)$ 在点 $P_0 \in D \subset \mathbf{R}^2$ 连续,且 $f(P_0) > 0$,则 $\exists \delta > 0$, $\forall P \in U(P_0, \delta) \cap D$,有 $f(P) > 0$.

**证明** 已知 $f(P)$ 在 $P_0$ 连续,即 $\exists \varepsilon_0 = f(P_0) > 0$, $\exists \delta > 0$, $\forall P \in D: \| P - P_0 \| < \delta$ 或 $\forall P \in U(P_0, \delta) \cap D$,有

$$|f(P) - f(P_0)| < \varepsilon_0 = f(P_0),$$

即

$$f(P) > f(P_0) - f(P_0) = 0.$$

**注** 一元函数 $\varphi(x), \psi(y)$ 可看作是特殊的二元函数.例如,$\varphi(x)$ 可看作是 $\forall y \in \mathbf{R}$, 有 $\varphi(x) = F(x, y)$.从而,一元函数 $\varphi(x)$ 在 $x_0$ 连续,也就是二元函数 $F(x, y)$ 在 $(x_0, y_0)$ 连续($\forall y_0 \in \mathbf{R}$),即

$$\lim_{\substack{x \to x_0 \\ y \to y_0}} F(x, y) = \lim_{x \to x_0} \varphi(x) = \varphi(x_0) = F(x_0, y_0).$$

因此,凡是连续的一元函数也都是连续的二元函数.例如,二元函数

$$f(x, y) = \frac{\sin x + x^3 e^y + 3}{\sin(x^2 + y^2)}.$$

因为一元函数 $\sin x, x^2, y^2, x^3, e^y$ 等在 $\mathbf{R}$ 都是连续函数,所以它们都是二元连续函数.根据定理 2 和定理 3,二元函数 $f(x, y)$ 在使分母 $\sin(x^2 + y^2) \neq 0$ 的点 $(x, y)$ 都连续.

闭区间上连续函数有四个重要性质,这些性质也可推广到有界闭区域上二元连续函数上来.

**定理 5(有界性)** 若二元函数 $f(P)$ 在有界闭区域 $D \subset \mathbf{R}^2$ 连续,则函数 $f(P)$ 在 $D$ 有界,即 $\exists M > 0$, $\forall P \in D$,有 $|f(P)| \leqslant M$.

**证明** 已知函数 $f(P)$ 在有界闭区域 $D$ 连续,根据连续定义,$\forall P \in D$, $\exists \varepsilon_0 = 1$, $\exists \delta_P > 0$, $\forall Q \in U(P, \delta_P) \cap D$,有

$$|f(Q) - f(P)| < 1 \quad \text{或} \quad |f(Q)| \leqslant |f(P)| + 1,$$

即函数 $f(P)$ 在 $U(P, \delta_P) \cap D$ 有界.开区域集

$$\{ U(P, \delta_P) \mid P \in D \}$$

覆盖有界闭区域 $D$.根据有限覆盖定理,则开区域集(即邻域集)$\{ U(P, \delta_P) \mid P \in D \}$ 中存在有限个开区域 $\{ U(P_k, \delta_{P_k}) \mid k = 1, 2, \cdots, n \}$ 也覆盖有界闭区域 $D$,并且 $\forall Q \in U(P_k, \delta_{P_k}) \cap D$,有

$$|f(Q)| \leqslant |f(P_k)| + 1, \quad k = 1, 2, \cdots, n.$$

令 $M = \max\{ |f(P_1)|, |f(P_2)|, \cdots, |f(P_n)| \} + 1$.于是,$\forall Q \in D$,存在某个 $U(P_k, \delta_{P_k})$,使 $Q \in U(P_k, \delta_{P_k})$,有

$$|f(Q)| \leqslant |f(P_k)| + 1 \leqslant M.$$

**定理 6(最值性)** 若二元函数 $f(P)$ 在有界闭区域 $D \subset \mathbf{R}^2$ 连续,则二元函数 $f(P)$ 在 $D$ 取到最小值 $m$ 与最大值 $M$,即 $\exists P_1 \in D, P_2 \in D$,使 $f(P_1) = m, f(P_2) = M$,且 $\forall P \in D$,有

$$m \leqslant f(P) \leqslant M.$$

**证明** 只给出取到最大值的证明.根据定理 5,函数 $f(P)$ 在 $D$ 有界.设 $\sup\{ f(P) \mid P \in D \} = M$.只需证明 $\exists P_2 \in D$,使 $f(P_2) = M$.

用反证法.假设 $\forall P \in D$,有 $f(P) < M$.显然,函数 $M - f(P)$ 在 $D$ 连续,且 $M - f(P) > 0$.

于是,函数

$$\frac{1}{M-f(P)}$$

在 $D$ 也连续.根据定理 5,$\exists\, C>0,\forall\, P\in D$,有

$$\frac{1}{M-f(P)}<C \quad \text{或} \quad f(P)<M-\frac{1}{C},$$

即 $M$ 不是数集 $\{f(P)\,|\,P\in D\}$ 的上确界,矛盾.于是,必存在 $P_2\in D$,使 $f(P_2)=M$.

**定理 7(介值性)** 若二元函数 $f(x,y)$ 在有界闭区域 $D\subset\mathbf{R}^2$ 连续,且 $m$ 与 $M$ 分别是函数 $f(x,y)$ 在 $D$ 的最小值与最大值,$\eta$ 是 $m$ 与 $M$ 之间的任意数$(m\leqslant\eta\leqslant M)$,则 $\exists\, P_0(x_0,y_0)\in D$,有

$$f(x_0,y_0)=\eta.$$

**证明** 根据定理 6,闭区域 $D$ 存在两点 $P_1(x_1,y_1)$ 与 $P_2(x_2,y_2)$,使

$$f(x_1,y_1)=m \quad \text{与} \quad f(x_2,y_2)=M.$$

若 $m=M$,则 $\eta=m$(或 $\eta=M$),即 $\eta=f(x_1,y_1)$(或 $\eta=f(x_2,y_2)$),定理成立.若 $m<\eta<M$,分以下三种情况:

1)如果 $P_1(x_1,y_1)$ 与 $P_2(x_2,y_2)$ 都是 $D$ 的内点.由区域的定义,$P_1$ 与 $P_2$ 可用属于区域 $D$ 的一条折线 $l$ 连接起来.设折线 $l$ 的参数方程是(两个连续函数):

$$x=\varphi(t),\ y=\psi(t),\quad \alpha\leqslant t\leqslant\beta.$$

且 $(x_1,y_1)=(\varphi(\alpha),\psi(\alpha)),(x_2,y_2)=(\varphi(\beta),\psi(\beta))$.根据定理 3,函数 $f[\varphi(t),\psi(t)]$ 在闭区间 $[\alpha,\beta]$ 连续,且 $f[\varphi(\alpha),\psi(\alpha)]<\eta<f[\varphi(\beta),\psi(\beta)]$.根据 §3.2 定理 6,至少存在一个 $t_0,\alpha<t_0<\beta$,使 $f[\varphi(t_0),\psi(t_0)]=\eta$.令 $\varphi(t_0)=x_0,\psi(t_0)=y_0$,则 $\exists\, P_0(x_0,y_0)=(\varphi(t_0),\psi(t_0))\in D$,有

$$f(x_0,y_0)=\eta.$$

2)如果 $P_1(x_1,y_1)$ 与 $P_2(x_2,y_2)$ 有一个是有界闭区域 $D$ 的边界点.设 $P_1$ 是 $D$ 的边界点,①且 $f(x_1,y_1)<\eta<f(x_2,y_2)$.由连续函数保号性(定理 4),则存在 $D$ 的内点 $P_1'(x_1',y_1')$,使 $f(x_1',y_1')<\eta$.于是,$P_1'$ 与 $P_2$ 都是 $D$ 的内点,由 1),$\exists\, P_0(x_0,y_0)\in D$,有

$$f(x_0,y_0)=\eta.$$

3)如果 $P_1(x_1,y_1)$ 与 $P_2(x_2,y_2)$ 都是有界闭区域 $D$ 的边界点.同样可用 2)的证法证明.

**定义** 设 $f(P)$ 在区域 $D\subset\mathbf{R}^2$ 有定义.若 $\forall\,\varepsilon>0,\exists\,\delta>0,\forall\, P_1,P_2\in D:\|P_1-P_2\|<\delta$,有

$$|f(P_1)-f(P_2)|<\varepsilon,$$

则称函数 $f(P)$ 在 $D$ **一致连续**.

**定理 8(一致连续性)** 若二元函数 $f(P)$ 在有界闭区域 $D\subset\mathbf{R}^2$ 连续,则函数 $f(P)$

---

① 由开区域的定义知,开区域 $D$ 的任意两点可用一条属于 $D$ 的折线连接起来.开区域加上它的边界是闭区域,从闭区域的定义,不能直接得到闭区域 $D$ 的一个边界点和一个内点可用属于 $D$ 的折线连接起来.

在 $D$ 一致连续.

**证明**　$\forall Q \in D$, 已知 $f(P)$ 在点 $Q$ 连续, 即 $\forall \varepsilon > 0$, $\exists \delta_Q > 0$, $\forall P \in U(Q, \delta_Q) \cap D$, 有

$$|f(P) - f(Q)| < \frac{\varepsilon}{2}.$$

$\forall P_1, P_2 \in D : P_1 \in U(Q, \delta_Q)$ 与 $P_2 \in U(Q, \delta_Q)$, 分别有

$$|f(P_1) - f(Q)| < \frac{\varepsilon}{2} \quad \text{与} \quad |f(P_2) - f(Q)| < \frac{\varepsilon}{2}.$$

于是,

$$|f(P_1) - f(P_2)| \leqslant |f(P_1) - f(Q)| + |f(Q) - f(P_2)| < \varepsilon, \tag{2}$$

即 $\forall P_1, P_2 \in U(Q, \delta_Q) \cap D$, 有

$$|f(P_1) - f(P_2)| < \varepsilon.$$

邻域集合 $\left\{ U\left(Q, \dfrac{\delta_Q}{2}\right) \,\middle|\, Q \in D \right\}$ 覆盖有界闭区域 $D$. 根据有限覆盖定理, 存在有限个邻域 $\left\{ U\left(Q_k, \dfrac{\delta_{Q_k}}{2}\right) \,\middle|\, k = 1, 2, \cdots, n \right\}$ 也覆盖 $D$. 令 $\delta = \min\left\{ \dfrac{\delta_{Q_1}}{2}, \dfrac{\delta_{Q_2}}{2}, \cdots, \dfrac{\delta_{Q_n}}{2} \right\}$. 下面证明, 这个 $\delta$ 就满足一致连续的要求.

若 $\forall P_1, P_2 \in D$, 且 $\| P_1 - P_2 \| < \delta$①. 点 $P_1$ 必属于这 $n$ 个邻域中的某一个, 设 $P_1 \in U\left(Q_k, \dfrac{\delta_{Q_k}}{2}\right)$, 即 $\| P_1 - Q_k \| < \dfrac{\delta_{Q_k}}{2}$. 由三角不等式, 有

$$\| P_2 - Q_k \| \leqslant \| P_2 - P_1 \| + \| P_1 - Q_k \| < \delta + \frac{\delta_{Q_k}}{2} < \delta_{Q_k},$$

即 $P_2 \in U(Q_k, \delta_{Q_k})$. 于是, 由 (2) 式, 有

$$|f(P_1) - f(P_2)| < \varepsilon.$$

## 练习题 10.2

1. 用极限定义证明下列极限:

1) $\lim\limits_{\substack{x \to 2 \\ y \to 1}} (4x^2 + 3y) = 19$; 　　　　2) $\lim\limits_{\substack{x \to 0 \\ y \to 0}} (x + y) \sin \dfrac{1}{x} \sin \dfrac{1}{y} = 0$;

3) $\lim\limits_{\substack{x \to 0 \\ y \to 0}} \dfrac{x^2 y}{x^2 + y^2} = 0.$ $\left( \text{提示: 应用} \left| \dfrac{2xy}{x^2 + y^2} \right| \leqslant 1. \right)$

2. 证明: 若 $f(x, y) = \dfrac{x - y}{x + y}$, $x + y \neq 0$, 则 $\lim\limits_{x \to 0} \left[ \lim\limits_{y \to 0} f(x, y) \right] = 1$ 与 $\lim\limits_{y \to 0} \left[ \lim\limits_{x \to 0} f(x, y) \right] = -1$.

3. 设函数 $f(x, y) = \dfrac{x^4 y^4}{(x^4 + y^2)^3}$, 证明: 当点 $(x, y)$ 沿通过原点的任意直线 $(y = mx)$ 趋于 $(0, 0)$ 时, 函

---

① $P_1, P_2 \in D \subset \mathbf{R}^2$, $P_1$ 与 $P_2$ 是 $\mathbf{R}^2$ 中的两点, 因此它们的距离用符号 $\| P_1 - P_2 \|$ 表示; $f(P_1)$, $f(P_2) \in \mathbf{R}$, 因此, 它们的距离是两个实数之差, 用绝对值的符号 $|f(P_1) - f(P_2)|$ 表示.

数 $f(x,y)$ 存在极限,且极限相等.但是,此函数在原点不存在极限.(提示:在抛物线 $y=x^2$ 上讨论.)

4. 若将函数 $f(x,y)=\dfrac{x^2-y^2}{x^2+y^2}$ 限制在区域 $D=\{(x,y)\mid |y|<x^2\}$,则函数 $f(x,y)$ 在原点 $(0,0)$ 存在极限(关于 $D$).

5. 证明: $\lim\limits_{\substack{x\to x_0\\y\to y_0}}f(x,y)=A$ ( 设 $x=x_0+r\cos\theta, y=y_0+r\sin\theta$ ) $\Longleftrightarrow \forall \varepsilon>0, \exists \delta>0, \forall r:0<r<\delta, \forall \theta:0\le\theta\le$

$2\pi$,有

$$|f(x_0+r\cos\theta, y_0+r\sin\theta)-A|<\varepsilon.$$

6. 求下列极限:

1) $\lim\limits_{\substack{x\to 1\\y\to 2}}\dfrac{x+y}{x^2-xy+y^2}$;   2) $\lim\limits_{\substack{x\to 0\\y\to 4}}\dfrac{\sin xy}{x}$;

3) $\lim\limits_{\substack{x\to 0\\y\to 0}}(x+y)\ln(x^2+y^2)$;   (提示:设 $x=r\cos\varphi, y=r\sin\varphi$.)

4) $\lim\limits_{\substack{x\to 0\\y\to 0}}\dfrac{\sqrt{(1+4x^2)(1+6y^2)}-1}{2x^2+3y^2}$.

7. 写出下列符号的定义:

1) $\lim\limits_{\substack{x\to+\infty\\y\to+\infty}}f(x,y)=A$;   2) $\lim\limits_{\substack{x\to a\\y\to b}}f(x,y)=\infty$;

3) $\lim\limits_{\substack{x\to a\\y\to+\infty}}f(x,y)=+\infty$;   4) $\lim\limits_{\substack{x\to-\infty\\y\to b}}f(x,y)=B$;

5) $\lim\limits_{\substack{x\to 0\\y\to 0}}\dfrac{1}{x^2+3y^2}=+\infty$.

8. 证明:若 $\lim\limits_{\substack{x\to x_0\\y\to y_0}}\varphi(x,y)=A, \lim\limits_{\substack{x\to x_0\\y\to y_0}}\psi(x,y)=0$,且在 $(x_0,y_0)$ 的邻域有 $|f(x,y)-\varphi(x,y)|\le\psi(x,y)$,则

$\lim\limits_{\substack{x\to x_0\\y\to y_0}}f(x,y)=A.$

9. 证明:若 $\forall Q\in U(P,r)$,有 $f(Q)\le g(Q)$,且极限 $\lim\limits_{Q\to P}f(Q)$ 与 $\lim\limits_{Q\to P}g(Q)$ 存在,则

$$\lim\limits_{Q\to P}f(Q)\le\lim\limits_{Q\to P}g(Q).$$

10. 求下列函数的间断点集:

1) $\ln(x^2+y^2)$;   2) $\dfrac{e^{x+y}}{x+y}$;   3) $\dfrac{1}{\cos(x^2+y^2)}$;   4) $\dfrac{1}{\sin x\sin y}$.

11. 证明:函数

$$f(x,y)=\begin{cases}\dfrac{2xy}{x^2+y^2}, & x^2+y^2\ne 0,\\[2mm] 0, & x^2+y^2=0\end{cases}$$

在原点 $(0,0)$ 分别对每个自变量 $x$ 或 $y$(另一个看作常数)都连续,但是二元函数在原点 $(0,0)$ 却不连续.

12. 证明:定理 2 中的乘积函数 $f(P)g(P)$ 在点 $P_0$ 连续.

13. 设函数 $f(x)$ 在 $[a,b]$ 连续可导,定义

$$g(x,y)=\dfrac{f(x)-f(y)}{x-y}, (x,y)\in D=\{(x,y)\mid a\le x\le b, a\le y\le b\}, \quad x\ne y.$$

问当 $x=y$ 时,$g(x,y)$ 取何值,可使 $g(x,y)$ 连续.

14. 应用致密性定理证明定理 5.

15. 证明:若函数 $f(x,y)$ 在开区域 $G$ 对变量 $x$ 连续,对变量 $y$ 满足利普希茨条件,即 $\forall (x,y_1)$, $(x,y_2)\in G$,有

$$|f(x,y_1)-f(x,y_2)| \leqslant L|y_1-y_2|,$$

其中 $L$ 是常数,则函数 $f(x,y)$ 在 $G$ 连续.

16. 证明:若函数 $f(x,y)$ 在 $\mathbf{R}^2$ 连续,且 $\lim\limits_{\substack{x\to\infty \\ y\to\infty}} f(x,y) = A$,则函数 $f(x,y)$ 在 $\mathbf{R}^2$ 一致连续.

17. 应用致密性定理证明定理 8.

\*　　　　\*　　　　\*　　　　\*　　　　\*　　　　\*　　　　\*　　　　\*

18. 证明:极限 $\lim\limits_{P\to P_0} f(P)$ 存在 $\Longleftrightarrow \forall\varepsilon>0, \exists\delta>0, \forall P_1,P_2:0<\|P_1-P_0\|<\delta$ 与 $0<\|P_2-P_0\|<\delta$,有 $|f(P_1)-f(P_2)|<\varepsilon$(柯西收敛准则).

19. 证明:若函数 $f(x,y)$ 分别对每个变量 $x$ 与 $y$ 都连续,并对 $x$ 是单调的,则函数 $f(x,y)$ 连续.

20. 证明:若函数 $f(x,y)$ 在 $D=\{(x,y)\,|\,a\leqslant x\leqslant A, b\leqslant y\leqslant B\}$ 连续,函数列 $\{\varphi_n(x)\}$ 在 $[a,A]$ 一致收敛,且 $b\leqslant\varphi_n\leqslant B$,则函数列

$$F_n(x)=f[x,\varphi_n(x)], \qquad n=1,2,\cdots$$

在 $[a,A]$ 一致收敛.

# §10.3　多元函数微分法

## 一、偏导数

我们已经看到,一元函数的导数(或导函数)是研究函数性质极为重要的工具.同样,研究多元函数的性质也需要类似于一元函数导数这样的概念.由于多元函数的自变量不止一个,情况比较复杂.不难想到,可讨论多元函数分别关于每一个自变量(其余的自变量暂时看作常数)的导数.这就是本段的偏导数.

**定义**　设二元函数 $z=f(x,y)$ 在区域 $D\subset\mathbf{R}^2$ 有定义,$P_0(x_0,y_0)$ 是 $D$ 的内点.若 $y=y_0$(常数),一元函数 $f(x,y_0)$ 在 $x_0$ 可导,即极限

$$\lim_{\Delta x\to 0} \frac{f(x_0+\Delta x,y_0)-f(x_0,y_0)}{\Delta x} \qquad ((x_0+\Delta x,y_0)\in D)$$

存在,则称此极限是函数 $z=f(x,y)$ 在 $P_0(x_0,y_0)$ 关于 $x$ 的**偏导数**,记为

$$\frac{\partial z}{\partial x}\bigg|_{(x_0,y_0)}, \qquad \frac{\partial f}{\partial x}\bigg|_{(x_0,y_0)} \qquad 或\ z'_x(x_0,y_0), f'_x(x_0,y_0).$$

类似地,若 $x=x_0$(常数),一元函数 $f(x_0,y)$ 在 $y_0$ 可导,即极限

$$\lim_{\Delta y\to 0} \frac{f(x_0,y_0+\Delta y)-f(x_0,y_0)}{\Delta y} \qquad ((x_0,y_0+\Delta y)\in D)$$

存在,则称此极限是函数 $z=f(x,y)$ 在 $P_0(x_0,y_0)$ 关于 $y$ 的**偏导数**,记为

$$\frac{\partial z}{\partial y}\bigg|_{(x_0,y_0)}, \qquad \frac{\partial f}{\partial y}\bigg|_{(x_0,y_0)} \qquad 或\quad z'_y(x_0,y_0), f'_y(x_0,y_0).$$

若二元函数 $z=f(x,y)$ 在区域 $D$ 的任意点 $(x,y)$ 都存在关于 $x$(关于 $y$)的偏导数,则称函数 $z=f(x,y)$ 在区域 $D$ 存在关于 $x$(关于 $y$)的**偏导函数**,也简称**偏导数**,记为

$$\frac{\partial z}{\partial x}, \qquad \frac{\partial f}{\partial x} \quad 或\quad z'_x(x,y), f'_x(x,y)$$

$$\left(\frac{\partial z}{\partial y}, \quad \frac{\partial f}{\partial y} \quad 或 \quad z'_y(x,y), f'_y(x,y)\right).$$

一般情况,$n$ 元实值函数 $u=f(x_1,x_2,\cdots,x_n)$ 在点 $Q(x_1,x_2,\cdots,x_n)\in \mathbf{R}^n$ 关于 $x_k(k=1,2,\cdots,n)$ 的偏导数 $\dfrac{\partial u}{\partial x_k}\bigg|_Q$ 定义为

$$\frac{\partial u}{\partial x_k}\bigg|_Q = \lim_{\Delta x_k\to 0}\frac{f(x_1,\cdots,x_k+\Delta x_k,\cdots,x_n)-f(x_1,\cdots,x_k,\cdots,x_n)}{\Delta x_k}.$$

由此可见,多元函数的偏导数就是多元函数分别关于每一个自变量的导数.因此,求多元函数的偏导数可按照一元函数的求导法则和求导公式进行.

**例 1** 设 $u=x^y(x>0)$,求 $\dfrac{\partial u}{\partial x},\dfrac{\partial u}{\partial y}$.

**解** $\dfrac{\partial u}{\partial x}=yx^{y-1}$ ($y$ 看作常数). $\dfrac{\partial u}{\partial y}=x^y\ln x$ ($x$ 看作常数).

**例 2** 设 $u=\dfrac{1}{r}$,$r=\sqrt{(x-a)^2+(y-b)^2+(z-c)^2}$,求 $\dfrac{\partial u}{\partial x},\dfrac{\partial u}{\partial y},\dfrac{\partial u}{\partial z}$.

**解** 由复合函数的求导法则,有

$$\frac{\partial u}{\partial x}=\frac{\mathrm{d}u}{\mathrm{d}r}\cdot\frac{\partial r}{\partial x}=-\frac{1}{r^2}\cdot\frac{2(x-a)}{2\sqrt{(x-a)^2+(y-b)^2+(z-c)^2}}=-\frac{x-a}{r^3}.$$

同法可得,$\dfrac{\partial u}{\partial y}=-\dfrac{y-b}{r^3},\dfrac{\partial u}{\partial z}=-\dfrac{z-c}{r^3}$.

**例 3** 理想气态方程是 $PV=RT$($R$ 是不为 0 的常数),证明:

$$\frac{\partial P}{\partial V}\cdot\frac{\partial V}{\partial T}\cdot\frac{\partial T}{\partial P}=-1.$$

**证明** $P=\dfrac{RT}{V}$,有

$$\frac{\partial P}{\partial V}=-\frac{RT}{V^2} \quad (T 看作常数).$$

$V=\dfrac{RT}{P}$,有

$$\frac{\partial V}{\partial T}=\frac{R}{P} \quad (P 看作常数).$$

$T=\dfrac{PV}{R}$,有

$$\frac{\partial T}{\partial P}=\frac{V}{R} \quad (V 看作常数).$$

于是,

$$\frac{\partial P}{\partial V}\cdot\frac{\partial V}{\partial T}\cdot\frac{\partial T}{\partial P}=-\frac{RT}{V^2}\cdot\frac{R}{P}\cdot\frac{V}{R}=-\frac{RT}{PV}=-1.$$

**注** 偏导数的符号 $\dfrac{\partial P}{\partial V},\dfrac{\partial V}{\partial T},\dfrac{\partial T}{\partial P}$ 不能像一元函数那样看成是两个微分的商,否则会

出现错误.例如,上式三个偏导数的乘积$\dfrac{\partial P}{\partial V}\cdot\dfrac{\partial V}{\partial T}\cdot\dfrac{\partial T}{\partial P}$不等于 1 而是$-1$.

二元函数$f(x,y)$在点$P_0(x_0,y_0)$的两个偏导数有明显的几何意义:在空间直角坐标系中,设二元函数$z=f(x,y)$的图像是一个曲面$S$.函数$f(x,y)$在点$P_0(x_0,y_0)$关于$x$的偏导数$f'_x(x_0,y_0)$,就是一元函数$z=f(x,y_0)$在$x_0$的导数.由已知的一元函数导数的几何意义,偏导数$f'_x(x_0,y_0)$就是平面$y=y_0$上曲线

$$C_1:\begin{cases}z=f(x,y),\\y=y_0\end{cases}$$

在点$Q(x_0,y_0,z_0)(z_0=f(x_0,y_0))$的切线斜率$\tan\alpha$,如图 10.6.

同样,偏导数$f'_y(x_0,y_0)$是平面$x=x_0$上曲线

$$C_2:\begin{cases}z=f(x,y),\\x=x_0\end{cases}$$

在点$Q(x_0,y_0,z_0)(z_0=f(x_0,y_0))$的切线斜率$\tan\beta$,如图 10.6.

我们知道,若一元函数$y=f(x)$在$x_0$可导,则$y=f(x)$在$x_0$连续.但是,二元函数$f(x,y)$在点$P_0(x_0,y_0)$存在关于$x$和$y$的两个偏导数,$f(x,y)$在点$P_0(x_0,y_0)$却不一定连续.这是因为$f(x,y)$在点$P_0(x_0,y_0)$存在关于$x$的偏导数$f'_x(x_0,y_0)$,只能得到一元函数$z=f(x,y_0)$(即图 10.6 中的曲线$C_1$)在$x_0$连续.同样,由$f'_y(x_0,y_0)$存在,只能得到一元函数$z=f(x_0,y)$(即图 10.6 中的曲线$C_2$)在$y_0$连续.由此可见,两个偏导数$f'_x(x_0,y_0)$与$f'_y(x_0,$ $y_0)$只是过点$P_0(x_0,y_0)$平行$x$轴与平行$y$轴的两

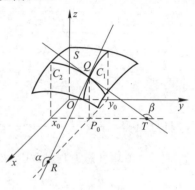

图 10.6

个特殊路线的变化率.而二元函数$f(x,y)$在点$P_0(x_0,y_0)$连续是与它在点$P_0(x_0,y_0)$的邻域有关的概念,即不仅与过点$P_0$的平行$x$轴与平行$y$轴的线段上点的函数值变化有关,而且也与点$P_0$的邻域内其他点上函数值的变化有关.例如,函数

$$f(x,y)=\begin{cases}x^2+y^2,&xy=0,\\1,&xy\neq0.\end{cases}$$

$$f'_x(0,0)=\lim_{\Delta x\to0}\frac{f(0+\Delta x,0)-f(0,0)}{\Delta x}=\lim_{\Delta x\to0}\frac{(\Delta x)^2}{\Delta x}=\lim_{\Delta x\to0}\Delta x=0.$$

同样,$f'_y(0,0)=0$.于是,函数$f(x,y)$在点$(0,0)$存在两个偏导数.但是,沿着直线$y=0$,有

$$\lim_{x\to0}f(x,0)=\lim_{x\to0}x^2=0,$$

沿着直线$y=x(x\neq0)$,有

$$\lim_{x\to0}f(x,x)=\lim_{x\to0}1=1,$$

即函数$f(x,y)$在点$(0,0)$不存在极限.当然,函数$f(x,y)$在点$(0,0)$不连续.

## 二、全微分

我们已知,一元函数$y=f(x)$在$x_0$可微,有

$$\mathrm{d}y = f'(x_0)\Delta x, \quad \text{且} \quad \Delta y = \mathrm{d}y + o(\Delta x),$$

即微分 $\mathrm{d}y$ 是 $\Delta x$ 的线性函数,并且 $\mathrm{d}y$ 与 $\Delta y$ 之差比 $\Delta x$ 是高阶无穷小.一元函数微分 $\mathrm{d}y$ 推广到多元函数就是全微分.

**定义** 若二元函数 $z = f(x,y)$ 在 $P_0(x_0,y_0)$ 的全改变量

$$\Delta z = f(x_0+\Delta x, y_0+\Delta y) - f(x_0,y_0)$$

可表示为

$$\Delta z = A\Delta x + B\Delta y + o(\rho), \tag{1}$$

其中 $\rho = \sqrt{(\Delta x)^2 + (\Delta y)^2}$,$A$ 与 $B$ 是与 $\Delta x$ 和 $\Delta y$ 无关的常数,则称二元函数 $f(x,y)$ 在 $P_0(x_0,y_0)$ **可微**,(1)式的线性主要部分 $A\Delta x + B\Delta y$ 称为二元函数 $f(x,y)$ 在 $P_0(x_0,y_0)$ 的 **全微分**,记为 $\mathrm{d}z$,即

$$\mathrm{d}z = A\Delta x + B\Delta y. \tag{2}$$

由全微分的定义不难看到全微分的两个性质:$\mathrm{d}z$ 是 $\Delta x$ 与 $\Delta y$ 的线性函数;$\mathrm{d}z$ 与 $\Delta z$ 之差比 $\rho$ 是高阶无穷小.

显然,若函数 $f(x,y)$ 在 $P_0(x_0,y_0)$ 可微,则函数 $f(x,y)$ 在 $P_0(x_0,y_0)$ 连续.

如果二元函数 $f(x,y)$ 在 $P_0(x_0,y_0)$ 可微,全微分(2)中的常数 $A,B$ 与二元函数 $f(x,y)$ 有什么关系呢? 有下面可微的必要条件:

**定理 1(可微的必要条件)** 若二元函数 $z = f(x,y)$ 在 $P_0(x_0,y_0)$ 可微,则二元函数 $z = f(x,y)$ 在 $P_0(x_0,y_0)$ 存在两个偏导数,且全微分(2)中的 $A$ 与 $B$ 分别是

$$A = f'_x(x_0,y_0) \quad \text{与} \quad B = f'_y(x_0,y_0).$$

**证明** 已知二元函数 $z = f(x,y)$ 在 $P_0(x_0,y_0)$ 可微,即

$$\Delta z = A\Delta x + B\Delta y + o(\rho), \qquad \rho = \sqrt{(\Delta x)^2 + (\Delta y)^2}.$$

当 $\Delta y = 0$ 时,有

$$f(x_0+\Delta x, y_0) - f(x_0,y_0) = A\Delta x + o(\Delta x).$$

用 $\Delta x$ 除上式等号两端,再取极限($\Delta x \to 0$),有

$$f'_x(x_0,y_0) = \lim_{\Delta x \to 0} \frac{f(x_0+\Delta x, y_0) - f(x_0,y_0)}{\Delta x} = A + \lim_{\Delta x \to 0} \frac{o(\Delta x)}{\Delta x} = A.$$

同法可证

$$f'_y(x_0,y_0) = B.$$

与一元函数相同,规定:自变量的改变量等于自变量的微分,即 $\Delta x = \mathrm{d}x$,$\Delta y = \mathrm{d}y$.于是,二元函数 $f(x,y)$ 在点 $P(x_0,y_0)$ 的全微分

$$\mathrm{d}z = f'_x(x_0,y_0)\mathrm{d}x + f'_y(x_0,y_0)\mathrm{d}y$$

或

$$\mathrm{d}z = \left(\frac{\partial f}{\partial x}\right)_P \mathrm{d}x + \left(\frac{\partial f}{\partial y}\right)_P \mathrm{d}y.$$

**注** 这里的 $\mathrm{d}x,\mathrm{d}y$ 是与自变量 $x,y$ 无关的独立变量,可取任意值.

类似地,$n$ 元实值函数 $u = f(x_1,x_2,\cdots,x_n)$ 在点 $Q(x_1,x_2,\cdots,x_n)$ 的全微分

$$\mathrm{d}u = \frac{\partial f}{\partial x_1}\mathrm{d}x_1 + \frac{\partial f}{\partial x_2}\mathrm{d}x_2 + \cdots + \frac{\partial f}{\partial x_n}\mathrm{d}x_n.$$

我们已知,一元函数的可微与可导是等价的.由定理 1,二元函数可微一定存在两

个偏导数;反之,二元函数存在两个偏导数却不一定可微.例如,函数

$$f(x,y) = \sqrt{|xy|}$$

在原点$(0,0)$存在两个偏导数,由偏导数定义,有

$$f'_x(0,0) = \lim_{\Delta x \to 0} \frac{f(\Delta x, 0) - f(0,0)}{\Delta x} = \lim_{\Delta x \to 0} \frac{0}{\Delta x} = 0.$$

$$f'_y(0,0) = \lim_{\Delta y \to 0} \frac{f(0, \Delta y) - f(0,0)}{\Delta y} = \lim_{\Delta y \to 0} \frac{0}{\Delta y} = 0.$$

两个偏导数都存在,但是,它在原点$(0,0)$不可微.

事实上,假设它在原点$(0,0)$可微,有

$$\mathrm{d}f = f'_x(0,0)\Delta x + f'_y(0,0)\Delta y = 0.$$

$$\Delta f = f(0+\Delta x, 0+\Delta y) - f(0,0) = \sqrt{|\Delta x \cdot \Delta y|}.$$

$$\rho = \sqrt{(\Delta x)^2 + (\Delta y)^2}.$$

特别地,取$\Delta x = \Delta y$,有

$$\Delta f = \sqrt{|\Delta x \cdot \Delta y|} = \sqrt{|\Delta x|^2} = |\Delta x|,$$

$$\rho = \sqrt{(\Delta x)^2 + (\Delta y)^2} = \sqrt{2(\Delta x)^2} = \sqrt{2}|\Delta x|.$$

于是,

$$\lim_{\rho \to 0} \frac{\Delta f - \mathrm{d}f}{\rho} = \lim_{\Delta x \to 0} \frac{|\Delta x|}{\sqrt{2}|\Delta x|} = \frac{1}{\sqrt{2}} \neq 0.$$

即$\Delta f - \mathrm{d}f$比$\rho$不是高阶无穷小$(\rho \to 0)$,与可微定义矛盾.于是,函数$f(x,y) = \sqrt{|xy|}$在原点$(0,0)$不可微.

二元函数$z = f(x,y)$在点$P_0(x_0, y_0)$的全微分

$$\mathrm{d}z = f'_x(x_0, y_0)\Delta x + f'_y(x_0, y_0)\Delta y$$

涉及函数$f(x,y)$在点$P_0(x_0, y_0)$邻域内所有点的函数值,而偏导数$f'_x(x_0, y_0)$与$f'_y(x_0, y_0)$仅涉及二元函数$f(x,y)$在过点$P_0(x_0, y_0)$的直线$x = x_0$与$y = y_0$上点的函数值.因此,仅仅两个偏导数$f'_x(x_0, y_0)$与$f'_y(x_0, y_0)$存在并不能保证函数$f(x,y)$在点$P_0(x_0, y_0)$可微.那么在什么条件下可保证函数在点$P_0(x_0, y_0)$可微呢? 有下面可微的充分条件.首先证明一个引理.

**引理** 若二元函数$f(x,y)$在点$P_0(x_0, y_0)$的邻域$G$存在两个偏导数,则$\forall (x_0 + \Delta x, y_0 + \Delta y) \in G$,全改变量

$$\Delta z = f(x_0 + \Delta x, y_0 + \Delta y) - f(x_0, y_0) = f'_x(x_0 + \theta_1 \Delta x, y_0 + \Delta y)\Delta x + f'_y(x_0, y_0 + \theta_2 \Delta y)\Delta y,$$

其中$0 < \theta_1 < 1, 0 < \theta_2 < 1$.

**证明** 显然,若点$(x_0 + \Delta x, y_0 + \Delta y) \in G$,则点$(x_0, y_0 + \Delta y)$与$(x_0 + \Delta x, y_0) \in G$,且连接两点$(x_0 + \Delta x, y_0 + \Delta y)$与$(x_0, y_0 + \Delta y)$或$(x_0 + \Delta x, y_0 + \Delta y)$与$(x_0 + \Delta x, y_0)$的线段也属于$G$,如图10.7.为此,将全改变量$\Delta z$改写为如下的形式:

$$\begin{aligned}\Delta z &= f(x_0 + \Delta x, y_0 + \Delta y) - f(x_0, y_0)\\ &= [f(x_0 + \Delta x, y_0 + \Delta y) - f(x_0, y_0 + \Delta y)] +\\ &\quad [f(x_0, y_0 + \Delta y) - f(x_0, y_0)].\end{aligned}$$

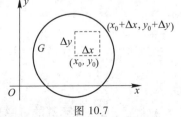

图 10.7

上述等式右端第一个方括号内,$y=y_0+\Delta y$ 是常数,只是 $x$ 由 $x_0$ 变到 $x_0+\Delta x$;第二个方括号内,$x=x_0$ 是常数,只是 $y$ 由 $y_0$ 变到 $y_0+\Delta y$.根据一元函数的微分中值定理,有

$$\Delta z=f(x_0+\Delta x,y_0+\Delta y)-f(x_0,y_0)=f'_x(x_0+\theta_1\Delta x,y_0+\Delta y)\Delta x+f'_y(x_0,y_0+\theta_2\Delta y)\Delta y,$$

其中 $0<\theta_1<1,0<\theta_2<1$.

这个引理亦称二元函数的**中值定理**.它是用一元函数处理这类二元函数(一般是 $n$ 元函数)问题常用的方法.

**定理 2(可微的充分条件)** 若二元函数 $f(x,y)$ 在点 $P_0(x_0,y_0)$ 的邻域 $G$ 存在两个偏导数,且两个偏导数在点 $P_0(x_0,y_0)$ 连续,则二元函数 $f(x,y)$ 在点 $P_0(x_0,y_0)$ 可微.

**证明** $\forall(x_0+\Delta x,y_0+\Delta y)\in G$,根据引理,将全改变量 $\Delta z$ 写为

$$\Delta z=f(x_0+\Delta x,y_0+\Delta y)-f(x_0,y_0)=f'_x(x_0+\theta_1\Delta x,y_0+\Delta y)\Delta x+f'_y(x_0,y_0+\theta_2\Delta y)\Delta y,$$

其中 $0<\theta_1<1,0<\theta_2<1$.

已知偏导数在点 $P_0(x_0,y_0)$ 连续,有

$$f'_x(x_0+\theta_1\Delta x,y_0+\Delta y)=f'_x(x_0,y_0)+\alpha, \quad \lim_{\rho\to0}\alpha=0,$$
$$f'_y(x_0,y_0+\theta_2\Delta y)=f'_y(x_0,y_0)+\beta, \quad \lim_{\rho\to0}\beta=0.$$

从而,有

$$\Delta z=f'_x(x_0,y_0)\Delta x+f'_y(x_0,y_0)\Delta y+\alpha\Delta x+\beta\Delta y.$$

而

$$\left|\frac{\alpha\Delta x+\beta\Delta y}{\rho}\right|\leq|\alpha|\frac{|\Delta x|}{\rho}+|\beta|\frac{|\Delta y|}{\rho}\leq|\alpha|+|\beta|\to0 \quad (\rho\to0)$$

或

$$\alpha\Delta x+\beta\Delta y=o(\rho).$$

于是,

$$\Delta z=f(x_0+\Delta x,y_0+\Delta y)-f(x_0,y_0)=f'_x(x_0,y_0)\Delta x+f'_y(x_0,y_0)\Delta y+o(\rho),$$

即函数 $f(x,y)$ 在点 $P_0(x_0,y_0)$ 可微.

**注** 偏导数连续是函数可微的充分条件,而不是必要条件.例如,函数

$$f(x,y)=\begin{cases}(x^2+y^2)\sin\dfrac{1}{x^2+y^2}, & x^2+y^2\neq0,\\[2mm] 0, & x^2+y^2=0\end{cases}$$

在原点 $(0,0)$ 可微.

事实上,易求 $f'_x(0,0)=0,f'_y(0,0)=0$.有

$$\mathrm{d}f=f'_x(0,0)\Delta x+f'_y(0,0)\Delta y=0.$$

$$\Delta f=f(\Delta x,\Delta y)-f(0,0)=[(\Delta x)^2+(\Delta y)^2]\sin\frac{1}{(\Delta x)^2+(\Delta y)^2}=\rho^2\sin\frac{1}{\rho^2}.$$

$$\rho=\sqrt{(\Delta x)^2+(\Delta y)^2}.$$

从而,

$$\lim_{\rho\to0}\frac{\Delta f-\mathrm{d}f}{\rho}=\lim_{\rho\to0}\frac{\rho^2\sin\dfrac{1}{\rho^2}}{\rho}=\lim_{\rho\to0}\rho\sin\frac{1}{\rho^2}=0,$$

即函数 $f(x,y)$ 在原点 $(0,0)$ 可微.

而两个偏导数 $f'_x(x,y)$ 与 $f'_y(x,y)$ 在原点 $(0,0)$ 却间断.

事实上,$\forall (x,y):x^2+y^2 \neq 0$,有

$$f'_x(x,y) = 2x\sin\frac{1}{x^2+y^2} - \frac{2x}{x^2+y^2}\cos\frac{1}{x^2+y^2}.$$

特别地,当 $y=x$ 时,极限

$$\lim_{x \to 0} f'_x(x,x) = \lim_{x \to 0}\left(2x\sin\frac{1}{2x^2} - \frac{1}{x}\cos\frac{1}{2x^2}\right)$$

不存在,即 $f'_x(x,y)$ 在原点 $(0,0)$ 间断.同法可证,$f'_y(x,y)$ 在原点 $(0,0)$ 也间断.

### 三、可微的几何意义

已知一元函数 $y=f(x)$ 在 $x_0$ 可微的几何意义是平面曲线 $y=f(x)$ 在点 $(x_0,y_0)$($y_0=f(x_0)$)存在切线.我们将要证明,二元函数 $z=f(x,y)$ 在点 $(x_0,y_0)$ 可微的几何意义是空间曲面 $z=f(x,y)$ 在点 $(x_0,y_0,z_0)$($z_0=f(x_0,y_0)$)存在切平面.这里首先要回答,何谓切平面?切平面是切线在三维空间的推广.因此,认识切平面还得从切线说起.

我们曾定义,曲线 $C$ 在点 $P$ 的切线 $PT$ 是割线 $PQ$ 的极限位置(当点 $Q$ 沿曲线 $C$ 无限趋近于点 $P$),如图 10.8.这是切线的定性定义.由此不难给出与它等价的定量定义.

设曲线 $C$ 上动点 $Q$ 到直线 $PT$ 的距离 $h=\|Q-M\|$,点 $P$ 到点 $Q$ 的距离 $d=\|P-Q\|$.

二者之比是 $\sin\varphi=\dfrac{h}{d}$.点 $Q$ 沿曲线 $C$ 无限趋近于点 $P$,即 $d \to 0$.显然,

$$PT \text{ 是曲线 } C \text{ 在点 } P \text{ 的切线} \Longleftrightarrow \lim_{d \to 0}\sin\varphi = \lim_{d \to 0}\frac{h}{d} = 0.$$

将这个切线的定量定义推广到三维空间就是切平面的定义.

**定义** 设有曲面 $S$,$M$ 是 $S$ 上一点,$\pi$ 是过点 $M$ 的一个平面.曲面 $S$ 上动点 $Q$ 到平面 $\pi$ 的距离 $h=\|Q-R\|$,点 $M$ 到点 $Q$ 的距离 $d=\|Q-M\|$,如图 10.9.当动点 $Q$ 在曲面 $S$ 上以任意方式无限趋近于点 $M$,即 $d \to 0$ 时,若 $\lim\limits_{d \to 0}\dfrac{h}{d}=0$,则称平面 $\pi$ 是曲面 $S$ 在点 $M$ 的**切平面**,$M$ 是**切点**.

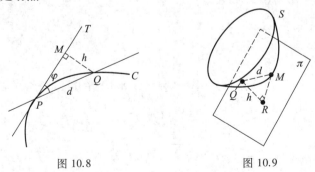

图 10.8　　　　　　　图 10.9

**定理3** 二元函数 $z=f(x,y)$ 在 $P(x_0,y_0)$ 可微 $\Longleftrightarrow$ 曲面 $S:z=f(x,y)$ 在点 $M(x_0,y_0,z_0)$($z_0=f(x_0,y_0)$)存在切平面 $\pi$:

$$z-z_0 = f'_x(x_0,y_0)(x-x_0) + f'_y(x_0,y_0)(y-y_0).$$

**证明** （⟹）已知 $z=f(x,y)$ 在 $P(x_0,y_0)$ 可微，即

$$\Delta z = f'_x(x_0,y_0)\Delta x + f'_y(x_0,y_0)\Delta y + o(\rho),\quad \rho=\sqrt{(\Delta x)^2+(\Delta y)^2}.$$

设 $\Delta x=x-x_0,\ \Delta y=y-y_0,\ \Delta z=z-z_0$，上式可改写为

$$z-z_0=f'_x(x_0,y_0)(x-x_0)+f'_y(x_0,y_0)(y-y_0)+o(\rho),$$

或

$$z-z_0-f'_x(x_0,y_0)(x-x_0)-f'_y(x_0,y_0)(y-y_0)=o(\rho),$$

其中 $\rho=\sqrt{(x-x_0)^2+(y-y_0)^2}$.

曲面 $S$ 上任意点 $Q(x,y,z)$ 到平面 $\pi$ 的距离 $h$，由空间解析几何知，

$$h=\frac{|z-z_0-f'_x(x_0,y_0)(x-x_0)-f'_y(x_0,y_0)(y-y_0)|}{\sqrt{1+f'^2_x(x_0,y_0)+f'^2_y(x_0,y_0)}}$$

$$=\frac{|o(\rho)|}{\sqrt{1+f'^2_x(x_0,y_0)+f'^2_y(x_0,y_0)}}.$$

点 $M$ 到点 $Q$ 的距离

$$d=\sqrt{(x-x_0)^2+(y-y_0)^2+(z-z_0)^2}=\sqrt{\rho^2+(z-z_0)^2}\geqslant\rho.$$

于是，

$$\frac{h}{d}\leqslant\frac{h}{\rho}=\frac{|o(\rho)|}{\rho}\ \frac{1}{\sqrt{1+f'^2_x(x_0,y_0)+f'^2_y(x_0,y_0)}}\to 0\quad(d\to 0),$$

即平面 $\pi$ 是曲面 $S:z=f(x,y)$ 在点 $M(x_0,y_0,z_0)$ 的切平面.

（⟸）易证.

将切平面 $\pi$ 的方程改写为

$$f'_x(x_0,y_0)(x-x_0)+f'_y(x_0,y_0)(y-y_0)-(z-z_0)=0$$

或

$$(f'_x(x_0,y_0),f'_y(x_0,y_0),-1)\cdot(x-x_0,y-y_0,z-z_0)=0,$$

即切平面 $\pi$ 上过点 $M(x_0,y_0,z_0)$ 的任意向量 $(x-x_0,y-y_0,z-z_0)$ 都与常向量 $\boldsymbol{n}=(f'_x(x_0,y_0),f'_y(x_0,y_0),-1)$ 垂直.

过切点 $M(x_0,y_0,z_0)$ 与切平面 $\pi$ 垂直的直线称为曲面 $S:z=f(x,y)$ 在点 $M$ 的**法线**. 因此常向量 $\boldsymbol{n}=(f'_x(x_0,y_0),f'_y(x_0,y_0),-1)$ 就是法线的方向向量. 从而，过点 $M(x_0,y_0,z_0)$ 的法线方程是

$$\frac{x-x_0}{f'_x(x_0,y_0)}=\frac{y-y_0}{f'_y(x_0,y_0)}=\frac{z-z_0}{-1}.$$

设 $\alpha,\beta,\gamma$ 分别是法向量 $\boldsymbol{n}$ 与 $x,y,z$ 轴正向的夹角，则法向量 $\boldsymbol{n}=(f'_x(x_0,y_0),f'_y(x_0,y_0),-1)$ 的方向余弦是

$$\cos\alpha=\frac{f'_x(x_0,y_0)}{\pm\Delta},\quad \cos\beta=\frac{f'_y(x_0,y_0)}{\pm\Delta},\quad \cos\gamma=\frac{-1}{\pm\Delta},\tag{3}$$

其中 $\Delta=\sqrt{1+f'^2_x(x_0,y_0)+f'^2_y(x_0,y_0)}$，"$\pm$"表示法向量两个不同的方向.

**例 4** 求曲面 $z=x^2+y^2-1$ 在点 $(2,1,4)$ 的切平面方程和法线方程以及法向量的方向余弦.

**解** $f'_x(x,y)=2x, f'_y(x,y)=2y, f'_x(2,1)=4, f'_y(2,1)=2.$
切平面方程是

$$z-z_0=f'_x(x_0,y_0)(x-x_0)+f'_y(x_0,y_0)(y-y_0),$$

即

$$4(x-2)+2(y-1)-(z-4)=0$$

或

$$4x+2y-z-6=0.$$

法线方程是

$$\frac{x-2}{4}=\frac{y-1}{2}=\frac{z-4}{-1}.$$

$\Delta=\sqrt{1+4^2+2^2}=\sqrt{21}.$ 法向量的方向余弦(有两组)是

$$\cos\alpha=\frac{4}{\pm\sqrt{21}}, \quad \cos\beta=\frac{2}{\pm\sqrt{21}}, \quad \cos\gamma=\frac{-1}{\pm\sqrt{21}}.$$

**注** 二元函数 $z=f(x,y)$ 在点 $P_0(x_0,y_0)$ 可微的几何意义是曲面 $S:z=f(x,y)$ 在点 $(x_0,y_0,z_0)(z_0=f(x_0,y_0))$ 存在切平面,它为我们认识可微和全微分提供了直观的几何模型.例如,锥面 $z=\sqrt{x^2+y^2}$ 在顶点 $(0,0,0)$ 不存在切平面,因此二元函数 $z=\sqrt{x^2+y^2}$ 在点 $(0,0)$ 不可微.

## 四、复合函数微分法

**定理4** 若二元函数 $z=f(x,y)$ 在 $(x,y)$ 可微,而 $x=\varphi(t), y=\psi(t)$ 在 $t$ 可导,则复合函数(一元函数)$z=f[\varphi(t),\psi(t)]$ 在 $t$ 也可导,且

$$\frac{\mathrm{d}z}{\mathrm{d}t}=\frac{\partial z}{\partial x}\frac{\mathrm{d}x}{\mathrm{d}t}+\frac{\partial z}{\partial y}\frac{\mathrm{d}y}{\mathrm{d}t}. \tag{4}$$

**证明** 给自变量 $t$ 一个改变量 $\Delta t$,相应有 $\Delta x$ 与 $\Delta y$,从而又有 $\Delta z$.由可微定义,有

$$\Delta z=f'_x(x,y)\Delta x+f'_y(x,y)\Delta y+\alpha\cdot\rho,$$

其中 $\rho=\sqrt{(\Delta x)^2+(\Delta y)^2}, \lim\limits_{\rho\to0}\alpha=0.$ 因为在 $\Delta t\to0$ 的过程中,$\Delta x$ 与 $\Delta y$ 可能同时为 0,即 $\rho=0.$ 规定:当 $\rho=0$ 时,$\alpha=0.$

上面等式两端用 $\Delta t$ 除之,有

$$\frac{\Delta z}{\Delta t}=f'_x(x,y)\frac{\Delta x}{\Delta t}+f'_y(x,y)\frac{\Delta y}{\Delta t}+\alpha\frac{\rho}{\Delta t}.$$

等号两端取极限 $(\Delta t\to0)$,有

$$\lim_{\Delta t\to0}\frac{\Delta z}{\Delta t}=f'_x(x,y)\cdot\lim_{\Delta t\to0}\frac{\Delta x}{\Delta t}+f'_y(x,y)\cdot\lim_{\Delta t\to0}\frac{\Delta y}{\Delta t}+\lim_{\Delta t\to0}\alpha\frac{\rho}{\Delta t}.$$

$$\lim_{\Delta t\to0}\alpha\frac{\rho}{\Delta t}=\lim_{\Delta t\to0}\alpha\cdot\sqrt{\left(\frac{\Delta x}{\Delta t}\right)^2+\left(\frac{\Delta y}{\Delta t}\right)^2}=0,$$

即

$$\frac{\mathrm{d}z}{\mathrm{d}t}=\frac{\partial z}{\partial x}\frac{\mathrm{d}x}{\mathrm{d}t}+\frac{\partial z}{\partial y}\frac{\mathrm{d}y}{\mathrm{d}t}.$$

类似地,若函数 $z=f(x_1,x_2,\cdots,x_n)$ 在 $(x_1,x_2,\cdots,x_n)$ 可微,而 $x_k=\varphi_k(t)$ 在 $t$ 可导

$(k=1,2,\cdots,n)$,则复合函数 $z=f[\varphi_1(t),\varphi_2(t),\cdots,\varphi_n(t)]$ 在 $t$ 也可导,且

$$\frac{\mathrm{d}z}{\mathrm{d}t}=\frac{\partial z}{\partial x_1}\frac{\mathrm{d}x_1}{\mathrm{d}t}+\frac{\partial z}{\partial x_2}\frac{\mathrm{d}x_2}{\mathrm{d}t}+\cdots+\frac{\partial z}{\partial x_n}\frac{\mathrm{d}x_n}{\mathrm{d}t}. \tag{5}$$

**推论** 若二元函数 $z=f(x,y)$ 在 $(x,y)$ 可微,而 $x=\varphi(t,s)$ 与 $y=\psi(t,s)$ 在 $(t,s)$ 都存在偏导数,则复合函数 $z=f[\varphi(t,s),\psi(t,s)]$ 在 $(t,s)$ 存在偏导数,且

$$\frac{\partial z}{\partial t}=\frac{\partial z}{\partial x}\frac{\partial x}{\partial t}+\frac{\partial z}{\partial y}\frac{\partial y}{\partial t}, \tag{6}$$

$$\frac{\partial z}{\partial s}=\frac{\partial z}{\partial x}\frac{\partial x}{\partial s}+\frac{\partial z}{\partial y}\frac{\partial y}{\partial s}. \tag{7}$$

**证明** 将 $s$ 看作常数,应用定理 4,得(6)式.将 $t$ 看作常数,再应用定理 4,得(7)式.如果中间变量的个数和自变量的个数多于 2,并满足相应的条件,则有类似的结果.例如,若 $u=f(x,y,z)$ 在 $(x,y,z)$ 可微,而 $x=x(t,s),y=y(t,s),z=z(t,s)$ 在 $(t,s)$ 都存在偏导数,则

$$\frac{\partial u}{\partial t}=\frac{\partial u}{\partial x}\frac{\partial x}{\partial t}+\frac{\partial u}{\partial y}\frac{\partial y}{\partial t}+\frac{\partial u}{\partial z}\frac{\partial z}{\partial t},\quad \frac{\partial u}{\partial s}=\frac{\partial u}{\partial x}\frac{\partial x}{\partial s}+\frac{\partial u}{\partial y}\frac{\partial y}{\partial s}+\frac{\partial u}{\partial z}\frac{\partial z}{\partial s}. \tag{8}$$

**例 5** 设函数 $z=x^y(x>0)$,而 $x=\sin t,y=\cos t$,求 $\dfrac{\mathrm{d}z}{\mathrm{d}t}$.

**解** 由公式(4),有

$$\frac{\mathrm{d}z}{\mathrm{d}t}=\frac{\partial z}{\partial x}\frac{\mathrm{d}x}{\mathrm{d}t}+\frac{\partial z}{\partial y}\frac{\mathrm{d}y}{\mathrm{d}t}=yx^{y-1}\cos t+x^y\ln x\cdot(-\sin t)=yx^{y-1}\cos t-x^y\sin t\cdot\ln x.$$

**例 6** 设函数 $z=\dfrac{y}{x}$,而 $y=\sqrt{1-x^2}$,求 $\dfrac{\mathrm{d}z}{\mathrm{d}x}$.

**解** $\dfrac{\mathrm{d}z}{\mathrm{d}x}=\dfrac{\partial z}{\partial x}\dfrac{\mathrm{d}x}{\mathrm{d}x}+\dfrac{\partial z}{\partial y}\dfrac{\mathrm{d}y}{\mathrm{d}x}=-\dfrac{y}{x^2}+\dfrac{1}{x}\cdot\dfrac{-2x}{2\sqrt{1-x^2}}=-\dfrac{y}{x^2}-\dfrac{1}{x}\dfrac{1}{\sqrt{1-x^2}}=-\dfrac{y}{x^2}-\dfrac{1}{y}=-\dfrac{x^2+y^2}{x^2y}.$

**例 7** 设函数 $z=\ln(x^2+y)$,而 $x=\mathrm{e}^{t+s^2},y=t^2+s$,求 $\dfrac{\partial z}{\partial t},\dfrac{\partial z}{\partial s}$.

**解** 由公式(6)与公式(7),有

$$\frac{\partial z}{\partial t}=\frac{\partial z}{\partial x}\frac{\partial x}{\partial t}+\frac{\partial z}{\partial y}\frac{\partial y}{\partial t}=\frac{2x}{x^2+y}\mathrm{e}^{t+s^2}+\frac{1}{x^2+y}2t=\frac{2}{x^2+y}(x\mathrm{e}^{t+s^2}+t).$$

$$\frac{\partial z}{\partial s}=\frac{\partial z}{\partial x}\frac{\partial x}{\partial s}+\frac{\partial z}{\partial y}\frac{\partial y}{\partial s}=\frac{2x}{x^2+y}2s\mathrm{e}^{t+s^2}+\frac{1}{x^2+y}=\frac{1}{x^2+y}(4xs\mathrm{e}^{t+s^2}+1).$$

**例 8** 设 $F=f(x,xy,xyz)$,求 $\dfrac{\partial F}{\partial x},\dfrac{\partial F}{\partial y},\dfrac{\partial F}{\partial z}$①.

**解** 设 $x=u,xy=v,xyz=w$,有 $F=f(u,v,w)$,并用 $f'_1,f'_2,f'_3$ 分别代替 $\dfrac{\partial f}{\partial u},\dfrac{\partial f}{\partial v},\dfrac{\partial f}{\partial w}$.于是

$$\frac{\partial F}{\partial x}=\frac{\partial f}{\partial u}\frac{\partial u}{\partial x}+\frac{\partial f}{\partial v}\frac{\partial v}{\partial x}+\frac{\partial f}{\partial w}\frac{\partial w}{\partial x}=f'_1+f'_2\cdot y+f'_3\cdot yz.$$

---

① 这里应要求 $F=f(u,v,w)$ 可微,为了书写简便,从略.以下各题和练习题也是如此.

$$\frac{\partial F}{\partial y} = \frac{\partial f}{\partial u}\frac{\partial u}{\partial y} + \frac{\partial f}{\partial v}\frac{\partial v}{\partial y} + \frac{\partial f}{\partial w}\frac{\partial w}{\partial y} = f_2' \cdot x + f_3' \cdot xz.$$

$$\frac{\partial F}{\partial z} = \frac{\partial f}{\partial u}\frac{\partial u}{\partial z} + \frac{\partial f}{\partial v}\frac{\partial v}{\partial z} + \frac{\partial f}{\partial w}\frac{\partial w}{\partial z} = f_3' \cdot xy.$$

**例 9** 证明:若 $u = u(x,y)$,而 $x = r\cos\theta, y = r\sin\theta$,则

$$\left(\frac{\partial u}{\partial r}\right)^2 + \frac{1}{r^2}\left(\frac{\partial u}{\partial \theta}\right)^2 = \left(\frac{\partial u}{\partial x}\right)^2 + \left(\frac{\partial u}{\partial y}\right)^2.$$

**证明** $\dfrac{\partial u}{\partial r} = \dfrac{\partial u}{\partial x}\dfrac{\partial x}{\partial r} + \dfrac{\partial u}{\partial y}\dfrac{\partial y}{\partial r} = \dfrac{\partial u}{\partial x}\cos\theta + \dfrac{\partial u}{\partial y}\sin\theta.$

$$\frac{\partial u}{\partial \theta} = \frac{\partial u}{\partial x}\frac{\partial x}{\partial \theta} + \frac{\partial u}{\partial y}\frac{\partial y}{\partial \theta} = -\frac{\partial u}{\partial x}r\sin\theta + \frac{\partial u}{\partial y}r\cos\theta.$$

于是,

$$\left(\frac{\partial u}{\partial r}\right)^2 + \frac{1}{r^2}\left(\frac{\partial u}{\partial \theta}\right)^2 = \left(\frac{\partial u}{\partial x}\cos\theta + \frac{\partial u}{\partial y}\sin\theta\right)^2 + \left(-\frac{\partial u}{\partial x}\sin\theta + \frac{\partial u}{\partial y}\cos\theta\right)^2 = \left(\frac{\partial u}{\partial x}\right)^2 + \left(\frac{\partial u}{\partial y}\right)^2.$$

**例 10** 设 $u = f(x,y,z)$,而 $y = y(x), z = z(x)$,求 $\dfrac{\mathrm{d}u}{\mathrm{d}x}$.

**解** 由公式(5),有

$$\frac{\mathrm{d}u}{\mathrm{d}x} = \frac{\partial f}{\partial x} + \frac{\partial f}{\partial y}\frac{\mathrm{d}y}{\mathrm{d}x} + \frac{\partial f}{\partial z}\frac{\mathrm{d}z}{\mathrm{d}x}.$$

## 五、方向导数

设三元函数 $f(x,y,z)$ 在点 $P(x_0,y_0,z_0)$ 存在三个偏导数

$$f_x'(x_0,y_0,z_0), \quad f_y'(x_0,y_0,z_0), \quad f_z'(x_0,y_0,z_0).$$

它们只是过点 $P$ 沿着平行于坐标轴的方向的变化率.在实际应用中,要求我们知道函数 $f(x,y,z)$ 在点 $P$ 沿任意方向的变化率,这就是方向导数.

从点 $P(x_0,y_0,z_0)$ 任作射线 $l$.设 $l$ 的方向余弦是 $\cos\alpha, \cos\beta, \cos\gamma$.在射线 $l$ 上任取一点 $P'(x_0+\Delta x, y_0+\Delta y, z_0+\Delta z)$.设

$$\rho = \|P - P'\| = \sqrt{(\Delta x)^2 + (\Delta y)^2 + (\Delta z)^2},$$

如图 10.10,有

$$\Delta x = \rho\cos\alpha, \quad \Delta y = \rho\cos\beta, \quad \Delta z = \rho\cos\gamma.$$

**定义** 在过点 $P(x_0,y_0,z_0)$ 的射线 $l$ 上任取一点 $P'(x_0+\Delta x, y_0+\Delta y, z_0+\Delta z)$,设 $\rho = \|P - P'\|$.若极限

$$\lim_{\rho \to 0^+}\frac{f(P') - f(P)}{\rho}$$

存在,则称此极限是函数 $f(x,y,z)$ 在点 $P$ 沿着射线 $l$ 的**方**

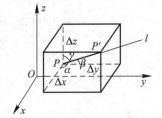

图 10.10

**向导数**,记为 $\dfrac{\partial f}{\partial l}\bigg|_P$ 或 $f_l'(x_0,y_0,z_0)$,即

$$\frac{\partial f}{\partial l}\bigg|_P = \lim_{\rho \to 0^+}\frac{f(P') - f(P)}{\rho}.$$

**定理 5** 若函数 $f(x,y,z)$ 在点 $P(x,y,z)$ 可微,则函数 $f(x,y,z)$ 在点 $P$ 沿任意射线 $l$

的方向导数都存在,且

$$\frac{\partial f}{\partial l} = \frac{\partial f}{\partial x}\cos \alpha + \frac{\partial f}{\partial y}\cos \beta + \frac{\partial f}{\partial z}\cos \gamma,$$

其中 $\cos \alpha, \cos \beta, \cos \gamma$ 是射线 $l$ 的方向余弦.

**证明**  由可微定义,有

$$f(P') - f(P) = f(x + \Delta x, y + \Delta y, z + \Delta z) - f(x, y, z) = \frac{\partial f}{\partial x}\Delta x + \frac{\partial f}{\partial y}\Delta y + \frac{\partial f}{\partial z}\Delta z + \delta\rho,$$

其中 $\rho = \sqrt{(\Delta x)^2 + (\Delta y)^2 + (\Delta z)^2}$, $\lim\limits_{\rho \to 0^+}\delta = 0$. 在等号两端除以 $\rho$,并令 $\rho \to 0^+$,有

$$\lim_{\rho \to 0^+}\frac{f(P') - f(P)}{\rho} = \lim_{\rho \to 0^+}\left[\frac{\partial f}{\partial x}\frac{\Delta x}{\rho} + \frac{\partial f}{\partial y}\frac{\Delta y}{\rho} + \frac{\partial f}{\partial z}\frac{\Delta z}{\rho} + \delta\right] = \frac{\partial f}{\partial x}\cos \alpha + \frac{\partial f}{\partial y}\cos \beta + \frac{\partial f}{\partial z}\cos \gamma,$$

即

$$\frac{\partial f}{\partial l} = \frac{\partial f}{\partial x}\cos \alpha + \frac{\partial f}{\partial y}\cos \beta + \frac{\partial f}{\partial z}\cos \gamma.$$

定理 5 指出,若函数 $f(x, y, z)$ 在点 $P$ 可微,则在点 $P$ 沿任意方向的方向导数都可用偏导数表示出来.由此可见,尽管偏导数非常特殊,但是在可微的条件下它又能够表示一般.

如果用 $l^-$ 表示在点 $P$ 与射线 $l$ 反向的射线,则 $l^-$ 的方向余弦与 $l$ 的方向余弦相差一个符号.因此,若函数 $f(x, y, z)$ 在点 $P$ 可微,则有

$$\frac{\partial f}{\partial l^-} = -\frac{\partial f}{\partial l}.$$

**注**  定理 5 的条件只是结论成立的充分条件,即函数 $f(x, y, z)$ 在点 $P(x, y, z)$ 不可微,函数 $f(x, y, z)$ 在点 $P$ 沿任意射线 $l$ 的方向导数都可能存在.例如,二元函数

$$f(x, y) = \sqrt{x^2 + y^2}$$

在点 $(0, 0)$ 两个偏导数都不存在,当然不可微.

事实上,当 $\Delta x \to 0$ 时,

$$\frac{f(0 + \Delta x, 0) - f(0, 0)}{\Delta x} = \frac{|\Delta x|}{\Delta x}$$

不存在极限,即函数 $f(x, y)$ 在点 $(0, 0)$ 不存在关于 $x$ 的偏导数.同法可证,它在点 $(0, 0)$ 也不存在关于 $y$ 的偏导数.

可是函数 $f(x, y) = \sqrt{x^2 + y^2}$ 在点 $(0, 0)$ 沿任意射线 $l$ 的方向导数都存在.

设在点 $(0, 0)$ 沿任意射线 $l$ 的方向余弦是 $(\cos \alpha, \cos \beta)$. 在射线 $l$ 上任取一点 $(x, y) = (\rho\cos \alpha, \rho\cos \beta)$,其中 $\rho$ 是点 $(x, y)$ 到原点 $(0, 0)$ 的距离.根据方向导数的定义,有

$$\frac{\partial f}{\partial l} = \lim_{\rho \to 0^+}\frac{f(\rho\cos \alpha, \rho\cos \beta) - f(0, 0)}{\rho} = \lim_{\rho \to 0^+}\frac{\rho}{\rho} = 1,$$

即在点 $(0, 0)$ 沿任意射线 $l$ 的方向导数都是 1.

## 练习题 10.3

1. 求函数

$$f(x,y) = \begin{cases} \dfrac{xy}{x^2+y^2}, & x^2+y^2 \neq 0, \\ 0, & x^2+y^2 = 0 \end{cases}$$

的偏导数.(提示:在原点(0,0)用偏导数定义,不在原点(0,0)用公式.)

2. 求下列函数的偏导数:

1) $u = x^2 + y^2 \sin xy$;　　　　2) $u = \dfrac{x}{\sqrt{x^2+y^2}}$;

3) $u = \dfrac{1}{y} \cos x^2$;　　　　4) $u = \ln(x + \sqrt{x^2+y^2})$;

5) $u = \arctan \dfrac{x+y}{1-xy}$;　　6) $u = \arcsin \sqrt{\dfrac{x^2-y^2}{x^2+y^2}}$;

7) $u = e^{\sin \frac{y}{x}}$;　　　　8) $u = \left(\dfrac{x}{y}\right)^z$.

3. 设 $f(x,y,z) = \ln(xy+z)$,求 $f'_x(1,2,0)$,$f'_y(1,2,0)$,$f'_z(1,2,0)$.

4. 1) 设 $\begin{cases} x = r\cos\varphi, \\ y = r\sin\varphi, \end{cases}$ 求 $\begin{vmatrix} \dfrac{\partial x}{\partial r} & \dfrac{\partial x}{\partial \varphi} \\ \dfrac{\partial y}{\partial r} & \dfrac{\partial y}{\partial \varphi} \end{vmatrix}$;

2) 设 $\begin{cases} x = r\sin\varphi\cos\theta, \\ y = r\sin\varphi\sin\theta, \\ z = r\cos\varphi, \end{cases}$ 求 $\begin{vmatrix} \dfrac{\partial x}{\partial r} & \dfrac{\partial x}{\partial \varphi} & \dfrac{\partial x}{\partial \theta} \\ \dfrac{\partial y}{\partial r} & \dfrac{\partial y}{\partial \varphi} & \dfrac{\partial y}{\partial \theta} \\ \dfrac{\partial z}{\partial r} & \dfrac{\partial z}{\partial \varphi} & \dfrac{\partial z}{\partial \theta} \end{vmatrix}$.

5. 求下列复合函数的偏导数:

1) $u = f(x,y)$,而 $x = s+t, y = st$;

2) $u = f(x,y,z)$,而 $x = r^2+s^2+t^2, y = r^2-s^2-t^2, z = r^2-s^2+t^2$;

3) $u = f(x,y)$,而 $x = r+s+t, y = r^2+s^2+t^2$.

6. 证明:

1) 函数 $z = xy + xe^{\frac{y}{x}}$ 是方程 $x\dfrac{\partial z}{\partial x} + y\dfrac{\partial z}{\partial y} = xy+z$ 的一个解;

2) 函数 $z = \arctan \dfrac{x^3+y^3}{x-y}$ 是方程 $x\dfrac{\partial z}{\partial x} + y\dfrac{\partial z}{\partial y} = \sin 2z$ 的一个解.

7. 证明:若 $f'_x(x,y)$ 与 $f'_y(x,y)$ 在矩形域 $D$ 有界,则函数 $f(x,y)$ 在 $D$ 一致连续.

8. 证明:若函数 $f(x,y)$ 在区域 $D$ 对变量 $x$ 连续(对每个固定的变量 $y$),且 $f'_y(x,y)$ 在 $D$ 有界,则函数 $f(x,y)$ 在 $D$ 连续.

9. 证明:若函数 $f(x,y)$ 在区域 $D$ 有连续的偏导数,且 $\forall (x,y) \in D$,有 $f'_x(x,y) = f'_y(x,y) = 0$,则函

数 $f(x,y)$ 在 $D$ 是常数.

10. 求下列函数的全微分：

1）$u=\dfrac{x+y}{1+y}$;　　2）$u=\ln\sqrt{x^2+y^2}$;　　3）$u=\dfrac{z}{x^2+y^2}$.

11. 设 $f(x,y,z)=\left(\dfrac{x}{y}\right)^{\frac{1}{z}}$,求 $\mathrm{d}f(1,1,1)$.

12. 求下列曲面在指定点的切平面方程与法线方程：

1）$z=\dfrac{x^2}{2}-y^2$,点 $(2,-1,1)$;

2）$z=\arctan\dfrac{y}{x}$,点 $\left(1,1,\dfrac{\pi}{4}\right)$.

13. 求函数 $z=x^2-xy+y^2$ 在点 $(1,1)$ 沿与 $x$ 轴正向成 $\alpha$ 角的射线 $l$ 的方向导数. $\alpha$ 角取何值,方向导数:1）有最大值;2）有最小值;3）等于 0.

14. 求下列函数在指定点和指定方向的方向导数：

1）$u=xyz$ 在点 $(1,1,1)$ 沿方向 $\boldsymbol{l}=(\cos\alpha,\cos\beta,\cos\gamma)$;

2）$u=x^2-xy+z^2$ 从点 $(1,0,1)$ 到点 $(3,-1,3)$ 的方向.

　\*　　　　\*　　　　\*　　　　\*　　　　\*　　　　\*　　　　\*　　　　\*

15. 证明:函数 $f(x,y)=\begin{cases}1,&xy=0\\0,&xy\neq0\end{cases}$ 在原点 $(0,0)$ 存在偏导数,但是在 $(0,0)$ 间断.

16. 证明:函数 $f(x,y)=\begin{cases}\dfrac{x^2y}{x^2+y^2},&x^2+y^2\neq0,\\0,&x^2+y^2=0\end{cases}$ 在原点 $(0,0)$ 连续,且存在偏导数,但是在原点 $(0,0)$ 不可微.

17. 证明:曲面 $xyz=a^3(a>0)$ 上任意点 $(x_0,y_0,z_0)$ 的切平面与三个坐标面围成的四面体的体积是常数 $\dfrac{9a^3}{2}$.

# § 10.4　二元函数的泰勒公式

## 一、高阶偏导数

二元函数 $z=f(x,y)$ 的两个（一阶）偏导函数 $\dfrac{\partial z}{\partial x},\dfrac{\partial z}{\partial y}$ 仍是 $x$ 与 $y$ 的二元函数.若它们存在关于 $x$ 和 $y$ 的偏导数,即

$$\frac{\partial}{\partial x}\left(\frac{\partial z}{\partial x}\right),\quad\frac{\partial}{\partial y}\left(\frac{\partial z}{\partial x}\right);\quad\frac{\partial}{\partial x}\left(\frac{\partial z}{\partial y}\right),\quad\frac{\partial}{\partial y}\left(\frac{\partial z}{\partial y}\right).$$

称它们是二元函数 $z=f(x,y)$ 的**二阶偏导（函）数**.二阶偏导数至多有 $2^2$ 个.通常将

$$\frac{\partial}{\partial x}\left(\frac{\partial z}{\partial x}\right)\text{ 记为 }\frac{\partial^2 z}{\partial x^2}\text{或}f''_{xx}(x,y).$$

$$\frac{\partial}{\partial y}\left(\frac{\partial z}{\partial x}\right)\text{ 记为 }\frac{\partial^2 z}{\partial x\partial y}\text{或}f''_{xy}(x,y).\qquad\text{（混合偏导数）}$$

$\dfrac{\partial}{\partial x}\left(\dfrac{\partial z}{\partial y}\right)$ 记为 $\dfrac{\partial^2 z}{\partial y \partial x}$ 或 $f''_{yx}(x,y)$. 　　（混合偏导数）

$\dfrac{\partial}{\partial y}\left(\dfrac{\partial z}{\partial y}\right)$ 记为 $\dfrac{\partial^2 z}{\partial y^2}$ 或 $f''_{yy}(x,y)$.

一般地, 二元函数 $z=f(x,y)$ 的 $n-1$ 阶偏导数的偏导数称为二元函数的 **$n$ 阶偏导数**. 二元函数的 $n$ 阶偏导数至多有 $2^n$ 个. 二元函数 $z=f(x,y)$ 的 $n$ 阶偏导数的符号与二阶偏导数类似. 例如, 符号

$$\frac{\partial^n z}{\partial x^{n-k} \partial y^k} \quad \text{或} \quad f^{(n)}_{x^{n-k}y^k}(x,y)$$

表示二元函数 $z=f(x,y)$ 的 $n$ 阶偏导数, 首先对 $x$ 求 $n-k$ 阶偏导数, 其次对 $y$ 求 $k$ 阶偏导数.

二阶与二阶以上的偏导数统称为**高阶偏导数**.

类似可定义三元函数、一般 $n$ 元函数的高阶偏导数.

**例 1**　求函数 $z=x^3y^3-3x^2y+xy^2+3$ 的二阶偏导数.

**解**　$\dfrac{\partial z}{\partial x}=3x^2y^3-6xy+y^2,\quad \dfrac{\partial z}{\partial y}=3x^3y^2-3x^2+2xy.$

$\dfrac{\partial^2 z}{\partial x^2}=6xy^3-6y.\qquad \dfrac{\partial^2 z}{\partial y^2}=6x^3y+2x.$

$\dfrac{\partial^2 z}{\partial x \partial y}=9x^2y^2-6x+2y.\qquad \dfrac{\partial^2 z}{\partial y \partial x}=9x^2y^2-6x+2y.\qquad \left(\dfrac{\partial^2 z}{\partial x \partial y}=\dfrac{\partial^2 z}{\partial y \partial x}\right)$

**例 2**　证明: 若 $u=\dfrac{1}{r}, r=\sqrt{(x-a)^2+(y-b)^2+(z-c)^2}$, 则

$$\frac{\partial^2 u}{\partial x^2}+\frac{\partial^2 u}{\partial y^2}+\frac{\partial^2 u}{\partial z^2}=0.$$

**证明**　由 §10.3 例 2, 有

$$\frac{\partial u}{\partial x}=-\frac{x-a}{r^3},\quad \frac{\partial u}{\partial y}=-\frac{y-b}{r^3},\quad \frac{\partial u}{\partial z}=-\frac{z-c}{r^3}.$$

$$\frac{\partial^2 u}{\partial x^2}=-\frac{r^3-(x-a)3r^2\dfrac{\partial r}{\partial x}}{r^6}\qquad \left(\frac{\partial r}{\partial x}=\frac{x-a}{r}\right)$$

$$=-\frac{r^3-(x-a)3r^2\dfrac{x-a}{r}}{r^6}=-\frac{1}{r^3}+\frac{3}{r^5}(x-a)^2.$$

同样, 可得

$$\frac{\partial^2 u}{\partial y^2}=-\frac{1}{r^3}+\frac{3}{r^5}(y-b)^2,\quad \frac{\partial^2 u}{\partial z^2}=-\frac{1}{r^3}+\frac{3}{r^5}(z-c)^2.$$

于是,

$$\frac{\partial^2 u}{\partial x^2}+\frac{\partial^2 u}{\partial y^2}+\frac{\partial^2 u}{\partial z^2}=-\frac{3}{r^3}+\frac{3}{r^5}\left[(x-a)^2+(y-b)^2+(z-c)^2\right]=-\frac{3}{r^3}+\frac{3}{r^3}=0.$$

由例 1 看到，$\dfrac{\partial^2 z}{\partial x \partial y} = \dfrac{\partial^2 z}{\partial y \partial x}$，即二阶混合偏导数（先对 $x$ 后对 $y$ 和先对 $y$ 后对 $x$）与求导的顺序无关.那么是否函数的高阶混合偏导数都与求导顺序无关呢？否！例如，函数

$$f(x,y) = \begin{cases} xy \dfrac{x^2 - y^2}{x^2 + y^2}, & x^2 + y^2 \neq 0, \\ 0, & x^2 + y^2 = 0, \end{cases}$$

在原点 $(0,0)$ 的两个偏导数 $f''_{xy}(0,0)$ 与 $f''_{yx}(0,0)$ 都存在，且

$$f''_{xy}(0,0) \neq f''_{yx}(0,0).$$

事实上，由偏导数定义，有

$$f'_x(0,0) = \lim_{h \to 0} \frac{f(h,0) - f(0,0)}{h} = 0.$$

$$f'_y(0,0) = \lim_{h \to 0} \frac{f(0,h) - f(0,0)}{h} = 0.$$

$$f'_x(0,y) = \lim_{h \to 0} \frac{f(h,y) - f(0,y)}{h} = \lim_{h \to 0} \frac{hy \dfrac{h^2 - y^2}{h^2 + y^2}}{h} = -y.$$

$$f'_y(x,0) = \lim_{h \to 0} \frac{f(x,h) - f(x,0)}{h} = \lim_{h \to 0} \frac{xh \dfrac{x^2 - h^2}{x^2 + h^2}}{h} = x.$$

$$f''_{xy}(0,0) = \lim_{h \to 0} \frac{f'_x(0,h) - f'_x(0,0)}{h} = \lim_{h \to 0} \frac{-h}{h} = -1.$$

$$f''_{yx}(0,0) = \lim_{h \to 0} \frac{f'_y(h,0) - f'_y(0,0)}{h} = \lim_{h \to 0} \frac{h}{h} = 1.$$

于是，

$$f''_{xy}(0,0) \neq f''_{yx}(0,0).$$

那么，多元函数具有什么条件，它的混合高阶偏导数与求导的顺序无关呢？有下面的定理：

**定理 1**　若二元函数 $f(x,y)$ 在点 $P_0(x_0,y_0)$ 的邻域 $G$ 存在二阶混合偏导数 $f''_{xy}(x,y)$ 与 $f''_{yx}(x,y)$，并且它们在点 $P_0(x_0,y_0)$ 连续，则 $f''_{xy}(x_0,y_0) = f''_{yx}(x_0,y_0)$.

**证法**　根据一阶、二阶偏导数的定义，有

$$\begin{aligned} & f''_{xy}(x_0,y_0) \\ = & \lim_{k \to 0} \frac{f'_x(x_0,y_0+k) - f'_x(x_0,y_0)}{k} \\ = & \lim_{k \to 0} \frac{1}{k} \left[ \lim_{h \to 0} \frac{f(x_0+h,y_0+k) - f(x_0,y_0+k)}{h} - \lim_{h \to 0} \frac{f(x_0+h,y_0) - f(x_0,y_0)}{h} \right] \\ = & \lim_{k \to 0} \lim_{h \to 0} \frac{f(x_0+h,y_0+k) - f(x_0,y_0+k) - f(x_0+h,y_0) + f(x_0,y_0)}{hk}. \end{aligned}$$

设
$$\varphi(h,k)=f(x_0+h,y_0+k)-f(x_0,y_0+k)-f(x_0+h,y_0)+f(x_0,y_0).$$
从而,
$$f''_{xy}(x_0,y_0)=\lim_{k\to 0}\lim_{h\to 0}\frac{\varphi(h,k)}{hk}.$$
同样方法,有
$$f''_{yx}(x_0,y_0)=\lim_{h\to 0}\lim_{k\to 0}\frac{\varphi(h,k)}{hk}.$$

定理1的实质是上述两个累次极限相等,即两个累次极限可以交换次序.由此可见,证明定理1要构造函数 $\varphi(h,k)$.

**证明** 当 $|h|$ 与 $|k|$ 充分小时,使 $(x_0+h,y_0+k)\in G$,从而,$(x_0+h,y_0)$ 与 $(x_0,y_0+k)\in G$.设
$$\varphi(h,k)=f(x_0+h,y_0+k)-f(x_0,y_0+k)-f(x_0+h,y_0)+f(x_0,y_0). \tag{1}$$
令 $g(x)=f(x,y_0+k)-f(x,y_0)$,(1)式可改写为
$$\varphi(h,k)=g(x_0+h)-g(x_0).$$
函数 $g(x)$ 在以 $x_0$ 和 $x_0+h$ 为端点的区间可导,根据微分中值定理,有
$$\varphi(h,k)=g'_x(x_0+\theta_1 h)h=[f'_x(x_0+\theta_1 h,y_0+k)-f'_x(x_0+\theta_1 h,y_0)]h, \quad 0<\theta_1<1.$$
已知 $f''_{xy}(x,y)$ 在 $G$ 存在,将 $x_0+\theta_1 h$ 看作常数,再根据微分中值定理,有
$$\varphi(h,k)=f''_{xy}(x_0+\theta_1 h,y_0+\theta_2 k)hk, \quad 0<\theta_1,\theta_2<1. \tag{2}$$
再令 $l(y)=f(x_0+h,y)-f(x_0,y)$,同样方法,有
$$\varphi(h,k)=f''_{yx}(x_0+\theta_3 h,y_0+\theta_4 k)hk, \quad 0<\theta_3,\theta_4<1. \tag{3}$$
于是,由(2)式和(3)式,有
$$f''_{xy}(x_0+\theta_1 h,y_0+\theta_2 k)=f''_{yx}(x_0+\theta_3 h,y_0+\theta_4 k).$$
已知 $f''_{xy}(x,y)$ 与 $f''_{yx}(x,y)$ 在点 $P_0(x_0,y_0)$ 连续.当 $\rho=\sqrt{h^2+k^2}\to 0$ 时,有
$$f''_{xy}(x_0,y_0)=f''_{yx}(x_0,y_0).$$

**例3** 证明:若 $z=f(x,y)$,$x=\rho\cos\varphi$,$y=\rho\sin\varphi$,则
$$\frac{\partial^2 f}{\partial x^2}+\frac{\partial^2 f}{\partial y^2}=\frac{\partial^2 f}{\partial \rho^2}+\frac{1}{\rho^2}\frac{\partial^2 f}{\partial \varphi^2}+\frac{1}{\rho}\frac{\partial f}{\partial \rho}.\text{①}$$

**证明**
$$\frac{\partial f}{\partial \rho}=\frac{\partial f}{\partial x}\frac{\partial x}{\partial \rho}+\frac{\partial f}{\partial y}\frac{\partial y}{\partial \rho}=\frac{\partial f}{\partial x}\cos\varphi+\frac{\partial f}{\partial y}\sin\varphi.$$

$$\frac{\partial f}{\partial \varphi}=\frac{\partial f}{\partial x}\frac{\partial x}{\partial \varphi}+\frac{\partial f}{\partial y}\frac{\partial y}{\partial \varphi}=-\frac{\partial f}{\partial x}\rho\sin\varphi+\frac{\partial f}{\partial y}\rho\cos\varphi.$$

$$\frac{\partial^2 f}{\partial \rho^2}=\frac{\partial}{\partial \rho}\left(\frac{\partial f}{\partial \rho}\right)=\frac{\partial}{\partial \rho}\left(\frac{\partial f}{\partial x}\cos\varphi+\frac{\partial f}{\partial y}\sin\varphi\right)$$

---

① 根据 §10.3 定理4的推论,要求函数 $f(x,y)$ 与 $\frac{\partial f}{\partial x}$,$\frac{\partial f}{\partial y}$ 都可微,且高阶偏导数连续.为了书写简单,从略.以下求高阶偏导数的例题和练习题也是如此.

$$= \frac{\partial^2 f}{\partial x^2} \cos^2 \varphi + \frac{\partial^2 f}{\partial x \partial y} \sin \varphi \cos \varphi + \frac{\partial^2 f}{\partial y \partial x} \sin \varphi \cos \varphi + \frac{\partial^2 f}{\partial y^2} \sin^2 \varphi.$$

$$\frac{\partial^2 f}{\partial \varphi^2} = \frac{\partial}{\partial \varphi} \left( \frac{\partial f}{\partial \varphi} \right) = \frac{\partial}{\partial \varphi} \left( -\frac{\partial f}{\partial x} \rho \sin \varphi + \frac{\partial f}{\partial y} \rho \cos \varphi \right)$$

$$= \frac{\partial^2 f}{\partial x^2} \rho^2 \sin^2 \varphi - \frac{\partial^2 f}{\partial x \partial y} \rho^2 \sin \varphi \cos \varphi - \frac{\partial f}{\partial x} \rho \cos \varphi - \frac{\partial^2 f}{\partial y \partial x} \rho^2 \sin \varphi \cos \varphi + \frac{\partial^2 f}{\partial y^2} \rho^2 \cos^2 \varphi - \frac{\partial f}{\partial y} \rho \sin \varphi.$$

于是,

$$\frac{\partial^2 f}{\partial \rho^2} + \frac{1}{\rho^2} \frac{\partial^2 f}{\partial \varphi^2} + \frac{1}{\rho} \frac{\partial f}{\partial \rho}$$

$$= \frac{\partial^2 f}{\partial x^2} (\cos^2 \varphi + \sin^2 \varphi) + \frac{\partial^2 f}{\partial y^2} (\sin^2 \varphi + \cos^2 \varphi) - \frac{\partial f}{\partial x} \frac{\cos \varphi}{\rho} - \frac{\partial f}{\partial y} \frac{\sin \varphi}{\rho} + \frac{\partial f}{\partial x} \frac{\cos \varphi}{\rho} + \frac{\partial f}{\partial y} \frac{\sin \varphi}{\rho}$$

$$= \frac{\partial^2 f}{\partial x^2} + \frac{\partial^2 f}{\partial y^2}.$$

即

$$\frac{\partial^2 f}{\partial x^2} + \frac{\partial^2 f}{\partial y^2} = \frac{\partial^2 f}{\partial \rho^2} + \frac{1}{\rho^2} \frac{\partial^2 f}{\partial \varphi^2} + \frac{1}{\rho} \frac{\partial f}{\partial \rho}.$$

定理 1 的结果可推广到 $n$ 元函数的高阶混合偏导数上去. 例如,三元函数 $f(x,y,z)$ 关于 $x,y,z$ 的三阶混合偏导数共有六个:

$$\frac{\partial^3 f}{\partial x \partial y \partial z}, \frac{\partial^3 f}{\partial y \partial x \partial z}, \frac{\partial^3 f}{\partial y \partial z \partial x}, \frac{\partial^3 f}{\partial x \partial z \partial y}, \frac{\partial^3 f}{\partial z \partial x \partial y}, \frac{\partial^3 f}{\partial z \partial y \partial x}.$$

若它们在点 $(x,y,z)$ 都连续,则它们相等. 若二元函数 $f(x,y)$ 所有的高阶混合偏导数都连续,则偏导数(亦称一阶偏导数)有两个,二阶偏导数只有三个($f''_{xy} = f''_{yx}$),三阶偏导数只有四个. 一般情况, $n$ 阶偏导数只有 $n+1$ 个.

## 二、二元函数的泰勒公式

一元函数的泰勒公式能够推广到多元函数上来. 关于多元函数泰勒公式的作用和意义与一元函数泰勒公式相同,不再重述. 为书写简便,只讨论二元函数的泰勒公式. 讨论二元函数泰勒公式的方法是作一个辅助函数,将二元函数化为一元函数. 应用已知的一元函数的泰勒公式和复合函数的微分法得到二元函数的泰勒公式.

为了将二元函数 $f(x,y)$ 在点 $Q(a+h,b+k)$ 的函数值 $f(a+h,b+k)$ 在点 $P(a,b)$ 展成泰勒公式,作辅助函数

$$\varphi(t) = f(a+ht, b+kt), \qquad 0 \leqslant t \leqslant 1,$$

即

$$\varphi(t) = f(x,y), \quad x = a+ht, \quad y = b+kt, \quad 0 \leqslant t \leqslant 1.$$

显然, $t=0, \varphi(0) = f(a,b)$; $t=1, \varphi(1) = f(a+h,b+k)$. 于是,函数 $f(a+h,b+k)$ 在点 $P(a,b)$ 展成的泰勒公式就是一元函数 $\varphi(t)$ 在点 $t=0$ 的泰勒公式(即麦克劳林公式)在 $t=1$ 的值.

定理 2 若二元函数 $f(x,y)$ 在点 $P(a,b)$ 的邻域 $G$ 存在 $n+1$ 阶连续的偏导数,则 $\forall Q(a+h,b+k) \in G$,有

$$f(a+h,b+k)$$

$$= f(a,b) + \frac{1}{1!}\left(h\frac{\partial}{\partial x} + k\frac{\partial}{\partial y}\right)f(a,b) +$$

$$\frac{1}{2!}\left(h\frac{\partial}{\partial x} + k\frac{\partial}{\partial y}\right)^2 f(a,b) + \cdots + \frac{1}{n!}\left(h\frac{\partial}{\partial x} + k\frac{\partial}{\partial y}\right)^n f(a,b) +$$

$$\frac{1}{(n+1)!}\left(h\frac{\partial}{\partial x} + k\frac{\partial}{\partial y}\right)^{n+1} f(a+\theta h, b+\theta k), \quad 0 < \theta < 1, \tag{4}$$

其中符号 $\left(\dfrac{\partial}{\partial x}\right)^i \left(\dfrac{\partial}{\partial y}\right)^l f(a,b)$ 表示偏导数 $\dfrac{\partial^{i+l} f}{\partial x^i \partial y^l}$ 在 $P(a,b)$ 的值,

$$\left(h\frac{\partial}{\partial x} + k\frac{\partial}{\partial y}\right)^m f(a,b) = \sum_{i=0}^{m} C_m^i h^i k^{m-i} \frac{\partial^m}{\partial x^i \partial y^{m-i}} f(a,b).$$

(4)式称为二元函数 $f(x,y)$ 在点 $P(a,b)$ 的**泰勒公式**.

**证明** 设 $\varphi(t) = f(a+ht, b+kt), 0 \le t \le 1$. 由已知条件, 函数 $\varphi(t)$ 在区间 $[0,1]$ 存在 $n+1$ 阶连续导数. 从而, 可将函数 $\varphi(t)$ 展成麦克劳林公式, 即

$$\varphi(t) = \varphi(0) + \frac{\varphi'(0)}{1!}t + \frac{\varphi''(0)}{2!}t^2 + \cdots + \frac{\varphi^{(n)}(0)}{n!}t^n + \frac{\varphi^{(n+1)}(\theta t)}{(n+1)!}t^{n+1}, \quad 0 < \theta < 1.$$

特别地, 当 $t = 1$ 时, 有

$$\varphi(1) = \varphi(0) + \frac{\varphi'(0)}{1!} + \frac{\varphi''(0)}{2!} + \cdots + \frac{\varphi^{(n)}(0)}{n!} + \frac{\varphi^{(n+1)}(\theta)}{(n+1)!}, 0 < \theta < 1.$$

$$\varphi(1) = f(a+h, b+k), \quad \varphi(0) = f(a,b).$$

求 $\varphi'(t), \varphi''(t), \cdots, \varphi^{(n+1)}(t)$, 即求复合函数 $f(x,y)$, $x = a+ht$, $y = b+kt$ 的高阶导数. 由复合函数微分法则, 有

$$\varphi'(t) = \frac{\partial f}{\partial x}\frac{dx}{dt} + \frac{\partial f}{\partial y}\frac{dy}{dt} = h\frac{\partial f}{\partial x} + k\frac{\partial f}{\partial y} = \left(h\frac{\partial}{\partial x} + k\frac{\partial}{\partial y}\right)f(a+ht, b+kt).$$

$$\varphi''(t) = [\varphi'(t)]' = \left(h\frac{\partial f}{\partial x} + k\frac{\partial f}{\partial y}\right)' ①$$

$$= h^2\frac{\partial^2 f}{\partial x^2} + hk\frac{\partial^2 f}{\partial x \partial y} + hk\frac{\partial^2 f}{\partial y \partial x} + k^2\frac{\partial^2 f}{\partial y^2}$$

$$= h^2\frac{\partial^2 f}{\partial x^2} + 2hk\frac{\partial^2 f}{\partial x \partial y} + k^2\frac{\partial^2 f}{\partial y^2} \quad (根据定理 1)$$

$$= \left(h^2\frac{\partial^2}{\partial x^2} + 2hk\frac{\partial^2}{\partial x \partial y} + k^2\frac{\partial^2}{\partial y^2}\right)f(a+ht, b+kt)$$

$$= \left(h\frac{\partial}{\partial x} + k\frac{\partial}{\partial y}\right)^2 f(a+ht, b+kt).$$

---

① $\dfrac{\partial f}{\partial x}$ 与 $\dfrac{\partial f}{\partial y}$ 都是 $x$ 与 $y$ 的函数, 而 $x$ 与 $y$ 又是 $t$ 的函数.

同法可得，$\varphi^{(m)}(t) = \left( h\dfrac{\partial}{\partial x} + k\dfrac{\partial}{\partial y} \right)^m f(a+ht, b+kt)$.

令 $t = 0$，有

$$\varphi^{(m)}(0) = \left( h\frac{\partial}{\partial x} + k\frac{\partial}{\partial y} \right)^m f(a, b), \quad m = 1, 2, \cdots, n.$$

$$\varphi^{(n+1)}(\theta) = \left( h\frac{\partial}{\partial x} + k\frac{\partial}{\partial y} \right)^{n+1} f(a+\theta h, b+\theta k).$$

将上述结果代入 $\varphi(1)$ 的展开式中，就得到二元函数 $f(x,y)$ 在点 $P(a,b)$ 的泰勒公式：

$$f(a+h, b+k) = f(a,b) + \frac{1}{1!}\left( h\frac{\partial}{\partial x} + k\frac{\partial}{\partial y} \right)f(a,b) +$$

$$\frac{1}{2!}\left( h\frac{\partial}{\partial x} + k\frac{\partial}{\partial y} \right)^2 f(a,b) + \cdots + \frac{1}{n!}\left( h\frac{\partial}{\partial x} + k\frac{\partial}{\partial y} \right)^n f(a,b) +$$

$$\frac{1}{(n+1)!}\left( h\frac{\partial}{\partial x} + k\frac{\partial}{\partial y} \right)^{n+1} f(a+\theta h, b+\theta k), \quad 0 < \theta < 1.$$

在泰勒公式(4)中，令 $a = 0, b = 0$，就得到二元函数 $f(x,y)$ 的麦克劳林公式(将 $h$ 与 $k$ 分别用 $x$ 与 $y$ 表示)：

$$f(x,y) = f(0,0) + \frac{1}{1!}\left( x\frac{\partial}{\partial x} + y\frac{\partial}{\partial y} \right)f(0,0) +$$

$$\frac{1}{2!}\left( x\frac{\partial}{\partial x} + y\frac{\partial}{\partial y} \right)^2 f(0,0) + \cdots + \frac{1}{n!}\left( x\frac{\partial}{\partial x} + y\frac{\partial}{\partial y} \right)^n f(0,0) +$$

$$\frac{1}{(n+1)!}\left( x\frac{\partial}{\partial x} + y\frac{\partial}{\partial y} \right)^{n+1} f(\theta x, \theta y), \quad 0 < \theta < 1. \tag{5}$$

在泰勒公式(4)中，当 $n = 0$ 时，有

$$f(a+h, b+k) = f(a,b) + f'_x(a+\theta h, b+\theta k)h + f'_y(a+\theta h, b+\theta k)k$$

或

$$f(a+h, b+k) - f(a,b) = f'_x(a+\theta h, b+\theta k)h + f'_y(a+\theta h, b+\theta k)k, \quad 0 < \theta < 1. \tag{6}$$

(6)式是二元函数**中值定理**的另一种形式，这里只有一个 $\theta$.

在泰勒公式(4)中，当 $n = 1$ 时，有

$$f(a+h, b+k) - f(a,b)$$
$$= f'_x(a,b)h + f'_y(a,b)k +$$
$$\frac{1}{2}\left[ f''_{xx}(a+\theta h, b+\theta k)h^2 + 2f''_{xy}(a+\theta h, b+\theta k)hk + \right.$$
$$\left. f''_{yy}(a+\theta h, b+\theta k)k^2 \right], \quad 0 < \theta < 1. \tag{7}$$

**例 4** 将二元函数 $f(x,y) = e^{x+y}$ 展成麦克劳林公式.

**解** 函数 $f(x,y) = e^{x+y}$ 在 $\mathbf{R}^2$ 存在任意阶连续偏导数，且

$$\frac{\partial^{m+l} f}{\partial x^m \partial y^l} = e^{x+y}, \quad \frac{\partial^{m+l}}{\partial x^m \partial y^l} f(0,0) = 1,$$

$m$ 与 $l$ 是任意非负整数.由公式(5)，有

$$e^{x+y} = 1 + (x+y) + \frac{1}{2!}(x+y)^2 + \cdots + \frac{1}{n!}(x+y)^n + \frac{1}{(n+1)!}(x+y)^{n+1} e^{\theta(x+y)}, \quad 0 < \theta < 1.$$

不难看到,将 $e^{x+y}$ 中的 $x+y$ 当作一个变量,用一元函数的麦克劳林公式得到的结果与上述结果是一致的.

不难将上述二元函数的泰勒公式推广到 $n$ 元函数上去.例如,若三元函数 $f(x,y,z)$ 在原点 $(0,0,0)$ 的邻域 $G$ 存在 $n+1$ 阶连续偏导数,则 $\forall (x,y,z) \in G$,三元函数 $f(x,y,z)$ 的麦克劳林公式为

$$f(x,y,z) = f(0,0,0) + \frac{1}{1!}\left(x\frac{\partial}{\partial x} + y\frac{\partial}{\partial y} + z\frac{\partial}{\partial z}\right)f(0,0,0) + \cdots +$$

$$\frac{1}{n!}\left(x\frac{\partial}{\partial x} + y\frac{\partial}{\partial y} + z\frac{\partial}{\partial z}\right)^n f(0,0,0) +$$

$$\frac{1}{(n+1)!}\left(x\frac{\partial}{\partial x} + y\frac{\partial}{\partial y} + z\frac{\partial}{\partial z}\right)^{n+1} f(\theta x, \theta y, \theta z), 0 < \theta < 1.$$

**例 5** 当 $|x|,|y|,|z|$ 都很小时,将超越函数

$$f(x,y,z) = \cos(x+y+z) - \cos x \cos y \cos z$$

近似表示为 $x,y,z$ 的多项式.

**解** 将三元函数 $f(x,y,z)$ 展成麦克劳林公式(到二阶偏导数),有

$$f(x,y,z) \approx f(0,0,0) + xf'_x(0,0,0) + yf'_y(0,0,0) + zf'_z(0,0,0) +$$

$$\frac{1}{2!}\left[x^2 f''_{xx}(0,0,0) + y^2 f''_{yy}(0,0,0) + z^2 f''_{zz}(0,0,0) + \right.$$

$$\left. 2xy f''_{xy}(0,0,0) + 2yz f''_{yz}(0,0,0) + 2zx f''_{zx}(0,0,0)\right].$$

$$f(0,0,0) = 0.$$

$$f'_x(0,0,0) = \left[-\sin(x+y+z) + \sin x \cos y \cos z\right]\Big|_{(0,0,0)} = 0.$$

同样 $f'_y(0,0,0) = 0, f'_z(0,0,0) = 0.$

$$f''_{xx}(0,0,0) = \left[-\cos(x+y+z) + \cos x \cos y \cos z\right]\Big|_{(0,0,0)} = 0.$$

同样 $f''_{yy}(0,0,0) = 0, f''_{zz}(0,0,0) = 0.$

$$f''_{xy}(0,0,0) = \left[-\cos(x+y+z) - \sin x \sin y \cos z\right]\Big|_{(0,0,0)} = -1.$$

同样 $f''_{yz}(0,0,0) = -1, f''_{zx}(0,0,0) = -1.$

于是,

$$f(x,y,z) \approx -(xy+yz+zx),$$

即 $\cos(x+y+z) - \cos x \cos y \cos z \approx -(xy+yz+zx).$

## 三、二元函数的极值

在实际问题中,不仅需要一元函数的极值,而且还需要多元函数的极值.本段讨论二元函数的极值,其结果可以推广到 $n$ 元函数上去.

**定义** 设二元函数 $f(x,y)$ 在点 $P(a,b)$ 的邻域 $G$ 有定义.若 $\forall (a+h,b+k) \in G$,有
$$f(a+h,b+k) \leqslant f(a,b) \quad (f(a+h,b+k) \geqslant f(a,b)),$$
则称 $P(a,b)$ 是函数 $f(x,y)$ 的**极大点(极小点)**.极大点(极小点)的函数值 $f(a,b)$ 称为函数 $f(x,y)$ 的**极大值(极小值)**.

极大点与极小点统称为**极值点**.极大值与极小值统称为**极值**.

例如,点 $(1,2)$ 是函数 $f(x,y) = (x-1)^2 + (y-2)^2 - 1$ 的极小点,极小值是 $f(1,2) = -1$,如图 10.11.

事实上,$\forall (x,y)$,有
$$(x-1)^2+(y-2)^2 \geqslant 0,$$
于是 $f(x,y) \geqslant f(1,2)$.

哪些点可能是函数 $f(x,y)$ 的极值点呢? 即 $P(a, b)$ 是函数 $f(x,y)$ 的极值点的必要条件是什么呢? 有下面定理:

**定理 3** 若二元函数 $f(x,y)$ 在点 $P(a,b)$ 存在两个偏导数,且 $P(a,b)$ 是函数 $f(x,y)$ 的极值点,则
$$f'_x(a,b)=0 \quad \text{与} \quad f'_y(a,b)=0.$$

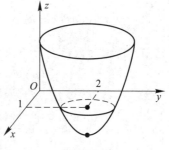

图 10.11

**证明** 已知 $P(a,b)$ 是函数 $f(x,y)$ 的极值点,即 $x=a$ 是一元函数 $f(x,b)$ 的极值点. 根据一元函数极值的必要条件,$a$ 是一元函数 $f(x,b)$ 的稳定点,即
$$f'_x(a,b)=0.$$
同法可证,$f'_y(a,b)=0$.

方程组
$$\begin{cases} f'_x(x,y)=0, \\ f'_y(x,y)=0 \end{cases}$$
的解(坐标平面上某些点)称为函数 $f(x,y)$ 的**稳定点**.

定理 3 指出,二元可微函数 $f(x,y)$ 的极值点一定是稳定点. 反之,稳定点不一定是极值点. 例如,函数(双曲抛物面)
$$f(x,y)=x^2-y^2. \qquad f'_x(x,y)=2x, \qquad f'_y(x,y)=-2y.$$
显然,点 $(0,0)$ 是函数 $f(x,y)=x^2-y^2$ 的稳定点. 但是点 $(0,0)$ 并不是函数 $f(x,y)=x^2-y^2$ 的极值点. 事实上,在点 $(0,0)$ 的任意邻域,总存在着点 $(x,0)(x\neq 0)$,使 $f(x,0)=x^2 > f(0,0)=0$;也总存在点 $(0,y)(y\neq 0)$,使 $f(0,y)=-y^2 < f(0,0)=0$,所以点 $(0,0)$ 不是极值点.

那么,什么样的稳定点才是极值点呢? 即 $P(a,b)$ 是函数 $f(x,y)$ 的极值点的充分条件是什么呢?

**定理 4** 设二元函数 $f(x,y)$ 有稳定点 $P(a,b)$,且在点 $P(a,b)$ 的邻域 $G$ 存在二阶连续偏导数. 令
$$A=f''_{xx}(a,b), \quad B=f''_{xy}(a,b), \quad C=f''_{yy}(a,b).$$
$$\Delta=B^2-AC.$$

1)若 $\Delta<0$,则 $P(a,b)$ 是函数 $f(x,y)$ 的极值点:

ⅰ)$A>0$(或 $C>0$),$P(a,b)$ 是函数 $f(x,y)$ 的极小点;

ⅱ)$A<0$(或 $C<0$),$P(a,b)$ 是函数 $f(x,y)$ 的极大点.

2)若 $\Delta>0$,$P(a,b)$ 不是函数 $f(x,y)$ 的极值点.

**证明** 已知 $P(a,b)$ 是函数 $f(x,y)$ 的稳定点,有
$$f'_x(a,b)=0 \quad \text{与} \quad f'_y(a,b)=0.$$
当 $|h|$ 与 $|k|$ 充分小时,讨论 $f(a+h,b+k)-f(a,b)$ 的符号. 由泰勒公式(7),有(已知 $f'_x(a,b)=f'_y(a,b)=0$)
$$f(a+h,b+k)-f(a,b)$$

$$= \frac{1}{2} \left[ f''_{xx}(a+\theta h, b+\theta k) h^2 + 2f''_{xy}(a+\theta h, b+\theta k) hk + f''_{yy}(a+\theta h, b+\theta k) k^2 \right], \quad 0 < \theta < 1.$$

又已知二阶偏导数在点 $P(a,b)$ 连续,当 $h \to 0$ 与 $k \to 0$ 时,有

$$f''_{xx}(a+\theta h, b+\theta k) = f''_{xx}(a,b) + \alpha = A + \alpha, \quad \alpha \to 0.$$

$$f''_{xy}(a+\theta h, b+\theta k) = f''_{xy}(a,b) + \beta = B + \beta, \quad \beta \to 0.$$

$$f''_{yy}(a+\theta h, b+\theta k) = f''_{yy}(a,b) + \gamma = C + \gamma, \quad \gamma \to 0.$$

于是,

$$f(a+h, b+k) - f(a,b) = \frac{1}{2}(Ah^2 + 2Bhk + Ck^2) + \frac{1}{2}(\alpha h^2 + 2\beta hk + \gamma k^2),$$

其中 $\alpha h^2 + 2\beta hk + \gamma k^2$ 比 $\rho^2$ 是高阶无穷小 $(\rho = \sqrt{h^2 + k^2})$. 因此,当 $|h|$ 与 $|k|$ 充分小时, $f(a+h, b+k) - f(a,b)$ 的符号由 $Ah^2 + 2Bhk + Ck^2$ 的符号决定. 因为 $h$ 与 $k$ 不能同时为零, 不妨设 $k \neq 0$(当 $k=0$ 时, $h \neq 0$, 可得相同的结论),

$$Ah^2 + 2Bhk + Ck^2 = k^2 \left[ A\left(\frac{h}{k}\right)^2 + 2B\left(\frac{h}{k}\right) + C \right].$$

令 $\dfrac{h}{k} = t$, 则 $f(a+h, b+k) - f(a,b)$ 的符号由

$$D = At^2 + 2Bt + C$$

的符号决定. 由一元二次方程根的判别式,有

1)若判别式 $\Delta = B^2 - AC < 0$, 对任意实数 $t$, $D$ 与 $A$(或 $C$)有相同的符号,即 $P(a,b)$ 是函数 $f(x,y)$ 极值点:

ⅰ) $A > 0$(或 $C > 0$), 有 $f(a+h, b+k) - f(a,b) > 0$, 即 $P(a,b)$ 是函数 $f(x,y)$ 的极小点;

ⅱ) $A < 0$(或 $C < 0$), 有 $f(a+h, b+k) - f(a,b) < 0$, 即 $P(a,b)$ 是函数 $f(x,y)$ 的极大点.

2)若判别式 $\Delta = B^2 - AC > 0$, 方程 $D = 0$ 有两个不同的实根 $t_1$ 与 $t_2$, 设 $t_1 < t_2$, $D$ 在区间 $(t_1, t_2)$ 内与在区间 $[t_1, t_2]$ 外有相反的符号,即 $P(a,b)$ 不是函数 $f(x,y)$ 的极值点.

**注** 当判别式 $\Delta = 0$ 时,稳定点 $P(a,b)$ 可能是函数 $f(x,y)$ 的极值点,也可能不是函数 $f(x,y)$ 的极值点. 例如,函数

$$f_1(x,y) = (x^2 + y^2)^2, \quad f_2(x,y) = -(x^2 + y^2)^2, \quad f_3(x,y) = x^2 y.$$

不难验证, $P(0,0)$ 是每个函数唯一的稳定点,且在稳定点 $P(0,0)$ 每个函数的判别式 $\Delta = B^2 - AC = 0$. 显然,稳定点 $P(0,0)$ 是函数 $f_1(x,y) = (x^2 + y^2)^2$ 的极小点,是函数 $f_2(x,y) = -(x^2 + y^2)^2$ 的极大点,却不是函数 $f_3(x,y) = x^2 y$ 的极值点.

求可微函数 $f(x,y)$ 的极值点的步骤:

第一步:求偏导数,解方程组

$$\begin{cases} f'_x(x,y) = 0, \\ f'_y(x,y) = 0, \end{cases}$$

求稳定点. 设其中一个稳定点是 $P(a,b)$.

第二步:求二阶偏导数,写出

$$[f''_{xy}(x,y)]^2 - f''_{xx}(x,y) f''_{yy}(x,y).$$

第三步:将稳定点 $P(a,b)$ 的坐标代入上式,得判别式

$$\Delta = [f''_{xy}(a,b)]^2 - f''_{xx}(a,b) f''_{yy}(a,b).$$

再由 $\Delta$ 的符号,根据下表判定 $P(a,b)$ 是否是极值点:

| $\Delta = B^2 - AC$ | — | | + | 0 |
|---|---|---|---|---|
| $A$(或 $C$) | + | — | 不是极值点 | 不定 |
| $P(a,b)$ | 是极小点 | 是极大点 | | |

**例 6** 求二元函数 $z = x^3 + y^3 - 3xy$ 的极值.

**解** 解方程组

$$\begin{cases} f'_x(x,y) = 3x^2 - 3y = 0, \\ f'_y(x,y) = 3y^2 - 3x = 0, \end{cases}$$

得两个稳定点 $(0,0)$ 与 $(1,1)$. 求二阶偏导数

$$f''_{xx}(x,y) = 6x, \quad f''_{xy}(x,y) = -3, \quad f''_{yy}(x,y) = 6y.$$

$$[f''_{xy}(x,y)]^2 - f''_{xx}(x,y) f''_{yy}(x,y) = 9 - 36xy.$$

在点 $(0,0)$, $\Delta = 9 > 0$, $(0,0)$ 不是函数的极值点.

在点 $(1,1)$, $\Delta = -27 < 0$, 且 $A = 6 > 0$, $(1,1)$ 是函数的极小点,极小值是 $x^3 + y^3 - 3xy \big|_{(1,1)} = -1$.

欲求可微函数 $f(x,y)$ 在有界闭区域 $D$ 的最大(小)值,除了求出函数 $f(x,y)$ 在 $D$ 内全部极大(小)值外,还要求出函数 $f(x,y)$ 在 $D$ 的边界上的最大(小)值,将它们放在一起进行比较,其中最大(小)者就是函数 $f(x,y)$ 在 $D$ 的最大(小)值.一般来说,求函数 $f(x,y)$ 在 $D$ 的边界上的最大(小)值是很困难的.但是,有很多实际问题,根据问题的实际意义,函数 $f(x,y)$ 的最大(小)值必在区域 $D$($D$ 可以是无界区域)内某点 $P$ 取到,又函数 $f(x,y)$ 在 $D$ 内只有一个稳定点 $P$,那么函数 $f(x,y)$ 必在这个稳定点 $P$ 取最大(小)值.

**例 7** 用钢板制造容积为 $V$ 的无盖长方形水箱,问怎样选择水箱的长、宽、高才最省钢板.

**解** 设水箱长,宽,高分别是 $x,y,z$,已知 $xyz = V$,从而高 $z = \dfrac{V}{xy}$. 水箱表面的面积

$$S = xy + \frac{V}{xy}(2x + 2y) = xy + 2V\left(\frac{1}{x} + \frac{1}{y}\right),$$

$S$ 的定义域 $D = \{(x,y) \mid 0 < x < +\infty, 0 < y < +\infty\}$.

这个问题就是求二元函数 $S$ 在区域 $D$ 内的最小值.

解方程组

$$\begin{cases} \dfrac{\partial S}{\partial x} = y + 2V\left(-\dfrac{1}{x^2}\right) = y - \dfrac{2V}{x^2} = 0, \\[2mm] \dfrac{\partial S}{\partial y} = x + 2V\left(-\dfrac{1}{y^2}\right) = x - \dfrac{2V}{y^2} = 0, \end{cases}$$

在区域 $D$ 内解得唯一稳定点 $(\sqrt[3]{2V},\sqrt[3]{2V})$.① 求二阶偏导数

$$\frac{\partial^2 S}{\partial x^2}=\frac{4V}{x^3},\quad \frac{\partial^2 S}{\partial x\partial y}=1,\quad \frac{\partial^2 S}{\partial y^2}=\frac{4V}{y^3}.\quad \left(\frac{\partial^2 S}{\partial x\partial y}\right)^2-\frac{\partial^2 S}{\partial x^2}\cdot\frac{\partial^2 S}{\partial y^2}=1-\frac{16V^2}{x^3 y^3}.$$

在稳定点 $(\sqrt[3]{2V},\sqrt[3]{2V})$,$\Delta=-3<0$,且 $A=2>0$,从而,稳定点 $(\sqrt[3]{2V},\sqrt[3]{2V})$ 是 $S$ 的极小点. 因此,函数 $S$ 在点 $(\sqrt[3]{2V},\sqrt[3]{2V})$ 取最小值. 当 $x=\sqrt[3]{2V},y=\sqrt[3]{2V}$ 时,

$$z=\frac{V}{\sqrt[3]{2V}\sqrt[3]{2V}}=\frac{\sqrt[3]{2V}}{2},$$

即无盖长方形水箱 $x=y=\sqrt[3]{2V},z=\dfrac{\sqrt[3]{2V}}{2}$,所需钢板最省.

**例 8** 在已知周长为 $2p$ 的一切三角形中,求出面积为最大的三角形.

**解** 设三角形的三个边长分别是 $x,y,z$,面积是 $\varphi$. 由海伦公式,有

$$\varphi=\sqrt{p(p-x)(p-y)(p-z)}.\tag{8}$$

已知 $x+y+z=2p$ 或 $z=2p-x-y$,代入(8)式中,有

$$\varphi=\sqrt{p(p-x)(p-y)(x+y-p)}.$$

因为三角形的边长是正数而且小于半周长 $p$,所以 $\varphi$ 的定义域

$$D=\{(x,y)\mid 0<x<p,0<y<p,x+y>p\}.$$

已知 $\varphi$ 的稳定点与 $\dfrac{\varphi^2}{p}$ 的稳定点相同. 为计算简便,求

$$\psi=\frac{\varphi^2}{p}=(p-x)(p-y)(x+y-p)$$

的稳定点. 解方程组

$$\begin{cases} \psi'_x(x,y)=-(p-y)(x+y-p)+(p-x)(p-y)=(p-y)(2p-2x-y)=0, \\ \psi'_y(x,y)=-(p-x)(x+y-p)+(p-x)(p-y)=(p-x)(2p-2y-x)=0. \end{cases}$$

在区域 $D$ 内有唯一稳定点 $\left(\dfrac{2p}{3},\dfrac{2p}{3}\right)$. 求二阶偏导数

$$\psi''_{xx}(x,y)=-2(p-y),\quad \psi''_{xy}(x,y)=2(x+y)-3p,\quad \psi''_{yy}(x,y)=-2(p-x).$$
$$[\psi''_{xy}(x,y)]^2-\psi''_{xx}(x,y)\psi''_{yy}(x,y)=4x^2+4xy+4y^2-8px-8py+5p^2.$$

在稳定点 $\left(\dfrac{2p}{3},\dfrac{2p}{3}\right)$,$\Delta=-\dfrac{p^2}{3}<0$,$A=-\dfrac{2}{3}p<0$. 从而,稳定点 $\left(\dfrac{2p}{3},\dfrac{2p}{3}\right)$ 是函数 $\psi$,即 $\varphi$ 的极大点.

由题意,$\varphi$ 在稳定点 $\left(\dfrac{2p}{3},\dfrac{2p}{3}\right)$ 必取到最大值. 当 $x=\dfrac{2p}{3},y=\dfrac{2p}{3}$ 时,$z=2p-x-y=\dfrac{2p}{3}$,即三角形三边长的和为定数时,等边三角形的面积最大.

**例 9** 经过实测得到 $n$ 个数对 $(x_i,y_i)$,$i=1,2,\cdots,n$,其中 $y_i$ 是在 $x_i$ 测得的值. 在坐标平面上,这 $n$ 个数对对应 $n$ 个点,设它们大体上分布在一条直线附近. 求一条直线 $y=ax+b$,使其在总体上与这 $n$ 个点接近程度最好.

---

① 到此已基本解完. 由实际意义,函数 $S$ 必在区域 $D$ 内取最小值. $D$ 内又有唯一稳定点. 因此,函数 $S$ 必在此稳定点取极小值. 以下在理论上验证稳定点是极小点.

将点 $(x_i, y_i)$ 的坐标代入直线方程 $y = ax + b$ 中,设
$$\varepsilon_i = ax_i + b - y_i,$$

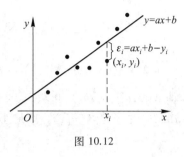

图 10.12

称 $\varepsilon_i$ 是点 $(x_i, y_i)$ 到直线 $y = ax + b$ 的**偏差**,如图 10.12.显然,若点 $(x_i, y_i)$ 在直线 $y = ax + b$ 上,则偏差 $\varepsilon_i = 0$;若点 $(x_i, y_i)$ 不在直线 $y = ax + b$ 上,则偏差 $\varepsilon_i \neq 0$.此时,$\varepsilon_i$ 可能是正数也可能是负数.为了消除符号影响,考虑 $\varepsilon_i^2$.于是,偏差平方和的大小,即

$$\sum_{i=1}^{n} \varepsilon_i^2 = \sum_{i=1}^{n} (ax_i + b - y_i)^2$$

的大小在总体上刻画了这 $n$ 个点与直线 $y = ax + b$ 的接近程度.为了使其接近程度最好,也就是求以 $a$ 与 $b$ 为自变量的二元函数

$$f(a, b) = \sum_{i=1}^{n} (ax_i + b - y_i)^2$$

的最小值.求函数 $f(a, b)$ 最小值确定 $a$ 与 $b$(从而确定直线方程 $y = ax + b$)的方法叫做**最小二乘法**.

**解** 函数 $f(a, b)$ 的定义域是 $\mathbf{R}^2$.解方程组

$$\begin{cases} f'_a(a, b) = 2 \sum_{i=1}^{n} (ax_i^2 + bx_i - x_i y_i) = 0, \\ f'_b(a, b) = 2 \sum_{i=1}^{n} (ax_i + b - y_i) = 0 \end{cases}$$

或

$$\begin{cases} a \sum_{i=1}^{n} x_i^2 + b \sum_{i=1}^{n} x_i = \sum_{i=1}^{n} x_i y_i, \\ a \sum_{i=1}^{n} x_i + bn = \sum_{i=1}^{n} y_i. \end{cases}$$

解得唯一稳定点 $(a_0, b_0)$:①

$$a_0 = \frac{n \sum_{i=1}^{n} x_i y_i - \left( \sum_{i=1}^{n} x_i \right) \left( \sum_{i=1}^{n} y_i \right)}{n \sum_{i=1}^{n} x_i^2 - \left( \sum_{i=1}^{n} x_i \right)^2}, \quad b_0 = \frac{\left( \sum_{i=1}^{n} x_i^2 \right) \left( \sum_{i=1}^{n} y_i \right) - \left( \sum_{i=1}^{n} x_i y_i \right) \left( \sum_{i=1}^{n} x_i \right)}{n \sum_{i=1}^{n} x_i^2 - \left( \sum_{i=1}^{n} x_i \right)^2}.$$

根据问题的实际意义,二元函数 $f(a, b)$ 在 $\mathbf{R}^2$ 内必存在最小值,又只有唯一一个稳定点.因此,二元函数 $f(a, b)$ 必在稳定点 $(a_0, b_0)$ 取最小值.于是,欲求的直线方程是

$$y = a_0 x + b_0.$$

**注** 用取极值的充分条件判别也很简便.

---

① 当 $x_1, x_2, \cdots, x_n (n \geq 2)$ 不全相等时(在实测中彼此都不相等),不难用归纳法证明,有(系数行列式)

$$n \sum_{i=1}^{n} x_i^2 - \left( \sum_{i=1}^{n} x_i \right)^2 > 0.$$

$$f''_{aa}(a_0,b_0) = 2\sum_{i=1}^{n} x_i^2, \quad f''_{ab}(a_0,b_0) = 2\sum_{i=1}^{n} x_i, \quad f''_{bb}(a_0,b_0) = 2n.$$

$$\Delta = [f''_{ab}(a_0,b_0)]^2 - f''_{aa}(a_0,b_0) \cdot f''_{bb}(a_0,b_0) = 4\left[\left(\sum_{i=1}^{n} x_i\right)^2 - n\sum_{i=1}^{n} x_i^2\right] < 0.$$

即 $\Delta<0,f''_{aa}(a_0,b_0)>0$. 从而,唯一的稳定点 $(a_0,b_0)$ 是函数 $f(a,b)$ 的极小点. 于是,函数 $f(a,b)$ 在稳定点 $(a_0,b_0)$ 取最小值,即直线方程是 $y=a_0x+b_0$.

# 练习题 10.4

1. 求下列函数的二阶偏导数:

1) $u=x^4+y^4-4x^2y^2$;

2) $u=\arctan\dfrac{y}{x}$;

3) $u=x\sin(x+y)$;

4) $u=\dfrac{1}{\sqrt{x^2+y^2+z^2}}$.

2. 求下列函数的指定阶偏导数:

1) $u=x\ln(xy)$, $\dfrac{\partial^3 u}{\partial x^2 \partial y}$;

2) $u=x^3\sin y+y^3\sin x$, $\dfrac{\partial^6 u}{\partial x^3 \partial y^3}$;

3) $u=\mathrm{e}^{xyz}$, $\dfrac{\partial^3 u}{\partial x \partial y \partial z}$;

4) $f(x,y)=\mathrm{e}^x\sin y$, $f^{(m+n)}_{x^m y^n}(0,0)$.

3. 证明:函数 $u=\arctan\dfrac{y}{x}$ 与 $u=\ln\dfrac{1}{\sqrt{(x-a)^2+(y-b)^2}}$ 都是拉普拉斯①方程 $\dfrac{\partial^2 u}{\partial x^2}+\dfrac{\partial^2 u}{\partial y^2}=0$ 的解,其中 $a$ 与 $b$ 是常数.

4. 求函数

$$f(x,y)=\begin{cases} \mathrm{e}^{-\frac{1}{x^2+y^2}}, & x^2+y^2\neq 0, \\ 0, & x^2+y^2=0 \end{cases}$$

的二阶偏导数 $f''_{xx}(0,0)$ 与 $f''_{xy}(0,0)$.

5. 求下列复合函数的二阶偏导数:

1) $u=f(x,y)$, $x=s+t$, $y=st$;

2) $u=f(x,y)$, $x=st$, $y=\dfrac{s}{t}$.

6. 证明:若 $u=x^m y^n$,其中 $m+n=1$,则

$$\dfrac{\partial^2 u}{\partial x^2}\dfrac{\partial^2 u}{\partial y^2}-\left(\dfrac{\partial^2 u}{\partial x \partial y}\right)^2=0 \quad (x>0,y>0).$$

7. 证明:若 $u=f(x,y),x=s\cos\alpha-t\sin\alpha,y=s\sin\alpha+t\cos\alpha$,则

$$\left(\dfrac{\partial u}{\partial x}\right)^2+\left(\dfrac{\partial u}{\partial y}\right)^2=\left(\dfrac{\partial u}{\partial s}\right)^2+\left(\dfrac{\partial u}{\partial t}\right)^2 \quad 与 \quad \dfrac{\partial^2 u}{\partial x^2}+\dfrac{\partial^2 u}{\partial y^2}=\dfrac{\partial^2 u}{\partial s^2}+\dfrac{\partial^2 u}{\partial t^2}.$$

8. 证明:函数 $u=f(x,y,z)$ 在空间正交变换

---

① 拉普拉斯(Laplace,1749—1827),法国数学家.

$$x = a_1 r + b_1 s + c_1 t, \quad y = a_2 r + b_2 s + c_2 t, \quad z = a_3 r + b_3 s + c_3 t$$

下($a_i, b_i, c_i$ 都是常数),有

$$\frac{\partial^2 u}{\partial x^2} + \frac{\partial^2 u}{\partial y^2} + \frac{\partial^2 u}{\partial z^2} = \frac{\partial^2 u}{\partial r^2} + \frac{\partial^2 u}{\partial s^2} + \frac{\partial^2 u}{\partial t^2}.$$

$\left(提示:求 \dfrac{\partial^2 u}{\partial r^2}, \dfrac{\partial^2 u}{\partial s^2}, \dfrac{\partial^2 u}{\partial t^2},然后作和,应用正交的条件.\right)$

9. 将下列函数在指定点展成泰勒公式:

1) $f(x,y) = 2x^2 - xy - y^2 - 6x - 3y + 5$,点$(1, -2)$;

2) $f(x,y,z) = x^3 + y^3 + z^3 - 3xyz$,点$(1,1,1)$.

10. 设函数 $f(x,y)$ 在 $P(a,b)$ 的邻域 $U(P,r)$ 存在任意阶连续偏导数.证明:若 $\exists M > 0, \forall (x,y) \in U(P,r), \forall m \in \mathbf{N}_+$,有

$$\left| \frac{\partial^m f(x,y)}{\partial x^{m-i} \partial y^i} \right| \leqslant M \quad (i \leqslant m),$$

则 $\forall (a+h, b+k) \in U(P,r)$,有(二元泰勒级数)

$$f(a+h,b+k) = f(a,b) + \frac{1}{1!}\left(h\frac{\partial}{\partial x} + k\frac{\partial}{\partial y}\right)f(a,b) + \frac{1}{2!}\left(h\frac{\partial}{\partial x} + k\frac{\partial}{\partial y}\right)^2 f(a,b) + \cdots + \frac{1}{n!}\left(h\frac{\partial}{\partial x} + k\frac{\partial}{\partial y}\right)^n f(a,b) + \cdots.$$

$\left(提示:证明 |R_n| = \left| \dfrac{1}{(n+1)!}\left(h\dfrac{\partial}{\partial x} + k\dfrac{\partial}{\partial y}\right)^{n+1} f(a+\theta h, b+\theta k) \right| \to 0 (n \to \infty).\right)$

11. 将函数 $f(x,y) = \mathrm{e}^{x+y}$ 在点$(1, -1)$展成幂级数.

12. 求下列函数的极值:

1) $u = x^2 + (y-1)^2$;

2) $u = (2ax - x^2)(2by - y^2), ab \neq 0$;

3) $u = x^3 + 3xy^2 - 15x - 12y$;

4) $u = (ax^2 + by^2)\mathrm{e}^{-(x^2+y^2)}, 0 < a < b$.

13. 将正数 $a$ 分成三个正数之和,使它的乘积最大,求此三个数.

14. 在半径为 $a$ 的半球内,求体积最大的内接长方体的边长.

15. 已知渠道的横截面是等腰梯形,其面积为 $A$,问等腰梯形的底与高各多大,才能使渠道的湿周(两腰与底长之和)最小?

　　　*　　　　*　　　　*　　　　*　　　　*　　　　*　　　　*

16. 证明:若 $u = f(x,y,z)$,而 $x = r\cos\varphi, y = r\sin\varphi, z = z$,则

$$\frac{\partial^2 u}{\partial x^2} + \frac{\partial^2 u}{\partial y^2} + \frac{\partial^2 u}{\partial z^2} = \frac{\partial^2 u}{\partial r^2} + \frac{1}{r^2}\frac{\partial^2 u}{\partial \varphi^2} + \frac{1}{r}\frac{\partial u}{\partial r} + \frac{\partial^2 u}{\partial z^2}.$$

17. 证明:若 $z = f(u,v), u = u(x,y), v = v(x,y)$,二阶偏导数连续,而函数 $u$ 与 $v$ 满足柯西-黎曼方程:$\dfrac{\partial u}{\partial x} = \dfrac{\partial v}{\partial y}, \dfrac{\partial v}{\partial x} = -\dfrac{\partial u}{\partial y}$,则

$$\frac{\partial^2 z}{\partial x^2} + \frac{\partial^2 z}{\partial y^2} = \left(\frac{\partial^2 z}{\partial u^2} + \frac{\partial^2 z}{\partial v^2}\right)\left[\left(\frac{\partial u}{\partial x}\right)^2 + \left(\frac{\partial u}{\partial y}\right)^2\right].$$

18. 证明:若 $f'_x(x,y), f'_y(x,y)$ 和 $f''_{xy}(x,y)$ 在点 $P_0(x_0, y_0)$ 的邻域存在,且 $f''_{xy}(x,y)$ 在点 $P_0(x_0, y_0)$ 连续,则 $f''_{yx}(x,y)$ 在 $P_0(x_0, y_0)$ 也存在,且

$$f''_{xy}(x_0, y_0) = f''_{yx}(x_0, y_0) \quad (比定理 1 的条件弱).$$

19. 证明:若函数 $f(x,y)$ 在点$(0,0)$的邻域存在二阶连续偏导数,则

$$f''_{xx}(0,0) = \lim_{h \to 0^+} \frac{f(2h, \mathrm{e}^{-\frac{1}{2h}}) - 2f(h, \mathrm{e}^{-\frac{1}{h}}) + f(0,0)}{h^2}.$$

( 提示:将 $f(2h,\mathrm{e}^{\frac{1}{2h}})$ , $f(h,\mathrm{e}^{\frac{1}{h}})$ 展成麦克劳林公式,到二阶偏导数.)

20. 若 $f(tx_1,tx_2,\cdots,tx_n)=t^k f(x_1,x_2,\cdots,x_n)$ ,则称 $n$ 元函数 $f(x_1,x_2,\cdots,x_n)$ 是 $k$ 次**齐次函数**.证明:设 $f(x,y,z)$ 可微,函数 $f(x,y,z)$ 是 $k$ 次齐次函数 $\Longleftrightarrow xf_x'+yf_y'+zf_z'=kf(x,y,z)$ .( 提示:必要性.对等式 $f(tx,ty,tz)=t^k f(x,y,z)$ 两端关于 $t$ 求导数,然后令 $t=1$ .充分性.将等式中的 $x,y,z$ 分别换成 $tx,ty,$ $tz$ ,有

$$txf_x'(tx,ty,tz)+tyf_y'(tx,ty,tz)+tzf_z'(tx,ty,tz)=kf(tx,ty,tz)$$

改写为

$$tf_t'(tx,ty,tz)=kf(tx,ty,tz) \quad 或 \quad \frac{f_t'(tx,ty,tz)}{f(tx,ty,tz)}=\frac{k}{t},$$

两端关于 $t$ 求积分,再确定常数 $C$ .)

21. 证明:若 $f(x,y,z)$ 是可微的 $k$ 次齐次函数,则 $f_x'(x,y,z)$ , $f_y'(x,y,z)$ , $f_z'(x,y,z)$ 是 $k-1$ 次齐次函数.( 提示:由第 20 题知, $xf_x'+yf_y'+zf_z'=kf$ ,两端对 $x$ ( 或 $y$ 与 $z$ )求偏导数,再应用第 20 题的充分性.)

22. 证明:若 $f(x,y,z)$ 是可微的 $n$ 次齐次函数,而函数 $x(u,v,w)$ , $y(u,v,w)$ , $z(u,v,w)$ 都是可微的 $m$ 次齐次函数,则

$$F(u,v,w)=f[x(u,v,w),y(u,v,w),z(u,v,w)]$$

是 $nm$ 次齐次函数.( 提示:由第 20 题,只需证明, $uF_u'+vF_v'+wF_w'=nmF$ .)

 **答疑解惑**

# 第十一章
# 隐　函　数

§5.3 已给出隐函数的概念和隐函数的求导法则.本章将在一个二元方程所确定的隐函数的基础上,进一步推广到方程组所确定的隐函数,并证明隐函数的存在性、连续性、可微性.讨论方程组所确定的隐函数要用到多元函数微分学中的一个重要工具——函数行列式.我们将给出函数行列式的性质及其简单的应用.

## §11.1　隐函数的存在性

### 一、隐函数概念

在§5.3 中,已经给出由二元方程 $F(x,y)=0$ 所确定的隐函数.

**例1**　二元方程 $F(x,y)=xy+3x^2-5y-7=0$. $\forall x \in \mathbf{R}$ $(x \neq 5)$,通过方程对应唯一一个 $y$,即 $y=\dfrac{3x^2-7}{5-x}$.显然,有

$$F\left(x,\frac{3x^2-7}{5-x}\right) \equiv 0.$$

由隐函数定义,$y=\dfrac{3x^2-7}{5-x}$是方程 $F(x,y)=xy+3x^2-5y-7=0$ 所确定的隐函数.它的几何意义是,平面曲线 $y=\dfrac{3x^2-7}{5-x}$是空间曲面$z=xy+3x^2-5y-7$ 与平面 $z=0(xy$ 平面$)$的单值交线.①

**例2**　二元方程 $F(x,y)=x^2+y^2-a^2=0(a>0)$, $\forall x \in (-a,a)$,通过方程对应两个 $y$.如果限定 $y$ 的变化范围$0<y<+\infty$ 或$-\infty <y<0$,则 $\forall x \in (-a,a)$只对应唯一一个 $y$,即

$$y_1=\sqrt{a^2-x^2} \quad \text{或} \quad y_2=-\sqrt{a^2-x^2}.$$

显然,有

$$F(x,y_1)=F(x,\sqrt{a^2-x^2}) \equiv 0 \text{ 与 } F(x,y_2)=F(x,-\sqrt{a^2-x^2}) \equiv 0.$$

由隐函数定义,$y_1=\sqrt{a^2-x^2}$与 $y_2=-\sqrt{a^2-x^2}$都是方程

$$F(x,y)=x^2+y^2-a^2=0$$

---

①　单值交线或单值曲线就是单值函数的几何意义,下同.

所确定的隐函数.它的几何意义是,平面曲线 $y_1=\sqrt{a^2-x^2}$ 与 $y_2=-\sqrt{a^2-x^2}$(以原点为圆心,以 $a$ 为半径的上半圆与下半圆)是空间曲面 $z=x^2+y^2-a^2$(旋转抛物面)与平面 $z=0$ 的两条单值交线.

**例 3** 二元方程 $F(x,y)=xy+2^x-2^y=0$,在原点的某个邻域 $(-\delta,\delta)$ 内,$\forall x\in(-\delta,\delta)$,通过方程对应唯一一个 $y$,即 $y=\varphi(x)$(下面例 6 将证明这个事实).显然,有

$$F[x,\varphi(x)]\equiv 0.$$

由隐函数定义,$y=\varphi(x)$ 是方程 $F(x,y)=xy+2^x-2^y=0$ 所确定的隐函数.它的几何意义是,空间曲面 $z=xy+2^x-2^y$ 与平面 $z=0$ 在原点的邻域 $(-\delta,\delta)$ 相交成平面单值曲线 $y=\varphi(x)$.

**例 4** 二元方程 $F(x,y)=x^2+y^2+r^2=0(r\neq 0)$.$\forall x\in\mathbf{R}$,通过方程不存在对应的 $y$,即方程不确定隐函数.它的几何意义是,空间曲面 $z=x^2+y^2+r^2$(旋转抛物面)与平面 $z=0$ 不相交.

上述四例说明,一个方程可能确定隐函数,如例 1、例 2、例 3,也可能不确定隐函数,如例 4.一个方程可能确定一个隐函数,如例 1,也可能确定两个(或多个)隐函数,如例 2.一个方程确定的隐函数可能是初等函数,如例 1、例 2,也可能不是初等函数,如例 3(因为超越方程不能用代数方法求解).值得注意的是例 3 这种情况,它说明隐函数包含着非初等函数.从而给出了表示函数的新方法,扩大了研究函数的范围.

关于两个变量 $x$ 与 $y$ 的二元方程 $F(x,y)=0$ 确定隐函数,可类似地推广到 $n+1$ 个变量 $x_1,x_2,\cdots,x_n,y$ 的方程

$$F(x_1,x_2,\cdots,x_n,y)=0.$$

若存在点 $P_0(x_1^0,x_2^0,\cdots,x_n^0)$ 的邻域 $G$,$\forall P(x_1,x_2,\cdots,x_n)\in G$,通过上面方程对应唯一一个 $y$,设 $y=f(x_1,x_2,\cdots,x_n)$,有

$$F[x_1,x_2,\cdots,x_n,f(x_1,x_2,\cdots,x_n)]\equiv 0,$$

则称 $n$ 元函数 $y=f(x_1,x_2,\cdots,x_n)$ 是由方程 $F(x_1,x_2,\cdots,x_n,y)=0$ 所确定的**隐函数**.

**例 5** 三元方程 $F(x,y,z)=x+xy+yz-4=0$.$\forall(x,y)\in\mathbf{R}^2(y\neq 0)$,通过方程对应唯一一个 $z$,即 $z=\dfrac{4-x-xy}{y}$.显然,有

$$F\left(x,y,\frac{4-x-xy}{y}\right)\equiv 0.$$

由隐函数定义,$z=\dfrac{4-x-xy}{y}$ 是方程 $F(x,y,z)=x+xy+yz-4=0$ 所确定的(二元)隐函数.

隐函数还有更一般的情况:若干个方程构成的方程组所确定的隐函数(组).例如,三个变量两个方程构成的不定方程组

$$\begin{cases} F_1(x,y,z)=5x+yz+z^2-6=0, \\ F_2(x,y,z)=x+y+z=0, \end{cases}$$

$\forall z\in\mathbf{R}(z\neq 5)$,通过方程组对应唯一一对 $x$ 与 $y$,即

$$x=\frac{6}{5-z} \quad 与 \quad y=\frac{(z+1)(z-6)}{5-z}.$$

显然,有

$$\begin{cases} F_1\left[\dfrac{6}{5-z}, \dfrac{(z+1)(z-6)}{5-z}, z\right] \equiv 0, \\ F_2\left[\dfrac{6}{5-z}, \dfrac{(z+1)(z-6)}{5-z}, z\right] \equiv 0. \end{cases}$$

一般情况，$n$ 个变量 $m$ 个方程（$m<n$）构成的不定方程组：

$$\begin{cases} F_1(x_1, x_2, \cdots, x_m, x_{m+1}, \cdots, x_n) = 0, \\ F_2(x_1, x_2, \cdots, x_m, x_{m+1}, \cdots, x_n) = 0, \\ \qquad\qquad \cdots\cdots\cdots\cdots \\ F_m(x_1, x_2, \cdots, x_m, x_{m+1}, \cdots, x_n) = 0, \end{cases} \tag{1}$$

若存在 $m$ 个函数

$$\begin{cases} x_1 = f_1(x_{m+1}, \cdots, x_n), \\ x_2 = f_2(x_{m+1}, \cdots, x_n), \\ \qquad \cdots\cdots\cdots\cdots \\ x_m = f_m(x_{m+1}, \cdots, x_n) \end{cases} \tag{2}$$

满足方程组（1），即

$$\begin{cases} F_1(f_1, f_2, \cdots, f_m, x_{m+1}, \cdots, x_n) \equiv 0, \\ F_2(f_1, f_2, \cdots, f_m, x_{m+1}, \cdots, x_n) \equiv 0, \\ \qquad\qquad \cdots\cdots\cdots\cdots \\ F_m(f_1, f_2, \cdots, f_m, x_{m+1}, \cdots, x_n) \equiv 0, \end{cases}$$

则称函数组（2）（共 $m$ 个函数）是方程组（1）所确定的**隐函数组**.

## 二、一个方程确定的隐函数

给定一个二元方程 $F(x,y)=0$，等号左端的二元函数 $F(x,y)$ 满足什么条件，方程才存在（有连续导数的）隐函数呢？它的几何意义就是，满足什么条件曲面 $z=F(x,y)$ 与平面 $z=0$ 交成一条（光滑的单值的）曲线呢？很明显，至少应当假定曲面 $z=F(x,y)$ 与平面 $z=0$ 有一个交点 $P_0(x_0,y_0)$，即 $F(x_0,y_0)=0$，并且在点 $P_0$ 的某个邻域 $D$，两个偏导数 $F'_x(x,y)$ 与 $F'_y(x,y)$ 连续. 为了使曲面 $z=F(x,y)$ 与平面 $z=0$ 不仅相交于一点 $P_0$，还要交成一条单值曲线 $y=f(x)$，这只要增加条件 $F'_y(x_0,y_0) \neq 0$ 就行. 事实上，由连续函数的保号性，在点 $P_0$ 的某邻域 $G(\subset D)$，$F'_y(x,y)$ 保号，这表明将 $F(x,y)$ 看作变量 $y$ 的一元函数时是严格单调的，又 $F(x_0,y_0)=0$，所以当 $\beta(>0)$ 充分小时，$F(x_0, y_0-\beta)$ 与 $F(x_0, y_0+\beta)$ 具有相反的符号，即曲面 $z=F(x,y)$ 穿过平面 $z=0$，再应用连续函数 $F(x,y)$ 的保号性，关于变量 $y$ 的单调性和根的存在性，就可证明曲面 $z=F(x,y)$ 与平面 $z=0$ 交成一条光滑单值曲线 $y=f(x)$. 有下面隐函数存在定理：

**定理 1** 若二元函数 $z=F(x,y)$ 在以点 $(x_0,y_0)$ 为中心的矩形区域 $D$（边界平行坐标轴）满足下列条件：

1）$F'_x(x,y)$ 与 $F'_y(x,y)$ 在 $D$ 连续（从而 $F(x,y)$ 在 $D$ 连续）；

2）$F(x_0,y_0)=0$；

3）$F'_y(x_0,y_0) \neq 0$.

则 i）$\exists \delta>0$ 与 $\beta>0$，$\forall x \in \Delta = (x_0-\delta, x_0+\delta)$ 存在唯一一个 $y=f(x)$（隐函数），使 $F[x,$

$f(x)]\equiv 0, f(x_0)=y_0$,且

$$y_0-\beta<f(x)<y_0+\beta.$$

ii) $y=f(x)$ 在区间 $\Delta$ 连续.

iii) $y=f(x)$ 在区间 $\Delta$ 有连续导数,且

$$f'(x)=-\frac{F'_x(x,y)}{F'_y(x,y)}.$$

**证明** i) 隐函数的存在性.由条件 3),不妨假设

$$F'_y(x_0,y_0)>0.$$

再由条件 1),函数 $F'_y(x,y)$ 在点 $(x_0,y_0)$ 连续.根据 §10.2 定理 4(连续函数的保号性),存在以点 $(x_0,y_0)$ 为中心的闭矩形区域 $G(x_0-\alpha\leq x\leq x_0+\alpha; y_0-\beta\leq y\leq y_0+\beta)$,而 $G\subset D$,$\forall (x,y)\in G$,有

$$F'_y(x,y)>0. \tag{3}$$

特别地,当 $x=x_0$ 时,有 $F'_y(x_0,y)>0, y_0-\beta\leq y\leq y_0+\beta$.根据 §6.4 定理 2,一元函数 $F(x_0,y)$ 在闭区间 $[y_0-\beta,y_0+\beta]$ 严格增加.由条件 2),$F(x_0,y_0)=0$,有

$$F(x_0,y_0-\beta)<0 \quad 与 \quad F(x_0,y_0+\beta)>0. \tag{4}$$

再考虑下面两个一元函数

$$F(x,y_0-\beta) \quad 与 \quad F(x,y_0+\beta).$$

这两个函数在点 $x_0$ 连续,且有不等式(4),根据 §3.2 定理 3(局部保号性),$\exists \delta>0(\delta<\alpha)$,$\forall x\in(x_0-\delta,x_0+\delta)$,有

$$F(x,y_0-\beta)<0 \quad 与 \quad F(x,y_0+\beta)>0. \tag{5}$$

(5)式的几何意义是,如图 11.1,曲面 $z=F(x,y)$ 在线段 $AB$ 上的图像在 $xy$ 平面之下,在线段 $CE$ 上的图像在 $xy$ 平面之上.下面证明,曲面 $z=F(x,y)$ 与 $xy$ 平面相交,其单值交线 $l$ 就是将要证明的在区间 $(x_0-\delta,x_0+\delta)$ 的隐函数.

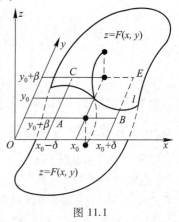

图 11.1

令 $\Delta=(x_0-\delta,x_0+\delta)$.$\forall \bar{x}\in\Delta$,由(3)式,有

$$F'_y(\bar{x},y)>0, \quad y\in[y_0-\beta,y_0+\beta],$$

即一元函数 $F(\bar{x},y)$ 在区间 $[y_0-\beta,y_0+\beta]$ 严格增加.由(5)式,有

$$F(\bar{x},y_0-\beta)<0 \quad 与 \quad F(\bar{x},y_0+\beta)>0.$$

根据 §3.2 定理 6(介值性),在区间 $(y_0-\beta,y_0+\beta)$ 存在唯一一点 $\bar{y}$,使

$$F(\bar{x},\bar{y})=0. \tag{6}$$

由(6)式,$\forall x\in\Delta$,存在唯一一个 $y\in(y_0-\beta,y_0+\beta)$ 使 $F(x,y)=0$,即

$$(x,y)\in f\subset(x_0-\delta,x_0+\delta)\times(y_0-\beta,y_0+\beta).$$

于是,$y$ 是 $x$ 的函数:$y=f(x)$.$\forall x\in\Delta$,有

$$F[x,f(x)]\equiv 0 \quad 与 \quad y_0-\beta<f(x)<y_0+\beta.$$

已知 $F(x_0,y_0)=0$ 与 $F[x_0,f(x_0)]=0$.因为在 $(y_0-\beta,y_0+\beta)$ 内与 $x_0$ 对应且满足方程 $F(x,y)=0$ 的 $y$ 是唯一的,所以

$$y_0=f(x_0).$$

ii）（隐）函数 $y=f(x)$ 在区间 $\Delta$ 连续.只需证明，$\forall x \in \Delta$，函数 $y=f(x)$ 在 $x$ 连续.

已知 $F'_x(x,y)$ 与 $F'_y(x,y)$ 在闭矩形域 $G(x_0-\alpha \leqslant x \leqslant x_0+\alpha; y_0-\beta \leqslant y \leqslant y_0+\beta)$ 连续，且 $F'_y(x,y)>0$，则 $|F'_x(x,y)|$ 在 $G$ 有上界，$|F'_y(x,y)|$ 在 $G$ 有非零的下界，即 $\exists M>0$ 与 $m>0$，$\forall (x,y) \in G$，有

$$|F'_x(x,y)| \leqslant M \quad \text{与} \quad |F'_y(x,y)| \geqslant m.$$

给自变量 $x$ 改变量 $\Delta x$，使 $x+\Delta x \in \Delta$，相应地有函数 $y=f(x)$ 的改变量 $\Delta y$，即

$$\Delta y=f(x+\Delta x)-f(x) \quad \text{或} \quad y+\Delta y=f(x+\Delta x),$$

且 $y+\Delta y \in (y_0-\beta, y_0+\beta)$.已知

$$F(x,y)=0 \quad \text{与} \quad F(x+\Delta x, y+\Delta y)=0.$$

$$
\begin{aligned}
0 &= F(x+\Delta x, y+\Delta y)-F(x,y) \\
&= F(x+\Delta x, y+\Delta y)-F(x, y+\Delta y)+F(x, y+\Delta y)-F(x,y).
\end{aligned}
$$

根据 § 10.3 的引理，有

$$0=F'_x(x+\theta_1\Delta x, y+\Delta y)\Delta x+F'_y(x, y+\theta_2\Delta y)\Delta y, \tag{7}$$

其中 $0<\theta_1<1, 0<\theta_2<1$.将（7）式改写为

$$\Delta y=f(x+\Delta x)-f(x)=-\frac{F'_x(x+\theta_1\Delta x, y+\Delta y)}{F'_y(x, y+\theta_2\Delta y)}\Delta x.$$

有

$$|\Delta y|=|f(x+\Delta x)-f(x)|=\left|-\frac{F'_x(x+\theta_1\Delta x, y+\Delta y)}{F'_y(x, y+\theta_2\Delta y)}\right||\Delta x| \leqslant \frac{M}{m}|\Delta x|.$$

于是

$$\lim_{\Delta x \to 0}\Delta y=\lim_{\Delta x \to 0}[f(x+\Delta x)-f(x)]=0,$$

即（隐）函数 $y=f(x)$ 在 $x$ 连续，从而在 $\Delta$ 连续.

iii）（隐）函数 $y=f(x)$ 在区间 $\Delta$ 有连续导数.

$\forall x \in \Delta$，由（7）式，有

$$\frac{\Delta y}{\Delta x}=-\frac{F'_x(x+\theta_1\Delta x, y+\Delta y)}{F'_y(x, y+\theta_2\Delta y)}, \quad 0<\theta_1<1, 0<\theta_2<1.$$

已知 $y=f(x)$ 在 $x$ 连续，从而当 $\Delta x \to 0$ 时，有 $\Delta y \to 0$，又已知 $F'_x(x,y)$ 与 $F'_y(x,y)$ 在 $D$ 连续，有

$$f'(x)=\lim_{\Delta x \to 0}\frac{\Delta y}{\Delta x}=-\lim_{\substack{\Delta x \to 0 \\ \Delta y \to 0}}\frac{F'_x(x+\theta_1\Delta x, y+\Delta y)}{F'_y(x, y+\theta_2\Delta y)}=-\frac{F'_x(x,y)}{F'_y(x,y)} \quad (F'_y(x,y) \neq 0).$$

即（隐）函数 $y=f(x)$ 在区间 $\Delta$ 有连续的导数，且

$$f'(x)=-\frac{F'_x(x,y)}{F'_y(x,y)}.$$

**注** 为使证明的层次分明，定理 1 的结论分成三个部分，实际上，这三个部分可以合并，叙述为以下更加简明的形式：

"则存在点 $x_0$ 的邻域 $\Delta$，在 $\Delta$ 存在唯一一个有连续导数的（隐）函数 $y=f(x)$，使 $F[x,f(x)] \equiv 0, f(x_0)=y_0$，且

$$f'(x)=-\frac{F'_x(x,y)}{F'_y(x,y)}."$$

今后,隐函数定理的结论,都用这种合并后的叙述形式.

由于定理 1 的证明与区域 $D$ 的维数无关.因此,定理 1 可推广到 $n+1$ 个自变量的方程 $F(x_1,x_2,\cdots,x_n,y)=0$ 所确定的隐函数.

**定理 2**　若函数 $z=F(x_1,x_2,\cdots,x_n,y)$ 在以点 $P_0(x_1^0,x_2^0,\cdots,x_n^0,y^0)$ 为中心的矩形区域 $G$ 满足下列条件:

1)$F'_{x_1},F'_{x_2},\cdots,F'_{x_n},F'_y$ 在 $G$ 连续(从而 $F$ 在 $G$ 连续);

2)$F(x_1^0,x_2^0,\cdots,x_n^0,y^0)=0$;

3)$F'_y(x_1^0,x_2^0,\cdots,x_n^0,y^0)\neq0.$

则存在点 $Q_0(x_1^0,x_2^0,\cdots,x_n^0)$ 的邻域 $U$,在 $U$ 存在唯一一个有连续偏导数的 $n$ 元(隐)函数 $y=f(x_1,x_2,\cdots,x_n)$,使

$$F[x_1,x_2,\cdots,x_n,f(x_1,x_2,\cdots,x_n)]\equiv0,y^0=f(x_1^0,x_2^0,\cdots,x_n^0),$$

且

$$\frac{\partial y}{\partial x_k}=-\frac{F'_{x_k}}{F'_y}\quad(k=1,2,\cdots,n).\tag{8}$$

证明从略.

**注**　关于定理 1 与定理 2 作如下两点说明:

1)定理的条件是隐函数存在的充分条件而不是必要条件;

2)定理只是指出隐函数是存在的,并没有指出隐函数是"什么样",但是能够借助给定的方程讨论它的连续性和可微性.

**例 6**　验证二元方程 $F(x,y)=xy+2^x-2^y=0$ 在点 $x=0$ 的某邻域确定唯一一个有连续导数的隐函数 $y=\varphi(x)$,并求 $\varphi'(x)$(见例 3).

**解**　函数 $F'_x(x,y)=y+2^x\ln2$ 与 $F'_y(x,y)=x-2^y\ln2$ 在点 $(0,0)$ 的邻域连续,且
$$F(0,0)=0,\quad F'_y(0,0)=-\ln2\neq0.$$
根据定理 1,在点 $x=0$ 的某个邻域 $(-\delta,\delta)$ 存在唯一一个有连续导数的(隐)函数 $y=\varphi(x)$,使 $F[x,\varphi(x)]\equiv0$,且 $\varphi(0)=0$.(隐)函数 $y=\varphi(x)$ 的导数是

$$\varphi'(x)=-\frac{y+2^x\ln2}{x-2^y\ln2}.$$

求隐函数的偏导数不必套用公式,可直接应用复合函数的导数公式.

**例 7**　求由三元方程 $xy+\sin z+y=2z$ 确定的隐函数 $z=f(x,y)$ 的偏导数.

**解**　在方程中将 $z$ 看作是 $x$ 与 $y$ 的二元函数,对方程的两端分别关于 $x$ 与 $y$ 求偏导数,有

$$y+\cos z\frac{\partial z}{\partial x}=2\frac{\partial z}{\partial x}\quad\text{与}\quad x+\cos z\frac{\partial z}{\partial y}+1=2\frac{\partial z}{\partial y}.$$

于是,分别解得

$$\frac{\partial z}{\partial x}=\frac{y}{2-\cos z}\quad\text{与}\quad\frac{\partial z}{\partial y}=\frac{1+x}{2-\cos z}.$$

## 三、方程组确定的隐函数

首先讨论四个变量两个方程的特别情况,即

$$\begin{cases} F_1(x,y,u,v)=0, \\ F_2(x,y,u,v)=0. \end{cases}$$

**定理 3** 若四元函数 $F_1(x,y,u,v)$ 与 $F_2(x,y,u,v)$ 在点 $P(x_0,y_0,u_0,v_0)$ 的邻域 $G$ 满足下列条件：

1）四元函数 $F_1(x,y,u,v)$ 与 $F_2(x,y,u,v)$ 的所有偏导数在 $G$ 连续（从而，$F_1$ 与 $F_2$ 在 $G$ 连续）；

2）$\begin{cases} F_1(x_0,y_0,u_0,v_0)=0, \\ F_2(x_0,y_0,u_0,v_0)=0; \end{cases}$

3）行列式 $J=\begin{vmatrix} \dfrac{\partial F_1}{\partial u} & \dfrac{\partial F_1}{\partial v} \\ \dfrac{\partial F_2}{\partial u} & \dfrac{\partial F_2}{\partial v} \end{vmatrix}_P \neq 0.$

则存在点 $Q(x_0,y_0)$ 的邻域 $V$，在 $V$ 存在唯一一组有连续偏导数的（隐）函数组

$$u=u(x,y) \quad 与 \quad v=v(x,y),$$

使

$$\begin{cases} F_1[x,y,u(x,y),v(x,y)]\equiv 0, \\ F_2[x,y,u(x,y),v(x,y)]\equiv 0, \end{cases}$$

且

$$u_0=u(x_0,y_0), \quad v_0=v(x_0,y_0).$$

**证法** 其证法类似代数的解方程组的代入法. 从第一个方程 $F_1(x,y,u,v)=0$ 中"解"出 $v=f(x,y,u)$（这需要验证它满足定理 2 的条件）. 将它代入第二个方程之中，即 $F_2[x,y,u,f(x,y,u)]=0$，再从中"解"出 $u=u(x,y)$（这也需要验证它满足定理 2 的条件）. 最后将 $u=u(x,y)$ 代入 $v=f(x,y,u)$ 中，就得到 $v=f[x,y,u(x,y)]=v(x,y)$. 于是，得到（隐）函数组 $u=u(x,y),v=v(x,y)$.

**证明** 由条件 3），行列式 $J$ 在点 $P$ 不为零，则 $\dfrac{\partial F_1}{\partial u}$ 与 $\dfrac{\partial F_1}{\partial v}$ 至少有一个在点 $P$ 不为零.

不妨设 $\dfrac{\partial F_1}{\partial v}\Big|_P \neq 0.$ 于是，不难验证，四元函数 $F_1(x,y,u,v)$ 在点 $P(x_0,y_0,u_0,v_0)$ 的邻域 $G$ 满足下列条件：

1）函数 $F_1(x,y,u,v)$ 的所有偏导数在 $G$ 连续；

2）$F_1(x_0,y_0,u_0,v_0)=0;$

3）$\dfrac{\partial F_1}{\partial v}\Big|_P \neq 0.$

根据定理 2，在点 $N(x_0,y_0,u_0)$ 的某个邻域 $D$ 存在唯一一个连续（隐）函数 $v=f(x,y,u)$，使

$$F_1[x,y,u,f(x,y,u)]\equiv 0, \quad 且\ v_0=f(x_0,y_0,u_0), \tag{9}$$

函数 $v=f(x,y,u)$ 的偏导数 $\dfrac{\partial f}{\partial x},\dfrac{\partial f}{\partial y},\dfrac{\partial f}{\partial u}$ 在邻域 $D$ 连续. 由（8）式，有

$$\frac{\partial f}{\partial x}=-\frac{\dfrac{\partial F_1}{\partial x}}{\dfrac{\partial F_1}{\partial v}},\quad \frac{\partial f}{\partial y}=-\frac{\dfrac{\partial F_1}{\partial y}}{\dfrac{\partial F_1}{\partial v}},\quad \frac{\partial f}{\partial u}=-\frac{\dfrac{\partial F_1}{\partial u}}{\dfrac{\partial F_1}{\partial v}}. \tag{10}$$

再将函数 $v=f(x,y,u)$ 代入到第二个四元函数 $F_2(x,y,u,v)$ 之中,设

$$\varphi(x,y,u)=F_2[x,y,u,f(x,y,u)].$$

下面验证函数 $\varphi(x,y,u)$ 在点 $N(x_0,y_0,u_0)$ 的邻域 $D$ 满足下列条件:

1) 函数 $\varphi(x,y,u)$ 的所有偏导数在 $D$ 连续.事实上,

$$\frac{\partial \varphi}{\partial x}=\frac{\partial F_2}{\partial x}+\frac{\partial F_2}{\partial v}\cdot\frac{\partial v}{\partial x},\quad \frac{\partial \varphi}{\partial y}=\frac{\partial F_2}{\partial y}+\frac{\partial F_2}{\partial v}\cdot\frac{\partial v}{\partial y},\quad \frac{\partial \varphi}{\partial u}=\frac{\partial F_2}{\partial u}+\frac{\partial F_2}{\partial v}\cdot\frac{\partial v}{\partial u}\quad \left(\frac{\partial v}{\partial u}=\frac{\partial f}{\partial u}\right).$$

已知 $\dfrac{\partial F_2}{\partial x},\dfrac{\partial F_2}{\partial y},\dfrac{\partial F_2}{\partial u},\dfrac{\partial F_2}{\partial v},\dfrac{\partial v}{\partial x},\dfrac{\partial v}{\partial y},\dfrac{\partial v}{\partial u}$ 在邻域 $D$ 都连续,则 $\dfrac{\partial \varphi}{\partial x},\dfrac{\partial \varphi}{\partial y},\dfrac{\partial \varphi}{\partial u}$ 在邻域 $D$ 连续.

2) $\varphi(x_0,y_0,u_0)=F_2[x_0,y_0,u_0,f(x_0,y_0,u_0)]=F_2(x_0,y_0,u_0,v_0)=0.$

3) $\left.\dfrac{\partial \varphi}{\partial u}\right|_N\neq0.$ 事实上,已知 $\dfrac{\partial \varphi}{\partial u}=\dfrac{\partial F_2}{\partial u}+\dfrac{\partial F_2}{\partial v}\cdot\dfrac{\partial f}{\partial u}.$ 由(10)式,有

$$\frac{\partial \varphi}{\partial u}=\frac{\partial F_2}{\partial u}-\frac{\partial F_2}{\partial v}\cdot\frac{\dfrac{\partial F_1}{\partial u}}{\dfrac{\partial F_1}{\partial v}}=\frac{1}{\dfrac{\partial F_1}{\partial v}}\left(\frac{\partial F_1}{\partial v}\frac{\partial F_2}{\partial u}-\frac{\partial F_2}{\partial v}\frac{\partial F_1}{\partial u}\right)=\frac{1}{\dfrac{\partial F_1}{\partial v}}\begin{vmatrix}\dfrac{\partial F_1}{\partial v}&\dfrac{\partial F_1}{\partial u}\\[2mm]\dfrac{\partial F_2}{\partial v}&\dfrac{\partial F_2}{\partial u}\end{vmatrix}=\frac{-1}{\dfrac{\partial F_1}{\partial v}}J.$$

由已知条件,有 $\left.\dfrac{\partial \varphi}{\partial u}\right|_N=\left(\dfrac{-1}{\dfrac{\partial F_1}{\partial v}}J\right)_P\neq0.$

根据定理 2,在点 $Q(x_0,y_0)$ 的某个邻域 $V$ 存在唯一一个连续(隐)函数 $u=u(x,y)$,使

$$\varphi[x,y,u(x,y)]\equiv0,\quad 且\ u_0=u(x_0,y_0). \tag{11}$$

函数 $u=u(x,y)$ 的偏导数 $\dfrac{\partial u}{\partial x},\dfrac{\partial u}{\partial y}$ 在邻域 $V$ 连续.

最后,将 $u=u(x,y)$ 代入 $v=f(x,y,u)$ 之中,设

$$v=f[x,y,u(x,y)]=v(x,y). \tag{12}$$

下面证明,(隐)函数组 $u=u(x,y)$ 与 $v=v(x,y)$ 满足定理的要求.

事实上,已知函数 $v=f(x,y,u)$ 在 $D$ 连续,$u=u(x,y)$ 在 $V(\subset D)$ 连续,于是,$v=v(x,y)=f[x,y,u(x,y)]$ 在 $V$ 连续,即 $u=u(x,y),v=v(x,y)$ 在 $V$ 都连续.

其次由(9)式与(11)式,有

$$F_1[x,y,u(x,y),v(x,y)]\equiv F_1[x,y,u(x,y),f(x,y,u(x,y))]\equiv F_1[x,y,u,f(x,y,u)]\equiv0.$$

$$F_2[x,y,u(x,y),v(x,y)]\equiv F_2[x,y,u(x,y),f(x,y,u(x,y))]\equiv\varphi[x,y,u(x,y)]\equiv0.$$

由(11),(12),(9)式,又有

$$u(x_0,y_0)=u_0,\quad v(x_0,y_0)=f[x_0,y_0,u(x_0,y_0)]=f(x_0,y_0,u_0)=v_0.$$

已知函数 $u=u(x,y)$ 的偏导数在邻域 $V$ 连续.函数 $v=v(x,y)$ 的偏导数在邻域 $V$ 也

是连续的.事实上,由(12)式,有

$$\frac{\partial v}{\partial x}=\frac{\partial f}{\partial x}+\frac{\partial f}{\partial u}\ \frac{\partial u}{\partial x},\qquad \frac{\partial v}{\partial y}=\frac{\partial f}{\partial y}+\frac{\partial f}{\partial u}\ \frac{\partial u}{\partial y}.$$

已知 $\dfrac{\partial f}{\partial x},\dfrac{\partial f}{\partial y},\dfrac{\partial f}{\partial u},\dfrac{\partial u}{\partial x},\dfrac{\partial u}{\partial y}$ 在邻域 $V$ 连续,则 $\dfrac{\partial v}{\partial x},\dfrac{\partial v}{\partial y}$ 在邻域 $V$ 也连续.

**推论** 若函数组 $x=x(u,v),y=y(u,v)$ 的所有偏导数在点 $P(u_0,v_0)$ 的邻域连续,且 $x_0=x(u_0,v_0),y_0=y(u_0,v_0)$,在点 $P(u_0,v_0)$ 行列式

$$\left.\begin{vmatrix} \dfrac{\partial x}{\partial u} & \dfrac{\partial x}{\partial v} \\ \dfrac{\partial y}{\partial u} & \dfrac{\partial y}{\partial v} \end{vmatrix}\right|_{P}\neq 0,$$

则在点 $Q(x_0,y_0)$ 的某邻域存在有连续偏导数的反函数组

$$u=u(x,y),\qquad v=v(x,y).$$

**证明** 函数组 $x=x(u,v),y=y(u,v)$ 可改写为

$$\begin{cases} F_1(x,y,u,v)=x-x(u,v)=0, \\ F_2(x,y,u,v)=y-y(u,v)=0. \end{cases}$$

显然,函数 $F_1$ 与 $F_2$ 的所有偏导数在点 $M(x_0,y_0,u_0,v_0)$ 的邻域连续,且

$$\begin{cases} F_1(x_0,y_0,u_0,v_0)=x_0-x(u_0,v_0)=0, \\ F_2(x_0,y_0,u_0,v_0)=y_0-y(u_0,v_0)=0. \end{cases}$$

又有

$$\left.\begin{vmatrix} \dfrac{\partial F_1}{\partial u} & \dfrac{\partial F_1}{\partial v} \\ \dfrac{\partial F_2}{\partial u} & \dfrac{\partial F_2}{\partial v} \end{vmatrix}\right|_{M}=\left.\begin{vmatrix} -\dfrac{\partial x}{\partial u} & -\dfrac{\partial x}{\partial v} \\ -\dfrac{\partial y}{\partial u} & -\dfrac{\partial y}{\partial v} \end{vmatrix}\right|_{P}=\left.\begin{vmatrix} \dfrac{\partial x}{\partial u} & \dfrac{\partial x}{\partial v} \\ \dfrac{\partial y}{\partial u} & \dfrac{\partial y}{\partial v} \end{vmatrix}\right|_{P}\neq 0.$$

根据定理3,在点 $Q(x_0,y_0)$ 的某邻域存在有连续偏导数的反函数组 $u=u(x,y),v=v(x,y)$.

定理 3 只是指出了(隐)函数组存在连续的偏导数.那么怎样求它的偏导数呢? 现举例说明如下.若方程组

$$\begin{cases} F_1(x,y,u,v)=0, \\ F_2(x,y,u,v)=0 \end{cases}$$

确定了(隐)函数组 $u=u(x,y),v=v(x,y)$,有

$$\begin{cases} F_1[x,y,u(x,y),v(x,y)]\equiv 0, \\ F_2[x,y,u(x,y),v(x,y)]\equiv 0. \end{cases}$$

对这两个恒等式关于 $x$ 求偏导数.由复合函数微分法,有

$$\begin{cases} \dfrac{\partial F_1}{\partial x}+\dfrac{\partial F_1}{\partial u}\ \dfrac{\partial u}{\partial x}+\dfrac{\partial F_1}{\partial v}\ \dfrac{\partial v}{\partial x}=0, \\[2mm] \dfrac{\partial F_2}{\partial x}+\dfrac{\partial F_2}{\partial u}\ \dfrac{\partial u}{\partial x}+\dfrac{\partial F_2}{\partial v}\ \dfrac{\partial v}{\partial x}=0, \end{cases}$$

其中 $\dfrac{\partial u}{\partial x},\dfrac{\partial v}{\partial x}$ 是未知的,其余的六个偏导数都是已知的.解得

$$\frac{\partial u}{\partial x}=\frac{\begin{vmatrix} -\dfrac{\partial F_1}{\partial x} & \dfrac{\partial F_1}{\partial v} \\[2mm] -\dfrac{\partial F_2}{\partial x} & \dfrac{\partial F_2}{\partial v} \end{vmatrix}}{\begin{vmatrix} \dfrac{\partial F_1}{\partial u} & \dfrac{\partial F_1}{\partial v} \\[2mm] \dfrac{\partial F_2}{\partial u} & \dfrac{\partial F_2}{\partial v} \end{vmatrix}}. \qquad \frac{\partial v}{\partial x}=\frac{\begin{vmatrix} \dfrac{\partial F_1}{\partial u} & -\dfrac{\partial F_1}{\partial x} \\[2mm] \dfrac{\partial F_2}{\partial u} & -\dfrac{\partial F_2}{\partial x} \end{vmatrix}}{\begin{vmatrix} \dfrac{\partial F_1}{\partial u} & \dfrac{\partial F_1}{\partial v} \\[2mm] \dfrac{\partial F_2}{\partial u} & \dfrac{\partial F_2}{\partial v} \end{vmatrix}}.$$

同样方法，可求关于 $y$ 的偏导数 $\dfrac{\partial u}{\partial y}$ 与 $\dfrac{\partial v}{\partial y}$.

**例 8** 验证方程组

$$\begin{cases} x^2+y^2-uv=0, \\ xy-u^2+v^2=0 \end{cases}$$

在点 $(x_0,y_0,u_0,v_0)=(1,0,1,1)$ 的邻域满足定理 3 的条件，从而在点 $(1,0)$ 的邻域存在唯一一组有连续偏导数的(隐)函数组 $u=u(x,y)$，$v=v(x,y)$，并求 $\dfrac{\partial u}{\partial x}, \dfrac{\partial u}{\partial y}, \dfrac{\partial v}{\partial x}, \dfrac{\partial v}{\partial y}$.

**解** 设 $\begin{cases} F_1(x,y,u,v)=x^2+y^2-uv, \\ F_2(x,y,u,v)=xy-u^2+v^2. \end{cases}$

$$\frac{\partial F_1}{\partial x}=2x, \quad \frac{\partial F_1}{\partial y}=2y, \quad \frac{\partial F_1}{\partial u}=-v, \quad \frac{\partial F_1}{\partial v}=-u,$$

$$\frac{\partial F_2}{\partial x}=y, \quad \frac{\partial F_2}{\partial y}=x, \quad \frac{\partial F_2}{\partial u}=-2u, \quad \frac{\partial F_2}{\partial v}=2v$$

在点 $(1,0,1,1)$ 的邻域都连续，且

$$\begin{cases} F_1(1,0,1,1)=0, \\ F_2(1,0,1,1)=0. \end{cases}$$

而

$$J=\begin{vmatrix} \dfrac{\partial F_1}{\partial u} & \dfrac{\partial F_1}{\partial v} \\[2mm] \dfrac{\partial F_2}{\partial u} & \dfrac{\partial F_2}{\partial v} \end{vmatrix}=\begin{vmatrix} -v & -u \\ -2u & 2v \end{vmatrix}=-2v^2-2u^2=-2(u^2+v^2).$$

在点 $(x_0,y_0,u_0,v_0)=(1,0,1,1)$，有 $J=-4\neq0$.

根据定理 3，在点 $(1,0)$ 的邻域存在唯一一组有连续偏导数的(隐)函数组 $u=u(x,y)$，$v=v(x,y)$. 为了求其偏导数，将方程组关于 $x$ 求偏导数，其中 $u$ 与 $v$ 是 $x$ 的函数，有

$$\begin{cases} 2x-v\dfrac{\partial u}{\partial x}-u\dfrac{\partial v}{\partial x}=0, \\[2mm] y-2u\dfrac{\partial u}{\partial x}+2v\dfrac{\partial v}{\partial x}=0. \end{cases}$$

解得

$$\frac{\partial u}{\partial x} = \frac{\begin{vmatrix} -2x & -u \\ -y & 2v \end{vmatrix}}{\begin{vmatrix} -v & -u \\ -2u & 2v \end{vmatrix}} = \frac{4xv+yu}{2(u^2+v^2)}, \quad \frac{\partial v}{\partial x} = \frac{\begin{vmatrix} -v & -2x \\ -2u & -y \end{vmatrix}}{\begin{vmatrix} -v & -u \\ -2u & 2v \end{vmatrix}} = \frac{4xu-yv}{2(u^2+v^2)}.$$

同样方法,可求关于 $y$ 的偏导数 $\dfrac{\partial u}{\partial y}$ 与 $\dfrac{\partial v}{\partial y}$.

**例 9** 验证方程组

$$\begin{cases} x^2+y^2+z^2-6=0, \\ x+y+z=0 \end{cases}$$

在点 $(x_0,y_0,z_0)=(1,-2,1)$ 的邻域满足定理 3 的条件,在点 $x_0=1$ 的邻域存在唯一一组有连续导数的(隐)函数组 $y=f_1(x)$ 与 $z=f_2(x)$,并求 $\dfrac{\mathrm{d}y}{\mathrm{d}x}$ 与 $\dfrac{\mathrm{d}z}{\mathrm{d}x}$.

**解** 设 $\begin{cases} F_1(x,y,z)=x^2+y^2+z^2-6, \\ F_2(x,y,z)=x+y+z. \end{cases}$

$$\frac{\partial F_1}{\partial x}=2x, \quad \frac{\partial F_1}{\partial y}=2y, \quad \frac{\partial F_1}{\partial z}=2z, \quad \frac{\partial F_2}{\partial x}=1, \quad \frac{\partial F_2}{\partial y}=1, \quad \frac{\partial F_2}{\partial z}=1$$

在点 $(1,-2,1)$ 的邻域都连续,且

$$\begin{cases} F_1(1,-2,1)=1^2+(-2)^2+1^2-6=0, \\ F_2(1,-2,1)=1+(-2)+1=0. \end{cases}$$

而

$$J = \begin{vmatrix} \dfrac{\partial F_1}{\partial y} & \dfrac{\partial F_1}{\partial z} \\[2mm] \dfrac{\partial F_2}{\partial y} & \dfrac{\partial F_2}{\partial z} \end{vmatrix} = \begin{vmatrix} 2y & 2z \\ 1 & 1 \end{vmatrix} = 2(y-z).$$

在点 $(x_0,y_0,z_0)=(1,-2,1)$,有 $J=-6\neq0$.

根据定理 3,在点 $x_0=1$ 的邻域存在唯一一组有连续导数的(隐)函数组 $y=f_1(x)$ 与 $z=f_2(x)$. 为了求导数,将方程组关于 $x$ 求导数,有

$$\begin{cases} 2x+2y\dfrac{\mathrm{d}y}{\mathrm{d}x}+2z\dfrac{\mathrm{d}z}{\mathrm{d}x}=0, \\[2mm] 1+\dfrac{\mathrm{d}y}{\mathrm{d}x}+\dfrac{\mathrm{d}z}{\mathrm{d}x}=0. \end{cases}$$

解得

$$\frac{\mathrm{d}y}{\mathrm{d}x} = \frac{\begin{vmatrix} -2x & 2z \\ -1 & 1 \end{vmatrix}}{\begin{vmatrix} 2y & 2z \\ 1 & 1 \end{vmatrix}} = \frac{z-x}{y-z}, \quad \frac{\mathrm{d}z}{\mathrm{d}x} = \frac{\begin{vmatrix} 2y & -2x \\ 1 & -1 \end{vmatrix}}{\begin{vmatrix} 2y & 2z \\ 1 & 1 \end{vmatrix}} = \frac{x-y}{y-z}.$$

定理 3 可推广到 $m+n$ 个变量 $m$ 个方程的一般情况,即

$$
\begin{cases}
F_1(x_1,\cdots,x_m,x_{m+1},\cdots,x_{m+n})=0,\\
F_2(x_1,\cdots,x_m,x_{m+1},\cdots,x_{m+n})=0,\\
\qquad\cdots\cdots\cdots\cdots\\
F_m(x_1,\cdots,x_m,x_{m+1},\cdots,x_{m+n})=0.
\end{cases}
$$

**定理 4** 若 $m$ 个函数 $F_1,F_2,\cdots,F_m$ 在点 $M(x_1^0,\cdots,x_m^0,x_{m+1}^0,\cdots,x_{m+n}^0)$ 的某个邻域 $G$ 满足下列条件:

1)函数 $F_1,F_2,\cdots,F_m$ 的所有偏导数在 $G$ 连续;

2)$F_1(M)=F_2(M)=\cdots=F_m(M)=0$;

3)行列式在点 $M$ 不为零,即

$$
\begin{vmatrix}
\dfrac{\partial F_1}{\partial x_1} & \dfrac{\partial F_1}{\partial x_2} & \cdots & \dfrac{\partial F_1}{\partial x_m}\\[2mm]
\dfrac{\partial F_2}{\partial x_1} & \dfrac{\partial F_2}{\partial x_2} & \cdots & \dfrac{\partial F_2}{\partial x_m}\\[2mm]
\vdots & \vdots & & \vdots\\[2mm]
\dfrac{\partial F_m}{\partial x_1} & \dfrac{\partial F_m}{\partial x_2} & \cdots & \dfrac{\partial F_m}{\partial x_m}
\end{vmatrix}_M \neq 0.
$$

则存在点 $N(x_{m+1}^0,x_{m+2}^0,\cdots,x_{m+n}^0)$ 的邻域 $V$,在 $V$ 存在唯一一组有连续偏导数的 $n$ 元 $m$ 值(隐)函数组

$$
\begin{cases}
x_1=f_1(x_{m+1},\cdots,x_{m+n}),\\
x_2=f_2(x_{m+1},\cdots,x_{m+n}),\\
\qquad\cdots\cdots\cdots\cdots\\
x_m=f_m(x_{m+1},\cdots,x_{m+n}),
\end{cases}
$$

且 $x_1^0=f_1(N),x_2^0=f_2(N),\cdots,x_m^0=f_m(N)$,有

$$
\begin{cases}
F_1(f_1,f_2,\cdots,f_m,x_{m+1},\cdots,x_{m+n})\equiv0,\\
F_2(f_1,f_2,\cdots,f_m,x_{m+1},\cdots,x_{m+n})\equiv0,\\
\qquad\cdots\cdots\cdots\cdots\\
F_m(f_1,f_2,\cdots,f_m,x_{m+1},\cdots,x_{m+n})\equiv0.
\end{cases}
$$

证明从略.

# 练习题 11.1

1. 验证下列方程在指定点的邻域存在以 $x$ 为自变量的隐函数,并求 $\dfrac{\mathrm{d}y}{\mathrm{d}x}$:

1)$y=x\mathrm{e}^y+1$,点 $(0,1)$;

2)$xy+2\ln x+3\ln y-1=0$,点 $(1,1)$;

3)$\sin x+2\cos y-\dfrac{1}{2}=0$,点 $\left(\dfrac{\pi}{6},\dfrac{3\pi}{2}\right)$.

2. 验证下列方程在指定点的邻域存在以 $x,y$ 为自变量的隐函数,并求 $\dfrac{\partial z}{\partial x}$ 与 $\dfrac{\partial z}{\partial y}$:

1) $x^3+y^3+z^3-3xyz-4=0$,点$(1,1,2)$;

2) $x+y-z-\cos(xyz)=0$,点$(0,0,-1)$.

3. 求下列方程所确定的隐函数的导数或偏导数.

1) $\ln\sqrt{x^2+y^2}=\arctan\dfrac{y}{x}$,求$\dfrac{\mathrm{d}y}{\mathrm{d}x}$;

2) $z^3-3xyz=a^3$,求$\dfrac{\partial z}{\partial x}$,$\dfrac{\partial z}{\partial y}$.

4. 证明:若方程 $F(x,y,z)=0$ 的任意一个变量都是另外两个变量的隐函数,即 $z=f(x,y)$,$x=g(y,z)$ 与 $y=h(z,x)$,则

$$\frac{\partial z}{\partial x}\cdot\frac{\partial x}{\partial y}\cdot\frac{\partial y}{\partial z}=-1.$$

5. 验证下列方程组在指定点的邻域存在隐函数组,并求它的偏导数:

1) $\begin{cases}x+y+z=0,\\x^2+y^2+z^2=1,\end{cases}$ 点$\left(\dfrac{1}{\sqrt{2}},\dfrac{-1}{\sqrt{2}},0\right)$,求$\dfrac{\mathrm{d}x}{\mathrm{d}z}$,$\dfrac{\mathrm{d}y}{\mathrm{d}z}$;

2) $\begin{cases}u+v=x+y,\\\dfrac{\sin u}{\sin v}=\dfrac{x}{y},\end{cases}$ 点$\left(\dfrac{\pi}{3},\dfrac{\pi}{3},\dfrac{\pi}{3},\dfrac{\pi}{3}\right)$,求 $\mathrm{d}u$ 与 $\mathrm{d}v$.

6. 证明:若 $x=x(u,v)$,$y=y(u,v)$,$z=z(u,v)$ 的所有偏导数都连续,且

$$\begin{vmatrix}\dfrac{\partial x}{\partial u}&\dfrac{\partial x}{\partial v}\\[2mm]\dfrac{\partial y}{\partial u}&\dfrac{\partial y}{\partial v}\end{vmatrix}\neq 0,$$

则存在有连续偏导数的隐函数组 $z=f(x,y)$,$u=\varphi(x,y)$,$v=\psi(x,y)$.(提示:讨论方程组 $F_1=x-x(u,v)=0$,$F_2=y-y(u,v)=0$,$F_3=z-z(u,v)=0$.)

7. 设有函数组 $u=\mathrm{e}^y\sin x$,$v=\mathrm{e}^y\cos x$,$w=2-\cos z$,问在哪些点$P(x,y,z)$存在反函数组.

8. 验证方程组

$$\begin{cases}x^2-y\cos(uv)+z^2=0,\\x^2+y^2-\sin(uv)+2z^2=2,\\xy-\sin u\cos v+z=0\end{cases}$$

在点 $P(x_0,y_0,z_0,u_0,v_0)=\left(1,1,0,\dfrac{\pi}{2},0\right)$ 的邻域满足定理 4 的条件,在点 $\left(\dfrac{\pi}{2},0\right)$ 的邻域存在唯一一组有连续偏导数的函数组:$x=x(u,v)$,$y=y(u,v)$,$z=z(u,v)$,并求$\dfrac{\partial x}{\partial u}$ 与 $\dfrac{\partial x}{\partial v}$在点 $\left(\dfrac{\pi}{2},0\right)$ 的值.

9. 求下列函数组所确定的反函数组的偏导数$\dfrac{\partial u}{\partial x}$,$\dfrac{\partial u}{\partial y}$,$\dfrac{\partial v}{\partial x}$,$\dfrac{\partial v}{\partial y}$:

1) $x=u\cos\dfrac{v}{u}$,$y=u\sin\dfrac{v}{u}$;

2) $x=\mathrm{e}^u+u\sin v$,$y=\mathrm{e}^u-u\cos v$.

10. 证明:若 $x=r\cos\varphi$,$y=r\sin\varphi$,则在任意一点$(r_0,\varphi_0)$(其中 $r_0>0$,$-\infty<\varphi_0<+\infty$)的邻域存在反函数组.但是,在 $r\varphi$ 平面上不存在反函数组.

\* \qquad \* \qquad \* \qquad \* \qquad \* \qquad \* \qquad \* \qquad \*

11. 证明:方程 $x^2+y^2+z^2=yf\left(\dfrac{z}{y}\right)$ 所确定的隐函数 $z=z(x,y)$ 满足方程

$$(x^2-y^2-z^2)\frac{\partial z}{\partial x}+2xy\frac{\partial z}{\partial y}=2xz.$$

12. 证明:方程 $F(x+zy^{-1},y+zx^{-1})=0$ 所确定的隐函数 $z=z(x,y)$ 满足方程

$$x\frac{\partial z}{\partial x}+y\frac{\partial z}{\partial y}=z-xy.$$

13. 已知方程 $\sin(x+y)+\sin(y+z)=1$ 确定了隐函数 $z=f(x,y)$,求 $\frac{\partial^2 f}{\partial x\partial y}$.

14. 设 $F(x,y)=f[x+g(y)]$,其中 $f(u)$ 与 $g(y)$ 都存在二阶导数且可微,求 $F(x,y)$ 的一阶偏导数与二阶偏导数.

# §11.2　函数行列式

## 一、函数行列式

在上节讨论函数方程组所确定的隐函数(组)和求它们的偏导数的过程中,我们看到,以函数的偏导数为行和列的行列式起了重要作用.以后在多元函数的积分中,还将显示它的重要作用.

由 $A\subset\mathbf{R}^n$ 到 $\mathbf{R}$ 的映射(或变换)就是 $n$ 元函数,即

$$(x_1,x_2,\cdots,x_n,y)\in f\subset A\times\mathbf{R}\subset\mathbf{R}^n\times\mathbf{R},$$

或 $y=f(x_1,x_2,\cdots,x_n)$, $\quad(x_1,x_2,\cdots,x_n)\in A$.

由 $A\subset\mathbf{R}^n$ 到 $\mathbf{R}^n$ 的映射(或变换)就是 $n$ 个 $n$ 元函数构成的函数组,即

$$(x_1,x_2,\cdots,x_n,y_1,y_2,\cdots,y_n)\in f\subset A\times\mathbf{R}^n\subset\mathbf{R}^n\times\mathbf{R}^n,$$

$$\text{或}\begin{cases}y_1=f_1(x_1,x_2,\cdots,x_n),\\ y_2=f_2(x_1,x_2,\cdots,x_n),\\ \qquad\cdots\cdots\cdots\cdots\\ y_n=f_n(x_1,x_2,\cdots,x_n).\end{cases}\quad(x_1,x_2,\cdots,x_n)\in A. \tag{1}$$

记为 $(f_1,f_2,\cdots,f_n)$.设它们对每个自变量都存在偏导数 $\dfrac{\partial f_i}{\partial x_j}$,$i=1,2,\cdots,n;j=1,2,\cdots,n$,行列式

$$\begin{vmatrix} \dfrac{\partial f_1}{\partial x_1} & \dfrac{\partial f_1}{\partial x_2} & \cdots & \dfrac{\partial f_1}{\partial x_n} \\[2mm] \dfrac{\partial f_2}{\partial x_1} & \dfrac{\partial f_2}{\partial x_2} & \cdots & \dfrac{\partial f_2}{\partial x_n} \\[2mm] \vdots & \vdots & & \vdots \\[2mm] \dfrac{\partial f_n}{\partial x_1} & \dfrac{\partial f_n}{\partial x_2} & \cdots & \dfrac{\partial f_n}{\partial x_n} \end{vmatrix} \tag{2}$$

称为函数组$(f_1,f_2,\cdots,f_n)$在点$(x_1,x_2,\cdots,x_n)$的**雅可比**①**行列式**,也称为**函数行列式**,记为

$$\frac{\partial(f_1,f_2,\cdots,f_n)}{\partial(x_1,x_2,\cdots,x_n)} \quad \text{或} \quad \frac{D(f_1,f_2,\cdots,f_n)}{D(x_1,x_2,\cdots,x_n)}.$$

求下列函数组(变换)的函数行列式:

1. **极坐标变换**(见练习题 10.3 第 4 题的 1))

$$\begin{cases} x=r\cos\varphi, \\ y=r\sin\varphi. \end{cases}$$

$$\frac{\partial(x,y)}{\partial(r,\varphi)}=\begin{vmatrix} \dfrac{\partial x}{\partial r} & \dfrac{\partial x}{\partial\varphi} \\[2mm] \dfrac{\partial y}{\partial r} & \dfrac{\partial y}{\partial\varphi} \end{vmatrix}=\begin{vmatrix} \cos\varphi & -r\sin\varphi \\ \sin\varphi & r\cos\varphi \end{vmatrix}=r\cos^2\varphi+r\sin^2\varphi=r.$$

2. **柱面坐标变换**

$$\begin{cases} x=r\cos\varphi, \\ y=r\sin\varphi, \\ z=z. \end{cases}$$

$$\frac{\partial(x,y,z)}{\partial(r,\varphi,z)}=\begin{vmatrix} \dfrac{\partial x}{\partial r} & \dfrac{\partial x}{\partial\varphi} & \dfrac{\partial x}{\partial z} \\[2mm] \dfrac{\partial y}{\partial r} & \dfrac{\partial y}{\partial\varphi} & \dfrac{\partial y}{\partial z} \\[2mm] \dfrac{\partial z}{\partial r} & \dfrac{\partial z}{\partial\varphi} & \dfrac{\partial z}{\partial z} \end{vmatrix}=\begin{vmatrix} \cos\varphi & -r\sin\varphi & 0 \\ \sin\varphi & r\cos\varphi & 0 \\ 0 & 0 & 1 \end{vmatrix}=r\cos^2\varphi+r\sin^2\varphi=r.$$

3. **球面坐标变换**(见练习题 10.3 第 4 题的 2))

$$\begin{cases} x=r\sin\varphi\cos\theta, \\ y=r\sin\varphi\sin\theta, \\ z=r\cos\varphi. \end{cases}$$

$$\frac{\partial(x,y,z)}{\partial(r,\varphi,\theta)}=\begin{vmatrix} \dfrac{\partial x}{\partial r} & \dfrac{\partial x}{\partial\varphi} & \dfrac{\partial x}{\partial\theta} \\[2mm] \dfrac{\partial y}{\partial r} & \dfrac{\partial y}{\partial\varphi} & \dfrac{\partial y}{\partial\theta} \\[2mm] \dfrac{\partial z}{\partial r} & \dfrac{\partial z}{\partial\varphi} & \dfrac{\partial z}{\partial\theta} \end{vmatrix}=\begin{vmatrix} \sin\varphi\cos\theta & r\cos\varphi\cos\theta & -r\sin\varphi\sin\theta \\ \sin\varphi\sin\theta & r\cos\varphi\sin\theta & r\sin\varphi\cos\theta \\ \cos\varphi & -r\sin\varphi & 0 \end{vmatrix}=r^2\sin\varphi.$$

## 二、函数行列式的性质

已知导数$f'(x)$对研究一元函数$y=f(x)$的性态具有重要意义.我们将证明,函数行列式(2)对研究函数组(1)所起的作用完全类似于导数$f'(x)$对研究函数$y=f(x)$所起的作用.不仅如此,函数行列式的运算也类似于导数的运算.为了简单起见,仅就$n=2$的情形加以讨论,所得结果对任意自然数$n$都是正确的.

———————————————

① 雅可比(Jacobi,1804—1851),德国数学家.

已知一元函数 $y=f(x)$ 与 $x=\varphi(t)$ 的复合函数 $y=f[\varphi(t)]$ 的导数是 $\dfrac{\mathrm{d}y}{\mathrm{d}t}=\dfrac{\mathrm{d}y}{\mathrm{d}x}\dfrac{\mathrm{d}x}{\mathrm{d}t}$，与它类似地有

**定理 1**　若函数组 $u=u(x,y),v=v(x,y)$ 有连续的偏导数，而 $x=x(s,t),y=y(s,t)$ 也有连续的偏导数，则

$$\frac{\partial(u,v)}{\partial(s,t)}=\frac{\partial(u,v)}{\partial(x,y)}\frac{\partial(x,y)}{\partial(s,t)}.$$

**证明**　由复合函数的微分法则，有

$$\frac{\partial u}{\partial s}=\frac{\partial u}{\partial x}\frac{\partial x}{\partial s}+\frac{\partial u}{\partial y}\frac{\partial y}{\partial s},\quad \frac{\partial u}{\partial t}=\frac{\partial u}{\partial x}\frac{\partial x}{\partial t}+\frac{\partial u}{\partial y}\frac{\partial y}{\partial t};$$

$$\frac{\partial v}{\partial s}=\frac{\partial v}{\partial x}\frac{\partial x}{\partial s}+\frac{\partial v}{\partial y}\frac{\partial y}{\partial s},\quad \frac{\partial v}{\partial t}=\frac{\partial v}{\partial x}\frac{\partial x}{\partial t}+\frac{\partial v}{\partial y}\frac{\partial y}{\partial t}.$$

由行列式的乘法，有

$$\frac{\partial(u,v)}{\partial(s,t)}=\begin{vmatrix}\dfrac{\partial u}{\partial s}&\dfrac{\partial u}{\partial t}\\[2mm]\dfrac{\partial v}{\partial s}&\dfrac{\partial v}{\partial t}\end{vmatrix}=\begin{vmatrix}\dfrac{\partial u}{\partial x}\dfrac{\partial x}{\partial s}+\dfrac{\partial u}{\partial y}\dfrac{\partial y}{\partial s}&\dfrac{\partial u}{\partial x}\dfrac{\partial x}{\partial t}+\dfrac{\partial u}{\partial y}\dfrac{\partial y}{\partial t}\\[2mm]\dfrac{\partial v}{\partial x}\dfrac{\partial x}{\partial s}+\dfrac{\partial v}{\partial y}\dfrac{\partial y}{\partial s}&\dfrac{\partial v}{\partial x}\dfrac{\partial x}{\partial t}+\dfrac{\partial v}{\partial y}\dfrac{\partial y}{\partial t}\end{vmatrix}$$

$$=\begin{vmatrix}\dfrac{\partial u}{\partial x}&\dfrac{\partial u}{\partial y}\\[2mm]\dfrac{\partial v}{\partial x}&\dfrac{\partial v}{\partial y}\end{vmatrix}\begin{vmatrix}\dfrac{\partial x}{\partial s}&\dfrac{\partial x}{\partial t}\\[2mm]\dfrac{\partial y}{\partial s}&\dfrac{\partial y}{\partial t}\end{vmatrix}=\frac{\partial(u,v)}{\partial(x,y)}\frac{\partial(x,y)}{\partial(s,t)}.$$

若一元函数 $y=f(x)$ 在点 $x_0$ 某邻域具有连续的导数 $f'(x)$，且 $f'(x_0)\neq 0$。由连续函数的保号性，在点 $x_0$ 某邻域 $\Delta$，$f'(x)$ 与 $f'(x_0)$ 保持同一符号，因而在某邻域 $\Delta$ 函数 $y=f(x)$ 严格单调，它存在反函数 $x=\varphi(y)$，且

$$\frac{\mathrm{d}x}{\mathrm{d}y}=\frac{1}{\dfrac{\mathrm{d}y}{\mathrm{d}x}}.$$

和它类似地有

**定理 2**　若函数组 $u=u(x,y),v=v(x,y)$ 有连续的偏导数，且 $\dfrac{\partial(u,v)}{\partial(x,y)}\neq 0$，则存在有连续偏导数的反函数组 $x=x(u,v),y=y(u,v)$，且

$$\frac{\partial(x,y)}{\partial(u,v)}=\frac{1}{\dfrac{\partial(u,v)}{\partial(x,y)}}. \tag{3}$$

**证明**　§11.1 定理 3 的推论已给出有连续偏导数的反函数组存在的证明。下面证明(3)式成立。在定理 1 中，令 $s=u,t=v$，有

$$\frac{\partial(u,v)}{\partial(x,y)}\frac{\partial(x,y)}{\partial(u,v)}=\frac{\partial(u,v)}{\partial(u,v)}=\begin{vmatrix}\dfrac{\partial u}{\partial u}&\dfrac{\partial u}{\partial v}\\[2mm]\dfrac{\partial v}{\partial u}&\dfrac{\partial v}{\partial v}\end{vmatrix}=\begin{vmatrix}1&0\\0&1\end{vmatrix}=1,$$

即

$$\frac{\partial(x,y)}{\partial(u,v)}=\frac{1}{\dfrac{\partial(u,v)}{\partial(x,y)}},\qquad \frac{\partial(u,v)}{\partial(x,y)}\neq 0.$$

### 三、函数行列式的几何性质

一元函数 $y=f(x)$ 是 $\mathbf{R}$ 到 $\mathbf{R}$ 的映射.取定一点 $x_0$,有 $y_0=f(x_0)$.当自变量 $x$ 在点 $x_0$ 有改变量 $\Delta x$,相应 $y$ 在 $y_0$ 有改变量 $\Delta y$.线段 $\Delta y$ 的长 $|\Delta y|$ 与线段 $\Delta x$ 的长 $|\Delta x|$ 之比 $\dfrac{|\Delta y|}{|\Delta x|}$ 称为映射 $f$ 在 $x_0$ 到 $x_0+\Delta x$ 的**平均伸缩系数**.若当 $\Delta x\to 0$ 时,平均伸缩系数 $\dfrac{|\Delta y|}{|\Delta x|}$ 存在极限,即

$$\lim_{\Delta x\to 0}\frac{|\Delta y|}{|\Delta x|}=\lim_{\Delta x\to 0}\left|\frac{f(x_0+\Delta x)-f(x_0)}{\Delta x}\right|=|f'(x_0)|,$$

则称 $|f'(x_0)|$ 是映射 $f$ 在点 $x_0$ 的**伸缩系数**.

由此可见,一元函数 $y=f(x)$ 在点 $x_0$ 的导数的绝对值 $|f'(x_0)|$,又有了新的几何意义,它是映射 $f$ 在点 $x_0$ 的伸缩系数.

同样,$\mathbf{R}^2$ 到 $\mathbf{R}^2$ 的变换 $u=u(x,y),v=v(x,y)$ 也有类似的几何意义.

**定理 3** 若函数组 $u=u(x,y),v=v(x,y)$ 在开区域 $G$ 存在连续的偏导数,且 $\forall(x,y)\in G$,有 $J(x,y)\equiv\dfrac{\partial(u,v)}{\partial(x,y)}\neq 0$.函数组将 $xy$ 平面上的开区域 $G$ 变换成 $uv$ 平面上的开区域 $G'$.点 $(x_0,y_0)\in G$ 变换为 $uv$ 平面上点 $(u_0,v_0)=[u(x_0,y_0),v(x_0,y_0)]\in G'$,则包含点 $(u_0,v_0)$ 的面积微元 $\mathrm{d}\sigma'$ 与对应的包含点 $(x_0,y_0)$ 的面积微元 $\mathrm{d}\sigma$ 之比是 $|J(x_0,y_0)|$,即

$$\frac{\mathrm{d}\sigma'}{\mathrm{d}\sigma}=|J(x_0,y_0)|=\left|\frac{\partial(u,v)}{\partial(x,y)}\right|_{(x_0,y_0)}.$$

**证明** 当正数 $h$ 充分小时,在开区域 $G$ 内存在以 $A(x_0,y_0),B(x_0+h,y_0),C(x_0+h,y_0+h),D(x_0,y_0+h)$ 为顶点的正方形区域.显然,正方形区域 $ABCD$ 的面积 $\Delta\sigma=h^2$.

函数组将 $xy$ 平面上四点 $A,B,C,D$ 变换为 $uv$ 平面上四点 $A',B',C',D'$,它将正方形 $ABCD$ 变换为曲边四边形 $A'B'C'D'$,如图 11.2,其顶点坐标是

$A'[u(x_0,y_0),v(x_0,y_0)]$,

$B'[u(x_0+h,y_0),v(x_0+h,y_0)]$,

$C'[u(x_0+h,y_0+h),v(x_0+h,y_0+h)]$,

$D'[u(x_0,y_0+h),v(x_0,y_0+h)]$.

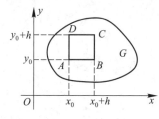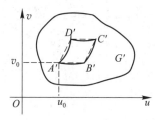

图 11.2

设曲边四边形 $A'B'C'D'$ 的面积是 $\Delta\sigma'$.可将 $\Delta\sigma'$ 近似地看作是以 $A',B',C',D'$ 为顶点的四边形的面积.这个四边形的面积又可近似地看作是以 $A',B',C'$ 为顶点的三角形的面积的两倍.由平面解析几何知,三角形 $A'B'C'$ 的面积的两倍就是 $\Delta\sigma'$ 的近似值,即

$$\Delta\sigma' \approx 2 \cdot \frac{\pm 1}{2} \begin{vmatrix} u(x_0+h,y_0)-u(x_0,y_0) & u(x_0+h,y_0+h)-u(x_0+h,y_0) \\ v(x_0+h,y_0)-v(x_0,y_0) & v(x_0+h,y_0+h)-v(x_0+h,y_0) \end{vmatrix}. \text{①}$$

根据微分中值定理与偏导函数的连续性,上面行列式又可改写为

$$\Delta\sigma' \approx \pm \begin{vmatrix} u'_x(x_0+\theta_1 h,y_0)h & u'_y(x_0+h,y_0+\theta_3 h)h \\ v'_x(x_0+\theta_2 h,y_0)h & v'_y(x_0+h,y_0+\theta_4 h)h \end{vmatrix}$$

$$\approx \pm \begin{vmatrix} u'_x(x_0,y_0) & u'_y(x_0,y_0) \\ v'_x(x_0,y_0) & v'_y(x_0,y_0) \end{vmatrix} h^2 = |J(x_0,y_0)| h^2,$$

其中 $\theta_1,\theta_2,\theta_3,\theta_4$ 都是 0 与 1 之间的数.于是,有

$$\Delta\sigma' \approx |J(x_0,y_0)| h^2 = |J(x_0,y_0)| \Delta\sigma,$$

即

$$\frac{\mathrm{d}\sigma'}{\mathrm{d}\sigma} = \lim_{h \to 0} \frac{\Delta\sigma'}{\Delta\sigma} = |J(x_0,y_0)|$$

或

$$\frac{\mathrm{d}\sigma'}{\mathrm{d}\sigma} = |J(x_0,y_0)| = \left| \frac{\partial(u,v)}{\partial(x,y)} \right|_{(x_0,y_0)}.$$

**注** 在定理 3 的条件下,变换 $u=u(x,y),v=v(x,y)$ 将 $xy$ 平面的开区域 $G$ 变换为 $uv$ 平面的开区域 $G'$,将 $G$ 内的直线变换为 $G'$ 内的曲线,且是一一对应的,都需要证明.近似计算也需估算误差,能够证明,

$$\Delta\sigma' = |J(x_0,y_0)| h^2 + o(h^2).$$

因此定理 3 的证明是不严格的.

# 练习题 11.2

1. 证明:设 $xu=x^2+y^2, yv=x^2+y^2$,有 $\dfrac{\partial(u,v)}{\partial(x,y)} = -\dfrac{uv}{xy}$.

2. 证明:设 $u=\dfrac{yz}{x}, v=\dfrac{zx}{y}, w=\dfrac{xy}{z}$,有 $\dfrac{\partial(u,v,w)}{\partial(x,y,z)} = 4$.

3. 证明:若 $u(x,y,z), v(x,y,z)$ 都可微,则

$$\frac{\partial u}{\partial x} \frac{\partial(u,v)}{\partial(y,z)} + \frac{\partial u}{\partial y} \frac{\partial(u,v)}{\partial(z,x)} + \frac{\partial u}{\partial z} \frac{\partial(u,v)}{\partial(x,y)} = 0.$$

---

① 面积 $\Delta\sigma'$ 是正数.行列式可能是正也可能是负,用符号"±"使其为正数.行列式是正数,取
"+";行列式是负数,取"-".

4. 证明:若 $x=x(u,v),y=y(u,v),z=z(u,v)$ 都可微,则

$$\frac{\partial(y,z)}{\partial(u,v)}dx+\frac{\partial(z,x)}{\partial(u,v)}dy+\frac{\partial(x,y)}{\partial(u,v)}dz=0.$$

5. 证明:若 $u=u(x,y,z),v=v(x,y,z)$ 有连续的偏导数,而 $x=x(s,t),y=y(s,t),z=z(s,t)$ 也有连续的偏导数,则

$$\frac{\partial(u,v)}{\partial(s,t)}=\frac{\partial(u,v)}{\partial(x,y)}\frac{\partial(x,y)}{\partial(s,t)}+\frac{\partial(u,v)}{\partial(y,z)}\frac{\partial(y,z)}{\partial(s,t)}+\frac{\partial(u,v)}{\partial(z,x)}\frac{\partial(z,x)}{\partial(s,t)}.$$

# §11.3　条件极值

## 一、条件极值与拉格朗日乘数法

在 §10.4 第三段已经讨论了多元函数的极值,在那里看到,求函数的极值,函数自变量的变化范围有时要受到某种条件的限制.如 §10.4 的例 8,在已知周长为 $2p$ 的一切三角形中,求面积最大的三角形.设三角形的三个边长分别是 $x,y,z$. 这个问题就是求三角形的面积函数

$$\varphi(x,y,z)=\sqrt{p(p-x)(p-y)(p-z)}$$

的最大值,其中自变量 $x,y,z$ 不是独立的,要受条件 $x+y+z=2p$ 的限制.

再如,空间曲线 $C$ 是两个曲面 $F_1(x,y,z)=0$ 与 $F_2(x,y,z)=0$ 的交线.求曲线 $C$ 外定点 $P(a,b,c)$ 到曲线 $C$ 的距离(即点 $P$ 到曲线 $C$ 上点距离的最小值).设 $M(x,y,z)$ 是曲线 $C$ 上任意一点,这个问题就是求距离函数

$$d(x,y,z)=\sqrt{(x-a)^2+(y-b)^2+(z-c)^2}$$

的最小值,而其中点 $M(x,y,z)$ 在曲线 $C$ 上,自变量 $x,y,z$ 不是独立的,要受条件(函数方程组)

$$\begin{cases}F_1(x,y,z)=0,\\ F_2(x,y,z)=0\end{cases}$$

的限制.一般情况,求函数 $y=f(x_1,x_2,\cdots,x_n)$ 在满足函数方程组(限制条件)

$$\begin{cases}F_1(x_1,x_2,\cdots,x_n)=0,\\ F_2(x_1,x_2,\cdots,x_n)=0,\\ \qquad\cdots\cdots\cdots\cdots\qquad\qquad m<n\\ F_m(x_1,x_2,\cdots,x_n)=0,\end{cases}\tag{1}$$

的所有点 $(x_1,x_2,\cdots,x_n)$ 的极值,就是**条件极值**.函数方程组(1)称为**联系方程组**.

怎样求条件极值呢?有些条件极值的联系方程(组)很简单,可将这些条件极值化为 §10.4 第三段已学过的普通极值(相对而言亦称无条件极值).例如,上面的"求面积最大的三角形"问题.它的联系方程(或限制条件)$x+y+z=2p$ 很简单.将其中一个自变量用另外两个自变量表示出来(或解出来),如 $z=2p-x-y$. 然后将它代入三元函数 $\varphi(x,y,z)$ 之中,就化为二元函数的普通极值.但是,这种"解法"并不是对所有的条件极

值都是可行的.例如,上面所述的"点 $P$ 到曲线 $C$ 的距离"问题.一般来说,从联系方程组

$$\begin{cases} F_1(x,y,z)=0, \\ F_2(x,y,z)=0 \end{cases}$$

解出两个一元函数组,有时是不可能的(隐函数组的"解"可能不是初等函数).从而将它化为普通极值是困难的,甚至是不可能的.即使能化成普通极值问题,其联系方程中的自变量的平等性受到破坏,即有的作为自变量,有的作为因变量而消失,往往还要带来繁琐的计算,一般来说,此法不可取.为此,对条件极值要专门进行讨论.下面给出求条件极值的必要条件,即拉格朗日乘数法.此法可使联系方程中的每个自变量都处于平等的地位.

为了书写简单,又易于理解,讨论四元函数

$$y=f(x_1,x_2,x_3,x_4) \tag{2}$$

满足联系方程组(限制条件)

$$\begin{cases} F_1(x_1,x_2,x_3,x_4)=0, \\ F_2(x_1,x_2,x_3,x_4)=0 \end{cases} \tag{3}$$

条件下取极值的必要条件.即若点 $P_0(x_1^0,x_2^0,x_3^0,x_4^0)$ 是这个条件极值的极值点,那么点 $P_0(x_1^0,x_2^0,x_3^0,x_4^0)$ 的坐标应满足什么样的方程?

为此,设函数 $f,F_1,F_2$ 的所有偏导数在点 $P_0$ 的某邻域 $G$ 连续,且矩阵

$$\begin{pmatrix} \dfrac{\partial F_1}{\partial x_1} & \dfrac{\partial F_1}{\partial x_2} & \dfrac{\partial F_1}{\partial x_3} & \dfrac{\partial F_1}{\partial x_4} \\ \dfrac{\partial F_2}{\partial x_1} & \dfrac{\partial F_2}{\partial x_2} & \dfrac{\partial F_2}{\partial x_3} & \dfrac{\partial F_2}{\partial x_4} \end{pmatrix}_{P_0}$$

的秩为 2.为了确定起见,不妨设函数行列式

$$\left.\frac{\partial(F_1,F_2)}{\partial(x_3,x_4)}\right|_{P_0} \neq 0.$$

显然,联系方程组(3)在点 $P_0$ 的邻域 $G$ 满足 §11.1 定理 3 的条件,则存在点 $Q_0(x_1^0,x_2^0)$ 的邻域 $V$,在 $V$ 存在唯一一组有连续偏导数的(隐)函数组①

$$x_3=\varphi(x_1,x_2), \quad x_4=\psi(x_1,x_2), \tag{4}$$

使

$$\begin{cases} F_1[x_1,x_2,\varphi(x_1,x_2),\psi(x_1,x_2)] \equiv 0, \\ F_2[x_1,x_2,\varphi(x_1,x_2),\psi(x_1,x_2)] \equiv 0. \end{cases} \tag{5}$$

且

$$x_3^0=\varphi(x_1^0,x_2^0) \quad \text{与} \quad x_4^0=\psi(x_1^0,x_2^0). \tag{6}$$

即满足方程组(3)的点 $(x_1,x_2,x_3,x_4)$ 也必满足函数组(4).

若点 $P_0(x_1^0,x_2^0,x_3^0,x_4^0)$ 是条件极值的极值点,那么点 $P_0$ 的坐标必满足联系方程组

---

① 理论上存在.一般来说,不能用代数方法从中解出来,即不一定是初等函数.这里只是暂时借用这两个符号:$\varphi,\psi$.后面还将设法消去 $\varphi$ 与 $\psi$.

（3）和函数组（4）.

将函数组（4）代入函数 $f(x_1,x_2,x_3,x_4)$ 之中，$f$ 化为 $x_1$ 与 $x_2$ 的二元函数，设

$$g(x_1,x_2)=f[x_1,x_2,\varphi(x_1,x_2),\psi(x_1,x_2)]. \tag{7}$$

显然，若点 $P_0(x_1^0,x_2^0,x_3^0,x_4^0)$ 是条件极值的极值点，那么点 $Q_0(x_1^0,x_2^0)$ 必是函数 $g(x_1,x_2)$ 的稳定点（其中 $x_3^0$ 与 $x_4^0$ 由 $Q_0(x_1^0,x_2^0)$ 唯一确定，见（6）式）.

根据 §10.4 定理 3（多元函数极值的必要条件），点 $Q_0(x_1^0,x_2^0)$ 必满足方程组

$$\frac{\partial g}{\partial x_1}=\frac{\partial g}{\partial x_2}=0.$$

由（7）式求出偏导数 $\dfrac{\partial g}{\partial x_1},\dfrac{\partial g}{\partial x_2}$. 因此点 $Q_0(x_1^0,x_2^0)$ 必满足方程组：

$$\begin{cases}\dfrac{\partial g}{\partial x_1}=\dfrac{\partial f}{\partial x_1}+\dfrac{\partial f}{\partial x_3}\dfrac{\partial \varphi}{\partial x_1}+\dfrac{\partial f}{\partial x_4}\dfrac{\partial \psi}{\partial x_1}=0,\\[2mm]\dfrac{\partial g}{\partial x_2}=\dfrac{\partial f}{\partial x_2}+\dfrac{\partial f}{\partial x_3}\dfrac{\partial \varphi}{\partial x_2}+\dfrac{\partial f}{\partial x_4}\dfrac{\partial \psi}{\partial x_2}=0.\end{cases} \tag{8}$$

值得注意的是，方程组（8）中的四个偏导数 $\dfrac{\partial \varphi}{\partial x_1},\dfrac{\partial \varphi}{\partial x_2},\dfrac{\partial \psi}{\partial x_1},\dfrac{\partial \psi}{\partial x_2}$（理论上存在函数组 $\varphi,\psi$，它们是由已知的函数 $F_1$ 与 $F_2$ 所确定）必须用已知的函数 $F_1$ 与 $F_2$ 表示出来. 为此，按通常求隐函数组偏导数的方法，对恒等式组（5）分别关于 $x_1$ 与 $x_2$ 求偏导数，有

$$\begin{cases}\dfrac{\partial F_1}{\partial x_1}+\dfrac{\partial F_1}{\partial x_3}\dfrac{\partial \varphi}{\partial x_1}+\dfrac{\partial F_1}{\partial x_4}\dfrac{\partial \psi}{\partial x_1}=0,\\[2mm]\dfrac{\partial F_2}{\partial x_1}+\dfrac{\partial F_2}{\partial x_3}\dfrac{\partial \varphi}{\partial x_1}+\dfrac{\partial F_2}{\partial x_4}\dfrac{\partial \psi}{\partial x_1}=0,\end{cases} \tag{9}$$

与

$$\begin{cases}\dfrac{\partial F_1}{\partial x_2}+\dfrac{\partial F_1}{\partial x_3}\dfrac{\partial \varphi}{\partial x_2}+\dfrac{\partial F_1}{\partial x_4}\dfrac{\partial \psi}{\partial x_2}=0,\\[2mm]\dfrac{\partial F_2}{\partial x_2}+\dfrac{\partial F_2}{\partial x_3}\dfrac{\partial \varphi}{\partial x_2}+\dfrac{\partial F_2}{\partial x_4}\dfrac{\partial \psi}{\partial x_2}=0.\end{cases} \tag{10}$$

从方程组（9）解出 $\dfrac{\partial \varphi}{\partial x_1},\dfrac{\partial \psi}{\partial x_1}$，从方程组（10）解出 $\dfrac{\partial \varphi}{\partial x_2},\dfrac{\partial \psi}{\partial x_2}$，将它们代入方程组（8），得到点 $Q_0(x_1^0,x_2^0)$ 满足的方程组. 这样做很麻烦，且对自变量 $x_1,x_2,x_3,x_4$ 不对称. 为了简化运算，采用一次加减消去法，即选择适当的常数 $\lambda_1$ 与 $\lambda_2$（一定存在）分别乘方程组（9）的两个方程，即

$$\lambda_1\frac{\partial F_1}{\partial x_1}+\lambda_1\frac{\partial F_1}{\partial x_3}\frac{\partial \varphi}{\partial x_1}+\lambda_1\frac{\partial F_1}{\partial x_4}\frac{\partial \psi}{\partial x_1}=0,\ \lambda_2\frac{\partial F_2}{\partial x_1}+\lambda_2\frac{\partial F_2}{\partial x_3}\frac{\partial \varphi}{\partial x_1}+\lambda_2\frac{\partial F_2}{\partial x_4}\frac{\partial \psi}{\partial x_1}=0.$$

然后将它们与方程组（8）的第一个方程

$$\frac{\partial f}{\partial x_1}+\frac{\partial f}{\partial x_3}\frac{\partial \varphi}{\partial x_1}+\frac{\partial f}{\partial x_4}\frac{\partial \psi}{\partial x_1}=0$$

等号两端分别相加，有

$$\frac{\partial f}{\partial x_1}+\lambda_1\frac{\partial F_1}{\partial x_1}+\lambda_2\frac{\partial F_2}{\partial x_1}+\left(\frac{\partial f}{\partial x_3}+\lambda_1\frac{\partial F_1}{\partial x_3}+\lambda_2\frac{\partial F_2}{\partial x_3}\right)\frac{\partial \varphi}{\partial x_1}+\left(\frac{\partial f}{\partial x_4}+\lambda_1\frac{\partial F_1}{\partial x_4}+\lambda_2\frac{\partial F_2}{\partial x_4}\right)\frac{\partial \psi}{\partial x_1}=0.$$

同样的方法,用常数 $\lambda_1$ 与 $\lambda_2$ 分别乘方程组(10)的两个方程,然后将它们与方程组(8)的第二个方程等号两端分别相加,有

$$\frac{\partial f}{\partial x_2}+\lambda_1\frac{\partial F_1}{\partial x_2}+\lambda_2\frac{\partial F_2}{\partial x_2}+\left(\frac{\partial f}{\partial x_3}+\lambda_1\frac{\partial F_1}{\partial x_3}+\lambda_2\frac{\partial F_2}{\partial x_3}\right)\frac{\partial \varphi}{\partial x_2}+\left(\frac{\partial f}{\partial x_4}+\lambda_1\frac{\partial F_1}{\partial x_4}+\lambda_2\frac{\partial F_2}{\partial x_4}\right)\frac{\partial \psi}{\partial x_2}=0.$$

为了消去偏导数 $\frac{\partial \varphi}{\partial x_1},\frac{\partial \varphi}{\partial x_2},\frac{\partial \psi}{\partial x_1},\frac{\partial \psi}{\partial x_2}$(即用 $F_1$ 与 $F_2$ 表示它们).令

$$\begin{cases}\dfrac{\partial f}{\partial x_3}+\lambda_1\dfrac{\partial F_1}{\partial x_3}+\lambda_2\dfrac{\partial F_2}{\partial x_3}=0,\\[2mm]\dfrac{\partial f}{\partial x_4}+\lambda_1\dfrac{\partial F_1}{\partial x_4}+\lambda_2\dfrac{\partial F_2}{\partial x_4}=0,\end{cases}\tag{11}$$

从而,有

$$\begin{cases}\dfrac{\partial f}{\partial x_1}+\lambda_1\dfrac{\partial F_1}{\partial x_1}+\lambda_2\dfrac{\partial F_2}{\partial x_1}=0,\\[2mm]\dfrac{\partial f}{\partial x_2}+\lambda_1\dfrac{\partial F_1}{\partial x_2}+\lambda_2\dfrac{\partial F_2}{\partial x_2}=0.\end{cases}\tag{12}$$

于是,方程组(8)就化为方程组(11)与(12).因此,若点 $P_0(x_1^0,x_2^0,x_3^0,x_4^0)$ 是条件极值的极值点,那么它的坐标 $x_1^0,x_2^0,x_3^0,x_4^0$,再加上两个常数 $\lambda_1$ 与 $\lambda_2$ 必满足六个方程:

$$\frac{\partial f}{\partial x_i}+\lambda_1\frac{\partial F_1}{\partial x_i}+\lambda_2\frac{\partial F_2}{\partial x_i}=0,\qquad i=1,2,3,4.$$
$$F_1(x_1,x_2,x_3,x_4)=0,\qquad F_2(x_1,x_2,x_3,x_4)=0.$$

综上所述,有下面的拉格朗日乘数法定理:

**定理** 设函数 $y=f(x_1,x_2,x_3,x_4)$ 与 $F_1(x_1,x_2,x_3,x_4)$,$F_2(x_1,x_2,x_3,x_4)$ 的所有偏导数在点 $P_0(x_1^0,x_2^0,x_3^0,x_4^0)$ 的某邻域 $G$ 连续,且矩阵

$$\begin{pmatrix}\dfrac{\partial F_1}{\partial x_1}&\dfrac{\partial F_1}{\partial x_2}&\dfrac{\partial F_1}{\partial x_3}&\dfrac{\partial F_1}{\partial x_4}\\[3mm]\dfrac{\partial F_2}{\partial x_1}&\dfrac{\partial F_2}{\partial x_2}&\dfrac{\partial F_2}{\partial x_3}&\dfrac{\partial F_2}{\partial x_4}\end{pmatrix}$$

的秩为 2.若点 $P_0(x_1^0,x_2^0,x_3^0,x_4^0)$ 是函数 $y=f(x_1,x_2,x_3,x_4)$ 满足联系方程组

$$\begin{cases}F_1(x_1,x_2,x_3,x_4)=0,\\F_2(x_1,x_2,x_3,x_4)=0\end{cases}$$

的极值点,则存在常数 $\lambda_1$ 与 $\lambda_2$,而 $\lambda_1$ 与 $\lambda_2$ 和点 $P_0$ 的四个坐标 $x_1^0,x_2^0,x_3^0,x_4^0$ 必同时满足下列方程组(共六个方程):

$$\frac{\partial f}{\partial x_i}+\lambda_1\frac{\partial F_1}{\partial x_i}+\lambda_2\frac{\partial F_2}{\partial x_i}=0,\quad i=1,2,3,4.$$
$$F_1(x_1,x_2,x_3,x_4)=0,\quad F_2(x_1,x_2,x_3,x_4)=0.$$

为了使定理的结果便于记忆,引入辅助函数

$$\Phi(x_1, x_2, x_3, x_4, \lambda_1, \lambda_2) = f + \lambda_1 F_1 + \lambda_2 F_2.$$

令函数 $\Phi$ 关于 $x_1, x_2, x_3, x_4, \lambda_1, \lambda_2$ 的偏导数为零，即

$$\begin{cases} \dfrac{\partial \Phi}{\partial x_i} = \dfrac{\partial f}{\partial x_i} + \lambda_1 \dfrac{\partial F_1}{\partial x_i} + \lambda_2 \dfrac{\partial F_2}{\partial x_i} = 0, \quad i = 1, 2, 3, 4. \\[2mm] \dfrac{\partial \Phi}{\partial \lambda_1} = F_1(x_1, x_2, x_3, x_4) = 0, \\[2mm] \dfrac{\partial \Phi}{\partial \lambda_2} = F_2(x_1, x_2, x_3, x_4) = 0. \end{cases} \tag{13}$$

恰好是定理的六个方程. 这里将求函数 $y = f(x_1, x_2, x_3, x_4)$ 在满足联系方程组 $F_1(x_1, x_2, x_3, x_4) = 0, F_2(x_1, x_2, x_3, x_4) = 0$ 条件下取极值的问题转化为求辅助函数 $\Phi$ 的普通极值, 称为**拉格朗日乘数法**. 由此可见, 极值点 $P_0(x_1^0, x_2^0, x_3^0, x_4^0)$ 必满足方程组 (13), 即只有满足方程组 (13) 的点 (将解得的 $\lambda_1$ 与 $\lambda_2$ 去掉) 才可能是极值点.

拉格朗日乘数法只给出条件极值的必要条件. 尚应进一步讨论条件极值的充分条件, 从略. 方程组 (13) 的解是否是极值点, 一般可由问题的具体意义判定.

将上述特殊情况推广到一般情况: 求函数

$$y = f(x_1, x_2, \cdots, x_n)$$

满足联系方程组

$$F_i(x_1, x_2, \cdots, x_n) = 0, \quad i = 1, 2, \cdots, m, \quad m < n$$

的条件极值, 其步骤如下:

1) 由拉格朗日乘数法, 作辅助函数

$$\Phi = f + \lambda_1 F_1 + \lambda_2 F_2 + \cdots + \lambda_m F_m.$$

2) 求 $\Phi$ 的稳定点, 即求方程组 ($n + m$ 个方程):

$$\begin{cases} \dfrac{\partial \Phi}{\partial x_i} = \dfrac{\partial f}{\partial x_i} + \lambda_1 \dfrac{\partial F_1}{\partial x_i} + \lambda_2 \dfrac{\partial F_2}{\partial x_i} + \cdots + \lambda_m \dfrac{\partial F_m}{\partial x_i} = 0, \quad i = 1, 2, \cdots, n, \\[2mm] \dfrac{\partial \Phi}{\partial \lambda_k} = F_k(x_1, x_2, \cdots, x_n) = 0, \quad k = 1, 2, \cdots, m \end{cases}$$

的解. 设解是 $(x_1^0, x_2^0, \cdots, x_n^0, \lambda_1^0, \lambda_2^0, \cdots, \lambda_m^0)$, 求解过程可消去 $\lambda_k, k = 1, 2, \cdots, m$. 求得满足方程组的稳定点 $(x_1^0, x_2^0, \cdots, x_n^0)$.

3) 由问题的实际意义, 如果函数必存在条件极值, 通常方程组又只有唯一一个稳定点 $(x_1^0, x_2^0, \cdots, x_n^0)$, 则该点必为所求的极值点.

## 二、例

**例 1** 求三维欧氏空间 $\mathbf{R}^3$ 的一点 $(a, b, c)$ 到平面 $Ax + By + Cz + D = 0$ 的距离.

**解** 设平面上任意一点 $(x, y, z)$. 此题就是求函数

$$r = \sqrt{(x-a)^2 + (y-b)^2 + (z-c)^2}$$

的最小值, 其联系方程是

$$Ax + By + Cz + D = 0.$$

讨论函数 $r^2 = (x-a)^2 + (y-b)^2 + (z-c)^2$. 注意, 函数 $r$ 与 $r^2$ 的极值点相同.

根据拉格朗日乘数法, 作辅助函数

$$\Phi = (x-a)^2 + (y-b)^2 + (z-c)^2 + \lambda(Ax+By+Cz+D).$$

$$\frac{\partial \Phi}{\partial x} = 2(x-a) + \lambda A = 0, \quad \text{即} \quad x = a - \frac{1}{2}\lambda A.$$

$$\frac{\partial \Phi}{\partial y} = 2(y-b) + \lambda B = 0, \quad \text{即} \quad y = b - \frac{1}{2}\lambda B.$$

$$\frac{\partial \Phi}{\partial z} = 2(z-c) + \lambda C = 0, \quad \text{即} \quad z = c - \frac{1}{2}\lambda C.$$

$$\frac{\partial \Phi}{\partial \lambda} = Ax + By + Cz + D = 0.$$

将 $x,y,z$ 的值代入 $\dfrac{\partial \Phi}{\partial \lambda} = 0$ 之中,有

$$\lambda = \frac{2(Aa+Bb+Cc+D)}{A^2+B^2+C^2}.$$

于是,$x,y,z$ 只有唯一一组解 $(x_0, y_0, z_0)$,其中

$$x_0 = a - \frac{A(Aa+Bb+Cc+D)}{A^2+B^2+C^2}, \quad y_0 = b - \frac{B(Aa+Bb+Cc+D)}{A^2+B^2+C^2}, \quad z_0 = c - \frac{C(Aa+Bb+Cc+D)}{A^2+B^2+C^2}.$$

显然,这个问题存在最小值.因此,函数 $r^2$ 在点 $(x_0, y_0, z_0)$ 必取最小值.将此点的坐标代入 $r^2$ 之中,得最小值

$$r_{最小}^2 = \frac{(Aa+Bb+Cc+D)^2}{A^2+B^2+C^2}.$$

于是,点 $(a,b,c)$ 到平面 $Ax+By+Cz+D = 0$ 的距离是

$$r_{最小} = \frac{|Aa+Bb+Cc+D|}{\sqrt{A^2+B^2+C^2}}.$$

**例 2** 设 $n$ 个正数 $x_1, x_2, \cdots, x_n$ 之和是 $a$,求函数 $u = \sqrt[n]{x_1 x_2 \cdots x_n}$ 的最大值.

**解** 此题的联系方程是 $x_1 + x_2 + \cdots + x_n = a$.

根据拉格朗日乘数法,作辅助函数

$$\Phi = \sqrt[n]{x_1 x_2 \cdots x_n} + \lambda(x_1 + x_2 + \cdots + x_n - a).$$

$$\frac{\partial \Phi}{\partial x_1} = \frac{1}{n}(x_1 x_2 \cdots x_n)^{\frac{1}{n}-1}(x_2 \cdots x_n) + \lambda = \frac{u}{nx_1} + \lambda = 0,$$

即 $u = -n\lambda x_1$.

$$\frac{\partial \Phi}{\partial x_2} = \frac{1}{n}(x_1 x_2 \cdots x_n)^{\frac{1}{n}-1}(x_1 x_3 \cdots x_n) + \lambda = \frac{u}{nx_2} + \lambda = 0,$$

即 $u = -n\lambda x_2$.

$$\cdots\cdots\cdots\cdots$$

$$\frac{\partial \Phi}{\partial x_n} = \frac{1}{n}(x_1 x_2 \cdots x_n)^{\frac{1}{n}-1}(x_1 \cdots x_{n-1}) + \lambda = \frac{u}{nx_n} + \lambda = 0,$$

即 $u = -n\lambda x_n$.

$$\frac{\partial \Phi}{\partial \lambda} = x_1 + x_2 + \cdots + x_n - a = 0, \quad \text{即} \quad x_1 + x_2 + \cdots + x_n = a.$$

将 $u = -n\lambda x_k (k = 1, 2, \cdots, n)$ 相加, 并注意 $x_1 + x_2 + \cdots + x_n = a$, 有

$$nu = -n\lambda(x_1 + x_2 + \cdots + x_n) = -n\lambda a, \quad 即 \lambda = -\frac{u}{a}.$$

将 $\lambda = -\dfrac{u}{a}$ 分别代入上述 $u = -n\lambda x_k (k = 1, 2, \cdots, n)$ 之中, 得

$$x_1 = x_2 = \cdots = x_n = \frac{a}{n}.$$

显然, 这个问题存在最大值. 因此, 函数 $u = \sqrt[n]{x_1 x_2 \cdots x_n}$ 在点 $\left( \dfrac{a}{n}, \dfrac{a}{n}, \cdots, \dfrac{a}{n} \right)$ 取到最大值,

而最大值是 $\sqrt[n]{\left( \dfrac{a}{n} \right)^n} = \dfrac{a}{n}$. 于是,

$$\sqrt[n]{x_1 x_2 \cdots x_n} \leqslant \frac{a}{n} = \frac{x_1 + x_2 + \cdots + x_n}{n},$$

即 $n$ 个正数的几何平均值不超过它们的算术平均值.

**例 3**  椭球面 $\dfrac{x^2}{a^2} + \dfrac{y^2}{b^2} + \dfrac{z^2}{c^2} = 1$ 被通过原点的平面 $lx + my + nz = 0$ 截成一个椭圆, 求椭圆的面积.

**解**  求椭圆的面积, 只需求出椭圆的长、短半轴之长. 设椭圆上的动点 $P(x, y, z)$. 点 $P$ 到椭圆中心 (即原点 $(0, 0, 0)$) 的距离是 $r$, 其最大、最小值分别是椭圆的长、短半轴之长. 这里求

$$r^2 = x^2 + y^2 + z^2 \tag{14}$$

的最大值与最小值, 且动点 $P(x, y, z)$ 满足联系方程组:

$$\begin{cases} lx + my + nz = 0, \\ \dfrac{x^2}{a^2} + \dfrac{y^2}{b^2} + \dfrac{z^2}{c^2} = 1. \end{cases} \tag{15}$$

根据拉格朗日乘数法, 作辅助函数

$$\varPhi = x^2 + y^2 + z^2 + \lambda_1 (lx + my + nz) + \lambda_2 \left( \frac{x^2}{a^2} + \frac{y^2}{b^2} + \frac{z^2}{c^2} - 1 \right).$$

$$\frac{\partial \varPhi}{\partial x} = 2x + \lambda_1 l + 2\lambda_2 \frac{x}{a^2} = 0, \tag{16}$$

$$\frac{\partial \varPhi}{\partial y} = 2y + \lambda_1 m + 2\lambda_2 \frac{y}{b^2} = 0, \tag{17}$$

$$\frac{\partial \varPhi}{\partial z} = 2z + \lambda_1 n + 2\lambda_2 \frac{z}{c^2} = 0, \tag{18}$$

$$\frac{\partial \varPhi}{\partial \lambda_1} = lx + my + nz = 0, \quad \frac{\partial \varPhi}{\partial \lambda_2} = \frac{x^2}{a^2} + \frac{y^2}{b^2} + \frac{z^2}{c^2} - 1 = 0.$$

将 (16), (17), (18) 式分别乘 $x, y, z$ 再相加得

$$2(x^2 + y^2 + z^2) + \lambda_1 (lx + my + nz) + 2\lambda_2 \left( \frac{x^2}{a^2} + \frac{y^2}{b^2} + \frac{z^2}{c^2} \right) = 0.$$

再由已知的(14),(15)式,有

$$2r^2+2\lambda_2=0 \quad 或 \quad \lambda_2=-r^2.$$

将 $\lambda_2=-r^2$ 分别代入(16),(17),(18)式之中,解得

$$x=-\frac{\lambda_1 a^2 l}{2(a^2-r^2)}, \quad y=-\frac{\lambda_1 b^2 m}{2(b^2-r^2)}, \quad z=-\frac{\lambda_1 c^2 n}{2(c^2-r^2)}.$$

将上述三个等式分别乘以 $l,m,n$,再相加,有

$$lx+my+nz=-\frac{\lambda_1 a^2 l^2}{2(a^2-r^2)}-\frac{\lambda_1 b^2 m^2}{2(b^2-r^2)}-\frac{\lambda_1 c^2 n^2}{2(c^2-r^2)}.$$

由(15)式,有

$$-\frac{\lambda_1}{2}\left(\frac{a^2 l^2}{a^2-r^2}+\frac{b^2 m^2}{b^2-r^2}+\frac{c^2 n^2}{c^2-r^2}\right)=0,$$

即

$$\frac{a^2 l^2}{a^2-r^2}+\frac{b^2 m^2}{b^2-r^2}+\frac{c^2 n^2}{c^2-r^2}=0.$$

通分整理得 $r^2$ 的二次三项式

$$(a^2 l^2+b^2 m^2+c^2 n^2)r^4-[a^2 l^2(b^2+c^2)+b^2 m^2(c^2+a^2)+$$
$$c^2 n^2(a^2+b^2)]r^2+a^2 b^2 c^2(l^2+m^2+n^2)=0.$$

显然,在这里,$r^2$ 存在最大值与最小值,则 $r^2$ 的二次三项式必有两个不同的实根,设这两个实根是 $r_1^2$ 与 $r_2^2$,其中一个是最大值,一个是最小值.由二次三项式根与系数的关系,有

$$r_1^2 \cdot r_2^2=\frac{a^2 b^2 c^2(l^2+m^2+n^2)}{a^2 l^2+b^2 m^2+c^2 n^2}.$$

于是,椭圆长、短半轴之长的积

$$r_1 r_2=\frac{abc\sqrt{l^2+m^2+n^2}}{\sqrt{a^2 l^2+b^2 m^2+c^2 n^2}}.$$

由椭圆的面积公式,椭圆的面积

$$A=\pi r_1 r_2=\frac{abc\pi\sqrt{l^2+m^2+n^2}}{\sqrt{a^2 l^2+b^2 m^2+c^2 n^2}}.$$

## 练习题 11.3

1. 求下列函数的条件极值:

1) $z=xy$,联系方程是 $x+y=1$;

2) $u=x-2y+2z$,联系方程是 $x^2+y^2+z^2=1$.

2. 求曲面 $z^2-xy=1$ 上到原点最近的点.

3. 求两个曲面 $x^2-xy+y^2-z^2=1$ 与 $x^2+y^2=1$ 交线上到原点最近的点.

4. 求椭球面 $\dfrac{x^2}{a^2}+\dfrac{y^2}{b^2}+\dfrac{z^2}{c^2}=1$ 在第一卦限的切平面与三个坐标面围成的四面体的最小体积.

5. 求抛物线 $y=x^2$ 与直线 $x-y-2=0$ 之间的距离（即最小距离）.

\*　　　　\*　　　　\*　　　　\*　　　　\*　　　　\*　　　　\*

6. 求二次型 $f(x,y,z)=Ax^2+By^2+Cz^2+2Dyz+2Ezx+2Fxy$ 满足联系方程 $x^2+y^2+z^2=1$ 的最小值和最大值.

7. 证明：不等式 $\dfrac{x^n+y^n}{2}\geqslant\left(\dfrac{x+y}{2}\right)^n$，其中 $n\geqslant1,x\geqslant0,y\geqslant0$.（提示：求函数 $u=\dfrac{1}{2}(x^n+y^n)$ 满足联系方程 $x+y=c(>0)$ 的最小值.）

8. 证明：赫尔德不等式

$$\sum_{i=1}^{n}a_ib_i\leqslant\Big(\sum_{i=1}^{n}a_i^q\Big)^{\frac{1}{q}}\Big(\sum_{i=1}^{n}b_i^p\Big)^{\frac{1}{p}},$$

其中 $a_i\geqslant0,b_i\geqslant0,i=1,2,\cdots,n.q>1$，而 $\dfrac{1}{q}+\dfrac{1}{p}=1$.（提示：求函数 $f(x_1,x_2,\cdots,x_n)=\sum_{i=1}^{n}a_ix_i$ 满足联系

方程 $x_1^p+x_2^p+\cdots+x_n^p=1$ 的最大值.最大值是 $\Big(\sum_{i=1}^{n}a_i^q\Big)^{\frac{1}{q}}$.再令 $x_i=\dfrac{b_i}{\Big(\sum_{i=1}^{n}b_i^p\Big)^{\frac{1}{p}}}$，整理可得.）

# §11.4　隐函数存在定理在几何方面的应用

## 一、空间曲线的切线与法平面

1. 设空间曲线 $C$ 的参数方程是

$$x=x(t),\ y=y(t),\ z=z(t),\quad t\in I(\text{区间}).$$

它们在区间 $I$ 可导,且 $\forall t\in I$,有 $x'^2(t)+y'^2(t)+z'^2(t)\neq0$（即 $x'(t),y'(t),z'(t)$ 不同时为零）.取定 $t_0\in I$,对应曲线 $C$ 上一点 $P_0(x_0,y_0,z_0)=P_0(x(t_0),y(t_0),z(t_0))$.任取改变量 $\Delta t\neq0$,使 $t_0+\Delta t\in I$,对应曲线 $C$ 上另一点

$$P_1(x_0+\Delta x,y_0+\Delta y,z_0+\Delta z)=P_1(x(t_0+\Delta t),y(t_0+\Delta t),z(t_0+\Delta t)).$$

由空间解析几何知,过曲线 $C$ 上两点 $P_0$ 与 $P_1$ 的割线方程（如图 11.3）为

$$\frac{x-x_0}{\Delta x}=\frac{y-y_0}{\Delta y}=\frac{z-z_0}{\Delta z},$$

或

$$\frac{x-x_0}{\dfrac{\Delta x}{\Delta t}}=\frac{y-y_0}{\dfrac{\Delta y}{\Delta t}}=\frac{z-z_0}{\dfrac{\Delta z}{\Delta t}}.$$

当点 $P_1$ 沿曲线 $C$ 无限趋近于点 $P_0$ 时,即 $\Delta t\to0$,割线 $P_0P_1$ 的极限位置就是曲线 $C$ 上点 $P_0$ 的切线.于是,曲线 $C$ 上点 $P_0$ 的切线方程是

$$\frac{x-x(t_0)}{x'(t_0)}=\frac{y-y(t_0)}{y'(t_0)}=\frac{z-z(t_0)}{z'(t_0)}.$$

切线的方向向量 $\boldsymbol{T}=(x'(t_0),y'(t_0),z'(t_0))$ 称为曲线 $C$ 在点 $P_0$ 的**切向量**.

一个平面通过空间曲线 $C$ 上一点 $P_0(x_0,y_0,z_0)$,且与过点 $P_0$ 的切线垂直,称此平面是空间曲线 $C$ 在点 $P_0$ 的**法平面**,如图 11.4.于是,切线的切向量就是法平面的法向量.若在法平面上任取一点 $P(x,y,z)$,则向量 $\overrightarrow{P_0P}=(x-x_0,y-y_0,z-z_0)$ 与切线的切向量 $\boldsymbol{T}=(x'(t_0),y'(t_0),z'(t_0))$ 垂直,即

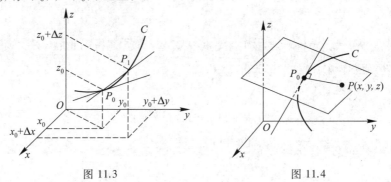

图 11.3 图 11.4

$$(x'(t_0),y'(t_0),z'(t_0))\cdot(x-x_0,y-y_0,z-z_0)=0.$$

由向量的内积(向量的数量积)公式,法平面的方程是

$$x'(t_0)(x-x_0)+y'(t_0)(y-y_0)+z'(t_0)(z-z_0)=0$$



$$x'(t_0)[x-x(t_0)]+y'(t_0)[y-y(t_0)]+z'(t_0)[z-z(t_0)]=0.$$

**例 1** 求螺旋线 $x=a\cos t,y=a\sin t,z=bt$ 在 $t_0=\dfrac{\pi}{3}$ 处的切线方程与法平面方程.

**解** $x'=-a\sin t,y'=a\cos t,z'=b.$ 切线方程是

$$\frac{x-a\cos\dfrac{\pi}{3}}{-a\sin\dfrac{\pi}{3}}=\frac{y-a\sin\dfrac{\pi}{3}}{a\cos\dfrac{\pi}{3}}=\frac{z-b\dfrac{\pi}{3}}{b},$$

即

$$\frac{x-\dfrac{a}{2}}{-\dfrac{\sqrt{3}}{2}a}=\frac{y-\dfrac{\sqrt{3}}{2}a}{\dfrac{a}{2}}=\frac{z-\dfrac{\pi}{3}b}{b}.$$

法平面方程是

$$-\frac{\sqrt{3}}{2}a\left(x-\frac{a}{2}\right)+\frac{a}{2}\left(y-\frac{\sqrt{3}}{2}a\right)+b\left(z-\frac{\pi}{3}b\right)=0.$$

2. 设三维欧氏空间 $\mathbf{R}^3$ 的曲线 $C$ 是由函数方程组 $F_1(x,y,z)=0,F_2(x,y,z)=0$ 所确定,即曲线 $C$ 是这两个曲面的交线.在空间曲线 $C$ 上任取一个定点 $P(x_0,y_0,z_0)$,即 $F_1(x_0,y_0,z_0)=0$ 与 $F_2(x_0,y_0,z_0)=0$.设 $F_1(x,y,z)$ 与 $F_2(x,y,z)$ 对 $x,y,z$ 的偏导数在点 $P$ 的邻域内都连续,且 $\dfrac{\partial(F_1,F_2)}{\partial(x,y)}\bigg|_P,\dfrac{\partial(F_1,F_2)}{\partial(y,z)}\bigg|_P,\dfrac{\partial(F_1,F_2)}{\partial(z,x)}\bigg|_P$ 不同时为零,不妨设

$\dfrac{\partial(F_1,F_2)}{\partial(y,z)}\bigg|_P \neq 0.$ 根据 §11.1 定理 4,在点 $x_0$ 某邻域,空间曲线 $C$ 可表示为

$$y=y(x) \quad 与 \quad z=z(x).$$

于是,空间曲线 $C$ 可表示为以 $x$ 为参数的参数方程

$$x=x, \quad y=y(x), \quad z=z(x).$$

为了求空间曲线 $C$ 在点 $P$ 的切线方程,首先求切向量 $T=\left(1,\dfrac{\mathrm{d}y}{\mathrm{d}x},\dfrac{\mathrm{d}z}{\mathrm{d}x}\right).$ 由隐函数的求导

公式(注意,$F_1$ 与 $F_2$ 中的 $y$ 与 $z$ 都是 $x$ 的函数),有

$$\begin{cases} \dfrac{\partial F_1}{\partial x}+\dfrac{\partial F_1}{\partial y}\dfrac{\mathrm{d}y}{\mathrm{d}x}+\dfrac{\partial F_1}{\partial z}\dfrac{\mathrm{d}z}{\mathrm{d}x}=0, \\[3mm] \dfrac{\partial F_2}{\partial x}+\dfrac{\partial F_2}{\partial y}\dfrac{\mathrm{d}y}{\mathrm{d}x}+\dfrac{\partial F_2}{\partial z}\dfrac{\mathrm{d}z}{\mathrm{d}x}=0. \end{cases}$$

解得

$$\dfrac{\mathrm{d}y}{\mathrm{d}x}=\dfrac{\dfrac{\partial(F_1,F_2)}{\partial(z,x)}}{\dfrac{\partial(F_1,F_2)}{\partial(y,z)}}, \quad \dfrac{\mathrm{d}z}{\mathrm{d}x}=\dfrac{\dfrac{\partial(F_1,F_2)}{\partial(x,y)}}{\dfrac{\partial(F_1,F_2)}{\partial(y,z)}}.$$

由切线方程的公式,三维欧氏空间 $\mathbf{R}^3$ 的曲线 $C$ 在点 $P(x_0,y_0,z_0)$ 的切线方程是

$$\dfrac{x-x_0}{1}=\dfrac{y-y_0}{\dfrac{\partial(F_1,F_2)}{\partial(z,x)}\bigg|_P \bigg/ \dfrac{\partial(F_1,F_2)}{\partial(y,z)}\bigg|_P}=\dfrac{z-z_0}{\dfrac{\partial(F_1,F_2)}{\partial(x,y)}\bigg|_P \bigg/ \dfrac{\partial(F_1,F_2)}{\partial(y,z)}\bigg|_P}$$

或

$$\dfrac{x-x_0}{\dfrac{\partial(F_1,F_2)}{\partial(y,z)}\bigg|_P}=\dfrac{y-y_0}{\dfrac{\partial(F_1,F_2)}{\partial(z,x)}\bigg|_P}=\dfrac{z-z_0}{\dfrac{\partial(F_1,F_2)}{\partial(x,y)}\bigg|_P}. \tag{1}$$

三维欧氏空间 $\mathbf{R}^3$ 的曲线 $C$ 在点 $P(x_0,y_0,z_0)$ 的法平面方程是

$$\dfrac{\partial(F_1,F_2)}{\partial(y,z)}\bigg|_P(x-x_0)+\dfrac{\partial(F_1,F_2)}{\partial(z,x)}\bigg|_P(y-y_0)+\dfrac{\partial(F_1,F_2)}{\partial(x,y)}\bigg|_P(z-z_0)=0. \tag{2}$$

**例 2** 求曲线 $x^2+y^2+z^2=6,x+y+z=0$ 在点 $P(1,-2,1)$ 的切线方程与法平面方程.

**解** $F_1=x^2+y^2+z^2-6,F_2=x+y+z.$

$$\dfrac{\partial F_1}{\partial x}=2x, \quad \dfrac{\partial F_1}{\partial y}=2y, \quad \dfrac{\partial F_1}{\partial z}=2z, \quad \dfrac{\partial F_2}{\partial x}=1, \quad \dfrac{\partial F_2}{\partial y}=1, \quad \dfrac{\partial F_2}{\partial z}=1.$$

$$\dfrac{\partial(F_1,F_2)}{\partial(y,z)}\bigg|_P=-6, \quad \dfrac{\partial(F_1,F_2)}{\partial(z,x)}\bigg|_P=0, \quad \dfrac{\partial(F_1,F_2)}{\partial(x,y)}\bigg|_P=6.$$

由公式(1)与(2),曲线在点 $P(1,-2,1)$ 的切线方程与法平面方程分别是

$$\dfrac{x-1}{-6}=\dfrac{y+2}{0}=\dfrac{z-1}{6}$$

与

$$-6(x-1)+6(z-1)=0 \quad 或 \quad x-z=0.$$

## 二、曲面的切平面与法线

1. 设三维欧氏空间 $\mathbf{R}^3$ 的曲面 $S$ 的方程是

$$z=f(x,y), \qquad (x,y)\in D(区域).$$

由 §10.3 定理 3 知,若二元函数 $z=f(x,y)$ 在点 $(x_0,y_0)\in D$ 可微,则曲面 $S$ 上点 $M(x_0,y_0,z_0)(z_0=f(x_0,y_0))$ 的切平面方程是

$$f_x'(x_0,y_0)(x-x_0)+f_y'(x_0,y_0)(y-y_0)-(z-z_0)=0,$$

即切平面的法向量是 $\boldsymbol{n}=(f_x'(x_0,y_0),f_y'(x_0,y_0),-1)$. 于是,法线方程是

$$\frac{x-x_0}{f_x'(x_0,y_0)}=\frac{y-y_0}{f_y'(x_0,y_0)}=\frac{z-z_0}{-1}.$$

2. 设曲面 $S$ 的方程是

$$F(x,y,z)=0.$$

在曲面 $S$ 上任取一点 $M(x_0,y_0,z_0)$,即 $F(x_0,y_0,z_0)=0$.若三元函数 $F(x,y,z)$ 所有的偏导数在点 $M$ 的邻域连续,且 $\dfrac{\partial F}{\partial x},\dfrac{\partial F}{\partial y},\dfrac{\partial F}{\partial z}$ 在点 $M$ 不同时为零,不妨设 $\dfrac{\partial F}{\partial z}\Big|_M\neq0$.根据 §11.1 定理 2,在点 $(x_0,y_0)$ 的某邻域,曲面 $S$ 可表示为

$$z=f(x,y), \qquad z_0=f(x_0,y_0).$$

求曲面 $S$ 上点 $M(x_0,y_0,z_0)$ 的切平面方程,首先求曲面 $S$ 在点 $M$ 的法向量 $\boldsymbol{n}=(f_x'(x_0,y_0),f_y'(x_0,y_0),-1)$.由隐函数求导公式,有

$$\frac{\partial F}{\partial x}+\frac{\partial F}{\partial z}\frac{\partial z}{\partial x}=0, \qquad \frac{\partial F}{\partial y}+\frac{\partial F}{\partial z}\frac{\partial z}{\partial y}=0.$$

解得

$$\frac{\partial z}{\partial x}=f_x'(x,y)=-\frac{\dfrac{\partial F}{\partial x}}{\dfrac{\partial F}{\partial z}}, \qquad \frac{\partial z}{\partial y}=f_y'(x,y)=-\frac{\dfrac{\partial F}{\partial y}}{\dfrac{\partial F}{\partial z}}.$$

由切平面方程的公式,曲面 $S$ 上点 $M(x_0,y_0,z_0)$ 的切平面方程是

$$-\frac{\dfrac{\partial F}{\partial x}\Big|_M}{\dfrac{\partial F}{\partial z}\Big|_M}(x-x_0)-\frac{\dfrac{\partial F}{\partial y}\Big|_M}{\dfrac{\partial F}{\partial z}\Big|_M}(y-y_0)-(z-z_0)=0$$

或

$$\frac{\partial F}{\partial x}\Big|_M(x-x_0)+\frac{\partial F}{\partial y}\Big|_M(y-y_0)+\frac{\partial F}{\partial z}\Big|_M(z-z_0)=0. \tag{3}$$

曲面 $S$ 上点 $M(x_0,y_0,z_0)$ 的法线方程是

$$\frac{x-x_0}{\dfrac{\partial F}{\partial x}\Big|_M}=\frac{y-y_0}{\dfrac{\partial F}{\partial y}\Big|_M}=\frac{z-z_0}{\dfrac{\partial F}{\partial z}\Big|_M}. \tag{4}$$

**例3** 求曲面 $x^{\frac{2}{3}}+y^{\frac{2}{3}}+z^{\frac{2}{3}}=a^{\frac{2}{3}}$ 上点 $P(x_0,y_0,z_0)$ 的切平面方程与法线方程.

**解** $F(x,y,z)=x^{\frac{2}{3}}+y^{\frac{2}{3}}+z^{\frac{2}{3}}-a^{\frac{2}{3}}$.

$$F_x'=\frac{2}{3}x^{-\frac{1}{3}},\quad F_y'=\frac{2}{3}y^{-\frac{1}{3}},\quad F_z'=\frac{2}{3}z^{-\frac{1}{3}}.$$

由公式(3)与(4),曲面上点 $P(x_0,y_0,z_0)$ 的切平面方程与法线方程分别是

$$x_0^{-\frac{1}{3}}(x-x_0)+y_0^{-\frac{1}{3}}(y-y_0)+z_0^{-\frac{1}{3}}(z-z_0)=0$$

与

$$\frac{x-x_0}{x_0^{-\frac{1}{3}}}=\frac{y-y_0}{y_0^{-\frac{1}{3}}}=\frac{z-z_0}{z_0^{-\frac{1}{3}}}$$

或

$$x_0^{\frac{1}{3}}(x-x_0)=y_0^{\frac{1}{3}}(y-y_0)=z_0^{\frac{1}{3}}(z-z_0).$$

3. 设曲面 $S$ 的参数方程为
$$x=x(u,v),y=y(u,v),z=z(u,v),\quad(u,v)\in D(区域).$$
取定一点 $Q(u_0,v_0)\in D$,对应曲面 $S$ 上一点 $M(x_0,y_0,z_0)$,即
$$x_0=x(u_0,v_0),\quad y_0=y(u_0,v_0),\quad z_0=z(u_0,v_0).$$

若上述函数组的所有偏导数在点 $Q(u_0,v_0)$ 的邻域都连续,且 $\left.\dfrac{\partial(x,y)}{\partial(u,v)}\right|_Q$,$\left.\dfrac{\partial(y,z)}{\partial(u,v)}\right|_Q$,$\left.\dfrac{\partial(z,x)}{\partial(u,v)}\right|_Q$ 不同时为零.不妨设 $\left.\dfrac{\partial(x,y)}{\partial(u,v)}\right|_Q\neq0$.根据 §11.1 定理3的推论,函数组 $x=x(u,v),y=y(u,v)$ 在点 $(x_0,y_0)$ 的邻域存在有连续偏导数的反函数组 $u=u(x,y),v=v(x,y)$. 将它们代入 $z=z(u,v)$ 之中,有
$$z=z[u(x,y),v(x,y)].$$

求曲面 $S$ 上点 $M(x_0,y_0,z_0)$ 的切平面方程,首先求曲面 $S$ 在点 $M$ 的法向量 $\boldsymbol{n}=(z_x'(x_0,y_0),z_y'(x_0,y_0),-1)$.由隐函数的求导法则(注意,$z$ 是 $x,y$ 的函数,而 $x,y$ 又是 $u,v$ 的函数),有

$$\begin{cases}\dfrac{\partial z}{\partial u}=\dfrac{\partial z}{\partial x}\dfrac{\partial x}{\partial u}+\dfrac{\partial z}{\partial y}\dfrac{\partial y}{\partial u},\\[2mm]\dfrac{\partial z}{\partial v}=\dfrac{\partial z}{\partial x}\dfrac{\partial x}{\partial v}+\dfrac{\partial z}{\partial y}\dfrac{\partial y}{\partial v},\end{cases}$$

解得

$$\frac{\partial z}{\partial x}=\frac{-\dfrac{\partial(y,z)}{\partial(u,v)}}{\dfrac{\partial(x,y)}{\partial(u,v)}},\quad\frac{\partial z}{\partial y}=\frac{-\dfrac{\partial(z,x)}{\partial(u,v)}}{\dfrac{\partial(x,y)}{\partial(u,v)}}.$$

由切平面方程公式,曲面 $S$ 上点 $P(x_0,y_0,z_0)$ 的切平面方程是

$$z-z_0=\frac{-\left.\dfrac{\partial(y,z)}{\partial(u,v)}\right|_Q}{\left.\dfrac{\partial(x,y)}{\partial(u,v)}\right|_Q}(x-x_0)+\frac{-\left.\dfrac{\partial(z,x)}{\partial(u,v)}\right|_Q}{\left.\dfrac{\partial(x,y)}{\partial(u,v)}\right|_Q}(y-y_0)$$

或

$$\left.\frac{\partial(y,z)}{\partial(u,v)}\right|_Q(x-x_0)+\left.\frac{\partial(z,x)}{\partial(u,v)}\right|_Q(y-y_0)+\left.\frac{\partial(x,y)}{\partial(u,v)}\right|_Q(z-z_0)=0. \tag{5}$$

曲面 $S$ 上点 $P(x_0,y_0,z_0)$ 的法线方程是

$$\frac{x-x_0}{\left.\dfrac{\partial(y,z)}{\partial(u,v)}\right|_Q}=\frac{y-y_0}{\left.\dfrac{\partial(z,x)}{\partial(u,v)}\right|_Q}=\frac{z-z_0}{\left.\dfrac{\partial(x,y)}{\partial(u,v)}\right|_Q}. \tag{6}$$

**例 4**　求曲面 $x=u+v,y=u^2+v^2,z=u^3+v^3$ 在点 $Q(0,2)$ 对应的曲面上点的切平面方程与法线方程.

**解**　点 $Q(0,2)$ 对应曲面上的点 $P(2,4,8)$.

$$\frac{\partial x}{\partial u}=1,\quad \frac{\partial x}{\partial v}=1,\quad \frac{\partial y}{\partial u}=2u,\quad \frac{\partial y}{\partial v}=2v,\quad \frac{\partial z}{\partial u}=3u^2,\quad \frac{\partial z}{\partial v}=3v^2.$$

$$\left.\frac{\partial(y,z)}{\partial(u,v)}\right|_Q=0,\quad \left.\frac{\partial(z,x)}{\partial(u,v)}\right|_Q=-12,\quad \left.\frac{\partial(x,y)}{\partial(u,v)}\right|_Q=4.$$

由公式（5）与（6）,曲面在点 $P(2,4,8)$ 的切平面方程与法线方程分别是

$$-12(y-4)+4(z-8)=0 \quad 或 \quad 3y-z=4$$

与

$$\frac{x-2}{0}=\frac{y-4}{-12}=\frac{z-8}{4} \quad 或 \quad \frac{x-2}{0}=\frac{y-4}{-3}=\frac{z-8}{1}.$$

# 练习题 11.4

1. 求下列曲线在指定点的切线方程与法平面方程：

1）$x=t-\cos t,y=3+\sin 2t,z=1+\cos 3t$,点 $t=\dfrac{\pi}{2}$；

2）$y=x,z=x^2$,点 $(1,1,1)$.

2. 在曲线 $x=t,y=t^2,z=t^3$ 上求出一点,使此点的切线平行于平面 $x+2y+z=4$.

3. 求曲线 $x^2+z^2=10,y^2+z^2=10$ 在点 $P(1,1,3)$ 的切线方程与法平面方程.

4. 求下列曲面在指定点的切平面方程与法线方程：

1）$e^z-z+xy=3$,点 $(2,1,0)$；

2）$x^2+y^2+z^2=169$,点 $(3,4,12)$.

5. 求曲面 $x^2+2y^2+3z^2=21$ 的切平面,使其平行于平面 $x+4y+6z=0$.

6. 证明：若 $P(x_0,y_0,z_0)$ 是球面 $x^2+y^2+z^2=1$ 上任意一点,则点 $P$ 的法线必通过球心 $(0,0,0)$.

7. 求曲面 $x=u\cos v,y=u\sin v,z=av$ 上点 $P(u_0,v_0)$ 的切平面方程与法线方程.

＊　　　＊　　　＊　　　＊　　　＊　　　＊　　　＊　　　＊

8. 证明:若两曲面 $F_1(x,y,z)=0$,$F_2(x,y,z)=0$ 在点 $P(x_0,y_0,z_0)$ 正交(两曲面在点 $P$ 的法线垂直),则在点 $P(x_0,y_0,z_0)$ 有

$$\frac{\partial F_1}{\partial x}\frac{\partial F_2}{\partial x}+\frac{\partial F_1}{\partial y}\frac{\partial F_2}{\partial y}+\frac{\partial F_1}{\partial z}\frac{\partial F_2}{\partial z}=0.$$

并验证两曲面 $3x^2+2y^2=2z+1$,$x^2+y^2+z^2-4y-2z+2=0$ 在点 $(1,1,2)$ 正交.

9. 证明:曲面 $F(nx-lz,ny-mz)=0$ 上任意一点的切平面都平行于直线 $\dfrac{x}{l}=\dfrac{y}{m}=\dfrac{z}{n}$.

 **答疑解惑**

# 第十二章
## 反常积分与含参变量的积分

为解决许多实际问题,要求我们将函数 $f(x)$ 在区间 $[a,b]$ 的定积分 $\int_a^b f(x)\,dx$ 从不同的方面予以推广.例如,将区间 $[a,b]$ 推广到无限区间 $((-\infty,b],[a,+\infty),(-\infty,+\infty))$,就有无限区间的反常积分,简称无穷积分;将区间 $[a,b]$ 的有界函数 $f(x)$ 推广到无界函数,就有无界函数的反常积分,简称瑕积分.将被积函数由一元函数推广到多元函数就有含参变量积分,等等.

我们已知,表示非初等函数可用各种不同的数学工具.例如,可变上限(或下限)的定积分,收敛的函数项级数,函数方程或函数方程组(隐函数)等.本章所讲的含参变量积分也是表示非初等函数的一种重要的数学工具.我们将讨论含参变量积分所定义函数的分析性质及其应用.

## §12.1  无穷积分

### 一、无穷积分收敛与发散概念

§8.5 例 21 给出从地面垂直发射的质量为 $m$ 的火箭克服地球引力所作的功.设地球的质量为 $M$,地球的半径为 $R$.若火箭距离地心为 $b(b>R)$,则将质量为 $m$ 的火箭,由地面发射到距离地心为 $b$ 处,火箭克服地球引力 $F=\dfrac{mgR^2}{r^2}$ 所作的功

$$W = \int_R^b \frac{mgR^2}{r^2}\,dr = mgR^2 \int_R^b \frac{dr}{r^2} = mgR^2\left(\frac{1}{R}-\frac{1}{b}\right).$$

为了使火箭脱离地球的引力范围,即令 $b\to+\infty$,则得火箭克服地球引力 $F$ 所作的功为

$$W_1 = \lim_{b\to+\infty} \int_R^b \frac{mgR^2}{r^2}\,dr = \lim_{b\to+\infty} mgR^2\left(\frac{1}{R}-\frac{1}{b}\right) = mgR.$$

由此可见,计算垂直发射质量为 $m$ 的火箭脱离地球的引力所作的功,需要计算一个定积分的上限无限增大的极限.这就是无穷积分的实例.

**定义**  设函数 $f(x)$ 在区间 $[a,+\infty)$(或 $(-\infty,b],(-\infty,+\infty)$)有定义,符号

$$\int_a^{+\infty} f(x)\,dx \quad \left(\text{或} \int_{-\infty}^b f(x)\,dx, \int_{-\infty}^{+\infty} f(x)\,dx\right)$$

称为函数 $f(x)$ 的**无穷积分**.

设 $\forall p \in \mathbf{R}, p > a$, 函数 $f(x)$ 在 $[a, p]$ 可积. 若极限

$$\lim_{p \to +\infty} \int_a^p f(x)\,\mathrm{d}x$$

存在(不存在), 则称无穷积分 $\int_a^{+\infty} f(x)\,\mathrm{d}x$ **收敛(发散)**, 其极限称为无穷积分 $\int_a^{+\infty} f(x)\,\mathrm{d}x$ (的值), 亦称广义可积, 即

$$\int_a^{+\infty} f(x)\,\mathrm{d}x = \lim_{p \to +\infty} \int_a^p f(x)\,\mathrm{d}x.$$

设 $\forall q \in \mathbf{R}, q < b$, 函数 $f(x)$ 在 $[q, b]$ 可积, 若极限

$$\lim_{q \to -\infty} \int_q^b f(x)\,\mathrm{d}x$$

存在(不存在), 则称无穷积分 $\int_{-\infty}^b f(x)\,\mathrm{d}x$ **收敛(发散)**, 其极限称为无穷积分 $\int_{-\infty}^b f(x)\,\mathrm{d}x$ (的值), 即

$$\int_{-\infty}^b f(x)\,\mathrm{d}x = \lim_{q \to -\infty} \int_q^b f(x)\,\mathrm{d}x.$$

若 $\exists c \in \mathbf{R}$, 两个无穷积分

$$\int_{-\infty}^c f(x)\,\mathrm{d}x \quad 与 \quad \int_c^{+\infty} f(x)\,\mathrm{d}x$$

都收敛(至少有一个发散), 则称无穷积分 $\int_{-\infty}^{+\infty} f(x)\,\mathrm{d}x$ **收敛(发散)**, 且

$$\int_{-\infty}^{+\infty} f(x)\,\mathrm{d}x = \int_{-\infty}^c f(x)\,\mathrm{d}x + \int_c^{+\infty} f(x)\,\mathrm{d}x. \tag{1}$$

根据积分区间可加性, 不难证明, (1)式的右端与数 $c$ 无关. 为了方便, 常取 $c = 0$.

**注**　按照定义, 考查函数 $f(x)$ 在区间 $(-\infty, +\infty)$ 的可积性, 必须验证以下两个极限

$$\lim_{q \to -\infty} \int_q^b f(x)\,\mathrm{d}x \quad 与 \quad \lim_{p \to +\infty} \int_a^p f(x)\,\mathrm{d}x$$

都存在才行. 请注意, 这里的极限过程 $q \to -\infty$ 与 $p \to +\infty$ 是彼此独立的.

显然, 上面所讲的火箭脱离地球引力所作的功 $W_1$ 是函数 $F(r) = \dfrac{mgR^2}{r^2}$ 的无穷积分, 即

$$W_1 = \lim_{b \to +\infty} \int_R^b \frac{mgR^2}{r^2}\,\mathrm{d}r = \int_R^{+\infty} \frac{mgR^2}{r^2}\,\mathrm{d}r = mgR.$$

**例 1**　求下列无穷积分:①

$$\int_0^{+\infty} \mathrm{e}^{-x}\,\mathrm{d}x ; \int_0^{+\infty} x\mathrm{e}^{-x^2}\,\mathrm{d}x.$$

**解**　$\int_0^{+\infty} \mathrm{e}^{-x}\,\mathrm{d}x = \lim\limits_{p \to +\infty} \int_0^p \mathrm{e}^{-x}\,\mathrm{d}x = \lim\limits_{p \to +\infty} (-\mathrm{e}^{-x}) \Big|_0^p = \lim\limits_{p \to +\infty} (1 - \mathrm{e}^{-p}) = 1.$

①　"求无穷积分"就是"求无穷积分的值", 下同.

$$\int_0^{+\infty} x e^{-x^2} dx = \lim_{p \to +\infty} \int_0^p x e^{-x^2} dx = \lim_{p \to +\infty} \left(-\frac{1}{2} e^{-x^2}\right) \Big|_0^p = \lim_{p \to +\infty} \left(\frac{1}{2} - \frac{1}{2} e^{-p^2}\right) = \frac{1}{2}.$$

**例2** 求下列无穷积分：

$$\int_0^{+\infty} \frac{dx}{1+x^2}; \quad \int_{-\infty}^0 \frac{dx}{1+x^2}; \quad \int_{-\infty}^{+\infty} \frac{dx}{1+x^2}.$$

**解** $\int_0^{+\infty} \frac{dx}{1+x^2} = \lim_{p \to +\infty} \int_0^p \frac{dx}{1+x^2} = \lim_{p \to +\infty} \arctan x \Big|_0^p = \lim_{p \to +\infty} \arctan p = \frac{\pi}{2}.$

$$\int_{-\infty}^0 \frac{dx}{1+x^2} = \lim_{q \to -\infty} \int_q^0 \frac{dx}{1+x^2} = \lim_{q \to -\infty} \arctan x \Big|_q^0 = \lim_{q \to -\infty} (-\arctan q) = \frac{\pi}{2}.$$

$$\int_{-\infty}^{+\infty} \frac{dx}{1+x^2} = \int_{-\infty}^0 \frac{dx}{1+x^2} + \int_0^{+\infty} \frac{dx}{1+x^2} = \frac{\pi}{2} + \frac{\pi}{2} = \pi.$$

若函数 $f(x)$ 在区间 $[a, +\infty)$ 存在原函数 $F(x)$，即 $F'(x) = f(x)$，则

$$\int_a^{+\infty} f(x) dx = \lim_{p \to +\infty} \int_a^p f(x) dx = \lim_{p \to +\infty} F(x) \Big|_a^p = \lim_{p \to +\infty} F(p) - F(a) = F(+\infty) - F(a) = F(x) \Big|_a^{+\infty},$$

其中符号 $F(+\infty) = \lim_{p \to +\infty} F(p)$。

**例3** 判别无穷积分 $\int_a^{+\infty} \frac{dx}{x^\lambda} (a > 0)$ 的敛散性。

**解** 当 $\lambda \neq 1$，有

$$\int_a^{+\infty} \frac{dx}{x^\lambda} = \frac{1}{1-\lambda} x^{1-\lambda} \Big|_a^{+\infty} = \begin{cases} \dfrac{a^{1-\lambda}}{\lambda-1}, & \lambda > 1, \\ +\infty, & \lambda < 1. \end{cases}$$

当 $\lambda = 1$，有

$$\int_a^{+\infty} \frac{dx}{x} = \ln x \Big|_a^{+\infty} = +\infty.$$

于是，当 $\lambda > 1$ 时，无穷积分 $\int_a^{+\infty} \frac{dx}{x^\lambda}$ 收敛，无穷积分（的值）是 $\dfrac{a^{1-\lambda}}{\lambda-1}$；当 $\lambda \leqslant 1$ 时，无穷积分 $\int_a^{+\infty} \frac{dx}{x^\lambda}$ 发散。

**例4** 判别无穷积分 $\int_2^{+\infty} \frac{dx}{x(\ln x)^\lambda}$ 的敛散性。

**解** 当 $\lambda \neq 1$，有

$$\int_2^{+\infty} \frac{dx}{x(\ln x)^\lambda} = \int_2^{+\infty} \frac{d(\ln x)}{(\ln x)^\lambda} = \frac{1}{(1-\lambda)(\ln x)^{\lambda-1}} \Big|_2^{+\infty}$$

$$= \begin{cases} \dfrac{1}{(\lambda-1)(\ln 2)^{\lambda-1}}, & \lambda > 1, \\ +\infty, & \lambda < 1. \end{cases}$$

当 $\lambda = 1$，有

$$\int_2^{+\infty} \frac{dx}{x \ln x} = \int_2^{+\infty} \frac{d(\ln x)}{\ln x} = \ln(\ln x) \Big|_2^{+\infty} = +\infty.$$

于是,当 $\lambda > 1$ 时,无穷积分收敛,无穷积分(的值)是 $\dfrac{1}{(\lambda-1)(\ln 2)^{\lambda-1}}$;当 $\lambda \leqslant 1$ 时,无穷积分发散.

在上述四例中,无论是求无穷积分的值还是判别无穷积分的敛散性,都是首先求出被积函数的原函数,然后再取极限.显然用这种方法只有被积函数存在初等函数的原函数才是可行的.如果被积函数的原函数不易求出或不是初等函数,上述方法不能使用.因此,要进一步讨论判别无穷积分敛散性和求无穷积分值的方法.

## 二、无穷积分与级数

上述三种形式的无穷积分:

$$\int_a^{+\infty} f(x)\,\mathrm{d}x,\quad \int_{-\infty}^b f(x)\,\mathrm{d}x,\quad \int_{-\infty}^{+\infty} f(x)\,\mathrm{d}x,$$

它们之间是有联系的.无穷积分 $\displaystyle\int_{-\infty}^{+\infty} f(x)\,\mathrm{d}x$ 的敛散性可归结为两个无穷积分

$$\int_{-\infty}^c f(x)\,\mathrm{d}x \quad 与 \quad \int_c^{+\infty} f(x)\,\mathrm{d}x$$

的敛散性.对无穷积分 $\displaystyle\int_{-\infty}^b f(x)\,\mathrm{d}x$ 进行换元.设 $x=-y, \mathrm{d}x=-\mathrm{d}y$,有

$$\int_{-\infty}^b f(x)\,\mathrm{d}x = \lim_{q\to-\infty}\int_q^b f(x)\,\mathrm{d}x = \lim_{q\to-\infty}\int_{-q}^{-b} f(-y)\,\mathrm{d}(-y)$$

$$= \lim_{q\to-\infty}\int_{-b}^{-q} f(-y)\,\mathrm{d}y = \int_{-b}^{+\infty} f(-y)\,\mathrm{d}y.$$

于是,无穷积分 $\displaystyle\int_{-\infty}^b f(x)\,\mathrm{d}x$ 与 $\displaystyle\int_{-\infty}^{+\infty} f(x)\,\mathrm{d}x$ 都可归结为形如 $\displaystyle\int_a^{+\infty} f(x)\,\mathrm{d}x$ 的无穷积分.因此,只需讨论无穷积分 $\displaystyle\int_a^{+\infty} f(x)\,\mathrm{d}x$ 的敛散性即可.

现在,将例 3 的无穷积分的敛散性与广义调和级数(§9.1 例 5)的敛散性比较如下:

| | $\displaystyle\int_a^{+\infty}\dfrac{\mathrm{d}x}{x^\lambda}$ | $\displaystyle\sum_{n=1}^\infty \dfrac{1}{n^\lambda}$ |
|---|---|---|
| $\lambda > 1$ | 收敛 | 收敛 |
| $\lambda \leqslant 1$ | 发散 | 发散 |

我们看到,上述无穷积分与级数,对 $\lambda > 1$ 都收敛,对 $\lambda \leqslant 1$ 都发散.这不是偶然的巧合,这是因为无穷积分与级数之间存在着内在联系.

**定理 1** 无穷积分 $\displaystyle\int_a^{+\infty} f(x)\,\mathrm{d}x$ 收敛 $\Longleftrightarrow$ 对任意数列 $\{A_n\}$, $\forall n \in \mathbf{N}_+$,有 $A_n \in [a, +\infty)$,而 $A_1 = a, \displaystyle\lim_{n\to\infty} A_n = +\infty$,级数

$$\sum_{k=1}^\infty \int_{A_k}^{A_{k+1}} f(x)\,\mathrm{d}x$$

收敛于同一个数,且

$$\int_a^{+\infty} f(x)\,\mathrm{d}x = \sum_{k=1}^{\infty} \int_{A_k}^{A_{k+1}} f(x)\,\mathrm{d}x.$$

**证明**　（$\Rightarrow$）已知无穷积分收敛，即

$$\int_a^{+\infty} f(x)\,\mathrm{d}x = \lim_{n\to\infty}\int_a^{A_{n+1}} f(x)\,\mathrm{d}x = \lim_{n\to\infty}\sum_{k=1}^{n}\int_{A_k}^{A_{k+1}} f(x)\,\mathrm{d}x = \sum_{k=1}^{\infty}\int_{A_k}^{A_{k+1}} f(x)\,\mathrm{d}x.$$

（$\Leftarrow$）已知对任意数列 $\{A_n\}$，而 $A_1 = a$，$\lim\limits_{n\to\infty}A_n = +\infty$ 时，级数 $\sum\limits_{k=1}^{\infty}\int_{A_k}^{A_{k+1}} f(x)\,\mathrm{d}x$ 收敛于同一个数，即它的部分和数列

$$\left\{\sum_{k=1}^{n}\int_{A_k}^{A_{k+1}} f(x)\,\mathrm{d}x\right\} \quad \text{或} \quad \left\{\int_a^{A_{n+1}} f(x)\,\mathrm{d}x\right\}$$

收敛于同一个数.根据 §2.4 海涅定理（定理6），无穷积分 $\int_a^{+\infty} f(x)\,\mathrm{d}x$ 收敛，且

$$\int_a^{+\infty} f(x)\,\mathrm{d}x = \lim_{n\to\infty}\int_a^{A_{n+1}} f(x)\,\mathrm{d}x = \sum_{k=1}^{\infty}\int_{A_k}^{A_{k+1}} f(x)\,\mathrm{d}x.$$

由此可见，无穷积分 $\int_a^{+\infty} f(x)\,\mathrm{d}x$ 就相当于级数 $\sum\limits_{k=1}^{\infty}\int_{A_k}^{A_{k+1}} f(x)\,\mathrm{d}x$. 定积分 $\int_a^{p} f(x)\,\mathrm{d}x$ 就相当于此级数的部分和 $\sum\limits_{k=1}^{n}\int_{A_k}^{A_{k+1}} f(x)\,\mathrm{d}x$. 因此，一般来说，关于数项级数的性质和敛散性判别法都可相应地转移到无穷积分上来.

## 三、无穷积分的性质

下面讨论的无穷积分总是假设函数 $f(x)$ 在区间 $[a,+\infty)$ 有定义，且 $\forall p \in \mathbf{R}, p > a$，函数 $f(x)$ 在 $[a,p]$ 可积.

由无穷积分定义，无穷积分 $\int_a^{+\infty} f(x)\,\mathrm{d}x$ 收敛 $\Longleftrightarrow$ 当 $p \to +\infty$ 时，函数

$$F(p) = \int_a^{p} f(x)\,\mathrm{d}x \quad (a < p)$$

存在极限.于是，无穷积分收敛也有柯西收敛准则：

**定理2（柯西收敛准则）**　无穷积分 $\int_a^{+\infty} f(x)\,\mathrm{d}x$ 收敛 $\Longleftrightarrow \forall \varepsilon > 0, \exists A > a, \forall p_1 > A$ 与 $p_2 > A$，有

$$\left|\int_{p_1}^{p_2} f(x)\,\mathrm{d}x\right| < \varepsilon.$$

**推论1**　若无穷积分 $\int_a^{+\infty} f(x)\,\mathrm{d}x$ 收敛，则 $\lim\limits_{p\to+\infty}\int_p^{+\infty} f(x)\,\mathrm{d}x = 0$.

**证明**　根据定理2，$\forall \varepsilon > 0, \exists A > a, \forall p > A$ 与 $q > A$，有

$$\left|\int_p^{q} f(x)\,\mathrm{d}x\right| < \varepsilon.$$

令 $q \to +\infty$，即 $\lim\limits_{q\to+\infty}\left|\int_p^{q} f(x)\,\mathrm{d}x\right| \leqslant \varepsilon$ 或 $\left|\int_p^{+\infty} f(x)\,\mathrm{d}x\right| \leqslant \varepsilon$.

**推论2**　若无穷积分 $\int_a^{+\infty} |f(x)|\,\mathrm{d}x$ 收敛，则无穷积分 $\int_a^{+\infty} f(x)\,\mathrm{d}x$ 也收敛.

**证明**　根据定理2，$\forall \varepsilon > 0, \exists A > a, \forall p_1 > A$ 与 $p_2 > A$，有

$$\left| \int_{p_1}^{p_2} | f(x) | \, \mathrm{d}x \right| < \varepsilon,$$

从而,有

$$\left| \int_{p_1}^{p_2} f(x) \, \mathrm{d}x \right| \le \left| \int_{p_1}^{p_2} | f(x) | \, \mathrm{d}x \right| < \varepsilon,$$

即无穷积分 $\int_a^{+\infty} f(x) \, \mathrm{d}x$ 收敛.

**推论 3** 无穷积分 $\int_a^{+\infty} f(x) \, \mathrm{d}x$ 收敛 $\Longleftrightarrow \forall b > a$,无穷积分 $\int_b^{+\infty} f(x) \, \mathrm{d}x$ 也收敛.

读者自证.

由无穷积分 $\int_a^{+\infty} f(x) \, \mathrm{d}x$ 的收敛定义,不难证明下面关于无穷积分的运算定理(证明从略).

**定理 3** 若无穷积分 $\int_a^{+\infty} f(x) \, \mathrm{d}x$ 收敛,则无穷积分 $\int_a^{+\infty} cf(x) \, \mathrm{d}x$ 也收敛,其中 $c$ 是常数,且

$$\int_a^{+\infty} cf(x) \, \mathrm{d}x = c \int_a^{+\infty} f(x) \, \mathrm{d}x.$$

**定理 4** 若无穷积分 $\int_a^{+\infty} f(x) \, \mathrm{d}x$ 与 $\int_a^{+\infty} g(x) \, \mathrm{d}x$ 都收敛,则无穷积分 $\int_a^{+\infty} [f(x) \pm g(x)] \, \mathrm{d}x$ 也收敛,且

$$\int_a^{+\infty} [f(x) \pm g(x)] \, \mathrm{d}x = \int_a^{+\infty} f(x) \, \mathrm{d}x \pm \int_a^{+\infty} g(x) \, \mathrm{d}x.$$

**定理 5** 若函数 $f(x)$ 与 $g(x)$ 在区间 $[a, +\infty)$ 都存在连续导数,极限 $\lim\limits_{x \to +\infty} f(x)g(x)$ 存在,且无穷积分 $\int_a^{+\infty} f'(x)g(x) \, \mathrm{d}x$ 收敛,则无穷积分 $\int_a^{+\infty} f(x)g'(x) \, \mathrm{d}x$ 也收敛,有

$$\int_a^{+\infty} f(x)g'(x) \, \mathrm{d}x = \lim_{x \to +\infty} f(x)g(x) - f(a)g(a) - \int_a^{+\infty} f'(x)g(x) \, \mathrm{d}x$$

或

$$\int_a^{+\infty} f(x) \, \mathrm{d}g(x) = f(x)g(x) \Big|_a^{+\infty} - \int_a^{+\infty} g(x) \, \mathrm{d}f(x).$$

这是无穷积分的分部积分公式.

**定理 6** 若函数 $f(x)$ 在区间 $[a, +\infty)$ 连续,无穷积分 $\int_a^{+\infty} f(x) \, \mathrm{d}x$ 收敛,且函数 $x = \varphi(t)$ 在 $[\alpha, \beta)$①严格增加,②存在连续导数,而 $\varphi(\alpha) = a, \varphi(\beta - 0) = +\infty$,则

$$\int_a^{+\infty} f(x) \, \mathrm{d}x = \int_\alpha^\beta f[\varphi(t)] \varphi'(t) \, \mathrm{d}t.$$

这是无穷积分的换元公式.

**例 5** 求无穷积分 $K = \int_0^{+\infty} \mathrm{e}^{-x} \sin x \, \mathrm{d}x$.

---

① $\beta$ 可以是有限数,也可以是 $+\infty$.

② 也可以是"严格减少",此时积分限要作相应的变化.见下面例 6.

**解** 根据定理 5,有

$$K = \int_0^{+\infty} e^{-x} \sin x \, dx = \int_0^{+\infty} e^{-x} d(-\cos x)$$

$$= -e^{-x} \cos x \Big|_0^{+\infty} - \int_0^{+\infty} e^{-x} \cos x \, dx = 1 - \int_0^{+\infty} e^{-x} d(\sin x)$$

$$= 1 - \left( e^{-x} \sin x \Big|_0^{+\infty} + \int_0^{+\infty} e^{-x} \sin x \, dx \right) = 1 - K.$$

有 $2K = 1$ 或 $K = \dfrac{1}{2}$,即

$$K = \int_0^{+\infty} e^{-x} \sin x \, dx = \frac{1}{2}.$$

**例 6** 求无穷积分 $\displaystyle\int_{\frac{2}{\pi}}^{+\infty} \frac{1}{x^2} \sin \frac{1}{x} \, dx$.

**解** 设 $\dfrac{1}{x} = t, dt = -\dfrac{1}{x^2} dx$.根据定理 6,有

$$\int_{\frac{2}{\pi}}^{+\infty} \frac{1}{x^2} \sin \frac{1}{x} \, dx = -\int_{\frac{\pi}{2}}^{0} \sin t \, dt = \int_0^{\frac{\pi}{2}} \sin t \, dt = -\cos t \Big|_0^{\frac{\pi}{2}} = 1.$$

## 四、无穷积分的敛散性判别法

无穷积分 $\displaystyle\int_a^{+\infty} f(x) \, dx$ 的敛散性判别法,一般可仿照数项级数的敛散性判别法平行地写出来,并予以证明.理应先讨论与正项级数平行的正值函数 $f(x) \geqslant 0 (x \in [a, +\infty))$ 的无穷积分,后讨论与变号级数平行的一般函数 $f(x)$ 的无穷积分.为了节省篇幅,本段只给出几个常用的无穷积分的敛散性判别法.

**定理 7** 设 $\forall x \in [a, +\infty)$,有

$$|f(x)| \leqslant c\varphi(x), \quad c \text{ 是正常数}. \tag{2}$$

1) 若无穷积分 $\displaystyle\int_a^{+\infty} \varphi(x) \, dx$ 收敛,则无穷积分 $\displaystyle\int_a^{+\infty} f(x) \, dx$ 也收敛;

2) 若无穷积分 $\displaystyle\int_a^{+\infty} |f(x)| \, dx$ 发散,则无穷积分 $\displaystyle\int_a^{+\infty} \varphi(x) \, dx$ 也发散.

**证明** 1) 根据定理 2,$\forall \varepsilon > 0, \exists A > a, \forall p_1 > A$ 与 $p_2 > A$,有

$$\left| \int_{p_1}^{p_2} \varphi(x) \, dx \right| < \varepsilon.$$

由不等式 (2),有

$$\left| \int_{p_1}^{p_2} |f(x)| \, dx \right| \leqslant c \left| \int_{p_1}^{p_2} \varphi(x) \, dx \right| < c\varepsilon,$$

即无穷积分 $\displaystyle\int_a^{+\infty} |f(x)| \, dx$ 收敛.根据定理 2 的推论 2,无穷积分 $\displaystyle\int_a^{+\infty} f(x) \, dx$ 收敛.

2) 用反证法.假设无穷积分 $\displaystyle\int_a^{+\infty} \varphi(x) \, dx$ 收敛,根据 1),则无穷积分 $\displaystyle\int_a^{+\infty} |f(x)| \, dx$ 也收敛,与已知条件矛盾.

**推论** 设 $\forall x \in [a, +\infty)$,函数 $f(x) \geqslant 0, a > 0$,且有极限

$$\lim_{x \to +\infty} x^\lambda f(x) = d, \quad 0 \leqslant d \leqslant +\infty. \tag{3}$$

1) 若 $\lambda > 1, 0 \leqslant d < +\infty$, 则无穷积分 $\int_a^{+\infty} f(x)\,dx$ 收敛;

2) 若 $\lambda \leqslant 1, 0 < d \leqslant +\infty$, 则无穷积分 $\int_a^{+\infty} f(x)\,dx$ 发散.

**证明** 1) 由(3)式, $\exists \varepsilon_0 > 0, \exists A > 0, \forall x > A$, 有

$$|x^\lambda f(x) - d| < \varepsilon_0 \quad \text{或} \quad d - \varepsilon_0 < x^\lambda f(x) < d + \varepsilon_0,$$

即

$$(d - \varepsilon_0)\frac{1}{x^\lambda} < f(x) < (d + \varepsilon_0)\frac{1}{x^\lambda}.$$

由例 3 知, 当 $\lambda > 1$ 时, 无穷积分 $\int_a^{+\infty} \dfrac{dx}{x^\lambda}$ 收敛. 根据定理 7, 则无穷积分 $\int_a^{+\infty} f(x)\,dx$ 收敛.

2) 当 $0 < d < +\infty$ 时, 由(3)式, $\exists \varepsilon_0 > 0$, 使 $0 < \varepsilon_0 < d, \exists A > 0, \forall x > A$, 有

$$(d - \varepsilon_0)\frac{1}{x^\lambda} < f(x) \quad \text{或} \quad \frac{1}{x^\lambda} < \frac{1}{d - \varepsilon_0} f(x),$$

已知 $\lambda \leqslant 1$, 无穷积分 $\int_a^{+\infty} \dfrac{dx}{x^\lambda}$ 发散. 由定理 7, 则无穷积分 $\int_a^{+\infty} f(x)\,dx$ 发散.

当 $d = +\infty$ 时, 由(3)式, $\exists B > 0, \exists A > 0, \forall x > A$, 有

$$x^\lambda f(x) > B \quad \text{或} \quad f(x) > B \cdot \frac{1}{x^\lambda},$$

已知 $\lambda \leqslant 1$, 无穷积分 $\int_a^{+\infty} \dfrac{dx}{x^\lambda}$ 发散. 根据定理 7, 则无穷积分 $\int_a^{+\infty} f(x)\,dx$ 发散.

应用上述推论判别某些无穷积分 $\int_a^{+\infty} f(x)\,dx$ 的敛散性比较简便. 应用这个推论要求从观察中找出合适的 $\lambda$, 使(3)式的极限存在(找 $\lambda$ 需要应用已经学过的无穷小阶的比较), 然后再由数 $\lambda$ 确定无穷积分 $\int_a^{+\infty} f(x)\,dx$ 的敛散性.

**例 7** 判别无穷积分 $\int_0^{+\infty} e^{-x^2}\,dx$ 的敛散性.

**解** 已知 $\forall x \geqslant 1$, 有

$$0 < e^{-x^2} \leqslant e^{-x}.$$

由例 1 知, 无穷积分 $\int_1^{+\infty} e^{-x}\,dx$ 收敛. 根据定理 7, 无穷积分 $\int_1^{+\infty} e^{-x^2}\,dx$ 收敛. 再根据定理 2 的推论 3, 无穷积分 $\int_0^{+\infty} e^{-x^2}\,dx$ 也收敛.

**例 8** 判别无穷积分 $\int_1^{+\infty} \dfrac{dx}{\sqrt[3]{x^2 + x + 1}}$ 的敛散性.

**解** 已知极限

$$\lim_{x \to +\infty} x^{\frac{2}{3}} \frac{1}{\sqrt[3]{x^2 + x + 1}} = \lim_{x \to +\infty} \sqrt[3]{\frac{x^2}{x^2 + x + 1}} = 1,$$

其中 $\lambda = \dfrac{2}{3} < 1$，则无穷积分 $\displaystyle\int_1^{+\infty} \dfrac{\mathrm{d}x}{\sqrt[3]{x^2 + x + 1}}$ 发散.

**例 9** 判别无穷积分 $\displaystyle\int_1^{+\infty} \dfrac{\cos x}{x\sqrt{x+1}}\mathrm{d}x$ 的敛散性.

**解** 已知 $\forall x \in [1, +\infty)$，有

$$\left| \frac{\cos x}{x\sqrt{x+1}} \right| \leqslant \frac{1}{x\sqrt{x+1}}.$$

又

$$\lim_{x \to +\infty} x^{\frac{3}{2}} \frac{1}{x\sqrt{x+1}} = \lim_{x \to +\infty} \sqrt{\frac{x}{x+1}} = 1,$$

其中 $\lambda = \dfrac{3}{2} > 1$，则无穷积分 $\displaystyle\int_1^{+\infty} \left| \dfrac{\cos x}{x\sqrt{x+1}} \right| \mathrm{d}x$ 收敛. 根据定理 2 的推论 2，无穷积分

$\displaystyle\int_1^{+\infty} \dfrac{\cos x}{x\sqrt{x+1}}\mathrm{d}x$ 也收敛.

**例 10** 判别无穷积分 $\displaystyle\int_1^{+\infty} x^{\alpha-1}\mathrm{e}^{-x}\mathrm{d}x (\alpha$ 是参数$)$ 的敛散性.

**解** 已知 $\forall \alpha \in \mathbf{R}$，有极限

$$\lim_{x \to +\infty} x^2 \cdot x^{\alpha-1}\mathrm{e}^{-x} = \lim_{x \to +\infty} \frac{x^{\alpha+1}}{\mathrm{e}^x} = 0.$$

其中 $\lambda = 2 > 1, d = 0$，则 $\forall \alpha \in \mathbf{R}$，无穷积分 $\displaystyle\int_1^{+\infty} x^{\alpha-1}\mathrm{e}^{-x}\mathrm{d}x$ 都收敛.

下面讨论与变号级数相应的无穷积分 $\displaystyle\int_a^{+\infty} f(x)\mathrm{d}x$ 的收敛判别法. 当 $x \to +\infty$ 时，函数 $f(x)$ 的函数值有的是正，有的是负，交错出现.

**定义** 若无穷积分 $\displaystyle\int_a^{+\infty} |f(x)|\mathrm{d}x$ 收敛，则称无穷积分 $\displaystyle\int_a^{+\infty} f(x)\mathrm{d}x$ **绝对收敛**.

定理 2 的推论 2 指出，若无穷积分 $\displaystyle\int_a^{+\infty} f(x)\mathrm{d}x$ 绝对收敛，则无穷积分 $\displaystyle\int_a^{+\infty} f(x)\mathrm{d}x$ 必收敛.

**定义** 若无穷积分 $\displaystyle\int_a^{+\infty} f(x)\mathrm{d}x$ 收敛，而 $\displaystyle\int_a^{+\infty} |f(x)|\mathrm{d}x$ 发散，则称无穷积分 $\displaystyle\int_a^{+\infty} f(x)\mathrm{d}x$ **条件收敛**.

应用定理 7 或其推论只能判别无穷积分 $\displaystyle\int_a^{+\infty} f(x)\mathrm{d}x$ 的绝对收敛性，而不能判别无穷积分的条件收敛性. 判别无穷积分条件收敛有下面的定理：

**定理 8(狄利克雷判别法)** 设函数 $f(x)$ 与 $g(x)$ 在区间 $(a, +\infty)$ 有定义，在任何有穷区间 $[a, A]$ 都可积，若

1) 积分 $F(A) = \displaystyle\int_a^A g(x)\mathrm{d}x$ 为 $A$ 的有界函数，即 $\exists K > 0, \forall A > a$，有

$$|F(A)| = \left| \int_a^A g(x)\mathrm{d}x \right| \leqslant K;$$

2) 函数 $f(x)$ 是单调的,且 $\lim\limits_{x\to+\infty}f(x)=0$,

则无穷积分 $\int_a^{+\infty}f(x)g(x)\mathrm{d}x$ 收敛.

**证明** 由柯西收敛准则和积分第二中值定理(§8.4 定理 7),$\forall\varepsilon>0,\exists a>0,\forall A'>A>a$,有

$$|f(A)|<\varepsilon \quad 与 \quad |f(A')|<\varepsilon.$$

存在 $\xi\in(A,A')$,有

$$\int_A^{A'}f(x)g(x)\mathrm{d}x=f(A)\int_A^{\xi}g(x)\mathrm{d}x+f(A')\int_{A'}^{\xi}g(x)\mathrm{d}x.$$

又因为 $F(A)$ 有界,有

$$\left|\int_A^{\xi}g(x)\mathrm{d}x\right|=|F(\xi)-F(A)|\leqslant 2K \quad 与 \quad \left|\int_\xi^{A'}g(x)\mathrm{d}x\right|\leqslant 2K.$$

于是

$$\left|\int_A^{A'}f(x)g(x)\mathrm{d}x\right|\leqslant|f(A)|\left|\int_A^{\xi}g(x)\mathrm{d}x\right|+|f(A')|\left|\int_\xi^{A'}g(x)\mathrm{d}x\right|<4K\varepsilon,$$

即无穷积分 $\int_a^{+\infty}f(x)g(x)\mathrm{d}x$ 收敛.

**定理 9(阿贝尔判别法)** 设函数 $f(x)$ 和 $g(x)$ 在区间 $[a,+\infty)$ 有定义,在任何闭子区间 $[a,A]$ 上可积.若

1) 函数 $f(x)$ 在 $[a,+\infty)$ 单调并且有界;

2) 无穷积分 $\int_a^{+\infty}g(x)\mathrm{d}x$ 收敛,

则无穷积分 $\int_a^{+\infty}f(x)g(x)\mathrm{d}x$ 收敛.

**证明** 因为函数 $f(x)$ 在 $[a,+\infty)$ 单调并且有界,所以它存在有穷极限,设 $\lim\limits_{x\to+\infty}f(x)=l$.于是

$$\lim\limits_{x\to+\infty}[f(x)-l]=0,$$

即函数 $f(x)-l$ 单调减少地趋向于零.

由定理 8 知,无穷积分

$$\int_a^{+\infty}[f(x)-l]g(x)\mathrm{d}x=\int_a^{+\infty}f(x)g(x)\mathrm{d}x-l\int_a^{+\infty}g(x)\mathrm{d}x$$

也收敛.已知 $\int_a^{+\infty}g(x)\mathrm{d}x$ 收敛,立即推出无穷积分

$$\int_a^{+\infty}f(x)g(x)\mathrm{d}x$$

收敛.

**例 11** 证明:无穷积分 $\int_0^{+\infty}\dfrac{\sin x}{x}\mathrm{d}x$ 条件收敛.

**证明** 在 $x=0$,被积函数 $\dfrac{\sin x}{x}$ 没有定义.已知 $\lim\limits_{x\to 0}\dfrac{\sin x}{x}=1$,将函数 $\dfrac{\sin x}{x}$ 在 0 作连续延拓,当 $x=0$ 时,令 $\dfrac{\sin x}{x}=1$.于是,被积函数 $\dfrac{\sin x}{x}$ 在区间 $[0,+\infty)$ 连续.

首先,证明无穷积分 $\displaystyle\int_1^{+\infty}\dfrac{\sin x}{x}\mathrm{d}x$ 收敛.

取 $f(x)=\dfrac{1}{x}$,在 $[1,+\infty)$ 是单调减少的,且 $\displaystyle\lim_{x\to+\infty}\dfrac{1}{x}=0$.又取 $g(x)=\sin x$,在区间 $[1,$ $+\infty)$ 连续,$\forall p>1$,有

$$\left|\int_1^p \sin x\mathrm{d}x\right|=|\cos 1-\cos p|\leqslant 2,$$

即有界.根据定理 8,无穷积分 $\displaystyle\int_1^{+\infty}\dfrac{\sin x}{x}\mathrm{d}x$ 收敛.从而,无穷积分 $\displaystyle\int_0^{+\infty}\dfrac{\sin x}{x}\mathrm{d}x$ 也收敛.

其次,证明无穷积分 $\displaystyle\int_1^{+\infty}\left|\dfrac{\sin x}{x}\right|\mathrm{d}x$ 发散.

已知 $\forall x\geqslant 1$,有 $|\sin x|\geqslant\sin^2 x$,从而

$$\left|\frac{\sin x}{x}\right|\geqslant\frac{\sin^2 x}{x}=\frac{1-\cos 2x}{2x}=\frac{1}{2x}-\frac{\cos 2x}{2x}.$$

有

$$\int_1^{+\infty}\left|\frac{\sin x}{x}\right|\mathrm{d}x\geqslant\int_1^{+\infty}\frac{\mathrm{d}x}{2x}-\int_1^{+\infty}\frac{\cos 2x}{2x}\mathrm{d}x.$$

上式右端无穷积分 $\displaystyle\int_1^{+\infty}\dfrac{\cos 2x}{2x}\mathrm{d}x$ 收敛$\bigg($证法与证明无穷积分 $\displaystyle\int_1^{+\infty}\dfrac{\sin x}{x}\mathrm{d}x$ 收敛相同,从略$\bigg)$,而无穷积分 $\displaystyle\int_1^{+\infty}\dfrac{\mathrm{d}x}{2x}$ 发散.因此,无穷积分 $\displaystyle\int_1^{+\infty}\left|\dfrac{\sin x}{x}\right|\mathrm{d}x$ 发散.从而,无穷积分 $\displaystyle\int_0^{+\infty}\left|\dfrac{\sin x}{x}\right|\mathrm{d}x$ 也发散.于是,无穷积分 $\displaystyle\int_0^{+\infty}\dfrac{\sin x}{x}\mathrm{d}x$ 条件收敛.

**例 12**　讨论无穷积分 $\displaystyle\int_0^{+\infty}\sin x^2\mathrm{d}x$ 与 $\displaystyle\int_0^{+\infty}\cos x^2\mathrm{d}x$ 的敛散性.

**解**　设 $x^2=y$,$\mathrm{d}x=\dfrac{\mathrm{d}y}{2\sqrt{y}}$,有

$$\int_0^{+\infty}\sin x^2\mathrm{d}x=\frac{1}{2}\int_0^{+\infty}\frac{\sin y}{\sqrt{y}}\mathrm{d}y.$$

取 $g(y)=\sin y$,在 $[1,+\infty)$ 连续,$\forall p>1$,在 $[1,p]$ 上积分有界,

$$\left|\int_1^p\sin y\mathrm{d}y\right|\leqslant 2.$$

取 $f(y)=\dfrac{1}{\sqrt{y}}\to 0$,$y\to+\infty$.根据定理 8,无穷积分 $\displaystyle\int_1^{+\infty}\dfrac{\sin y}{\sqrt{y}}\mathrm{d}y$ 收敛(条件收敛),即无穷积分 $\displaystyle\int_0^{+\infty}\sin x^2\mathrm{d}x$ 收敛(条件收敛).

同法可证,无穷积分 $\displaystyle\int_0^{+\infty}\cos x^2\mathrm{d}x$ 也收敛(条件收敛).

**注**　已知级数 $\displaystyle\sum_{n=1}^{\infty}a_n$ 收敛的必要条件是 $a_n\to 0(n\to\infty)$.但是,无穷积分 $\displaystyle\int_a^{+\infty}f(x)\mathrm{d}x$ 收敛不一定有 $f(x)\to 0(x\to+\infty)$.如例 12,当 $x\to+\infty$ 时,被积函数 $\sin x^2$ 不存在极限.

请读者注意,无穷积分与定积分在可积性上有一条性质是截然不同的,这就是,若函数 $f(x)$ 在 $[a,b]$ 上可积(定积分),则它的绝对值函数 $|f(x)|$ 在 $[a,b]$ 上也可积(定积分)(见§8.3 定理 8),但是,反之不成立(见练习题 8.2 第 9 题);若绝对值函数 $|f(x)|$ 在 $[a,+\infty)$ 广义可积,则函数 $f(x)$ 在 $[a,+\infty)$ 也一定广义可积(见定理 2 的推论 2),但是,反之不成立(见例 11).这说明,无论对定积分还是无穷积分,函数 $f(x)$ 与它的绝对值函数 $|f(x)|$ 的可积性都不是等价的,瑕积分情况也是如此,这是黎曼积分令人遗憾的地方.

## 练习题 12.1

1. 求下列无穷积分:

1) $\displaystyle\int_a^{+\infty} \frac{\mathrm{d}x}{x^2}\ (a>0)$;

2) $\displaystyle\int_2^{+\infty} \frac{\mathrm{d}x}{x^2+x-2}$;

3) $\displaystyle\int_0^{+\infty} \frac{x}{1+x^4}\mathrm{d}x$;

4) $\displaystyle\int_1^{+\infty} \frac{\mathrm{e}^{-\sqrt{x}}}{\sqrt{x}}\mathrm{d}x$;

5) $\displaystyle\int_{-\infty}^{+\infty} \mathrm{e}^{-a|x|}\mathrm{d}x\ (a>0)$;

6) $\displaystyle\int_0^{+\infty} \mathrm{e}^{-ax}\sin bx\mathrm{d}x\,(a>0)$.

2. 判别下列无穷积分的敛散性:

1) $\displaystyle\int_0^{+\infty} \frac{x^2}{x^4-x^2+1}\mathrm{d}x$;

2) $\displaystyle\int_1^{+\infty} \frac{\mathrm{d}x}{\sqrt[4]{x^3+1}}$;

3) $\displaystyle\int_1^{+\infty} \frac{\sin^2 x}{x}\mathrm{d}x$;

4) $\displaystyle\int_1^{+\infty} \frac{x^m}{1+x^n}\mathrm{d}x(n>0,m>0)$;

5) $\displaystyle\int_1^{+\infty} \sin\frac{1}{x^2}\mathrm{d}x$;

6) $\displaystyle\int_0^{+\infty} \frac{\arctan x}{x}\mathrm{d}x$;

7) $\displaystyle\int_0^{+\infty} \frac{\mathrm{d}x}{\sqrt{\mathrm{e}^x}}$;

8) $\displaystyle\int_{-\infty}^{+\infty} \frac{x}{\mathrm{e}^x+\mathrm{e}^{-x}}\mathrm{d}x$.

3. 证明:若函数 $f(x)$ 在 $[1,+\infty)$ 单调减少,且当 $x\to+\infty$ 时,$f(x)\to 0$,则无穷积分 $\displaystyle\int_1^{+\infty} f(x)\mathrm{d}x$ 与级数 $\displaystyle\sum_{n=1}^{\infty} f(n)$ 同时收敛或同时发散.

4. 证明定理 4 与定理 5.

5. 证明:若无穷积分 $\displaystyle\int_a^{+\infty} f(x)\mathrm{d}x$ 绝对收敛,函数 $\varphi(x)$ 在 $[a,+\infty)$ 有界,则无穷积分 $\displaystyle\int_a^{+\infty} f(x)\varphi(x)\mathrm{d}x$ 收敛.

6. 证明:若无穷积分 $\displaystyle\int_a^{+\infty} f(x)\mathrm{d}x$ 绝对收敛,函数 $\varphi(x)$ 在 $[a,+\infty)$ 是有界连续函数,则无穷积分 $\displaystyle\int_a^{+\infty} f(x)\varphi(x)\mathrm{d}x$ 绝对收敛.

7. 证明:$0<\lambda<1$,无穷积分 $\displaystyle\int_1^{+\infty} \frac{\sin x}{x^\lambda}\mathrm{d}x$ 与 $\displaystyle\int_1^{+\infty} \frac{\cos x}{x^\lambda}\mathrm{d}x$ 都条件收敛.

8. 若无穷积分 $\displaystyle\int_a^{+\infty} f(x)\mathrm{d}x$ 收敛,则 $f(x)\to 0(x\to+\infty)$ 是否成立? 反之,是否成立?

\* \* \* \* \* \* \* \*

9. 证明:若无穷积分 $\int_a^{+\infty} f(x)\,\mathrm{d}x$ 收敛,函数 $f(x)$ 在 $[a,+\infty)$ 单调,则 $f(x)=o\left(\dfrac{1}{x}\right)$.
$\left(\text{提示:考虑积分}\int_{\frac{x}{2}}^{x} f(t)\,\mathrm{d}t.\right)$

10. 证明:若函数 $f(x)$ 在 $[0,+\infty)$ 一致连续,且无穷积分 $\int_0^{+\infty} f(x)\,\mathrm{d}x$ 收敛,则 $\lim\limits_{x\to+\infty} f(x)=0$.

11. 证明:若函数 $f(x)$ 在 $[a,+\infty)$ 有连续的导函数 $f'(x)$,且无穷积分 $\int_a^{+\infty} f(x)\,\mathrm{d}x$ 与 $\int_a^{+\infty} f'(x)\,\mathrm{d}x$ 都收敛,则 $\lim\limits_{x\to+\infty} f(x)=0$.

12. 设函数 $f(x)$ 在 $[a,+\infty)$ 可导且单调减少,$\lim\limits_{x\to+\infty}f(x)=0$. 证明:$\int_a^{+\infty} f(x)\,\mathrm{d}x$ 收敛 $\Longleftrightarrow \int_a^{+\infty} xf'(x)\,\mathrm{d}x$ 收敛.

# §12.2 瑕 积 分

## 一、瑕积分收敛与发散概念

本节讨论无界函数的反常积分,即瑕积分. 若函数 $f(x)$ 在点 $b$ 的任意邻域无界,则称 $b$ 是函数 $f(x)$ 的**瑕点**. 例如:

$a$ 是函数 $f(x)=\dfrac{1}{x-a}$ 的瑕点.

$-1$ 与 $1$ 都是函数 $g(x)=\ln(1-x^2)$ 的瑕点.

$k\pi(k=0,\pm1,\pm2,\cdots)$ 都是函数 $h(x)=\dfrac{1}{\sin x}$ 的瑕点.

**定义** 设函数 $f(x)$ 在区间 $[a,b)((a,b]$ 或 $[a,c)\cup(c,b])$ 有定义,$b(a$ 或 $c)$ 是函数 $f(x)$ 的瑕点. 符号

$$\int_a^b f(x)\,\mathrm{d}x$$

称为函数 $f(x)$ 的**瑕积分**.

设 $b$ 是函数 $f(x)$ 的瑕点. $\forall\, \eta:0<\eta<b-a$,函数 $f(x)$ 在区间 $[a,b-\eta]$ 可积. 若极限

$$\lim_{\eta\to 0^+}\int_a^{b-\eta} f(x)\,\mathrm{d}x$$

存在(不存在),则称瑕积分 $\int_a^b f(x)\,\mathrm{d}x$ **收敛(发散)**,其极限称为瑕积分 $\int_a^b f(x)\,\mathrm{d}x$(的值),即

$$\int_a^b f(x)\,\mathrm{d}x=\lim_{\eta\to 0^+}\int_a^{b-\eta} f(x)\,\mathrm{d}x.$$

设 $a$ 是函数 $f(x)$ 的瑕点. $\forall\, \eta:0<\eta<b-a$,函数 $f(x)$ 在区间 $[a+\eta,b]$ 可积. 若极限

$$\lim_{\eta\to 0^+}\int_{a+\eta}^{b} f(x)\,\mathrm{d}x$$

存在(不存在),则称瑕积分 $\int_a^b f(x)\,\mathrm{d}x$ **收敛(发散)**,其极限称为瑕积分 $\int_a^b f(x)\,\mathrm{d}x$(的

值),亦称广义可积,即

$$\int_a^b f(x)\,\mathrm{d}x = \lim_{\eta \to 0^+} \int_{a+\eta}^b f(x)\,\mathrm{d}x.$$

设 $c\,(a<c<b)$ 是函数 $f(x)$ 的瑕点.若两个瑕积分

$$\int_a^c f(x)\,\mathrm{d}x \quad 与 \quad \int_c^b f(x)\,\mathrm{d}x$$

都收敛(至少有一个发散),则称瑕积分 $\int_a^b f(x)\,\mathrm{d}x$ **收敛(发散)**,且

$$\int_a^b f(x)\,\mathrm{d}x = \int_a^c f(x)\,\mathrm{d}x + \int_c^b f(x)\,\mathrm{d}x.$$

**例 1** 求下列瑕积分:①

$$\int_0^1 \frac{\mathrm{d}x}{\sqrt{1-x^2}} \quad 与 \quad \int_0^1 \ln x\,\mathrm{d}x.$$

**解** $x=1$ 是被积函数 $\dfrac{1}{\sqrt{1-x^2}}$ 的瑕点.有

$$\int_0^1 \frac{\mathrm{d}x}{\sqrt{1-x^2}} = \lim_{\eta \to 0^+} \int_0^{1-\eta} \frac{\mathrm{d}x}{\sqrt{1-x^2}} = \lim_{\eta \to 0^+} \arcsin x \Big|_0^{1-\eta} = \lim_{\eta \to 0^+} \arcsin(1-\eta) = \arcsin 1 = \frac{\pi}{2}.$$

$x=0$ 是被积函数 $\ln x$ 的瑕点.有

$$\int_0^1 \ln x\,\mathrm{d}x = \lim_{\eta \to 0^+} \int_\eta^1 \ln x\,\mathrm{d}x = \lim_{\eta \to 0^+} (x\ln x - x) \Big|_\eta^1 = \lim_{\eta \to 0^+} (-1 - \eta\ln \eta + \eta) ② = -1.$$

**例 2** 判别瑕积分 $\int_1^2 \dfrac{\mathrm{d}x}{x\ln x}$ 的敛散性.

**解** $x=1$ 是被积函数 $\dfrac{1}{x\ln x}$ 的瑕点.有

$$\int_1^2 \frac{\mathrm{d}x}{x\ln x} = \lim_{\eta \to 0^+} \int_{1+\eta}^2 \frac{\mathrm{d}x}{x\ln x} = \lim_{\eta \to 0^+} \ln(\ln x) \Big|_{1+\eta}^2$$
$$= \lim_{\eta \to 0^+} \{\ln(\ln 2) - \ln[\ln(1+\eta)]\} = +\infty,$$

即瑕积分 $\int_1^2 \dfrac{\mathrm{d}x}{x\ln x}$ 发散.

**例 3** 判别瑕积分 $\int_a^b \dfrac{\mathrm{d}x}{(x-a)^\lambda}\,(a<b)$ 的敛散性.

**解** 当 $\lambda>0$ 时,$a$ 是被积函数 $\dfrac{1}{(x-a)^\lambda}$ 的瑕点.当 $\lambda \neq 1$ 时,有($0<\eta<b-a$)

$$\int_a^b \frac{\mathrm{d}x}{(x-a)^\lambda} = \lim_{\eta \to 0^+} \int_{a+\eta}^b \frac{\mathrm{d}x}{(x-a)^\lambda} = \lim_{\eta \to 0^+} \frac{(x-a)^{1-\lambda}}{1-\lambda} \Big|_{a+\eta}^b = \lim_{\eta \to 0^+} \frac{(b-a)^{1-\lambda} - \eta^{1-\lambda}}{1-\lambda} = \begin{cases} \dfrac{(b-a)^{1-\lambda}}{1-\lambda}, & \lambda<1, \\ +\infty, & \lambda>1. \end{cases}$$

---

① "求瑕积分"就是求瑕积分的值,下同.

② $\displaystyle\lim_{\eta \to 0^+} \eta\ln \eta = \lim_{\eta \to 0^+} \frac{\ln \eta}{\dfrac{1}{\eta}} = \lim_{\eta \to 0^+} \frac{\dfrac{1}{\eta}}{-\dfrac{1}{\eta^2}} = \lim_{\eta \to 0^+} (-\eta) = 0.$

当 $\lambda = 1$ 时，有 $(0 < \eta < b - a)$

$$\int_a^b \frac{\mathrm{d}x}{x-a} = \lim_{\eta \to 0^+} \int_{a+\eta}^b \frac{\mathrm{d}x}{x-a} = \lim_{\eta \to 0^+} \ln(x-a) \Big|_{a+\eta}^b = \lim_{\eta \to 0^+} \left[ \ln(b-a) - \ln \eta \right] = +\infty.$$

于是，当 $0 < \lambda < 1$ 时，瑕积分 $\displaystyle\int_a^b \frac{\mathrm{d}x}{(x-a)^\lambda}$ 收敛，其瑕积分（的值）是 $\dfrac{(b-a)^{1-\lambda}}{1-\lambda}$；当 $\lambda \geqslant 1$ 时，

瑕积分 $\displaystyle\int_a^b \frac{\mathrm{d}x}{(x-a)^\lambda}$ 发散.

**例 4**　判别瑕积分 $\displaystyle\int_{-1}^8 \frac{\mathrm{d}x}{\sqrt[3]{x}}$ 的敛散性.

**解**　$x = 0 \in (-1, 8)$ 是被积函数 $\dfrac{1}{\sqrt[3]{x}}$ 的瑕点.下面讨论两个瑕积分

$$\int_{-1}^0 \frac{\mathrm{d}x}{\sqrt[3]{x}} \quad 与 \quad \int_0^8 \frac{\mathrm{d}x}{\sqrt[3]{x}}$$

的敛散性.有

$$\int_{-1}^0 \frac{\mathrm{d}x}{\sqrt[3]{x}} = \lim_{\eta \to 0^+} \int_{-1}^{-\eta} \frac{\mathrm{d}x}{\sqrt[3]{x}} = \lim_{\eta \to 0^+} \frac{3}{2} (\eta^{\frac{2}{3}} - 1) = -\frac{3}{2},$$

$$\int_0^8 \frac{\mathrm{d}x}{\sqrt[3]{x}} = \lim_{\eta \to 0^+} \int_\eta^8 \frac{\mathrm{d}x}{\sqrt[3]{x}} = \lim_{\eta \to 0^+} \frac{3}{2} (4 - \eta^{\frac{2}{3}}) = 6.$$

于是，瑕积分 $\displaystyle\int_{-1}^8 \frac{\mathrm{d}x}{\sqrt[3]{x}}$ 收敛，且

$$\int_{-1}^8 \frac{\mathrm{d}x}{\sqrt[3]{x}} = \int_{-1}^0 \frac{\mathrm{d}x}{\sqrt[3]{x}} + \int_0^8 \frac{\mathrm{d}x}{\sqrt[3]{x}} = -\frac{3}{2} + 6 = \frac{9}{2}.$$

由例 4 可知，讨论区间上有有限个瑕点的瑕积分的敛散性，总可将它归结为讨论若干个而每个小区间只有一个端点是瑕点的瑕积分的敛散性.

## 二、瑕积分的敛散性判别法

讨论区间的右端点是瑕点或左端点是瑕点的瑕积分的敛散性，其方法完全相同.因此，下面只讨论区间的左端点是瑕点的瑕积分.

无穷积分与瑕积分之间有密切联系.例如，区间 $(a, b]$ 的左端点 $a$ 是被积函数 $f(x)$ 的瑕点的瑕积分

$$\int_a^b f(x) \, \mathrm{d}x = \lim_{\eta \to 0^+} \int_{a+\eta}^b f(x) \, \mathrm{d}x \quad (0 < \eta < b - a). \tag{1}$$

设 $x = a + \dfrac{1}{y}$，$\mathrm{d}x = -\dfrac{1}{y^2}\mathrm{d}y$，(1) 式等号右端的积分

$$\lim_{\eta \to 0^+} \int_{a+\eta}^b f(x) \, \mathrm{d}x = \lim_{\eta \to 0^+} \int_{\frac{1}{\eta}}^{\frac{1}{b-a}} f\left(a + \frac{1}{y}\right)\left(-\frac{1}{y^2}\right) \mathrm{d}y$$

$$= \lim_{\eta \to 0^+} \int_{\frac{1}{b-a}}^{\frac{1}{\eta}} f\left(a + \frac{1}{y}\right) \frac{1}{y^2} \mathrm{d}y$$

$$= \int_{\frac{1}{b-a}}^{+\infty} \varphi(y) \, \mathrm{d}y,$$

其中 $\varphi(y)=f\left(a+\dfrac{1}{y}\right)\dfrac{1}{y^2}$，即

$$\int_a^b f(x)\,\mathrm{d}x = \int_{\frac{1}{b-a}}^{+\infty}\varphi(y)\,\mathrm{d}y.$$

由此可见，瑕积分经过适当的换元可化为无穷积分，反之亦然（特殊情况可能是定积分）. 于是，关于无穷积分的性质及其敛散性判别法都可相应地转移到瑕积分上来. 这里只给出几个重要结果，不予证明.

**定理 1(柯西收敛准则)**  瑕积分 $\displaystyle\int_a^b f(x)\,\mathrm{d}x$ 收敛（$a$ 是瑕点）$\Leftrightarrow \forall\varepsilon>0, \exists\delta>0(\delta<b-a), \forall x_1\in(a,a+\delta)$ 与 $x_2\in(a,a+\delta)$，有

$$\left|\int_{x_1}^{x_2}f(x)\,\mathrm{d}x\right|<\varepsilon.$$

**定理 2**  若瑕积分 $\displaystyle\int_a^b|f(x)|\,\mathrm{d}x$ 收敛（$a$ 是瑕点），则瑕积分 $\displaystyle\int_a^b f(x)\,\mathrm{d}x$ 也收敛.

**定理 3**  设 $\forall x\in(a,b]$，有

$$|f(x)|\leqslant c\varphi(x),\quad c\text{ 是正常数}.$$

1）若瑕积分 $\displaystyle\int_a^b\varphi(x)\,\mathrm{d}x$ 收敛（$a$ 是瑕点），则瑕积分 $\displaystyle\int_a^b f(x)\,\mathrm{d}x$ 也收敛；

2）若瑕积分 $\displaystyle\int_a^b|f(x)|\,\mathrm{d}x$ 发散（$a$ 是瑕点），则瑕积分 $\displaystyle\int_a^b\varphi(x)\,\mathrm{d}x$ 也发散.

其证明应用定理 1，其证法类似 §12.1 定理 7 的证明. 证明从略.

**推论**  设 $\forall x\in(a,b]$，函数 $f(x)\geqslant 0$，$a$ 是瑕点，且极限

$$\lim_{x\to a^+}(x-a)^\lambda f(x)=d\quad(0\leqslant d\leqslant+\infty).$$

1）若 $\lambda<1,0\leqslant d<+\infty$，则瑕积分 $\displaystyle\int_a^b f(x)\,\mathrm{d}x$ 收敛；

2）若 $\lambda\geqslant 1,0<d\leqslant+\infty$，则瑕积分 $\displaystyle\int_a^b f(x)\,\mathrm{d}x$ 发散.

**定义**  若瑕积分 $\displaystyle\int_a^b|f(x)|\,\mathrm{d}x$ 收敛，则称瑕积分 $\displaystyle\int_a^b f(x)\,\mathrm{d}x$ **绝对收敛**. 若瑕积分 $\displaystyle\int_a^b f(x)\,\mathrm{d}x$ 收敛，而瑕积分 $\displaystyle\int_a^b|f(x)|\,\mathrm{d}x$ 发散，则称瑕积分 $\displaystyle\int_a^b f(x)\,\mathrm{d}x$ **条件收敛**.

**例 5**  判别下列瑕积分的敛散性：

$$\int_0^1\frac{\mathrm{d}x}{\sqrt{\sin x}};\quad \int_0^1\frac{\sqrt{x}}{\sqrt{1-x^4}}\mathrm{d}x;\quad \int_1^2\frac{\mathrm{d}x}{\ln x}.$$

**解**  $x=0$ 是被积函数 $\dfrac{1}{\sqrt{\sin x}}$ 的瑕点，有

$$\lim_{x\to0^+}x^{\frac{1}{2}}\frac{1}{\sqrt{\sin x}}=\lim_{x\to0^+}\sqrt{\frac{x}{\sin x}}=1.$$

根据定理 3 的推论，$\lambda=\dfrac{1}{2}<1$，则瑕积分 $\displaystyle\int_0^1\frac{\mathrm{d}x}{\sqrt{\sin x}}$ 收敛.

$x=1$ 是被积函数 $\dfrac{\sqrt{x}}{\sqrt{1-x^4}}$ 的瑕点,有

$$\lim_{x \to 1^-} (1-x)^{\frac{1}{2}} \frac{\sqrt{x}}{\sqrt{1-x^4}} = \lim_{x \to 1^-} \frac{\sqrt{x}}{\sqrt{(1+x)(1+x^2)}} = \frac{1}{2}.$$

根据定理 3 的推论,$\lambda = \dfrac{1}{2} < 1$,则瑕积分 $\displaystyle\int_0^1 \frac{\sqrt{x}}{\sqrt{1-x^4}} dx$ 收敛.

$x=1$ 是被积函数 $\dfrac{1}{\ln x}$ 的瑕点,有

$$\lim_{x \to 1^+} (x-1) \frac{1}{\ln x} = \lim_{x \to 1^+} \frac{x-1}{\ln x} = \lim_{x \to 1^+} \frac{1}{\dfrac{1}{x}} = 1.$$

根据定理 3 的推论,$\lambda = 1$,瑕积分 $\displaystyle\int_1^2 \frac{dx}{\ln x}$ 发散.

**例 6** 判别瑕积分 $\displaystyle\int_0^{\frac{\pi}{2}} \frac{\ln(\sin x)}{\sqrt{x}} dx$ 的敛散性.

**解** $\forall x \in \left(0, \dfrac{\pi}{2}\right)$,有 $\dfrac{\ln(\sin x)}{\sqrt{x}} < 0$,且 $x=0$ 是被积函数 $\dfrac{\ln(\sin x)}{\sqrt{x}}$ 的瑕点,取 $0 < \alpha < \dfrac{1}{2}$,有

$$\lim_{x \to 0^+} x^{\frac{1}{2}+\alpha} \left| \frac{\ln(\sin x)}{\sqrt{x}} \right| = \lim_{x \to 0^+} \frac{-\ln(\sin x)}{x^{-\alpha}} = \lim_{x \to 0^+} \frac{\dfrac{1}{\sin x} \cos x}{\alpha x^{-\alpha-1}}$$

$$= \lim_{x \to 0^+} \frac{x^{\alpha}}{\alpha} \cdot \frac{x}{\sin x} \cos x = 0.$$

根据定理 3 的推论,$\lambda = \dfrac{1}{2} + \alpha < 1$($d=0$),则瑕积分 $\displaystyle\int_0^{\frac{\pi}{2}} \left| \frac{\ln(\sin x)}{\sqrt{x}} \right| dx$ 收敛,根据定理 2,

瑕积分 $\displaystyle\int_0^{\frac{\pi}{2}} \frac{\ln(\sin x)}{\sqrt{x}} dx$ 也收敛.

**例 7** 求函数 $\Gamma(\alpha) = \displaystyle\int_0^{+\infty} x^{\alpha-1} e^{-x} dx$ 的定义域.

**解** 将无穷积分改写为

$$\int_0^{+\infty} x^{\alpha-1} e^{-x} dx = \int_0^1 x^{\alpha-1} e^{-x} dx + \int_1^{+\infty} x^{\alpha-1} e^{-x} dx. \tag{2}$$

(2)式等号右端第一个积分,当 $\alpha < 1$ 时,①$x=0$ 是被积函数 $x^{\alpha-1} e^{-x}$ 的瑕点,有

$$\lim_{x \to 0^+} x^{1-\alpha} \cdot x^{\alpha-1} e^{-x} = \lim_{x \to 0^+} e^{-x} = 1.$$

---

① 当 $\alpha \geqslant 1$ 时,$\displaystyle\int_0^1 x^{\alpha-1} e^{-x} dx$ 是定积分.

根据定理 3 的推论, 当 $\lambda = 1 - \alpha < 1$, 即 $\alpha > 0$ 时, 瑕积分 $\int_0^1 x^{\alpha-1} \mathrm{e}^{-x} \mathrm{d}x$ 收敛.

（2）式等号右端第二个积分是无穷积分. 由 §12.1 例 10, $\forall \alpha \in \mathbf{R}$, 无穷积分 $\int_1^{+\infty} x^{\alpha-1} \mathrm{e}^{-x} \mathrm{d}x$ 都收敛.

使（2）式等号右端两个反常积分同时收敛的 $\alpha$ 的公共部分是 $\alpha > 0$. 于是, 函数 $\Gamma(\alpha)$ 的定义域是区间 $(0, +\infty)$.

**例 8**　求二元函数 $\mathrm{B}(p, q) = \int_0^1 x^{p-1}(1-x)^{q-1} \mathrm{d}x$ 的定义域.

**解**　将积分改写为

$$\int_0^1 x^{p-1}(1-x)^{q-1} \mathrm{d}x = \int_0^{\frac{1}{2}} x^{p-1}(1-x)^{q-1} \mathrm{d}x + \int_{\frac{1}{2}}^1 x^{p-1}(1-x)^{q-1} \mathrm{d}x.$$

当 $p < 1$ 时, $x = 0$ 是被积函数 $x^{p-1}(1-x)^{q-1}$ 的瑕点, 有

$$\lim_{x \to 0^+} x^{1-p} \cdot x^{p-1}(1-x)^{q-1} = \lim_{x \to 0^+} (1-x)^{q-1} = 1.$$

当 $\lambda = 1 - p < 1$, 即 $p > 0$ 时, 瑕积分 $\int_0^{\frac{1}{2}} x^{p-1}(1-x)^{q-1} \mathrm{d}x$ 收敛.

当 $q < 1$ 时, $x = 1$ 是被积函数 $x^{p-1}(1-x)^{q-1}$ 的瑕点, 有

$$\lim_{x \to 1^-} (1-x)^{1-q} \cdot x^{p-1}(1-x)^{q-1} = \lim_{x \to 1^-} x^{p-1} = 1.$$

当 $\lambda = 1 - q < 1$, 即 $q > 0$ 时, 瑕积分 $\int_{\frac{1}{2}}^1 x^{p-1}(1-x)^{q-1} \mathrm{d}x$ 收敛.

使两个瑕积分 $\int_0^{\frac{1}{2}} x^{p-1}(1-x)^{q-1} \mathrm{d}x$ 与 $\int_{\frac{1}{2}}^1 x^{p-1}(1-x)^{q-1} \mathrm{d}x$ 同时收敛的是 $p > 0$ 与 $q > 0$. 于是, 二元函数 $\mathrm{B}(p, q)$ 的定义域是区域 $D = \{(p, q) \mid p > 0, q > 0\}$.

**例 9**　判别反常积分 $\int_0^{+\infty} \dfrac{x^{a-1}}{1+x} \mathrm{d}x$ 的敛散性.

**解**　积分区间无限, 点 0 又可能是瑕点. 将积分改写为

$$\int_0^{+\infty} \frac{x^{a-1}}{1+x} \mathrm{d}x = \int_0^1 \frac{x^{a-1}}{1+x} \mathrm{d}x + \int_1^{+\infty} \frac{x^{a-1}}{1+x} \mathrm{d}x.$$

当 $a < 1$ 时, 0 是瑕点, 有

$$\lim_{x \to 0} x^{1-a} \frac{x^{a-1}}{1+x} = 1,$$

由 §12.2 定理 3 的推论, 当 $\lambda = 1 - a < 1$, 即 $a > 0$ 时, 瑕积分收敛.

区间无限时, 有

$$\lim_{x \to +\infty} x \frac{x^{a-1}}{1+x} = \begin{cases} 1, & a = 1, \\ +\infty, & a > 1. \end{cases}$$

由 §12.1 定理 7 的推论, $\lambda = 1$, 即 $a \geqslant 1$ 时, 无穷积分发散.

有极限

$$\lim_{x \to +\infty} x^{2-a} \frac{x^{a-1}}{1+x} = \lim_{x \to +\infty} \frac{x}{1+x} = 1.$$

由 §12.1 定理 7 的推论, 当 $\lambda = 2 - a > 1$, 即 $a < 1$ 时, 无穷积分收敛.

综上,当 $0<a<1$ 时,反常积分收敛,当 $a\geqslant 1$ 时,反常积分发散.

以上所讲的各种判别法,对非负无界函数的反常积分是实用的,但它们仅适用于判别绝对收敛性,而要判别无界函数的反常积分的条件收敛性,也有类似无限区间反常积分的条件收敛性的判别法.

**定理 4(狄利克雷判别法)** 设函数 $f(x)$ 与 $g(x)$ 在 $(a,b]$ 有定义,在任何区间 $[a+\delta,b]$ 都可积( $a$ 是瑕点),若

1) 积分 $F(\delta)=\displaystyle\int_{a+\delta}^{b}g(x)\mathrm{d}x$ 为 $\delta$ 的有界函数,即 $\exists K\geqslant 0,\forall\delta>0$ ,有

$$|F(\delta)|=\left|\int_{a+\delta}^{b}g(x)\mathrm{d}x\right|\leqslant K;$$

2) 函数 $f(x)$ 在 $(a,b]$ 上是单调的,且 $\displaystyle\lim_{x\to a^{+}}f(x)=0$ ,

则瑕积分 $\displaystyle\int_{a}^{b}f(x)g(x)\mathrm{d}x$ 收敛.

**定理 5(阿贝尔判别法)** 设函数 $f(x)$ 与 $g(x)$ 在 $(a,b]$ 有定义,在任何闭区间 $[a+\delta,b]$ 都可积( $a$ 是瑕点),若

1) 积分 $\displaystyle\int_{a}^{b}g(x)\mathrm{d}x$ 收敛;

2) $\exists\delta>0$ ,使 $f(x)$ 在 $(a,a+\delta)$ 单调且有界,

则瑕积分 $\displaystyle\int_{a}^{b}f(x)g(x)\mathrm{d}x$ 也收敛.

定理 4 与定理 5 的证法,要应用积分第二中值定理,仿照 §12.1 定理 8 与定理 9 的证法,作为练习请读者自行完成.

**例 10** 讨论瑕积分 $\displaystyle\int_{0}^{1}\dfrac{\sin\dfrac{1}{x}}{x^{p}}\mathrm{d}x(0<p<2)$ 的敛散性.

**解** 当 $0<p<1$ 时,因为

$$\left|\dfrac{\sin\dfrac{1}{x}}{x^{p}}\right|\leqslant\dfrac{1}{x^{p}},$$

所以瑕积分 $\displaystyle\int_{0}^{1}\dfrac{\sin\dfrac{1}{x}}{x^{p}}\mathrm{d}x$ 绝对收敛.

当 $1\leqslant p<2$ 时,因为函数 $f(x)=x^{2-p}$ ,当 $x\to 0^{+}$ 时,是单调趋近于 $0$ ,而函数 $g(x)=\dfrac{\sin\dfrac{1}{x}}{x^{2}}$ 满足

$$\left|\int_{\eta}^{1}\dfrac{\sin\dfrac{1}{x}}{x^{2}}\mathrm{d}x\right|=\left|-\int_{\eta}^{1}\sin\dfrac{1}{x}\mathrm{d}\left(\dfrac{1}{x}\right)\right|=\left|\cos 1-\cos\dfrac{1}{\eta}\right|\leqslant 2,$$

由狄利克雷判别法,瑕积分

$$\int_0^1 \frac{\sin\dfrac{1}{x}}{x^p}\mathrm{d}x = \int_0^1 x^{2-p}\,\frac{\sin\dfrac{1}{x}}{x^2}\mathrm{d}x$$

收敛.但是,它的绝对值积分是发散的.事实上,

$$\left|\frac{\sin\dfrac{1}{x}}{x^p}\right| \geqslant \frac{\sin^2\dfrac{1}{x}}{x^p} = \frac{1-\cos\dfrac{2}{x}}{2x^p} = \frac{1}{2x^p} - \frac{\cos\dfrac{2}{x}}{2x^p},$$

$$\int_0^1 \left|\frac{\sin\dfrac{1}{x}}{x^p}\right|\mathrm{d}x \geqslant \int_0^1 \left(\frac{1}{2x^p} - \frac{\cos\dfrac{2}{x}}{2x}\right)\mathrm{d}x,$$

其中瑕积分 $\displaystyle\int_0^1 \frac{\mathrm{d}x}{2x^p}$ 是发散的.

于是,当 $0<p<1$ 时,瑕积分 $\displaystyle\int_0^1 \frac{\sin\dfrac{1}{x}}{x^p}\mathrm{d}x$ 绝对收敛;

当 $1\leqslant p<2$ 时,瑕积分 $\displaystyle\int_0^1 \frac{\sin\dfrac{1}{x}}{x^p}\mathrm{d}x$ 条件收敛.

## 练习题 12.2

1. 求下列瑕积分:

1) $\displaystyle\int_{-1}^1 \frac{\mathrm{d}x}{\sqrt{1-x^2}}$;         2) $\displaystyle\int_0^1 \frac{\mathrm{d}x}{(2-x)\sqrt{1-x}}$;

3) $\displaystyle\int_0^1 \frac{x^3}{\sqrt{1-x^2}}\mathrm{d}x$;         4) $\displaystyle\int_a^b \frac{\mathrm{d}x}{\sqrt{(x-a)(b-x)}}$.   (提示:设 $x=a\cos^2\varphi + b\sin^2\varphi$.)

2. 判别下列瑕积分的敛散性:

1) $\displaystyle\int_0^1 \frac{\mathrm{d}x}{\ln x}$;                 2) $\displaystyle\int_0^1 \frac{\mathrm{d}x}{\sqrt[3]{x^2(1-x)}}$;

3) $\displaystyle\int_0^1 \frac{\mathrm{d}x}{\sqrt{(1-x^2)(1-k^2x^2)}}$   $(k^2<1)$;

4) $\displaystyle\int_0^1 \frac{\mathrm{d}x}{\sqrt[3]{x(\mathrm{e}^x-\mathrm{e}^{-x})}}$;   $\left(\text{提示}: \lim\limits_{x\to 0}\dfrac{\mathrm{e}^x-\mathrm{e}^{-x}}{x}=2.\right)$

5) $\displaystyle\int_0^1 \frac{\mathrm{d}x}{\sqrt{x}\ln x}$;                 6) $\displaystyle\int_0^{\frac{\pi}{2}} \frac{\mathrm{d}\theta}{\sqrt{1-\sin\theta}}$;

7) $\displaystyle\int_0^{\frac{\pi}{2}} \frac{\mathrm{d}x}{\sin^p x \cdot \cos^q x}$.

3. 给出定理 3 及其推论的证明.

4. 给出定理 2 和定理 4 的证明.

＊　　　＊　　　＊　　　＊　　　＊　　　＊　　　＊　　　＊

5. 证明:若瑕积分 $\int_0^1 f(x)\,\mathrm{d}x$ 收敛,且当 $x\to 0^+$ 时函数 $f(x)$ 单调趋向于 $+\infty$,则 $\lim\limits_{x\to 0^+} xf(x)=0$.(提示:用柯西收敛准则.)

6. 证明:瑕积分 $\int_0^1 \dfrac{\mathrm{d}x}{\left[x(1-\cos x)\right]^\lambda}(\lambda>0)$,当 $\lambda<\dfrac13$ 时收敛;当 $\lambda\geqslant\dfrac13$ 时发散.

7. 设点 $c\in(a,b)$ 是函数 $f(x)$ 的瑕点,$\forall\,\eta>0$,积分

$$\int_a^{c-\eta} f(x)\,\mathrm{d}x\quad\text{与}\quad\int_{c+\eta}^b f(x)\,\mathrm{d}x\quad(a<c-\eta,c+\eta<b)$$

存在(注意,$c-\eta$ 与 $c+\eta$ 中是同一个 $\eta$).若极限

$$\lim_{\eta\to 0^+}\left[\int_a^{c-\eta} f(x)\,\mathrm{d}x+\int_{c+\eta}^b f(x)\,\mathrm{d}x\right]$$

存在,称此极限是积分 $\int_a^b f(x)\,\mathrm{d}x$ 的**柯西主值**,记为

$$\text{V.P.}\int_a^b f(x)\,\mathrm{d}x=\lim_{\eta\to 0^+}\left[\int_a^{c-\eta} f(x)\,\mathrm{d}x+\int_{c+\eta}^b f(x)\,\mathrm{d}x\right].$$

同样,函数 $f(x)$ 在无限区间 $(-\infty,+\infty)$ 积分的柯西主值是

$$\text{V.P.}\int_{-\infty}^{+\infty} f(x)\,\mathrm{d}x=\lim_{A\to+\infty}\int_{-A}^A f(x)\,\mathrm{d}x.$$

求下列积分的柯西主值:

1) $\int_{-1}^2 \dfrac{\mathrm{d}x}{x}$;　　2) $\int_0^3 \dfrac{\mathrm{d}x}{1-x}$;　　3) $\int_{-\infty}^{+\infty}\sin x\,\mathrm{d}x$;　　4) $\int_{-\infty}^{+\infty}\arctan x\,\mathrm{d}x$.

8. 证明:若无穷积分 $\int_{-\infty}^{+\infty} f(x)\,\mathrm{d}x=A$(常数),则柯西主值 V.P. $\int_{-\infty}^{+\infty} f(x)\,\mathrm{d}x=A$.但反之不成立.

# §12.3　含参变量的积分

## 一、含参变量的有限积分

设二元函数 $f(x,u)$ 在矩形域 $R(a\leqslant x\leqslant b,\alpha\leqslant u\leqslant\beta)$ 有定义,$\forall\,u\in[\alpha,\beta]$,一元函数 $f(x,u)$ 在 $[a,b]$ 可积,即积分

$$\int_a^b f(x,u)\,\mathrm{d}x$$

存在.$\forall\,u\in[\alpha,\beta]$ 都对应唯一一个确定的积分(值)$\int_a^b f(x,u)\,\mathrm{d}x$.于是,积分 $\int_a^b f(x,u)\,\mathrm{d}x$ 是定义在区间 $[\alpha,\beta]$ 的函数,记为

$$\varphi(u)=\int_a^b f(x,u)\,\mathrm{d}x,\quad u\in[\alpha,\beta],$$

称为**含参变量的有限积分**,$u$ 称为**参变量**.

下面讨论函数 $\varphi(u)$ 在区间 $[\alpha,\beta]$ 的分析性质,即连续性、可微性与可积性.

**定理 1**　若函数 $f(x,u)$ 在矩形域 $R(a\leqslant x\leqslant b,\alpha\leqslant u\leqslant\beta)$ 连续,则函数 $\varphi(u)=\int_a^b f(x,u)\,\mathrm{d}x$ 在区间 $[\alpha,\beta]$ 也连续.

**证明**  $\forall u \in [\alpha,\beta]$，取 $\Delta u$，使 $u+\Delta u \in [\alpha,\beta]$，有

$$\varphi(u+\Delta u)-\varphi(u) = \int_a^b [f(x,u+\Delta u)-f(x,u)]\,\mathrm{d}x.$$

$$|\varphi(u+\Delta u)-\varphi(u)| \leqslant \int_a^b |f(x,u+\Delta u)-f(x,u)|\,\mathrm{d}x.$$

根据 §10.2 定理 8，函数 $f(x,u)$ 在闭矩形域 $R$ 一致连续，即

$\forall \varepsilon>0, \exists \delta>0, \forall (x_1,y_1),(x_2,y_2) \in R: |x_1-x_2|<\delta, |y_1-y_2|<\delta$，有

$$|f(x_1,y_1)-f(x_2,y_2)|<\varepsilon.$$

特别地，$\forall (x,u),(x,u+\Delta u) \in R: |\Delta u|<\delta$，有

$$|f(x,u+\Delta u)-f(x,u)|<\varepsilon.$$

于是，$|\Delta u|<\delta$，有

$$|\varphi(u+\Delta u)-\varphi(u)| \leqslant \int_a^b |f(x,u+\Delta u)-f(x,u)|\,\mathrm{d}x < \varepsilon(b-a),$$

即函数 $\varphi(u)$ 在区间 $[\alpha,\beta]$ 连续.

设 $u_0 \in [\alpha,\beta]$，由连续定义，有

$$\lim_{u \to u_0} \int_a^b f(x,u)\,\mathrm{d}x = \lim_{u \to u_0} \varphi(u) = \varphi(u_0) = \int_a^b f(x,u_0)\,\mathrm{d}x = \int_a^b \lim_{u \to u_0} f(x,u)\,\mathrm{d}x.$$

由此可见，当函数 $f(x,u)$ 满足定理 1 的条件时，积分与极限可以交换次序.

**定理 2**  若函数 $f(x,u)$ 与 $\dfrac{\partial f}{\partial u}$ 在矩形域 $R(a \leqslant x \leqslant b, \alpha \leqslant u \leqslant \beta)$ 连续，则函数

$\varphi(u) = \displaystyle\int_a^b f(x,u)\,\mathrm{d}x$ 在区间 $[\alpha,\beta]$ 可导，且 $\forall u \in [\alpha,\beta]$，有

$$\frac{\mathrm{d}}{\mathrm{d}u}\varphi(u) = \int_a^b \frac{\partial f(x,u)}{\partial u}\,\mathrm{d}x$$

或

$$\frac{\mathrm{d}}{\mathrm{d}u}\int_a^b f(x,u)\,\mathrm{d}x = \int_a^b \frac{\partial f(x,u)}{\partial u}\,\mathrm{d}x.$$

简称积分号下可微分.

**证明**  $\forall u \in [\alpha,\beta]$，取 $\Delta u$，使 $u+\Delta u \in [\alpha,\beta]$，有

$$\varphi(u+\Delta u)-\varphi(u) = \int_a^b [f(x,u+\Delta u)-f(x,u)]\,\mathrm{d}x. \tag{1}$$

已知 $\dfrac{\partial f}{\partial u}$ 在 $R$ 存在，根据微分中值定理，有

$$f(x,u+\Delta u)-f(x,u) = f_u'(x,u+\theta\Delta u)\Delta u, \quad 0<\theta<1.$$

将它代入 (1) 式，等号两端除以 $\Delta u$，有

$$\frac{\varphi(u+\Delta u)-\varphi(u)}{\Delta u} = \int_a^b f_u'(x,u+\theta\Delta u)\,\mathrm{d}x, \quad 0<\theta<1.$$

在上面等式等号两端减去 $\displaystyle\int_a^b f_u'(x,u)\,\mathrm{d}x$，有

$$\left| \frac{\varphi(u+\Delta u)-\varphi(u)}{\Delta u} - \int_a^b f_u'(x,u)\,\mathrm{d}x \right| \leqslant \int_a^b |f_u'(x,u+\theta\Delta u)-f_u'(x,u)|\,\mathrm{d}x.$$

根据 §10.2 定理 8，函数 $f_u'(x,u)$ 在闭矩形域 $R$ 一致连续，即 $\forall \varepsilon>0, \exists \delta>0, \forall (x,u)$，

$(x,u+\Delta u) \in R : |\Delta u| < \delta$，有

$$|f_u'(x,u+\theta\Delta u) - f_u'(x,u)| < \varepsilon.$$

从而，有

$$\left| \frac{\varphi(u+\Delta u) - \varphi(u)}{\Delta u} - \int_a^b f_u'(x,u)\,\mathrm{d}x \right| \leqslant \varepsilon(b-a),$$

即

$$\lim_{\Delta u \to 0} \frac{\varphi(u+\Delta u) - \varphi(u)}{\Delta u} = \int_a^b f_u'(x,u)\,\mathrm{d}x$$

或

$$\frac{\mathrm{d}}{\mathrm{d}u}\varphi(u) = \int_a^b \frac{\partial f(x,u)}{\partial u}\mathrm{d}x.$$

定理 2 指出，当函数 $f(x,u)$ 满足定理 2 的条件时，导数与积分可以交换次序.

**定理 3** 若函数 $f(x,u)$ 在矩形域 $R(a \leqslant x \leqslant b, \alpha \leqslant u \leqslant \beta)$ 连续，则函数 $\varphi(u) = \int_a^b f(x,u)\,\mathrm{d}x$ 在区间 $[\alpha,\beta]$ 可积，且

$$\int_\alpha^\beta \left[ \int_a^b f(x,u)\,\mathrm{d}x \right] \mathrm{d}u = \int_a^b \left[ \int_\alpha^\beta f(x,u)\,\mathrm{d}u \right] \mathrm{d}x. \tag{2}$$

简称积分号下可积分.

**证明** 根据定理 1，函数 $\varphi(u)$ 在 $[\alpha,\beta]$ 连续，则函数 $\varphi(u)$ 在区间 $[\alpha,\beta]$ 可积.下面证明等式(2)成立.$\forall t \in [\alpha,\beta]$，设

$$L_1(t) = \int_\alpha^t \left[ \int_a^b f(x,u)\,\mathrm{d}x \right] \mathrm{d}u, \quad L_2(t) = \int_a^b \left[ \int_\alpha^t f(x,u)\,\mathrm{d}u \right] \mathrm{d}x.$$

根据 §8.4 定理 1，有

$$L_1'(t) = \int_a^b f(x,t)\,\mathrm{d}x.$$

已知 $\int_\alpha^t f(x,u)\,\mathrm{d}u$ 与 $\frac{\partial}{\partial t}\int_\alpha^t f(x,u)\,\mathrm{d}u$ 都在 $R$ 连续，根据定理 2，有

$$L_2'(t) = \frac{\mathrm{d}}{\mathrm{d}t}\int_a^b \left[ \int_\alpha^t f(x,u)\,\mathrm{d}u \right] \mathrm{d}x = \int_a^b \frac{\partial}{\partial t}\left[ \int_\alpha^t f(x,u)\,\mathrm{d}u \right] \mathrm{d}x = \int_a^b f(x,t)\,\mathrm{d}x.$$

于是，$\forall t \in [\alpha,\beta]$，有 $L_1'(t) = L_2'(t)$.由 §6.1 例 1，$L_1(t) - L_2(t) = C$，其中 $C$ 是常数.特别地，当 $t = \alpha$ 时，$L_1(\alpha) = L_2(\alpha) = 0$，则 $C = 0$，即 $L_1(t) = L_2(t)$.当 $t = \beta$ 时，有 $L_1(\beta) = L_2(\beta)$，即

$$\int_\alpha^\beta \left[ \int_a^b f(x,u)\,\mathrm{d}x \right] \mathrm{d}u = \int_a^b \left[ \int_\alpha^\beta f(x,u)\,\mathrm{d}u \right] \mathrm{d}x.$$

定理 3 指出，当函数 $f(x,u)$ 满足定理 3 的条件时，关于不同变量的积分可以交换次序.

以上所讲的含参变量的有限积分，只是被积函数含有参变量.一般情况，除被积函数含有参变量外，积分的上、下限也可含有参变量，即 $a = a(u)$，$b = b(u)$.不难看到，$\forall u \in [\alpha,\beta]$，对应唯一一个积分(值) $\int_{a(u)}^{b(u)} f(x,u)\,\mathrm{d}x$，它仍是区间 $[\alpha,\beta]$ 上的函数，设

$$\psi(u) = \int_{a(u)}^{b(u)} f(x,u)\,\mathrm{d}x, \quad u \in [\alpha,\beta].$$

这里只给出函数 $\psi(u)$ 在区间 $[\alpha,\beta]$ 的可微性.

**定理 4** 若函数 $f(x,u)$ 与 $\dfrac{\partial f}{\partial u}$ 在矩形域 $R(a \leqslant x \leqslant b, \alpha \leqslant u \leqslant \beta)$ 连续,而函数 $a(u)$ 与 $b(u)$ 在区间 $[\alpha,\beta]$ 可导,$\forall u \in [\alpha,\beta]$,有

$$a \leqslant a(u) \leqslant b, \quad a \leqslant b(u) \leqslant b,$$

则函数 $\psi(u) = \int_{a(u)}^{b(u)} f(x,u)\,\mathrm{d}x$ 在区间 $[\alpha,\beta]$ 可导,且

$$\frac{\mathrm{d}}{\mathrm{d}u}\psi(u) = \int_{a(u)}^{b(u)} \frac{\partial f(x,u)}{\partial u}\,\mathrm{d}x + f[b(u),u]b'(u) - f[a(u),u]a'(u). \tag{3}$$

**证明** $\forall u \in [\alpha,\beta]$,设 $y = a(u)$,$z = b(u)$ 与

$$\int_{y}^{z} f(x,u)\,\mathrm{d}x = F(y,z,u).$$

有

$$\psi(u) = \int_{a(u)}^{b(u)} f(x,u)\,\mathrm{d}x = F[a(u),b(u),u].$$

已知 $\dfrac{\partial F}{\partial y},\dfrac{\partial F}{\partial z},\dfrac{\partial F}{\partial u}$ 都是连续函数.① 由 §10.3 定理 4 的推论,函数 $F(y,z,u)$ 关于变量 $u$ 可导,有

$$\psi'(u) = \frac{\partial F}{\partial u} + \frac{\partial F}{\partial y}\frac{\mathrm{d}y}{\mathrm{d}u} + \frac{\partial F}{\partial z}\frac{\mathrm{d}z}{\mathrm{d}u},$$

其中

$$\frac{\partial F}{\partial u} = \frac{\partial}{\partial u}\int_{y}^{z} f(x,u)\,\mathrm{d}x = \int_{y}^{z} \frac{\partial}{\partial u}f(x,u)\,\mathrm{d}x,$$

$$\frac{\partial F}{\partial y} = \frac{\partial}{\partial y}\int_{y}^{z} f(x,u)\,\mathrm{d}x = -f(y,u),$$

$$\frac{\partial F}{\partial z} = \frac{\partial}{\partial z}\int_{y}^{z} f(x,u)\,\mathrm{d}x = f(z,u).$$

于是,

$$\psi'(u) = \int_{y}^{z} \frac{\partial}{\partial u}f(x,u)\,\mathrm{d}x - f(y,u)y' + f(z,u)z'.$$

将 $y = a(u)$ 与 $z = b(u)$ 代入上式,有

$$\frac{\mathrm{d}}{\mathrm{d}u}\psi(u) = \int_{a(u)}^{b(u)} \frac{\partial f(x,u)}{\partial u}\,\mathrm{d}x + f[b(u),u]b'(u) - f[a(u),u]a'(u).$$

显然,当 $a(u)$ 与 $b(u)$ 是常数时,$a'(u) = b'(u) = 0$,定理 4 的特殊情况就是定理 2.

---

① $\dfrac{\partial F}{\partial y} = \dfrac{\partial}{\partial y}\int_{y}^{z} f(x,u)\,\mathrm{d}x = -f(y,u)$.因为 $f(y,u)$ 是连续函数,所以 $\dfrac{\partial F}{\partial y}$ 也是连续函数,同理,$\dfrac{\partial F}{\partial z}$ 也是连续函数.根据定理 2,$\dfrac{\partial F}{\partial u}$ 也是连续函数.

## 二、例（Ⅰ）

**例 1** 求函数 $F(y) = \int_0^1 \ln(x^2 + y^2) \, dx \ (y > 0)$ 的导数.

**解** $\forall y > 0$，暂时固定，$\exists \varepsilon > 0$，使 $\varepsilon \leqslant y \leqslant \dfrac{1}{\varepsilon}$. 显然，被积函数

$$\ln(x^2 + y^2) \quad \text{与} \quad \frac{\partial}{\partial y} \ln(x^2 + y^2) = \frac{2y}{x^2 + y^2}$$

在闭矩形域 $R\left(0 \leqslant x \leqslant 1, \varepsilon \leqslant y \leqslant \dfrac{1}{\varepsilon}\right)$ 都连续. 根据定理 2，有

$$F'(y) = \int_0^1 \frac{\partial}{\partial y} \ln(x^2 + y^2) \, dx = \int_0^1 \frac{2y}{x^2 + y^2} dx$$

$$= 2 \int_0^1 \frac{d\left(\dfrac{x}{y}\right)}{\left(\dfrac{x}{y}\right)^2 + 1} = 2\arctan \frac{x}{y} \bigg|_0^1 = 2\arctan \frac{1}{y}.$$

因为 $\forall y > 0$，$\exists \varepsilon > 0$，使 $\varepsilon \leqslant y \leqslant \dfrac{1}{\varepsilon}$，所以 $\forall y > 0$，有

$$F'(y) = 2\arctan \frac{1}{y}.$$

**例 2** 求 $I(r) = \int_0^\pi \ln(1 - 2r\cos\theta + r^2) \, d\theta$，$|r| < 1$.

**解** $\forall r : |r| < 1$，暂时固定，$\exists k > 0$，使 $|r| \leqslant k < 1$. 显然，被积函数及其关于 $r$ 的偏导数，即

$$f(r, \theta) = \ln(1 - 2r\cos\theta + r^2) \quad \text{与} \quad \frac{\partial f}{\partial r} = \frac{-2\cos\theta + 2r}{1 - 2r\cos\theta + r^2}$$

在闭矩形域 $R(-k \leqslant r \leqslant k, 0 \leqslant \theta \leqslant \pi)$ 连续. 根据定理 2，有

$$I'(r) = \int_0^\pi \frac{\partial f(r, \theta)}{\partial r} d\theta = \int_0^\pi \frac{-2\cos\theta + 2r}{1 - 2r\cos\theta + r^2} d\theta.$$

我们计算这个积分. 当 $r = 0$ 时，显然，有

$$I'(0) = \int_0^\pi (-2\cos\theta) \, d\theta = 0;$$

当 $r \neq 0$ 时，设 $t = \tan \dfrac{\theta}{2}$（万能换元），

$$d\theta = \frac{2}{1 + t^2} dt, \quad \cos\theta = \frac{1 - t^2}{1 + t^2}.$$

$$I'(r) = \int_0^\pi \frac{-2\cos\theta + 2r}{1 - 2r\cos\theta + r^2} d\theta$$

$$= \frac{1}{r} \int_0^\pi \left(1 + \frac{r^2 - 1}{1 - 2r\cos\theta + r^2}\right) d\theta$$

$$= \frac{1}{r}\left[\theta - 2\arctan\left(\frac{1+r}{1-r}\tan\frac{\theta}{2}\right)\right]\Big|_0^\pi = 0.$$

因为 $I'(r) = 0$, $\forall r \in (-1,1)$. 所以 $I(r)$ 在开区间 $(-1,1)$ 是常数. 已知 $I(0) = 0$, 即 $I(r) = I(0) = 0$.

我们得到了

$$\int_0^\pi \ln(1 - 2r\cos\theta + r^2)\mathrm{d}\theta = 0, \quad \forall r \in (-1,1).$$

**例 3**  证明:若函数 $f(x)$ 在区间 $[a,b]$ 连续,则函数

$$y(x) = \frac{1}{(n-1)!}\int_a^x (x-t)^{n-1}f(t)\mathrm{d}t, \quad x \in [a,b]$$

是微分方程 $y^{(n)}(x) = f(x)$ 的解,并满足条件 $y(a) = 0, y'(a) = 0, \cdots, y^{(n-1)}(a) = 0$.

**证明**  逐次应用定理 4,求函数 $y(x)$ 的 $n$ 阶导数,有

$$y'(x) = \frac{1}{(n-1)!}\int_a^x (n-1)(x-t)^{n-2}f(t)\mathrm{d}t + \frac{1}{(n-1)!}(x-x)^{n-1}f(x)\cdot(x)'$$

$$= \frac{1}{(n-2)!}\int_a^x (x-t)^{n-2}f(t)\mathrm{d}t,$$

$$y''(x) = \frac{1}{(n-3)!}\int_a^x (x-t)^{n-3}f(t)\mathrm{d}t,$$

$$\cdots\cdots$$

$$y^{(n-1)}(x) = \int_a^x f(t)\mathrm{d}t,$$

$$y^{(n)}(x) = f(x),$$

即函数 $y(x)$ 是微分方程 $y^{(n)}(x) = f(x)$ 的解. 显然, 当 $x = a$ 时,

$$y(a) = 0, y'(a) = 0, \cdots, y^{(n-1)}(a) = 0.$$

**例 4**  求积分 $\displaystyle\int_0^1 \frac{x^b - x^a}{\ln x}\mathrm{d}x, 0 < a < b$.

**解法一**  应用积分号下积分法.

函数 $g(x) = \dfrac{x^b - x^a}{\ln x}$ 的原函数不是初等函数. 函数 $g(x)$ 在 0 与 1 没定义, 却有极限

$$\lim_{x \to 0^+} \frac{x^b - x^a}{\ln x} = 0,$$

$$\lim_{x \to 1^-} \frac{x^b - x^a}{\ln x} = \lim_{x \to 1^-} \frac{bx^{b-1} - ax^{a-1}}{\dfrac{1}{x}} = \lim_{x \to 1^-}(bx^b - ax^a) = b - a.$$

将函数 $g(x)$ 在 0 与 1 作连续延拓, 即

$$g(x) = \begin{cases} 0, & x = 0, \\ \dfrac{x^b - x^a}{\ln x}, & 0 < x < 1, \\ b - a, & x = 1. \end{cases}$$

从而, 函数 $g(x)$ 在区间 $[0,1]$ 连续. 已知

$$g(x) = \frac{x^b - x^a}{\ln x} = \frac{x^y}{\ln x} \Bigg|_a^b = \int_a^b x^y \mathrm{d}y.$$

而函数 $f(x,y) = x^y$ 在闭矩形域 $R(0 \leqslant x \leqslant 1, a \leqslant y \leqslant b)$ 连续,根据定理 3,有

$$\int_0^1 \frac{x^b - x^a}{\ln x} \mathrm{d}x = \int_0^1 \left( \int_a^b x^y \mathrm{d}y \right) \mathrm{d}x = \int_a^b \left( \int_0^1 x^y \mathrm{d}x \right) \mathrm{d}y$$

$$= \int_a^b \frac{x^{y+1}}{y+1} \Bigg|_0^1 \mathrm{d}y = \int_a^b \frac{\mathrm{d}y}{y+1} = \ln \frac{1+b}{1+a}.$$

**解法二** 应用积分号下微分法.设

$$\Phi(y) = \int_0^1 \frac{x^y - x^a}{\ln x} \mathrm{d}x, \quad a \leqslant y \leqslant b.$$

根据定理 2,有

$$\Phi'(y) = \int_0^1 \left( \frac{x^y - x^a}{\ln x} \right)_y' \mathrm{d}x = \int_0^1 x^y \mathrm{d}x = \frac{x^{y+1}}{y+1} \Bigg|_0^1 = \frac{1}{y+1}.$$

两端求不定积分,有

$$\Phi(y) = \int \frac{\mathrm{d}y}{y+1} = \ln(y+1) + C.$$

令 $y = a$,有

$$\Phi(a) = 0 = \ln(a+1) + C, \quad \text{即} \quad C = -\ln(a+1).$$

于是,

$$\Phi(y) = \ln(y+1) - \ln(a+1) = \ln \frac{y+1}{a+1}.$$

令 $y = b$,有

$$\Phi(b) = \int_0^1 \frac{x^b - x^a}{\ln x} \mathrm{d}x = \ln \frac{b+1}{a+1}.$$

**例 5** 计算积分

$$I = \int_0^1 \frac{\arctan x}{x \sqrt{1 - x^2}} \mathrm{d}x.$$

**解法一** 应用积分号下积分法.

将被积表达式中 $\dfrac{\arctan x}{x}$ 用积分表示出来,即

$$\frac{\arctan x}{x} = \int_0^1 \frac{\mathrm{d}y}{1 + x^2 y^2}.$$

左端的函数 $\dfrac{\arctan x}{x}$ 在 0 没定义,但有极限

$$\lim_{x \to 0} \frac{(\arctan x)'}{(x)'} = \lim_{x \to 0} \frac{1}{1 + x^2} = 1.$$

在点 0 作连续延拓.而瑕积分(1 是瑕点)$\displaystyle\int_0^1 \frac{\mathrm{d}x}{\sqrt{1 - x^2}}$ 收敛,已知函数 $\dfrac{\arctan x}{x \sqrt{1 - x^2}}$ 在矩形域 $R$

$(0 < x < 1, 0 \leqslant y \leqslant 1)$ 连续,虽然 1 是瑕点,而瑕积分收敛,仍可用定理 3,有

$$I(y) = \int_0^1 \frac{\arctan x}{x\sqrt{1-x^2}}dx = \int_0^1 \frac{dx}{\sqrt{1-x^2}} \int_0^1 \frac{dy}{1+x^2y^2}$$

$$= \int_0^1 dy \int_0^1 \frac{dx}{(1+x^2y^2)\sqrt{1-x^2}}.$$

设 $x = \cos\theta, dx = -\sin\theta d\theta$,有

$$I(y) = \int_0^1 dy \int_0^{\frac{\pi}{2}} \frac{d\theta}{1+y^2\cos^2\theta}.$$

再设 $u = \tan\theta, du = \sec^2\theta d\theta$,有

$$I(y) = \int_0^1 dy \int_0^{+\infty} \frac{du}{(1+y^2)+u^2}$$

$$= \int_0^1 \left( \frac{1}{\sqrt{1+y^2}} \arctan \frac{u}{\sqrt{1+y^2}} \right) \Big|_0^{+\infty} dy = \frac{\pi}{2} \int_0^1 \frac{dy}{\sqrt{1+y^2}}$$

$$= \frac{\pi}{2} \ln(y+\sqrt{1+y^2}) \Big|_0^1 = \frac{\pi}{2}\ln(1+\sqrt{2}).$$

**解法二** 应用积分号下微分法.

引入参数 $y$,考虑积分

$$I(y) = \int_0^1 \frac{\arctan xy}{x\sqrt{1-x^2}}dx, \quad y \geqslant 0.$$

当 $y=1$ 时,就是所求的积分

$$I = I(1) = \int_0^1 \frac{\arctan x}{x\sqrt{1-x^2}}dx.$$

由积分号下的微分法,在积分号下对 $y$ 求偏导数,有

$$I'(y) = \int_0^1 \frac{dx}{(1+x^2y^2)\sqrt{1-x^2}}.$$

以下的计算同上,有

$$I'(y) = \frac{\pi}{2} \frac{1}{\sqrt{1+y^2}}.$$

所以

$$I(y) = \frac{\pi}{2} \int \frac{dy}{\sqrt{1+y^2}} = \frac{\pi}{2}\ln(y+\sqrt{1+y^2}) + C.$$

已知 $I(0) = 0$,即 $C = 0$.于是

$$\int_0^1 \frac{\arctan x}{x\sqrt{1-x^2}}dx = I(1) = \frac{\pi}{2}\ln(1+\sqrt{2}).$$

## 三、含参变量的无穷积分

设二元函数 $f(x,u)$ 在区域 $D(a \leqslant x < +\infty, \alpha \leqslant u \leqslant \beta)$ 有定义,$\forall u \in [\alpha,\beta]$,无穷积分 $\int_a^{+\infty} f(x,u)dx$ 都收敛,即 $\forall u \in [\alpha,\beta]$ 都对应唯一一个无穷积分(值) $\int_a^{+\infty} f(x,u)dx$.于是,

$\displaystyle\int_a^{+\infty} f(x,u)\,\mathrm{d}x$ 是区间 $[\alpha,\beta]$ 上的函数,记为

$$\varphi(u)=\int_a^{+\infty} f(x,u)\,\mathrm{d}x,\quad u\in[\alpha,\beta],$$

称为**含参变量的无穷积分**,有时也简称无穷积分,①$u$ **是参变量**.

已知无穷积分 $\displaystyle\int_a^{+\infty} f(x)\,\mathrm{d}x$ 与级数 $\displaystyle\sum_{n=1}^{\infty} u_n$ 的敛散概念、敛散判别法及其性质基本上是平行的.不难想到,含参变量的无穷积分

$$\int_a^{+\infty} f(x,u)\,\mathrm{d}x$$

与函数项级数 $\displaystyle\sum_{n=1}^{\infty} u_n(x)$ 之间亦应如此.讨论函数项级数的和函数的分析性质,一致收敛起着重要作用.同样,讨论含参变量的无穷积分所确定的函数的分析性质,一致收敛同样也起着重要的作用.

$\forall u\in[\alpha,\beta]$,无穷积分 $\displaystyle\int_a^{+\infty} f(x,u)\,\mathrm{d}x$ 都收敛,即 $\forall u\in[\alpha,\beta]$,有

$$\int_a^{+\infty} f(x,u)\,\mathrm{d}x=\lim_{A\to+\infty}\int_a^{A} f(x,u)\,\mathrm{d}x.$$

即 $\forall\,\varepsilon>0,\exists A_u>0,\forall A>A_u$,有

$$\left|\int_a^{+\infty} f(x,u)\,\mathrm{d}x-\int_a^{A} f(x,u)\,\mathrm{d}x\right|=\left|\int_A^{+\infty} f(x,u)\,\mathrm{d}x\right|<\varepsilon. \tag{4}$$

一般来说,对 $[\alpha,\beta]$ 上不同的 $u_1$ 和 $u_2$,在 $\varepsilon$ 相等的情况下,$A_{u_1}$ 与 $A_{u_2}$ 也是不同的.区间 $[\alpha,\beta]$ 有无限多个点 $u$,因而对应无限多个正数 $A_u$($\forall A>A_u$,有(4)式成立),是否存在一个"通用"的正数 $A_0$($\forall A>A_0$,$\forall u\in[\alpha,\beta]$,有(4)式成立)呢? 事实上,有的含参变量的无穷积分在区间 $[\alpha,\beta]$ 存在着通用的正数 $A_0$.于是,有下面的一致收敛概念:

**定义** 设 $\forall u\in I$(区间),②无穷积分 $\displaystyle\int_a^{+\infty} f(x,u)\,\mathrm{d}x$ 收敛.若 $\forall\,\varepsilon>0$,$\exists A_0$(通用)$>0$,$\forall A>A_0$,$\forall u\in I$,有

$$\left|\int_a^{+\infty} f(x,u)\,\mathrm{d}x-\int_a^{A} f(x,u)\,\mathrm{d}x\right|=\left|\int_A^{+\infty} f(x,u)\,\mathrm{d}x\right|<\varepsilon,$$

则称无穷积分 $\displaystyle\int_a^{+\infty} f(x,u)\,\mathrm{d}x$ 在区间 $I$ **一致收敛**.

若无穷积分 $\displaystyle\int_a^{+\infty} f(x,u)\,\mathrm{d}x$ 在区间 $I$ 不存在通用的 $A_0>0$,就是非一致收敛.现将一致收敛与非一致收敛列表对比如下:

---

① 无穷积分 $\displaystyle\int_a^{+\infty} f(x)\,\mathrm{d}x$,因为被积函数是一元函数,所以是指 §12.1 中所说的无穷积分.无穷积分 $\displaystyle\int_a^{+\infty} f(x,u)\,\mathrm{d}x$,因为被积函数是二元函数,所以是指含参变量 $u$ 的无穷积分.

② 区间 $I$ 可以是开区间、闭区间、半开区间,有界区间或无界区间.

| | 无穷积分 $\int_a^{+\infty} f(x,u)\,\mathrm{d}x$ 在区间 $I$ |
|---|---|
| 一致收敛 | $\forall\,\varepsilon>0,\exists\,A_0>0,\forall\,A>A_0,\forall\,u\in I,$ 有 $\left\|\int_A^{+\infty} f(x,u)\,\mathrm{d}x\right\|<\varepsilon.$ |
| 非一致收敛 | $\exists\,\varepsilon_0>0,\forall\,A>0,\exists\,A_0>A,\exists\,u_0\in I,$ 有 $\left\|\int_{A_0}^{+\infty} f(x,u_0)\,\mathrm{d}x\right\|\geqslant\varepsilon_0.$ |

**例 6**　证明:无穷积分 $\int_0^{+\infty} u\mathrm{e}^{-xu}\,\mathrm{d}x$ 在区间 $[a,b]\,(a>0)$ 一致收敛.

**证明**　设 $A>0$,求无穷积分(将 $u$ 看作常数)

$$\int_A^{+\infty} u\mathrm{e}^{-xu}\,\mathrm{d}x.$$

设 $xu=t,\mathrm{d}x=\dfrac{1}{u}\mathrm{d}t,$ 有

$$\int_A^{+\infty} u\mathrm{e}^{-xu}\,\mathrm{d}x = \int_{Au}^{+\infty} u\mathrm{e}^{-t}\frac{1}{u}\mathrm{d}t = \int_{Au}^{+\infty} \mathrm{e}^{-t}\mathrm{d}t = \mathrm{e}^{-Au}.$$

已知 $a\leqslant u\leqslant b,$ 有

$$\left|\int_A^{+\infty} u\mathrm{e}^{-xu}\,\mathrm{d}x\right| = \mathrm{e}^{-Au}\leqslant\mathrm{e}^{-Aa}.$$

$\forall\,\varepsilon>0,$ 由不等式 $\mathrm{e}^{-Aa}<\varepsilon,$ 解得 $A>\dfrac{1}{a}\ln\dfrac{1}{\varepsilon}.$ 取 $A_0=\dfrac{1}{a}\ln\dfrac{1}{\varepsilon}.$ 于是,$\forall\,\varepsilon>0,\exists\,A_0=\dfrac{1}{a}\ln\dfrac{1}{\varepsilon},\forall\,A>A_0,\forall\,u\in[a,b],$ 有

$$\left|\int_A^{+\infty} u\mathrm{e}^{-xu}\,\mathrm{d}x\right| \leqslant \mathrm{e}^{-Aa}<\varepsilon,$$

即无穷积分 $\int_0^{+\infty} u\mathrm{e}^{-xu}\,\mathrm{d}x$ 在区间 $[a,b]$ 一致收敛.

**定理 5(柯西一致收敛准则)**　无穷积分 $\int_0^{+\infty} f(x,u)\,\mathrm{d}x$ 在区间 $I$ 一致收敛 $\Longleftrightarrow\forall\,\varepsilon>0,\exists\,A_0>0,\forall\,A_1>A_0$ 与 $A_2>A_0,\forall\,u\in I,$ 有

$$\left|\int_{A_1}^{A_2} f(x,u)\,\mathrm{d}x\right|<\varepsilon.$$

**证明**　$(\Rightarrow)$由一致收敛的定义,$\forall\,\varepsilon>0,\exists\,A_0>0,\forall\,A>A_0,\forall\,u\in I,$ 有

$$\left|\int_A^{+\infty} f(x,u)\,\mathrm{d}x\right|<\frac{\varepsilon}{2}.$$

从而,$\forall\,A_1>A_0$ 与 $A_2>A_0,$ 分别有

$$\left|\int_{A_1}^{+\infty} f(x,u)\,\mathrm{d}x\right|<\frac{\varepsilon}{2} \quad 与 \quad \left|\int_{A_2}^{+\infty} f(x,u)\,\mathrm{d}x\right|<\frac{\varepsilon}{2}.$$

于是,

$$\left|\int_{A_1}^{A_2} f(x,u)\,\mathrm{d}x\right| = \left|\int_{A_1}^{+\infty} f(x,u)\,\mathrm{d}x - \int_{A_2}^{+\infty} f(x,u)\,\mathrm{d}x\right|$$

$$\leqslant \left|\int_{A_1}^{+\infty} f(x,u)\,\mathrm{d}x\right| + \left|\int_{A_2}^{+\infty} f(x,u)\,\mathrm{d}x\right|$$

$$< \frac{\varepsilon}{2} + \frac{\varepsilon}{2} = \varepsilon.$$

$(\Leftarrow)$ $\forall \varepsilon > 0$, $\exists A_0 > 0$, $\forall A_1 > A_0$ 与 $A_2 > A_0$, $\forall u \in I$, 有

$$\left| \int_{A_1}^{A_2} f(x, u) \, dx \right| < \varepsilon.$$

令 $A_2 \to +\infty$, 有 $\left| \int_{A_1}^{+\infty} f(x, u) \, dx \right| \leqslant \varepsilon$, 即无穷积分 $\int_0^{+\infty} f(x, u) \, dx$ 在区间 $I$ 一致收敛.

**定理 6** 若 $\exists B > 0$, $\forall x > B$, $\forall u \in I$, 有

$$|f(x, u)| \leqslant F(x), \tag{5}$$

且无穷积分 $\int_a^{+\infty} F(x) \, dx$ 收敛, 则无穷积分 $\int_a^{+\infty} f(x, u) \, dx$ 在区间 $I$ 一致收敛.

**证明** 已知无穷积分 $\int_a^{+\infty} F(x) \, dx$ 收敛. 根据 § 12.1 定理 2 无穷积分的柯西收敛准则, 即 $\forall \varepsilon > 0$, $\exists A_0 > a$, $\forall A_1 > A_0$ 与 $A_2 > A_0$, 有

$$\left| \int_{A_1}^{A_2} F(x) \, dx \right| < \varepsilon.$$

由不等式 (5), $\forall A_0 > \max\{a, B\}$, $\forall A_1 > A_0$ 与 $A_2 > A_0$, $\forall u \in I$, 有

$$\left| \int_{A_1}^{A_2} f(x, u) \, dx \right| \leqslant \left| \int_{A_1}^{A_2} |f(x, u)| \, dx \right| \leqslant \left| \int_{A_1}^{A_2} F(x) \, dx \right| < \varepsilon.$$

再根据定理 5 的充分性, 无穷积分 $\int_a^{+\infty} f(x, u) \, dx$ 在区间 $I$ 一致收敛.

定理 6 中的函数 $F(x)$ 称为**优函数**. 定理 6 亦称为优函数判别法.

**例 7** 证明: 无穷积分 $\int_0^{+\infty} e^{-ux^2} \, dx$ 在区间 $[a, +\infty)$ 一致收敛 $(a > 0)$.

**证明** $\forall u \in [a, +\infty)$, 有

$$e^{-ux^2} \leqslant e^{-ax^2}.$$

已知无穷积分 $\int_0^{+\infty} e^{-ax^2} \, dx$ 收敛 (见 § 12.1 例 7), 根据定理 6, 则无穷积分 $\int_0^{+\infty} e^{-ux^2} \, dx$ 在区间 $[a, +\infty)$ 一致收敛.

**例 8** 证明: 无穷积分 $\int_1^{+\infty} \frac{\cos xy}{x^2 + y^2} \, dx$ 在 $\mathbf{R}$ 一致收敛.

**证明** $\forall y \in \mathbf{R}$, 有

$$\left| \frac{\cos xy}{x^2 + y^2} \right| \leqslant \frac{1}{x^2}.$$

已知无穷积分 $\int_1^{+\infty} \frac{1}{x^2} \, dx$ 收敛, 则无穷积分 $\int_1^{+\infty} \frac{\cos xy}{x^2 + y^2} \, dx$ 在 $\mathbf{R}$ 一致收敛.

定理 6 是判别某些无穷积分一致收敛性的很简便的判别法, 但这种方法有一定的局限性: 凡能用定理 6 判别无穷积分是一致收敛, 此无穷积分必然是绝对收敛; 如果无穷积分是一致收敛, 同时又是条件收敛, 那么就不能用定理 6 来判别. 对于这种情况, 有下面的定理:

**定理 7 (狄利克雷判别法)** 若 $f(x, u)$, $g(x, u)$ 满足:

1) 当 $A \to +\infty$ 时,积分 $\int_a^A f(x,u)\,\mathrm{d}x$ 对 $u \in [\alpha, \beta]$ 一致有界;

2) $g(x,u)$ 是 $x$ 的单调函数,且 $x \to +\infty$ 时,关于 $u$ 一致趋于 0,则无穷积分 $\int_a^{+\infty} f(x, u)g(x,u)\,\mathrm{d}x$ 在 $[\alpha, \beta]$ 上一致收敛.

**证明** 由条件 1),$\exists M > 0$,$\forall u \in [\alpha, \beta]$,有

$$\left| \int_a^A f(x,u)\,\mathrm{d}x \right| < M.$$

于是 $\forall A', A'' > a$ 及 $\forall u \in [\alpha, \beta]$,有(不妨设 $A' < A''$)

$$\left| \int_{A'}^{A''} f(x,u)\,\mathrm{d}x \right| \leqslant \left| \int_a^{A'} f(x,u)\,\mathrm{d}x \right| + \left| \int_a^{A''} f(x,u)\,\mathrm{d}x \right| \leqslant 2M.$$

由条件 2),$\forall \varepsilon > 0$,$\exists A_0 > a$,$\forall x > A_0$,$\forall u \in [\alpha, \beta]$,有

$$|g(x,u)| < \varepsilon.$$

由积分第二中值定理,$\exists \xi \in [A', A'']$,有

$$\left| \int_{A'}^{A''} f(x,u)g(x,u)\,\mathrm{d}x \right|$$

$$\leqslant |g(A',u)| \cdot \left| \int_{A'}^{\xi} f(x,u)\,\mathrm{d}x \right| + |g(A'',u)| \cdot \left| \int_{\xi}^{A''} f(x,u)\,\mathrm{d}x \right|$$

$$< 2M\varepsilon + 2M\varepsilon = 4M\varepsilon.$$

由定理 5 知,无穷积分 $\int_a^{+\infty} f(x,u)g(x,u)\,\mathrm{d}x$ 在 $[\alpha, \beta]$ 上一致收敛.

**定理 8(阿贝尔判别法)** 若 $f(x,u)$,$g(x,u)$ 满足:

1) 无穷积分 $\int_a^{+\infty} f(x,u)\,\mathrm{d}x$ 关于 $u \in [\alpha, \beta]$ 一致收敛;

2) 函数 $g(x,u)$ 关于 $x$ 单调,且关于 $u$ 在 $[\alpha, \beta]$ 上一致有界,则无穷积分 $\int_a^{+\infty} f(x, u)g(x,u)\,\mathrm{d}x$ 在 $[\alpha, \beta]$ 上一致收敛.

定理 8 的证明留给读者作为练习.

**例 9** 证明:无穷积分 $\int_0^{+\infty} \mathrm{e}^{-yx} \dfrac{\sin x}{x}\,\mathrm{d}x$ 在区间 $[0, +\infty)$ 一致收敛.

**证明** 因为 $\forall y \geqslant 0$ 函数 $\mathrm{e}^{-yx}$ 关于 $x$ 是单调减少,且 $\forall x \geqslant 0$,$\forall y \geqslant 0$,有 $\mathrm{e}^{-yx} \leqslant 1$,而无穷积分 $\int_0^{+\infty} \dfrac{\sin x}{x}\,\mathrm{d}x$ 一致收敛.根据阿贝尔判别法,无穷积分 $\int_0^{+\infty} \mathrm{e}^{-yx} \dfrac{\sin x}{x}\,\mathrm{d}x$ 在 $[0, +\infty)$ 一致收敛.

**例 10** 证明:无穷积分 $\int_0^{+\infty} \dfrac{\sin x^2}{1 + x^p}\,\mathrm{d}x$,在 $p \in [0, +\infty)$ 一致收敛.

**证明** 作替换 $x = \sqrt{t}$,$\mathrm{d}x = \dfrac{\mathrm{d}t}{2\sqrt{t}}$,有

$$\int_0^{+\infty} \frac{\sin x^2}{1 + x^p}\,\mathrm{d}x = \int_0^{+\infty} \frac{\sin t}{2(1 + t^{\frac{p}{2}})\sqrt{t}}\,\mathrm{d}t.$$

已知无穷积分 $\int_0^{+\infty} \dfrac{\sin t}{\sqrt{t}}\,\mathrm{d}t$(关于 $p$)一致收敛.而函数 $f(t) = \dfrac{1}{2(1 + t^{\frac{p}{2}})}$(在 $p \geqslant 0$)关

于 $t$ 是单调减少,且关于 $p$ 一致有界. 于是,由阿贝尔判别法,无穷积分 $\int_0^{+\infty} \dfrac{\sin x^2}{1+x^p}\mathrm{d}x$ 在 $[0,+\infty)$ 一致收敛.

**定理 9**　若函数 $f(x,u)$ 在区域 $D(a \leqslant x < +\infty, \alpha \leqslant u \leqslant \beta)$ 连续,且无穷积分 $\varphi(u) = \int_a^{+\infty} f(x,u)\mathrm{d}x$ 在区间 $[\alpha,\beta]$ 一致收敛,则函数 $\varphi(u)$ 在区间 $[\alpha,\beta]$ 连续.

**证明**　由一致收敛的定义,$\forall \varepsilon > 0, \exists A_0 > 0, \forall A > A_0, \forall u \in [\alpha,\beta]$,有

$$\left| \int_A^{+\infty} f(x,u)\mathrm{d}x \right| < \frac{\varepsilon}{3}.$$

$\forall u_0 \in [\alpha,\beta]$,取 $u_0 + \Delta u \in [\alpha,\beta]$,有

$$\left| \int_A^{+\infty} f(x,u_0)\mathrm{d}x \right| < \frac{\varepsilon}{3} \quad \text{与} \quad \left| \int_A^{+\infty} f(x,u_0+\Delta u)\mathrm{d}x \right| < \frac{\varepsilon}{3}.$$

根据定理 1,函数 $p(u) = \int_a^A f(x,u)\mathrm{d}x$ 在区间 $[\alpha,\beta]$ 连续,当然在任意一点 $u_0 \in [\alpha,\beta]$ 也连续,即对上述同样的 $\varepsilon > 0, \exists \delta > 0, |\Delta u| < \delta$,有

$$|p(u_0+\Delta u) - p(u_0)|$$
$$= \left| \int_a^A f(x,u_0+\Delta u)\mathrm{d}x - \int_a^A f(x,u_0)\mathrm{d}x \right| < \frac{\varepsilon}{3}.$$

于是,$\forall \varepsilon > 0 (\exists A_0 > 0, \forall A > A_0), \exists \delta > 0, |\Delta u| < \delta$,有

$$|\varphi(u_0+\Delta u) - \varphi(u_0)|$$
$$= \left| \int_a^{+\infty} f(x,u_0+\Delta u)\mathrm{d}x - \int_a^{+\infty} f(x,u_0)\mathrm{d}x \right|$$
$$= \left| \int_a^A f(x,u_0+\Delta u)\mathrm{d}x + \int_A^{+\infty} f(x,u_0+\Delta u)\mathrm{d}x - \int_a^A f(x,u_0)\mathrm{d}x - \int_A^{+\infty} f(x,u_0)\mathrm{d}x \right|$$
$$\leqslant \left| \int_a^A f(x,u_0+\Delta u)\mathrm{d}x - \int_a^A f(x,u_0)\mathrm{d}x \right| + \left| \int_A^{+\infty} f(x,u_0+\Delta u)\mathrm{d}x \right| + \left| \int_A^{+\infty} f(x,u_0)\mathrm{d}x \right|$$
$$< \frac{\varepsilon}{3} + \frac{\varepsilon}{3} + \frac{\varepsilon}{3} = \varepsilon.$$

即函数 $\varphi(u)$ 在区间 $[\alpha,\beta]$ 连续.

**定理 10**　若函数 $f(x,u)$ 在区域 $D(a \leqslant x < +\infty, \alpha \leqslant u \leqslant \beta)$ 连续,且无穷积分 $\varphi(u) = \int_a^{+\infty} f(x,u)\mathrm{d}x$ 在区间 $[\alpha,\beta]$ 一致收敛,则函数 $\varphi(u)$ 在区间 $[\alpha,\beta]$ 可积,且

$$\int_\alpha^\beta \varphi(u)\mathrm{d}u = \int_a^{+\infty} \left[ \int_\alpha^\beta f(x,u)\mathrm{d}u \right] \mathrm{d}x,$$

即

$$\int_\alpha^\beta \left[ \int_a^{+\infty} f(x,u)\mathrm{d}x \right] \mathrm{d}u = \int_a^{+\infty} \left[ \int_\alpha^\beta f(x,u)\mathrm{d}u \right] \mathrm{d}x.$$

简称积分号下可积分.

**证明**　根据定理 9,函数 $\varphi(u)$ 在区间 $[\alpha,\beta]$ 连续,则函数 $\varphi(u)$ 在区间 $[\alpha,\beta]$ 可积. 由一致收敛定义,$\forall \varepsilon > 0, \exists A_0 > 0, \forall A > A_0, \forall u \in [\alpha,\beta]$,有

$$\left| \int_A^{+\infty} f(x,u)\mathrm{d}x \right| < \varepsilon. \tag{6}$$

根据定理 3,有

$$\int_\alpha^\beta \left[\int_a^A f(x,u)\,\mathrm{d}x\right]\mathrm{d}u = \int_a^A \left[\int_\alpha^\beta f(x,u)\,\mathrm{d}u\right]\mathrm{d}x.$$

从而,$\forall A>A_0$ 时,有

$$\begin{aligned}
\int_\alpha^\beta \varphi(u)\,\mathrm{d}u &= \int_\alpha^\beta \left[\int_a^{+\infty} f(x,u)\,\mathrm{d}x\right]\mathrm{d}u\\
&= \int_\alpha^\beta \left[\int_a^A f(x,u)\,\mathrm{d}x + \int_A^{+\infty} f(x,u)\,\mathrm{d}x\right]\mathrm{d}u\\
&= \int_\alpha^\beta \left[\int_a^A f(x,u)\,\mathrm{d}x\right]\mathrm{d}u + \int_\alpha^\beta \left[\int_A^{+\infty} f(x,u)\,\mathrm{d}x\right]\mathrm{d}u\\
&= \int_a^A \left[\int_\alpha^\beta f(x,u)\,\mathrm{d}u\right]\mathrm{d}x + \int_\alpha^\beta \left[\int_A^{+\infty} f(x,u)\,\mathrm{d}x\right]\mathrm{d}u.
\end{aligned}$$

于是,由不等式(6)有

$$\left|\int_\alpha^\beta \varphi(u)\,\mathrm{d}u - \int_a^A \left[\int_\alpha^\beta f(x,u)\,\mathrm{d}u\right]\mathrm{d}x\right| = \left|\int_\alpha^\beta \left[\int_A^{+\infty} f(x,u)\,\mathrm{d}x\right]\mathrm{d}u\right|$$

$$\leqslant \int_\alpha^\beta \left|\int_A^{+\infty} f(x,u)\,\mathrm{d}x\right|\mathrm{d}u < \varepsilon \int_\alpha^\beta \mathrm{d}u = \varepsilon(\beta-\alpha),$$

即

$$\int_\alpha^\beta \varphi(u)\,\mathrm{d}u = \lim_{A\to+\infty}\int_a^A \left[\int_\alpha^\beta f(x,u)\,\mathrm{d}u\right]\mathrm{d}x = \int_a^{+\infty}\left[\int_\alpha^\beta f(x,u)\,\mathrm{d}u\right]\mathrm{d}x.$$

**定理 11** 若函数 $f(x,u)$ 与 $f_u'(x,u)$ 在区域 $D(a\leqslant x<+\infty,\alpha\leqslant u\leqslant\beta)$ 连续,且无穷积分 $\varphi(u)=\int_a^{+\infty} f(x,u)\,\mathrm{d}x$ 在区间 $[\alpha,\beta]$ 收敛,而无穷积分 $\int_a^{+\infty} f_u'(x,u)\,\mathrm{d}x$ 在区间 $[\alpha,\beta]$ 一致收敛,则函数 $\varphi(u)$ 在区间 $[\alpha,\beta]$ 可导,且

$$\varphi'(u) = \int_a^{+\infty} f_u'(x,u)\,\mathrm{d}x,$$

即

$$\frac{\mathrm{d}}{\mathrm{d}u}\int_a^{+\infty} f(x,u)\,\mathrm{d}x = \int_a^{+\infty}\frac{\partial}{\partial u}f(x,u)\,\mathrm{d}x.$$

简称积分号下可微分.

**证明** $\forall u\in[\alpha,\beta]$,讨论积分

$$\int_\alpha^u \left[\int_a^{+\infty} f_t'(x,t)\,\mathrm{d}x\right]\mathrm{d}t.$$

根据定理 10,有

$$\begin{aligned}
&\int_\alpha^u \left[\int_a^{+\infty} f_t'(x,t)\,\mathrm{d}x\right]\mathrm{d}t\\
&= \int_a^{+\infty}\left[\int_\alpha^u f_t'(x,t)\,\mathrm{d}t\right]\mathrm{d}x = \int_a^{+\infty}\left[f(x,t)\Big|_\alpha^u\right]\mathrm{d}x\\
&= \int_a^{+\infty} f(x,u)\,\mathrm{d}x - \int_a^{+\infty} f(x,\alpha)\,\mathrm{d}x = \varphi(u)-\varphi(\alpha).
\end{aligned}$$

对上式两端关于 $u$ 求导数,有

$$\varphi'(u) = \int_a^{+\infty} f_u'(x,u)\,\mathrm{d}x.$$

即

$$\frac{\mathrm{d}}{\mathrm{d}u}\int_a^{+\infty}f(x,u)\,\mathrm{d}x=\int_a^{+\infty}\frac{\partial}{\partial u}f(x,u)\,\mathrm{d}x.$$

类似地,含参变量的瑕积分也有一致收敛及其判别法,以及含参变量瑕积分所定义函数的分析性质.从略.

## 四、例(Ⅱ)

**例 11** 证明:$\displaystyle\int_0^{+\infty}\frac{\mathrm{e}^{-ax}-\mathrm{e}^{-bx}}{x}\mathrm{d}x=\ln\frac{b}{a},0<a<b.$

**证明** 将被积函数表示成积分,即

$$\frac{\mathrm{e}^{-ax}-\mathrm{e}^{-bx}}{x}=-\frac{\mathrm{e}^{-bx}-\mathrm{e}^{-ax}}{x}=-\frac{\mathrm{e}^{-yx}}{x}\Big|_a^b=\int_a^b\left(-\frac{\mathrm{e}^{-yx}}{x}\right)_y'\mathrm{d}y=\int_a^b\mathrm{e}^{-yx}\mathrm{d}y.$$

已知 $\forall y\in[a,b]$,有

$$\mathrm{e}^{-yx}\leqslant\mathrm{e}^{-ax}.$$

而无穷积分 $\displaystyle\int_0^{+\infty}\mathrm{e}^{-ax}\mathrm{d}x$ 收敛.根据定理6,无穷积分 $\displaystyle\int_0^{+\infty}\mathrm{e}^{-yx}\mathrm{d}x$ 在区间$[a,b]$一致收敛.根据定理10,交换积分次序,有

$$\int_0^{+\infty}\frac{\mathrm{e}^{-ax}-\mathrm{e}^{-bx}}{x}\mathrm{d}x=\int_0^{+\infty}\left(\int_a^b\mathrm{e}^{-yx}\mathrm{d}y\right)\mathrm{d}x=\int_a^b\left(\int_0^{+\infty}\mathrm{e}^{-yx}\mathrm{d}x\right)\mathrm{d}y$$

$$=\int_a^b\frac{\mathrm{d}y}{y}=\ln b-\ln a=\ln\frac{b}{a}.$$

**例 12** 计算无穷积分 $\displaystyle I=\int_0^{+\infty}\frac{\sin x}{x}\mathrm{d}x.$

**解法一** 在被积函数上配"收敛因子".

由 §12.1 例11,知无穷积分 $\displaystyle\int_0^{+\infty}\frac{\sin x}{x}\mathrm{d}x$ 条件收敛.

因为被积函数$\dfrac{\sin x}{x}$不存在初等函数的原函数,所以不能直接求这个无穷积分.为此在被积函数中引入一个"收敛因子"$\mathrm{e}^{-yx}(y\geqslant0)$,讨论无穷积分

$$I(y)=\int_0^{+\infty}\mathrm{e}^{-yx}\frac{\sin x}{x}\mathrm{d}x. \tag{7}$$

显然,$I=I(0)$.无穷积分(7)的被积函数及其关于 $y$ 的偏导数,即

$$\mathrm{e}^{-yx}\frac{\sin x}{x}\quad\text{与}\quad\frac{\partial}{\partial y}\left(\mathrm{e}^{-yx}\frac{\sin x}{x}\right)=-\mathrm{e}^{-yx}\sin x$$

在区域 $D(0\leqslant x<+\infty,0\leqslant y<+\infty)$ 连续(连续延拓).已知无穷积分

$$\int_0^{+\infty}\mathrm{e}^{-yx}\frac{\sin x}{x}\mathrm{d}x$$

在区间$[0,+\infty)$一致收敛(见例9).下面证明,$\forall\varepsilon>0$,无穷积分

$$\int_0^{+\infty}\frac{\partial}{\partial y}\left(\mathrm{e}^{-yx}\frac{\sin x}{x}\right)\mathrm{d}x=-\int_0^{+\infty}\mathrm{e}^{-yx}\sin x\mathrm{d}x$$

在区间$[\varepsilon,+\infty)$一致收敛.事实上,$\forall y\in[\varepsilon,+\infty)$,有

$$|\mathrm{e}^{-yx}\sin x| \leqslant \mathrm{e}^{-yx} \leqslant \mathrm{e}^{-\varepsilon x}.$$

已知无穷积分 $\int_0^{+\infty} \mathrm{e}^{-\varepsilon x}\mathrm{d}x$ 收敛,由定理 6,无穷积分 $\int_0^{+\infty} \mathrm{e}^{-yx}\sin x\mathrm{d}x$ 在区间 $[\varepsilon,+\infty)$ 一致收敛.根据定理 11, $\forall y \in [\varepsilon,+\infty)$,有

$$I'(y) = \int_0^{+\infty} \frac{\partial}{\partial y}\left(\mathrm{e}^{-yx}\frac{\sin x}{x}\right)\mathrm{d}x = -\int_0^{+\infty} \mathrm{e}^{-yx}\sin x\mathrm{d}x = \frac{\mathrm{e}^{-yx}(y\sin x+\cos x)}{1+y^2}\Big|_0^{+\infty} = -\frac{1}{1+y^2}.$$

从而

$$I(y) = -\int \frac{1}{1+y^2}\mathrm{d}y = -\arctan y + C. \tag{8}$$

下面确定常数 $C$. $\forall y>0$,等式(8)都成立.有

$$|I(y)| = \left|\int_0^{+\infty} \mathrm{e}^{-yx}\frac{\sin x}{x}\mathrm{d}x\right| \leqslant \int_0^{+\infty}\left|\mathrm{e}^{-yx}\frac{\sin x}{x}\right|\mathrm{d}x①$$

$$\leqslant \int_0^{+\infty} \mathrm{e}^{-yx}\mathrm{d}x = -\frac{\mathrm{e}^{-yx}}{y}\Big|_0^{+\infty} = \frac{1}{y} \to 0 \quad (y\to+\infty),$$

即 $\lim\limits_{y\to+\infty} I(y) = 0$.对等式(8)等号两端取极限($y\to+\infty$),有

$$\lim_{y\to+\infty} I(y) = -\lim_{y\to+\infty}\arctan y + C,$$

即 $0 = -\dfrac{\pi}{2} + C$ 或 $C = \dfrac{\pi}{2}$.于是

$$I(y) = -\arctan y + \frac{\pi}{2}.② \tag{9}$$

下面证明函数 $I(y)$ 在 $y=0$ 右连续.事实上,已知无穷积分(7)在区间 $[0,+\infty)$ 一致收敛,根据定理 9,函数 $I(y)$ 在 $y=0$ 右连续.对等式(9)等号两端取极限($y\to0^+$),有

$$\lim_{y\to0^+} I(y) = \lim_{y\to0^+}(-\arctan y) + \frac{\pi}{2},$$

即 $I(0) = \dfrac{\pi}{2}$,于是,

$$I = I(0) = \int_0^{+\infty} \frac{\sin x}{x}\mathrm{d}x = \frac{\pi}{2}.$$

**解法二** 将无穷积分 $\int_0^{+\infty} \dfrac{\sin x}{x}\mathrm{d}x$ 表示为级数,然后逐项积分.

将无穷积分表示成级数形式

$$J = \int_0^{+\infty} \frac{\sin x}{x}\mathrm{d}x = \sum_{k=0}^{\infty}\int_{k\frac{\pi}{2}}^{(k+1)\frac{\pi}{2}}\frac{\sin x}{x}\mathrm{d}x = \int_0^{\frac{\pi}{2}}\frac{\sin x}{x}\mathrm{d}x + \sum_{n=1}^{\infty}\int_{(2n-1)\frac{\pi}{2}}^{(2n+1)\frac{\pi}{2}}\frac{\sin x}{x}\mathrm{d}x$$

$$= \int_0^{\frac{\pi}{2}}\frac{\sin x}{x}\mathrm{d}x + \sum_{n=1}^{\infty}\left[\int_{(2n-1)\frac{\pi}{2}}^{2n\cdot\frac{\pi}{2}}\frac{\sin x}{x}\mathrm{d}x + \int_{2n\cdot\frac{\pi}{2}}^{(2n+1)\frac{\pi}{2}}\frac{\sin x}{x}\mathrm{d}x\right].$$

---

① $\forall x \neq 0$,有 $\left|\dfrac{\sin x}{x}\right| \leqslant 1$.

② 因为 $y=0$ 不属于无穷积分 $\int_0^{-\infty} \mathrm{e}^{-yx}\sin x\mathrm{d}x$ 的一致收敛区间,所以在(9)式中不能直接令 $y=0$.

上式等号右端方括号内第一个积分作替换 $x = n\pi - t, \mathrm{d}x = -\mathrm{d}t$;第二个积分作替换 $x = n\pi + t, \mathrm{d}x = \mathrm{d}t$,有

$$\int_{(2n-1)\frac{\pi}{2}}^{2n\cdot\frac{\pi}{2}} \frac{\sin x}{x}\mathrm{d}x = \int_{\frac{\pi}{2}}^{0} \frac{\sin(n\pi - t)}{n\pi - t}(-\mathrm{d}t)$$

$$= \int_{0}^{\frac{\pi}{2}} (-1)^{n-1} \frac{\sin t}{n\pi - t}\mathrm{d}t = \int_{0}^{\frac{\pi}{2}} (-1)^{n} \frac{\sin t}{t - n\pi}\mathrm{d}t,$$

$$\int_{2n\cdot\frac{\pi}{2}}^{(2n+1)\frac{\pi}{2}} \frac{\sin x}{x}\mathrm{d}x = \int_{0}^{\frac{\pi}{2}} \frac{\sin(n\pi + t)}{n\pi + t}\mathrm{d}t = \int_{0}^{\frac{\pi}{2}} (-1)^{n} \frac{\sin t}{t + n\pi}\mathrm{d}t.$$

于是,

$$J = \int_{0}^{\frac{\pi}{2}} \frac{\sin t}{t}\mathrm{d}t + \sum_{n=1}^{\infty} \int_{0}^{\frac{\pi}{2}} (-1)^{n}\left(\frac{1}{t + n\pi} + \frac{1}{t - n\pi}\right)\sin t\,\mathrm{d}t.$$

因为级数 $\displaystyle\sum_{n=1}^{\infty} (-1)^{n}\left(\frac{1}{t + n\pi} + \frac{1}{t - n\pi}\right)\sin t$ 在区间 $\left[0, \dfrac{\pi}{2}\right]$ 上,有

$$\sum_{n=1}^{\infty} \left| (-1)^{n}\left(\frac{1}{t + n\pi} + \frac{1}{t - n\pi}\right)\sin t \right|$$

$$\leqslant \sum_{n=1}^{\infty} \left| \frac{2t}{t^2 - n^2\pi^2} \right| \leqslant \sum_{n=1}^{\infty} \frac{2\cdot\dfrac{\pi}{2}}{\pi^2\left(n^2 - \dfrac{t^2}{\pi^2}\right)} \leqslant \frac{1}{\pi}\sum_{n=1}^{\infty} \frac{1}{n^2 - \dfrac{1}{4}},$$

而优级数 $\dfrac{1}{\pi}\displaystyle\sum_{n=1}^{\infty} \dfrac{1}{n^2 - \dfrac{1}{4}}$ 收敛,所以级数

$$\sum_{n=1}^{\infty} (-1)^{n}\left(\frac{1}{t + n\pi} + \frac{1}{t - n\pi}\right)\sin t$$

在 $\left[0, \dfrac{\pi}{2}\right]$ 上一致收敛.于是,积分号与无穷和号可以交换次序,有

$$J = \int_{0}^{\frac{\pi}{2}} \sin t\left[\frac{1}{t} + \sum_{n=1}^{\infty} (-1)^{n}\left(\frac{1}{t + n\pi} + \frac{1}{t - n\pi}\right)\right]\mathrm{d}t.$$

由 §9.4 例 9 的推论(14)式,有

$$\frac{1}{t} + \sum_{n=1}^{\infty} (-1)^{n}\left(\frac{1}{t + n\pi} + \frac{1}{t - n\pi}\right) = \frac{1}{\sin t},$$

于是

$$J = \int_{0}^{+\infty} \frac{\sin x}{x}\mathrm{d}x$$

$$= \int_{0}^{\frac{\pi}{2}} \sin t\left[\frac{1}{t} + \sum_{n=1}^{\infty} (-1)^{n}\left(\frac{1}{t + n\pi} + \frac{1}{t - n\pi}\right)\right]\mathrm{d}t$$

$$= \int_{0}^{\frac{\pi}{2}} \sin t \cdot \frac{1}{\sin t}\mathrm{d}t = \frac{\pi}{2}.$$

由上述结论不难计算无穷积分 $\displaystyle\int_{0}^{+\infty} \frac{\sin yx}{x}\mathrm{d}x, y \in \mathbf{R}.$

**推论** $y = 0$, 显然有

$$\int_0^{+\infty} \frac{\sin yx}{x} \mathrm{d}x = 0.$$

当 $y \neq 0$, 设 $yx = t$, $\mathrm{d}x = \frac{1}{y}\mathrm{d}t$.

当 $y > 0$ 时, 有

$$\int_0^{+\infty} \frac{\sin yx}{x} \mathrm{d}x = \int_0^{+\infty} \frac{\sin t}{t} \mathrm{d}t = \frac{\pi}{2}.$$

当 $y < 0$ 时, 有

$$\int_0^{+\infty} \frac{\sin yx}{x} \mathrm{d}x = \int_0^{-\infty} \frac{\sin t}{t} \mathrm{d}t = -\int_0^{+\infty} \frac{\sin u}{u} \mathrm{d}u = -\frac{\pi}{2}.$$

于是

$$\int_0^{+\infty} \frac{\sin yx}{x} \mathrm{d}x = \begin{cases} \dfrac{\pi}{2}, & y > 0, \\ 0, & y = 0, \\ -\dfrac{\pi}{2}, & y < 0. \end{cases}$$

由此, 符号函数 $\operatorname{sgn} y$ (见 § 1.1) 可表示为解析式:

$$\operatorname{sgn} y = \frac{2}{\pi} \int_0^{+\infty} \frac{\sin yx}{x} \mathrm{d}x = \begin{cases} 1, & y > 0, \\ 0, & y = 0, \\ -1, & y < 0. \end{cases}$$

**例 13** 计算概率积分

$$J = \int_0^{+\infty} \mathrm{e}^{-x^2} \mathrm{d}x.$$

**解** 已知

$$\mathrm{e}^{-x^2} = \lim_{n \to \infty} \left(1 + \frac{x^2}{n}\right)^{-n}.$$

将欲求的积分写成

$$J = \int_0^{+\infty} \mathrm{e}^{-x^2} \mathrm{d}x = \int_0^{+\infty} \lim_{n \to \infty} \left(1 + \frac{x^2}{n}\right)^{-n} \mathrm{d}x.$$

$\forall A > 0$, 函数 $\left(1 + \dfrac{x^2}{n}\right)^{-n}$ 在 $[0, A]$ 上连续, 当 $n$ 增加时, 函数 $\left(1 + \dfrac{x^2}{n}\right)^{-n}$ 单调减少,

且 $\lim\limits_{n \to \infty} \left(1 + \dfrac{x^2}{n}\right)^{-n} = \mathrm{e}^{-x^2}$ 是连续函数.

$\forall x \in [0, A]$, 有 $0 < \left(1 + \dfrac{x^2}{n}\right)^{-n} \leqslant \dfrac{1}{1+x^2}$, 而 $\int_0^{+\infty} \dfrac{\mathrm{d}x}{1+x^2}$ 收敛, 所以 $\int_0^{+\infty} \left(1 + \dfrac{x^2}{n}\right)^{-n} \mathrm{d}x$

关于 $n$ 一致收敛, 于是积分号与极限可以交换次序, 即

$$J = \int_0^{+\infty} \mathrm{e}^{-x^2} \mathrm{d}x = \int_0^{+\infty} \lim_{n \to \infty} \left(1 + \frac{x^2}{n}\right)^{-n} \mathrm{d}x = \lim_{n \to \infty} \int_0^{+\infty} \frac{\mathrm{d}x}{\left(1 + \dfrac{x^2}{n}\right)^n}.$$

设 $x = \sqrt{n}\,t, \mathrm{d}x = \sqrt{n}\,\mathrm{d}t$, 有

$$J = \lim_{n \to \infty} \sqrt{n} \int_0^{+\infty} \frac{\mathrm{d}t}{(1 + t^2)^n}.$$

再设 $t = \cot y, \mathrm{d}t = -\dfrac{\mathrm{d}y}{\sin^2 y}$, 有

$$J = \lim_{n \to \infty} \sqrt{n} \int_0^{\frac{\pi}{2}} \sin^{2n-2} y \, \mathrm{d}y.$$

由 §8.4 例 7, 有

$$J = \lim_{n \to \infty} \sqrt{n} \, \frac{(2n - 3)!!}{(2n - 2)!!} \cdot \frac{\pi}{2}.$$

已知沃利斯公式

$$\lim_{n \to \infty} \frac{[(2n - 2)!!]^2}{[(2n - 3)!!]^2} \cdot \frac{1}{2n + 1} = \frac{\pi}{2}.$$

将此公式分子、分母上下调换位置, 再在等式两端开平方, 有

$$\lim_{n \to \infty} \frac{(2n - 3)!!}{(2n - 2)!!} \sqrt{2n + 1} = \sqrt{\frac{2}{\pi}} = \frac{\sqrt{2}}{\sqrt{\pi}}.$$

于是,

$$J = \int_0^{+\infty} \mathrm{e}^{-x^2} \mathrm{d}x = \lim_{n \to \infty} \frac{(2n - 3)!!}{(2n - 2)!!} \sqrt{n} \cdot \frac{\pi}{2}$$

$$= \lim_{n \to \infty} \frac{(2n - 3)!!}{(2n - 2)!!} \sqrt{2n + 1} \cdot \frac{\sqrt{n}}{\sqrt{2n + 1}} \cdot \frac{\pi}{2}$$

$$= \frac{\sqrt{2}}{\sqrt{\pi}} \cdot \frac{1}{\sqrt{2}} \cdot \frac{\pi}{2} = \frac{\sqrt{\pi}}{2}.$$

即

$$J = \int_0^{+\infty} \mathrm{e}^{-x^2} \mathrm{d}x = \frac{\sqrt{\pi}}{2}.$$

**例 14** 计算欧拉积分

$$I = \int_0^{+\infty} \frac{x^{a-1}}{1 + x} \mathrm{d}x.$$

**解** 在 §12.2 的例 9, 已知当 $0 < a < 1$ 时它收敛.

这是无穷积分, 0 又是瑕点, 将它分成两部分, 即

$$I = \int_0^{+\infty} \frac{x^{a-1}}{1 + x} \mathrm{d}x = \int_0^1 \frac{x^{a-1}}{1 + x} \mathrm{d}x + \int_1^{+\infty} \frac{x^{a-1}}{1 + x} \mathrm{d}x = I_1 + I_2.$$

其中

$$I_1 = \int_0^1 \frac{x^{a-1}}{1 + x} \mathrm{d}x, \quad I_2 = \int_1^{+\infty} \frac{x^{a-1}}{1 + x} \mathrm{d}x.$$

下面分别计算 $I_1$ 和 $I_2$. 首先计算 $I_1$, 已知

$$\frac{x^{a-1}}{1 + x} = \sum_{n=0}^{\infty} (-1)^n x^{a+n-1}, \quad 0 < x < 1.$$

上式右端的级数当 $0 < x < \delta(< 1)$ 时一致收敛,故可逐项积分,即

$$\int_0^\delta \frac{x^{a-1}}{1+x}\mathrm{d}x = \sum_{n=0}^\infty (-1)^n \int_0^\delta x^{a+n-1}\mathrm{d}x = \sum_{n=0}^\infty (-1)^n \frac{\delta^{a+n}}{a+n}.$$

上式右端级数在 $[0,1]$ 上一致收敛(由阿贝尔一致收敛判别法),当 $\delta = 1$ 时,左连续.于是,有

$$\lim_{\delta \to 1^-} \int_0^\delta \frac{x^{a-1}}{1+x}\mathrm{d}x = \lim_{\delta \to 1^-} \sum_{n=0}^\infty (-1)^n \frac{\delta^{a+n}}{a+n} = \sum_{n=0}^\infty (-1)^n \lim_{\delta \to 1^-} \frac{\delta^{a+n}}{a+n} = \sum_{n=0}^\infty \frac{(-1)^n}{a+n}.$$

于是,

$$I_1 = \int_0^1 \frac{x^{a-1}}{1+x}\mathrm{d}x = \sum_{n=0}^\infty \frac{(-1)^n}{a+n} = \frac{1}{a} + \sum_{n=1}^\infty \frac{(-1)^n}{a+n}.$$

再计算 $I_2$. 设 $x = \dfrac{1}{y}, \mathrm{d}x = -\dfrac{1}{y^2}\mathrm{d}y$,有

$$I_2 = \int_1^0 \frac{\left(\dfrac{1}{y}\right)^{a-1}}{1+\dfrac{1}{y}}\left(-\frac{1}{y^2}\right)\mathrm{d}y = \int_0^1 \frac{y^{-a}}{1+y}\mathrm{d}y = \int_0^1 \frac{y^{(1-a)-1}}{1+y}\mathrm{d}y.$$

应用计算 $I_1$ 的同样方法,可得

$$I_2 = \int_1^{+\infty} \frac{x^{a-1}}{1+x}\mathrm{d}x = \int_0^1 \frac{y^{(1-a)-1}}{1+y}\mathrm{d}y = \sum_{n=0}^\infty \frac{(-1)^n}{(1-a)+n}$$

$$= \sum_{n=1}^\infty \frac{(-1)^{n-1}}{(1-a)+(n-1)} = \sum_{n=1}^\infty \frac{(-1)^{n-1}}{n-a} = \sum_{n=1}^\infty \frac{(-1)^n}{a-n}.$$

于是,

$$I = I_1 + I_2 = \frac{1}{a} + \sum_{n=1}^\infty \frac{(-1)^n}{a+n} + \sum_{n=1}^\infty \frac{(-1)^n}{a-n}$$

$$= \frac{1}{a} + \sum_{n=1}^\infty (-1)^n \left(\frac{1}{a+n} + \frac{1}{a-n}\right).$$

再由 §9.4 例 9 的推论 (13) 式,有

$$\frac{1}{a} + \sum_{n=1}^\infty (-1)^n \left(\frac{1}{a+n} + \frac{1}{a-n}\right) = \frac{\pi}{\sin a\pi}.$$

于是,

$$I = \int_0^{+\infty} \frac{x^{a-1}}{1+x}\mathrm{d}x = \frac{1}{a} + \sum_{n=1}^\infty (-1)^n \left(\frac{1}{a+n} + \frac{1}{a-n}\right) = \frac{\pi}{\sin a\pi}.$$

## 五、$\Gamma$ 函数与 B 函数

$\Gamma$ 函数与 B 函数是两个含参变量的反常积分所定义的非初等函数,它们在数学、物理中有广泛的应用.

### (一)$\Gamma$ 函数

函数 $\Gamma(\alpha) = \displaystyle\int_0^{+\infty} x^{\alpha-1}\mathrm{e}^{-x}\mathrm{d}x$ 称为 **$\Gamma$ 函数**(伽马函数).

已知函数 $\Gamma(\alpha)$ 的定义域是区间 $(0, +\infty)$(见 §12.2 例 7).下面讨论 $\Gamma$ 函数的两个

性质.

1. $\Gamma$ 函数在区间 $(0,+\infty)$ 连续.

事实上,

$$\Gamma(\alpha) = \int_0^{+\infty} x^{\alpha-1} e^{-x} dx = \int_0^1 x^{\alpha-1} e^{-x} dx + \int_1^{+\infty} x^{\alpha-1} e^{-x} dx.$$

$\forall \alpha \in (0,+\infty)$, $\exists \alpha_1$ 与 $\alpha_2$, 使

$$0 < \alpha_1 \leqslant \alpha \leqslant \alpha_2.$$

$\forall x \in (0,1]$, 有

$$x^{\alpha-1} e^{-x} \leqslant x^{\alpha_1-1} e^{-x}.$$

$\forall x \in [1,+\infty)$, 有

$$x^{\alpha-1} e^{-x} \leqslant x^{\alpha_2-1} e^{-x}.$$

已知瑕积分 $\int_0^1 x^{\alpha_1-1} e^{-x} dx$ 与无穷积分 $\int_1^{+\infty} x^{\alpha_2-1} e^{-x} dx$ 都收敛, 则无穷积分 $\int_0^{+\infty} x^{\alpha-1} e^{-x} dx$ 在区间 $[\alpha_1, \alpha_2]$ 一致收敛. 而被积函数 $x^{\alpha-1} e^{-x}$ 在区域 $D(0 < x < +\infty, \alpha_1 \leqslant \alpha \leqslant \alpha_2)$ 连续, 根据定理 9, $\Gamma$ 函数在区间 $[\alpha_1, \alpha_2]$ 连续. 于是, $\Gamma$ 函数在点 $\alpha$ 连续. 因为 $\alpha$ 是区间 $(0,+\infty)$ 任意一点, 所以 $\Gamma$ 函数在区间 $(0,+\infty)$ 连续.

2. 递推公式: $\forall \alpha > 0$, 有 $\Gamma(\alpha+1) = \alpha \Gamma(\alpha)$.

事实上, 由分部积分公式, $\forall \alpha > 0$, 有

$$\Gamma(\alpha+1) = \int_0^{+\infty} x^{\alpha} e^{-x} dx = \int_0^{+\infty} x^{\alpha} d(-e^{-x}) = -x^{\alpha} e^{-x} \Big|_0^{+\infty} + \alpha \int_0^{+\infty} x^{\alpha-1} e^{-x} dx = \alpha \Gamma(\alpha).$$

设 $n < \alpha \leqslant n+1, n \in \mathbf{N}_+$, 逐次应用递推公式, 有

$$\Gamma(\alpha+1) = \alpha \Gamma(\alpha) = \alpha(\alpha-1) \Gamma(\alpha-1) = \cdots = \alpha(\alpha-1) \cdots (\alpha-n) \Gamma(\alpha-n).$$

而 $0 < \alpha - n \leqslant 1$. 由此可见, 只要知道 $\Gamma$ 函数在区间 $(0,1]$ 的函数值, 由递推公式就能计算出任意正数 $\alpha$ 的函数值 $\Gamma(\alpha)$.

特别地, $\alpha = n, n \in \mathbf{N}_+$, 有

$$\Gamma(n+1) = n \Gamma(n) = n(n-1) \Gamma(n-1) = \cdots = n \cdot (n-1) \cdots 2 \cdot 1 \cdot \Gamma(1).$$

而 $\Gamma(1) = \int_0^{+\infty} e^{-x} dx = 1$, 即

$$\Gamma(n+1) = n! = \int_0^{+\infty} x^n e^{-x} dx.$$

这是 $n!$ 的一个分析表达式. $\Gamma$ 函数就是 $n!$ 的自然推广, 后者只对自然数有定义, 现在推广到自变量是任何正数范围.

(二) B 函数

函数 $B(p,q) = \int_0^1 x^{p-1} (1-x)^{q-1} dx$ 称为 B **函数**(贝塔函数).

已知 $B(p,q)$ 的定义域是区域 $D(0 < p < +\infty, 0 < q < +\infty)$ (见 §12.2 例 8). 下面讨论 $B(p,q)$ 的五个性质:

1. 对称性: $B(p,q) = B(q,p)$.

事实上, 设 $x = 1-t, dx = -dt$, 有

$$B(p,q) = \int_0^1 x^{p-1} (1-x)^{q-1} dx = -\int_1^0 (1-t)^{p-1} t^{q-1} dt$$

$$= \int_0^1 t^{q-1}(1-t)^{p-1}\mathrm{d}t = \mathrm{B}(q,p).$$

2. 递推公式：$\forall p>0, q>1$，有 $\mathrm{B}(p,q) = \dfrac{q-1}{p+q-1}\mathrm{B}(p,q-1)$.

事实上，由分部积分公式，$\forall p>0, q>1$，有

$$\mathrm{B}(p,q) = \int_0^1 x^{p-1}(1-x)^{q-1}\mathrm{d}x = \int_0^1 (1-x)^{q-1}\mathrm{d}\left(\frac{x^p}{p}\right)$$

$$= \frac{x^p}{p}(1-x)^{q-1}\Big|_0^1 + \frac{q-1}{p}\int_0^1 x^p(1-x)^{q-2}\mathrm{d}x$$

$$= \frac{q-1}{p}\int_0^1 \left[x^{p-1} - x^{p-1}(1-x)\right](1-x)^{q-2}\mathrm{d}x$$

$$= \frac{q-1}{p}\int_0^1 x^{p-1}(1-x)^{q-2}\mathrm{d}x - \frac{q-1}{p}\int_0^1 x^{p-1}(1-x)^{q-1}\mathrm{d}x$$

$$= \frac{q-1}{p}\mathrm{B}(p,q-1) - \frac{q-1}{p}\mathrm{B}(p,q),$$

即 $\mathrm{B}(p,q) = \dfrac{q-1}{p+q-1}\mathrm{B}(p,q-1)$.

由对称性，$\forall p>1, q>0$，又有

$$\mathrm{B}(p,q) = \frac{p-1}{p+q-1}\mathrm{B}(p-1,q).$$

特别地，$q=n, n\in \mathbf{N}_+$，逐次应用递推公式，有

$$\mathrm{B}(p,n) = \frac{n-1}{p+n-1}\mathrm{B}(p,n-1) = \frac{(n-1)(n-2)}{(p+n-1)(p+n-2)}\mathrm{B}(p,n-2)$$

$$= \cdots = \frac{(n-1)\cdot(n-2)\cdots 2\cdot 1}{(p+n-1)(p+n-2)\cdots(p+1)}\mathrm{B}(p,1).$$

而 $\mathrm{B}(p,1) = \displaystyle\int_0^1 x^{p-1}\mathrm{d}x = \dfrac{1}{p}$，即

$$\mathrm{B}(p,n) = \frac{(n-1)!}{p(p+1)\cdots(p+n-1)}.$$

当 $p=m, q=n (m,n\in\mathbf{N}_+)$ 时，有

$$\mathrm{B}(m,n) = \frac{(n-1)!}{m(m+1)\cdots(m+n-1)} = \frac{(n-1)!\,(m-1)!}{(m+n-1)!}$$

或

$$\mathrm{B}(m,n) = \frac{\Gamma(m)\Gamma(n)}{\Gamma(m+n)}.$$

这个公式表明，尽管 B 函数与 Γ 函数的定义在形式上没有关系，但它们之间却有着内在的联系. 这个公式可推广为 $\forall p>0, q>0$，有

$$\mathrm{B}(p,q) = \frac{\Gamma(p)\Gamma(q)}{\Gamma(p+q)}. \tag{10}$$

证明从略.

3. $\forall p>0, q>0, \mathrm{B}(p,q)=2\displaystyle\int_0^{\frac{\pi}{2}}\cos^{2p-1}\varphi\sin^{2q-1}\varphi\mathrm{d}\varphi$.

事实上, 设 $x=\cos^2\varphi, \mathrm{d}x=-2\sin\varphi\cos\varphi\mathrm{d}\varphi$, 有

$$\begin{aligned}
\mathrm{B}(p,q) &= \int_0^1 x^{p-1}(1-x)^{q-1}\mathrm{d}x \\
&= \int_{\frac{\pi}{2}}^0 (\cos^2\varphi)^{p-1}(\sin^2\varphi)^{q-1}(-2\sin\varphi\cos\varphi)\mathrm{d}\varphi \\
&= 2\int_0^{\frac{\pi}{2}}\cos^{2p-1}\varphi\sin^{2q-1}\varphi\mathrm{d}\varphi.
\end{aligned} \tag{11}$$

由公式(11), 有下面几个简单公式: $\forall p>0, q>0$, 有

$$\int_0^{\frac{\pi}{2}}\cos^{2p-1}\varphi\sin^{2q-1}\varphi\mathrm{d}\varphi=\frac{1}{2}\mathrm{B}(p,q)=\frac{\Gamma(p)\Gamma(q)}{2\Gamma(p+q)}. \tag{12}$$

在公式(12)中, 令 $q=\dfrac{n+1}{2}$ 与 $p=\dfrac{1}{2}$. $\forall n>-1$, 有

$$\int_0^{\frac{\pi}{2}}\sin^n\varphi\mathrm{d}\varphi=\frac{\Gamma\left(\dfrac{n+1}{2}\right)\Gamma\left(\dfrac{1}{2}\right)}{2\Gamma\left(\dfrac{n}{2}+1\right)}. \tag{13}$$

在公式(13)中, 令 $n=0$, 有

$$\int_0^{\frac{\pi}{2}}\mathrm{d}\varphi=\frac{\Gamma\left(\dfrac{1}{2}\right)\Gamma\left(\dfrac{1}{2}\right)}{2\Gamma(1)}=\frac{1}{2}\left[\Gamma\left(\frac{1}{2}\right)\right]^2,$$

或 $\left[\Gamma\left(\dfrac{1}{2}\right)\right]^2=\pi$, 即

$$\Gamma\left(\frac{1}{2}\right)=\sqrt{\pi}.$$

4. 证明**勒让德公式**: $\forall a>0$, 有

$$\Gamma(a)\Gamma\left(a+\frac{1}{2}\right)=\frac{\sqrt{\pi}}{2^{2a-1}}\Gamma(2a).$$

**证明**　$\mathrm{B}(a,a)=\displaystyle\int_0^1 x^{a-1}(1-x)^{a-1}\mathrm{d}x=\int_0^1[x(1-x)]^{a-1}\mathrm{d}x$

$$=\int_0^{\frac{1}{2}}[x(1-x)]^{a-1}\mathrm{d}x+\int_{\frac{1}{2}}^1[x(1-x)]^{a-1}\mathrm{d}x.$$

对等号右端第二个积分作变换. 设 $x=1-t, \mathrm{d}x=-\mathrm{d}t$, 有

$$\int_{\frac{1}{2}}^1[x(1-x)]^{a-1}\mathrm{d}x=-\int_{\frac{1}{2}}^0[t(1-t)]^{a-1}\mathrm{d}t=\int_0^{\frac{1}{2}}[x(1-x)]^{a-1}\mathrm{d}x.$$

$$\mathrm{B}(a,a)=2\int_0^{\frac{1}{2}}[x(1-x)]^{a-1}\mathrm{d}x=2\int_0^{\frac{1}{2}}\left[\frac{1}{4}-\left(\frac{1}{2}-x\right)^2\right]^{a-1}\mathrm{d}x.$$

设 $\dfrac{1}{2}-x=\dfrac{1}{2}\sqrt{u}, \mathrm{d}x=-\dfrac{\mathrm{d}u}{4\sqrt{u}}$, 有

$$B(a,a) = \frac{1}{2^{2a-1}} \int_0^1 u^{-\frac{1}{2}} (1-u)^{a-1} dt = \frac{1}{2^{2a-1}} B\left(\frac{1}{2}, a\right).$$

由公式(10),有

$$\frac{\Gamma(a)\Gamma(a)}{\Gamma(2a)} = \frac{1}{2^{2a-1}} \frac{\Gamma\left(\frac{1}{2}\right)\Gamma(a)}{\Gamma\left(a+\frac{1}{2}\right)}.$$

已知 $\Gamma\left(\frac{1}{2}\right) = \sqrt{\pi}$, 即

$$\Gamma(a)\Gamma\left(a+\frac{1}{2}\right) = \frac{\sqrt{\pi}}{2^{2a-1}} \Gamma(2a).$$

特别地,令 $a = \frac{1}{4}$, 有

$$\Gamma\left(\frac{1}{4}\right)\Gamma\left(\frac{3}{4}\right) = \frac{\sqrt{\pi}}{2^{\frac{1}{2}-1}} \Gamma\left(\frac{1}{2}\right) = \sqrt{2}\,\pi.$$

5. **余元公式**:设 $0 < a < 1$, 则

$$\Gamma(a)\Gamma(1-a) = \frac{\pi}{\sin \pi a}.$$

**证明** 已知 B 函数

$$B(a,b) = \int_0^1 x^{a-1}(1-x)^{b-1} dx, \quad a > 0, b > 0.$$

设 $x = \frac{y}{1+y}$, $dx = \frac{dy}{(1+y)^2}$. $x = 0$ 时, $y = 0$; $x = 1$ 时, $y = +\infty$. 于是

$$B(a,b) = \int_0^{+\infty} \frac{y^{a-1}}{(1+y)^{a+b}} dy.$$

再令 $b = 1-a(0 < a < 1)$, 有

$$B(a, 1-a) = \int_0^{+\infty} \frac{y^{a-1}}{1+y} dy.$$

由 B 函数与 Γ 函数的关系,有

$$B(a, 1-a) = \Gamma(a)\Gamma(1-a),$$

即

$$\Gamma(a)\Gamma(1-a) = \int_0^{+\infty} \frac{y^{a-1}}{1+y} dy.$$

再由 §12.3 例 14, 有

$$\Gamma(a)\Gamma(1-a) = \int_0^{+\infty} \frac{y^{a-1}}{1+y} dy = \frac{\pi}{\sin \pi a}, \quad 0 < a < 1.$$

这就是余元公式.

特别地,当 $a = \frac{1}{2}$ 时,可求得

$$\Gamma\left(\frac{1}{2}\right) = \sqrt{\pi} \quad \text{或} \quad \Gamma\left(\frac{1}{2}\right) = \int_0^{+\infty} \frac{\mathrm{e}^{-z}}{\sqrt{z}} \mathrm{d}z = \sqrt{\pi}.$$

再设 $z = x^2$，我们又重新得到了已知的概率积分，

$$\int_0^{+\infty} \mathrm{e}^{-x^2} \mathrm{d}x = \frac{\sqrt{\pi}}{2}.$$

## 六、例（Ⅲ）

**例 15**　计算概率积分 $\displaystyle\int_0^{+\infty} \mathrm{e}^{-x^2} \mathrm{d}x$ 与 $\displaystyle\int_{-\infty}^{+\infty} \mathrm{e}^{-x^2} \mathrm{d}x$.

**解**　设 $x^2 = t, \mathrm{d}x = \dfrac{\mathrm{d}t}{2\sqrt{t}}$，有

$$\int_0^{+\infty} \mathrm{e}^{-x^2} \mathrm{d}x = \frac{1}{2} \int_0^{+\infty} t^{-\frac{1}{2}} \mathrm{e}^{-t} \mathrm{d}t = \frac{1}{2} \Gamma\left(\frac{1}{2}\right) = \frac{\sqrt{\pi}}{2}.$$

因为函数 $f(x) = \mathrm{e}^{-x^2}$ 是偶函数，所以有

$$\int_{-\infty}^{+\infty} \mathrm{e}^{-x^2} \mathrm{d}x = 2 \int_0^{+\infty} \mathrm{e}^{-x^2} \mathrm{d}x = \sqrt{\pi}.$$

**例 16**　计算 $\displaystyle\int_0^{+\infty} \frac{x^{p-1}}{(1+x)^{p+q}} \mathrm{d}x, p>0, q>0.$

**解**　设 $\dfrac{1}{1+x} = t, \mathrm{d}x = -\dfrac{1}{t^2} \mathrm{d}t$，有

$$\int_0^{+\infty} \frac{x^{p-1}}{(1+x)^{p+q}} \mathrm{d}x = -\int_1^0 \left(\frac{1-t}{t}\right)^{p-1} \cdot t^{p+q} \cdot \frac{1}{t^2} \mathrm{d}t = \int_0^1 t^{q-1} (1-t)^{p-1} \mathrm{d}t = \mathrm{B}(q, p).$$

**例 17**　证明：若 $\alpha>0, \beta>0, b>a$，有

$$\int_a^b (x-a)^{\alpha-1} (b-x)^{\beta-1} \mathrm{d}x = \frac{\Gamma(\alpha)\Gamma(\beta)}{\Gamma(\alpha+\beta)} (b-a)^{\alpha+\beta-1}.$$

**证明**　设 $u = \dfrac{x-a}{b-a}, x-a = (b-a)u, b-x = (b-a)(1-u), \mathrm{d}x = (b-a)\mathrm{d}u$，有

$$\int_a^b (x-a)^{\alpha-1} (b-x)^{\beta-1} \mathrm{d}x$$

$$= \int_0^1 [(b-a)u]^{\alpha-1} [(b-a)(1-u)]^{\beta-1} (b-a) \mathrm{d}u$$

$$= (b-a)^{\alpha+\beta-1} \int_0^1 u^{\alpha-1} (1-u)^{\beta-1} \mathrm{d}u$$

$$= (b-a)^{\alpha+\beta-1} \mathrm{B}(\alpha, \beta)$$

$$= (b-a)^{\alpha+\beta-1} \frac{\Gamma(\alpha)\Gamma(\beta)}{\Gamma(\alpha+\beta)}.$$

**例 18**　计算积分

$$\int_0^\pi \frac{\mathrm{d}\theta}{\sqrt{3-\cos\theta}}.$$

**解**　计算这个积分当然可用万能换元，但是很繁，用欧拉积分比较简单. 设 $\cos\theta =$

$1-2\sqrt{x}$ 或 $\theta = \arccos(1-2\sqrt{x})$.

$$d\theta = -\frac{-2}{\sqrt{1-(1-2\sqrt{x})^2}} \cdot \frac{dx}{2\sqrt{x}} = \frac{dx}{2\sqrt{\sqrt{x}-x}\sqrt{x}}$$

$$= \frac{1}{2\sqrt{\sqrt{x}(1-\sqrt{x})}} \cdot \frac{dx}{\sqrt{x}} = \frac{dx}{2x^{\frac{3}{4}}\sqrt{1-\sqrt{x}}}.$$

$$3-\cos\theta = 3-(1-2\sqrt{x}) = 2(1+\sqrt{x}).$$

当 $\theta = 0$ 时, $x = 0$; 当 $\theta = \pi$ 时, $x = 1$, 有

$$\int_0^\pi \frac{d\theta}{\sqrt{3-\cos\theta}} = \int_0^1 \frac{dx}{\sqrt{2(1+\sqrt{x})} \cdot 2x^{\frac{3}{4}}\sqrt{1-\sqrt{x}}}$$

$$= \int_0^1 \frac{dx}{2\sqrt{2}x^{\frac{3}{4}}(1-x)^{\frac{1}{2}}} = \frac{1}{2\sqrt{2}}\int_0^1 x^{-\frac{3}{4}}(1-x)^{-\frac{1}{2}}dx$$

$$= \frac{1}{2\sqrt{2}}B\left(\frac{1}{4}, \frac{1}{2}\right) = \frac{1}{2\sqrt{2}}\frac{\Gamma\left(\frac{1}{4}\right)\Gamma\left(\frac{1}{2}\right)}{\Gamma\left(\frac{1}{4}+\frac{1}{2}\right)}$$

$$= \frac{1}{2\sqrt{2}}\frac{\Gamma\left(\frac{1}{4}\right)\Gamma\left(\frac{1}{2}\right)}{\Gamma\left(\frac{3}{4}\right)}.$$

已知 $\Gamma\left(\frac{1}{2}\right) = \sqrt{\pi}$, 由勒让德公式或余元公式, 有

$$\Gamma\left(\frac{3}{4}\right) = \frac{\sqrt{2}\pi}{\Gamma\left(\frac{1}{4}\right)}.$$

于是,

$$\int_0^\pi \frac{d\theta}{\sqrt{3-\cos\theta}} = \frac{1}{2\sqrt{2}}\frac{\Gamma\left(\frac{1}{4}\right)\sqrt{\pi}}{\frac{\sqrt{2}\pi}{\Gamma\left(\frac{1}{4}\right)}} = \frac{1}{4\sqrt{\pi}}\Gamma^2\left(\frac{1}{4}\right).$$

**例 19**  计算积分

$$\int_0^{\frac{\pi}{2}} \sin^\alpha x \cos^\beta x\, dx, \quad \alpha > -1, \beta > -1.$$

**解**  作变换, 设 $t = \sin^2 x$, $dt = 2\sin x\cos x\, dx$, 有

$$\int_0^{\frac{\pi}{2}} \sin^\alpha x \cos^\beta x\, dx$$

$$= \frac{1}{2}\int_0^1 t^{\frac{\alpha-1}{2}}(1-t)^{\frac{\beta-1}{2}}dt = \frac{1}{2}B\left(\frac{\alpha-1}{2}+1, \frac{\beta-1}{2}+1\right)$$

$$= \frac{1}{2} \mathrm{B} \left( \frac{\alpha + 1}{2}, \frac{\beta + 1}{2} \right) = \frac{1}{2} \frac{\Gamma \left( \frac{\alpha + 1}{2} \right) \Gamma \left( \frac{\beta + 1}{2} \right)}{\Gamma \left( \frac{\alpha + \beta}{2} + 1 \right)}.$$

**例 20** 计算由曲线 $|x|^n + |y|^n = a^n (a, n > 0)$ 所围成区域的面积.

**解** 这个封闭的图形关于 $x$ 轴、$y$ 轴都对称.因此这个图形围成区域的面积 $A$ 应为其第一象限那部分面积的四倍.在第一象限曲线方程是

$$y = \sqrt[n]{a^n - x^n}.$$

于是,面积 $A = 4 \int_0^a \sqrt[n]{a^n - x^n} \, dx$.

作变换,设 $x = at$,$x = 0$ 时,$t = 0$;$x = a$ 时,$t = 1$,则

$$A = 4a^2 \int_0^1 \sqrt[n]{1 - t^n} \, dt.$$

再设 $t^n = z$,将积分化为欧拉积分:

$$A = \frac{4a^2}{n} \int_0^1 z^{\frac{1}{n} - 1} (1 - z)^{\frac{1}{n}} \, dz = \frac{4a^2}{n} \mathrm{B} \left( \frac{1}{n}, \frac{1}{n} + 1 \right) = \frac{2a^2}{n} \mathrm{B} \left( \frac{1}{n}, \frac{1}{n} \right) = \frac{2a^2}{n} \frac{\Gamma^2 \left( \frac{1}{n} \right)}{\Gamma \left( \frac{2}{n} \right)}.$$

# 练习题 12.3

1. 设有二元函数 $f(x, y) = \mathrm{sgn}(x - y)$,$(x, y) \in \mathbf{R}^2$.证明:一元函数

$$F(y) = \int_0^1 f(x, y) \, dx$$

在 $\mathbf{R}$ 连续,并描绘函数 $F(y)$ 的图像.(提示:分别就 $y < 0$;$0 \leqslant y \leqslant 1$;$y > 1$ 求函数 $F(y)$.)

2. 求下列极限:

1) $\lim\limits_{y \to 0} \int_{-1}^1 \sqrt{x^2 + y^2} \, dx$;　　　　　　　2) $\lim\limits_{y \to 0} \int_0^2 x^2 \cos yx \, dx$;

3) $\lim\limits_{n \to \infty} \int_0^1 \dfrac{dx}{1 + \left( 1 + \dfrac{x}{n} \right)^n}$.

3. 求 $F'(y)$:

1) $F(y) = \int_{-\pi}^{\pi} \dfrac{dx}{(1 + y \sin x)^2}$,$|y| < 1$;　　　2) $F(y) = \int_x^{x^2} e^{-xy^2} \, dx$;

3) $F(y) = \int_{a+y}^{b+y} \dfrac{\sin yx}{x} \, dx$.

4. 设 $F(y) = \int_0^y (y + x) f(x) \, dx$,其中 $f(x)$ 是可微函数,求 $F''(y)$.

5. 设 $F(x) = \int_0^h \left[ \int_0^h f(x + \xi + \eta) \, d\eta \right] d\xi (h > 0)$,其中 $f(x)$ 是连续函数,求 $F''(x)$.

6. 证明:函数 $y(x) = \int_0^x \Phi(t) \sin(x - t) \, dt$ 满足方程

$$y''(x)+y(x)=\varPhi(x), \quad y(0)=0,$$

其中函数 $\varPhi(x)$ 是连续函数.

7. 证明:若函数 $f(x)$ 在区间 $[a,b]$ 连续,则 $\forall x \in [a,b]$,有

$$\int_a^x \left[\int_a^y f(t)\,\mathrm{d}t\right]\,\mathrm{d}y = \int_a^x f(t)(x-t)\,\mathrm{d}t.$$

(提示:等号两端关于 $x$ 求导数.)

8. 证明:若函数 $f(x)$ 在 $[a,A]$ 连续,则 $\forall x \in [a,A]$,有

$$\lim_{h\to 0}\frac{1}{h}\int_a^x [f(t+h)-f(t)]\,\mathrm{d}t = f(x)-f(a).$$

9. 用积分号下可微分,求下列积分:

$$I(a) = \int_0^{\frac{\pi}{2}} \ln(\sin^2 x + a^2\cos^2 x)\,\mathrm{d}x, \quad a>0.$$

10. 证明下列无穷积分在指定区间一致收敛:

1) $\displaystyle\int_0^{+\infty} \mathrm{e}^{-tx}\sin x\,\mathrm{d}x, \qquad a \leqslant t < +\infty \ (a>0)$;

2) $\displaystyle\int_0^{+\infty} \frac{t\cos tx}{x^2+t^3}\,\mathrm{d}x, \qquad 1 \leqslant t \leqslant 10$;

3) $\displaystyle\int_0^{+\infty} \mathrm{e}^{-x^2}\cos tx\,\mathrm{d}x, \qquad t \in \mathbf{R}.$

11. 证明下列无穷积分在指定区间非一致收敛:

1) $\displaystyle\int_0^{+\infty} y\mathrm{e}^{-yx}\,\mathrm{d}x, \qquad 0 \leqslant y \leqslant 1$;

2) $\displaystyle\int_1^{+\infty} \frac{y}{(x+y)^2}\,\mathrm{d}x, \qquad 0 < y < +\infty.$

12. 设 $\forall u \in [\alpha,\beta]$,点 $(b,u)$ 都是 $f(x,u)$ 的瑕点.定义瑕积分 $\displaystyle\int_a^b f(x,u)\,\mathrm{d}x$ 在区间 $[\alpha,\beta]$ 一致收敛,并叙述其非一致收敛;验证瑕积分 $\displaystyle\int_0^1 (1-x)^{u-1}\,\mathrm{d}x$ 在区间 $[a,+\infty)(a>0)$ 一致收敛,在区间 $(0,+\infty)$ 非一致收敛.

13. 证明: $\displaystyle\int_0^{+\infty} \mathrm{e}^{-ax^2}\,\mathrm{d}x = \frac{1}{2}\sqrt{\frac{\pi}{a}}$, $a>0.$(提示:应用例 15.)

14. 应用积分号下可微分,求无穷积分:

$$I(a) = \int_0^{+\infty} \frac{\mathrm{e}^{-x^2}-\mathrm{e}^{-ax^2}}{x}\,\mathrm{d}x, \quad a>0.$$

15. 应用积分号下可积分,求无穷积分:

$$I = \int_0^{+\infty} \frac{\mathrm{e}^{-ax}-\mathrm{e}^{-bx}}{x}\sin x\,\mathrm{d}x, \quad a>0,b>0.$$

$$\left(\text{提示}:\frac{\mathrm{e}^{-ax}-\mathrm{e}^{-bx}}{x} = \int_a^b \mathrm{e}^{-yx}\,\mathrm{d}y.\right)$$

16. 证明:1) $\displaystyle\int_{-\infty}^{+\infty} \mathrm{e}^{-x^4}\,\mathrm{d}x = \frac{1}{2}\Gamma\left(\frac{1}{4}\right)$;

2) $\displaystyle\int_0^{+\infty} x^m\mathrm{e}^{-x^n}\,\mathrm{d}x = \frac{1}{n}\Gamma\left(\frac{m+1}{n}\right)$, $n>0,m>-1.$

17. 用 $\Gamma$ 函数与 $\mathrm{B}$ 函数求下列积分:

1) $\displaystyle\int_0^1 \sqrt{x-x^2}\,\mathrm{d}x$;          2) $\displaystyle\int_0^{+\infty} \frac{x^2}{1+x^4}\,\mathrm{d}x$;

3) $\int_0^{\frac{\pi}{2}} \sin^6 x \cos^4 x \, dx$ ;  　　　　　　　　4) $\int_{-1}^1 (1-x^2)^n \, dx, n \in \mathbf{N}_+$ .

18. 证明:1) $\Gamma\left(n+\dfrac{1}{2}\right) = \dfrac{(2n-1)!!}{2^n}\sqrt{\pi}, n \in \mathbf{N}_+$ ;

2) $\int_0^{\frac{\pi}{2}} \tan^n x \, dx = \dfrac{\pi}{2\cos\dfrac{n\pi}{2}}, \ |\,n\,| < 1$ .

＊　　　＊　　　＊　　　＊　　　＊　　　＊　　　＊　　　＊

19. 证明:椭圆积分 $E(k) = \int_0^{\frac{\pi}{2}} \sqrt{1-k^2\sin^2\varphi} \, d\varphi$ 满足微分方程

$$E''(k) + \frac{1}{k}E'(k) + \frac{E(k)}{1-k^2} = 0, \quad 0 < k < 1.$$

20. 证明:若函数 $f(x)$ 连续,且

$$k(x,y) = \begin{cases} y(1-x), & y<x, \\ x(1-y), & y \geqslant x, \end{cases}$$

则函数 $u(x) = \int_0^1 k(x,y)f(y) \, dy$ 满足微分方程

$$\begin{cases} u''(x) + f(x) = 0, \\ u(0) = 0, u(1) = 0. \end{cases}$$

21. 证明:若函数 $f(x,u)$ 在矩形域 $R(a \leqslant x \leqslant b, \alpha \leqslant u \leqslant \beta)$ 连续,而函数 $a(u)$ 与 $b(u)$ 在区间 $[\alpha,\beta]$ 也连续,且 $\forall u \in [\alpha,\beta]$ ,有

$$a \leqslant a(u) \leqslant b, \quad a \leqslant b(u) \leqslant b,$$

则函数 $\psi(u) = \int_{a(u)}^{b(u)} f(x,u) \, dx$ 在区间 $[\alpha,\beta]$ 连续.

22. 证明定理 8.

23. 证明:$\Gamma$ 函数在区间 $(0,+\infty)$ 存在任意阶连续导数,$n \in \mathbf{N}_+$ ,有

$$\Gamma^{(n)}(\alpha) = \int_0^{+\infty} x^{\alpha-1} e^{-x} (\ln x)^n \, dx.$$

24. 证明:若 $f(t) = \left(\int_0^t e^{-x^2} \, dx\right)^2, g(t) = \int_0^1 \dfrac{e^{-(1+x^2)t^2}}{1+x^2} \, dx$ ,则

$$f'(t) + g'(t) = 0, \quad f(t) + g(t) = \frac{\pi}{4} \quad (t \geqslant 0).$$

由此得到概率积分 $\int_0^{+\infty} e^{-x^2} \, dx = \dfrac{\sqrt{\pi}}{2}.$ $\left($ 提示: $f'(t) = 2\int_0^t e^{-(t^2+x^2)} \, dx = -g'(t).\right)$

 **答疑解惑**

# 第十三章
# 重 积 分

解决许多几何、物理以及其他实际问题,不仅需要一元函数的积分(即定积分),而且还需要各种不同的多元实值函数的积分.后面将看到这些简单实例.一元函数积分的积分域很简单,是数轴上的区间.由于多元函数自变量个数多于一个,积分域形状的不同就有各种不同的多元函数的积分.例如:二元函数在平面有界区域上有二重积分,在平面曲线上有平面曲线积分;三元函数在空间有界体上有三重积分,在空间曲线上有空间曲线积分,在有界曲面上有曲面积分.一般情况,$n$ 元函数就有 $n$ 重积分,等等.

尽管多元函数的积分有多种,但是定义这些多元函数积分的方法与步骤和定义定积分的方法与步骤是相同的,都是按照分割(分法)、代替、作和与取极限步骤定义的,而且对每种多元函数积分所讨论的问题与定积分所讨论的问题也基本相同.因此,本章摘其要者予以证明,有的述而不证,有的从略.

## §13.1  二重积分

### 一、曲顶柱体的体积

设一个立体,它的下面是坐标平面上可求面积的有界闭区域 $R$,①它的上面是定义在 $R$ 上的正值连续函数 $z=f(x,y)$ 所表示的曲面,它的侧面是以 $R$ 的边界为准线与 $z$ 轴平行的柱面,这样的立体称为**曲顶柱体**,如图 13.1.

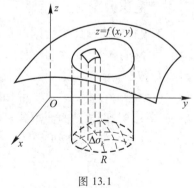

图 13.1

何谓曲顶柱体的体积? 为了定义曲顶柱体的体积,首先用任意曲线把区域 $R$ 分成 $n$ 个小区域:

$$R_1,R_2,\cdots,R_n.$$

设 $R_k$ 的面积是 $\Delta\sigma_k$.将这个分法记为 $T$.通过 $R_k$ ($k=1,2,\cdots,n$)的边界作平行于 $z$ 轴的柱面.于是,分法 $T$ 将原曲顶柱体分成了以 $R_k$ 为底的 $n$ 个小曲顶柱体.这 $n$ 个小曲顶柱体的体积之和就是原曲顶柱体的体积.由于函数 $z=f(x,y)$ 的连续性,当小区域 $R_k$ 很小时,每个小曲顶柱体的体积可

---

① 本书所说的有界区域都是可求面积的,下同.

近似地看成平顶柱体(即柱体)的体积.

在每个小区域 $R_k$ 上任取一点 $P_k(\xi_k,\eta_k)$,则以 $R_k$ 为底(其面积是 $\Delta\sigma_k$)、以 $f(\xi_k,\eta_k)$ 为高的平顶柱体的体积

$$f(\xi_k,\eta_k)\Delta\sigma_k$$

应是第 $k$ 个小曲顶柱体体积的近似值.于是,和数

$$\sum_{k=1}^{n}f(\xi_k,\eta_k)\Delta\sigma_k$$

应是原曲顶柱体体积的近似值.显然,对区域 $R$ 的分法 $T$ 越来越细时,和数应该越来越趋近于原曲顶柱体的体积.

分法 $T$ 的 $n$ 个小区域:$R_1,R_2,\cdots,R_n$ 的直径分别是 $d(R_1),d(R_2),\cdots,d(R_n)$.设

$$\|T\|=\max\{d(R_1),d(R_2),\cdots,d(R_n)\}.$$

所谓对区域 $R$ 的分法 $T$ 越来越细就是指对区域 $R$ 逐次分下去,使 $\|T\|\to0$.不难看到,当 $\|T\|\to0$ 时,就一个小区域 $R_k$ 来说,不仅它的面积越来越小,而且无限地向一点收缩.于是,当 $\|T\|\to0$ 时,和数 $\sum_{k=1}^{n}f(\xi_k,\eta_k)\Delta\sigma_k$ 的极限就应该是原曲顶柱体的体积,因为曲顶柱体的体积是唯一的,所以体积不能由于分法 $T$ 的不同及点 $P_k(\xi_k,\eta_k)$ 的取法不同而变化.

若当 $\|T\|\to0$ 时,$n$ 个平顶柱体的体积之和 $\sum_{k=1}^{n}f(\xi_k,\eta_k)\Delta\sigma_k$ 存在极限,设极限是 $V$,即

$$\lim_{\|T\|\to0}\sum_{k=1}^{n}f(\xi_k,\eta_k)\Delta\sigma_k=V, \tag{1}$$

则称 $V$ 是**曲顶柱体的体积**.

曲顶柱体的体积定义原则上给出了计算曲顶柱体体积的方法.但是,按照定义计算曲顶柱体的体积要进行复杂的运算,下面将会介绍简便的计算方法.

## 二、二重积分概念

不仅计算曲顶柱体的体积要用到(1)式的极限,凡是计算平面有界闭区域上不均匀量的总和,例如,非均匀薄片的质量,曲面的面积,等等,都要用到形如(1)式的极限.因此有必要抽象地讨论(1)式的极限.

设二元函数 $f(x,y)$ 在有界闭区域 $R$ 有定义.用任意分法 $T$ 将 $R$ 分成 $n$ 个小区域:$R_1,R_2,\cdots,R_n$,设它们的面积分别是 $\Delta\sigma_1,\Delta\sigma_2,\cdots,\Delta\sigma_n$.在小区域 $R_k$ 上任取一点 $P_k(\xi_k,\eta_k)(k=1,2,\cdots,n)$,作和

$$\sum_{k=1}^{n}f(\xi_k,\eta_k)\Delta\sigma_k, \tag{2}$$

称为二元函数 $f(x,y)$ 在区域 $R$ 的**积分和**.

令 $\|T\|=\max\{d(R_1),d(R_2),\cdots,d(R_n)\}$.

**定义** 设二元函数 $f(x,y)$ 在有界闭区域 $R$ 有定义.若当 $\|T\|\to0$ 时,二元函数 $f(x,y)$ 在区域 $R$ 的积分和(2)存在极限 $I$(数 $I$ 与分法 $T$ 无关,也与点 $P_k$ 的取法无关),

记为

$$\lim_{\|T\|\to 0}\sum_{k=1}^{n}f(\xi_k,\eta_k)\Delta\sigma_k=I, \tag{3}$$

即 $\forall\,\varepsilon>0,\exists\,\delta>0,\forall\,T:\|T\|<\delta,\forall\,P_k(\xi_k,\eta_k)\in R_k,k=1,2,\cdots,n,$ 有

$$\left|\sum_{k=1}^{n}f(\xi_k,\eta_k)\Delta\sigma_k-I\right|<\varepsilon, \tag{4}$$

则称函数 $f(x,y)$ 在 $R$ **可积**,$I$ 是二元函数 $f(x,y)$ 在 $R$ 的**二重积分**,记为

$$I=\iint\limits_{R}f(x,y)\,\mathrm{d}\sigma \quad 或 \quad I=\iint\limits_{R}f(x,y)\,\mathrm{d}x\mathrm{d}y,$$

其中 $R$ 称为**积分区域**,$f(x,y)$ 称为**被积函数**,$\mathrm{d}\sigma$ 或 $\mathrm{d}x\mathrm{d}y$ 称为**面积微元**.

由二重积分的定义不难看到,定义在有界闭区域 $R$ 上的以正值连续函数 $f(x,y)$ 为曲顶的曲顶柱体的体积 $V$,就是函数 $f(x,y)$ 在 $R$ 的二重积分,即

$$V=\lim_{\|T\|\to 0}\sum_{k=1}^{n}f(\xi_k,\eta_k)\Delta\sigma_k=\iint\limits_{R}f(x,y)\,\mathrm{d}x\mathrm{d}y.$$

不难证明,函数 $f(x,y)$ 在 $R$ 可积的必要条件是函数 $f(x,y)$ 在 $R$ 有界.

为了进一步讨论函数 $f(x,y)$ 在 $R$ 可积的充分条件,与定积分类似,先引入大和与小和的概念.

如果函数 $f(x,y)$ 在有界闭区域 $R$ 有界.分法 $T$ 将 $R$ 分成 $n$ 个小闭区域:$R_1,R_2,\cdots,R_n$,它们的面积分别是 $\Delta\sigma_1,\Delta\sigma_2,\cdots,\Delta\sigma_n$.设 $M_k$ 与 $m_k$ 分别是函数 $f(x,y)$ 在 $R_k$ 的上确界与下确界,则和数

$$s(T)=\sum_{k=1}^{n}m_k\Delta\sigma_k \quad 与 \quad S(T)=\sum_{k=1}^{n}M_k\Delta\sigma_k$$

分别称为函数 $f(x,y)$ 在 $R$ 关于分法 $T$ 的**小和**与**大和**.二元函数 $f(x,y)$ 在有界闭区域 $R$ 的小和与大和的性质与一元函数 $f(x)$ 在闭区间 $[a,b]$ 的小和与大和的性质完全类似,证法相同,此处从略.

数 $M_k-m_k=\omega_k$ 称为函数 $f(x,y)$ 在 $R_k$ 的**振幅**.于是,有与 §8.2 定理 1′ 完全类似的二重积分存在的充分必要条件:

**定理 1** 函数 $f(x,y)$ 在有界闭区域 $R$ 可积 $\Longleftrightarrow$

$$\lim_{\|T\|\to 0}\left[S(T)-s(T)\right]=\lim_{\|T\|\to 0}\sum_{k=1}^{n}\omega_k\Delta\sigma_k=0. \tag{5}$$

**证明** $(\Rightarrow)$ 已知函数 $f(x,y)$ 在 $R$ 可积,设二重积分是 $I$,即 $\forall\,\varepsilon>0,\exists\,\delta>0,\forall\,T:\|T\|<\delta,\forall\,P_k(\xi_k,\eta_k)\in R_k,$ 有

$$\left|\sum_{k=1}^{n}f(\xi_k,\eta_k)\Delta\sigma_k-I\right|<\varepsilon$$

或

$$I-\varepsilon<\sum_{k=1}^{n}f(\xi_k,\eta_k)\Delta\sigma_k<I+\varepsilon.$$

又已知小和 $s(T)$ 与大和 $S(T)$ 分别是积分和 $\displaystyle\sum_{k=1}^{n}f(\xi_k,\eta_k)\Delta\sigma_k$ 在 $R$ 上的下确界与上确界.于是

$$I-\varepsilon \leqslant s(T) \leqslant S(T) \leqslant I+\varepsilon,$$

或

$$S(T)-s(T)=\sum_{k=1}^{n}\omega_{k}\Delta\sigma_{k}<2\varepsilon,$$

即(5)式成立,或

$$\lim_{\|T\|\to 0}[S(T)-s(T)]=0.$$

$(\Leftarrow)$ 设 $\sup_{T}\{s(T)\}=I_{0}, \inf_{T}\{S(T)\}=I^{0}. \forall T,$有

$$s(T)\leqslant I_{0}\leqslant I^{0}\leqslant S(T).$$

由已知条件,当 $\|T\|\to 0$ 时,有 $I_{0}=I^{0}$,设 $I=I_{0}=I^{0}. \forall T,$有

$$s(T)\leqslant I\leqslant S(T).$$

又已知 $\forall T, \forall P_{k}(\xi_{k},\eta_{k})\in R_{k}$,对积分和 $\sum_{k=1}^{n}f(\xi_{k},\eta_{k})\Delta\sigma_{k}$,有

$$s(T)\leqslant \sum_{k=1}^{n}f(\xi_{k},\eta_{k})\Delta\sigma_{k}\leqslant S(T).$$

由上面两个不等式,$\forall T,$有

$$\left|\sum_{k=1}^{n}f(\xi_{k},\eta_{k})\Delta\sigma_{k}-I\right|\leqslant S(T)-s(T).$$

再由已知条件,有

$$\lim_{\|T\|\to 0}\sum_{k=1}^{n}f(\xi_{k},\eta_{k})\Delta\sigma_{k}=I,$$

即函数 $f(x,y)$ 在有界闭区域 $R$ 可积.

应用定理 1 能够证明下列两类函数是可积的:

**定理 2** 若函数 $f(x,y)$ 在有界闭区域 $R$ 连续,则函数 $f(x,y)$ 在 $R$ 可积.

**证明** 根据 §10.2 定理 8,函数 $f(x,y)$ 在 $R$ 一致连续,即 $\forall \varepsilon>0, \exists \delta>0, \forall P_{1}(x_{1},y_{1}), P_{2}(x_{2},y_{2})\in R: \|P_{1}-P_{2}\|<\delta$,有

$$|f(x_{1},y_{1})-f(x_{2},y_{2})|<\frac{\varepsilon}{\bar{R}},$$

其中 $\bar{R}$ 表示 $R$ 的面积. $\forall T: \|T\|<\delta$,它将 $R$ 分成 $n$ 个小闭区域 $R_{1}, R_{2}, \cdots, R_{n}$. 根据 §10.2 定理 6,函数 $f(x,y)$ 在 $R_{k}$ 必能取到最大值 $M_{k}$ 与最小值 $m_{k}$,即 $R_{k}$ 上存在两点 $(\xi_{k}',\eta_{k}')$ 与 $(\xi_{k}'',\eta_{k}'')$,使

$$f(\xi_{k}',\eta_{k}')=M_{k} \quad 与 \quad f(\xi_{k}'',\eta_{k}'')=m_{k} \quad (k=1,2,\cdots,n),$$

从而,

$$\omega_{k}=M_{k}-m_{k}=f(\xi_{k}',\eta_{k}')-f(\xi_{k}'',\eta_{k}'')<\frac{\varepsilon}{\bar{R}} \quad (k=1,2,\cdots,n).$$

有

$$\sum_{k=1}^{n}\omega_{k}\Delta\sigma_{k}<\frac{\varepsilon}{\bar{R}}\sum_{k=1}^{n}\Delta\sigma_{k}=\varepsilon.$$

根据定理 1,函数 $f(x,y)$ 在 $R$ 可积.

**定理 3** 若函数 $f(x,y)$ 在有界闭区域 $R$ 有界,间断点只分布在有限条光滑曲线上,则函数 $f(x,y)$ 在 $R$ 可积.

证明从略.

### 三、二重积分的性质

二重积分具有与定积分类似的性质,其证法与定积分的相应性质的证法相同.这里只给出二重积分中值定理的证明,其余性质的证明从略.为了书写简便,有时将函数 $f(x,y)$ 记为 $f$.

**定理 4** 若 $f(x,y)\equiv 1$,则 $\iint\limits_{R}\mathrm{d}x\mathrm{d}y=\bar{R}$,其中 $\bar{R}$ 表示 $R$ 的面积.

**定理 5** 若函数 $f$ 在 $R$ 可积,$k$ 是常数,则函数 $kf$ 在 $R$ 也可积,且

$$\iint\limits_{R}kf\mathrm{d}\sigma=k\iint\limits_{R}f\mathrm{d}\sigma.$$

**定理 6** 若函数 $f_1$ 与 $f_2$ 在 $R$ 都可积,则函数 $f_1\pm f_2$ 在 $R$ 也可积,且

$$\iint\limits_{R}(f_1\pm f_2)\mathrm{d}\sigma=\iint\limits_{R}f_1\mathrm{d}\sigma\pm\iint\limits_{R}f_2\mathrm{d}\sigma.$$

**定理 7** 若函数 $f$ 在 $R_1$ 与 $R_2$ 都可积,则 $f$ 在 $R_1\cup R_2$ 也可积.当 $R_1$ 与 $R_2$ 没有公共内点时,有

$$\iint\limits_{R_1\cup R_2}f\mathrm{d}\sigma=\iint\limits_{R_1}f\mathrm{d}\sigma+\iint\limits_{R_2}f\mathrm{d}\sigma.$$

**定理 8** 若函数 $f_1$ 与 $f_2$ 在 $R$ 可积,且 $\forall(x,y)\in R$,有 $f_1(x,y)\leqslant f_2(x,y)$,则

$$\iint\limits_{R}f_1\mathrm{d}\sigma\leqslant\iint\limits_{R}f_2\mathrm{d}\sigma.$$

**定理 9** 若函数 $f$ 在 $R$ 可积,则函数 $|f|$ 在 $R$ 也可积,且

$$\left|\iint\limits_{R}f\mathrm{d}\sigma\right|\leqslant\iint\limits_{R}|f|\mathrm{d}\sigma.$$

**定理 10(中值定理)** 若函数 $f$ 在有界闭区域 $R$ 连续,则至少存在一点 $(\xi,\eta)\in R$,使

$$\iint\limits_{R}f(x,y)\mathrm{d}\sigma=f(\xi,\eta)\bar{R},$$

其中 $\bar{R}$ 表示 $R$ 的面积.

**证明** 根据 § 10.2 定理 6,在 $R$ 上必存在两点 $A(x_1,y_1)$ 与 $B(x_2,y_2)$,函数 $f(x,y)$ 在此两点分别取到最大值 $M$ 与最小值 $m$,即

$$f(x_1,y_1)=M \quad 与 \quad f(x_2,y_2)=m.$$

于是,$\forall(x,y)\in R$,有

$$m\leqslant f(x,y)\leqslant M.$$

根据定理 8 与定理 5、定理 4,有

$$m\bar{R}\leqslant\iint\limits_{R}f(x,y)\mathrm{d}\sigma\leqslant M\bar{R}$$

或

$$m \leqslant \frac{1}{\bar{R}} \iint\limits_R f(x,y)\,\mathrm{d}\sigma \leqslant M.$$

根据 §10.2 定理 7(连续函数的介值性),至少存在一点 $(\xi,\eta) \in R$,使

$$f(\xi,\eta) = \frac{1}{\bar{R}} \iint\limits_R f(x,y)\,\mathrm{d}\sigma,$$

即

$$\iint\limits_R f(x,y)\,\mathrm{d}\sigma = f(\xi,\eta)\bar{R}.$$

# 练习题 13.1(一)

1. 按照二重积分的定义,求二重积分

$$\iint\limits_R xy\,\mathrm{d}x\mathrm{d}y,$$

其中 $R(0 \leqslant x \leqslant 1, 0 \leqslant y \leqslant 1)$. $\Big($提示:可将每个边 $n$ 等分,将 $R$ 分成 $n^2$ 个小正方形区域,取 $(\xi_i,\eta_k)$ $= \Big(\dfrac{i}{n}, \dfrac{k}{n}\Big) \cdot \Big)$

2. 证明:函数

$$f(x,y) = \begin{cases} 1, & x \text{ 与 } y \text{ 都是有理数}, \\ 0, & x \text{ 与 } y \text{ 至少有一个无理数} \end{cases}$$

在任意有界闭区域都不可积.

3. 设 $R(0 \leqslant x \leqslant 1, 0 \leqslant y \leqslant 1)$. $\forall\,(x,y) \in R$,定义函数

$$f(x,y) = \begin{cases} 1, & x = y, \\ 0, & x \neq y. \end{cases}$$

证明:函数 $f(x,y)$ 在 $R$ 可积,且 $\iint\limits_R f(x,y)\,\mathrm{d}x\mathrm{d}y = 0$.

4. 证明定理 5、定理 6、定理 8.

5. 证明:若函数 $f(x,y)$ 在有界闭区域 $R$ 连续,且 $f(x,y) > 0$,则

$$\iint\limits_R f(x,y)\,\mathrm{d}x\mathrm{d}y > 0.$$

6. 证明:若函数 $f(x,y)$ 与 $g(x,y)$ 在有界闭区域 $R$ 都连续,且 $g(x,y) \geqslant 0$,则 $\exists\,(\xi,\eta) \in R$,使

$$\iint\limits_R f(x,y)g(x,y)\,\mathrm{d}x\mathrm{d}y = f(\xi,\eta)\iint\limits_R g(x,y)\,\mathrm{d}x\mathrm{d}y.$$

7. 证明:若函数 $f(x,y)$ 在区域 $R$ 连续,且对任意有界闭区域 $D \subset R$ 都有

$$\iint\limits_D f(x,y)\,\mathrm{d}x\mathrm{d}y = 0,$$

则 $\forall\,(x,y) \in R$,有 $f(x,y) = 0$. (提示:用反证法.)

8. 证明:若函数 $f(x,y)$ 与 $g(x,y)$ 在有界闭区域 $R$ 可积,则乘积函数 $f(x,y)g(x,y)$ 在 $R$ 也可积. (提示:参见 §8.3 定理 4 的证明.)

*　　*　　*　　*　　*　　*　　*　　*　　*

9. 证明:若函数 $f(x,y)$ 在正方形区域 $D$ 可积,且在点 $(x_0,y_0)\in D$ 连续,则

$$\lim_{d(G)\to 0}\frac{1}{\bar G}\iint_G f(x,y)\,\mathrm{d}x\mathrm{d}y=f(x_0,y_0),$$

其中 $G$ 是满足 $(x_0,y_0)\in G\subset D$ 的任意区域,$d(G)$ 表示 $G$ 的直径,$\bar G$ 表示 $G$ 的面积.

10. 证明:若连续函数列 $\{f_n(x,y)\}$ 在有界闭区域 $R$ 上一致收敛于函数 $f(x,y)$,则

$$\lim_{n\to\infty}\iint_R f_n(x,y)\,\mathrm{d}x\mathrm{d}y=\iint_R f(x,y)\,\mathrm{d}x\mathrm{d}y.$$

## 四、二重积分的计算

二重积分的定义本身也给出了二重积分的计算方法.由于计算积分和很麻烦,按照二重积分的定义计算二重积分有很大的局限性.本段将给出计算二重积分经常使用的方法——化二重积分为两次定积分法或累次积分法.

**定理 11** 若函数 $f(x,y)$ 在闭矩形域 $R(a\leqslant x\leqslant b,c\leqslant y\leqslant d)$ 可积,且 $\forall x\in[a,b]$,定积分 $I(x)=\int_c^d f(x,y)\,\mathrm{d}y$ 存在,则累次积分 $\int_a^b\left[\int_c^d f(x,y)\,\mathrm{d}y\right]\mathrm{d}x$ 也存在,且

$$\iint_R f(x,y)\,\mathrm{d}x\mathrm{d}y=\int_a^b\left[\int_c^d f(x,y)\,\mathrm{d}y\right]\mathrm{d}x.$$

**证明** 设区间 $[a,b]$ 与 $[c,d]$ 的分点分别是

$$a=x_0<x_1<\cdots<x_{i-1}<x_i<\cdots<x_n=b,\ c=y_0<y_1<\cdots<y_{k-1}<y_k<\cdots<y_m=d.$$

这个分法记为 $T$.于是,分法 $T$ 将闭矩形域 $R$ 分成 $n\times m$ 个小闭矩形,如图 13.2.小闭矩形记为

$$R_{ik}(x_{i-1}\leqslant x\leqslant x_i,y_{k-1}\leqslant y\leqslant y_k),$$
$$i=1,2,\cdots,n;\ k=1,2,\cdots,m.$$

设 $M_{ik}=\sup_{R_{ik}}\{f(x,y)\}$,$m_{ik}=\inf_{R_{ik}}\{f(x,y)\}$. $\forall\xi_i\in[x_{i-1},x_i]$,有

$$m_{ik}\leqslant f(\xi_i,y)\leqslant M_{ik},\quad y_{k-1}\leqslant y<y_k.$$

已知一元函数 $f(\xi_i,y)$ 在 $[y_{k-1},y_k]$ 可积,有

$$m_{ik}\Delta y_k\leqslant\int_{y_{k-1}}^{y_k}f(\xi_i,y)\,\mathrm{d}y\leqslant M_{ik}\Delta y_k,$$
$$\Delta y_k=y_k-y_{k-1}.$$

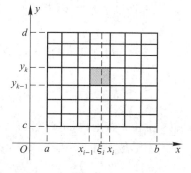

图 13.2

将此不等式对 $k=1,2,\cdots,m$ 相加,有

$$\sum_{k=1}^m m_{ik}\Delta y_k\leqslant\sum_{k=1}^m\int_{y_{k-1}}^{y_k}f(\xi_i,y)\,\mathrm{d}y\leqslant\sum_{k=1}^m M_{ik}\Delta y_k,$$

其中

$$\sum_{k=1}^m\int_{y_{k-1}}^{y_k}f(\xi_i,y)\,\mathrm{d}y=\int_c^d f(\xi_i,y)\,\mathrm{d}y=I(\xi_i),$$

即

$$\sum_{k=1}^m m_{ik}\Delta y_k\leqslant I(\xi_i)\leqslant\sum_{k=1}^m M_{ik}\Delta y_k.$$

再将此不等式乘以 $\Delta x_i$,然后对 $i=1,2,\cdots,n$ 相加,有

$$\sum_{i=1}^{n}\sum_{k=1}^{m} m_{ik}\Delta x_i\Delta y_k \leqslant \sum_{i=1}^{n} I(\xi_i)\Delta x_i \leqslant \sum_{i=1}^{n}\sum_{k=1}^{m} M_{ik}\Delta x_i\Delta y_k.$$

此不等式的左右两端分别是分法 $T$ 的小和 $s(T)$ 与大和 $S(T)$,即

$$s(T)\leqslant \sum_{i=1}^{n} I(\xi_i)\Delta x_i \leqslant S(T). \tag{6}$$

已知函数 $f(x,y)$ 在 $R$ 可积,根据定理 1,有

$$\lim_{\|T\|\to0} S(T)=\lim_{\|T\|\to0} s(T)=\iint\limits_{R} f(x,y)\mathrm{d}x\mathrm{d}y,$$

由不等式(6),有

$$\lim_{\|T\|\to0}\sum_{i=1}^{n} I(\xi_i)\Delta x_i=\iint\limits_{R} f(x,y)\mathrm{d}x\mathrm{d}y,$$

即 $\iint\limits_{R} f(x,y)\mathrm{d}x\mathrm{d}y=\int_a^b I(x)\mathrm{d}x=\int_a^b\left[\int_c^d f(x,y)\mathrm{d}y\right]\mathrm{d}x.$

类似地,若 $f(x,y)$ 在闭矩形域 $R(a\leqslant x\leqslant b,c\leqslant y\leqslant d)$ 可积,且 $\forall y\in[c,d]$,定积分 $J(y)=\int_a^b f(x,y)\mathrm{d}x$ 存在,则累次积分

$$\int_c^d\left[\int_a^b f(x,y)\mathrm{d}x\right]\mathrm{d}y$$

也存在,且 $\iint\limits_{R} f(x,y)\mathrm{d}x\mathrm{d}y=\int_c^d\left[\int_a^b f(x,y)\mathrm{d}x\right]\mathrm{d}y.$

为了书写方便,将累次积分 $\int_a^b\left[\int_c^d f(x,y)\mathrm{d}y\right]\mathrm{d}x$ 与 $\int_c^d\left[\int_a^b f(x,y)\mathrm{d}x\right]\mathrm{d}y$ 分别记为

$$\int_a^b\mathrm{d}x\int_c^d f(x,y)\mathrm{d}y,\qquad \int_c^d\mathrm{d}y\int_a^b f(x,y)\mathrm{d}x.$$

**推论** 若函数 $\varphi(x)$ 在 $[a,b]$ 可积,函数 $\psi(y)$ 在 $[c,d]$ 可积,则乘积函数 $\varphi(x)\psi(y)$ 在闭矩形域 $R(a\leqslant x\leqslant b,c\leqslant y\leqslant d)$ 也可积,且

$$\iint\limits_{R}\varphi(x)\psi(y)\mathrm{d}x\mathrm{d}y=\int_a^b\varphi(x)\mathrm{d}x\cdot\int_c^d\psi(y)\mathrm{d}y.$$

**证明** 将函数 $\varphi(x)$ 与 $\psi(y)$ 都看作是二元函数,它们在 $R$ 都可积.根据练习题 13.1(一)第 8 题,乘积函数 $\varphi(x)\psi(y)$ 在 $R$ 可积.根据定理 11,有

$$\iint\limits_{R}\varphi(x)\psi(y)\mathrm{d}x\mathrm{d}y=\int_a^b\mathrm{d}x\int_c^d\varphi(x)\psi(y)\mathrm{d}y$$

$$=\int_a^b\varphi(x)\left[\int_c^d\psi(y)\mathrm{d}y\right]\mathrm{d}x$$

$$=\int_a^b\varphi(x)\mathrm{d}x\cdot\int_c^d\psi(y)\mathrm{d}y.$$

**例 1** 计算二重积分 $\iint\limits_{R}\dfrac{\mathrm{d}x\mathrm{d}y}{(x+y)^2}$,其中 $R(3\leqslant x\leqslant4,1\leqslant y\leqslant2)$.

**解** 被积函数 $\dfrac{1}{(x+y)^2}$ 在 $R$ 连续,有

$$\iint_R \frac{\mathrm{d}x\mathrm{d}y}{(x+y)^2} = \int_1^2 \mathrm{d}y \int_3^4 \frac{\mathrm{d}x}{(x+y)^2} \quad (\text{关于 } x \text{ 积分,} y \text{ 当作常数})$$

$$= \int_1^2 \left( \frac{1}{y+3} - \frac{1}{y+4} \right) \mathrm{d}y = \ln \frac{25}{24}.$$

**例 2** 计算曲顶柱体的体积,其底是正方形区域 $R(0 \leqslant x \leqslant a, 0 \leqslant y \leqslant a)$,其顶是定义在 $R$ 上的曲面 $z = \mathrm{e}^{px+qy}$($p, q$ 是常数).

**解** 已知曲顶柱体的体积 $V$ 是二重积分

$$V = \iint_R \mathrm{e}^{px+qy}\mathrm{d}x\mathrm{d}y.$$

根据推论,有

$$\iint_R \mathrm{e}^{px+qy}\mathrm{d}x\mathrm{d}y = \int_0^a \mathrm{e}^{px}\mathrm{d}x \cdot \int_0^a \mathrm{e}^{qy}\mathrm{d}y = \frac{1}{p}\mathrm{e}^{px}\Big|_0^a \cdot \frac{1}{q}\mathrm{e}^{qy}\Big|_0^a = \frac{1}{pq}(\mathrm{e}^{ap}-1)(\mathrm{e}^{aq}-1).$$

**例 3** 若函数 $f(x)$ 在 $[a,b]$ 是正值连续函数,则

$$\iint_R \frac{f(x)}{f(y)}\mathrm{d}x\mathrm{d}y \geqslant (b-a)^2,$$

其中 $R(a \leqslant x \leqslant b, a \leqslant y \leqslant b)$.

**证明** 函数 $f(x)$ 与 $\dfrac{1}{f(y)}$ 在 $[a,b]$ 都可积.闭正方形区域 $R$ 关于直线 $y=x$ 对称.如图 13.3,有

$$\iint_R \frac{f(x)}{f(y)}\mathrm{d}x\mathrm{d}y = \iint_R \frac{f(y)}{f(x)}\mathrm{d}x\mathrm{d}y,$$

则

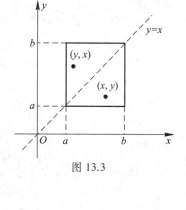

图 13.3

$$\iint_R \frac{f(x)}{f(y)}\mathrm{d}x\mathrm{d}y = \frac{1}{2}\iint_R \left( \frac{f(x)}{f(y)} + \frac{f(y)}{f(x)} \right)\mathrm{d}x\mathrm{d}y$$

$$= \iint_R \frac{f^2(x)+f^2(y)}{2f(x)f(y)}\mathrm{d}x\mathrm{d}y$$

$$\geqslant \iint_R \mathrm{d}x\mathrm{d}y① = \bar{R} = (b-a)^2.$$

**定义** 设函数 $\varphi_1(x), \varphi_2(x)$ 在闭区间 $[a,b]$ 连续;函数 $\psi_1(y), \psi_2(y)$ 在闭区间 $[c,d]$ 连续,则区域

$$\{(x,y) \mid \varphi_1(x) \leqslant y \leqslant \varphi_2(x), x \in [a,b]\}$$

和

$$\{(x,y) \mid \psi_1(y) \leqslant x \leqslant \psi_2(y), y \in [c,d]\}$$

分别称为 $x$ 型区域和 $y$ 型区域.如图 13.4 和图 13.5.

---

① $\forall a>0, b>0$,有 $a^2+b^2 \geqslant 2ab$ 或 $\dfrac{a^2+b^2}{2ab} \geqslant 1$.

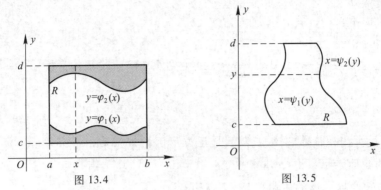

图 13.4　　　　　　　　　　图 13.5

在二重积分计算中,最常见的积分区域就是 $x$ 型区域和 $y$ 型区域,以及由有限个这两类区域所组成的区域.

**定理 12**　设有界闭区域 $R$ 是 $x$ 型区域,若函数 $f(x,y)$ 在 $R$ 可积,且 $\forall x \in [a,b]$,定积分

$$\int_{\varphi_1(x)}^{\varphi_2(x)} f(x,y)\,\mathrm{d}y$$

存在,则累次积分

$$\int_a^b \mathrm{d}x \int_{\varphi_1(x)}^{\varphi_2(x)} f(x,y)\,\mathrm{d}y$$

也存在,且

$$\iint_R f(x,y)\,\mathrm{d}x\mathrm{d}y = \int_a^b \mathrm{d}x \int_{\varphi_1(x)}^{\varphi_2(x)} f(x,y)\,\mathrm{d}y.$$

**证明**　将 $R$ 包含在闭矩形域 $P(a \leqslant x \leqslant b, c \leqslant y \leqslant d)$ 内,如图 13.4,有

$$c \leqslant \varphi_1(x) \leqslant \varphi_2(x) \leqslant d, \qquad a \leqslant x \leqslant b.$$

在闭矩形域 $P$ 上定义新函数

$$f^*(x,y) = \begin{cases} f(x,y), & (x,y) \in R, \\ 0, & (x,y) \in P \backslash R. \end{cases}$$

根据定理 3,新函数 $f^*(x,y)$ 在 $P$ 可积.根据定理 11,有

$$\iint_P f^*(x,y)\,\mathrm{d}x\mathrm{d}y = \int_a^b \mathrm{d}x \int_c^d f^*(x,y)\,\mathrm{d}y.$$

由新函数 $f^*(x,y)$ 的定义,有

$$\iint_P f^*(x,y)\,\mathrm{d}x\mathrm{d}y = \iint_R f(x,y)\,\mathrm{d}x\mathrm{d}y. \tag{7}$$

$\forall x \in [a,b]$,有

$$\int_a^b \mathrm{d}x \int_c^d f^*(x,y)\,\mathrm{d}y$$

$$= \int_a^b \mathrm{d}x \left[ \int_c^{\varphi_1(x)} f^* \,\mathrm{d}y + \int_{\varphi_1(x)}^{\varphi_2(x)} f^* \,\mathrm{d}y + \int_{\varphi_2(x)}^d f^* \,\mathrm{d}y \right]$$

$$= \int_a^b \mathrm{d}x \int_{\varphi_1(x)}^{\varphi_2(x)} f(x,y)\,\mathrm{d}y.$$

于是,由(7)式,有

$$\iint\limits_{R} f(x,y)\,\mathrm{d}x\mathrm{d}y = \int_a^b \mathrm{d}x \int_{\varphi_1(x)}^{\varphi_2(x)} f(x,y)\,\mathrm{d}y.$$

定理12指出,求如图13.4所示的$x$型区域上的二重积分,可化成先对$y$,后对$x$的累次积分.设置积分限的方法如下:首先将$R$投影到$x$轴上,得闭区间$[a,b]$.在区间$[a,b]$上任取一点$x$,关于$y$积分,在$R$内$y$的积分限由$\varphi_1(x)$到$\varphi_2(x)$.然后在投影区间$[a,b]$上关于$x$积分.

类似地,设有界闭区域是$y$型区域,如图13.5.若函数$f(x,y)$在$R$可积,且$\forall y \in [c,d]$,定积分$\int_{\psi_1(y)}^{\psi_2(y)} f(x,y)\,\mathrm{d}x$存在,则累次积分

$$\int_c^d \mathrm{d}y \int_{\psi_1(y)}^{\psi_2(y)} f(x,y)\,\mathrm{d}x$$

也存在,且

$$\iint\limits_{R} f(x,y)\,\mathrm{d}x\mathrm{d}y = \int_c^d \mathrm{d}y \int_{\psi_1(y)}^{\psi_2(y)} f(x,y)\,\mathrm{d}x.$$

**例4** 计算四个平面$x+y+z=1$,$x=0$,$y=0$,$z=0$所围成的四面体的体积,如图13.6.

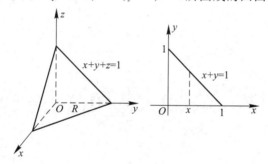

图 13.6

**解** 四面体在$xy$平面的投影是直线$x=0$,$y=0$与$x+y=1$所围成的三角形区域$R$.$R$既是$x$型区域,又是$y$型区域.上面是定义在$R$上的平面$z=1-x-y$.于是,四面体的体积$I$是二重积分,即

$$I = \iint\limits_{R} (1-x-y)\,\mathrm{d}x\mathrm{d}y.$$

如果按$x$型区域计算,先对$y$积分后对$x$积分.将三角形区域$R$投影到$x$轴上,得闭区间$[0,1]$.在$[0,1]$上任取一点$x$,关于$y$积分,在$R$内$y$的积分限由$y=0$到$y=1-x$.然后在投影区间$[0,1]$上关于$x$积分,即

$$\iint\limits_{R} (1-x-y)\,\mathrm{d}x\mathrm{d}y = \int_0^1 \mathrm{d}x \int_0^{1-x} (1-x-y)\,\mathrm{d}y$$

$$= \int_0^1 \left[ (1-x)y - \frac{y^2}{2} \right] \Big|_0^{1-x} \mathrm{d}x$$

$$= \frac{1}{2} \int_0^1 (1-x)^2 \mathrm{d}x = \frac{1}{6}.$$

如果按$y$型区域计算,先对$x$积分后对$y$积分,类似地,有

$$\iint_R (1-x-y)\,dx\,dy = \int_0^1 dy \int_0^{1-y} (1-x-y)\,dx = \frac{1}{6}.$$

**例 5**　证明:若函数 $f(x,y)$ 在由直线 $y=a, x=b, y=x(a<b)$ 所围成的三角形区域 $R$（如图 13.7）连续,$R$ 既是 $x$ 型区域又是 $y$ 型区域,则

$$\int_a^b dx \int_a^x f(x,y)\,dy = \int_a^b dy \int_y^b f(x,y)\,dx.$$

**证明**　先对 $y$ 积分后对 $x$ 积分,有

$$\iint_R f(x,y)\,dx\,dy = \int_a^b dx \int_a^x f(x,y)\,dy.$$

先对 $x$ 积分后对 $y$ 积分,有

$$\iint_R f(x,y)\,dx\,dy = \int_a^b dy \int_y^b f(x,y)\,dx.$$

于是,

$$\int_a^b dx \int_a^x f(x,y)\,dy = \int_a^b dy \int_y^b f(x,y)\,dx.$$

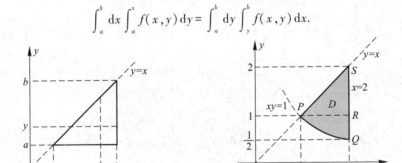

图 13.7　　　　　　　　　图 13.8

**例 6**　计算二重积分 $\displaystyle\iint_D \frac{x^2}{y^2}dx\,dy$,其中 $D$ 是由直线 $x=2, y=x$ 和双曲线 $xy=1$ 所围成,$D$ 既是 $x$ 型区域又是 $y$ 型区域,如图13.8.

**解**　先对 $y$ 积分,后对 $x$ 积分.将 $D$ 投影在 $x$ 轴上,得闭区间 $[1,2]$.$\forall x \in [1,2]$,关于 $y$ 积分,在 $D$ 内 $y$ 的积分限是 $y=\dfrac{1}{x}$ 到 $y=x$,然后在投影区间 $[1,2]$ 上关于 $x$ 积分,即

$$\iint_D \frac{x^2}{y^2}dx\,dy = \int_1^2 dx \int_{\frac{1}{x}}^x \frac{x^2}{y^2}dy = \int_1^2 (x^3-x)\,dx = \frac{9}{4}.$$

先对 $x$ 积分,后对 $y$ 积分.因为 $D$ 的左侧边界(曲线)不是由一个解析式给出,而是由两个解析式 $xy=1$ 和 $y=x$ 给出的,所以必须将图 13.8 所示的区域 $D$ 分成两个区域 $D_1(PRS)$ 与 $D_2(PRQ)$,分别在其上求二重积分,然后再相加,即

$$\iint_D \frac{x^2}{y^2}dx\,dy = \iint_{D_2} \frac{x^2}{y^2}dx\,dy + \iint_{D_1} \frac{x^2}{y^2}dx\,dy$$

$$= \int_{\frac{1}{2}}^1 dy \int_{\frac{1}{y}}^2 \frac{x^2}{y^2}dx + \int_1^2 dy \int_y^2 \frac{x^2}{y^2}dx = \frac{9}{4}.$$

**例 7**　将二重积分 $\displaystyle\iint_R f(x,y)\,dx\,dy$ 化为按不同积分次序的累次积分,其中 $R$ 是由上

半圆周 $y=\sqrt{2ax-x^2}$、抛物线 $y^2=2ax(y\geqslant 0)$ 和直线 $x=2a(a>0)$ 所围成. $R$ 既是 $x$ 型区域又是 $y$ 型区域,如图 13.9.

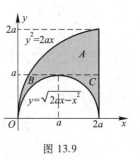

图 13.9

**解** 先对 $y$ 积分后对 $x$ 积分,有

$$\iint_R f(x,y)\mathrm{d}x\mathrm{d}y = \int_0^{2a}\mathrm{d}x\int_{\sqrt{2ax-x^2}}^{\sqrt{2ax}}f(x,y)\mathrm{d}y.$$

先对 $x$ 积分,后对 $y$ 积分,首先将区域 $R$ 分成三个小区域 $A,B,C$,其次分别在每个小区域上将二重积分化为累次积分,即

$$\iint_R f(x,y)\mathrm{d}x\mathrm{d}y$$

$$=\iint_A f(x,y)\mathrm{d}x\mathrm{d}y+\iint_B f(x,y)\mathrm{d}x\mathrm{d}y+\iint_C f(x,y)\mathrm{d}x\mathrm{d}y$$

$$=\int_a^{2a}\mathrm{d}y\int_{\frac{y^2}{2a}}^{2a}f(x,y)\mathrm{d}x+\int_0^a\mathrm{d}y\int_{\frac{y^2}{2a}}^{a-\sqrt{a^2-y^2}}f(x,y)\mathrm{d}x+\int_0^a\mathrm{d}y\int_{a+\sqrt{a^2-y^2}}^{2a}f(x,y)\mathrm{d}x.$$

在例 6 与例 7 中,化二重积分为累次积分,先对 $y$ 积分,后对 $x$ 积分比较简单,先对 $x$ 积分,后对 $y$ 积分比较烦琐,但也有与此相反的情况.因此,用累次积分求二重积分要注意选取简便易算的积分次序.

## 五、二重积分的换元

求二重积分,由于某些积分区域的边界曲线比较复杂,仅仅将二重积分化为累次积分并不能达到简化计算的目的.但是,常常经过一个适当的换元或变换可将给定的积分区域变换为简单的区域,如矩形域、圆域或部分圆域等,从而简化了重积分的计算.

**定理 13** 若函数 $f(x,y)$ 在有界闭区域 $R$ 连续,函数组

$$x=x(u,v),\quad y=y(u,v) \tag{8}$$

将 $uv$ 平面上区域 $R'$ 一对一地变换为 $xy$ 平面上区域 $R$.且函数组(8)在 $R'$ 上对 $u$ 与对 $v$ 存在连续偏导数,$\forall(u,v)\in R'$,有

$$J=\frac{\partial(x,y)}{\partial(u,v)}\neq 0,$$

则 $\displaystyle\iint_R f(x,y)\mathrm{d}x\mathrm{d}y=\iint_{R'}f[x(u,v),y(u,v)]\,|J(u,v)|\mathrm{d}u\mathrm{d}v.$ \tag{9}

**证明** 用任意分法 $T$ 将区域 $R$ 分成 $n$ 个小区域:$R_1,R_2,\cdots,R_n$.设其面积分别是 $\Delta\sigma_1,\Delta\sigma_2,\cdots,\Delta\sigma_n$.于是,在 $R'$ 上有对应的分法 $T'$,它将 $R'$ 对应地分成 $n$ 个小区域 $R'_1,R'_2,\cdots,R'_n$.设其面积分别是 $\Delta\sigma'_1,\Delta\sigma'_2,\cdots,\Delta\sigma'_n$.根据 §11.2 定理 3,$\forall(u,v)\in R'_k$,有

$$\Delta\sigma_k\approx\left|\frac{\partial(x,y)}{\partial(u,v)}\right|\Delta\sigma'_k=|J(u,v)|\Delta\sigma'_k.$$

$\forall(\xi_k,\eta_k)\in R_k$,在 $R'_k$ 对应唯一一点 $(\alpha_k,\beta_k)$,而

$$\xi_k=x(\alpha_k,\beta_k),\quad \eta_k=y(\alpha_k,\beta_k).$$

于是,

$$\sum_{k=1}^{n} f(\xi_k, \eta_k) \Delta\sigma_k \approx \sum_{k=1}^{n} f[x(\alpha_k, \beta_k), y(\alpha_k, \beta_k)] |J(\alpha_k, \beta_k)| \Delta\sigma_k'. \qquad (10)$$

根据 §11.1 定理 3 的推论,函数组(8)在有界闭区域 $R$ 上存在反函数组 $u=u(x, y), v=v(x, y)$,并且此函数组在 $R$ 一致连续,所以当 $\|T\| \to 0$ 时,也有 $\|T'\| \to 0$. 对 (10)取极限($\|T\| \to 0$),有

$$\iint_R f(x,y) \mathrm{d}x\mathrm{d}y = \iint_{R'} f[x(u,v), y(u,v)] |J(u,v)| \mathrm{d}u\mathrm{d}v.$$

**例 8** 计算曲线 $\left(\dfrac{x}{a} + \dfrac{y}{b}\right)^2 = \dfrac{x}{a} - \dfrac{y}{b}$ $(a>0, b>0)$ 与 $y=0$ 所围成区域 $R$ 的面积 $\bar{R}$.

**解** 已知区域 $R$ 的面积(被积函数 $f(x,y) \equiv 1$)

$$\bar{R} = \iint_R \mathrm{d}x\mathrm{d}y.$$

设 $u = \dfrac{x}{a} + \dfrac{y}{b}, v = \dfrac{x}{a} - \dfrac{y}{b}$ 或 $x = \dfrac{a}{2}(u+v), y = \dfrac{b}{2}(u-v)$. 这个函数组将 $xy$ 平面上的区域 $R$ 变换为 $uv$ 平面上的区域 $R'$,$R'$ 是曲线 $u^2 = v$ 和 $u = v$ 所围成的区域,如图 13.10.

$$\frac{\partial(x,y)}{\partial(u,v)} = \begin{vmatrix} \dfrac{a}{2} & \dfrac{a}{2} \\ \dfrac{b}{2} & -\dfrac{b}{2} \end{vmatrix} = -\frac{ab}{2}.$$

由(9)式,有

$$\bar{R} = \iint_R \mathrm{d}x\mathrm{d}y = \iint_{R'} \left|\frac{\partial(x,y)}{\partial(u,v)}\right| \mathrm{d}u\mathrm{d}v = \frac{ab}{2} \int_0^1 \mathrm{d}u \int_{u^2}^u \mathrm{d}v = \frac{ab}{12}.$$

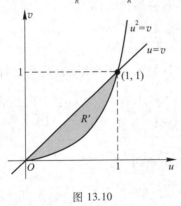

图 13.10          图 13.11

**例 9** 计算两条抛物线 $y^2 = mx$ 与 $y^2 = nx$ 和两条直线 $y = \alpha x$ 与 $y = \beta x$ 所围成区域 $R$ 的面积 $\bar{R}(0<m<n, 0<\alpha<\beta)$,如图 13.11.

**解** 已知区域 $R$ 的面积

$$\bar{R} = \iint_R \mathrm{d}x\mathrm{d}y.$$

设 $u = \dfrac{y^2}{x}, v = \dfrac{y}{x}$. 这个函数组将 $xy$ 平面上的区域 $R$ 变换为 $uv$ 平面上的区域 $R'$,$R'$ 是由直线 $u=m, u=n$ 和 $v=\alpha, v=\beta$ 所围成的矩形域.

$$\frac{\partial(x,y)}{\partial(u,v)}=\frac{1}{\dfrac{\partial(u,v)}{\partial(x,y)}}=\frac{1}{\begin{vmatrix} -\dfrac{y^2}{x^2} & 2\dfrac{y}{x} \\[2mm] -\dfrac{y}{x^2} & \dfrac{1}{x} \end{vmatrix}}=\frac{x^3}{y^2}=\frac{y^2}{x}\left(\frac{x}{y}\right)^4=\frac{u}{v^4}.$$

由(9)式,有

$$\bar{R}=\iint\limits_{R}\mathrm{d}x\mathrm{d}y=\iint\limits_{R'}\left|\frac{\partial(x,y)}{\partial(u,v)}\right|\mathrm{d}u\mathrm{d}v=\int_{\alpha}^{\beta}\mathrm{d}v\int_{m}^{n}\frac{u}{v^4}\mathrm{d}u$$

$$=\frac{n^2-m^2}{2}\int_{\alpha}^{\beta}\frac{\mathrm{d}v}{v^4}=\frac{(n^2-m^2)(\beta^3-\alpha^3)}{6\alpha^3\beta^3}.$$

常用的二重积分变换是极坐标变换.变换公式是

$$x=r\cos\varphi,\qquad y=r\sin\varphi. \tag{11}$$

它将 $r\varphi$ 平面上的区域 $R'$ 变换为 $xy$ 平面上的区域 $R$.如区域 $R$ 是以原点为圆心,以 $a$ 为半径的圆域 $x^2+y^2\leqslant a^2$,则极坐标变换(11)的逆变换将此圆域 $R$ 变换为矩形域 $R'(0\leqslant r\leqslant a,0\leqslant\varphi\leqslant2\pi)$,如图 13.12.

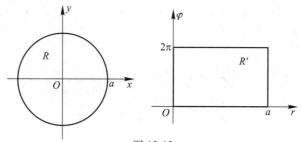

图 13.12

$$\frac{\partial(x,y)}{\partial(r,\varphi)}=\begin{vmatrix} \cos\varphi & -r\sin\varphi \\ \sin\varphi & r\cos\varphi \end{vmatrix}=r.$$

由(9)式,有

$$\iint\limits_{R}f(x,y)\mathrm{d}x\mathrm{d}y=\iint\limits_{R'}f(r\cos\varphi,r\sin\varphi)r\mathrm{d}r\mathrm{d}\varphi. \tag{12}$$

**注** 在 $r\varphi$ 平面上,当 $r=0$ 和 $\forall\varphi\in[0,2\pi]$,有 $\dfrac{\partial(x,y)}{\partial(r,\varphi)}=0$,即极坐标变换(11)将 $\varphi$ 轴上的线段 $[0,2\pi]$ 变换为 $xy$ 平面上的原点 $(0,0)$,不满足定理 13 中的一对一的条件.为此讨论闭区域 $R'_{\rho\varepsilon}(\rho\leqslant r\leqslant a,0\leqslant\varphi\leqslant2\pi-\varepsilon)$,其中 $\rho$ 与 $\varepsilon$ 都是充分小的正数. $\forall(r,\varphi)\in R'_{\rho\varepsilon}$, $\dfrac{\partial(x,y)}{\partial(r,\varphi)}\neq0$,且极坐标变换(11)将 $R'_{\rho\varepsilon}$ 一对一地变换为 $R_{\rho\varepsilon}$,如图 13.13.于是,由(9)式,有

$$\iint\limits_{R_{\rho\varepsilon}}f(x,y)\mathrm{d}x\mathrm{d}y=\iint\limits_{R'_{\rho\varepsilon}}f(r\cos\varphi,r\sin\varphi)r\mathrm{d}r\mathrm{d}\varphi.$$

令 $\rho\to0,\varepsilon\to0$,上式的极限就是(12)式.

上述事实说明,如果 $\dfrac{\partial(x,y)}{\partial(u,v)}$ 在 $R'$ 中个别点或某些线段上皆为 0,公式(9)仍然

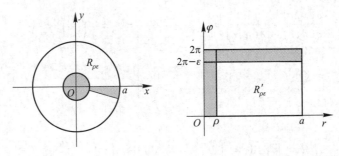

图 13.13

成立.

**例 10** 计算以圆域 $R: x^2 + y^2 \leqslant a^2$ 为底, $R$ 上的曲面是 $z = e^{-(x^2+y^2)}$ 的曲顶柱体的体积.

**解** 已知曲顶柱体的体积

$$V = \iint\limits_R e^{-(x^2+y^2)} dx dy.$$

作极坐标变换 $x = r\cos\varphi, y = r\sin\varphi$. 它将圆域 $R: x^2 + y^2 \leqslant a^2$ 变换为矩形域 $R'(0 \leqslant r \leqslant a, 0 \leqslant \varphi \leqslant 2\pi)$, 且

$$\left| \frac{\partial(x,y)}{\partial(r,\varphi)} \right| = r.$$

由公式(12),有

$$V = \iint\limits_R e^{-(x^2+y^2)} dx dy = \iint\limits_{R'} e^{-r^2} r dr d\varphi = \int_0^{2\pi} d\varphi \int_0^a r e^{-r^2} dr$$

$$= 2\pi \left( -\frac{1}{2} e^{-r^2} \right) \Big|_0^a = \pi(1 - e^{-a^2}).$$

**例 11** 计算球体 $x^2 + y^2 + z^2 \leqslant a^2$ 被圆柱面 $x^2 + y^2 = ax$ 所截得的那部分立体的体积($a > 0$).

**解** 如图 13.14,所截得的那部分立体关于 $xy$ 平面对称,也关于 $xz$ 平面对称.于是所截得的那部分立体的体积 $V$ 是第一卦限那部分曲顶柱体的体积的四倍,即

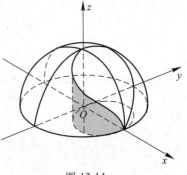

图 13.14

$$V = 4 \iint\limits_R \sqrt{a^2 - x^2 - y^2} \, dx dy,$$

其中 $R$ 是圆 $x^2 + y^2 = ax$ 与直线 $y = 0$(取 $y \geqslant 0$)所围成的半圆域,如图 13.14.

作极坐标变换 $x = r\cos\varphi, y = r\sin\varphi$, 区域 $R$ 的边界曲线的极坐标方程是 $r = a\cos\varphi, 0 \leqslant \varphi \leqslant \frac{\pi}{2}$. 由公式(12),有

$$V = 4 \iint\limits_R \sqrt{a^2 - x^2 - y^2} \, dx dy = 4 \int_0^{\frac{\pi}{2}} d\varphi \int_0^{a\cos\varphi} \sqrt{a^2 - r^2} \, r dr$$

$$= \frac{4}{3} a^3 \int_0^{\frac{\pi}{2}} (1 - \sin^3 \varphi) \mathrm{d}\varphi = \frac{4}{3} a^3 \left( \frac{\pi}{2} - \frac{2}{3} \right).$$

**例 12** 计算双纽线 $(x^2 + y^2)^2 = 2a^2 (x^2 - y^2)$ 所围成区域的面积.

**解** 作极坐标变换 $x = r\cos \varphi, y = r\sin \varphi$.双纽线的极坐标方程是

$$r^2 = 2a^2 \cos 2\varphi.$$

双纽线关于 $x$ 轴与 $y$ 轴都对称.于是,双纽线所围成区域 $R$ 的面积 $\bar{R}$ 是第一象限内那部分区域面积的四倍,如图 13.15.第一象限的部分区域:$0 \leqslant r \leqslant a\sqrt{2\cos 2\varphi}$,$0 \leqslant \varphi \leqslant \frac{\pi}{4}$.由公式(12),有

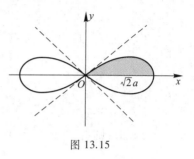

图 13.15

$$\bar{R} = \iint\limits_{R} \mathrm{d}x\mathrm{d}y = 4 \int_0^{\frac{\pi}{4}} \mathrm{d}\varphi \int_0^{a\sqrt{2\cos 2\varphi}} r\mathrm{d}r$$

$$= 4a^2 \int_0^{\frac{\pi}{4}} \cos 2\varphi \mathrm{d}\varphi = 2a^2.$$

一般来说,求二重积分,当被积函数含有"$x^2 + y^2$"或围成积分区域的边界曲线方程含有"$x^2 + y^2$"时,可考虑使用极坐标变换.

**例 13** 用二重积分证明概率积分

$$\int_0^{+\infty} \mathrm{e}^{-x^2} \mathrm{d}x = \frac{\sqrt{\pi}}{2}.$$

**证明** 已知无穷积分 $\int_0^{+\infty} \mathrm{e}^{-x^2} \mathrm{d}x$ 收敛,有

$$\int_0^{+\infty} \mathrm{e}^{-x^2} \mathrm{d}x = \lim_{a \to +\infty} \int_0^a \mathrm{e}^{-x^2} \mathrm{d}x.$$

为了计算 $\int_0^a \mathrm{e}^{-x^2} \mathrm{d}x$,我们首先计算 $\left( \int_0^a \mathrm{e}^{-x^2} \mathrm{d}x \right)^2$.因为

$$\left( \int_0^a \mathrm{e}^{-x^2} \mathrm{d}x \right)^2 = \left( \int_0^a \mathrm{e}^{-x^2} \mathrm{d}x \right) \left( \int_0^a \mathrm{e}^{-y^2} \mathrm{d}y \right) = \iint\limits_{D} \mathrm{e}^{-(x^2+y^2)} \mathrm{d}x\mathrm{d}y,$$

其中 $D(0 \leqslant x \leqslant a, 0 \leqslant y \leqslant a)$ 是正方形区域.

设 $D_1, D_2$ 分别是以 $a$ 和 $\sqrt{2}a$ 为半径,圆心在原点位于第一象限那部分圆域,如图 13.16.

因为 $\forall (x, y)$,有 $\mathrm{e}^{-(x^2+y^2)} > 0, D_1 \subset D \subset D_2$,所以有

$$\iint\limits_{D_1} \mathrm{e}^{-(x^2+y^2)} \mathrm{d}x\mathrm{d}y \leqslant \iint\limits_{D} \mathrm{e}^{-(x^2+y^2)} \mathrm{d}x\mathrm{d}y \leqslant \iint\limits_{D_2} \mathrm{e}^{-(x^2+y^2)} \mathrm{d}x\mathrm{d}y.$$

根据二重积分极坐标变换:$x = r\cos \varphi, y = r\sin \varphi$.则

$$D_1 = \left\{ (r, \varphi) \mid 0 \leqslant r \leqslant a, 0 \leqslant \varphi \leqslant \frac{\pi}{2} \right\},$$

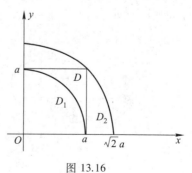

图 13.16

$$D_2 = \{(r,\varphi) \mid 0 \leqslant r \leqslant \sqrt{2}a, 0 \leqslant \varphi \leqslant \frac{\pi}{2}\}.$$

于是

$$\iint\limits_{D_1} e^{-(x^2+y^2)} dxdy = \int_0^{\frac{\pi}{2}} \left(\int_0^a e^{-r^2} r dr\right) d\varphi = \frac{\pi}{4}(1 - e^{-a^2}).$$

$$\iint\limits_{D_2} e^{-(x^2+y^2)} dxdy = \int_0^{\frac{\pi}{2}} \left(\int_0^{\sqrt{2}a} e^{-r^2} r dr\right) d\varphi = \frac{\pi}{4}(1 - e^{-2a^2}).$$

即

$$\frac{\pi}{4}(1 - e^{-a^2}) \leqslant \left(\int_0^a e^{-x^2} dx\right)^2 \leqslant \frac{\pi}{4}(1 - e^{-2a^2}).$$

当 $a \to +\infty$ 时,则有

$$\lim_{a\to+\infty} \left(\int_0^a e^{-x^2} dx\right)^2 = \frac{\pi}{4},$$

即有概率积分

$$\int_0^{+\infty} e^{-x^2} dx = \frac{\sqrt{\pi}}{2}.$$

## 六、曲面的面积

设有界曲面 $S$,它的参数方程是

$$x = x(u,v),\ y = y(u,v),\ z = z(u,v),\quad (u,v) \in R, \tag{13}$$

其中 $R$ 是 $uv$ 平面上的有界闭区域.若函数 $x(u,v), y(u,v), z(u,v)$ 的所有偏导数在 $R$ 连续,且矩阵

$$\begin{pmatrix} x'_u & y'_u & z'_u \\ x'_v & y'_v & z'_v \end{pmatrix}$$

的秩是 2,则称曲面 $S$ 是**光滑曲面**.

曲面 $S$ 的向量形式是

$$\boldsymbol{r} = \boldsymbol{r}(u,v) = x(u,v)\boldsymbol{i} + y(u,v)\boldsymbol{j} + z(u,v)\boldsymbol{k},\quad (u,v) \in R.$$

在 $uv$ 平面上,用平行坐标轴的任意两族直线 $u = u_i$ 与 $v = v_j$ ($i = 1, 2, \cdots, n; j = 1, 2, \cdots, m$) 将 $R$ 分成一些小区域.在曲面 $S$ 上这两族直线分别对应着两族曲线,$u$-曲线和 $v$-曲线,如图 13.17.

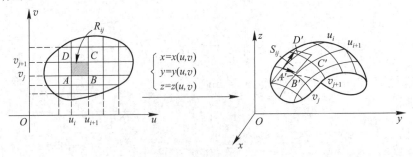

图 13.17

设四条直线 $u=u_i,u=u_{i+1},v=v_j,v=v_{j+1}$ 围成的小矩形区域 $ABCD$ 是 $R_{ij}$. 令 $\Delta u_i=u_{i+1}-u_i,\Delta v_j=v_{j+1}-v_j$. 显然,$R_{ij}$ 的面积是 $\Delta u_i\Delta v_j$.

设在曲面 $S$ 上与小矩形区域 $ABCD$ 对应的小曲面块 $A'B'C'D'$ 是 $S_{ij}$,即

点 $A(u_i,v_j)$ 对应点是
$$A'[x(u_i,v_j),y(u_i,v_j),z(u_i,v_j)],$$

点 $B(u_{i+1},v_j)$ 对应点是
$$B'[x(u_{i+1},v_j),y(u_{i+1},v_j),z(u_{i+1},v_j)],$$

点 $C(u_{i+1},v_{j+1})$ 对应点是
$$C'[x(u_{i+1},v_{j+1}),y(u_{i+1},v_{j+1}),z(u_{i+1},v_{j+1})],$$

点 $D(u_i,v_{j+1})$ 对应点是
$$D'[x(u_i,v_{j+1}),y(u_i,v_{j+1}),z(u_i,v_{j+1})].$$

下面讨论小曲面块 $S_{ij}$ 的"面积"与小矩形区域 $R_{ij}$ 的面积之间的关系.

根据微分中值定理,与点 $A(u_i,v_j)$ 和 $B(u_{i+1},v_j)$ 对应的向量之差 $\boldsymbol{r}(u_{i+1},v_j)-\boldsymbol{r}(u_i,v_j)$,以及与点 $A(u_i,v_j)$ 和 $D(u_i,v_{j+1})$ 对应的向量之差 $\boldsymbol{r}(u_i,v_{j+1})-\boldsymbol{r}(u_i,v_j)$,有

$$\boldsymbol{r}(u_{i+1},v_j)-\boldsymbol{r}(u_i,v_j)$$
$$=[x(u_{i+1},v_j)-x(u_i,v_j)]\boldsymbol{i}+[y(u_{i+1},v_j)-y(u_i,v_j)]\boldsymbol{j}+[z(u_{i+1},v_j)-z(u_i,v_j)]\boldsymbol{k}$$
$$\approx x'_u(u_i,v_j)\Delta u_i\boldsymbol{i}+y'_u(u_i,v_j)\Delta u_i\boldsymbol{j}+z'_u(u_i,v_j)\Delta u_i\boldsymbol{k}$$
$$=\boldsymbol{r}'_u(u_i,v_j)\Delta u_i.$$

同理
$$\boldsymbol{r}(u_i,v_{j+1})-\boldsymbol{r}(u_i,v_j)\approx\boldsymbol{r}'_v(u_i,v_j)\Delta v_j.$$

以上两式,近似等号两端的绝对值之差分别是关于 $\Delta u_i$ 与 $\Delta v_j$ 的高阶无穷小,不难看到,向量 $\boldsymbol{r}'_u(u_i,v_j)\Delta u_i$ 与 $\boldsymbol{r}'_v(u_i,v_j)\Delta v_j$ 分别是在曲面 $S$ 上点 $A'$ 关于 $u$-曲线(曲线 $A'D'$)与 $v$-曲线(曲线 $A'B'$)的切向量,如图 13.17. 因此,这两个向量所确定的平面与曲面 $S$ 在点 $A'$ 相切. 由向量的外积,向量 $\boldsymbol{r}'_u(u_i,v_j)\Delta u_i$ 与 $\boldsymbol{r}'_v(u_i,v_j)\Delta v$ 所确定的平行四边形的面积应该认为是小曲面 $S_{ij}$"面积"的近似值,即

$$S_{ij}\text{的"面积"}\approx|\boldsymbol{r}'_u(u_i,v_j)\Delta u_i\times\boldsymbol{r}'_v(u_i,v_j)\Delta v_j|=|\boldsymbol{r}'_u(u_i,v_j)\times\boldsymbol{r}'_v(u_i,v_j)|\Delta u_i\Delta v_j.$$

于是,和数 $\sum\limits_{i,j}|\boldsymbol{r}'_u(u_i,v_j)\times\boldsymbol{r}'_v(u_i,v_j)|\Delta u_i\Delta v_j$ 应该是曲面 $S$ 的"面积"$\sigma$ 的近似值.

**定义** 设定义在有界闭区域 $R$ 的光滑曲面 $S$:
$$\boldsymbol{r}(u,v)=x(u,v)\boldsymbol{i}+y(u,v)\boldsymbol{j}+z(u,v)\boldsymbol{k},\quad(u,v)\in R.$$

若上述和数存在极限,设

$$\sigma=\lim_{\|T\|\to0}\sum_{i,j}|\boldsymbol{r}'_u(u_i,v_j)\times\boldsymbol{r}'_v(u_i,v_j)|\Delta u_i\Delta v_j=\iint\limits_R|\boldsymbol{r}'_u\times\boldsymbol{r}'_v|\mathrm{d}u\mathrm{d}v,$$

则称 $\sigma$ 是**曲面 $S$ 的面积**,其中 $\mathrm{d}\sigma=|\boldsymbol{r}'_u\times\boldsymbol{r}'_v|\mathrm{d}u\mathrm{d}v$ 称为曲面 $S$ 的**面积微元**.

由外积公式,①有
$$|\boldsymbol{r}'_u\times\boldsymbol{r}'_v|=\sqrt{\boldsymbol{r}'^2_u\boldsymbol{r}'^2_v-(\boldsymbol{r}'_u\cdot\boldsymbol{r}'_v)^2}.$$

令

---

① $|\boldsymbol{a}\times\boldsymbol{b}|^2=|\boldsymbol{a}|^2|\boldsymbol{b}|^2-(\boldsymbol{a}\cdot\boldsymbol{b})^2$.

$$E = r_u'^2 = x_u'^2 + y_u'^2 + z_u'^2, \quad G = r_v'^2 = x_v'^2 + y_v'^2 + z_v'^2, \quad F = r_u' \cdot r_v' = x_u'x_v' + y_u'y_v' + z_u'z_v'.$$

$E, G, F$ 称为曲面的**高斯**①**系数**, 有

$$|r_u' \times r_v'| = \sqrt{EG - F^2}.$$

于是, 参数方程(13)表示的光滑曲面 $S$ 的面积

$$\sigma = \iint_R \sqrt{EG - F^2}\, dudv, \tag{14}$$

其中 $d\sigma = \sqrt{EG - F^2}\, dudv$ 是面积微元. (14)式是曲面 $S$ 的面积公式.

由此可见, 光滑曲面可求面积.

如果光滑曲面 $S$ 是定义在有界闭区域 $D$ 的函数 $z = z(x, y)$. 它可化为参数方程

$$x = x, \quad y = y, \quad z = z(x, y), \quad (x, y) \in D.$$

有

$$E = 1 + z_x'^2, \quad G = 1 + z_y'^2, \quad F = z_x'\, z_y'.$$

面积微元

$$d\sigma = \sqrt{EG - F^2}\, dxdy = \sqrt{1 + z_x'^2 + z_y'^2}\, dxdy.$$

于是, 函数 $z = z(x, y)$ 表示的曲面 $S$ 的面积

$$\sigma = \iint_D \sqrt{1 + z_x'^2 + z_y'^2}\, dxdy. \tag{15}$$

**例 14**　计算半径为 $a$ 的球面的面积.

**解**　在直角坐标系中, 取球心在原点, 半径为 $a$ 的球面方程

$$x^2 + y^2 + z^2 = a^2.$$

此球面关于三个坐标面都对称. 球面的面积 $\sigma$ 是球面在第一卦限部分面积的八倍. 球面在第一卦限部分的方程是

$$z = \sqrt{a^2 - x^2 - y^2},$$

定义域 $R$ 是圆 $x^2 + y^2 \le a^2$ 的四分之一, 如图 13.18. 由公式(15), 球面的面积

$$\sigma = 8 \iint_R \sqrt{1 + z_x'^2 + z_y'^2}\, dxdy,$$

其中

$$z_x' = \frac{-x}{\sqrt{a^2 - x^2 - y^2}}, \quad z_y' = \frac{-y}{\sqrt{a^2 - x^2 - y^2}}.$$

于是,

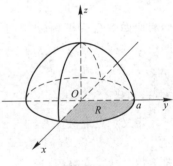

图 13.18

$$\sigma = 8a \iint_R \frac{dxdy}{\sqrt{a^2 - x^2 - y^2}}.$$

作极坐标变换, 设 $x = r\cos\varphi, y = r\sin\varphi$, 有

①　高斯(Gauss, 1777—1855), 德国数学家.

$$\sigma = 8a \iint\limits_{R} \frac{\mathrm{d}x\mathrm{d}y}{\sqrt{a^2-x^2-y^2}} = 8a \int_0^{\frac{\pi}{2}} \mathrm{d}\varphi \int_0^a \frac{r}{\sqrt{a^2-r^2}}\mathrm{d}r ① = 4\pi a \int_0^a \frac{r}{\sqrt{a^2-r^2}}\mathrm{d}r = 4\pi a^2.$$

球心在原点,半径为 $a$ 的球面的参数方程是

$$x = a\sin\varphi\cos\theta, \quad y = a\sin\varphi\sin\theta, \quad z = a\cos\varphi,$$

其中 $R(0 \leqslant \theta \leqslant 2\pi, 0 \leqslant \varphi \leqslant \pi)$,如图 13.19,有

$$E = x_\theta'^2 + y_\theta'^2 + z_\theta'^2 = a^2\sin^2\varphi. \quad G = x_\varphi'^2 + y_\varphi'^2 + z_\varphi'^2 = a^2. \quad F = x_\theta'x_\varphi' + y_\theta'y_\varphi' + z_\theta'z_\varphi' = 0.$$

由公式(14),球面的面积

$$\sigma = \iint\limits_{R} \sqrt{EG-F^2}\,\mathrm{d}\varphi\mathrm{d}\theta = a^2 \iint\limits_{R} \sin\varphi\mathrm{d}\varphi\mathrm{d}\theta = a^2 \int_0^{2\pi} \mathrm{d}\theta \int_0^{\pi} \sin\varphi\mathrm{d}\varphi = 4\pi a^2.$$

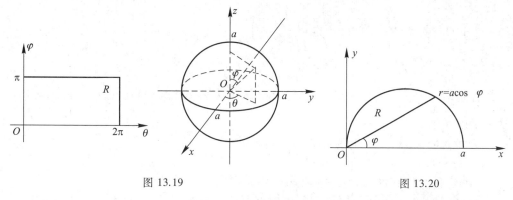

图 13.19　　　　　　　　　　　　　　　　图 13.20

**例 15**　计算球面 $x^2+y^2+z^2=a^2$ 上被柱面 $x^2+y^2-ax=0$ ($a>0$) 所截取部分曲面 $S$ 的面积,如图 13.14.

**解**　曲面 $S$ 关于 $xy$ 平面与 $xz$ 平面都对称.曲面 $S$ 的面积 $\sigma$ 是第一卦限那部分曲面面积的四倍.在第一卦限,球面方程是

$$z = \sqrt{a^2-x^2-y^2},$$

定义域 $R$ 是半圆域: $x^2+y^2 \leqslant ax$,且 $y \geqslant 0$,如图 13.20.

$$z_x' = \frac{-x}{\sqrt{a^2-x^2-y^2}}, \quad z_y' = \frac{-y}{\sqrt{a^2-x^2-y^2}}.$$

由公式(15),曲面 $S$ 的面积

$$\sigma = 4 \iint\limits_{R} \sqrt{1+z_x'^2+z_y'^2}\,\mathrm{d}x\mathrm{d}y = 4a \iint\limits_{R} \frac{\mathrm{d}x\mathrm{d}y}{\sqrt{a^2-x^2-y^2}}.$$

作极坐标变换, $x = r\cos\varphi, y = r\sin\varphi$.区域 $R$ 的边界方程是

$$r = a\cos\varphi \left(0 \leqslant \varphi \leqslant \frac{\pi}{2}\right) \quad 与 \quad \varphi = 0.$$

有

$$\sigma = 4a \iint\limits_{R} \frac{\mathrm{d}x\mathrm{d}y}{\sqrt{a^2-x^2-y^2}} = 4a \int_0^{\frac{\pi}{2}} \mathrm{d}\varphi \int_0^{a\cos\varphi} \frac{r}{\sqrt{a^2-r^2}}\mathrm{d}r$$

---

① $a$ 是被积函数的瑕点,不难验证,这个瑕积分收敛.

$$=4a^2\int_0^{\frac{\pi}{2}}(1-\sin\varphi)\,\mathrm{d}\varphi=2a^2(\pi-2).$$

## 练习题 13.1(二)

1. 计算下列二重积分:

1) $\iint\limits_R(x^3+3x^2y+y^3)\,\mathrm{d}x\mathrm{d}y,\quad R(0\leqslant x\leqslant1,0\leqslant y\leqslant1)$;

2) $\iint\limits_R\sin(x+y)\,\mathrm{d}x\mathrm{d}y,\quad R\left(0\leqslant x\leqslant\frac{\pi}{2},0\leqslant y\leqslant\frac{\pi}{2}\right)$;

3) $\iint\limits_R(x+y)\mathrm{e}^{x+y}\,\mathrm{d}x\mathrm{d}y,\quad R(0\leqslant x\leqslant1,2\leqslant y\leqslant4)$.

2. 将二重积分 $\iint\limits_Rf(x,y)\,\mathrm{d}x\mathrm{d}y$ 化为不同次序(先对 $x$ 后对 $y$ 与先对 $y$ 后对 $x$)的累次积分,其中区域 $R$ 分别是

1) 以 $(0,0),(2,1),(-2,1)$ 为顶点的三角形区域;

2) $x^2+y^2\leqslant1$;　　　3) $x^2+y^2\leqslant2y$.

3. 描绘下列积分区域,并改变累次积分的次序:

1) $\int_0^2\mathrm{d}x\int_x^{2x}f(x,y)\,\mathrm{d}y$;　　2) $\int_1^2\mathrm{d}x\int_{2-x}^{\sqrt{2x-x^2}}f(x,y)\,\mathrm{d}y$;

3) $\int_{-6}^2\mathrm{d}x\int_{\frac{x^2-4}{4}}^{2-x}f(x,y)\,\mathrm{d}y$.

4. 计算下列积分:

1) $\int_0^1\mathrm{d}x\int_x^1\mathrm{e}^{-y^2}\,\mathrm{d}y$;　　2) $\int_\pi^{2\pi}\mathrm{d}y\int_{y-\pi}^\pi\frac{\sin x}{x}\,\mathrm{d}x$.

(提示:改变累次积分的次序.)

5. 计算下列限定在 $R$ 上的曲顶柱体的体积:

1) $f(x,y)=x^2y^2,R$ 由 $xy=1,xy=2,y=x$ 与 $y=4x$ 所围成;

2) $f(x,y)=\sqrt{x^2+y^2},R:a^2\leqslant x^2+y^2\leqslant b^2,a<b$.

6. 计算下列曲线围成区域的面积:

1) 椭圆 $(a_1x+b_1y+c_1)^2+(a_2x+b_2y+c_2)^2=1,a_1b_2-a_2b_1\neq0$;

2) $y^2=2px,y^2=2qx,x^2=2ry,x^2=2sy,0<p<q,0<r<s$.

7. 证明下列等式:

1) $\iint\limits_Rf(x+y)\,\mathrm{d}x\mathrm{d}y=\int_{-1}^1f(u)\,\mathrm{d}u,R:|x|+|y|\leqslant1$;

2) $\iint\limits_Rf(xy)\,\mathrm{d}x\mathrm{d}y=\ln2\int_1^2f(u)\,\mathrm{d}u,R$ 由 $xy=1,xy=2,y=x,y=4x$ 所围成.

8. 计算曲线 $y=\mathrm{e}^x-2$ 在区间 $[-2,2]$ 与 $x$ 轴所围成区域的面积.

9. 计算下列曲面的面积:

1) 柱面 $x^2+z^2=a^2$ 与 $y^2+z^2=a^2$ 所围成立体的表面积;

2) 环面

$$x = (a+b\cos\varphi)\sin\theta, \quad y = (a+b\cos\varphi)\cos\theta, \quad z = b\sin\varphi,$$
$$0 \leqslant \varphi \leqslant 2\pi, \quad 0 \leqslant \theta \leqslant 2\pi, \quad 0 < b < a.$$

\*　　　\*　　　\*　　　\*　　　\*　　　\*　　　\*　　　\*

10. 计算下列二重积分:

1) $\displaystyle\iint\limits_{R} |x+y| \, \mathrm{d}x\mathrm{d}y, \quad R(-1 \leqslant x \leqslant 1, -1 \leqslant y \leqslant 1)$;

2) $\displaystyle\iint\limits_{R} |\cos(x+y)| \, \mathrm{d}x\mathrm{d}y, \quad R(0 \leqslant x \leqslant \pi, 0 \leqslant y \leqslant \pi)$;

3) $\displaystyle\iint\limits_{R} [x+y] \, \mathrm{d}x\mathrm{d}y, \quad R(0 \leqslant x \leqslant 2, 0 \leqslant y \leqslant 2)$.

11. 设函数 $f(x,y)$ 定义在 $R(0 \leqslant x \leqslant 1, 0 \leqslant y \leqslant 1)$, 且 $\forall y \in [0,1]$,

$$f(x,y) = \begin{cases} 1, & x \text{ 是无理数}, \\ 3y^2, & x \text{ 是有理数}. \end{cases}$$

证明:1) $f(x,y)$ 在 $R$ 不可积;

　2) 累次积分 $\displaystyle\int_0^1 \mathrm{d}x \int_0^1 f(x,y) \, \mathrm{d}y$ 存在;

　3) 先对 $x$ 后对 $y$ 的累次积分不存在.

12. 证明:若 $m$ 和 $n$ 为正整数,且其中至少有一个是奇数,则

$$\iint\limits_{x^2+y^2 \leqslant a^2} x^m y^n \, \mathrm{d}x\mathrm{d}y = 0 \quad (a>0).$$

13. 设函数 $f(x,y)$ 连续, $F(t) = \displaystyle\iint\limits_{R_t} f(x,y) \, \mathrm{d}x\mathrm{d}y$, 其中 $R_t : x^2+y^2 \leqslant t^2$, 求 $F'(t)$.

14. 证明:若函数 $f(x,y)$ 在 $R(a_1 \leqslant x \leqslant b_1, a_2 \leqslant y \leqslant b_2)$ 连续, $\forall (\alpha,\beta) \in R$, 令 $R_{\alpha\beta}(a_1 \leqslant x \leqslant \alpha, a_2 \leqslant y \leqslant \beta)$, 则

$$\frac{\partial^2}{\partial\alpha\partial\beta} \iint\limits_{R_{\alpha\beta}} f(x,y) \, \mathrm{d}x\mathrm{d}y = f(\alpha,\beta).$$

# § 13.2　三 重 积 分

## 一、三重积分概念

三重积分不仅是二重积分的推广,也是解决某些实际问题所必需的.例如,计算物体的质量等.

设三维欧氏空间 $\mathbf{R}^3$ 有可求体积的有界体 $V$.[①] 如果 $V$ 上每一点 $P(x,y,z)$ 的密度是三元函数 $\rho(x,y,z)$,求 $V$ 的质量.

首先将有界体 $V$ 任意分成 $n$ 个小体:

$$V_1, V_2, \cdots, V_n.$$

将此分法记为 $T$.设小体 $V_k$ 的体积是 $\Delta V_k$.在小体 $V_k$ 上任取一点 $P_k(\xi_k, \eta_k, \zeta_k)$.以点 $P_k$

———————————

① 本书所说的有界体都是可求体积的.

的密度 $\rho(\xi_k, \eta_k, \zeta_k)$ 近似代替小体 $V_k$ 上每一点的密度,则 $\rho(\xi_k, \eta_k, \zeta_k)\Delta V_k$ 应是小体 $V_k$ 质量的近似值 $(k = 1, 2, \cdots, n)$.于是,和数

$$\sum_{k=1}^{n} \rho(\xi_k, \eta_k, \zeta_k)\Delta V_k$$

应是有界体 $V$ 质量的近似值.设分法 $T$ 的 $n$ 个小体的直径①最大者是 $\|T\|$,即

$$\|T\| = \max\{d(V_1), d(V_2), \cdots, d(V_n)\}.$$

于是,$V$ 的质量 $m$ 应该是极限:

$$m = \lim_{\|T\| \to 0} \sum_{k=1}^{n} \rho(\xi_k, \eta_k, \zeta_k)\Delta V_k. \tag{1}$$

下面抽象地讨论(1)式,就有三重积分的定义:

设三元函数 $f(x, y, z)$ 在有界闭体 $V$ 有定义.用分法 $T$ 将 $V$ 分成 $n$ 个小体:$V_1$, $V_2, \cdots, V_n$.设它们的体积分别是 $\Delta V_1, \Delta V_2, \cdots, \Delta V_n$.在小体 $V_k$ 上任取一点 $P_k(\xi_k, \eta_k, \zeta_k)$ $(k = 1, 2, \cdots, n)$,作和

$$\sum_{k=1}^{n} f(\xi_k, \eta_k, \zeta_k)\Delta V_k, \tag{2}$$

称为三元函数 $f(x, y, z)$ 在 $V$ 的积分和.

令 $\|T\| = \max\{d(V_1), d(V_2), \cdots, d(V_n)\}$.

**定义** 设三元函数 $f(x, y, z)$ 在有界闭体 $V$ 有定义.若当 $\|T\| \to 0$ 时,三元函数 $f(x, y, z)$ 在 $V$ 的积分和(2)存在极限 $J$(数 $J$ 与分法 $T$ 无关,也与点 $P_k$ 的取法无关),即

$$\lim_{\|T\| \to 0} \sum_{k=1}^{n} f(\xi_k, \eta_k, \zeta_k)\Delta V_k = J,$$

则称三元函数 $f(x, y, z)$ 在 $V$ **可积**,$J$ 是函数 $f(x, y, z)$ 在 $V$ 的**三重积分**,记为

$$\iiint\limits_{V} f(x, y, z)\,dV \quad \text{或} \quad \iiint\limits_{V} f(x, y, z)\,dxdydz,$$

其中 $V$ 称为**积分区域**,$f(x, y, z)$ 称为**被积函数**,$dV$ 或 $dxdydz$ 称为**体积微元**.

根据三重积分定义,不难看到,如果三维欧氏空间 $\mathbf{R}^3$ 中物体 $V$ 上每点 $P(x, y, z)$ 的密度是三元函数 $\rho(x, y, z)$,则 $V$ 的质量 $m$ 是三重积分,即

$$m = \lim_{\|T\| \to 0} \sum_{k=1}^{n} \rho(\xi_k, \eta_k, \zeta_k)\Delta V_k = \iiint\limits_{V} \rho(x, y, z)\,dxdydz.$$

关于三重积分的存在性及其性质,读者可仿照二重积分的存在性及其性质一一写出,并可用相同的方法予以证明.

特别地,若 $\forall (x, y, z) \in V$,有 $f(x, y, z) \equiv 1$,则三重积分

$$\iiint\limits_{V} dxdydz$$

就是 $V$ 的体积.

## 二、三重积分的计算

求三重积分的方法是将三重积分化成一次定积分与一次二重积分,从而又进一步

---

① 有界体 $V$ 的任意两点距离的上确界,即 $\sup\{\|P - Q\| \mid P, Q \in V\}$,称为 $V$ 的直径,记为 $d(V)$. 例如,长方体的直径是它的斜对角线之长.

可将三重积分化成三次定积分.在一定条件下,三重积分可化成三次定积分的证明与二重积分可化成二次定积分的证法相同,从略.这里只给出求三重积分设置积分限的方法.

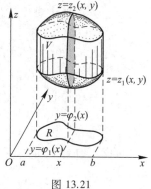

设 $V$ 由上、下两个曲面及母线平行 $z$ 轴的柱面所围成,如图 13.21. $V$ 在 $xy$ 平面上的投影是区域 $R$.下、上两个曲面分别是 $R$ 上的连续函数:

$$z = z_1(x, y) \quad 与 \quad z = z_2(x, y).$$

设区域 $R$ 在 $x$ 轴上的投影是区间 $[a, b]$.围成区域 $R$ 的下、上两条曲线分别是区间 $[a, b]$ 上的连续函数:

$$y = \varphi_1(x) \quad 与 \quad y = \varphi_2(x).$$

图 13.21

函数 $f(x, y, z)$ 在 $V$ 上的三重积分可化成三次定积分,即

$$\iiint\limits_{V} f(x, y, z)\,\mathrm{d}x\mathrm{d}y\mathrm{d}z = \int_a^b \mathrm{d}x \int_{\varphi_1(x)}^{\varphi_2(x)} \mathrm{d}y \int_{z_1(x,y)}^{z_2(x,y)} f(x, y, z)\,\mathrm{d}z. \tag{3}$$

或

$$\iiint\limits_{V} f(x, y, z)\,\mathrm{d}x\mathrm{d}y\mathrm{d}z = \iint\limits_{R} \mathrm{d}x\mathrm{d}y \int_{z_1(x,y)}^{z_2(x,y)} f(x, y, z)\,\mathrm{d}z.$$

在(3)式中, $\int_{z_1(x,y)}^{z_2(x,y)} f(x, y, z)\,\mathrm{d}z$ 表示当 $(x, y) \in R$ 暂时固定时,对 $z$ 积分.在 $V$ 内, $z$ 的变化由 $z_1(x, y)$ 到 $z_2(x, y)$.这是在 $V$ 内沿平行于 $z$ 轴的线段上的积分.其次,当 $x \in [a, b]$ 暂时固定时,对 $y$ 积分,即 $\int_{\varphi_1(x)}^{\varphi_2(x)} \mathrm{d}y \int_{z_1(x,y)}^{z_2(x,y)} f(x, y, z)\,\mathrm{d}z$,在 $V$ 内(或在投影区域 $R$ 内), $y$ 的变化由 $\varphi_1(x)$ 到 $\varphi_2(x)$.这是在 $V$ 内完成了过点 $x$ 且垂直于 $x$ 轴的平面截口区域上的积分.最后,对 $x$ 积分,即

$$\int_a^b \mathrm{d}x \int_{\varphi_1(x)}^{\varphi_2(x)} \mathrm{d}y \int_{z_1(x,y)}^{z_2(x,y)} f(x, y, z)\,\mathrm{d}z,$$

在 $V$ 内(或在投影区域 $R$ 内), $x$ 的变化由 $a$ 到 $b$.完成了在 $V$ 上的积分,如图 13.21.

**例 1** 计算平面 $x = 0, y = 0, z = 0$ 与 $x + y + z = 1$ 所围成的四面体的体积,如 §13.1 例 4.

**解** 已知四面体的体积 $I$ 是三重积分

$$I = \iiint\limits_{V} \mathrm{d}x\mathrm{d}y\mathrm{d}z,$$

其中 $V$ 由平面 $x = 0, y = 0, z = 0$ 与 $x + y + z = 1$ 所围成,如图 13.22.

先对 $z$ 作积分,将 $V$ 投影到 $xy$ 平面上,投影区域 $D$ 是直线 $x = 0, y = 0, x + y = 1$ 所围成的三角形区域.在区域 $D$ 上任取一点 $(x, y)$,在 $V$ 内, $z$ 的变化由 $z = 0$ 到 $z = 1 - x - y$.其次对 $y$ 积分,将区域 $D$ 投影到 $x$ 轴上是区间 $[0, 1]$.当 $x \in [0, 1]$,在区域 $D$ 内, $y$ 的变化由 $y = 0$ 到 $y = 1 - x$.最后对 $x$

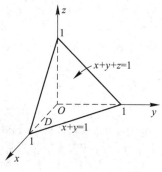

图 13.22

积分. 显然, $x$ 的变化从 $0$ 到 $1$, 即

$$I = \iiint\limits_V \mathrm{d}x\mathrm{d}y\mathrm{d}z = \int_0^1 \mathrm{d}x \int_0^{1-x} \mathrm{d}y \int_0^{1-x-y} \mathrm{d}z$$

$$= \int_0^1 \mathrm{d}x \int_0^{1-x} (1-x-y)\,\mathrm{d}y = \int_0^1 \left(y-xy-\frac{y^2}{2}\right) \Big|_0^{1-x} \mathrm{d}x$$

$$= \int_0^1 \left[ 1-x-x(1-x) -\frac{1}{2}(1-x)^2 \right] \mathrm{d}x$$

$$= \int_0^1 \left( \frac{1}{2} -x+\frac{1}{2}x^2 \right) \mathrm{d}x = \frac{1}{6}.$$

**例 2** 计算三重积分

$$\iiint\limits_V z\mathrm{d}x\mathrm{d}y\mathrm{d}z,$$

其中 $V$ 是上半椭球体: $\dfrac{x^2}{a^2}+\dfrac{y^2}{b^2}+\dfrac{z^2}{c^2} \leqslant 1, z \geqslant 0$, 如图 13.23.

**解** 先对 $z$ 积分, 将 $V$ 投影到 $xy$ 平面上, 投影区域 $D$ 是椭圆域 $\dfrac{x^2}{a^2}+\dfrac{y^2}{b^2} \leqslant 1$. 在区域 $D$ 上任取一点 $(x,y)$, 在 $V$ 内, $z$ 的变化由 $z=0$ 到 $z=c\sqrt{1-\dfrac{x^2}{a^2}-\dfrac{y^2}{b^2}}$. 其次对 $y$ 积分, 将区域 $D$ 投影到 $x$ 轴上得区间 $[-a,a]$. 当 $x \in [-a,a]$, 在区域 $D$ 内, $y$ 的变化由 $y=-\dfrac{b}{a}\sqrt{a^2-x^2}$ 到 $y=\dfrac{b}{a}\sqrt{a^2-x^2}$. 最后对 $x$ 积分, 显然, $x$ 的变化由 $-a$ 到 $a$, 即

$$\iiint\limits_V z\mathrm{d}x\mathrm{d}y\mathrm{d}z = \int_{-a}^a \mathrm{d}x \int_{-\frac{b}{a}\sqrt{a^2-x^2}}^{\frac{b}{a}\sqrt{a^2-x^2}} \mathrm{d}y \int_0^{c\sqrt{1-\frac{x^2}{a^2}-\frac{y^2}{b^2}}} z\mathrm{d}z$$

$$= \frac{c^2}{2} \int_{-a}^a \mathrm{d}x \int_{-\frac{b}{a}\sqrt{a^2-x^2}}^{\frac{b}{a}\sqrt{a^2-x^2}} \left( 1-\frac{x^2}{a^2}-\frac{y^2}{b^2} \right) \mathrm{d}y$$

$$= c^2 \int_{-a}^a \mathrm{d}x \int_0^{\frac{b}{a}\sqrt{a^2-x^2}} \left( 1-\frac{x^2}{a^2}-\frac{y^2}{b^2} \right) \mathrm{d}y \text{①}$$

$$= \frac{2bc^2}{3a^3} \int_{-a}^a (a^2-x^2)^{\frac{3}{2}} \mathrm{d}x$$

$$= \frac{4bc^2}{3a^3} \int_0^a (a^2-x^2)^{\frac{3}{2}} \mathrm{d}x = \frac{\pi}{4}abc^2.$$

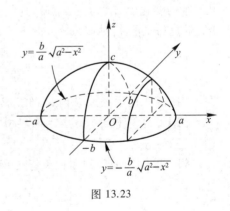

图 13.23

---

① 因为椭圆域关于 $x$ 轴对称, 被积函数又是关于 $y$ 的偶函数, 所以

$$\int_{-\frac{b}{a}\sqrt{a^2-x^2}}^{\frac{b}{a}\sqrt{a^2-x^2}} \left( 1-\frac{x^2}{a^2}-\frac{y^2}{b^2} \right) \mathrm{d}y = 2\int_0^{\frac{b}{a}\sqrt{a^2-x^2}} \left( 1-\frac{x^2}{a^2}-\frac{y^2}{b^2} \right) \mathrm{d}y.$$

注意, 如果积分区域关于 $x$ 轴对称, 而被积函数不是关于 $y$ 的偶函数, 不能写成此式.

### 三、三重积分的换元

对各种积分来说,换元是简化积分计算的一种重要方法.关于三重积分的换元(或变换)公式可仿照二重积分换元公式写出来,并可用同样的方法予以证明.本段只给出三重积分换元公式,证明从略.

若三元函数 $f(x,y,z)$ 在有界闭体 $V$ 连续,则三重积分

$$\iiint\limits_{V} f(x,y,z)\,dxdydz$$

存在.设函数组

$$\begin{cases} x=x(u,v,w), \\ y=y(u,v,w), \\ z=z(u,v,w), \end{cases} \tag{4}$$

在 $uvw$ 空间有界闭体 $V'$ 有定义.若满足下列条件:

1) 函数 $x(u,v,w),y(u,v,w),z(u,v,w)$ 所有的偏导数在 $V'$ 连续;

2) $\forall P'(u,v,w)\in V'$,函数组(4)的函数行列式不为 0,即

$$\left.\frac{\partial(x,y,z)}{\partial(u,v,w)}\right|_{P'}\neq 0;$$

3) 函数组(4)将 $uvw$ 空间中的 $V'$ 一一对应地变换为 $xyz$ 空间中的 $V$.

则有三重积分的换元公式

$$\iiint\limits_{V} f(x,y,z)\,dxdydz$$

$$= \iiint\limits_{V'} f[x(u,v,w),y(u,v,w),z(u,v,w)]\left|\frac{\partial(x,y,z)}{\partial(u,v,w)}\right|\,dudvdw. \tag{5}$$

**例 3** 计算六个平面

$$\begin{cases} a_1x+b_1y+c_1z=\pm h_1, \\ a_2x+b_2y+c_2z=\pm h_2, \\ a_3x+b_3y+c_3z=\pm h_3, \end{cases} \qquad \Delta = \begin{vmatrix} a_1 & b_1 & c_1 \\ a_2 & b_2 & c_2 \\ a_3 & b_3 & c_3 \end{vmatrix} \neq 0,$$

所围成的平行六面体 $V$ 的体积,其中 $a_i,b_i,c_i,h_i$ 都是常数,且 $h_i>0(i=1,2,3)$.

**解** 已知平行六面体 $V$ 的体积 $I$ 是三重积分

$$I=\iiint\limits_{V} dxdydz.$$

设

$$\begin{cases} u=a_1x+b_1y+c_1z, \\ v=a_2x+b_2y+c_2z, \\ w=a_3x+b_3y+c_3z, \end{cases} \qquad 有 \qquad \begin{cases} u=\pm h_1, \\ v=\pm h_2, \\ w=\pm h_3. \end{cases}$$

于是,$xyz$ 空间中的平行六面体变成 $uvw$ 空间中的长方体:

$$-h_1\leqslant u\leqslant h_1, \quad -h_2\leqslant v\leqslant h_2, \quad -h_3\leqslant w\leqslant h_3.$$

由函数行列式的性质,有

$$\frac{\partial(x,y,z)}{\partial(u,v,w)}=\frac{1}{\dfrac{\partial(u,v,w)}{\partial(x,y,z)}}=\frac{1}{\Delta}.$$

由公式(5),有

$$I = \iiint\limits_{V} \mathrm{d}x\mathrm{d}y\mathrm{d}z = \frac{1}{|\Delta|}\iiint\limits_{V'} \mathrm{d}u\mathrm{d}v\mathrm{d}w = \frac{1}{|\Delta|}\int_{-h_1}^{h_1}\mathrm{d}u\int_{-h_2}^{h_2}\mathrm{d}v\int_{-h_3}^{h_3}\mathrm{d}w = \frac{8}{|\Delta|}h_1h_2h_3.$$

在三重积分的换元中有两个最常用的变换:

1. **柱面坐标变换.** 设

$$\begin{cases} x = r\cos\varphi, \\ y = r\sin\varphi, \\ z = z, \end{cases} \tag{6}$$

其中 $0 \leqslant r < +\infty$, $0 \leqslant \varphi \leqslant 2\pi$, $-\infty < z < +\infty$, 称为**柱面坐标**, 如图 13.24. 构成柱面坐标的三族坐标面: $r$ = 常数, 是以 $z$ 轴为中心轴的圆柱面; $\varphi$ = 常数, 是以 $z$ 轴为边缘的半平面; $z$ = 常数, 是平行于 $xy$ 坐标面的平面.

$$\frac{\partial(x,y,z)}{\partial(r,\varphi,z)} = \begin{vmatrix} \cos\varphi & -r\sin\varphi & 0 \\ \sin\varphi & r\cos\varphi & 0 \\ 0 & 0 & 1 \end{vmatrix} = r,$$

有

$$\iiint\limits_{V} f(x,y,z)\mathrm{d}x\mathrm{d}y\mathrm{d}z = \iiint\limits_{V'} f(r\cos\varphi, r\sin\varphi, z)r\mathrm{d}r\mathrm{d}\varphi\mathrm{d}z, \tag{7}$$

其中 $V'$ 是 $V$ 在柱面坐标变换(6)下所对应的 $r\varphi z$ 空间中的有界体.

一般来说, 当围成 $V$ 的曲面的函数或被积函数含有"$x^2+y^2$"或"$x^2+y^2+z^2$"时, 可考虑使用柱面坐标变换(6).

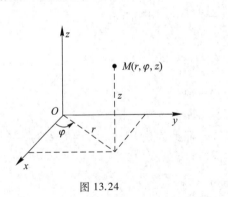

图 13.24 图 13.25

**例 4** 计算三重积分

$$\iiint\limits_{V} z\mathrm{d}x\mathrm{d}y\mathrm{d}z,$$

其中 $V$ 由上半球面 $x^2+y^2+z^2=4$ ($z \geqslant 0$) 和旋转抛物面 $x^2+y^2=3z$ 所围成, 如图 13.25.

**解** 围成 $V$ 的上、下曲面分别是

$$z = \sqrt{4-x^2-y^2} \quad \text{与} \quad z = \frac{1}{3}(x^2+y^2).$$

这两个曲面的交线(联立方程组的解): $z=1$, $x^2+y^2=3$, 即平面 $z=1$ 上的圆 $x^2+y^2=3$. 于是, $V$ 在 $xy$ 平面上的投影是圆域 $x^2+y^2 \leqslant 3$. 作柱面坐标变换, 设

$$\begin{cases} x = r\cos\varphi, \\ y = r\sin\varphi, \\ z = z, \end{cases} \qquad \frac{\partial(x,y,z)}{\partial(r,\varphi,z)} = r.$$

曲面方程和圆 $x^2+y^2=3$ 的方程分别是

$$z = \sqrt{4-r^2}, \quad z = \frac{r^2}{3} \quad 及 \quad r^2 = 3.$$

于是, $\dfrac{r^2}{3} \leqslant z \leqslant \sqrt{4-r^2}, 0 \leqslant r \leqslant \sqrt{3}, 0 \leqslant \varphi \leqslant 2\pi$. 由公式(7),有

$$\iiint\limits_V z\mathrm{d}x\mathrm{d}y\mathrm{d}z = \int_0^{2\pi}\mathrm{d}\varphi\int_0^{\sqrt3}\mathrm{d}r\int_{\frac{r^2}{3}}^{\sqrt{4-r^2}} zr\mathrm{d}z = \frac{13}{4}\pi.$$

**例5** 计算抛物面 $x^2+y^2=az(a>0)$,柱面 $x^2+y^2=2ax\ (a>0)$ 与平面 $z=0$ 所围成有界体 $V$ 的体积.

**解** $V$ 在 $xy$ 平面上的投影是圆域 $x^2+y^2 \leqslant 2ax$. 作柱面坐标变换,设

$$\begin{cases} x = r\cos\varphi, \\ y = r\sin\varphi, \\ z = z, \end{cases} \qquad \frac{\partial(x,y,z)}{\partial(r,\varphi,z)} = r.$$

于是, $0 \leqslant z \leqslant \dfrac{r^2}{a}, 0 \leqslant r \leqslant 2a\cos\varphi, -\dfrac{\pi}{2} \leqslant \varphi \leqslant \dfrac{\pi}{2}$. $V$ 的体积

$$I = \iiint\limits_V \mathrm{d}x\mathrm{d}y\mathrm{d}z = \int_{-\frac{\pi}{2}}^{\frac{\pi}{2}}\mathrm{d}\varphi\int_0^{2a\cos\varphi} r\mathrm{d}r\int_0^{\frac{r^2}{a}}\mathrm{d}z$$

$$= 2\int_0^{\frac{\pi}{2}}\mathrm{d}\varphi\int_0^{2a\cos\varphi} r\mathrm{d}r\int_0^{\frac{r^2}{a}}\mathrm{d}z = \frac{2}{a}\int_0^{\frac{\pi}{2}}\mathrm{d}\varphi\int_0^{2a\cos\varphi} r^3\mathrm{d}r$$

$$= 8a^3\int_0^{\frac{\pi}{2}}\cos^4\varphi\mathrm{d}\varphi = \frac{3}{2}\pi a^3.$$

2. **球面坐标变换**. 设

$$\begin{cases} x = r\sin\varphi\cos\theta, \\ y = r\sin\varphi\sin\theta, \\ z = r\cos\varphi, \end{cases} \tag{8}$$

其中 $0 \leqslant r < +\infty, 0 \leqslant \varphi \leqslant \pi, 0 \leqslant \theta \leqslant 2\pi$,称为**球面坐标**,如图13.26.构成球面坐标的三组坐标面:$r=$ 常数,是以原点为球心的球面;$\varphi=$ 常数,是以原点为顶点,以 $z$ 轴为中心轴的圆锥面;$\theta=$ 常数,是以 $z$ 轴为边缘的半平面.注意,$\varphi$ 是以 $z$ 轴为始边到 $OM$ 的夹角.

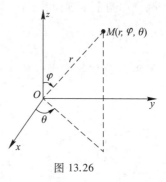

图13.26

$$\frac{\partial(x,y,z)}{\partial(r,\varphi,\theta)} = \begin{vmatrix} \sin\varphi\cos\theta & r\cos\varphi\cos\theta & -r\sin\varphi\sin\theta \\ \sin\varphi\sin\theta & r\cos\varphi\sin\theta & r\sin\varphi\cos\theta \\ \cos\varphi & -r\sin\varphi & 0 \end{vmatrix}$$

$$= r^2\sin\varphi.$$

因为 $0 \leqslant \varphi \leqslant \pi$,所以 $|r^2\sin\varphi| = r^2\sin\varphi$.有

$$\iiint\limits_{V} f(x,y,z)\mathrm{d}x\mathrm{d}y\mathrm{d}z = \iiint\limits_{V'} f(r\sin\varphi\cos\theta,r\sin\varphi\sin\theta,r\cos\varphi) \cdot r^2\sin\varphi\mathrm{d}r\mathrm{d}\varphi\mathrm{d}\theta, \quad (9)$$

其中 $V'$ 是 $V$ 在球面坐标变换(8)下所对应的 $r\varphi\theta$ 空间中的有界体.

一般来说,当围成 $V$ 的曲面函数或被积函数含有"$x^2+y^2+z^2$"或"$x^2+y^2$",可考虑使用球面坐标变换.特别地,当 $V$ 是以原点为球心,以 $a$ 为半径的球体:$x^2+y^2+z^2\leqslant a^2$,应用球面坐标变换最为简便.由球面坐标变换(8),有

$$x^2+y^2+z^2 = r^2(\sin^2\varphi\cos^2\theta+\sin^2\varphi\sin^2\theta+\cos^2\varphi) = r^2.$$

于是,球体:$x^2+y^2+z^2\leqslant a^2$ 在球面坐标变换下变换为 $r\varphi\theta$ 空间的长方体:

$$0\leqslant r\leqslant a, \quad 0\leqslant\varphi\leqslant\pi, \quad 0\leqslant\theta\leqslant2\pi.$$

**例 6** 计算三重积分

$$\iiint\limits_{V}(x^2+y^2+z^2)\mathrm{d}x\mathrm{d}y\mathrm{d}z,$$

其中 $V$ 由圆锥面 $x^2+y^2=z^2(z>0)$ 与上半球面 $x^2+y^2+z^2=R^2$ $(z\geqslant0)$ 所围成,如图 13.27.

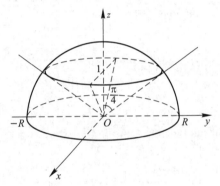

图 13.27

**解** 设

$$\begin{cases} x=r\sin\varphi\cos\theta, \\ y=r\sin\varphi\sin\theta, \\ z=r\cos\varphi, \end{cases} \qquad \frac{\partial(x,y,z)}{\partial(r,\varphi,\theta)}=r^2\sin\varphi.$$

圆锥面与上半球面在球面坐标中的方程分别是

$$\varphi=\frac{\pi}{4} \quad 与 \quad r=R.$$

于是,$V$ 经过球面坐标变换对应的 $V'$ 是

$$0\leqslant r\leqslant R, \quad 0\leqslant\varphi\leqslant\frac{\pi}{4}, \quad 0\leqslant\theta\leqslant2\pi.$$

由公式(9),有

$$\iiint\limits_{V}(x^2+y^2+z^2)\mathrm{d}x\mathrm{d}y\mathrm{d}z = \int_0^{2\pi}\mathrm{d}\theta\int_0^{\frac{\pi}{4}}\mathrm{d}\varphi\int_0^R r^2\cdot r^2\sin\varphi\mathrm{d}r$$

$$= \int_0^{2\pi}\mathrm{d}\theta\int_0^{\frac{\pi}{4}}\sin\varphi\mathrm{d}\varphi\int_0^R r^4\mathrm{d}r = \frac{2-\sqrt{2}}{5}\pi R^5.$$

**例 7**　计算椭球体 $\dfrac{x^2}{a^2}+\dfrac{y^2}{b^2}+\dfrac{z^2}{c^2} \leqslant 1$ 的体积.

**解**　作广义球面坐标变换,即

$$\begin{cases} x = ar\sin \varphi\cos \theta, \\ y = br\sin \varphi\sin \theta, \\ z = cr\cos \varphi, \end{cases} \qquad \frac{\partial(x,y,z)}{\partial(r,\varphi,\theta)} = abcr^2\sin \varphi.$$

椭球体 $V$ 在广义球面坐标变换下对应于 $r\varphi\theta$ 空间的长方体:

$$0 \leqslant r \leqslant 1, \quad 0 \leqslant \varphi \leqslant \pi, \quad 0 \leqslant \theta \leqslant 2\pi.$$

由公式(5),椭球体 $\dfrac{x^2}{a^2}+\dfrac{y^2}{b^2}+\dfrac{z^2}{c^2} \leqslant 1$ 的体积

$$I = \iiint\limits_{V} \mathrm{d}x\mathrm{d}y\mathrm{d}z = \int_0^{2\pi} \mathrm{d}\theta \int_0^{\pi} \mathrm{d}\varphi \int_0^1 abcr^2\sin \varphi\mathrm{d}r = \frac{4}{3}abc\pi.$$

## 四、简单应用

### 1. 物体的重心坐标

设三维欧氏空间 $\mathbf{R}^3$ 有 $n$ 个质量分别是 $m_1, m_2, \cdots, m_n$ 的质点组,它们的坐标分别是 $(\xi_1, \eta_1, \zeta_1), (\xi_2, \eta_2, \zeta_2), \cdots, (\xi_n, \eta_n, \zeta_n)$.由静力学知,这个质点组的重心是 $(\xi, \eta, \zeta)$,其坐标分别是

$$\xi = \frac{\displaystyle\sum_{i=1}^{n}\xi_i m_i}{\displaystyle\sum_{i=1}^{n} m_i}, \quad \eta = \frac{\displaystyle\sum_{i=1}^{n}\eta_i m_i}{\displaystyle\sum_{i=1}^{n} m_i}, \quad \zeta = \frac{\displaystyle\sum_{i=1}^{n}\zeta_i m_i}{\displaystyle\sum_{i=1}^{n} m_i}.$$

如果已知三维欧氏空间 $\mathbf{R}^3$ 的有界闭体 $V$ 上每一点 $(x,y,z)$ 的密度是连续函数 $\rho(x,y,z)$.将 $V$ 任意分成 $n$ 个小体: $V_1, V_2, \cdots, V_n$,分法记为 $T$.小体 $V_i$ 的体积记为 $\Delta V_i$.在小体 $V_i$ 上任意取一点 $P_i(\xi_i, \eta_i, \zeta_i)$.于是,小体 $V_i$ 的质量可近似表示为

$$\rho(\xi_i, \eta_i, \zeta_i)\Delta V_i.$$

将 $V$ 近似地看作是由 $n$ 个质点组成.于是,$V$ 的重心 $(\alpha, \beta, \gamma)$ 的坐标分别近似地是

$$\alpha \approx \frac{\displaystyle\sum_{i=1}^{n}\xi_i\rho(\xi_i, \eta_i, \zeta_i)\Delta V_i}{\displaystyle\sum_{i=1}^{n}\rho(\xi_i, \eta_i, \zeta_i)\Delta V_i}, \quad \beta \approx \frac{\displaystyle\sum_{i=1}^{n}\eta_i\rho(\xi_i, \eta_i, \zeta_i)\Delta V_i}{\displaystyle\sum_{i=1}^{n}\rho(\xi_i, \eta_i, \zeta_i)\Delta V_i},$$

$$\gamma \approx \frac{\displaystyle\sum_{i=1}^{n}\zeta_i\rho(\xi_i, \eta_i, \zeta_i)\Delta V_i}{\displaystyle\sum_{i=1}^{n}\rho(\xi_i, \eta_i, \zeta_i)\Delta V_i}.$$

当 $\|T\| \to 0$ 时,它们都存在极限,即

$$\alpha = \frac{\iiint\limits_V x\rho(x,y,z)\,dv}{\iiint\limits_V \rho(x,y,z)\,dv}, \qquad \beta = \frac{\iiint\limits_V y\rho(x,y,z)\,dv}{\iiint\limits_V \rho(x,y,z)\,dv}, \qquad \gamma = \frac{\iiint\limits_V z\rho(x,y,z)\,dv}{\iiint\limits_V \rho(x,y,z)\,dv}.$$

如果 $V$ 是均匀的,即密度函数 $\rho(x,y,z)$ 是常数,不妨设 $\rho(x,y,z) \equiv 1$, $V$ 的体积是 $I$,则 $V$ 的重心 $(\alpha,\beta,\gamma)$ 的坐标分别是

$$\alpha = \frac{1}{I}\iiint\limits_V x\,dv, \qquad \beta = \frac{1}{I}\iiint\limits_V y\,dv, \qquad \gamma = \frac{1}{I}\iiint\limits_V z\,dv. \qquad (10)$$

**例 8** 计算密度函数 $\rho(x,y,z) \equiv 1$ 的均匀上半球体 $V: x^2+y^2+z^2 \leqslant a^2 (z \geqslant 0)$ 的重心.

**解** 因为均匀半球体关于 $yz$ 与 $zx$ 坐标面都对称,所以在公式 (10) 中, $\alpha = \beta = 0$. 下面求 $\gamma$. 设 $I$ 是半径为 $a$ 的半球体积,已知 $I = \dfrac{2}{3}\pi a^3$. 求三重积分 $\iiint\limits_V z\,dv$. 作柱面坐标变换,设

$$x = r\cos\varphi, \qquad y = r\sin\varphi, \qquad z = z.$$

有

$$\iiint\limits_V z\,dv = \int_0^{2\pi} d\varphi \int_0^a r\,dr \int_0^{\sqrt{a^2-r^2}} z\,dz = \frac{1}{4}\pi a^4.$$

$$\gamma = \frac{1}{I}\iiint\limits_V z\,dv = \frac{3}{8}a.$$

于是,均匀上半球体的重心是 $\left(0, 0, \dfrac{3}{8}a\right)$.

**2. 物体的转动惯量**

在三维欧氏空间 $\mathbf{R}^3$ 有 $n$ 个质量分别是 $m_1, m_2, \cdots, m_n$ 的质点组,它们的坐标分别是 $(\xi_1,\eta_1,\zeta_1), (\xi_2,\eta_2,\zeta_2), \cdots, (\xi_n,\eta_n,\zeta_n)$. 这个质点组绕着某一个直线 $l$ 旋转. 设这 $n$ 个质点到直线 $l$ 的距离分别是 $d_1, d_2, \cdots, d_n$. 由力学知,质点组对直线 $l$ 的转动惯量

$$J = \sum_{i=1}^n d_i^2 m_i.$$

特别地,当 $l$ 分别是 $x$ 轴, $y$ 轴, $z$ 轴时,则质点组对 $x$ 轴, $y$ 轴, $z$ 轴的转动惯量 $J_x$, $J_y$, $J_z$ 分别是

$$J_x = \sum_{i=1}^n (\eta_i^2 + \zeta_i^2) m_i, \qquad J_y = \sum_{i=1}^n (\xi_i^2 + \zeta_i^2) m_i, \qquad J_z = \sum_{i=1}^n (\xi_i^2 + \eta_i^2) m_i.$$

设三维欧氏空间 $\mathbf{R}^3$ 中有界闭体 $V$ 上任意一点 $(x,y,z)$ 的密度是连续函数 $\rho(x,y,z)$,求它对 $x$ 轴, $y$ 轴与 $z$ 轴的转动惯量.

应用微元法写出转动惯量的公式. 在 $V$ 上任取一点 $(x,y,z)$. 在"该点上的体积"是 $dv$ (即点 $(x,y,z)$ 的体积微元),"该点的质量微元"是 $\rho(x,y,z)\,dv$. 该点到 $x$ 轴的距离是 $\sqrt{y^2+z^2}$. 于是,该质点到 $x$ 轴的转动惯量就是 $(y^2+z^2)\rho(x,y,z)\,dv$. 将 $V$ 上任意一点 $(x,y,z)$ 处的质量关于 $x$ 轴的转动惯量在 $V$ 上"连续相加"(即三重积分),就是 $V$ 对 $x$ 轴的转动惯量 $J_x$,即

$$J_x = \iiint\limits_{V} (y^2 + z^2) \rho(x,y,z) \, \mathrm{d}v.$$

同样,$V$ 关于 $y$ 轴和 $z$ 轴的转动惯量 $J_y$ 与 $J_z$ 分别是

$$J_y = \iiint\limits_{V} (z^2 + x^2) \rho(x,y,z) \, \mathrm{d}v$$

与

$$J_z = \iiint\limits_{V} (x^2 + y^2) \rho(x,y,z) \, \mathrm{d}v.$$

**例 9**  计算密度函数 $\rho(x,y,z) \equiv 1$ 的均匀球体 $V: x^2 + y^2 + z^2 \leqslant 1$ 关于三个坐标轴的转动惯量.

**解**  由上面公式知,球体 $V$ 关于三个坐标轴的转动惯量分别是

$$J_x = \iiint\limits_{V} (y^2 + z^2) \, \mathrm{d}v, \quad J_y = \iiint\limits_{V} (z^2 + x^2) \, \mathrm{d}v, \quad J_z = \iiint\limits_{V} (x^2 + y^2) \, \mathrm{d}v.$$

因为球体关于三个坐标面对称,被积函数关于每个变量都是偶函数,所以 $J_x = J_y = J_z$. 设 $J = J_x = J_y = J_z$,有

$$3J = \iiint\limits_{V} 2(x^2 + y^2 + z^2) \, \mathrm{d}v$$

或

$$J = \frac{2}{3} \iiint\limits_{V} (x^2 + y^2 + z^2) \, \mathrm{d}v.$$

作球面坐标变换,有

$$J = \frac{2}{3} \int_0^{2\pi} \mathrm{d}\theta \int_0^{\pi} \sin\varphi \, \mathrm{d}\varphi \int_0^1 r^4 \mathrm{d}r = \frac{8}{15}\pi.$$

即 $J_x = J_y = J_z = \dfrac{8}{15}\pi.$

# 练习题 13.2

1. 计算下列三重积分:

1) $\iiint\limits_{V} xy^2 z^3 \mathrm{d}x\mathrm{d}y\mathrm{d}z$,其中 $V$ 由曲面 $z = xy$ 与平面 $y = x, x = 1, z = 0$ 所围成;

2) $\iiint\limits_{V} \dfrac{\mathrm{d}x\mathrm{d}y\mathrm{d}z}{(1+x+y+z)^3}$,其中 $V$ 由平面 $x+y+z = 1, x = 0, y = 0, z = 0$ 所围成;

3) $\iiint\limits_{V} xyz\mathrm{d}x\mathrm{d}y\mathrm{d}z$,其中 $V = \{(x,y,z) \mid x^2 + y^2 + z^2 \leqslant 1, x \geqslant 0, y \geqslant 0, z \geqslant 0\}$;

4) $\iiint\limits_{V} \sqrt{x^2 + y^2} \, \mathrm{d}x\mathrm{d}y\mathrm{d}z$,其中 $V$ 由曲面 $x^2 + y^2 = z^2$ 与 $z = 1$ 所围成.

2. 将下列三重积分按不同的次序设置积分限:

1) $\int_0^1 \mathrm{d}x \int_0^{1-x} \mathrm{d}y \int_0^{x+y} f(x,y,z) \mathrm{d}z$;

2) $\int_{-1}^{1} \mathrm{d}x \int_{-\sqrt{1-x^2}}^{\sqrt{1-x^2}} \mathrm{d}y \int_{\sqrt{x^2+y^2}}^{1} f(x,y,z)\,\mathrm{d}z.$

3. 用适当的变换计算下列三重积分:

1) $\iiint\limits_{V} (x^2+y^2)\,\mathrm{d}x\mathrm{d}y\mathrm{d}z$,其中 $V$ 由曲面 $x^2+y^2=2z$ 与平面 $z=2$ 所围成;

2) $\iiint\limits_{V} z\sqrt{x^2+y^2}\,\mathrm{d}x\mathrm{d}y\mathrm{d}z$,其中 $V$ 由曲面 $y=\sqrt{2x-x^2}$ 与平面 $z=0,z=a(a>0),y=0$ 所围成;

3) $\iiint\limits_{V} \sqrt{1-\dfrac{x^2}{a^2}-\dfrac{y^2}{b^2}-\dfrac{z^2}{c^2}}\,\mathrm{d}x\mathrm{d}y\mathrm{d}z$,其中 $V$ 是椭球 $\dfrac{x^2}{a^2}+\dfrac{y^2}{b^2}+\dfrac{z^2}{c^2}\leqslant 1$;

4) $\iiint\limits_{V} (x^2+y^2)\,\mathrm{d}x\mathrm{d}y\mathrm{d}z$,其中 $V$ 由曲面 $z=\sqrt{b^2-x^2-y^2}$ 与 $z=\sqrt{a^2-x^2-y^2}$ $(b>a>0)$ 及平面 $z=0$ 所围成.

4. 计算下列曲面所围成立体的体积:

1) $z=xy,x^2+y^2=x,z=0$;

2) $z=x^2+y^2,z=2(x^2+y^2),y=x,y=x^2$;

3) $x^2+y^2+z^2=a^2,x^2+y^2+z^2=b^2,x^2+y^2=z^2(z\geqslant 0)$ $(0<a<b)$;

4) $(a_1x+b_1y+c_1z)^2+(a_2x+b_2y+c_2z)^2+(a_3x+b_3y+c_3z)^2=h^2$,其中 $h>0$,

$$\Delta=\begin{vmatrix} a_1 & b_1 & c_1 \\ a_2 & b_2 & c_2 \\ a_3 & b_3 & c_3 \end{vmatrix}\neq 0.$$

5. 计算下列曲面所围成的均匀立体(设 $\rho(x,y,z)\equiv 1$)的重心坐标:

1) $\dfrac{x^2}{a^2}+\dfrac{y^2}{b^2}=\dfrac{z^2}{c^2},z=c(c>0)$;

2) $z=x^2+y^2,z=\dfrac{1}{2}(x^2+y^2),|x|+|y|=1$.

6. 计算下列曲面所围成的均匀立体(设 $\rho(x,y,z)\equiv 1$)关于 $z$ 轴的转动惯量:

1) $z=x^2+y^2,|x|+|y|=1,z=0$;

2) $x^2+y^2+z^2=2,x^2+y^2=z^2(z>0)$.

   *    *    *    *    *    *    *    *

7. 证明:

$$\int_0^x \mathrm{d}v \int_0^v \mathrm{d}u \int_0^u f(t)\,\mathrm{d}t=\frac{1}{2}\int_0^x (x-t)^2 f(t)\,\mathrm{d}t.$$

8. 设 $F(t)=\iiint\limits_{V} f(x^2+y^2+z^2)\,\mathrm{d}x\mathrm{d}y\mathrm{d}z$,其中 $V:x^2+y^2+z^2\leqslant t^2$,$f$ 是可微函数,求 $F'(t)$.

9. 设函数 $f(x,y,z)$ 在 $V:x^2+y^2+z^2\leqslant 1$ 连续,$V_r:x^2+y^2+z^2\leqslant r^2(0<r\leqslant 1)$.求极限

$$\lim_{r\to 0}\frac{3}{r^3}\iiint\limits_{V_r} f(x,y,z)\,\mathrm{d}x\mathrm{d}y\mathrm{d}z.$$

10. 计算下列曲面所围成立体的体积:

1) $(x^2+y^2+z^2)^2=a^2(x^2+y^2-z^2)$;

2) $\left(\dfrac{x^2}{a^2}+\dfrac{y^2}{b^2}+\dfrac{z^2}{c^2}\right)^2=\dfrac{x}{h}(h>0)$.

11. 计算三重积分

$$\iiint\limits_{V} \frac{\mathrm{d}x\mathrm{d}y\mathrm{d}z}{\sqrt{x^2+y^2+(z-a)^2}},$$

其中 $V$ 是球体 $x^2+y^2+z^2 \leqslant 1$,且 $a>1$.(提示:用球面坐标变换.)

    12. 证明:若函数 $f(x,y,z)$ 连续,则

$$\iiint\limits_{V} f(ax+by+cz)\,\mathrm{d}x\mathrm{d}y\mathrm{d}z = \iiint\limits_{V'} f(ku)\,\mathrm{d}u\mathrm{d}v\mathrm{d}w,$$

其中 $V{:}x^2+y^2+z^2 \leqslant 1, V'{:}u^2+v^2+w^2 \leqslant 1, k = \sqrt{a^2+b^2+c^2}$.(提示:设 $u = \dfrac{a}{k}x + \dfrac{b}{k}y + \dfrac{c}{k}z$,$u$ 轴的方向余弦是

$l_1 = \dfrac{a}{k}, m_1 = \dfrac{b}{k}, n_1 = \dfrac{c}{k}$.任选 $v$ 轴与 $w$ 轴,使 $u,v,w$ 构成直角坐标系.设 $u = l_1x + m_1y + n_1z, v = l_2x + m_2y +$

$n_2z, w = l_3x + m_3y + n_3z$,这是线性变换.$u^2+v^2+w^2 = x^2+y^2+z^2, \dfrac{\partial(x,y,z)}{\partial(u,v,w)} = \pm 1$(正交变换).)

# §13.3 反常重积分

    在前面,我们已经讨论了有界函数在有界区域上的重积分,本节将讨论无界区域或无界函数的重积分问题——反常重积分.我们以反常二重积分为例进行讨论,对二重以上的反常积分的讨论是相同的.

## 一、无界区域上的反常重积分

    设 $D$ 是 $\mathbf{R}^2$ 中的无界区域,其边界由逐段光滑的曲线组成.函数 $f(x,y)$ 定义在区域 $D$ 上,且在 $D$ 的任何可求面积的有界子区域上可积.设 $\Gamma$ 是围绕原点的任意一条光滑或逐段光滑闭曲线,其围成的有界区域是 $E_\Gamma, D_\Gamma = E_\Gamma \cap D$,如图 13.28,记

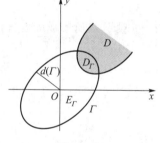

图 13.28

$$d(\Gamma) = d((0,0),\Gamma) = \min\{\sqrt{x^2+y^2} \mid (x,y) \in \Gamma\}.$$

    **定义** 若极限

$$I = \lim_{d(\Gamma) \to +\infty} \iint\limits_{D_\Gamma} f(x,y)\,\mathrm{d}x\mathrm{d}y$$

存在,且与 $\Gamma$ 的选取无关,则称 $f(x,y)$ 在 $D$ 上反常可积,而极限值 $I$ 称为 $f(x,y)$ 在无界区域 $D$ 上的反常二重积分的值,记为 $\iint\limits_{D} f(x,y)\,\mathrm{d}x\mathrm{d}y$,即

$$\iint\limits_{D} f(x,y)\,\mathrm{d}x\mathrm{d}y = \lim_{d(\Gamma) \to +\infty} \iint\limits_{D_\Gamma} f(x,y)\,\mathrm{d}x\mathrm{d}y,$$

此时,也称反常二重积分 $\iint\limits_{D} f(x,y)\,\mathrm{d}x\mathrm{d}y$ 收敛.

    若极限 $I$ 不存在,则称反常二重积分发散.

    为了讨论无界区域上的反常二重积分的收敛性,我们先讨论非负函数的情形.

    **定理 1** 设在无界区域 $D$ 上 $f(x,y) \geqslant 0$,$\{\Gamma_n\}$ 是一列包围原点的逐段光滑闭曲线,它们围成的有界区域列 $\{E_{\Gamma_n}\}$ 满足

$$E_{\Gamma_1} \subset E_{\Gamma_2} \subset \cdots \subset E_{\Gamma_n} \subset \cdots,$$

且有
$$\lim_{n\to\infty} d(\varGamma_n) = +\infty.$$

则 $\iint\limits_{D} f(x,y)\,\mathrm{d}x\mathrm{d}y$ 收敛的充分必要条件是数列 $\left\{\iint\limits_{D_{\varGamma_n}} f(x,y)\,\mathrm{d}x\mathrm{d}y\right\}$ 收敛,在收敛时有

$$\iint\limits_{D} f(x,y)\,\mathrm{d}x\mathrm{d}y = \lim_{n\to\infty} \iint\limits_{D_{\varGamma_n}} f(x,y)\,\mathrm{d}x\mathrm{d}y.$$

**证明** 必要性是显然的,下面证明充分性.

已知 $\left\{\iint\limits_{D_{\varGamma_n}} f(x,y)\,\mathrm{d}x\mathrm{d}y\right\}$ 收敛,记 $\lim\limits_{n\to\infty}\iint\limits_{D_{\varGamma_n}} f(x,y)\,\mathrm{d}x\mathrm{d}y = I$.设 $\varGamma$ 是围绕原点的任意一条

(逐段)光滑的闭曲线.证明

$$\lim_{d(\varGamma)\to+\infty} \iint\limits_{D_{\varGamma}} f(x,y)\,\mathrm{d}x\mathrm{d}y = I. \tag{1}$$

由已知条件知,
$$D_{\varGamma_1} \subset D_{\varGamma_2} \subset \cdots \subset D_{\varGamma_n} \subset \cdots,$$

其中 $D_{\varGamma_n} = E_{\varGamma_n} \cap D$,于是数列 $\left\{\iint\limits_{D_{\varGamma_n}} f(x,y)\,\mathrm{d}x\mathrm{d}y\right\}$ 是单调递增数列,且

$$\iint\limits_{D_{\varGamma_n}} f(x,y)\,\mathrm{d}x\mathrm{d}y \leqslant I,\ \forall\, n \in \mathbf{N}.$$

对于 $\varGamma$ 所围成的有界区域 $E_{\varGamma}$,$D_{\varGamma} = E_{\varGamma} \cap D$,于是 $\exists\, n \in \mathbf{N}$,使 $D_{\varGamma} \subset D_{\varGamma_n}$,从而

$$\iint\limits_{D_{\varGamma}} f(x,y)\,\mathrm{d}x\mathrm{d}y \leqslant \iint\limits_{D_{\varGamma_n}} f(x,y)\,\mathrm{d}x\mathrm{d}y \leqslant I.$$

另一方面,$\forall\, \varepsilon > 0$,$\exists\, N \in \mathbf{N}$,$\forall\, n \geqslant N$,有

$$\iint\limits_{D_{\varGamma_n}} f(x,y)\,\mathrm{d}x\mathrm{d}y \geqslant I - \varepsilon.$$

由 $D_{\varGamma_n}$ 有界,$\exists\, M > 0$,当 $d(\varGamma) > M$ 时,有 $D_{\varGamma} \supset D_{\varGamma_n}$,从而

$$I \geqslant \iint\limits_{D_{\varGamma}} f(x,y)\,\mathrm{d}x\mathrm{d}y \geqslant \iint\limits_{D_{\varGamma_n}} f(x,y)\,\mathrm{d}x\mathrm{d}y \geqslant I - \varepsilon,$$

即(1)式成立.

**定理2(比较判别法)** 设 $D$ 是 $\mathbf{R}^2$ 中具有逐段光滑边界的无界区域,$f(x,y)$ 与 $g(x,y)$ 在 $D$ 上有定义,且在 $D$ 上成立 $0 \leqslant f(x,y) \leqslant g(x,y)$,则

(1) 当 $\iint\limits_{D} g(x,y)\,\mathrm{d}x\mathrm{d}y$ 收敛时,$\iint\limits_{D} f(x,y)\,\mathrm{d}x\mathrm{d}y$ 也收敛;

(2) 当 $\iint\limits_{D} f(x,y)\,\mathrm{d}x\mathrm{d}y$ 发散时,$\iint\limits_{D} g(x,y)\,\mathrm{d}x\mathrm{d}y$ 也发散.

这是定理1的简单推论,证明略.

根据比较判别法,立即可以得到下面的定理:

**定理3(柯西判别法)** 设 $D$ 是 $\mathbf{R}^2$ 中具有逐段光滑边界的无界区域,在 $D$ 上 $f(x,y) \geqslant 0$,令 $r = \sqrt{x^2 + y^2}$,

(1) 若 $\exists\, r_0 > 0$,当 $r \geqslant r_0$ 时,有

$$f(x,y) \leqslant \frac{C}{r^p}, (x,y) \in D,$$

其中 $C$ 是正常数，$p>2$，则反常二重积分 $\iint\limits_{D} f(x,y)\mathrm{d}x\mathrm{d}y$ 收敛；

（2）若 $D$ 内含有一个顶点在原点的无限扇形：$D' = \{\alpha \leqslant \theta \leqslant \beta, r \geqslant r_0\}$，且

$$|f(x,y)| \geqslant \frac{C}{r^p}, (x,y) \in D',$$

其中 $C$ 是正常数，$p \leqslant 2$，则反常二重积分 $\iint\limits_{D} f(x,y)\mathrm{d}x\mathrm{d}y$ 发散.

与一元函数在无限区间上的反常积分不同，反常重积分有一个重要性质：积分的收敛与绝对收敛是等价的.

**定理 4** 设 $D$ 是 $\mathbf{R}^2$ 中具有逐段光滑边界的无界区域，则

$$\iint\limits_{D} f(x,y)\mathrm{d}x\mathrm{d}y \text{ 收敛} \Leftrightarrow \iint\limits_{D} |f(x,y)| \mathrm{d}x\mathrm{d}y \text{ 收敛}.$$

有了定理 4，判断一个函数 $f(x,y)$ 在无界区域 $D \subset \mathbf{R}^2$ 上的可积性，就可以先判断非负函数 $|f(x,y)|$ 在 $D$ 上的可积性.

**例 1** 证明 $\iint\limits_{\mathbf{R}^2} \mathrm{e}^{-(x^2+y^2)}\mathrm{d}x\mathrm{d}y$ 收敛，并计算泊松积分 $\int_0^{+\infty} \mathrm{e}^{-x^2}\mathrm{d}x$.

**证明** 函数 $f(x,y) = \mathrm{e}^{-(x^2+y^2)} > 0, \forall (x,y) \in \mathbf{R}^2$. 令 $\Gamma_n = \{(x,y) \mid x^2+y^2 = n^2\}$，则 $E_{\Gamma_n} = D_{\Gamma_n} = \{(x,y) \mid x^2+y^2 \leqslant n^2\}$. 为了计算 $\iint\limits_{D_{\Gamma_n}} \mathrm{e}^{-(x^2+y^2)}\mathrm{d}x\mathrm{d}y$，我们作极坐标变换

$$\begin{cases} x = r\cos\theta, \\ y = r\sin\theta, \end{cases}$$

该变换把区域 $D'_n = \{(r,\theta) \mid 0 \leqslant r \leqslant n, 0 \leqslant \theta \leqslant 2\pi\}$ 变为 $D_{\Gamma_n}$. 于是

$$\iint\limits_{D_{\Gamma_n}} \mathrm{e}^{-(x^2+y^2)}\mathrm{d}x\mathrm{d}y = \iint\limits_{D'_n} \mathrm{e}^{-r^2} r\mathrm{d}r\mathrm{d}\theta = \int_0^{2\pi}\mathrm{d}\theta \int_0^n \mathrm{e}^{-r^2} r\mathrm{d}r = \pi(1 - \mathrm{e}^{-n^2}),$$

从而

$$\lim_{n\to\infty} \iint\limits_{D_{\Gamma_n}} \mathrm{e}^{-(x^2+y^2)}\mathrm{d}x\mathrm{d}y = \pi.$$

由定理 1 反常二重积分 $\iint\limits_{\mathbf{R}^2} \mathrm{e}^{-(x^2+y^2)}\mathrm{d}x\mathrm{d}y$ 收敛，且

$$\iint\limits_{\mathbf{R}^2} \mathrm{e}^{-(x^2+y^2)}\mathrm{d}x\mathrm{d}y = \lim_{n\to\infty} \iint\limits_{D_{\Gamma_n}} \mathrm{e}^{-(x^2+y^2)}\mathrm{d}x\mathrm{d}y = \pi.$$

为了计算 $\int_0^{+\infty} \mathrm{e}^{-x^2}\mathrm{d}x$. 取 $D''_n = \{(x,y) \mid |x| \leqslant n, |y| \leqslant n\}$，于是

$$\lim_{n\to\infty} \iint\limits_{D''_n} \mathrm{e}^{-(x^2+y^2)}\mathrm{d}x\mathrm{d}y = \iint\limits_{\mathbf{R}^2} \mathrm{e}^{-(x^2+y^2)}\mathrm{d}x\mathrm{d}y = \pi,$$

而

$$\iint\limits_{D''_n} \mathrm{e}^{-(x^2+y^2)}\mathrm{d}x\mathrm{d}y = \int_{-n}^n \mathrm{e}^{-x^2}\mathrm{d}x \int_{-n}^n \mathrm{e}^{-y^2}\mathrm{d}y = 4\left(\int_0^n \mathrm{e}^{-x^2}\mathrm{d}x\right)^2,$$

所以

$$\lim_{n\to\infty} 4\left(\int_0^n e^{-x^2}dx\right)^2 = 4\left(\int_0^\infty e^{-x^2}dx\right)^2 = \pi,$$

故

$$\int_0^{+\infty} e^{-x^2}dx = \frac{\sqrt{\pi}}{2}.$$

**例2** 证明反常二重积分 $\iint\limits_D \dfrac{x^2-y^2}{(x^2+y^2)^2}dxdy$ 发散,其中 $D=\{(x,y)\mid x\geq 1,y\geq 1\}$.

**证明** 取 $D'=\{(x,y)\mid 2y\leq x\leq 3y\}$,$\forall(x,y)\in D'$,有 $4y^2\leq x^2\leq 9y^2$,于是,$x^2-y^2\geq 3y^2$,$x^2+y^2\leq 10y^2$,所以

$$f(x,y)=\frac{x^2-y^2}{(x^2+y^2)^2}\geq\frac{3y^2}{(x^2+y^2)^2}\geq\frac{3(x^2+y^2)}{10(x^2+y^2)^2}=\frac{3}{10(x^2+y^2)}=\frac{3}{10}\frac{1}{r^2},$$

由柯西判别法,反常二重积分 $\iint\limits_D \dfrac{x^2-y^2}{(x^2+y^2)^2}dxdy$ 发散.

## 二、无界函数的反常重积分

设 $D$ 是 $\mathbf{R}^2$ 中有界闭区域,其边界是逐段光滑的.$p_0(x_0,y_0)\in D$,函数 $f(x,y)$ 在 $D\setminus\{p_0\}$ 有定义,且对 $p_0$ 任意去心领域 $\overset{\circ}{U}(p_0)$,$f(x,y)$ 在 $D\cap\overset{\circ}{U}(p_0)$ 内无界,称 $p_0(x_0,y_0)$ 为 $f(x,y)$ 的**瑕点**.设对于包含 $p_0$ 的任意可求面积的有界区域 $U$,$f(x,y)$ 在 $D\setminus U$ 上都有界可积.$U\to p_0$ 表示 $U$ 收缩到点 $p_0$.

**定义** 若极限 $I=\lim\limits_{U\to p_0}\iint\limits_{D\setminus U}f(x,y)dxdy$ 存在,且与 $U$ 的取法无关,则称无界函数 $f(x,y)$ 在 $D$ 上**反常可积**,而极限值 $I$ 称为 $f(x,y)$ 在 $D$ 上的反常二重积分的值,记为 $\iint\limits_D f(x,y)dxdy$,即 $\iint\limits_D f(x,y)dxdy=I=\lim\limits_{U\to p_0}\iint\limits_{D\setminus U}f(x,y)dxdy$.此时也称反常二重积分 $\iint\limits_D f(x,y)dxdy$ **收敛**.

若极限 $I$ 不存在,则称反常二重积分**发散**.

**注** 若函数 $f(x,y)$ 在 $D$ 上有不止一个瑕点,甚至瑕点构成一条曲线(称为 $f(x,y)$ 在 $D$ 上的**奇线**),可类似地定义 $f(x,y)$ 在 $D$ 上的反常二重积分.

与无界区域上的反常重积分一样,无界函数的反常二重积分的收敛与绝对收敛也是等价的,与定理1类似的结果仍成立,比较判别法仍成立,而相应的柯西判别法为

**定理5(柯西判别法)** 设 $D$ 是 $\mathbf{R}^2$ 中具有逐段光滑边界的有界区域,$p_0\in D$ 是 $f(x,y)$ 在 $D$ 上唯一瑕点,令 $r=\sqrt{(x-x_0)^2+(y-y_0)^2}$,

(1) 若在 $p_0$ 的某邻域内 $|f(x,y)|\leq\dfrac{C}{r^p}$,其中 $C$ 为正常数,$p<2$,则反常二重积分 $\iint\limits_D f(x,y)dxdy$ 收敛;

(2) 如果在 $D$ 内含有一个以 $p_0$ 为顶点的角形区域 $D'$,且在 $D'$ 上有 $|f(x,y)|\geq\dfrac{C}{r^p}$,

其中 $C$ 为正常数,$p \geq 2$,则反常二重积分 $\iint\limits_{D} f(x,y)\,dxdy$ 发散.

**例 3** 计算 $\iint\limits_{D} \dfrac{dxdy}{\sqrt{x^2 + y^2}}$,其中 $D = \{(x,y) \mid x^2+y^2 \leq x\}$.

**解** $p_0(0,0) \in D$ 是被积函数 $f(x,y) = \dfrac{1}{\sqrt{x^2+y^2}}$ 的瑕点,而 $r = \sqrt{(x-0)^2+(y-0)^2} = \sqrt{x^2+y^2}$,$|f(x,y)| = \dfrac{1}{r}$,由柯西判别法,所给反常二重积分收敛.作极坐标变换,则 $D$ 对应于区域

$$D_1 = \left\{(r,\theta) \;\middle|\; -\frac{\pi}{2} \leq \theta \leq \frac{\pi}{2}, 0 \leq r \leq \cos\theta\right\},$$

于是

$$\iint\limits_{D} \frac{dxdy}{\sqrt{x^2 + y^2}} = \iint\limits_{D_1} dr d\theta = \int_{-\frac{\pi}{2}}^{\frac{\pi}{2}} d\theta \int_0^{\cos\theta} dr = 2.$$

**例 4** 证明反常二重积分 $\iint\limits_{D} \dfrac{x-y}{(x+y)^3}\,dxdy$ 发散,其中 $D = [0,1] \times [0,1]$.

**证明** $p_0(0,0)$ 是函数 $f(x,y) = \dfrac{x-y}{(x+y)^3}$ 的瑕点.令 $D' = \{(x,y) \in D \mid 0 < 2y < x < 3y\}$,则 $\forall (x,y) \in D'$,有

$$x^2+y^2 \geq 5y^2 > 0, \quad x-y > y, \quad 0 < (x+y)^3 < 64y^3,$$

于是在 $D'$ 上

$$|f(x,y)| \geq \frac{y}{64y^3} \geq \frac{5}{64(x^2+y^2)} = \frac{5}{64r^2},$$

由柯西判别法,反常二重积分发散.

# 练习题 13.3

1. 讨论下列反常重积分的收敛性:

1) $\iint\limits_{\mathbf{R}^2} \dfrac{dxdy}{(1 + |x|^p)(1 + |y|^q)}$;

2) $\iint\limits_{D} \dfrac{dxdy}{(1 + x^2 + y^2)^p}, D = \{(x,y) \mid x \geq 0, y \geq 0\}$;

3) $\iint\limits_{D} \dfrac{dxdy}{(1 + x^2 + y^2)^p}, D = \{(x,y) \mid -\infty < x < +\infty, 0 \leq y \leq 1\}$;

4) $\iint\limits_{D} f(x,y)\,dxdy, D = \{(x,y) \mid x \geq 0, y \geq 0\}$,其中

$$f(x,y) = \begin{cases} \dfrac{(-1)^{n-1}}{n}, & (x,y) \in [2n-1, 2n] \times [1,2], \ \forall n \in \mathbf{N}, \\ 0, & \text{其他}; \end{cases}$$

5) $\displaystyle\iint\limits_{x^2+y^2\leqslant 1}\frac{\mathrm{d}x\mathrm{d}y}{\left(x^2+xy+y^2\right)^p}$.

2. 计算下列反常重积分:

1) $\displaystyle\iint\limits_{D}\mathrm{e}^{-\left(\frac{x^2}{a^2}+\frac{y^2}{b^2}\right)}\mathrm{d}x\mathrm{d}y,D=\left\{(x,y)\left|\frac{x^2}{a^2}+\frac{y^2}{b^2}\geqslant 1\right.\right\}$;

2) $\displaystyle\iint\limits_{D}\ln\frac{1}{\sqrt{x^2+y^2}}\mathrm{d}x\mathrm{d}y,D=\{(x,y)\mid x^2+y^2\leqslant 1\}$;

3) $\displaystyle\iint\limits_{D}\frac{\mathrm{d}x\mathrm{d}y}{x^p y^q},D=\{(x,y)\mid x\geqslant 1,xy\geqslant 1,p\geqslant q\geqslant 1\}$;

4) $\displaystyle\iint\limits_{D}\frac{xy}{\left(x^2+y^2\right)^{\frac{3}{2}}}\mathrm{d}x\mathrm{d}y,D=[0,1]\times[0,1]$;

5) $\displaystyle\int\limits_{\mathbf{R}^n}\cdots\int\mathrm{e}^{-\left(x_1^2+x_2^2+\cdots+x_n^2\right)}\mathrm{d}x_1\mathrm{d}x_2\cdots\mathrm{d}x_n$.

## 答疑解惑

# 第十四章
# 曲线积分与曲面积分

## §14.1 曲线积分

### 一、第一型曲线积分

首先讨论物质曲线的质量.如果在 $xy$ 平面上有一条可求长的曲线 $C$,如图 14.1,已知曲线 $C$ 上点 $(x,y)$ 的线密度是 $\rho(x,y)$,求曲线 $C$ 的质量.

在曲线 $C$ 上依次任取一组点:
$$A = A_0, A_1, A_2, \cdots, A_{n-1}, A_n = B,$$
记为分法 $T$.它们将曲线 $C$ 分成 $n$ 个小弧:
$$\overset{\frown}{A_0 A_1}, \overset{\frown}{A_1 A_2}, \cdots, \overset{\frown}{A_{k-1} A_k}, \cdots, \overset{\frown}{A_{n-1} A_n}.$$

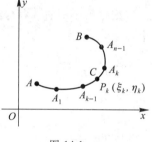

图 14.1

设第 $k$ 个小弧 $\overset{\frown}{A_{k-1} A_k}$ 的长是 $\Delta s_k$,在其上任取一点 $P_k(\xi_k, \eta_k)$.以点 $P_k$ 的线密度 $\rho(\xi_k, \eta_k)$ 近似代替第 $k$ 个小弧 $\overset{\frown}{A_{k-1} A_k}$ 上每一点的线密度.于是,$\rho(\xi_k, \eta_k) \Delta s_k$ 应是第 $k$ 个小弧 $\overset{\frown}{A_{k-1} A_k}$ 质量的近似值,$k = 1, 2, \cdots, n$.它们的和,即
$$\sum_{k=1}^{n} \rho(\xi_k, \eta_k) \Delta s_k$$
应是曲线 $C$ 质量的近似值.设 $\lambda(T)$ 是分法 $T$ 的 $n$ 个小弧之长中最大者.$\lambda(T)$ 越小,$\sum_{k=1}^{n} \rho(\xi_k, \eta_k) \Delta s_k$ 越接近于曲线 $C$ 的质量.于是,曲线 $C$ 的质量 $m$ 应该是极限
$$m = \lim_{\lambda(T) \to 0} \sum_{k=1}^{n} \rho(\xi_k, \eta_k) \Delta s_k.$$

抽去上式的物理意义就得到第一型曲线积分.

设二元函数 $f(x,y)$ 在 $xy$ 平面上一条可求长曲线 $C(A,B)$[①] 上有定义.用任意分法 $T$,将曲线 $C$ 依次分成 $n$ 个小弧:
$$\overset{\frown}{A_0 A_1}, \overset{\frown}{A_1 A_2}, \cdots, \overset{\frown}{A_{n-1} A_n}, \quad \text{其中 } A_0 = A, A_n = B.$$

---

① 下面所讨论的曲线都是光滑的或逐段光滑的,当然是可求长的.不再重述.

设它们的弧长分别是 $\Delta s_1, \Delta s_2, \cdots, \Delta s_n$. 在小弧 $\overparen{A_{k-1}A_k}$ 上任取一点 $P_k(\xi_k, \eta_k)$, $k = 1, 2, \cdots, n$, 取该点的函数值 $f(\xi_k, \eta_k)$ 与 $\Delta s_k$ 作乘积, 然后作和

$$Q_n = \sum_{k=1}^{n} f(\xi_k, \eta_k) \Delta s_k, \tag{1}$$

称为二元函数 $f(x, y)$ 在曲线 $C(A, B)$ 的**积分和**.

令 $\lambda(T) = \max\{\Delta s_1, \Delta s_2, \cdots, \Delta s_n\}$.

**定义**　设二元函数 $f(x, y)$ 在可求长曲线 $C(A, B)$ 有定义. 若当 $\lambda(T) \to 0$ 时, 二元函数 $f(x, y)$ 在曲线 $C(A, B)$ 的积分和 (1) 存在极限 $I$, 即

$$\lim_{\lambda(T) \to 0} Q_n = \lim_{\lambda(T) \to 0} \sum_{k=1}^{n} f(\xi_k, \eta_k) \Delta s_k = I,$$

则称 $I$ 是函数 $f(x, y)$ 在曲线 $C$ 的**第一型曲线积分**, 记为

$$I = \int_{C(A, B)} f(x, y) \, ds,$$

其中 $ds$ 是弧长微元.

不难看到, 在 $xy$ 平面上一条物质曲线 $C(A, B)$, 若其上每一点 $(x, y)$ 的线密度是 $\rho(x, y)$, 则物质曲线 $C$ 的质量 $m$ 是第一型曲线积分, 即

$$m = \lim_{\lambda(T) \to 0} \sum_{k=1}^{n} \rho(\xi_k, \eta_k) \Delta s_k = \int_{C(A, B)} \rho(x, y) \, ds.$$

根据第一型曲线积分定义, 不难证明, 第一型曲线积分有下述性质 (仅列举其中四个性质):

1. $\int_{C(A, B)} f(x, y) \, ds = \int_{C(B, A)} f(x, y) \, ds$, 即第一型曲线积分与曲线 $C$ 的方向 (由 $A$ 到 $B$ 或由 $B$ 到 $A$) 无关. 事实上, 在积分和 (1) 中小弧 $\overparen{A_{k-1}A_k}$ 之长 $\Delta s_k$ 与曲线 $C$ 的方向无关.

2. $\int_{C(A, B)} [f(x, y) \pm g(x, y)] \, ds = \int_{C(A, B)} f(x, y) \, ds \pm \int_{C(A, B)} g(x, y) \, ds.$

3. $\int_{C(A, B)} kf(x, y) \, ds = k \int_{C(A, B)} f(x, y) \, ds$, 其中 $k$ 是常数.

4. $\int_{C(A, B)} f(x, y) \, ds = \int_{C(A, F)} f(x, y) \, ds + \int_{C(F, B)} f(x, y) \, ds.$

**定理 1**　若曲线 $C(A, B): x = \varphi(t), y = \psi(t), \alpha \leqslant t \leqslant \beta$, 是光滑的, 即 $\varphi'(t), \psi'(t)$ 在 $[\alpha, \beta]$ 连续, 且不同时为零, 函数 $f(x, y)$ 在 $C$ 连续, 则函数 $f(x, y)$ 在 $C(A, B)$ 存在第一型曲线积分, 且

$$\int_{C(A, B)} f(x, y) \, ds = \int_{\alpha}^{\beta} f[\varphi(t), \psi(t)] \sqrt{\varphi'^2(t) + \psi'^2(t)} \, dt. \tag{2}$$

**证明**　给区间 $[\alpha, \beta]$ 任意分法 $T$, 分点依次是 $\alpha = t_0 < t_1 < t_2 < \cdots < t_n = \beta$. 第 $k$ 个小区间 $[t_{k-1}, t_k]$ 对应曲线 $C$ 上第 $k$ 个小弧 $\overparen{A_{k-1}A_k}$, 设其长是 $\Delta s_k$. 由 §8.5 弧长公式与定积分中值定理, 有

$$\Delta s_k = \int_{t_{k-1}}^{t_k} \sqrt{\varphi'^2(t) + \psi'^2(t)} \, dt = \sqrt{\varphi'^2(\tau_k) + \psi'^2(\tau_k)} \, \Delta t_k,$$

其中 $\Delta t_k = t_k - t_{k-1}, t_{k-1} \leqslant \tau_k \leqslant t_k$. 在 $[t_{k-1}, t_k]$ 上任取一点 $\eta_k$, 在曲线 $C$ 上对应点是 $P(\varphi(\eta_k), \psi(\eta_k))$. 作和

$$Q_n = \sum_{k=1}^n f[\varphi(\eta_k),\psi(\eta_k)]\Delta s_k$$

$$= \sum_{k=1}^n f[\varphi(\eta_k),\psi(\eta_k)]\sqrt{\varphi'^2(\tau_k)+\psi'^2(\tau_k)}\,\Delta t_k. \tag{3}$$

注意上面等式中 $\eta_k$ 与 $\tau_k$ 都属于 $[t_{k-1},t_k]$,但是不一定相等.为此将它改写为

$$Q_n = \sum_{k=1}^n f[\varphi(\eta_k),\psi(\eta_k)]\sqrt{\varphi'^2(\eta_k)+\psi'^2(\eta_k)}\,\Delta t_k + \sum_{k=1}^n \omega_k \Delta t_k, \tag{4}$$

其中

$$\omega_k = f[\varphi(\eta_k),\psi(\eta_k)]\left[\sqrt{\varphi'^2(\tau_k)+\psi'^2(\tau_k)} - \sqrt{\varphi'^2(\eta_k)+\psi'^2(\eta_k)}\right].$$

(4)式第一个和数是连续函数

$$f[\varphi(t),\psi(t)]\sqrt{\varphi'^2(t)+\psi'^2(t)}$$

在区间 $[\alpha,\beta]$ 的积分和.因此,有

$$\lim_{l(T)\to 0}\sum_{k=1}^n f[\varphi(\eta_k),\psi(\eta_k)]\sqrt{\varphi'^2(\eta_k)+\psi'^2(\eta_k)}\,\Delta t_k$$

$$= \int_\alpha^\beta f[\varphi(t),\psi(t)]\sqrt{\varphi'^2(t)+\psi'^2(t)}\,\mathrm{d}t.$$

下面证明 $\displaystyle\lim_{l(T)\to 0}\sum_{k=1}^n \omega_k \Delta t_k = 0.$

事实上,已知函数 $f[\varphi(t),\psi(t)]$ 在闭区间 $[\alpha,\beta]$ 连续,从而它在 $[\alpha,\beta]$ 有界;函数 $\sqrt{\varphi'^2(t)+\psi'^2(t)}$ 在闭区间 $[\alpha,\beta]$ 连续,从而一致连续.即 $\exists M>0,\forall t\in[\alpha,\beta]$,有

$$|f[\varphi(t),\psi(t)]| \leqslant M.$$

又 $\forall \varepsilon>0,\exists\delta>0,\Delta t_k<\delta(|\tau_k-\eta_k|<\delta)$,有

$$\left|\sqrt{\varphi'^2(\tau_k)+\psi'^2(\tau_k)} - \sqrt{\varphi'^2(\eta_k)+\psi'^2(\eta_k)}\right| < \varepsilon.$$

于是,当 $l(T)<\delta$ 时,有

$$\left|\sum_{k=1}^n \omega_k \Delta t_k\right|$$

$$\leqslant \sum_{k=1}^n |f[\varphi(\eta_k),\psi(\eta_k)]| \cdot \left|\sqrt{\varphi'^2(\tau_k)+\psi'^2(\tau_k)} - \sqrt{\varphi'^2(\eta_k)+\psi'^2(\eta_k)}\right| \cdot |\Delta t_k|$$

$$\leqslant M\varepsilon \sum_{k=1}^n |\Delta t_k| = M(\beta-\alpha)\varepsilon,$$

即

$$\lim_{l(T)\to 0}\sum_{k=1}^n \omega_k \Delta t_k = 0.$$

当 $\lambda(T)\to 0$ 时,有 $l(T)\to 0$.① 当 $\lambda(T)\to 0$ 时,(4)式存在极限,即函数 $f(x,y)$ 在曲线 $C$ 上存在第一型曲线积分,即

$$\int_{C(A,B)} f(x,y)\,\mathrm{d}s = \int_\alpha^\beta f[\varphi(t),\psi(t)]\sqrt{\varphi'^2(t)+\psi'^2(t)}\,\mathrm{d}t.$$

(2)式将第一型曲线积分化成了定积分,它就是计算第一型曲线积分的公式.

---

① 当曲线 $C:x=\varphi(t),y=\psi(t)$ 是光滑时,可以证明: $l(T)\to 0 \Longleftrightarrow \lambda(T)\to 0$.

特别地,曲线 $C(A,B)$ 是由方程 $y=y(x)$ 给出,且 $y'(x)$ 在 $[a,b]$ 连续时,(2)式是

$$\int_{C(A,B)} f(x,y)\,\mathrm{d}s = \int_a^b f[x,y(x)]\sqrt{1+y'^2(x)}\,\mathrm{d}x. \tag{5}$$

**例 1**　计算 $I=\displaystyle\int_C xy\,\mathrm{d}s$,其中 $C:x=a\cos t,y=b\sin t,0\leqslant t\leqslant\dfrac{\pi}{2}$.

**解**　$x'=-a\sin t,y'=b\cos t.\ \sqrt{x'^2+y'^2}=\sqrt{a^2\sin^2 t+b^2\cos^2 t}.$
由公式(2),有

$$I=\int_0^{\frac{\pi}{2}} a\cos t\cdot b\sin t\sqrt{a^2\sin^2 t+b^2\cos^2 t}\,\mathrm{d}t=\frac{ab}{2}\int_0^{\frac{\pi}{2}}\sin 2t\sqrt{a^2\frac{1-\cos 2t}{2}+b^2\frac{1+\cos 2t}{2}}\,\mathrm{d}t.$$

设 $z=\cos 2t,\mathrm{d}z=-2\sin 2t\mathrm{d}t$ 或 $\sin 2t\mathrm{d}t=-\dfrac{1}{2}\mathrm{d}z$,有

$$I=\frac{ab}{4}\int_{-1}^1\sqrt{\frac{a^2+b^2}{2}+\frac{b^2-a^2}{2}z}\,\mathrm{d}z=\frac{ab}{4}\frac{2}{b^2-a^2}\frac{2}{3}\left(\frac{a^2+b^2}{2}+\frac{b^2-a^2}{2}z\right)^{\frac{3}{2}}\bigg|_{-1}^1=\frac{ab}{3}\frac{a^2+ab+b^2}{a+b}.$$

**例 2**　计算 $I=\displaystyle\oint_C\sqrt{x^2+y^2}\,\mathrm{d}s$,其中 $C$ 是圆周 $x^2+y^2=ax,a>0$.

**解**　如图 14.2. $C=C_1+C_2$.

$C_1:y=\sqrt{ax-x^2}$, $C_2:y=-\sqrt{ax-x^2}$. $y'=\pm\dfrac{a-2x}{2\sqrt{ax-x^2}}$,

$$\mathrm{d}s=\sqrt{1+y'^2}\,\mathrm{d}x=\frac{a}{2\sqrt{ax-x^2}}\mathrm{d}x.$$

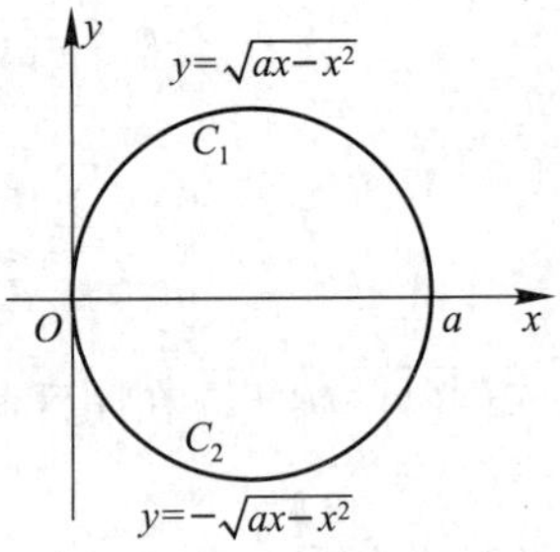

由公式(5),有

$$I=\oint_C\sqrt{x^2+y^2}\,\mathrm{d}s=\int_{C_1}\sqrt{x^2+y^2}\,\mathrm{d}s+\int_{C_2}\sqrt{x^2+y^2}\,\mathrm{d}s$$

$$=\int_0^a\sqrt{x^2+(ax-x^2)}\frac{a}{2\sqrt{ax-x^2}}\mathrm{d}x+\int_0^a\sqrt{x^2+(ax-x^2)}\frac{a}{2\sqrt{ax-x^2}}\mathrm{d}x$$

$$=2\int_0^a\frac{a\sqrt{ax}}{2\sqrt{ax-x^2}}\mathrm{d}x=a\sqrt{a}\int_0^a\frac{\mathrm{d}x}{\sqrt{a-x}}$$

$$=a\sqrt{a}\cdot 2\sqrt{a}=2a^2.$$

设三维欧氏空间 $\mathbf{R}^3$ 有一条可求长的曲线 $C(A,B).$ 函数 $f(x,y,z)$ 在曲线 $C$ 有定义.可仿照平面(二维空间)第一型曲线积分定义给出函数 $f(x,y,z)$ 在空间曲线 $C$ 上的第一型曲线积分

$$\int_{C(A,B)} f(x,y,z)\,\mathrm{d}s \tag{6}$$

的定义,其中 $\mathrm{d}s$ 是空间曲线 $C$ 的弧长微分.

若三维欧氏空间 $\mathbf{R}^3$ 中光滑曲线 $C$ 的参数方程是

$$x=x(t),\quad y=y(t),\quad z=z(t),\quad \alpha\leqslant t\leqslant\beta,$$

则三维欧氏空间 $\mathbf{R}^3$ 中第一型曲线积分(6)可化成定积分,有公式

$$\int_{C(A,B)} f(x,y,z)\,\mathrm{d}s=\int_\alpha^\beta f[x(t),y(t),z(t)]\sqrt{x'^2(t)+y'^2(t)+z'^2(t)}\,\mathrm{d}t, \tag{7}$$

图 14.2

其中 $\sqrt{x'^2(t)+y'^2(t)+z'^2(t)}\,\mathrm{d}t$ 是空间曲线 $C$ 的弧长微分,即

$$\mathrm{d}s = \sqrt{x'^2(t)+y'^2(t)+z'^2(t)}\,\mathrm{d}t$$
$$= \sqrt{[x'(t)\,\mathrm{d}t]^2+[y'(t)\,\mathrm{d}t]^2+[z'(t)\,\mathrm{d}t]^2} = \sqrt{\mathrm{d}x^2+\mathrm{d}y^2+\mathrm{d}z^2}.$$

**例 3** 计算 $\int_C (x^2+y^2+z^2)\,\mathrm{d}s$,其中 $C$ 是圆柱螺旋线:

$$x = a\cos t, \quad y = a\sin t, \quad z = bt, \quad 0 \leqslant t \leqslant 2\pi.$$

**解** $x' = -a\sin t, y' = a\cos t, z' = b.$

$$\mathrm{d}s = \sqrt{x'^2+y'^2+z'^2}\,\mathrm{d}t = \sqrt{a^2+b^2}\,\mathrm{d}t.$$

$$\int_C (x^2+y^2+z^2)\,\mathrm{d}s = \int_0^{2\pi} (a^2+b^2t^2)\sqrt{a^2+b^2}\,\mathrm{d}t = \sqrt{a^2+b^2}\left(2a^2\pi+\frac{8}{3}b^2\pi^3\right).$$

## 二、第二型曲线积分

首先讨论力场作功问题.我们知道,若质点在常力 $\boldsymbol{F}$(大小与方向都不变)的作用下沿直线运动,位移是 $l$(有向线段),则常力 $\boldsymbol{F}$ 所作的功 $W$ 是 $\boldsymbol{F}$ 与 $l$ 的内积,

即
$$W = \boldsymbol{F} \cdot l = |\boldsymbol{F}| \cdot |l|\cos\theta,$$

其中 $\theta$ 是 $\boldsymbol{F}$ 与 $l$ 之间的夹角.

设有一质点在平面力场 $\boldsymbol{F} = (P(x,y), Q(x,y))$ 的作用下,沿光滑的有向曲线 $C$ 由点 $A$ 运动到点 $B$,如图 14.3,求力场 $\boldsymbol{F}$ 所作的功.

用任意分法 $T$,将曲线 $C$ 分成 $n$ 个有向的小弧:

$$\widehat{A_0A_1},\ \widehat{A_1A_2},\cdots,\widehat{A_{n-1}A_n}, \quad 其中\ A_0 = A, A_n = B.$$

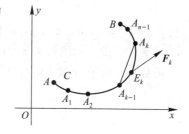

图 14.3

设 $A_k$ 的坐标是 $(x_k, y_k)$.将第 $k$ 个有向小弧 $\widehat{A_{k-1}A_k}$ 的弦记为 $\overrightarrow{A_{k-1}A_k}$,则弦 $\overrightarrow{A_{k-1}A_k}$ 在 $x$ 轴与 $y$ 轴上的投影分别是 $x_k - x_{k-1}$ 与 $y_k - y_{k-1}$,即

$$\overrightarrow{A_{k-1}A_k} = (x_k-x_{k-1}, y_k-y_{k-1}) = (\Delta x_k, \Delta y_k).$$

在第 $k$ 个小弧 $\widehat{A_{k-1}A_k}$ 上任取一点 $E_k(\xi_k, \eta_k)$.在点 $E_k$ 的(力)向量是
$$\boldsymbol{F}_k(\xi_k, \eta_k) = (P(\xi_k, \eta_k), Q(\xi_k, \eta_k)).$$

以点 $E_k$ 的向量近似代替第 $k$ 个小弧 $\widehat{A_{k-1}A_k}$ 上每一点的向量.于是,内积 $\boldsymbol{F}_k(\xi_k, \eta_k) \cdot \overrightarrow{A_{k-1}A_k}$ 应是质点在力场 $\boldsymbol{F}$ 的作用下,沿第 $k$ 个小弧 $\widehat{A_{k-1}A_k}$ 由点 $A_{k-1}$ 运动到点 $A_k$ 所作功的近似值.它们的和

$$\sum_{k=1}^{n} \boldsymbol{F}_k(\xi_k, \eta_k) \cdot \overrightarrow{A_{k-1}A_k}$$

应是质点在力场 $\boldsymbol{F}$ 的作用下,沿曲线 $C$ 由点 $A$ 到点 $B$ 所作功 $W$ 的近似值.当 $\lambda(T)$ 越小,近似程度越好.于是,当 $\lambda(T) \to 0$ 时,有

$$W = \lim_{\lambda(T)\to 0} \sum_{k=1}^{n} \boldsymbol{F}_k(\xi_k, \eta_k) \cdot \overrightarrow{A_{k-1}A_k}.$$

由内积公式,有

$$F_k(\xi_k, \eta_k) \cdot \overrightarrow{A_{k-1}A_k} = (P(\xi_k, \eta_k), Q(\xi_k, \eta_k)) \cdot (\Delta x_k, \Delta y_k)$$
$$= P(\xi_k, \eta_k)\Delta x_k + Q(\xi_k, \eta_k)\Delta y_k,$$

即

$$W = \lim_{\lambda(T)\to 0} \sum_{k=1}^{n} \left[ P(\xi_k, \eta_k)\Delta x_k + Q(\xi_k, \eta_k)\Delta y_k \right]$$
$$= \lim_{\lambda(T)\to 0} \sum_{k=1}^{n} P(\xi_k, \eta_k)\Delta x_k + \lim_{\lambda(T)\to 0} \sum_{k=1}^{n} Q(\xi_k, \eta_k)\Delta y_k. \tag{8}$$

抽出(8)式的物理意义就得到第二型曲线积分.

设平面上有光滑有向曲线 $C(A,B)$, 二元函数 $f(x,y)$ 在曲线 $C$ 上有定义. 用任意分法 $T$, 将曲线 $C$ 依次分成 $n$ 个有向小弧:

$$\widehat{A_0 A_1}, \widehat{A_1 A_2}, \cdots, \widehat{A_{n-1} A_n}, \quad \text{其中 } A_0 = A, A_n = B.$$

设第 $k$ 个小弧 $\widehat{A_{k-1}A_k}$ 的弦 $\overrightarrow{A_{k-1}A_k}$ 在 $x$ 轴与 $y$ 轴上的投影区间的长(带有符号)分别是 $\Delta x_k$ 与 $\Delta y_k$. 在第 $k$ 个小弧 $\widehat{A_{k-1}A_k}$ 上任取一点 $E_k(\xi_k, \eta_k)$. 作和

$$\sum_{k=1}^{n} f(\xi_k, \eta_k)\Delta x_k \quad \text{与} \quad \sum_{k=1}^{n} f(\xi_k, \eta_k)\Delta y_k, \tag{9}$$

分别称为二元函数 $f(x,y)$ 在曲线 $C(A,B)$ 关于 $x$ 与 $y$ 的**积分和**.

令 $\lambda(T) = \max\{\Delta s_1, \Delta s_2, \cdots, \Delta s_n\}$. ($\Delta s_k$ 是第 $k$ 个小弧 $\widehat{A_{k-1}A_k}$ 的长.)

**定义**　设二元函数 $f(x,y)$ 在有向光滑曲线 $C(A,B)$ 有定义. 若当 $\lambda(T)\to 0$ 时, 二元函数 $f(x,y)$ 在曲线 $C(A,B)$ 关于 $x$(或 $y$)的积分和(9)存在极限 $J_x$(或 $J_y$), 即

$$\lim_{\lambda(T)\to 0} \sum_{k=1}^{n} f(\xi_k, \eta_k)\Delta x_k = J_x \quad \left( \text{或} \lim_{\lambda(T)\to 0} \sum_{k=1}^{n} f(\xi_k, \eta_k)\Delta y_k = J_y \right),$$

称 $J_x$(或 $J_y$)是 $f(x,y)\mathrm{d}x$(或 $f(x,y)\mathrm{d}y$)在曲线 $C(A,B)$ 的**第二型曲线积分**, 记为

$$\int_{C(A,B)} f(x,y)\mathrm{d}x \quad \left( \text{或} \int_{C(A,B)} f(x,y)\mathrm{d}y \right).$$

由(8)式不难看到, 质点在平面力场 $F = (P(x,y), Q(x,y))$ 的作用下, 沿光滑的有向曲线 $C$ 由点 $A$ 运动到点 $B$, 力场 $F$ 所作的功 $W$ 是 $P(x,y)\mathrm{d}x$ 与 $Q(x,y)\mathrm{d}y$ 在曲线 $C(A,B)$ 上的第二型曲线积分之和, 即

$$W = \lim_{\lambda(T)\to 0} \sum_{k=1}^{n} P(\xi_k, \eta_k)\Delta x_k + \lim_{\lambda(T)\to 0} \sum_{k=1}^{n} Q(\xi_k, \eta_k)\Delta y_k$$
$$= \int_{C(A,B)} P(x,y)\mathrm{d}x + \int_{C(A,B)} Q(x,y)\mathrm{d}y.$$

通常上式简写为

$$W = \int_{C(A,B)} P(x,y)\mathrm{d}x + Q(x,y)\mathrm{d}y. \tag{10}$$

由弧长微分知, $\mathrm{d}x$ 与 $\mathrm{d}y$ 分别是弧长微分 $\mathrm{d}s$ 在 $x$ 轴与 $y$ 轴上的投影. 弧长微分 $\mathrm{d}s$ 的方向就是曲线 $C(A,B)$ 的方向, 则弧长向量微元 $\mathrm{d}s = (\mathrm{d}x, \mathrm{d}y)$. 于是, 功 $W$ 可写成向量形式的积分

$$W = \int_{C(A,B)} F(x,y) \cdot \mathrm{d}s. \tag{11}$$

**注** 第二型曲线积分与曲线 $C(A,B)$ 的方向有关.因为 $\Delta x_k$ 与 $\Delta y_k$ 分别是第 $k$ 个有向小弧 $\overset{\frown}{A_{k-1}A_k}$ 的弦 $\overrightarrow{A_{k-1}A_k}$ 在 $x$ 轴与 $y$ 轴上的投影,当改变曲线 $C$ 的方向时,$\Delta x_k$ 与 $\Delta y_k$ 要改变符号,所以第二型曲线积分也要改变符号,即

$$\int_{C(A,B)} f(x,y)\,\mathrm{d}x = -\int_{C(B,A)} f(x,y)\,\mathrm{d}x$$

与

$$\int_{C(A,B)} f(x,y)\,\mathrm{d}y = -\int_{C(B,A)} f(x,y)\,\mathrm{d}y.$$

**定理 2** 如果二元函数 $f(x,y)$ 在有向光滑曲线 $C(A,B): x=x(t), y=y(t), \alpha \le t \le \beta$ 连续,且 $A(x(\alpha),y(\alpha)), B(x(\beta),y(\beta))$,则 $f(x,y)\,\mathrm{d}x$ 与 $f(x,y)\,\mathrm{d}y$ 在 $C(A,B)$ 的第二型曲线积分都存在,且

$$\int_{C(A,B)} f(x,y)\,\mathrm{d}x = \int_{\alpha}^{\beta} f[x(t),y(t)]x'(t)\,\mathrm{d}t, \tag{12}$$

$$\int_{C(A,B)} f(x,y)\,\mathrm{d}y = \int_{\alpha}^{\beta} f[x(t),y(t)]y'(t)\,\mathrm{d}t. \tag{13}$$

**证明** 只给出等式(12)的证明,同法可证等式(13).

给区间 $[\alpha,\beta]$ 任意分法 $T$,分点是 $\alpha=t_0<t_1<t_2<\cdots<t_n=\beta$.第 $k$ 个小区间 $[t_{k-1},t_k]$ 对应曲线 $C$ 上第 $k$ 个小弧 $\overset{\frown}{A_{k-1}A_k}$,在 $[t_{k-1},t_k]$ 上任取一点 $\tau_k$.在第 $k$ 个小弧 $\overset{\frown}{A_{k-1}A_k}$ 上有对应的点 $E_k(\xi_k,\eta_k)$,其中 $\xi_k=x(\tau_k), \eta_k=y(\tau_k)$.于是,

$$\begin{aligned}
\sigma_n &= \sum_{k=1}^{n} f(\xi_k,\eta_k)\Delta x_k = \sum_{k=1}^{n} f(\xi_k,\eta_k)(x_k-x_{k-1}) \\
&= \sum_{k=1}^{n} f[x(\tau_k),y(\tau_k)][x(t_k)-x(t_{k-1})] \\
&= \sum_{k=1}^{n} f[x(\tau_k),y(\tau_k)]\int_{t_{k-1}}^{t_k} x'(t)\,\mathrm{d}t \\
&= \sum_{k=1}^{n} \int_{t_{k-1}}^{t_k} f[x(\tau_k),y(\tau_k)]x'(t)\,\mathrm{d}t. \tag{14}
\end{aligned}$$

另一方面,(12)式等号右端可改写为

$$J = \int_{\alpha}^{\beta} f[x(t),y(t)]x'(t)\,\mathrm{d}t = \sum_{k=1}^{n} \int_{t_{k-1}}^{t_k} f[x(t),y(t)]x'(t)\,\mathrm{d}t. \tag{15}$$

(14)式与(15)式等号两端之差是

$$\sigma_n - J = \sum_{k=1}^{n} \int_{t_{k-1}}^{t_k} \{f[x(\tau_k),y(\tau_k)]-f[x(t),y(t)]\}x'(t)\,\mathrm{d}t.$$

因为函数 $f[x(t),y(t)]$ 在闭区间 $[\alpha,\beta]$ 连续,所以它在 $[\alpha,\beta]$ 一致连续,即 $\forall \varepsilon > 0, \exists \delta > 0, \forall T: l(T)<\delta, \forall t\in[t_{k-1},t_k], k=1,2,\cdots,n$,有

$$|f[x(\tau_k),y(\tau_k)]-f[x(t),y(t)]| < \varepsilon.$$

又因为 $x'(t)$ 在闭区间 $[\alpha,\beta]$ 连续,所以 $x'(t)$ 在 $[\alpha,\beta]$ 有界,即 $\exists M>0, \forall t\in[\alpha,\beta]$,有

$$|x'(t)| \le M.$$

于是,当 $l(T)<\delta$ 时,有

$$|\sigma_n - J| \le \sum_{k=1}^{n} \int_{t_{k-1}}^{t_k} |f[x(\tau_k),y(\tau_k)]-f[x(t),y(t)]|\,|x'(t)|\,\mathrm{d}t$$

$$< \varepsilon M \sum_{k=1}^{n} \int_{t_{k-1}}^{t_k} \mathrm{d}t = M(\beta-\alpha)\varepsilon,$$

从而 $\lim\limits_{l(T)\to 0}\sigma_n = J$, 即

$$\int_{C(A,B)} f(x,y)\,\mathrm{d}x = \int_{\alpha}^{\beta} f[x(t),y(t)]x'(t)\,\mathrm{d}t.$$

若光滑有向曲线 $C(A,B)$ 的方程是 $y=y(x)$, $a\leqslant x\leqslant b$. $A[a,y(a)]$, $B[b,y(b)]$, 而 $y'(x)$ 在 $[a,b]$ 连续, 则

$$\int_{C(A,B)} f(x,y)\,\mathrm{d}x = \int_{a}^{b} f[x,y(x)]\,\mathrm{d}x.$$

**例 4**　计算 $\displaystyle\int_{C} y^2\mathrm{d}x + x^2\mathrm{d}y$, 其中曲线 $C$ 是上半椭圆 $x=a\cos t, y=b\sin t, 0\leqslant t\leqslant\pi$, 取顺时针的方向.

**解**　$\mathrm{d}x = -a\sin t\,\mathrm{d}t, \mathrm{d}y = b\cos t\,\mathrm{d}t$, 由公式 (12) 与 (13) 有

$$\int_{C} y^2\mathrm{d}x + x^2\mathrm{d}y = \int_{\pi}^{0} [b^2\sin^2 t(-a\sin t) + a^2\cos^2 t\cdot b\cos t]\,\mathrm{d}t$$

$$= -ab^2\int_{\pi}^{0}\sin^3 t\,\mathrm{d}t + a^2 b\int_{\pi}^{0}\cos^3 t\,\mathrm{d}t = \frac{4}{3}ab^2.$$

**例 5**　计算 $I = \displaystyle\int_{C} 2xy\mathrm{d}x + x^2\mathrm{d}y$, 其中曲线 $C$ 分别是 1) 直线 $y=x$; 2) 抛物线 $y=x^2$; 3) 立方抛物线 $y=x^3$. 都是由原点 $(0,0)$ 到点 $(1,1)$.

**解**　1) 沿直线 $y=x, \mathrm{d}y=\mathrm{d}x$, 有

$$I = \int_{C} 2xy\mathrm{d}x + x^2\mathrm{d}y = \int_{0}^{1} 2x^2\mathrm{d}x + \int_{0}^{1} x^2\mathrm{d}x = \int_{0}^{1} 3x^2\mathrm{d}x = 1.$$

2) 沿抛物线 $y=x^2, \mathrm{d}y=2x\mathrm{d}x$, 有

$$I = \int_{C} 2xy\mathrm{d}x + x^2\mathrm{d}y = \int_{0}^{1} 2x^3\mathrm{d}x + \int_{0}^{1} 2x^3\mathrm{d}x = \int_{0}^{1} 4x^3\mathrm{d}x = 1.$$

3) 沿立方抛物线 $y=x^3, \mathrm{d}y=3x^2\mathrm{d}x$, 有

$$I = \int_{C} 2xy\mathrm{d}x + x^2\mathrm{d}y = \int_{0}^{1} 2x^4\mathrm{d}x + \int_{0}^{1} 3x^4\mathrm{d}x = \int_{0}^{1} 5x^4\mathrm{d}x = 1.$$

**例 6**　计算 $J = \displaystyle\int_{C} xy\mathrm{d}x + (y-x)\mathrm{d}y$, 其中曲线 $C$ 与例 5 相同, 并有与例 5 相同的始点与终点.

**解**　1) 沿直线 $y=x, \mathrm{d}y=\mathrm{d}x$, 有

$$J = \int_{C} xy\mathrm{d}x + (y-x)\mathrm{d}y = \int_{0}^{1} x^2\mathrm{d}x = \frac{1}{3}.$$

2) 沿抛物线 $y=x^2, \mathrm{d}y=2x\mathrm{d}x$, 有

$$J = \int_{C} xy\mathrm{d}x + (y-x)\mathrm{d}y = \int_{0}^{1} (3x^3 - 2x^2)\mathrm{d}x = \frac{1}{12}.$$

3) 沿立方抛物线 $y=x^3, \mathrm{d}y=3x^2\mathrm{d}x$, 有

$$J = \int_C xy\,\mathrm{d}x + (y-x)\,\mathrm{d}y = \int_0^1 (3x^5 + x^4 - 3x^3)\,\mathrm{d}x = -\frac{1}{20}.$$

**例7**  有质量为 $m$ 的质点,在重力的作用下,沿铅垂面上曲线 $C$ 由点 $A$ 到点 $B$,计算重力 $\boldsymbol{F}$ 所作的功,如图 14.4.

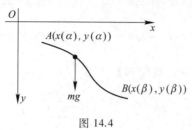

图 14.4

**解**  设平面曲线 $C$ 的参数方程是

$$x = x(t),\quad y = y(t),\quad \alpha \leqslant t \leqslant \beta.$$

$A(x(\alpha), y(\alpha)), B(x(\beta), y(\beta))$.已知 $\boldsymbol{F} = (0, mg)$.于是,重力所作的功

$$W = \int_{C(A,B)} \boldsymbol{F} \cdot \mathrm{d}\boldsymbol{s} = \int_{C(A,B)} (0, mg) \cdot (\mathrm{d}x, \mathrm{d}y) = \int_{C(A,B)} mg\,\mathrm{d}y$$

$$= \int_\alpha^\beta mg y'(t)\,\mathrm{d}t = mg[y(\beta) - y(\alpha)].$$

此例说明,质点从点 $A$ 移动到点 $B$,重力 $\boldsymbol{F}$ 所作的功只与 $A$ 与 $B$ 的位置有关,而与曲线 $C$ 无关.这是重力场的一个重要物理特性.

从上述三例看到,当始点与终点相同,沿着不同的曲线,有的曲线积分相等(如例5与例7);有的曲线积分不相等(如例6).那么在什么条件之下,当始点与终点取定时,曲线积分与所沿的曲线无关呢? 后面我们将讨论这个问题.

设三维欧氏空间 $\mathbf{R}^3$ 中有向光滑曲线 $C(A, B)$,函数 $f(x, y, z)$ 在曲线 $C$ 上有定义.可仿照平面(二维空间)第二型曲线积分定义,给出 $f(x, y, z)\,\mathrm{d}x (f(x, y, z)\,\mathrm{d}y$ 与 $f(x, y, z)\,\mathrm{d}z)$ 在曲线 $C(A, B)$ 的第二型曲线积分

$$\int_{C(A,B)} f(x, y, z)\,\mathrm{d}x \quad \left(\int_{C(A,B)} f(x, y, z)\,\mathrm{d}y \quad \text{与} \quad \int_{C(A,B)} f(x, y, z)\,\mathrm{d}z\right),$$

其中 $\mathrm{d}x(\mathrm{d}y$ 与 $\mathrm{d}z)$ 是有向弧长微元 $\mathrm{d}\boldsymbol{s}$ 在 $x$ 轴($y$ 轴与 $z$ 轴)上的投影.

当曲线 $C(A, B)$ 改变方向时,有

$$\int_{C(A,B)} f(x, y, z)\,\mathrm{d}x = -\int_{C(B,A)} f(x, y, z)\,\mathrm{d}x.$$

不难写出,向量场 $\boldsymbol{F} = (P(x, y, z), Q(x, y, z), R(x, y, z))$ 在有向光滑曲线 $C(A, B)$ 的第二型曲线积分是

$$\int_{C(A,B)} \boldsymbol{F} \cdot \mathrm{d}\boldsymbol{s} = \int_{C(A,B)} P(x, y, z)\,\mathrm{d}x + Q(x, y, z)\,\mathrm{d}y + R(x, y, z)\,\mathrm{d}z, \tag{16}$$

其中 $\mathrm{d}\boldsymbol{s} = (\mathrm{d}x, \mathrm{d}y, \mathrm{d}z)$.

如果三维空间的有向光滑曲线 $C(A, B)$ 是参数方程

$$x = x(t),\quad y = y(t),\quad z = z(t),\quad \alpha \leqslant t \leqslant \beta.$$

$t$ 由 $\alpha$ 到 $\beta$ 对应曲线 $C$ 上由点 $A$ 到点 $B$,则三维欧氏空间 $\mathbf{R}^3$ 的第二型曲线积分可化成

定积分,有公式

$$\int_{C(A,B)} f(x,y,z)\,dx = \int_{\alpha}^{\beta} f[x(t),y(t),z(t)]x'(t)\,dt,$$

$$\int_{C(A,B)} f(x,y,z)\,dy = \int_{\alpha}^{\beta} f[x(t),y(t),z(t)]y'(t)\,dt, \qquad (17)$$

$$\int_{C(A,B)} f(x,y,z)\,dz = \int_{\alpha}^{\beta} f[x(t),y(t),z(t)]z'(t)\,dt.$$

**例 8** 计算 $\int_C (x+y+z)\,dx$,其中曲线 $C:x=\cos t, y=\sin t, z=t, 0 \le t \le \pi$,从 $t=0$ 到 $t=\pi$.

**解** 由公式(17)有

$$\int_C (x+y+z)\,dx = \int_0^{\pi} (\cos t + \sin t + t)(-\sin t)\,dt$$

$$= -\int_0^{\pi} \cos t\sin t\,dt - \int_0^{\pi} \sin^2 t\,dt - \int_0^{\pi} t\sin t\,dt = -\frac{3}{2}\pi.$$

## 三、第一型曲线积分与第二型曲线积分的关系

在三维欧氏空间 $\mathbf{R}^3$ 中,由于弧长微分 $ds$ 与它在坐标轴上的投影 $dx, dy, dz$ 有密切联系,因此两类曲线积分可以互相转换.

设三维欧氏空间 $\mathbf{R}^3$ 中有向光滑曲线 $C(A,B)$,取弧长 $s$ 为参数,曲线 $C$ 的参数方程是

$$x=x(s), \quad y=y(s), \quad z=z(s), \quad 0 \le s \le l.$$

$l$ 表示曲线 $C$ 的长. $A(x(0),y(0),z(0)), B(x(l),$ $y(l),z(l))$. 在曲线 $C$ 上任取一点 $G(x,y,z)$,如图

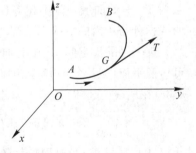

14.5. 已知在点 $G$ 的切线 $GT$ 的切向量是 $\left(\dfrac{dx}{ds},\dfrac{dy}{ds},\dfrac{dz}{ds}\right)$,

弧长微分 $ds$ 是

$$ds^2 = dx^2 + dy^2 + dz^2.$$

又有

$$\left(\frac{dx}{ds}\right)^2 + \left(\frac{dy}{ds}\right)^2 + \left(\frac{dz}{ds}\right)^2 = 1.$$

图 14.5

于是,$\dfrac{dx}{ds}, \dfrac{dy}{ds}, \dfrac{dz}{ds}$ 就是曲线 $C$ 在点 $G$ 的切线 $GT$ 的方向

余弦.设 $\alpha, \beta, \gamma$ 分别表示切线 $GT$ 与 $x$ 轴,$y$ 轴,$z$ 轴正向的夹角,$GT$ 的方向余弦是 $\cos \alpha, \cos \beta, \cos \gamma$,即

$$\frac{dx}{ds} = \cos \alpha, \quad \frac{dy}{ds} = \cos \beta, \quad \frac{dz}{ds} = \cos \gamma,$$

或

$$dx = \cos \alpha\,ds, \quad dy = \cos \beta\,ds, \quad dz = \cos \gamma\,ds. \qquad (18)$$

由(18)式,可将第二型曲线积分(16)化为第一型曲线积分,即

$$\int_{C(A,B)} P\mathrm{d}x+Q\mathrm{d}y+R\mathrm{d}z = \int_{C(A,B)} (P\cos\alpha+Q\cos\beta+R\cos\gamma)\,\mathrm{d}s. \qquad (19)$$

**注** $P,Q,R,\alpha,\beta,\gamma$ 都是曲线 $C$ 上点 $(x,y,z)$ 的函数.而 $\alpha,\beta,\gamma$ 表示向着弧长增加方向的切线与 $x$ 轴,$y$ 轴,$z$ 轴正向的夹角.当曲线 $C(A,B)$ 改变方向为 $C(B,A)$ 时,切线也要改变方向.于是 $\cos\alpha,\cos\beta,\cos\gamma$ 都要变号,即等式(19)两端同时变号.

如果用 $\boldsymbol{T}$ 表示切线 $GT$ 的单位向量,即 $\boldsymbol{T}=(\cos\alpha,\cos\beta,\cos\gamma)$,则(19)式可写为向量形式:

$$\int_{C(A,B)} \boldsymbol{F}\cdot\mathrm{d}\boldsymbol{s} = \int_{C(A,B)} \boldsymbol{F}\cdot\boldsymbol{T}\mathrm{d}s.$$

显然,在 $xy$ 平面上 $\left(\text{即 } \gamma=\dfrac{\pi}{2},\cos\gamma=0\right)$,第一型与第二型曲线积分的转换公式是

$$\int_{C(A,B)} P\mathrm{d}x+Q\mathrm{d}y = \int_{C(A,B)} (P\cos\alpha+Q\cos\beta)\,\mathrm{d}s$$

或

$$\int_{C(A,B)} P\mathrm{d}x+Q\mathrm{d}y = \int_{C(A,B)} (P\cos\alpha+Q\sin\alpha)\,\mathrm{d}s.$$

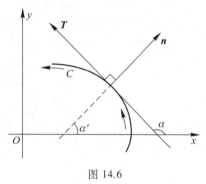

图 14.6

这个公式有时用曲线的法线与坐标轴正向的夹角表示比较方便.规定法向量 $\boldsymbol{n}$ 的正向到切向量 $\boldsymbol{T}$ 的正向按右手螺旋系,如图 14.6.设由 $x$ 轴的正向到法向量 $\boldsymbol{n}$ 的正向的夹角是 $\alpha'$,有

$$\alpha=\frac{\pi}{2}+\alpha'.$$

从而,

$$\cos\alpha=\cos\left(\frac{\pi}{2}+\alpha'\right)=-\sin\alpha', \quad \mathrm{d}x=\cos\alpha\mathrm{d}s=-\sin\alpha'\mathrm{d}s.$$

$$\sin\alpha=\sin\left(\frac{\pi}{2}+\alpha'\right)=\cos\alpha', \quad \mathrm{d}y=\sin\alpha\mathrm{d}s=\cos\alpha'\mathrm{d}s.$$

有

$$\int_{C(A,B)} P\mathrm{d}x+Q\mathrm{d}y = \int_{C(A,B)} (-P\sin\alpha'+Q\cos\alpha')\,\mathrm{d}s. \qquad (20)$$

## 四、格林[①]公式

平面曲线积分,当曲线 $C(A,B)$ 的始点 $A$ 与终点 $B$ 重合时(即 $C$ 是一条闭曲线),在力学、电学等有很多应用.因为第二型曲线积分与所沿的曲线方向有关,所以沿平面闭曲线的曲线积分要规定闭曲线的正方向.按右手坐标系,当一个人沿着平面闭曲线环行时,闭曲线所围成的区域位于此人的左侧,规定这个方向是曲线的正方向,如图 14.7,反之是负方向,如图 14.8.

沿闭曲线 $C$ 的曲线积分,记为

---

① 格林(Green,1793—1841),英国数学家.

$$\oint_C P\mathrm{d}x + Q\mathrm{d}y,$$

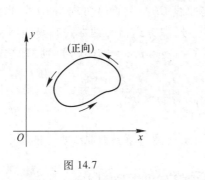

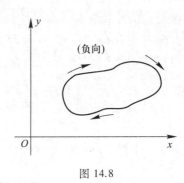

图 14.7　　　　　　　　　　　　　　　　图 14.8

　　规定其中曲线 $C$ 总是取正方向.格林公式给出了平面区域上的二重积分与沿着该区域边界的闭曲线的曲线积分之间的关系.

　　设 $D$ 是有向的 $x$ 型或 $y$ 型闭区域,即

$$D = \{(x,y) \mid \varphi_1(x) \le y \le \varphi_2(x), a \le x \le b\}, \quad \text{如图 14.9,}$$

或

$$D = \{(x,y) \mid \psi_1(y) \le x \le \psi_2(y), c \le y \le d\}, \quad \text{如图 14.10.}$$

这里的 $\varphi_1(x),\varphi_2(x)$ 在 $[a,b]$ 上是连续函数,$\psi_1(y),\psi_2(y)$ 在 $[c,d]$ 上是连续函数.$D$ 的正负向按上面的规定.

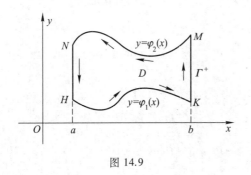

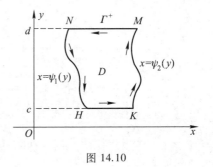

图 14.9　　　　　　　　　　　　　　　　图 14.10

　　**定理 3(格林公式)**　若函数 $P,Q$ 及其偏导数 $\dfrac{\partial Q}{\partial x},\dfrac{\partial P}{\partial y}$ 在有界闭区域 $D$ 上连续,则有

$$\iint_D \left(\frac{\partial Q}{\partial x} - \frac{\partial P}{\partial y}\right)\mathrm{d}x\mathrm{d}y = \oint_\Gamma P\mathrm{d}x + Q\mathrm{d}y. \tag{21}$$

其中 $\Gamma$ 是围成闭区域 $D$ 的边界封闭曲线,取正向.公式(21)称为**格林公式**.

　　格林公式是两个等式组成的:

$$-\iint_D \frac{\partial P}{\partial y}\mathrm{d}x\mathrm{d}y = \oint_\Gamma P\mathrm{d}x \quad \text{与} \quad \iint_D \frac{\partial Q}{\partial x}\mathrm{d}x\mathrm{d}y = \oint_\Gamma Q\mathrm{d}y.$$

　　**证明**　由于区域 $D$ 形状不同,定理证明分三步进行.

　　1) 设 $D$ 是 $x$ 型闭区域(如图 14.9).

$$\iint_D \frac{\partial P}{\partial y} \mathrm{d}x\mathrm{d}y = \int_a^b \mathrm{d}x \int_{\varphi_1(x)}^{\varphi_2(x)} \frac{\partial P}{\partial y} \mathrm{d}y \textcircled{1} = \int_a^b P(x,y) \Big|_{\varphi_1(x)}^{\varphi_2(x)} \mathrm{d}x$$

$$= \int_a^b \{ P[x,\varphi_2(x)] - P[x,\varphi_1(x)] \} \mathrm{d}x. \tag{22}$$

由曲线积分的计算公式,按图 14.9,有

$$\oint_\Gamma P(x,y)\mathrm{d}x = \int_{\Gamma(H,K)} P(x,y)\mathrm{d}x + \int_{\Gamma(K,M)} P(x,y)\mathrm{d}x +$$

$$\int_{\Gamma(M,N)} P(x,y)\mathrm{d}x + \int_{\Gamma(N,H)} P(x,y)\mathrm{d}x,$$

其中

$$\int_{\Gamma(H,K)} P(x,y)\mathrm{d}x = \int_a^b P[x,\varphi_1(x)]\mathrm{d}x,$$

$$\int_{\Gamma(M,N)} P(x,y)\mathrm{d}x = \int_b^a P[x,\varphi_2(x)]\mathrm{d}x = -\int_a^b P[x,\varphi_2(x)]\mathrm{d}x.$$

因为线段 $KM$ 与 $NH$ 都平行 $y$ 轴,有

$$\int_{\Gamma(K,M)} P(x,y)\mathrm{d}x = \int_{\Gamma(N,H)} P(x,y)\mathrm{d}x = 0.$$

于是,

$$\oint_\Gamma P(x,y)\mathrm{d}x = \int_a^b P[x,\varphi_1(x)]\mathrm{d}x - \int_a^b P[x,\varphi_2(x)]\mathrm{d}x$$

$$= -\int_a^b \{ P[x,\varphi_2(x)] - P[x,\varphi_1(x)] \} \mathrm{d}x. \tag{23}$$

由(22)式与(23)式,有

$$-\iint_D \frac{\partial P}{\partial y}\mathrm{d}x\mathrm{d}y = \oint_\Gamma P(x,y)\mathrm{d}x. \tag{24}$$

若 $D$ 又是 $y$ 型闭区域(如图 14.10).同理可证,

$$\iint_D \frac{\partial Q}{\partial x}\mathrm{d}x\mathrm{d}y = \int_\Gamma Q(x,y)\mathrm{d}y. \tag{25}$$

2) 若闭区域 $D$ 是一条光滑或逐段光滑的闭曲线 $\Gamma$ 所围成,则先用几段光滑曲线将 $D$ 分成有限个既是 $x$ 型又是 $y$ 型闭区域,然后逐块按照 1)的计算方法得格林公式,再逐块相加即得(21)式.其中在 $D$ 内两个小区域有共同边界,则因正向取向恰好相反,它们的积分值正好互相抵消.

如图 14.11,可将 $D$ 分成三个既是 $x$ 型又是 $y$ 型区域 $D_1,D_2,D_3$.于是,有

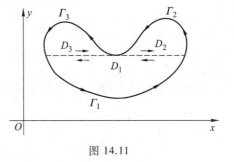

图 14.11

---

① 因为 $\dfrac{\partial P}{\partial y}$ 连续,所以它存在原函数,原函数之一就是 $P(x,y)$.

$$\iint\limits_{D}\left(\frac{\partial Q}{\partial x}-\frac{\partial P}{\partial y}\right)\mathrm{d}x\mathrm{d}y=\left(\iint\limits_{D_1}+\iint\limits_{D_2}+\iint\limits_{D_3}\right)\left(\frac{\partial Q}{\partial x}-\frac{\partial P}{\partial y}\right)\mathrm{d}x\mathrm{d}y$$

$$=\left(\oint\limits_{\Gamma_1}+\oint\limits_{\Gamma_2}+\oint\limits_{\Gamma_3}\right)P\mathrm{d}x+Q\mathrm{d}y=\oint\limits_{\Gamma}P\mathrm{d}x+Q\mathrm{d}y.$$

3）若围成闭区域 $D$ 的边界曲线不止一条,①即非单连通区域,如图 14.12,这时可适当添加直线段,把区域 $D$ 转化为 2）的情况.

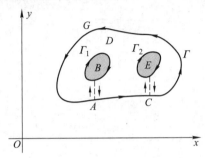

图 14.12

在图 14.12 中,连接 $AB$ 与 $CE$ 线段后,则边界曲线的正向由 $AB$,$\Gamma_1$,$BA$,$AC$,$CE$,$\Gamma_2$,$EC$,$CGA$ 构成闭曲线,由第二步的结果,有

$$\iint\limits_{D}\left(\frac{\partial Q}{\partial x}-\frac{\partial P}{\partial y}\right)\mathrm{d}x\mathrm{d}y=\left(\int\limits_{AB}+\int\limits_{\Gamma_1}+\int\limits_{BA}+\int\limits_{AC}+\int\limits_{CE}+\int\limits_{\Gamma_2}+\int\limits_{EC}+\int\limits_{CGA}\right)P\mathrm{d}x+Q\mathrm{d}y$$

$$=\left(\int\limits_{\Gamma_1}+\int\limits_{\Gamma_2}+\int\limits_{AC}+\int\limits_{CGA}\right)P\mathrm{d}x+Q\mathrm{d}y=\int\limits_{\Gamma+\Gamma_1+\Gamma_2}P\mathrm{d}x+Q\mathrm{d}y.$$

微积分的基本定理 $\int_a^b f'(x)\mathrm{d}x=f(b)-f(a)$ 指出,函数 $f'(x)$ 在区间 $[a,b]$ 的定积分等于被积函数 $f'(x)$ 的原函数 $f(x)$ 在区间 $[a,b]$ 端点(或边界上)的值的差.若将在 $[a,b]$ 上连续的一元函数 $f(x)$,看成是在矩形区域 $D=[a,b]\times[c,d]$ 上连续的二元函数,则由格林公式,有

$$\iint\limits_{D}f'(x)\mathrm{d}x\mathrm{d}y=\int\limits_{C}f(x)\mathrm{d}x,$$

即

$$\int_a^b f'(x)\mathrm{d}x=f(b)-f(a).$$

从这个意义上说,格林公式是微积分的基本定理在二维空间的推广.

特别地,当 $P(x,y)=-y$,$Q(x,y)=x$ 时,$\dfrac{\partial P}{\partial y}=-1$,$\dfrac{\partial Q}{\partial x}=1$,代入格林公式中,有

$$\iint\limits_{D}2\mathrm{d}x\mathrm{d}y=\oint\limits_{C}x\mathrm{d}y-y\mathrm{d}x$$

---

① 设在 $\mathbf{R}^2$ 的开区域 $D$ 中任取一条闭路,如果闭路围成的内部区域(有界区域)总是整个包含在 $D$ 内,则称 $D$ 为单连通区域.如果 $D$ 不是单连通区域,则称为非单连通区域.(非单连通区域就是带"洞"的区域.)

或

$$S = \iint_D dxdy = \frac{1}{2} \oint_C xdy - ydx,$$

即求区域 $D$ 的面积 $S$ 也可用区域 $D$ 的边界闭曲线 $C$ 的第二型曲线积分计算.

**例 9** 计算 $\oint_C xy^2 dy - x^2 ydx$,其中 $C$ 是圆周 $x^2 + y^2 = a^2$,取正向.

**解** 由格林公式,$P = -x^2 y, Q = xy^2, \frac{\partial P}{\partial y} = -x^2, \frac{\partial Q}{\partial x} = y^2$,有

$$\oint_C xy^2 dy - x^2 ydx = \iint_G (y^2 + x^2) dxdy,$$

其中 $G$ 是圆域 $x^2 + y^2 \leqslant a^2$.设 $x = r\cos \varphi, y = r\sin \varphi$,有

$$\oint_C xy^2 dy - x^2 ydx = \iint_G (y^2 + x^2) dxdy = \int_0^{2\pi} d\varphi \int_0^a r^3 dr = \frac{\pi}{2} a^4.$$

**例 10** 计算 $\oint_C \frac{xdy - ydx}{x^2 + y^2}$,其中 $C$ 是光滑的、不通过原点的正向闭曲线.

**解** 分两种情况计算.

1) 闭曲线 $C$ 内部不包含原点.由格林公式,函数

$$P(x,y) = \frac{-y}{x^2 + y^2}, \quad Q(x,y) = \frac{x}{x^2 + y^2}.$$

在闭曲线 $C$ 围成的区域 $G$ 连续,并有连续偏导数

$$\frac{\partial P}{\partial y} = \frac{-x^2 + y^2}{(x^2 + y^2)^2}, \quad \frac{\partial Q}{\partial x} = \frac{-x^2 + y^2}{(x^2 + y^2)^2}.$$

有

$$\oint_C \frac{xdy - ydx}{x^2 + y^2} = \iint_G \left[ \frac{-x^2 + y^2}{(x^2 + y^2)^2} - \frac{-x^2 + y^2}{(x^2 + y^2)^2} \right] dxdy = 0.$$

2) 闭曲线 $C$ 内部包含原点,如图 14.13.以原点为圆心,以充分小正数 $r$ 为半径作一小圆域 $D$,圆周为 $\Gamma$,使小圆域 $D$ 包含在区域 $G$ 内.函数

$$P(x,y) = \frac{-y}{x^2 + y^2}, \quad Q(x,y) = \frac{x}{x^2 + y^2}$$

及其偏导数在区域 $G \backslash D$ 连续,由格林公式,有

$$\oint_{C + \Gamma} \frac{xdy - ydx}{x^2 + y^2} = \iint_{G \backslash D} \left[ \frac{-x^2 + y^2}{(x^2 + y^2)^2} - \frac{-x^2 + y^2}{(x^2 + y^2)^2} \right] dxdy = 0.$$

或

$$\oint_C \frac{xdy - ydx}{x^2 + y^2} + \oint_\Gamma \frac{xdy - ydx}{x^2 + y^2} = 0,$$

即

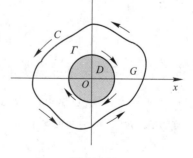

图 14.13

$$\oint_C \frac{xdy - ydx}{x^2 + y^2} = -\oint_\Gamma \frac{xdy - ydx}{x^2 + y^2} = \oint_{\Gamma^-} \frac{xdy - ydx}{x^2 + y^2},$$

其中 $\Gamma^-$ 表示圆周 $\Gamma$,其方向与 $\Gamma$ 相反.设 $x = r\cos \varphi, y = r\sin \varphi, 0 \leqslant \varphi \leqslant 2\pi$.由曲线积分计

算公式,有

$$\oint_{\Gamma^-}\frac{x\mathrm{d}y-y\mathrm{d}x}{x^2+y^2}=\int_0^{2\pi}\frac{r\cos\,\varphi\cdot r\cos\,\varphi-r\sin\,\varphi(-r\sin\,\varphi)}{r^2}\mathrm{d}\varphi=2\pi,$$

即

$$\oint_C\frac{x\mathrm{d}y-y\mathrm{d}x}{x^2+y^2}=2\pi.$$

**例 11** 证明:

$$\iint_G\left(\frac{\partial^2f}{\partial x^2}+\frac{\partial^2f}{\partial y^2}\right)\mathrm{d}x\mathrm{d}y=\oint_C\frac{\partial f}{\partial\boldsymbol{n}}\mathrm{d}s,$$

其中 $C$ 是围成有界区域 $G$ 的光滑闭曲线,$\dfrac{\partial^2f}{\partial x^2},\dfrac{\partial^2f}{\partial y^2}$ 在闭区域 $G$ 连续,$\dfrac{\partial f}{\partial\boldsymbol{n}}$ 是函数 $f(x,y)$ 在

曲线 $C$ 上点 $M(x,y)$ 处沿 $C$ 的外法线 $\boldsymbol{n}$ 的方向导数,如图 14.14.

**证明**

$$\iint_G\left(\frac{\partial^2f}{\partial x^2}+\frac{\partial^2f}{\partial y^2}\right)\mathrm{d}x\mathrm{d}y=\iint_G\left[\frac{\partial}{\partial x}\left(\frac{\partial f}{\partial x}\right)+\frac{\partial}{\partial y}\left(\frac{\partial f}{\partial y}\right)\right]\mathrm{d}x\mathrm{d}y.$$

$$P(x,y)=-\frac{\partial f}{\partial y},\quad Q(x,y)=\frac{\partial f}{\partial x}.$$

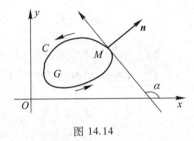

图 14.14

由格林公式,有

$$\iint_G\left(\frac{\partial^2f}{\partial x^2}+\frac{\partial^2f}{\partial y^2}\right)\mathrm{d}x\mathrm{d}y=\oint_C\left(-\frac{\partial f}{\partial y}\right)\mathrm{d}x+\frac{\partial f}{\partial x}\mathrm{d}y.$$

由公式(20),$\mathrm{d}x=-\sin\,\alpha'\mathrm{d}s,\mathrm{d}y=\cos\,\alpha'\mathrm{d}s$,其中 $\alpha'$ 是 $x$ 轴正向与外法线 $\boldsymbol{n}$ 的夹角,上式又可改写成

$$\iint_G\left(\frac{\partial^2f}{\partial x^2}+\frac{\partial^2f}{\partial y^2}\right)\mathrm{d}x\mathrm{d}y=\oint_C\left(\frac{\partial f}{\partial x}\cos\,\alpha'+\frac{\partial f}{\partial y}\sin\,\alpha'\right)\mathrm{d}s,$$

其中 $\dfrac{\partial f}{\partial x}\cos\,\alpha'+\dfrac{\partial f}{\partial y}\sin\,\alpha'$ 是函数 $f(x,y)$ 在曲线 $C$ 上点 $M(x,y)$ 的外法线 $\boldsymbol{n}$ 的方向导数,即

$\dfrac{\partial f}{\partial\boldsymbol{n}}$,有

$$\iint_G\left(\frac{\partial^2f}{\partial x^2}+\frac{\partial^2f}{\partial y^2}\right)\mathrm{d}x\mathrm{d}y=\oint_C\frac{\partial f}{\partial\boldsymbol{n}}\mathrm{d}s.$$

## 五、曲线积分与路径无关的条件

从例 5 看到,自始点 $(0,0)$ 到终点 $(1,1)$,不论曲线 $C$ 是直线 $y=x$,抛物线 $y=x^2$ 或立方抛物线 $y=x^3$,而曲线积分

$$\int_C 2xy\mathrm{d}x+x^2\mathrm{d}y=1,$$

即曲线积分与路径无关.但是,例 6 不同,尽管始点与终点相同,曲线 $C$ 不同,曲线积分

$$\int_C xy\mathrm{d}x+(y-x)\mathrm{d}y$$

有不同的值,即曲线积分与路径有关.那么在什么条件下,曲线积分

$$\int_{C(A,B)} P\mathrm{d}x + Q\mathrm{d}y$$

与路径 $C$ 无关(只与始点 $A$ 与终点 $B$ 有关)呢? 下面定理回答了这个问题:

**定理 4** 若二元函数 $P(x,y)$, $Q(x,y)$ 以及 $\dfrac{\partial Q}{\partial x}$, $\dfrac{\partial P}{\partial y}$ 在单连通区域 $G$ 连续, 下列四个断语是等价的:

1) 曲线积分 $\displaystyle\int_{C(A,B)} P\mathrm{d}x + Q\mathrm{d}y$ 与路径 $C$ 无关, 即只与始点 $A$ 与终点 $B$ 有关;

2) 在 $G$ 内存在一个函数 $u(x,y)$, 使 $\mathrm{d}u = P\mathrm{d}x + Q\mathrm{d}y$;

3) $\forall (x,y) \in G$, 有 $\dfrac{\partial P}{\partial y} = \dfrac{\partial Q}{\partial x}$;

4) 对 $G$ 内的任意光滑或逐段光滑闭曲线 $\Gamma$, 有 $\displaystyle\oint_{\Gamma} P\mathrm{d}x + Q\mathrm{d}y = 0$.

**证法** 只需证明四个命题成立: $1) \Rightarrow 2), 2) \Rightarrow 3), 3) \Rightarrow 4), 4) \Rightarrow 1)$.

**证明** $1) \Rightarrow 2)$. 只需找出一个函数 $u(x,y)$, 使

$$\frac{\partial u}{\partial x} = P(x,y), \qquad \frac{\partial u}{\partial y} = Q(x,y).$$

已知曲线积分与路径 $C$ 无关. $\forall A(x_0, y_0) \in G$, 暂时固定, $\forall B(x,y) \in G$, 则曲线积分是终点 $B(x,y)$ 的二元函数, 表示为 $u(x,y)$, 即

$$u(x,y) = \int_{(x_0,y_0)}^{(x,y)} P\mathrm{d}x + Q\mathrm{d}y. \tag{26}$$

下面证明, 二元函数 $u(x,y)$ 就满足 2) 的要求. 为此求 $\dfrac{\partial u}{\partial x}$ 及 $\dfrac{\partial u}{\partial y}$. 设终点是 $N(x+\Delta x, y)$, 有

$$u(x+\Delta x, y) = \int_{(x_0,y_0)}^{(x+\Delta x,y)} P\mathrm{d}x + Q\mathrm{d}y. \tag{27}$$

已知曲线积分与路径无关, 取由点 $A$ 到点 $B$ 是沿任意光滑曲线, 由点 $B$ 到点 $N$ 是平行 $x$ 轴的直线段, 如图 14.15. (27) 式与 (26) 式等号两端相减, 有

$$u(x+\Delta x, y) - u(x,y)$$
$$= \int_{(x_0,y_0)}^{(x+\Delta x,y)} P\mathrm{d}x + Q\mathrm{d}y - \int_{(x_0,y_0)}^{(x,y)} P\mathrm{d}x + Q\mathrm{d}y$$
$$= \int_{(x,y)}^{(x+\Delta x,y)} P\mathrm{d}x + Q\mathrm{d}y.$$

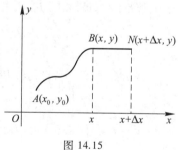

图 14.15

在线段 $BN$ 上, $y$ 是常数, $\mathrm{d}y = 0$. 根据积分中值定理, 有

$$u(x+\Delta x, y) - u(x,y) = \int_{(x,y)}^{(x+\Delta x,y)} P(x,y)\mathrm{d}x = P(x+\theta \Delta x, y)\Delta x, \quad 0 \leqslant \theta \leqslant 1.$$

或

$$\frac{u(x+\Delta x, y) - u(x,y)}{\Delta x} = P(x+\theta \Delta x, y).$$

已知函数 $P(x,y)$ 在点 $B(x,y)$ 连续, 有

$$\lim_{\Delta x \to 0} \frac{u(x+\Delta x, y) - u(x, y)}{\Delta x} = \lim_{\Delta x \to 0} P(x+\theta\Delta x, y) = P(x, y),$$

即

$$\frac{\partial u}{\partial x} = P(x, y).$$

同法可证，$\dfrac{\partial u}{\partial y} = Q(x, y)$. 于是，

$$\mathrm{d}u = \frac{\partial u}{\partial x}\mathrm{d}x + \frac{\partial u}{\partial y}\mathrm{d}y = P(x, y)\,\mathrm{d}x + Q(x, y)\,\mathrm{d}y.$$

2）⇒3）. 由全微分知，

$$P(x, y) = \frac{\partial u}{\partial x}, \quad Q(x, y) = \frac{\partial u}{\partial y}.$$

于是，

$$\frac{\partial P}{\partial y} = \frac{\partial^2 u}{\partial x \partial y}, \quad \frac{\partial Q}{\partial x} = \frac{\partial^2 u}{\partial y \partial x}.$$

已知 $\dfrac{\partial P}{\partial y}$ 与 $\dfrac{\partial Q}{\partial x}$ 在 $G$ 内连续，即 $\dfrac{\partial^2 u}{\partial x \partial y}$ 与 $\dfrac{\partial^2 u}{\partial y \partial x}$ 在 $G$ 内连续，有

$$\frac{\partial P}{\partial y} = \frac{\partial Q}{\partial x}.$$

3）⇒4）. 对区域 $G$ 内任意光滑或逐段光滑闭曲线 $\Gamma$，由格林公式，有

$$\oint_{\Gamma} P\mathrm{d}x + Q\mathrm{d}y = \iint_{D} \left( \frac{\partial Q}{\partial x} - \frac{\partial P}{\partial y} \right) \mathrm{d}x\mathrm{d}y = 0,$$

其中 $D$ 是闭曲线 $\Gamma$ 所围成的区域.

4）⇒1）. 在区域 $G$ 内，以 $A$ 为始点，$B$ 为终点，任取两条光滑或逐段光滑的曲线 $C_1$ 与 $C_2$. $C_1(A,B) + C_2(B,A)$ 是 $G$ 内一条封闭曲线，如图 14.16. 由条件 4），有

$$\oint_{C_1(A,B)+C_2(B,A)} P\mathrm{d}x + Q\mathrm{d}y$$

$$= \int_{C_1(A,B)} P\mathrm{d}x + Q\mathrm{d}y + \int_{C_2(B,A)} P\mathrm{d}x + Q\mathrm{d}y = 0$$

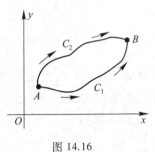

图 14.16

或

$$\int_{C_1(A,B)} P\mathrm{d}x + Q\mathrm{d}y = -\int_{C_2(B,A)} P\mathrm{d}x + Q\mathrm{d}y = \int_{C_2(A,B)} P\mathrm{d}x + Q\mathrm{d}y,$$

即曲线积分与路径无关.

**例 12**　计算 $\displaystyle\int_{C} (1+x\mathrm{e}^{2y})\mathrm{d}x + (x^2\mathrm{e}^{2y} - y)\mathrm{d}y$，其中 $C$ 是 $(x-2)^2 + y^2 = 4$ 的上半圆周，顺时针方向为正，如图 14.17.

**解**　$P(x, y) = 1 + x\mathrm{e}^{2y}, Q(x, y) = x^2\mathrm{e}^{2y} - y.$

$$\frac{\partial P}{\partial y} = 2x\mathrm{e}^{2y} = \frac{\partial Q}{\partial x}.$$

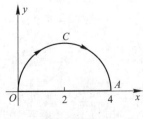

图 14.17

即曲线积分与路径无关. 根据定理 4，可取沿 $x$ 轴上的线段

OA 积分,即 $y=0,0\leqslant x\leqslant 4$,于是,$\mathrm{d}y=0$,有

$$\int_C (1+x\mathrm{e}^{2y})\,\mathrm{d}x+(x^2\mathrm{e}^{2y}-y)\,\mathrm{d}y = \int_{\overline{OA}} (1+x\mathrm{e}^{2y})\,\mathrm{d}x+(x^2\mathrm{e}^{2y}-y)\,\mathrm{d}y = \int_0^4 (1+x)\,\mathrm{d}x = 12.$$

由 1)$\Rightarrow$2)的证明知,若曲线积分 $\int_C P\mathrm{d}x+Q\mathrm{d}y$ 与路径无关,则函数

$$u(x,y) = \int_{(x_0,y_0)}^{(x,y)} P\mathrm{d}x+Q\mathrm{d}y$$

的全微分是 $\mathrm{d}u(x,y)=P\mathrm{d}x+Q\mathrm{d}y$,称函数 $u(x,y)$ 是 $P\mathrm{d}x+Q\mathrm{d}y$ 的**原函数**.下面定理指出,求曲线积分与求定积分有类似的公式.

**定理 5** 若在单连通区域 $G$ 内函数 $u(x,y)$ 是 $P\mathrm{d}x+Q\mathrm{d}y$ 的原函数,而 $A(x_1,y_1)$ 与 $B(x_2,y_2)$ 是 $G$ 内任意两点,则

$$\int_{C(A,B)} P\mathrm{d}x+Q\mathrm{d}y = u(x_2,y_2)-u(x_1,y_1) = u(x,y) \Big|_{(x_1,y_1)}^{(x_2,y_2)}.$$

**证明** 在 $G$ 内任取连接点 $A$ 到点 $B$ 的光滑曲线 $C$:

$$x=\varphi(t), \quad y=\psi(t), \quad \alpha\leqslant t\leqslant\beta$$

且 $(x_1,y_1)=[\varphi(\alpha),\psi(\alpha)]$,$(x_2,y_2)=[\varphi(\beta),\psi(\beta)]$.曲线积分

$$\int_{C(A,B)} P\mathrm{d}x+Q\mathrm{d}y = \int_\alpha^\beta \{P[\varphi(t),\psi(t)]\varphi'(t)+Q[\varphi(t),\psi(t)]\psi'(t)\}\,\mathrm{d}t.$$

已知 $u(x,y)$ 是 $P\mathrm{d}x+Q\mathrm{d}y$ 的原函数,有 $P=\dfrac{\partial u}{\partial x}$,$Q=\dfrac{\partial u}{\partial y}$.于是,

$$\int_{C(A,B)} P\mathrm{d}x+Q\mathrm{d}y$$

$$= \int_\alpha^\beta \left[\frac{\partial u}{\partial x}\varphi'(t)+\frac{\partial u}{\partial y}\psi'(t)\right]\mathrm{d}t$$

$$= \int_\alpha^\beta \frac{\mathrm{d}}{\mathrm{d}t}u[\varphi(t),\psi(t)]\,\mathrm{d}t = u[\varphi(t),\psi(t)]\Big|_\alpha^\beta$$

$$= u[\varphi(\beta),\psi(\beta)]-u[\varphi(\alpha),\psi(\alpha)]$$

$$= u(x_2,y_2)-u(x_1,y_1) = u(x,y)\Big|_{(x_1,y_1)}^{(x_2,y_2)}.$$

如果已知 $P\mathrm{d}x+Q\mathrm{d}y$ 存在原函数,那么怎样求原函数 $u(x,y)$ 呢?设在某闭矩形区域 $G$ 内,$u(x,y)$ 是 $P\mathrm{d}x+Q\mathrm{d}y$ 的原函数,根据定理 4,曲线积分与路径无关.在 $G$ 内取定一点 $A(x_0,y_0)$ 与任意一点 $B(x,y)$,根据定理 5,有

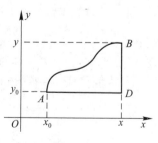

图 14.18

$$u(x,y)-u(x_0,y_0) = \int_{(x_0,y_0)}^{(x,y)} P\mathrm{d}x+Q\mathrm{d}y.$$

因为曲线积分与路径无关,所以在 $G$ 内可取折线,如图 14.18中的 $ADB$.$D$ 的坐标为 $(x,y_0)$,有

$$u(x,y)-u(x_0,y_0) = \int_{(x_0,y_0)}^{(x,y_0)} P\mathrm{d}x+Q\mathrm{d}y + \int_{(x,y_0)}^{(x,y)} P\mathrm{d}x+Q\mathrm{d}y.$$

在线段 $AD$ 上,$y=y_0$,$\mathrm{d}y=0$,在线段 $DB$ 上,$x=x$(暂为常数),$\mathrm{d}x=0$.于是,

$$u(x,y) = \int_{x_0}^x P(x,y_0)\,\mathrm{d}x + \int_{y_0}^y Q(x,y)\,\mathrm{d}y + u(x_0,y_0).$$

**例 13** 设 $\mathrm{d}u = (\mathrm{e}^{xy} + xy\mathrm{e}^{xy})\mathrm{d}x + x^2\mathrm{e}^{xy}\mathrm{d}y$,求函数 $u(x,y)$.

**解** $P = \mathrm{e}^{xy} + xy\mathrm{e}^{xy}, Q = x^2\mathrm{e}^{xy}, \dfrac{\partial P}{\partial y} = \dfrac{\partial Q}{\partial x} = 2x\mathrm{e}^{xy} + x^2y\mathrm{e}^{xy},$

即曲线积分与路径无关. 取 $(x_0, y_0) = (0,0)$,有

$$u(x,y) = \int_0^x \mathrm{d}x + \int_0^y x^2\mathrm{e}^{xy}\mathrm{d}y + C = x + x\mathrm{e}^{xy} - x + C = x\mathrm{e}^{xy} + C.$$

## 练习题 14.1

1. 计算下列第一型曲线积分:

1) $\oint_C (x+y)\mathrm{d}s$,其中 $C$ 是以 $(0,0),(1,0)$ 与 $(0,1)$ 为顶点的三角形;

2) $\oint_C xy\mathrm{d}s$,其中 $C$ 是 $|x|+|y| = a(a>0)$;

3) $\int_C \sqrt{x^2+y^2}\,\mathrm{d}s$,其中 $C:\begin{cases} x = a(\cos t + t\sin t), \\ y = a(\sin t - t\cos t), \end{cases} 0 \leq t \leq 2\pi$;

4) $\int_C \dfrac{\mathrm{d}s}{x^2+y^2+z^2}$,其中 $C: x = a\cos t, y = a\sin t, z = bt, 0 \leq t \leq 2\pi$.

2. 证明:若函数 $f(x,y)$ 与 $g(x,y)$ 在平面光滑曲线 $C(A,B)$ 连续,且 $\forall (x,y) \in C(A,B)$,有 $f(x,y) \leq g(x,y)$,则

$$\int_{C(A,B)} f(x,y)\mathrm{d}s \leq \int_{C(A,B)} g(x,y)\mathrm{d}s.$$

3. 证明:若函数 $f(x,y)$ 在光滑曲线 $C(A,B)$ 连续,且 $\min\limits_{(x,y)\in C}\{f(x,y)\} = m$, $\max\limits_{(x,y)\in C}\{f(x,y)\} = M$,则 $\exists (x_0, y_0) \in C(A,B)$,使

$$\int_{C(A,B)} f(x,y)\mathrm{d}s = f(x_0, y_0)\bar{s},$$

其中 $\bar{s}$ 是曲线 $C(A,B)$ 的长.

4. 有一段金属线,其方程:$x = \dfrac{3}{4}\sin 2t, y = \cos^3 t, z = \sin^3 t, 0 \leq t \leq \dfrac{\pi}{4}$,其上的线密度 $\rho(x,y,z) = x$,求其质量.

5. 写出三元函数 $f(x,y,z)$ 在空间光滑曲线 $C(A,B)$ 的第一型曲线积分定义.

6. 计算下列第二型曲线积分:

1) $\int_C 4xy^2\mathrm{d}x - 3x^4\mathrm{d}y$,其中 $C$ 是抛物线 $y = \dfrac{1}{2}x^2$,从 $\left(1, \dfrac{1}{2}\right)$ 到 $(2,2)$;

2) $\int_C (x^2+y^2)\mathrm{d}x + (x^2-y^2)\mathrm{d}y$,其中 $C: y = 1-|1-x|, 0 \leq x \leq 2$,从 $(0,0)$ 到 $(2,0)$;

3) $\int_C (y-z)\mathrm{d}x + (z-x)\mathrm{d}y + (x-y)\mathrm{d}z$,其中 $C: x = a\cos t, y = a\sin t, z = bt, 0 \leq t \leq 2\pi$,从 $t = 0$ 到 $t = 2\pi$;

4) $\int_C y^2\mathrm{d}x + xy\mathrm{d}y + zx\mathrm{d}z$,其中 $C$ 从点 $(0,0,0)$ 到 $(1,1,1)$,沿着① 直线段,② 从点 $(0,0,0)$ 出发,经过点 $(1,0,0)$ 和 $(1,1,0)$ 最后到 $(1,1,1)$ 的折线.

7. 应用格林公式计算下列曲线积分:

1) $\oint_C (x-2y)\,dx+x\,dy$，其中 $C:x^2+y^2=a^2$；

2) $\oint_C \ln\dfrac{2+y}{1+x^2}\,dx+\dfrac{x(y+1)}{2+y}\,dy$，其中 $C$ 是四条直线 $x=\pm1$，$y=\pm1$ 围成正方形的边界；

3) $\int_C (e^x\sin y-my)\,dx+(e^x\cos y-m)\,dy$，其中 $m$ 是常数，$C$ 沿上半圆周 $x^2+y^2=ax(y\geq0)$ 由点 $A(a,0)$ 到 $O(0,0)$．(提示：补加线段 $OA$ 构成闭曲线．)

8. 计算下列闭曲线围成区域的面积：

1) $x=a\cos t,y=b\sin t,0\leq t\leq2\pi$；

2) $x=a\cos^3 t,y=b\sin^3 t,0\leq t\leq2\pi$．

9. 计算下列各题的原函数 $u(x,y)$：

1) $du=(2x+3y)\,dx+(3x-4y)\,dy$；

2) $du=(3x^2-2xy+y^2)\,dx-(x^2-2xy+3y^2)\,dy$．

    \*      \*      \*      \*      \*      \*      \*      \*

10. 设函数 $u(x,y)$ 与 $v(x,y)$ 在区域 $R$ 存在二阶连续偏导数，且满足柯西-黎曼方程：$\dfrac{\partial u}{\partial x}=\dfrac{\partial v}{\partial y}$，$\dfrac{\partial u}{\partial y}=-\dfrac{\partial v}{\partial x}$．证明：若已知函数 $u(x,y)$，则函数 $v(x,y)$ 除相差一常数外唯一确定．(提示：$dv=\dfrac{\partial v}{\partial x}\,dx+\dfrac{\partial v}{\partial y}\,dy$．)

11. 证明：若函数 $P(x,y)$ 与 $Q(x,y)$ 在光滑曲线 $C$ 连续，则

$$\left|\int_C P\,dx+Q\,dy\right|\leq M\bar s,$$

其中 $\bar s$ 是曲线 $C$ 的长，$M=\max\limits_{(x,y)\in C}\left\{\sqrt{P^2(x,y)+Q^2(x,y)}\right\}$．应用这个不等式估计

$$I_R=\oint_C \frac{y\,dx-x\,dy}{(x^2+xy+y^2)^2},$$

其中 $C:x^2+y^2=R^2$．证明：$\lim\limits_{R\to+\infty}I_R=0$．

12. 证明：若 $C$ 是平面光滑闭曲线，且 $l$ 是任意确定方向的射线，则

$$\oint_C \cos(l,\boldsymbol{n})\,ds=0,$$

其中 $\boldsymbol{n}$ 是 $C$ 的外法线．(提示：$\cos(l,\boldsymbol{n})$ 是 $l$ 与 $\boldsymbol{n}$ 的单位向量的内积，应用格林公式．)

13. 证明：$\oint_C [x\cos(\boldsymbol{n},x)+y\cos(\boldsymbol{n},y)]\,ds=2A$，其中 $A$ 是光滑闭曲线 $C$ 围成区域的面积，$(\boldsymbol{n},x)$ 与 $(\boldsymbol{n},y)$ 是曲线 $C$ 外法线 $\boldsymbol{n}$ 分别与 $x$ 轴正向与 $y$ 轴正向的夹角．(提示：用格林公式．)

14. 若函数 $f(x,y)$ 存在连续的二阶偏导数，在区域 $G$ 满足方程

$$\frac{\partial^2 f}{\partial x^2}+\frac{\partial^2 f}{\partial y^2}=0,$$

则称 $f(x,y)$ 在 $G$ 是**调和函数**．函数 $f(x,y)$ 在 $G$ 是调和函数$\Leftrightarrow$对 $G$ 内任意光滑闭路 $C$，有

$$\oint_C \frac{\partial f}{\partial \boldsymbol{n}}\,ds=0.$$

(提示：应用例 11．)

15. 证明：若 $u(x,y)$ 有连续二阶导数，则

$$\iint_G \left[\left(\frac{\partial u}{\partial x}\right)^2+\left(\frac{\partial u}{\partial y}\right)^2\right]dx\,dy=-\iint_G u\Delta u\,dx\,dy+\oint_C u\frac{\partial u}{\partial \boldsymbol{n}}\,ds,$$

其中 $G$ 是光滑闭曲线 $C$ 所围成的区域,$\Delta u = \dfrac{\partial^2 u}{\partial x^2} + \dfrac{\partial^2 u}{\partial y^2}$.

$$\left(\text{提示}: \left(\frac{\partial u}{\partial x}\right)^2 + \left(\frac{\partial u}{\partial y}\right)^2 + u\frac{\partial^2 u}{\partial x^2} + u\frac{\partial^2 u}{\partial y^2} = \frac{\partial}{\partial x}\left(u\frac{\partial u}{\partial x}\right) + \frac{\partial}{\partial y}\left(u\frac{\partial u}{\partial y}\right), \text{应用格林公式}.\right)$$

16. 计算高斯积分

$$I(\xi,\eta) = \oint_C \frac{\cos(\boldsymbol{r},\boldsymbol{n})}{r}\mathrm{d}s,$$

其中 $C$ 是无重点的光滑闭曲线,$\boldsymbol{r}$ 是连接曲线 $C$ 上动点 $M(x,y)$ 与不在 $C$ 上的定点 $A(\xi,\eta)$ 的矢径,$r = \sqrt{(\xi-x)^2 + (\eta-y)^2}$,$\boldsymbol{n}$ 是曲线 $C$ 在点 $M(x,y)$ 的外法线向量.(提示:如图 14.19,只画了闭曲线 $C$ 的一段.如果

$$(\boldsymbol{r},\boldsymbol{n}) = (x,\boldsymbol{n}) - (x,\boldsymbol{r}),$$

$$\cos(\boldsymbol{r},\boldsymbol{n}) = \cos(x,\boldsymbol{n})\cos(x,\boldsymbol{r}) + \sin(x,\boldsymbol{n})\sin(x,\boldsymbol{r})$$

$$= \frac{x-\xi}{r}\cos(x,\boldsymbol{n}) + \frac{y-\eta}{r}\sin(x,\boldsymbol{n}).$$

$$I(\xi,\eta) = \oint_C \left[\frac{y-\eta}{r^2}\sin(x,\boldsymbol{n}) + \frac{x-\xi}{r^2}\cos(x,\boldsymbol{n})\right]\mathrm{d}s$$

$$= \oint_C \frac{x-\xi}{r^2}\mathrm{d}y - \frac{y-\eta}{r^2}\mathrm{d}x.$$

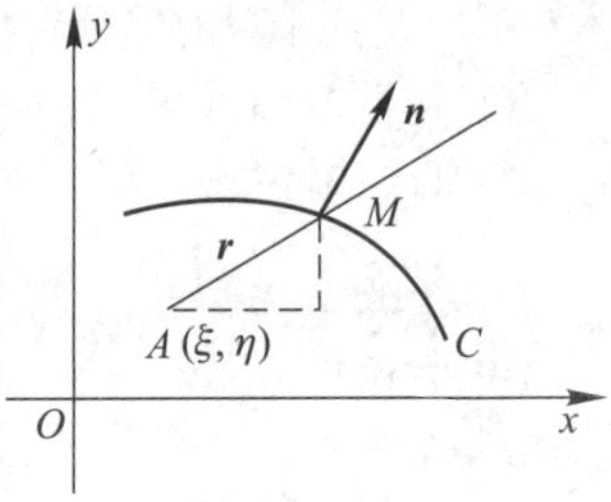

图 14.19

点 $A$ 不属于曲线 $C$ 围成的区域 $G$,应用格林公式.如果点 $A$ 属于曲线 $C$ 围成的区域 $G$,根据格林公式,可取曲线 $C$ 是以点 $A$ 为心以 $r=R$ 为半径的圆周(见例 10)).

# §14.2 曲面积分

## 一、第一型曲面积分

第一型曲面积分也是从实际问题中抽象出来的.例如,物质曲面的质量问题就可归结为第一型曲面积分.

设在三维欧氏空间 $\mathbf{R}^3$ 中有光滑或者逐片光滑的曲面块 $S$,[①]三元函数 $f(x,y,z)$ 在曲面 $S$ 上有定义.首先,用曲面 $S$ 上的曲线网,将曲面 $S$ 任意分成 $n$ 个小曲面:$S_1$,$S_2,\cdots,S_n$,将此分法记为 $T$.设第 $k$ 个小曲面 $S_k$ 的面积是 $\Delta\sigma_k$.在第 $k$ 个小曲面 $S_k$ 上任取一点 $P_k(\xi_k,\eta_k,\zeta_k)$,作和

$$Q_n = \sum_{k=1}^{n} f(\xi_k,\eta_k,\zeta_k)\Delta\sigma_k, \tag{1}$$

称为三元函数 $f(x,y,z)$ 在曲面 $S$ 的**积分和**.

令 $\delta(T) = \max\{d(S_1),d(S_2),\cdots,d(S_n)\}$.[②]

---

① 已知光滑曲面可求面积(见 §13.1 第六段).本书所指的曲面都是有界的光滑或逐片光滑曲面.

② $d(S_k)$ 表示小曲面 $S_k$ 的直径.曲面 $S$ 的直径 $d(S)$ 是连接曲面 $S$ 上任意两点线段之长的上确界.

**定义** 设三元函数 $f(x,y,z)$ 在光滑或逐片光滑的曲面 $S$ 有定义.若当 $\delta(T)\to 0$ 时,三元函数 $f(x,y,z)$ 在曲面 $S$ 的积分和(1)存在极限 $L$,即

$$\lim_{\delta(T)\to 0} Q_n = \lim_{\delta(T)\to 0} \sum_{k=1}^{n} f(\xi_k,\eta_k,\zeta_k)\Delta\sigma_k = L,$$

则称 $L$ 是三元函数 $f(x,y,z)$ 在曲面 $S$ 的**第一型曲面积分**,记为

$$L = \iint_S f(x,y,z)\mathrm{d}\sigma,$$

其中 $\mathrm{d}\sigma$ 是曲面 $S$ 的面积微元.

不难得到,如果物质曲面 $S$ 上任意点 $P(x,y,z)$ 的面密度是 $\rho(x,y,z)$,则物质曲面 $S$ 的质量 $m$ 是第一型曲面积分,即

$$m = \iint_S \rho(x,y,z)\mathrm{d}\sigma.$$

第一型曲面积分有类似于第一型曲线积分的那些性质,读者可仿照第一型曲线积分的性质写出第一型曲面积分的性质.关于第一型曲面积分的存在性及其计算方法有下面的定理:

**定理 1** 若曲面 $S:x=x(u,v),y=y(u,v),z=z(u,v),(u,v)\in D$,是光滑或逐片光滑的,其中 $D$ 是有界闭区域.三元函数 $f(x,y,z)$ 在曲面 $S$ 连续,则三元函数 $f(x,y,z)$ 在 $S$ 的第一型曲面积分存在,且

$$\iint_S f(x,y,z)\mathrm{d}\sigma = \iint_D f[x(u,v),y(u,v),z(u,v)]\sqrt{EG-F^2}\,\mathrm{d}u\mathrm{d}v, \tag{2}$$

其中

$$E = x_u'^2 + y_u'^2 + z_u'^2, \quad F = x_u'x_v' + y_u'y_v' + z_u'z_v', \quad G = x_v'^2 + y_v'^2 + z_v'^2.$$

证法与第一型曲线积分相应定理(§14.1 定理 1)完全相同,从略.

公式(2)指出,求第一型曲面积分可化为二重积分.曲面的面积微元 $\mathrm{d}\sigma = \sqrt{EG-F^2}\,\mathrm{d}u\mathrm{d}v$.

如果光滑曲面 $S:z=z(x,y),(x,y)\in D$,其中 $D$ 是有界闭区域,则

$$\iint_S f(x,y,z)\mathrm{d}\sigma = \iint_D f[x,y,z(x,y)]\sqrt{1+z_x'^2+z_y'^2}\,\mathrm{d}x\mathrm{d}y. \tag{3}$$

**例 1** 计算曲面积分 $\displaystyle\iint_S \frac{\mathrm{d}\sigma}{z}$,其中 $S$ 是球面 $x^2+y^2+z^2=a^2$ 被平面 $z=h\,(0<h<a)$ 所截的顶部 $(z\geq h)$,如图 14.20.

**解** 曲面 $S$ 的方程是

$$z = \sqrt{a^2-x^2-y^2}.$$

曲面 $S$ 在 $xy$ 平面上的投影区域 $D$ 是 $x^2+y^2\leq a^2-h^2$.

$$\mathrm{d}\sigma = \sqrt{1+z_x'^2+z_y'^2}\,\mathrm{d}x\mathrm{d}y = \frac{a}{\sqrt{a^2-x^2-y^2}}\mathrm{d}x\mathrm{d}y.$$

由(3)式,有

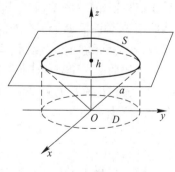

图 14.20

$$\iint_S \frac{d\sigma}{z} = \iint_D \frac{a}{a^2-x^2-y^2}dxdy = a\int_0^{2\pi}d\varphi\int_0^{\sqrt{a^2-h^2}}\frac{r}{a^2-r^2}dr$$

$$= -\pi a\ln(a^2-r^2)\ \Big|_0^{\sqrt{a^2-h^2}} = 2a\pi\ln\frac{a}{h}.$$

**例 2** 计算曲面积分 $\iint_S zd\sigma$，其中曲面 $S$ 是螺旋面 $x=r\cos\varphi,y=r\sin\varphi,z=\varphi(0\leqslant r\leqslant a;0\leqslant\varphi\leqslant 2\pi)$ 的一部分.

**解** $E=\left(\frac{\partial x}{\partial r}\right)^2+\left(\frac{\partial y}{\partial r}\right)^2+\left(\frac{\partial z}{\partial r}\right)^2=\cos^2\varphi+\sin^2\varphi=1$,

$F=\frac{\partial x}{\partial r}\frac{\partial x}{\partial\varphi}+\frac{\partial y}{\partial r}\frac{\partial y}{\partial\varphi}+\frac{\partial z}{\partial r}\frac{\partial z}{\partial\varphi}=-r\sin\varphi\cos\varphi+r\sin\varphi\cos\varphi=0$,

$G=\left(\frac{\partial x}{\partial\varphi}\right)^2+\left(\frac{\partial y}{\partial\varphi}\right)^2+\left(\frac{\partial z}{\partial\varphi}\right)^2=r^2\sin^2\varphi+r^2\cos^2\varphi+1=1+r^2$.

$d\sigma=\sqrt{EG-F^2}\,drd\varphi=\sqrt{1+r^2}\,drd\varphi$.

设 $D(0\leqslant r\leqslant a,0\leqslant\varphi\leqslant 2\pi)$，由公式(2)，有

$$\iint_S zd\sigma = \iint_D \varphi\sqrt{1+r^2}\,drd\varphi = \int_0^{2\pi}\varphi d\varphi\int_0^a\sqrt{1+r^2}\,dr$$

$$= 2\pi^2\left[\frac{r}{2}\sqrt{1+r^2}+\frac{1}{2}\ln(r+\sqrt{1+r^2})\right]\ \Big|_0^a$$

$$= \pi^2\left[a\sqrt{1+a^2}+\ln(a+\sqrt{1+a^2})\right].$$

## 二、第二型曲面积分

第二型曲面积分的定义和计算与第二型曲线积分的定义和计算完全类似.已知第二型曲线积分与曲线的方向有关,同样,第二型曲面积分与曲面的方向也有关.因此要讨论曲面的正向和负向(或正侧与负侧).

在光滑曲面 $S$ 上任取一点 $P_0$,过点 $P_0$ 的法线有两个方向,选定一个方向为正向.当点 $P$ 在曲面 $S$ 上连续变动(不越过曲面的边界)时,法线也连续变动.当动点 $P$ 从点 $P_0$ 出发沿着曲面 $S$ 上任意一条闭曲线又回到点 $P_0$ 时,如果法线的正向与出发时的法线正向相同,称这种曲面 $S$ 是**双侧曲面**,否则称为**单侧曲面**.通常所遇到的曲面都是双侧曲面.单侧曲面也是存在的,例如,将长方形纸条的一端扭转 $180°$,再与另一端粘合起来,就是单侧曲面,如图 14.21.我们只讨论双侧曲面.因为双侧曲面有正向与负向,所以同一块曲面由于方向不同,在坐标面上投影的面积就带有不同的符号.

首先讨论流量问题.在三维欧氏空间 $\mathbf{R}^3$ 有界体 $W$ 中有流体稳定(与时间无关)流动.已知流体在任意一点 $P(x,y,z)$ 的流速是 $\boldsymbol{A}(P)$,即 $\boldsymbol{A}(P)$ 是向量函数

$$\boldsymbol{A}(P)=(A_x(P),A_y(P),A_z(P)),$$

其中 $A_x(P),A_y(P),A_z(P)$ 是向量 $\boldsymbol{A}(P)$ 分别在 $x$ 轴、$y$ 轴、$z$ 轴上的分量,并且都在 $W$ 连续,于是,$W$ 构成了流体速度场.设在 $W$ 内有一块光滑双侧曲面 $S$.在单位时间内,流体速度场流过曲面 $S$ 的流体体积 $V$,称为流过曲面 $S$ 的**流量**.下面计算流量.

将曲面 $S$ 分成 $n$ 个小曲面:$S_1,S_2,\cdots,S_n$,将此分法记为 $T$.设第 $k$ 个小曲面 $S_k$ 的面

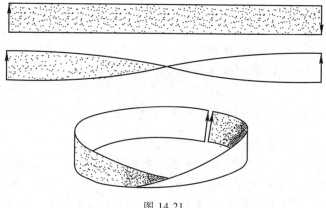

图 14.21

积是 $\Delta\sigma_k$. 在第 $k$ 个小曲面 $S_k$ 上任取一点 $P_k$, 以 $A(P_k)$ 近似代替 $S_k$ 上每一点的流速, 则流体速度场 $A(P)$ 通过第 $k$ 个小曲面 $S_k$ 的流量 $V_k$ 近似等于以 $S_k$ 为底, 以向量 $A(P_k)$ 为母线的斜柱体的体积, 如图 14.22. 已知斜柱体的体积等于同底等高的直柱体的体积. 于是,

$$V_k \approx A(P_k) \cdot n_k \Delta\sigma_k,$$

其中 $n_k$ 表示点 $P_k$ 的法线正向的单位向量. 设 $n_k$ 与 $x$ 轴、$y$ 轴、$z$ 轴的正向夹角分别是 $\alpha_k, \beta_k, \gamma_k$, 则

$$n_k = (\cos\alpha_k, \cos\beta_k, \cos\gamma_k).$$

设小曲面 $S_k$ 在 $yz$ 平面、$zx$ 平面、$xy$ 平面投影的面积分别是 $\Delta y_k \Delta z_k$, $\Delta z_k \Delta x_k$, $\Delta x_k \Delta y_k$. 由图 14.23(只给出在 $xy$ 平面上的投影)不难得到

$$\cos\alpha_k \Delta\sigma_k = \Delta y_k \Delta z_k, \quad \cos\beta_k \Delta\sigma_k = \Delta z_k \Delta x_k, \quad \cos\gamma_k \Delta\sigma_k = \Delta x_k \Delta y_k.$$

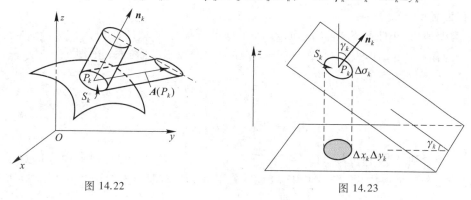

图 14.22　　　　　　　　　　　　　　　　图 14.23

从而, 流体速度场 $A(P)$ 通过曲面 $S$ 的流量 $Q$ 近似地等于

$$Q = \sum_{k=1}^{n} V_k \approx \sum_{k=1}^{n} A(P_k) \cdot n_k \Delta\sigma_k.$$

于是, 流体速度场 $A(P)$ 通过曲面 $S$ 的流量

$$Q = \lim_{\delta(T) \to 0} \sum_{k=1}^{n} A(P_k) \cdot n_k \Delta\sigma_k.$$

$$A(P_k) \cdot n_k \Delta\sigma_k$$
$$= (A_x(P_k), A_y(P_k), A_z(P_k)) \cdot (\cos\alpha_k, \cos\beta_k, \cos\gamma_k)\Delta\sigma_k$$
$$= [A_x(P_k)\cos\alpha_k + A_y(P_k)\cos\beta_k + A_z(P_k)\cos\gamma_k]\Delta\sigma_k$$
$$= A_x(P_k)\Delta y_k\Delta z_k + A_y(P_k)\Delta z_k\Delta x_k + A_z(P_k)\Delta x_k\Delta y_k,$$

有

$$Q = \lim_{\delta(T)\to 0}\sum_{k=1}^{n}[A_x(P_k)\Delta y_k\Delta z_k + A_y(P_k)\Delta z_k\Delta x_k + A_z(P_k)\Delta x_k\Delta y_k].$$

抽去上式中的实际意义就是第二型曲面积分.

设三元函数 $f(x,y,z)$ 在双侧光滑或逐片光滑曲面 $S$ 上有定义,选定曲面 $S$ 一侧为正.将曲面 $S$ 分成 $n$ 个小曲面:$S_1, S_2, \cdots, S_n$,将此分法记为 $T$,用 $\Delta\sigma_k$ 表示第 $k$ 个小曲面 $S_k$ 的面积,$S_k$ 在 $xy$ 平面投影的小区域的面积是 $\Delta x_k\Delta y_k$,在第 $k$ 个小曲面 $S_k$ 上任取一点 $P_k(\xi_k, \eta_k, \zeta_k)$.作和

$$R_n = \sum_{k=1}^{n}f(\xi_k, \eta_k, \zeta_k)\Delta x_k\Delta y_k, \tag{4}$$

称为三元函数 $f(x,y,z)$ 在曲面 $S$ 关于 $xy$ 的**积分和**.

令 $\delta(T) = \max\{d(S_1), d(S_2), \cdots, d(S_n)\}$.

**定义** 设三元函数 $f(x,y,z)$ 在光滑或逐片光滑曲面 $S$ 有定义.若当 $\delta(T)\to 0$ 时,三元函数 $f(x,y,z)$ 在曲面 $S$ 关于 $xy$ 的积分和(4)存在极限 $I_{xy}$,即

$$\lim_{\delta(T)\to 0}R_n = \lim_{\delta(T)\to 0}\sum_{k=1}^{n}f(\xi_k, \eta_k, \zeta_k)\Delta x_k\Delta y_k = I_{xy},$$

则称 $I_{xy}$ 是 $f(x,y,z)\mathrm{d}x\mathrm{d}y$ 在曲面 $S$ 的**第二型曲面积分**,记为

$$I_{xy} = \iint_S f(x,y,z)\mathrm{d}x\mathrm{d}y,$$

其中 $\mathrm{d}x\mathrm{d}y$ 是曲面微元 $\mathrm{d}\sigma$ 在 $xy$ 平面上投影的面积微元(注意,因曲面 $S$ 的正侧取法不同,它带有正号或负号).

类似地,设小曲面 $S_k$ 在 $yz$ 平面与 $zx$ 平面的投影小区域的面积分别是 $\Delta y_k\Delta z_k$ 与 $\Delta z_k\Delta x_k$,有 $f(x,y,z)\mathrm{d}y\mathrm{d}z$ 与 $f(x,y,z)\mathrm{d}z\mathrm{d}x$ 在曲面 $S$ 的第二型曲面积分,即

$$\iint_S f(x,y,z)\mathrm{d}y\mathrm{d}z = \lim_{\delta(T)\to 0}\sum_{k=1}^{n}f(\xi_k, \eta_k, \zeta_k)\Delta y_k\Delta z_k,$$

$$\iint_S f(x,y,z)\mathrm{d}z\mathrm{d}x = \lim_{\delta(T)\to 0}\sum_{k=1}^{n}f(\xi_k, \eta_k, \zeta_k)\Delta z_k\Delta x_k.$$

不难看到,流体速度场 $A(P) = (A_x(P), A_y(P), A_z(P))$ 通过光滑曲面 $S$ 的流量 $Q$ 是它的三个分量函数 $A_x(P), A_y(P), A_z(P)$ 关于 $A_x(P)\mathrm{d}y\mathrm{d}z, A_y(P)\mathrm{d}z\mathrm{d}x, A_z(P)\mathrm{d}x\mathrm{d}y$ 在曲面 $S$ 上的第二型曲面积分之和,即

$$Q = \iint_S A_x(P)\mathrm{d}y\mathrm{d}z + \iint_S A_y(P)\mathrm{d}z\mathrm{d}x + \iint_S A_z(P)\mathrm{d}x\mathrm{d}y.$$

通常简写为

$$Q = \iint_S A_x(P)\mathrm{d}y\mathrm{d}z + A_y(P)\mathrm{d}z\mathrm{d}x + A_z(P)\mathrm{d}x\mathrm{d}y$$

$$= \iint_S [A_x(P)\cos(n,x) + A_y(P)\cos(n,y) + A_z(P)\cos(n,z)]\mathrm{d}\sigma$$

$$= \iint\limits_{S} \boldsymbol{A}(P) \cdot \boldsymbol{n} \mathrm{d}\sigma,$$

其中 $(\boldsymbol{n}, x), (\boldsymbol{n}, y), (\boldsymbol{n}, z)$ 分别是点 $P$ 处法线 $\boldsymbol{n}$ 的正向与 $x$ 轴、$y$ 轴、$z$ 轴的正向夹角.于是,两类曲面积分之间的转换关系是

$$\mathrm{d}y\mathrm{d}z = \cos(\boldsymbol{n}, x)\mathrm{d}\sigma, \quad \mathrm{d}z\mathrm{d}x = \cos(\boldsymbol{n}, y)\mathrm{d}\sigma, \quad \mathrm{d}x\mathrm{d}y = \cos(\boldsymbol{n}, z)\mathrm{d}\sigma.$$

如果 $S^{-}$ 与 $S$ 表示同一曲面,而方向相反,则

$$\iint\limits_{S} A_x(P)\mathrm{d}y\mathrm{d}z + A_y(P)\mathrm{d}z\mathrm{d}x + A_z(P)\mathrm{d}x\mathrm{d}y = -\iint\limits_{S^{-}} A_x(P)\mathrm{d}y\mathrm{d}z + A_y(P)\mathrm{d}z\mathrm{d}x + A_z(P)\mathrm{d}x\mathrm{d}y.$$

如果 $S$ 是闭曲面,则 $f(x, y, z)\mathrm{d}x\mathrm{d}y$ 在 $S$ 的第二型曲面积分记为

$$\oiint\limits_{S} f(x, y, z)\mathrm{d}x\mathrm{d}y.$$

除特殊说明外,闭曲面 $S$ 上的第二型曲面积分都是取 $S$ 的外侧为正(或向外的法线方向是正向).

**定理 2** 若有光滑曲面 $S: z = z(x, y), (x, y) \in D$,其中 $D$ 是有界闭区域,三元函数 $f(x, y, z)$ 在 $S$ 连续,则 $f(x, y, z)\mathrm{d}x\mathrm{d}y$ 在曲面 $S$ 的第二型曲面积分存在,且

$$\iint\limits_{S} f(x, y, z)\mathrm{d}x\mathrm{d}y = \pm \iint\limits_{D} f[x, y, z(x, y)]\mathrm{d}x\mathrm{d}y,$$

其中符号"$\pm$"由曲面 $S$ 的正侧外法线与 $z$ 轴正向的夹角余弦的符号决定.

证明从略.

**例 3** 计算曲面积分 $\iint\limits_{S} xyz\mathrm{d}x\mathrm{d}y$,其中曲面 $S$ 是四分之一球面 $x^2 + y^2 + z^2 = 1 (x \geq 0, y \geq 0)$,取球面的外侧为正侧.

**解** 曲面 $S$ 在 $xy$ 平面的上下两部分的方程分别是

$$S_1: z = \sqrt{1 - x^2 - y^2} \quad \text{与} \quad S_2: z = -\sqrt{1 - x^2 - y^2}.$$

曲面 $S_1$ 外法线与 $z$ 轴正向夹角是锐角.曲面 $S_2$ 外法线与 $z$ 轴正向夹角是钝角,而曲面 $S_1$ 与 $S_2$ 在 $xy$ 平面上的投影都是扇形区域 $D: x^2 + y^2 \leq 1 (x \geq 0, y \geq 0)$.于是,

$$\iint\limits_{S} xyz\mathrm{d}x\mathrm{d}y = \iint\limits_{S_1} xyz\mathrm{d}x\mathrm{d}y + \iint\limits_{S_2} xyz\mathrm{d}x\mathrm{d}y$$

$$= \iint\limits_{D} xy\sqrt{1 - x^2 - y^2}\,\mathrm{d}x\mathrm{d}y - \iint\limits_{D} xy(-\sqrt{1 - x^2 - y^2})\mathrm{d}x\mathrm{d}y$$

$$= 2\iint\limits_{D} xy\sqrt{1 - x^2 - y^2}\,\mathrm{d}x\mathrm{d}y = \int_0^{\frac{\pi}{2}} \sin 2\varphi\,\mathrm{d}\varphi \int_0^1 r^3 \sqrt{1 - r^2}\,\mathrm{d}r = \frac{2}{15}.$$

**例 4** 计算曲面积分 $\iint\limits_{S} x^3 \mathrm{d}y\mathrm{d}z$,其中 $S$ 是椭球面 $\dfrac{x^2}{a^2} + \dfrac{y^2}{b^2} + \dfrac{z^2}{c^2} = 1$ 的 $x \geq 0$ 的部分,取椭球面外侧为正侧.

**解** 当 $x \geq 0$ 时,椭球面的方程是

$$x = a\sqrt{1 - \frac{y^2}{b^2} - \frac{z^2}{c^2}}, \quad (y, z) \in D: \frac{y^2}{b^2} + \frac{z^2}{c^2} \leq 1.$$

于是,

$$\iint\limits_{S} x^3 \mathrm{d}y\mathrm{d}z = a^3 \iint\limits_{D}\left(1-\frac{y^2}{b^2}-\frac{z^2}{c^2}\right)^{\frac{3}{2}}\mathrm{d}y\mathrm{d}z = a^3 bc \int_0^{2\pi}\mathrm{d}\varphi\int_0^1(1-r^2)^{\frac{3}{2}}r\mathrm{d}r = \frac{2}{5}\pi a^3 bc.$$

（设 $y=br\cos\varphi, z=cr\sin\varphi, 0\leqslant r\leqslant 1, 0\leqslant\varphi\leqslant 2\pi.$）

### 三、奥 – 高[①] 公式

格林公式给出了平面区域上的二重积分与围成该区域的闭曲线上的曲线积分之间的联系.奥-高公式是格林公式在三维欧氏空间 $\mathbf{R}^3$ 的推广,它给出了三维欧氏空间 $\mathbf{R}^3$ 中有界体上的三重积分与围成该有界体边界的闭曲面上的曲面积分之间的联系.

首先考虑 $\mathbf{R}^3$ 中的有界闭体:

$$V=\{(x,y,z)\,|\,z_1(x,y)\leqslant z\leqslant z_2(x,y),(x,y)\in D_{xy}\},$$

其中 $D_{xy}$ 是 $V$ 在 $xy$ 坐标面上的投影,是光滑或逐段光滑闭曲线所围成的有界闭区域. $z=z_1(x,y), z=z_2(x,y)$ 是光滑或逐片光滑的曲面.有界闭体 $V$ 由曲面 $S_1:z=z_1(x,y)$,曲面 $S_2:z=z_2(x,y)(z_1(x,y)\leqslant z_2(x,y))$ 以及垂直于 $D_{xy}$ 的边界的母线所构成的柱面 $S_3$ 所围成,称这样的 $V$ 是 $xy$ 型有界闭体.

类似地,有 $yz$ 型与 $zx$ 型有界闭体.

**定理3** 设 $V$ 是 $\mathbf{R}^3$ 中双侧闭曲面 $S$ 所围成的 $xy$ 型(同时既是 $yz$ 型,又是 $zx$ 型)有界闭体.

若三元函数 $P(x,y,z), Q(x,y,z), R(x,y,z)$ 及其偏导数在包含 $V$ 的区域上连续,则

$$\oiint\limits_{S} P\mathrm{d}y\mathrm{d}z + Q\mathrm{d}z\mathrm{d}x + R\mathrm{d}x\mathrm{d}y = \iiint\limits_{V}\left(\frac{\partial P}{\partial x}+\frac{\partial Q}{\partial y}+\frac{\partial R}{\partial z}\right)\mathrm{d}x\mathrm{d}y\mathrm{d}z, \tag{5}$$

其中曲面 $S$ 的外侧为正,公式(5)称为**奥-高公式**.

**证明** 公式(5)由三个等式组成.先证

$$\oiint\limits_{S} R\mathrm{d}x\mathrm{d}y = \iiint\limits_{V}\frac{\partial R}{\partial z}\mathrm{d}x\mathrm{d}y\mathrm{d}z.$$

设 $V$ 是 $xy$ 型有界闭体.如图 14.24.

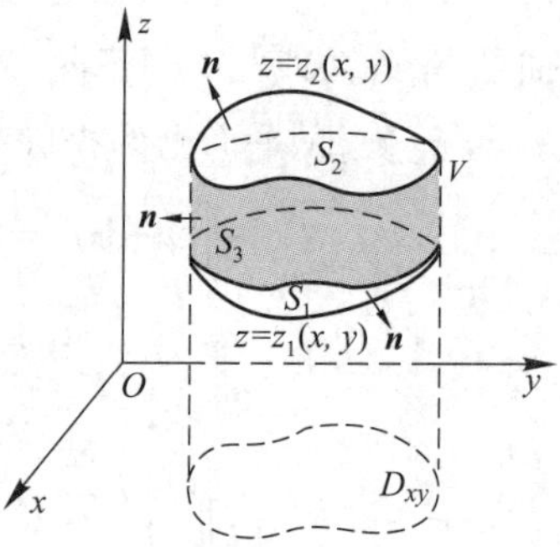

由三重积分的计算公式,有

图 14.24

$$\iiint\limits_{V}\frac{\partial R}{\partial z}\mathrm{d}x\mathrm{d}y\mathrm{d}z$$

$$=\iint\limits_{D_{xy}}\mathrm{d}x\mathrm{d}y\int_{z_1(x,y)}^{z_2(x,y)}\frac{\partial R}{\partial z}\mathrm{d}z$$

$$=\iint\limits_{D_{xy}} R(x,y,z)\,\bigg|_{z_1(x,y)}^{z_2(x,y)}\mathrm{d}x\mathrm{d}y$$

$$=\iint\limits_{D_{xy}}\{R[x,y,z_2(x,y)]-R[x,y,z_1(x,y)]\}\mathrm{d}x\mathrm{d}y. \tag{6}$$

由曲面积分的计算公式,有

---

① 奥 – 高公式是奥斯特罗格拉茨基 – 高斯公式的简称.奥斯特罗格拉茨基(Острградский, 1801—1862),俄国数学家.

$$\oiint\limits_{S} R\mathrm{d}x\mathrm{d}y = \iint\limits_{S_1} R\mathrm{d}x\mathrm{d}y + \iint\limits_{S_2} R\mathrm{d}x\mathrm{d}y + \iint\limits_{S_3} R\mathrm{d}x\mathrm{d}y,$$

其中曲面 $S_3$ 是曲面 $S$ 的侧面(由平行 $z$ 轴的母线组成).因为曲面 $S_3$ 在 $xy$ 平面上的投影是区域 $D_{xy}$ 的边界.根据曲面积分定义,有

$$\iint\limits_{S_3} R\mathrm{d}x\mathrm{d}y = 0.$$

已知曲面 $S_1$ 法线正向与 $z$ 轴正向的夹角是钝角,曲面 $S_1^-$ 的法线正向与 $z$ 轴正向的夹角是锐角.于是,

$$\oiint\limits_{S} R\mathrm{d}x\mathrm{d}y = \iint\limits_{S_2} R(x,y,z)\mathrm{d}x\mathrm{d}y - \iint\limits_{S_1^-} R(x,y,z)\mathrm{d}x\mathrm{d}y$$

$$= \iint\limits_{D_{xy}} \{ R[x,y,z_2(x,y)] - R[x,y,z_1(x,y)] \} \mathrm{d}x\mathrm{d}y. \tag{7}$$

由(6)式与(7)式,有(5)式

$$\oiint\limits_{S} R(x,y,z)\mathrm{d}x\mathrm{d}y = \iiint\limits_{V} \frac{\partial R}{\partial z}\mathrm{d}x\mathrm{d}y\mathrm{d}z.$$

若 $V$ 又是 $yz$ 型和 $zx$ 型有界闭体,同法可证

$$\oiint\limits_{S} P(x,y,z)\mathrm{d}y\mathrm{d}z = \iiint\limits_{V} \frac{\partial P}{\partial x}\mathrm{d}x\mathrm{d}y\mathrm{d}z$$

与

$$\oiint\limits_{S} Q(x,y,z)\mathrm{d}z\mathrm{d}x = \iiint\limits_{V} \frac{\partial Q}{\partial y}\mathrm{d}x\mathrm{d}y\mathrm{d}z.$$

将上述三个等式等号两端相加,便得到了奥-高公式.

在上述证明中,对有界闭体 $V$ 作了限制,即穿过 $V$ 的内点且平行于坐标轴的直线与围成有界闭体 $V$ 的封闭曲面 $S$ 的交点恰好是两点.如果曲面 $S$ 不满足这样的条件,可以用几张辅助的光滑曲面将 $V$ 分成有限个小的有界闭体,使每个小的有界闭体满足这样的条件,并注意到辅助的光滑曲面两侧的正向恰好相反,曲面积分的绝对值相等而符号相反,相加时正好抵消.因而对这样的有界闭体 $V$,公式(5)也是正确的.

特别地,当 $P(x,y,z)=x,Q(x,y,z)=y,R(x,y,z)=z$ 时,奥-高公式(5)是

$$3\iiint\limits_{V} \mathrm{d}x\mathrm{d}y\mathrm{d}z = \oiint\limits_{S} x\mathrm{d}y\mathrm{d}z + y\mathrm{d}z\mathrm{d}x + z\mathrm{d}x\mathrm{d}y.$$

于是,$V$ 的体积

$$H = \iiint\limits_{V} \mathrm{d}x\mathrm{d}y\mathrm{d}z = \frac{1}{3}\oiint\limits_{S} x\mathrm{d}y\mathrm{d}z + y\mathrm{d}z\mathrm{d}x + z\mathrm{d}x\mathrm{d}y.$$

由此可见,求有界体 $V$ 的体积 $H$ 也可化为围成有界体 $V$ 的闭曲面 $S$ 上的曲面积分.

**例5** 计算曲面积分

$$\oiint\limits_{S} (x^3 - yz)\mathrm{d}y\mathrm{d}z - 2x^2 y\mathrm{d}z\mathrm{d}x + z\mathrm{d}x\mathrm{d}y,$$

其中 $S$ 是平面 $x=a,y=a,z=a(a>0)$ 及三个坐标面围成的立方体 $V$ 的表面.

**解**　$P = x^3 - yz, Q = -2x^2 y, R = z.$

$$\frac{\partial P}{\partial x} = 3x^2, \quad \frac{\partial Q}{\partial y} = -2x^2, \quad \frac{\partial R}{\partial z} = 1.$$

由奥-高公式,有

$$\oiint_S (x^3 - yz)\,dydz - 2x^2 y\,dzdx + z\,dxdy = \iiint_V (3x^2 - 2x^2 + 1)\,dxdydz$$

$$= \int_0^a dz \int_0^a dy \int_0^a (x^2 + 1)\,dx = \frac{a^5}{3} + a^3.$$

**例 6**　计算曲面积分

$$\iint_S (x^2 \cos\alpha + y^2 \cos\beta + z^2 \cos\gamma)\,d\sigma,$$

其中 $S$ 是锥面 $x^2 + y^2 = z^2 (0 \leqslant z \leqslant h)$,而 $\cos\alpha, \cos\beta, \cos\gamma$ 是锥面外法线(正向)的方向余弦,如图 14.25.

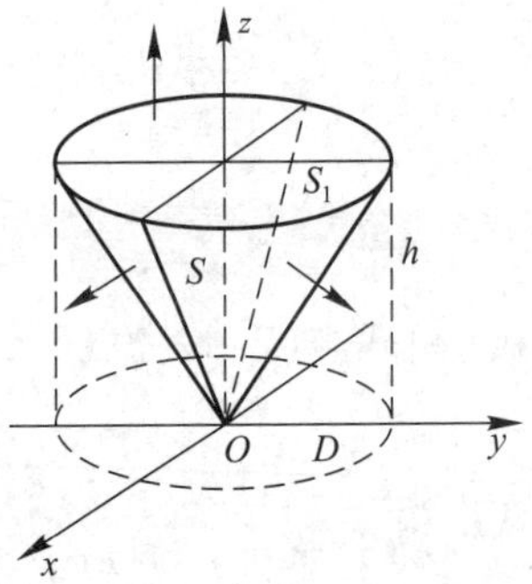

**解**　作辅助平面 $z = h$. 平面 $z = h$ 与锥面 $x^2 + y^2 = z^2$ 围成锥体 $V$,如图 14.25. 设锥体的底面是 $S_1$,其中 $P = x^2, Q = y^2,$
$R = z^2$.

$$\frac{\partial P}{\partial x} = 2x, \quad \frac{\partial Q}{\partial y} = 2y, \quad \frac{\partial R}{\partial z} = 2z.$$

图 14.25

由奥-高公式,有

$$\oiint_{S+S_1} (x^2 \cos\alpha + y^2 \cos\beta + z^2 \cos\gamma)\,d\sigma$$

$$= 2\iiint_V (x + y + z)\,dxdydz \quad (\text{作柱面坐标替换})$$

$$= 2\int_0^{2\pi} d\varphi \int_0^h r\,dr \int_r^h [r(\cos\varphi + \sin\varphi) + z]\,dz$$

$$= \frac{\pi}{2} h^4.$$

平面 $S_1$ 外法线(正向)与 $z$ 轴平行,方向余弦是 $\cos\dfrac{\pi}{2}, \cos\dfrac{\pi}{2}, \cos 0$,平面 $S_1$ 在 $xy$ 平面上的投影是圆域 $D: x^2 + y^2 \leqslant h^2. d\sigma = dxdy$,有

$$\iint_{S_1} (x^2 \cos\alpha + y^2 \cos\beta + z^2 \cos\gamma)\,d\sigma$$

$$= \iint_{S_1} \left(x^2 \cos\frac{\pi}{2} + y^2 \cos\frac{\pi}{2} + h^2 \cos 0\right)\,d\sigma = \iint_D h^2\,dxdy = \pi h^4.$$

于是,

$$\iint_S (x^2 \cos\alpha + y^2 \cos\beta + z^2 \cos\gamma)\,d\sigma$$

$$= -\iint_{S_1} (x^2 \cos\alpha + y^2 \cos\beta + z^2 \cos\gamma)\,d\sigma + \frac{\pi}{2} h^4 = -\pi h^4 + \frac{\pi}{2} h^4 = -\frac{\pi}{2} h^4.$$

### 四、斯托克斯[①]公式

奥-高公式是格林公式在三维欧氏空间 $\mathbf{R}^3$ 的推广,而格林公式还可从另一方面推广,就是将有界曲面 $S$ 的曲面积分与沿该曲面的边界闭曲线 $C$ 的曲线积分联系起来.

设有界光滑曲面 $S$,其边界是空间闭曲线 $C$.取定 $S$ 的一侧为正侧.规定闭曲线 $C$ 的正向按右手法则,即如果右手拇指的方向指向曲面法线的正向,则其余四指所指的方向就是闭曲线 $C$ 的正向,如图 14.26.根据右手法则,由曲面 $S$ 的正侧(或法线的正向)就决定了闭曲线 $C$ 的正向;反之亦然.

**定理 4** 设 $S$ 是光滑或分片光滑的有向有界曲面,$S$ 的边界 $C$ 是光滑或逐段光滑的有向闭曲线.$C$ 的正向与 $S$ 的正侧符合右手法则.若三元函数 $P(x,y,z)$,$Q(x,y,z)$,$R(x,y,z)$ 及其偏导数在包含曲面 $S$ 的空间区域内连续,则

图 14.26

$$\oint_C P\mathrm{d}x + Q\mathrm{d}y + R\mathrm{d}z$$

$$= \iint_S \left(\frac{\partial R}{\partial y} - \frac{\partial Q}{\partial z}\right)\mathrm{d}y\mathrm{d}z + \left(\frac{\partial P}{\partial z} - \frac{\partial R}{\partial x}\right)\mathrm{d}z\mathrm{d}x + \left(\frac{\partial Q}{\partial x} - \frac{\partial P}{\partial y}\right)\mathrm{d}x\mathrm{d}y. \tag{8}$$

公式(8)称为**斯托克斯公式**.

**证法** 证明等式(8)就是分别证明下面三个等式:

$$\oint_C P(x,y,z)\mathrm{d}x = \iint_S \frac{\partial P}{\partial z}\mathrm{d}z\mathrm{d}x - \frac{\partial P}{\partial y}\mathrm{d}x\mathrm{d}y, \tag{9}$$

$$\oint_C Q(x,y,z)\mathrm{d}y = \iint_S \frac{\partial Q}{\partial x}\mathrm{d}x\mathrm{d}y - \frac{\partial Q}{\partial z}\mathrm{d}y\mathrm{d}z, \tag{10}$$

$$\oint_C R(x,y,z)\mathrm{d}z = \iint_S \frac{\partial R}{\partial y}\mathrm{d}y\mathrm{d}z - \frac{\partial R}{\partial x}\mathrm{d}z\mathrm{d}x. \tag{11}$$

证明第一个等式成立,其证法是应用空间曲线积分的计算公式与格林公式分别将 $\oint_C P(x,y,z)\mathrm{d}x$ 与 $\iint_S \frac{\partial P}{\partial z}\mathrm{d}z\mathrm{d}x - \frac{\partial P}{\partial y}\mathrm{d}x\mathrm{d}y$ 化为有相同被积函数和平面上同一条闭曲线上的曲线积分.同法可证第二个、第三个等式.

**证明** 首先证明第一个等式

$$\oint_C P(x,y,z)\mathrm{d}x = \iint_S \frac{\partial P}{\partial z}\mathrm{d}z\mathrm{d}x - \frac{\partial P}{\partial y}\mathrm{d}x\mathrm{d}y.$$

设曲面 $S$ 的显式表示是

$$z = f(x,y), \quad (x,y) \in D_{xy},$$

$D_{xy}$ 是曲面 $S$ 在 $xy$ 坐标面上的投影,假设曲面 $S$ 与平行 $z$ 轴的直线至多有一个交点,区域 $D_{xy}$ 的边界闭曲线是 $\Gamma$.它的正向如图14.27.

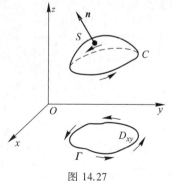

图 14.27

---

① 斯托克斯(Stokes,1819—1903),英国数学家.

将曲面积分

$$\iint_S \frac{\partial P}{\partial z}\mathrm{d}z\mathrm{d}x - \frac{\partial P}{\partial y}\mathrm{d}x\mathrm{d}y$$

化为 $S$ 在 $xy$ 平面上闭区域 $D_{xy}$ 的二重积分,再通过格林公式把它与曲线积分联系起来.

根据第二型曲面积分和第一型曲面积分的关系,有

$$\iint_S \frac{\partial P}{\partial z}\mathrm{d}z\mathrm{d}x - \frac{\partial P}{\partial y}\mathrm{d}x\mathrm{d}y = \iint_S \left( \frac{\partial P}{\partial z}\cos\beta - \frac{\partial P}{\partial y}\cos\gamma \right) \mathrm{d}\sigma. \tag{12}$$

由 §10.3 的(3)式,有

$$\cos\alpha = \frac{-f_x'}{\sqrt{1+f_x'^2+f_y'^2}}, \quad \cos\beta = \frac{-f_y'}{\sqrt{1+f_x'^2+f_y'^2}}, \quad \cos\gamma = \frac{1}{\sqrt{1+f_x'^2+f_y'^2}}.$$

即

$$\mathrm{d}z\mathrm{d}x = \cos\beta\mathrm{d}\sigma = \frac{-f_y'}{\sqrt{1+f_x'^2+f_y'^2}}\mathrm{d}\sigma = -\frac{\partial f}{\partial y}\cos\gamma\mathrm{d}\sigma = -\frac{\partial f}{\partial y}\mathrm{d}x\mathrm{d}y.$$

将它代入(12)式,有

$$\iint_S \frac{\partial P}{\partial z}\mathrm{d}z\mathrm{d}x - \frac{\partial P}{\partial y}\mathrm{d}x\mathrm{d}y = -\iint_S \left( \frac{\partial P}{\partial y} + \frac{\partial P}{\partial z}\frac{\partial f}{\partial y} \right) \mathrm{d}x\mathrm{d}y. \tag{13}$$

由复合函数的微分法,有

$$\frac{\partial}{\partial y}P[x,y,f(x,y)] = \frac{\partial P}{\partial y} + \frac{\partial P}{\partial z}\frac{\partial f}{\partial y}.$$

于是,(13)式可写成

$$\iint_S \frac{\partial P}{\partial z}\mathrm{d}z\mathrm{d}x - \frac{\partial P}{\partial y}\mathrm{d}x\mathrm{d}y = -\iint_{D_{xy}} \frac{\partial}{\partial y}P[x,y,f(x,y)]\mathrm{d}x\mathrm{d}y.$$

再根据格林公式,上式右端的二重积分可化为沿区域 $D_{xy}$ 的边界 $\varGamma$ 的曲线积分(如图14.27),即

$$-\iint_{D_{xy}} \frac{\partial}{\partial y}P[x,y,f(x,y)]\mathrm{d}x\mathrm{d}y = \oint_{\varGamma}P[x,y,f(x,y)]\mathrm{d}x.$$

因为函数 $P[x,y,f(x,y)]$ 在闭曲线 $\varGamma$ 上点 $(x,y)$ 的值与函数 $P(x,y,z)$ 在 $\varGamma$ 上点 $(x,y,z)$ 的值是相同的,并且这两个曲线上对应小弧段在 $x$ 轴上的投影也相同.因此证明了(9)式

$$\iint_S \frac{\partial P}{\partial z}\mathrm{d}z\mathrm{d}x - \frac{\partial P}{\partial y}\mathrm{d}x\mathrm{d}y = \oint_C P(x,y,z)\mathrm{d}x.$$

若曲面 $S$ 可显式表示为 $x=g(y,z)$ 和 $y=h(z,x)$,同样方法,可证得(10)式、(11)式:

$$\iint_S \frac{\partial Q}{\partial x}\mathrm{d}x\mathrm{d}y - \frac{\partial Q}{\partial z}\mathrm{d}y\mathrm{d}z = \oint_C Q\mathrm{d}y$$

与

$$\iint_S \frac{\partial R}{\partial y}\mathrm{d}y\mathrm{d}z - \frac{\partial R}{\partial x}\mathrm{d}z\mathrm{d}x = \oint_C R\mathrm{d}z.$$

如果曲面 $S$ 与平行坐标轴的直线交点多于一个,则可在 $S$ 上作辅助的光滑曲线,

把曲面 $S$ 分成有限个小曲面,使每个小曲面满足上述要求,同时有公式(9),(10),(11)成立,然后再相加.因为在 $S$ 内有公共边界的辅助曲线的两个正方向恰好相反,相加时正好抵消,所以公式(8)成立.

斯托克斯公式也可化成第一型曲面积分,即

$$\oint_C P\mathrm{d}x+Q\mathrm{d}y+R\mathrm{d}z$$

$$=\iint_S \left[\left(\frac{\partial R}{\partial y}-\frac{\partial Q}{\partial z}\right)\cos(\boldsymbol{n},x)+\left(\frac{\partial P}{\partial z}-\frac{\partial R}{\partial x}\right)\cos(\boldsymbol{n},y)+\left(\frac{\partial Q}{\partial x}-\frac{\partial P}{\partial y}\right)\cos(\boldsymbol{n},z)\right]\mathrm{d}\sigma,$$

其中 $\cos(\boldsymbol{n},x),\cos(\boldsymbol{n},y),\cos(\boldsymbol{n},z)$ 是曲面 $S$ 正侧法线的方向余弦.

为了便于记忆,可将斯托克斯公式表示为行列式的形式:

$$\oint_C P\mathrm{d}x+Q\mathrm{d}y+R\mathrm{d}z = \iint_S \begin{vmatrix} \cos(\boldsymbol{n},x) & \cos(\boldsymbol{n},y) & \cos(\boldsymbol{n},z) \\ \dfrac{\partial}{\partial x} & \dfrac{\partial}{\partial y} & \dfrac{\partial}{\partial z} \\ P & Q & R \end{vmatrix}\mathrm{d}\sigma①$$

$$= \iint_S \begin{vmatrix} \mathrm{d}y\mathrm{d}z & \mathrm{d}z\mathrm{d}x & \mathrm{d}x\mathrm{d}y \\ \dfrac{\partial}{\partial x} & \dfrac{\partial}{\partial y} & \dfrac{\partial}{\partial z} \\ P & Q & R \end{vmatrix}.$$

**例 7** 计算曲线积分

$$\int_{C(A,B)} (x^2-yz)\,\mathrm{d}x+(y^2-zx)\,\mathrm{d}y+(z^2-xy)\,\mathrm{d}z,$$

其中曲线 $C(A,B)$ 是螺旋线:$x=a\cos\varphi,y=a\sin\varphi,z=\dfrac{h}{2\pi}\varphi,0\leqslant\varphi\leqslant 2\pi.A(a,0,0),B(a,0,h)$,如图 14.28.

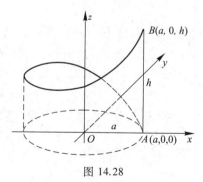

图 14.28

**解** 曲线 $C(A,B)$ 加上线段 $\overline{BA}$ 构成逐段光滑闭曲线.其中

$$P=x^2-yz,\quad Q=y^2-zx,\quad R=z^2-xy.$$

$$\frac{\partial P}{\partial y}=-z,\quad \frac{\partial Q}{\partial z}=-x,\quad \frac{\partial R}{\partial x}=-y.$$

---

① 规定 $\dfrac{\partial}{\partial x}\cdot Q=\dfrac{\partial Q}{\partial x},\cdots.$

$$\frac{\partial P}{\partial z} = -y, \quad \frac{\partial Q}{\partial x} = -z, \quad \frac{\partial R}{\partial y} = -x.$$

由斯托克斯公式(8),有(不论取曲线哪个方向为正向)

$$\oint_{C(A,B)+\overline{BA}} (x^2-yz)\,\mathrm{d}x + (y^2-zx)\,\mathrm{d}y + (z^2-xy)\,\mathrm{d}z = 0.$$

或

$$\int_{C(A,B)} (x^2-yz)\,\mathrm{d}x + (y^2-zx)\,\mathrm{d}y + (z^2-xy)\,\mathrm{d}z$$

$$= -\int_{\overline{BA}} (x^2-yz)\,\mathrm{d}x + (y^2-zx)\,\mathrm{d}y + (z^2-xy)\,\mathrm{d}z$$

$$= \int_{\overline{AB}} (x^2-yz)\,\mathrm{d}x + (y^2-zx)\,\mathrm{d}y + (z^2-xy)\,\mathrm{d}z.$$

而

$$\int_{\overline{AB}} = \int_{(a,0,0)}^{(a,0,h)} (x^2-yz)\,\mathrm{d}x + (y^2-zx)\,\mathrm{d}y + (z^2-xy)\,\mathrm{d}z = \int_0^h z^2\,\mathrm{d}z = \frac{h^3}{3},$$

则 $\displaystyle\int_{C(A,B)} (x^2 - yz)\,\mathrm{d}x + (y^2 - zx)\,\mathrm{d}y + (z^2 - xy)\,\mathrm{d}z = \frac{h^3}{3}.$

**例8** 计算曲线积分

$$\oint_C (y^2-z^2)\,\mathrm{d}x + (z^2-x^2)\,\mathrm{d}y + (x^2-y^2)\,\mathrm{d}z,$$

其中曲线 $C$ 是立方体 $0 \leqslant x \leqslant a, 0 \leqslant y \leqslant a, 0 \leqslant z \leqslant a$ 的表面与平面 $x+y+z = \dfrac{3}{2}a$ 的交线,其方向与平面法线方向 $\boldsymbol{n}$(拇指方向)构成右手螺旋系,如图 14.29.

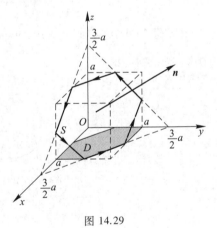

图 14.29

**解** $P = y^2-z^2, Q = z^2-x^2, R = x^2-y^2.$

$$\frac{\partial P}{\partial y} = 2y, \quad \frac{\partial Q}{\partial z} = 2z, \quad \frac{\partial R}{\partial x} = 2x,$$

$$\frac{\partial P}{\partial z} = -2z, \quad \frac{\partial Q}{\partial x} = -2x, \quad \frac{\partial R}{\partial y} = -2y.$$

由斯托克斯公式(8),有

$$\oint_C (y^2-z^2)\,\mathrm{d}x + (z^2-x^2)\,\mathrm{d}y + (x^2-y^2)\,\mathrm{d}z = -2\iint_S (y+z)\,\mathrm{d}y\mathrm{d}z + (z+x)\,\mathrm{d}z\mathrm{d}x + (x+y)\,\mathrm{d}x\mathrm{d}y,$$

其中取 $S$ 是平面 $x+y+z = \dfrac{3}{2}a$ 上闭曲线 $C$ 所围成的区域(空间平面块). $S$ 的法线 $\boldsymbol{n}$ 正方向与三个坐标轴正向的夹角都相等,是锐角,有

$$\cos(\boldsymbol{n},x) = \cos(\boldsymbol{n},y) = \cos(\boldsymbol{n},z) = \frac{1}{\sqrt{3}}.$$

于是,

$$\iint\limits_{S} (y+z)\,\mathrm{d}y\mathrm{d}z + (z+x)\,\mathrm{d}z\mathrm{d}x + (x+y)\,\mathrm{d}x\mathrm{d}y$$

$$= \iint\limits_{S} \left[ (y+z)\cos(\boldsymbol{n},x) + (z+x)\cos(\boldsymbol{n},y) + (x+y)\cos(\boldsymbol{n},z) \right] \mathrm{d}\sigma$$

$$= \frac{2}{\sqrt{3}} \iint\limits_{S} (x+y+z)\,\mathrm{d}\sigma = \frac{2}{\sqrt{3}} \iint\limits_{S} \frac{3}{2}a\,\mathrm{d}\sigma = \frac{3a}{\sqrt{3}} \iint\limits_{S} \mathrm{d}\sigma.$$

平面 $S$ 的方程是 $z = \dfrac{3}{2}a - x - y$. $\mathrm{d}\sigma = \sqrt{3}\,\mathrm{d}x\mathrm{d}y$,有

$$\iint\limits_{S} \mathrm{d}\sigma = \iint\limits_{D} \sqrt{3}\,\mathrm{d}x\mathrm{d}y = \sqrt{3} \cdot \frac{3}{4}a^2 = \frac{3\sqrt{3}}{4}a^2,$$

其中 $D$ 是 $S$ 在 $xy$ 平面上的投影区域,图 14.29 中的阴影部分,它的面积是 $\dfrac{3}{4}a^2$. 于是,

$$\oint\limits_{C} (y^2 - z^2)\,\mathrm{d}x + (z^2 - x^2)\,\mathrm{d}y + (x^2 - y^2)\,\mathrm{d}z = -2 \cdot \frac{3a}{\sqrt{3}} \iint\limits_{S} \mathrm{d}\sigma = -2 \cdot \frac{3a}{\sqrt{3}} \cdot \frac{3\sqrt{3}}{4}a^2 = -\frac{9}{2}a^3.$$

平面曲线积分与路径无关的等价命题,不难推广到三维欧氏空间 $\mathbf{R}^3$ 上来.

**定理 5** 若三元函数 $P(x,y,z),Q(x,y,z),R(x,y,z)$ 及其偏导数在单连通体 $V$① 连续,则下列四个断语是等价的:

1)曲线积分 $\displaystyle\int_{C(A,B)} P\mathrm{d}x + Q\mathrm{d}y + R\mathrm{d}z$ 与路径 $C$ 无关,即只与始点 $A$ 与终点 $B$ 有关;

2)在 $V$ 内存在函数 $u(x,y,z)$,使 $\mathrm{d}u = P\mathrm{d}x + Q\mathrm{d}y + R\mathrm{d}z$;

3)$\forall (x,y,z) \in V$,有

$$\frac{\partial P}{\partial y} = \frac{\partial Q}{\partial x}, \qquad \frac{\partial R}{\partial x} = \frac{\partial P}{\partial z}, \qquad \frac{\partial Q}{\partial z} = \frac{\partial R}{\partial y};$$

4)对 $V$ 内任意光滑或逐段光滑闭曲线 $\Gamma$,有 $\displaystyle\oint_{\Gamma} P\mathrm{d}x + Q\mathrm{d}y + R\mathrm{d}z = 0.$

读者可仿照 § 14.1 定理 4 证之. 证明从略.

## 练习题 14.2

1. 计算下列第一型曲面积分:

1)$\displaystyle\iint\limits_{S} (x+y+z)\,\mathrm{d}\sigma$,其中 $S$ 是 $x^2 + y^2 + z^2 = a^2$,$z \geq 0$;

2)$\displaystyle\iint\limits_{S} z^2\,\mathrm{d}\sigma$,其中 $S$ 是 $x = r\cos\varphi\sin\alpha, y = r\sin\varphi\sin\alpha, z = r\cos\alpha, 0 < \alpha < \dfrac{\pi}{2}$($\alpha$ 是常数),$0 \leq r \leq a$,$0 \leq \varphi \leq 2\pi$.

---

① 单连通体 $V$,即 $V$ 内任意封闭曲面所围成的有界体都属于 $V$.

2. 证明:若 $D$ 是 $xy$ 平面上的有界闭区域. $z=z(x,y)$ 是 $D$ 上的光滑曲面 $S$, 函数 $f(x,y,z)$ 在 $S$ 连续, 则 $\exists(\xi,\eta,\zeta)\in S$, 使

$$\iint_S f(x,y,z)\,\mathrm{d}\sigma = f(\xi,\eta,\zeta)\cdot A,$$

其中 $A$ 是曲面 $S$ 的面积.

3. 计算下列第二型曲面积分:

1) $\oiint_S z\mathrm{d}x\mathrm{d}y$, 其中 $S$ 是 $\dfrac{x^2}{a^2}+\dfrac{y^2}{b^2}+\dfrac{z^2}{c^2}=1$, 外法线是正向;

2) $\oiint_S yz\mathrm{d}y\mathrm{d}z+zx\mathrm{d}z\mathrm{d}x+xy\mathrm{d}x\mathrm{d}y$, 其中 $S$ 是四面体 $x+y+z=a(a>0)$, $x=0$, $y=0$, $z=0$ 的表面, 外法线是正向.

4. 已知稳定流体速度场 $\boldsymbol{A}=(0,0,x+y+z)$, 求单位时间内流过曲面 $S:x^2+y^2=z(0\leqslant z\leqslant h)$ 的流量, 法线正向与 $z$ 轴正向的夹角是钝角.

5. 应用奥-高公式计算下列第二型曲面积分:

1) $\oiint_S x^2\mathrm{d}y\mathrm{d}z+y^2\mathrm{d}z\mathrm{d}x+z^2\mathrm{d}x\mathrm{d}y$, 其中 $S$ 是立方体 $0\leqslant x\leqslant a$, $0\leqslant y\leqslant a$, $0\leqslant z\leqslant a$ 的表面, 外法线为正向;

2) $\oiint_S xz^2\mathrm{d}y\mathrm{d}z+(x^2y-z^3)\mathrm{d}z\mathrm{d}x+(2xy+y^2z)\mathrm{d}x\mathrm{d}y$, 其中 $S$ 是 $z=\sqrt{a^2-x^2-y^2}$ 和 $z=0$ 围成立体的表面, 外法线为正向.

6. 应用奥-高公式计算第 3 题中的 1), 2), 并验证计算结果.

7. 应用斯托克斯公式计算下列曲线积分:

1) $\oint_C y\mathrm{d}x+z\mathrm{d}y+x\mathrm{d}z$, 其中 $C$ 是球面 $x^2+y^2+z^2=a^2$ 与平面 $x+y+z=0$ 相交的圆周, 从 $x$ 轴正向看逆时针方向为正;

2) $\oint_C x^2y^3\mathrm{d}x+\mathrm{d}y+\mathrm{d}z$, 其中 $C$ 是抛物面 $x^2+y^2=a^2-z$ 与平面 $z=0$ 相交的圆周, 其正方向与 $z$ 轴构成左手螺旋系.

8. 证明定理 4 中一个等式:

$$\oint_C Q(x,y,z)\,\mathrm{d}y = \iint_S \frac{\partial Q}{\partial x}\mathrm{d}x\mathrm{d}y - \frac{\partial Q}{\partial z}\mathrm{d}y\mathrm{d}z.$$

$\left(\text{提示:证明 } \mathrm{d}y\mathrm{d}z = -\dfrac{\partial f}{\partial x}\mathrm{d}x\mathrm{d}y.\right)$

9. 证明:若在长方体 $V$ 有 $\mathrm{d}u=P\mathrm{d}x+Q\mathrm{d}y+R\mathrm{d}z$, 取点 $(x_0,y_0,z_0)\in V$, $\forall(x,y,z)\in V$, 其中 $P,Q,R$ 在 $V$ 有连续偏导数, 则

$$u(x,y,z)=\int_{x_0}^x P(x,y_0,z_0)\,\mathrm{d}x+\int_{y_0}^y Q(x,y,z_0)\,\mathrm{d}y+\int_{z_0}^z R(x,y,z)\,\mathrm{d}z+u(x_0,y_0,z_0).$$

10. 设 $\mathrm{d}u=(x^2-2yz)\mathrm{d}x+(y^2-2xz)\mathrm{d}y+(z^2-2xy)\mathrm{d}z$, 求原函数 $u(x,y,z)$.

　　*　　*　　*　　*　　*　　*　　*　　*

11. 证明:若 $S$ 是光滑闭曲面, $\boldsymbol{l}$ 是任意常向量, 则

$$\oiint_S \cos(\boldsymbol{n},\boldsymbol{l})\,\mathrm{d}\sigma = 0,$$

其中 $\boldsymbol{n}$ 是曲面 $S$ 的外法线. (提示:见 §14.1 第 12 题.)

12. 计算曲面积分

$$\oiint_S (x-y+z)\mathrm{d}y\mathrm{d}z+(y-z+x)\mathrm{d}z\mathrm{d}x+(z-x+y)\mathrm{d}x\mathrm{d}y,$$

其中 $S$ 是曲面 $|x-y+z|+|y-z+x|+|z-x+y|=1$，外侧为正.

13. 证明泊松[①]公式

$$\oiint_S f(ax+by+cz)\,\mathrm{d}\sigma = 2\pi \int_{-1}^{1} f\left(u\sqrt{a^2+b^2+c^2}\right)\mathrm{d}u,$$

其中 $S$ 是球面 $x^2+y^2+z^2=1$.（提示：将直角坐标系 $xyz$ 旋转为新直角坐标系 $uvw$. 令 $ax+by+cz=0$ 是 $vw$ 平面，$u$ 轴垂直它. 于是，

$$u = \frac{ax+by+cz}{\sqrt{a^2+b^2+c^2}}.$$

作线性变换（见 §13.2 第 12 题），有

$$\oiint_S f(ax+by+cz)\,\mathrm{d}\sigma = \oiint_{S'} f\left(u\sqrt{a^2+b^2+c^2}\right)\mathrm{d}u.$$

$S'$ 是球面 $u^2+v^2+w^2=1$，表为 $u=u, v=\sqrt{1-u^2}\cos t, w=\sqrt{1-u^2}\sin t, -1\leqslant u\leqslant 1, 0\leqslant t\leqslant 2\pi$.）

14. 计算高斯积分

$$I(\xi,\eta,\zeta) = \oiint_S \frac{\cos(\boldsymbol{r},\boldsymbol{n})}{r^2}\,\mathrm{d}\sigma,$$

其中 $S$ 是光滑闭曲面，$\boldsymbol{n}$ 是曲面 $S$ 上点 $(x,y,z)$ 的外法线. $\boldsymbol{r}$ 是连接曲面 $S$ 上动点 $M(x,y,z)$ 与曲面 $S$ 外定点 $(\xi,\eta,\zeta)$ 的矢径，

$$r = \sqrt{(\xi-x)^2+(\eta-y)^2+(\zeta-z)^2}.$$

讨论两种情况：1）曲面 $S$ 不包含点 $(\xi,\eta,\zeta)$；2）曲面 $S$ 包含点 $(\xi,\eta,\zeta)$.（提示：见 §14.1 第 16 题.）

15. 证明：若 $\Delta u = \dfrac{\partial^2 u}{\partial x^2}+\dfrac{\partial^2 u}{\partial y^2}+\dfrac{\partial^2 u}{\partial z^2}$，则

1) $\displaystyle\iint_S \frac{\partial u}{\partial \boldsymbol{n}}\,\mathrm{d}\sigma = \iiint_V \Delta u\,\mathrm{d}x\mathrm{d}y\mathrm{d}z$；

2) $\displaystyle\iint_S u\frac{\partial u}{\partial \boldsymbol{n}}\,\mathrm{d}\sigma = \iiint_V \left[\left(\frac{\partial u}{\partial x}\right)^2+\left(\frac{\partial u}{\partial y}\right)^2+\left(\frac{\partial u}{\partial z}\right)^2\right]\mathrm{d}x\mathrm{d}y\mathrm{d}z + \iiint_V u\Delta u\,\mathrm{d}x\mathrm{d}y\mathrm{d}z.$

其中 $S$ 是包围有界体 $V$ 的光滑闭曲面，$\dfrac{\partial u}{\partial \boldsymbol{n}}$ 是曲面 $S$ 外法线 $\boldsymbol{n}$ 的方向导数.

16. 证明定理 5 中的 2)⇒3)，3)⇒4).

# §14.3 场论初步

在空间或空间的一部分 $V$ 上分布着某一种物理量，$V$ 就构成一个场. 在物理学中有各种不同的场，如物体的温度场，大气压力场，空间的引力场，流体的速度场等. 一般来说，场可分为两类：数量场，如密度场、温度场等；向量场，如引力场、速度场等. 尽管每种场都有各自的物理特性，但是在数量关系上各类场都有相同的数学形式.

## 一、梯度

设三维欧氏空间 $\boldsymbol{R}^3$ 的有界体 $V$ 是一个数量场，即在 $V$ 上定义一个三元函数 $f(x,$

---

① 泊松（Poisson，1781—1840），法国数学家.

$y,z$),且函数 $f(x,y,z)$ 在 $V$ 上存在所有的偏导数.

**定义**  向量

$$\left(\frac{\partial f}{\partial x},\frac{\partial f}{\partial y},\frac{\partial f}{\partial z}\right)=\frac{\partial f}{\partial x}\boldsymbol{i}+\frac{\partial f}{\partial y}\boldsymbol{j}+\frac{\partial f}{\partial z}\boldsymbol{k}$$

称为函数(数量场)$f(x,y,z)$ 在点 $P(x,y,z)$ 的**梯度**,记为 $\mathbf{grad}\, f(P)$,即

$$\mathbf{grad}\, f(P)=\left(\frac{\partial f}{\partial x},\frac{\partial f}{\partial y},\frac{\partial f}{\partial z}\right).$$

由此可见,数量场的梯度是一个向量场(梯度向量场).

如果 $l$ 是过点 $P$ 的射线,$l$ 的方向余弦是 $\cos\alpha,\cos\beta,\cos\gamma$.由 §10.3 定理 5,函数 $f(x,y,z)$ 在点 $P$ 沿射线 $l$ 的方向导数

$$\frac{\partial f}{\partial l}=\frac{\partial f}{\partial x}\cos\alpha+\frac{\partial f}{\partial y}\cos\beta+\frac{\partial f}{\partial z}\cos\gamma.$$

已知 $\boldsymbol{l}=(\cos\alpha,\cos\beta,\cos\gamma)$ 是射线 $l$ 的单位向量.由向量内积公式,有

$$\frac{\partial f}{\partial l}=\left(\frac{\partial f}{\partial x},\frac{\partial f}{\partial y},\frac{\partial f}{\partial z}\right)\cdot(\cos\alpha,\cos\beta,\cos\gamma)=\mathbf{grad}\, f(P)\cdot\boldsymbol{l}$$

$$=|\mathbf{grad}\, f(P)||\boldsymbol{l}|\cos\theta=|\mathbf{grad}\, f(P)|\cos\theta, \qquad (1)$$

其中 $\theta$ 是在点 $P$ 的梯度向量 $\mathbf{grad}\, f(P)$ 与单位向量 $\boldsymbol{l}$ 之间的夹角,如图 14.30.

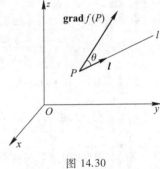

图 14.30

由(1)式不难看到,仅当 $\theta=0$ 时,即单位向量 $\boldsymbol{l}$(也就是射线 $l$)的方向与梯度 $\mathbf{grad}\, f(P)$ 的方向一致时,方向导数 $\frac{\partial f}{\partial l}$ 才能取到最大值.换句话说,梯度的方向就是函数 $f(x,y,z)$ 在点 $P$ 变化率最快(或最大)的方向.

再从等值面看梯度.如果三元函数 $f(x,y,z)$ 的所有偏导数在 $V$ 连续,$V$ 中的曲面

$$f(x,y,z)=C \quad (\text{常数})$$

称为**等值面**.例如,气象学中的等温面、等压面等都是等值面的原型.函数 $f(x,y,z)=x^2+y^2+z^2$ 的等值面

$$x^2+y^2+z^2=C \quad (\text{任意 } C\geqslant 0)$$

是以原点为球心的一族同心球面.

过场中的每个点只有一个等值面.显然,等值面彼此不相交.数量场 $f(x,y,z)$ 过点 $P_0(x_0,y_0,z_0)$ 有一个等值面,由 §11.4 的(4)式,等值面在点 $P_0$ 的法线方程是

$$\frac{x-x_0}{\dfrac{\partial f(P_0)}{\partial x}}=\frac{y-y_0}{\dfrac{\partial f(P_0)}{\partial y}}=\frac{z-z_0}{\dfrac{\partial f(P_0)}{\partial z}}.$$

于是,等值面法线的方向向量就是梯度

$$\mathbf{grad}\, f(P_0)=\left(\frac{\partial f(P_0)}{\partial x},\frac{\partial f(P_0)}{\partial y},\frac{\partial f(P_0)}{\partial z}\right),$$

即数量场 $f(x,y,z)$ 在点 $P_0$ 的梯度方向就是过点 $P_0$ 的等值面的法线方向,由数值较小

的等值面指向数值较大的等值面. 例如, 已知物体 $V$ 上任意一点 $P$ 的温度是 $f(P)$, 即物体 $V$ 是一个温度场. 若物体 $V$ 中有的点温度高有的点温度低, 则 $V$ 中就有热的流动. 那么在一点 $P_0(x_0, y_0, z_0)$, 热沿着哪个方向流动最快呢? 通过对梯度的讨论我们知道, 热沿着梯度方向, 也就是过点 $P_0$ 的等值面的法线方向流动最快. 因为热是由温度高处流向温度低处, 而梯度方向是由数值较小的等值面指向数值较大的等值面, 所以热沿着 $-\mathbf{grad}\, f(P_0)$ 流动最快.

**例 1**  计算电势场 (数量场) $U = \dfrac{e}{\sqrt{x^2+y^2+z^2}}$ 在点 $(x, y, z)$ 的梯度, 其中 $e$ 是单位正电荷.

**解**  为了书写简便, 设 $r = \sqrt{x^2+y^2+z^2}$, 有

$$\frac{\partial U}{\partial x} = -\frac{e}{r^2}\frac{x}{r} = -\frac{ex}{r^3}.$$

同样有

$$\frac{\partial U}{\partial y} = -\frac{ey}{r^3}, \qquad \frac{\partial U}{\partial z} = -\frac{ez}{r^3}.$$

于是,

$$\mathbf{grad}\, U = \frac{\partial U}{\partial x}\mathbf{i} + \frac{\partial U}{\partial y}\mathbf{j} + \frac{\partial U}{\partial z}\mathbf{k} = -\frac{e}{r^3}(x\mathbf{i}+y\mathbf{j}+z\mathbf{k}).$$

已知单位正电荷 $e$ 产生的电场强度是 $\mathbf{E} = \dfrac{e}{r^3}(x\mathbf{i}+y\mathbf{j}+z\mathbf{k})$, 即 $\mathbf{E} = -\mathbf{grad}\, U$. 由此可见, 电场的强度等于电势的梯度, 即 $|\mathbf{E}| = |-\mathbf{grad}\, U|$, 而电场强度的方向与电势梯度的方向相反.

由梯度的定义, 不难证明, 梯度有下列性质:

1. $\mathbf{grad}(u+v) = \mathbf{grad}\, u + \mathbf{grad}\, v$.

2. $\mathbf{grad}(uv) = u\mathbf{grad}\, v + v\mathbf{grad}\, u$.

3. $\mathbf{grad}\, f(u) = f'(u)\mathbf{grad}\, u$.

## 二、散度

设有稳定流体速度场 $\mathbf{A}(P)$, 场内有一光滑曲面 $S$. 由 §14.2 第二段知, 在单位时间内, 流体速度场 $\mathbf{A}(P)$ 通过曲面 $S$ 的流量

$$Q = \iint\limits_{S} \mathbf{A}(P) \cdot \mathbf{n}\mathrm{d}\sigma,$$

其中 $\mathbf{n}$ 是曲面 $S$ 的外法线的单位向量. 如果 $S$ 是闭曲面,

$$Q = \oiint\limits_{S} \mathbf{A}(P) \cdot \mathbf{n}\mathrm{d}\sigma$$

表示在单位时间内通过闭曲面 $S$ 的流量. 通过闭曲面 $S$ 的流量 $Q$ 是流出量 $(+)$ 与流入量 $(-)$ 两者之差 (注意, $S$ 的外法线方向为正). 可能有下面三种情况:

1) $Q>0$, 即流出量大于流入量, 这时 $S$ 内有 "源".

2) $Q<0$, 即流出量小于流入量, 这时 $S$ 内有 "洞".

　　3）$Q=0$，即流出量等于流入量，这时 $S$ 内可能既无"源"也无"洞"，也可能既有"源"又有"洞"，而"源"与"洞"的流量互相抵消.

　　为了讨论流体速度场 $A(P)$ 在闭曲面 $S$ 内"某一点 $P$ 的流量"，首先讨论通过闭曲面 $S$ 的平均流量（平均散度）

$$\frac{Q}{V_S}=\frac{1}{V_S}\oiint_S A(P)\cdot n\mathrm{d}\sigma,$$

其中 $V_S$ 是闭曲面 $S$ 围成有界体 $V$ 的体积.

　　**定义**　设有向量场 $A(P)$，在场内取包含点 $P$ 的光滑闭曲面 $S$，设 $S$ 围成有界体 $V$ 的体积是 $V_S$.若当 $S\rightarrow P$（闭曲面 $S$ 收缩为一点 $P$）时，极限

$$\lim_{S\rightarrow P}\frac{1}{V_S}\oiint_S A(P)\cdot n\mathrm{d}\sigma$$

存在（而与 $S\rightarrow P$ 的方式无关），称此极限是向量场 $A(P)$ 在点 $P(x,y,z)$ 的**散度**，记为 $\operatorname{div} A(P)$，即

$$\operatorname{div} A(P)=\lim_{S\rightarrow P}\frac{1}{V_S}\oiint_S A(P)\cdot n\mathrm{d}\sigma. \tag{2}$$

　　由此可见，向量场的散度是一个数量场.

　　当 $\operatorname{div} A(P)>0$ 时，表明点 $P$ 是"源"，其值表示源的强度；当 $\operatorname{div} A(P)<0$ 时，表明点 $P$ 是"洞"，其绝对值表示洞的强度；当 $\operatorname{div} A(P)=0$ 时，表明点 $P$ 既不是"源"也不是"洞".

　　用散度定义计算散度很麻烦，下面有（2）式的计算公式.根据奥-高公式和三重积分的中值定理（设向量场 $A(P)$ 满足公式和定理的条件），有

$$\begin{aligned}
\operatorname{div} A(P)&=\lim_{S\rightarrow P}\frac{1}{V_S}\oiint_S A(P)\cdot n\mathrm{d}\sigma\\[2mm]
&=\lim_{S\rightarrow P}\frac{1}{V_S}\oiint_S A_x(P)\mathrm{d}y\mathrm{d}z+A_y(P)\mathrm{d}z\mathrm{d}x+A_z(P)\mathrm{d}x\mathrm{d}y\\[2mm]
&=\lim_{S\rightarrow P}\frac{1}{V_S}\iiint_V\left(\frac{\partial A_x(P)}{\partial x}+\frac{\partial A_y(P)}{\partial y}+\frac{\partial A_z(P)}{\partial z}\right)\mathrm{d}x\mathrm{d}y\mathrm{d}z\\[2mm]
&=\lim_{S\rightarrow P}\frac{1}{V_S}\left(\frac{\partial A_x(Q)}{\partial x}+\frac{\partial A_y(Q)}{\partial y}+\frac{\partial A_z(Q)}{\partial z}\right)\cdot V_S\\[2mm]
&=\lim_{S\rightarrow P}\left(\frac{\partial A_x(Q)}{\partial x}+\frac{\partial A_y(Q)}{\partial y}+\frac{\partial A_z(Q)}{\partial z}\right).
\end{aligned}$$

其中 $V_S$ 是有界体 $V$ 的体积.点 $Q\in V$，当 $S\rightarrow P$ 时，$Q\rightarrow P$，有

$$\operatorname{div} A(P)=\frac{\partial A_x(P)}{\partial x}+\frac{\partial A_y(P)}{\partial y}+\frac{\partial A_z(P)}{\partial z}.$$

或简写为

$$\operatorname{div} A=\frac{\partial A_x}{\partial x}+\frac{\partial A_y}{\partial y}+\frac{\partial A_z}{\partial z}. \tag{3}$$

　　由（3）式可将奥-高公式

$$\oiint_{S} \left[ A_x \cos(\boldsymbol{n},x) + A_y \cos(\boldsymbol{n},y) + A_z \cos(\boldsymbol{n},z) \right] \mathrm{d}\sigma = \iiint_{V} \left( \frac{\partial A_x}{\partial x} + \frac{\partial A_y}{\partial y} + \frac{\partial A_z}{\partial z} \right) \mathrm{d}x\mathrm{d}y\mathrm{d}z$$

表示为向量形式

$$\oiint_{S} \boldsymbol{A} \cdot \boldsymbol{n}\mathrm{d}\sigma = \iiint_{V} \operatorname{div} \boldsymbol{A} \, \mathrm{d}x\mathrm{d}y\mathrm{d}z.$$

于是,奥-高公式的物理意义是,向量场 $\boldsymbol{A}$ 通过闭曲面 $S$ 的总流量等于闭曲面 $S$ 所围成有界体 $V$ 的每一点散度的总和(即 $V$ 的三重积分).

**例2**  设在坐标原点有点电荷 $q$,在它周围形成电场,场内任意点 $P(x,y,z)$ 的电场强度(向量)是 $\boldsymbol{E} = \dfrac{q}{r^2}\boldsymbol{r}_0$,其中 $r$ 是点 $P$ 到原点的距离,即 $r = \sqrt{x^2+y^2+z^2}$,$\boldsymbol{r}_0$ 是线段 $OP$ 上的单位向量,即 $\boldsymbol{r}_0 = \dfrac{\boldsymbol{r}}{r} = \dfrac{1}{r}(x\boldsymbol{i}+y\boldsymbol{j}+z\boldsymbol{k})$.计算

1)电场强度 $\boldsymbol{E}$ 在点 $P$ 的散度;

2)通过以原点为球心,以 $R$ 为半径球面的流量(电通量).

**解**  1)已知 $\boldsymbol{E} = \dfrac{q}{r^3}(x\boldsymbol{i}+y\boldsymbol{j}+z\boldsymbol{k})$,即

$$E_x = q\,\frac{x}{r^3}, \qquad E_y = q\,\frac{y}{r^3}, \qquad E_z = q\,\frac{z}{r^3}.$$

有

$$\frac{\partial r}{\partial x} = \frac{x}{r}, \qquad \frac{\partial r}{\partial y} = \frac{y}{r}, \qquad \frac{\partial r}{\partial z} = \frac{z}{r}. \qquad \frac{\partial E_x}{\partial x} = q\,\frac{r^3 - x3r^2\frac{\partial r}{\partial x}}{r^6} = q\,\frac{r^2 - 3x^2}{r^5}.$$

同样,

$$\frac{\partial E_y}{\partial y} = q\,\frac{r^2 - 3y^2}{r^5}, \qquad \frac{\partial E_z}{\partial z} = q\,\frac{r^2 - 3z^2}{r^5}.$$

于是,

$$\operatorname{div} \boldsymbol{E}(P) = \frac{\partial E_x(P)}{\partial x} + \frac{\partial E_y(P)}{\partial y} + \frac{\partial E_z(P)}{\partial z} = q\,\frac{3r^2 - 3(x^2+y^2+z^2)}{r^5} = q\,\frac{3r^2 - 3r^2}{r^5} = 0,$$

即除原点外,场中任意点的散度皆为 0,既不是"源"也不是"洞".

2)作以原点为球心,以 $R$ 为半径的球面 $S$,通过 $S$ 的电通量

$$P_e = \oiint_{S} \boldsymbol{E} \cdot \boldsymbol{n}\mathrm{d}\sigma.$$

因为 $\boldsymbol{E}$ 的方向(从原点出发的射线方向)与 $\boldsymbol{n}$(球面外法线单位向量)的方向一致,即夹角为 0.由向量的内积公式,有

$$P_e = \oiint_{S} \boldsymbol{E} \cdot \boldsymbol{n}\mathrm{d}\sigma = \oiint_{S} |\boldsymbol{E}| \cos 0\,\mathrm{d}\sigma = \oiint_{S} |\boldsymbol{E}|\,\mathrm{d}\sigma.$$

在球面 $S$ 上,$r = R$,有

$$E = |\boldsymbol{E}| = \left| \frac{q}{r^2}\boldsymbol{r}_0 \right| = \frac{q}{r^2} = \frac{q}{R^2}.$$

于是，

$$P_e = \oiint_S E\mathrm{d}\sigma = \oiint_S \frac{q}{R^2}\mathrm{d}\sigma = \frac{q}{R^2}\oiint_S \mathrm{d}\sigma① = \frac{q}{R^2}4\pi R^2 = 4\pi q.$$

由（3）式不难证明散度的下列性质：

1. $\mathrm{div}(A+B) = \mathrm{div}\, A + \mathrm{div}\, B.$

2. $\mathrm{div}(\varphi A) = \varphi\,\mathrm{div}\, A + A \cdot \mathbf{grad}\,\varphi$（其中 $\varphi$ 是数量场）.

只给出性质 2 的证明. 由（3）式，有

$$\mathrm{div}(\varphi A) = \frac{\partial}{\partial x}(\varphi A_x) + \frac{\partial}{\partial y}(\varphi A_y) + \frac{\partial}{\partial z}(\varphi A_z)$$

$$= \frac{\partial\varphi}{\partial x}A_x + \frac{\partial A_x}{\partial x}\varphi + \frac{\partial\varphi}{\partial y}A_y + \frac{\partial A_y}{\partial y}\varphi + \frac{\partial\varphi}{\partial z}A_z + \frac{\partial A_z}{\partial z}\varphi$$

$$= \varphi\left(\frac{\partial A_x}{\partial x} + \frac{\partial A_y}{\partial y} + \frac{\partial A_z}{\partial z}\right) + \left(\frac{\partial\varphi}{\partial x}A_x + \frac{\partial\varphi}{\partial y}A_y + \frac{\partial\varphi}{\partial z}A_z\right)$$

$$= \varphi\,\mathrm{div}\, A + A \cdot \mathbf{grad}\,\varphi.$$

## 三、旋度

在向量场中，比如河流中，常常出现涡旋现象，在涡旋附近水绕着涡旋中心轴旋转.我们设想有一自由转动的叶轮，将叶轮的轴放在涡旋的中心.不难想象，叶轮旋转的快慢，一方面与每一点的流速有关，即与向量场有关；另一方面与叶轮的安放位置或叶轮轴的方向有关.因而，描述向量场中一点的涡旋要用向量.为了讨论旋度，首先讨论环量.

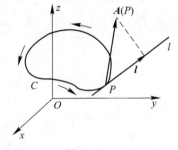

图 14.31

设有向量场 $A(P) = (A_x(P), A_y(P), A_z(P))$，$A_x, A_y, A_z$ 的所有偏导数连续.场中有光滑闭曲线 $C$，$\forall P \in C$，向量 $A(P)$ 在曲线 $C$ 上点 $P$ 处切线 $l$ 正向上的投影（如图14.31）是 $A(P) \cdot l$，其中 $l$ 是 $l$ 上的单位向量.

**定义** 沿闭曲线 $C$ 的曲线积分

$$L = \oint_C A(P) \cdot l\mathrm{d}s,$$

称为向量场 $A(P)$ 沿闭曲线 $C$ 的**环量**.

环量 $L$ 表示质点在向量场 $A(P)$ 的作用下沿着闭曲线 $C$ 回转的方向（由 $L$ 的正负号决定）与快慢程度.显然，当 $A(P)$ 的方向愈接近 $l$ 的方向，回转的速度愈快；当改变曲线 $C$ 的方向时，环量 $L$ 要改变符号.

在向量场 $A(P)$ 中任取一点 $Q$，过点 $Q$ 任意作一平面 $\pi$，在平面 $\pi$ 上任取围绕点 $Q$ 的光滑闭曲线 $C$.设 $C$ 围成图形的面积为 $D_C$.当给定 $C$ 的正方向后，如图 14.32，平面 $\pi$

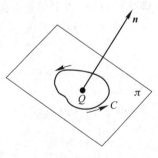

图 14.32

---

① 半径为 $R$ 的球的表面积是 $4\pi R^2$.

的法线 $\boldsymbol{n}$ 的正方向也就确定了,反之亦然.

将环量 $L$ 除以曲线 $C$ 所围成图形的面积 $D_C$,即

$$\frac{L}{D_C} = \frac{1}{D_C} \oint_C \boldsymbol{A}(P) \cdot \boldsymbol{l} \mathrm{d}s,$$

称为向量场 $\boldsymbol{A}(P)$ 在点 $Q$ 沿平面曲线 $C$ 绕法线 $\boldsymbol{n}$ 的**平均环量**(平均旋度).

**定义** 设有一向量场 $\boldsymbol{A}(P)$,在场中作过点 $Q$ 的平面 $\pi$,在平面 $\pi$ 上作围绕点 $Q$ 的闭曲线 $C$.若当 $C \to Q$(闭曲线 $C$ 收缩到一点 $Q$)时,绕法线 $\boldsymbol{n}$ 的平均环量的极限

$$\lim_{C \to Q} \frac{1}{D_C} \oint_C \boldsymbol{A}(P) \cdot \boldsymbol{l} \mathrm{d}s$$

存在(而与 $C \to Q$ 的方式无关),称此极限是向量场 $\boldsymbol{A}(P)$ 在点 $Q(x,y,z)$ 绕法线 $\boldsymbol{n}$ 的**旋度**,记为 $\mathbf{rot}_n \boldsymbol{A}(Q)$,即

$$\mathbf{rot}_n \boldsymbol{A}(Q) = \lim_{C \to Q} \frac{1}{D_C} \oint_C \boldsymbol{A}(P) \cdot \boldsymbol{l} \mathrm{d}s.$$

设在闭曲线 $C$ 上点 $P$ 的切线 $l$ 的方向余弦是 $\cos \alpha', \cos \beta', \cos \gamma'$.由斯托克斯公式,有

$$\oint_C \boldsymbol{A}(P) \cdot \boldsymbol{l} \mathrm{d}s$$

$$= \oint_C [A_x(P) \cos\alpha' + A_y(P) \cos\beta' + A_z(P) \cos\gamma'] \mathrm{d}s$$

$$= \oint_C A_x(P) \mathrm{d}x + A_y(P) \mathrm{d}y + A_z(P) \mathrm{d}z$$

$$= \iint_D \left[ \left( \frac{\partial A_z(P)}{\partial y} - \frac{\partial A_y(P)}{\partial z} \right) \cos \alpha + \left( \frac{\partial A_x(P)}{\partial z} - \frac{\partial A_z(P)}{\partial x} \right) \cos \beta + \right.$$

$$\left. \left( \frac{\partial A_y(P)}{\partial x} - \frac{\partial A_x(P)}{\partial y} \right) \cos \gamma \right] \mathrm{d}\sigma,$$

其中 $D$ 是闭曲线 $C$ 围成的区域,$\cos \alpha, \cos \beta, \cos \gamma$ 是平面 $\pi$ 的法线 $\boldsymbol{n}$ 的方向余弦(常数).

由曲面积分的中值定理(见练习题 14.2 第 2 题),有

$$\oint_C \boldsymbol{A}(P) \cdot \boldsymbol{l} \mathrm{d}s = \left[ \left( \frac{\partial A_z(G)}{\partial y} - \frac{\partial A_y(G)}{\partial z} \right) \cos \alpha + \right.$$

$$\left. \left( \frac{\partial A_x(G)}{\partial z} - \frac{\partial A_z(G)}{\partial x} \right) \cos \beta + \left( \frac{\partial A_y(G)}{\partial x} - \frac{\partial A_x(G)}{\partial y} \right) \cos \gamma \right] \cdot D_C,$$

其中 $D_C$ 是区域 $D$ 的面积,$G \in D$.于是,

$$\mathbf{rot}_n \boldsymbol{A}(Q) = \lim_{C \to Q} \frac{1}{D_C} \oint_C \boldsymbol{A}(P) \cdot \boldsymbol{l} \mathrm{d}s$$

$$= \lim_{C \to Q} \left[ \left( \frac{\partial A_z(G)}{\partial y} - \frac{\partial A_y(G)}{\partial z} \right) \cos \alpha + \left( \frac{\partial A_x(G)}{\partial z} - \frac{\partial A_z(G)}{\partial x} \right) \cos \beta + \right.$$

$$\left. \left( \frac{\partial A_y(G)}{\partial x} - \frac{\partial A_x(G)}{\partial y} \right) \cos \gamma \right]$$

$$= \left( \frac{\partial A_z(Q)}{\partial y} - \frac{\partial A_y(Q)}{\partial z} \right) \cos\alpha + \left( \frac{\partial A_x(Q)}{\partial z} - \frac{\partial A_z(Q)}{\partial x} \right) \cos\beta +$$

$$\left( \frac{\partial A_y(Q)}{\partial x} - \frac{\partial A_x(Q)}{\partial y} \right) \cos\gamma.$$

设

$$\mathbf{G}(Q) = \left( \frac{\partial A_z}{\partial y} - \frac{\partial A_y}{\partial z} \right)_Q \mathbf{i} + \left( \frac{\partial A_x}{\partial z} - \frac{\partial A_z}{\partial x} \right)_Q \mathbf{j} + \left( \frac{\partial A_y}{\partial x} - \frac{\partial A_x}{\partial y} \right)_Q \mathbf{k},$$

$$\mathbf{n} = (\cos\alpha)\mathbf{i} + (\cos\beta)\mathbf{j} + (\cos\gamma)\mathbf{k},$$

有

$$\mathbf{rot}_n \mathbf{A}(Q) = \mathbf{G}(Q) \cdot \mathbf{n} = |\mathbf{G}(Q)| |\mathbf{n}| \cos\varphi = |\mathbf{G}(Q)| \cos\varphi,$$

其中 $\varphi$ 是向量 $\mathbf{G}(Q)$ 与 $\mathbf{n}$ 之间的夹角.

显然,当 $\varphi = 0$ 时,$\cos\varphi$ 取最大值,即当法线 $\mathbf{n}$ 的方向与向量 $\mathbf{G}(Q)$ 的方向相同时,$\mathbf{rot}_n \mathbf{A}$ 取最大值.

**定义** 向量场 $\mathbf{A}$ 中任意一点 $P$,向量 $\mathbf{G}(P)$ 称为向量场 $\mathbf{A}$ 在点 $P$ 的**旋度**,记为 $\mathbf{rot}\, \mathbf{A}(P)$,即

$$\mathbf{rot}\, \mathbf{A}(P) = \left( \frac{\partial A_z}{\partial y} - \frac{\partial A_y}{\partial z} \right)\mathbf{i} + \left( \frac{\partial A_x}{\partial z} - \frac{\partial A_z}{\partial x} \right)\mathbf{j} + \left( \frac{\partial A_y}{\partial x} - \frac{\partial A_x}{\partial y} \right)\mathbf{k} = \begin{vmatrix} \mathbf{i} & \mathbf{j} & \mathbf{k} \\ \dfrac{\partial}{\partial x} & \dfrac{\partial}{\partial y} & \dfrac{\partial}{\partial z} \\ A_x & A_y & A_z \end{vmatrix}. \quad (4)$$

由此可见,向量场的旋度是一个向量场.

当 $\mathbf{rot}\, \mathbf{A}(P) = \mathbf{0}$ 时,表明点 $P$ 不是涡旋;当 $\mathbf{rot}\, \mathbf{A}(P) \neq \mathbf{0}$ 时,表明点 $P$ 存在涡旋,$|\mathbf{rot}\, \mathbf{A}(P)|$ 愈大,旋转愈快.

有了(4)式,可将斯托克斯公式

$$\oint_C A_x \mathrm{d}x + A_y \mathrm{d}y + A_z \mathrm{d}z$$

$$= \iint_S \left[ \left( \frac{\partial A_z}{\partial y} - \frac{\partial A_y}{\partial z} \right) \cos\alpha + \left( \frac{\partial A_x}{\partial z} - \frac{\partial A_z}{\partial x} \right) \cos\beta + \left( \frac{\partial A_y}{\partial x} - \frac{\partial A_x}{\partial y} \right) \cos\gamma \right] \mathrm{d}\sigma$$

表示为向量形式

$$\oint_C \mathbf{A}(P) \cdot \mathbf{l} \mathrm{d}s = \iint_S \mathbf{rot}\, \mathbf{A}(P) \cdot \mathbf{n} \mathrm{d}\sigma = \iint_S \mathbf{rot}_n \mathbf{A}(P) \mathrm{d}\sigma.$$

于是,斯托克斯公式的物理意义是,向量场 $\mathbf{A}$ 沿闭曲线 $C$ 的环量等于展布在以闭曲线 $C$ 为边界的曲面 $S$ 上每一点绕法线 $\mathbf{n}$ 的旋度之和(即在 $S$ 上的曲面积分).

**例3** 设液体以等角速度 $\boldsymbol{\omega} = \omega_x \mathbf{i} + \omega_y \mathbf{j} + \omega_z \mathbf{k}$ 绕 $L$ 轴旋转,如图14.33,旋转时液体不扩散.计算液体质点的切线速度 $v$ 的旋度.

**解** 取 $L$ 轴为 $z$ 轴,点 $P$ 的向径 $\overrightarrow{OP}$ 表示为

$$\overrightarrow{OP} = x\mathbf{i} + y\mathbf{j} + z\mathbf{k}.$$

已知切线速度

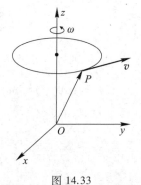

图 14.33

$$v = \boldsymbol{\omega} \times \overrightarrow{OP} = \begin{vmatrix} \boldsymbol{i} & \boldsymbol{j} & \boldsymbol{k} \\ \omega_x & \omega_y & \omega_z \\ x & y & z \end{vmatrix} = (\omega_y z - \omega_z y)\boldsymbol{i} + (\omega_z x - \omega_x z)\boldsymbol{j} + (\omega_x y - \omega_y x)\boldsymbol{k}.$$

由公式(4),有

$$\mathbf{rot}\, v = \begin{vmatrix} \boldsymbol{i} & \boldsymbol{j} & \boldsymbol{k} \\ \dfrac{\partial}{\partial x} & \dfrac{\partial}{\partial y} & \dfrac{\partial}{\partial z} \\ \omega_y z - \omega_z y & \omega_z x - \omega_x z & \omega_x y - \omega_y x \end{vmatrix} = 2(\omega_x \boldsymbol{i} + \omega_y \boldsymbol{j} + \omega_z \boldsymbol{k}) = 2\boldsymbol{\omega},$$

即速度场 $v$ 的旋度等于角速度的 2 倍. 当角速度大时旋度也大, 表明液体旋转快. 当角速度为 $\boldsymbol{0}$ 时, 旋度也等于 $\boldsymbol{0}$, 表明液体不旋转.

不难证明旋度具有下列性质:

1. $\mathbf{rot}(A+B) = \mathbf{rot}\, A + \mathbf{rot}\, B$.

2. $\mathbf{rot}(\varphi A) = \varphi \mathbf{rot}\, A + \mathbf{grad}\, \varphi \times A$($\varphi$ 是数量场).

3. $\mathrm{div}(\mathbf{rot}\, A) = 0$.

4. $\mathrm{div}(A \times B) = B \cdot \mathbf{rot}\, A - A \cdot \mathbf{rot}\, B$.

只给出性质 4 的证明, 由(3)式, 有

$$\mathrm{div}(A \times B) = \mathrm{div} \begin{vmatrix} \boldsymbol{i} & \boldsymbol{j} & \boldsymbol{k} \\ A_x & A_y & A_z \\ B_x & B_y & B_z \end{vmatrix}$$

$$= \frac{\partial}{\partial x}(A_y B_z - A_z B_y) + \frac{\partial}{\partial y}(A_z B_x - A_x B_z) + \frac{\partial}{\partial z}(A_x B_y - A_y B_x)$$

$$= \frac{\partial A_y}{\partial x}B_z + \frac{\partial B_z}{\partial x}A_y - \frac{\partial A_z}{\partial x}B_y - \frac{\partial B_y}{\partial x}A_z + \frac{\partial A_z}{\partial y}B_x + \frac{\partial B_x}{\partial y}A_z - \frac{\partial A_x}{\partial y}B_z -$$

$$\frac{\partial B_z}{\partial y}A_x + \frac{\partial A_x}{\partial z}B_y + \frac{\partial B_y}{\partial z}A_x - \frac{\partial A_y}{\partial z}B_x - \frac{\partial B_x}{\partial z}A_y$$

$$= B_x\left(\frac{\partial A_z}{\partial y} - \frac{\partial A_y}{\partial z}\right) + B_y\left(\frac{\partial A_x}{\partial z} - \frac{\partial A_z}{\partial x}\right) + B_z\left(\frac{\partial A_y}{\partial x} - \frac{\partial A_x}{\partial y}\right) +$$

$$A_x\left(\frac{\partial B_y}{\partial z} - \frac{\partial B_z}{\partial y}\right) + A_y\left(\frac{\partial B_z}{\partial x} - \frac{\partial B_x}{\partial z}\right) + A_z\left(\frac{\partial B_x}{\partial y} - \frac{\partial B_y}{\partial x}\right)$$

$$= B \cdot \mathbf{rot}\, A - A \cdot \mathbf{rot}\, B.$$

**定义**　设有向量场

$$A(P) = A_x \boldsymbol{i} + A_y \boldsymbol{j} + A_z \boldsymbol{k}.$$

1)若沿曲线 $C$ 由 $A$ 到 $B$, 向量场 $A(P)$ 所作的功

$$\int_{C(A,B)} A_x \mathrm{d}x + A_y \mathrm{d}y + A_z \mathrm{d}z$$

只与始点 $A$ 和终点 $B$ 的位置有关, 而与所取的路线 $C$ 无关时, 称向量场 $A(P)$ 为**位场**.

2)若对任意点 $P$, 有

$$\mathbf{rot}\, A(P) = 0,$$

称向量场 $A(P)$ 为**无旋场**.

3）若存在函数 $u=u(x,y,z)$，使得 $\mathbf{grad}\ u=\boldsymbol{A}$，即

$$\frac{\partial u}{\partial x}=A_x, \qquad \frac{\partial u}{\partial y}=A_y, \qquad \frac{\partial u}{\partial z}=A_z,$$

称向量场 $\boldsymbol{A}(P)$ 为**势量场**，$u(x,y,z)$ 称为向量场 $\boldsymbol{A}$ 的**势函数**.

将 §14.2 定理 5 用向量语言叙述，下列四个断语是等价的：

1）向量场 $\boldsymbol{A}(P)$ 是位场；

2）向量场 $\boldsymbol{A}(P)$ 是势量场；

3）向量场 $\boldsymbol{A}(P)$ 是无旋场；

4）向量场 $\boldsymbol{A}(P)$ 沿任何闭曲线的环量皆为零.

**定义** 若在向量场 $\boldsymbol{A}(P)$ 中任意点 $P$，有

$$\mathrm{div}\ \boldsymbol{A}(P)=0,$$

称向量场 $\boldsymbol{A}(P)$ 是**管量场**.

**定理** 下列三个断语是等价的：

1）向量场 $\boldsymbol{A}(P)$ 是管量场，即 $\mathrm{div}\ \boldsymbol{A}(P)=0$；

2）若 $S$ 是向量场 $\boldsymbol{A}(P)$ 内任意光滑闭曲面，则（流量）

$$\iint\limits_{S} \boldsymbol{A}(P)\cdot\boldsymbol{n}\mathrm{d}\sigma=0,$$

其中 $\boldsymbol{n}$ 是闭曲面 $S$ 外法线的单位向量；

3）存在某个向量场 $\boldsymbol{B}$，使 $\mathbf{rot}\ \boldsymbol{B}=\boldsymbol{A}$.

证明从略.

## 四、微分算子

在直角坐标系中，引入向量微分算子

$$\nabla=\frac{\partial}{\partial x}\boldsymbol{i}+\frac{\partial}{\partial y}\boldsymbol{j}+\frac{\partial}{\partial z}\boldsymbol{k}.$$

符号"$\nabla$"读作"那勃勒". 有了 $\nabla$ 可将梯度、散度、旋度表示为非常简便的形式.

函数 $f(x,y,z)$ 的梯度

$$\mathbf{grad}\ f=\frac{\partial f}{\partial x}\boldsymbol{i}+\frac{\partial f}{\partial y}\boldsymbol{j}+\frac{\partial f}{\partial z}\boldsymbol{k}=\left(\frac{\partial}{\partial x}\boldsymbol{i}+\frac{\partial}{\partial y}\boldsymbol{j}+\frac{\partial}{\partial z}\boldsymbol{k}\right)f=\nabla f.$$

向量 $\boldsymbol{A}=A_x\boldsymbol{i}+A_y\boldsymbol{j}+A_z\boldsymbol{k}$ 的散度

$$\mathrm{div}\ \boldsymbol{A}=\frac{\partial A_x}{\partial x}+\frac{\partial A_y}{\partial y}+\frac{\partial A_z}{\partial z}=\left(\frac{\partial}{\partial x}\boldsymbol{i}+\frac{\partial}{\partial y}\boldsymbol{j}+\frac{\partial}{\partial z}\boldsymbol{k}\right)\cdot(A_x\boldsymbol{i}+A_y\boldsymbol{j}+A_z\boldsymbol{k})=\nabla\cdot\boldsymbol{A}.$$

向量 $\boldsymbol{A}=A_x\boldsymbol{i}+A_y\boldsymbol{j}+A_z\boldsymbol{k}$ 的旋度

$$\mathbf{rot}\ \boldsymbol{A}=\left(\frac{\partial A_z}{\partial y}-\frac{\partial A_y}{\partial z}\right)\boldsymbol{i}+\left(\frac{\partial A_x}{\partial z}-\frac{\partial A_z}{\partial x}\right)\boldsymbol{j}+\left(\frac{\partial A_y}{\partial x}-\frac{\partial A_x}{\partial y}\right)\boldsymbol{k}$$

$$=\left(\frac{\partial}{\partial x}\boldsymbol{i}+\frac{\partial}{\partial y}\boldsymbol{j}+\frac{\partial}{\partial z}\boldsymbol{k}\right)\times(A_x\boldsymbol{i}+A_y\boldsymbol{j}+A_z\boldsymbol{k})=\nabla\times\boldsymbol{A}.$$

于是，$\mathbf{grad}\ f=\nabla f, \mathrm{div}\ \boldsymbol{A}=\nabla\cdot\boldsymbol{A}, \mathbf{rot}\ \boldsymbol{A}=\nabla\times\boldsymbol{A}$.

下面讨论二阶微分算子：

1. 已知 $\mathbf{grad}\ f=\nabla f$ 是向量场，将 $\nabla$ 作用在 $\nabla f$ 有两种：

1) $\nabla \cdot \nabla f = \mathrm{div}(\mathbf{grad}\, f)$. 有

$$\mathrm{div}(\mathbf{grad}\, f) = \mathrm{div}\left(\frac{\partial f}{\partial x}\mathbf{i} + \frac{\partial f}{\partial y}\mathbf{j} + \frac{\partial f}{\partial z}\mathbf{k}\right) = \frac{\partial^2 f}{\partial x^2} + \frac{\partial^2 f}{\partial y^2} + \frac{\partial^2 f}{\partial z^2} = \left(\frac{\partial^2}{\partial x^2} + \frac{\partial^2}{\partial y^2} + \frac{\partial^2}{\partial z^2}\right)f.$$

符号 $\Delta = \dfrac{\partial^2}{\partial x^2} + \dfrac{\partial^2}{\partial y^2} + \dfrac{\partial^2}{\partial z^2}$ 称为**拉普拉斯算子**(见练习题 14.2 第15题). 显然, $\Delta = \nabla \cdot \nabla$.
于是

$$\mathrm{div}(\mathbf{grad}\, f) = \nabla \cdot \nabla f = (\nabla \cdot \nabla)f = \Delta f.$$

2) $\nabla \times \nabla f = \mathbf{rot}(\mathbf{grad}\, f) = \mathbf{0}$. 事实上,

$$\mathbf{rot}(\mathbf{grad}\, f) = \nabla \times \nabla f = (\nabla \times \nabla)f = \mathbf{0}.$$

2. $\mathrm{div}\, \mathbf{A} = \nabla \cdot \mathbf{A}$ 是数量场, 将 $\nabla$ 作用在 $\nabla \cdot \mathbf{A}$ 仅有一种:

$$\nabla(\nabla \cdot \mathbf{A}) = \mathbf{grad}(\mathrm{div}\, \mathbf{A}).$$

3. $\mathbf{rot}\, \mathbf{A} = \nabla \times \mathbf{A}$ 是向量场, 将 $\nabla$ 作用在 $\nabla \times \mathbf{A}$ 有两种:

1) $\nabla \cdot (\nabla \times \mathbf{A}) = \mathrm{div}(\mathbf{rot}\, \mathbf{A}) = 0$. 事实上,

$$\mathrm{div}(\mathbf{rot}\, \mathbf{A}) = \nabla \cdot (\nabla \times \mathbf{A}) = (\nabla \times \nabla) \cdot \mathbf{A} = 0.$$

2) $\nabla \times (\nabla \times \mathbf{A}) = \mathbf{rot}(\mathbf{rot}\, \mathbf{A})$.

二阶微分算子仅有上述五种情况.

# 练习题 14.3

1. 计算下列数量场在点 $(x, y, z)$ 的梯度:

1) $f(x, y, z) = x^2 y^3 z^4$;

2) $f(x, y, z) = x^2 - y^2 + 2z^2$;

3) $f(x, y, z) = \ln(x^2 + 2y^2 - 3z^2)$.

2. 证明:1) $\mathbf{grad}(uv) = u\mathbf{grad}\, v + v\mathbf{grad}\, u$;

2) $\mathbf{grad}\left(\dfrac{u}{v}\right) = \dfrac{1}{v^2}(v\mathbf{grad}\, u - u\mathbf{grad}\, v)$.

3. 在空间 $\mathbf{R}^3$ 中, 哪些点能使数量场 $u = x^3 + y^3 + z^3 - 3xyz$ 的梯度垂直于 $z$ 轴?

4. 设 $\mathbf{r} = x\mathbf{i} + y\mathbf{j} + z\mathbf{k}$, $r = |\mathbf{r}|$, 求 $\mathrm{div}\, \mathbf{r}$ 及 $\mathrm{div}\, \dfrac{\mathbf{r}}{r}$.

5. 计算下列向量场在指定点的散度:

1) $\mathbf{A} = x^3\mathbf{i} + y^3\mathbf{j} + z^3\mathbf{k}$, 点 $(1, 0, -1)$;

2) $\mathbf{B} = xyz(x\mathbf{i} + y\mathbf{j} + z\mathbf{k})$, 点 $(2, 1, -2)$.

6. 证明:1) $\mathrm{div}(u\mathbf{A}) = u\mathrm{div}\, \mathbf{A} + \mathbf{A} \cdot \mathbf{grad}\, u$;

2) $\mathrm{div}(u\mathbf{grad}\, u) = u\Delta u + (\mathbf{grad}\, u)^2$.

7. 已知向量 $\mathbf{r} = x\mathbf{i} + y\mathbf{j} + z\mathbf{k}$, 求

1) 通过圆柱 $x^2 + y^2 = a^2 (0 \leqslant z \leqslant h)$ 表面的流量;

2) 通过锥 $x^2 + y^2 = z^2 (0 \leqslant z \leqslant h)$ 表面的流量.

8. 证明:若 $S$ 是光滑闭曲面, $\mathbf{n}$ 是 $S$ 的外法线单位向量, $V$ 是 $S$ 所围成的有界体, $A$ 是 $S$ 的面积,则

$$\iiint_{V} \operatorname{div} \boldsymbol{n} \, \mathrm{d}x \mathrm{d}y \mathrm{d}z = A.$$

（提示：应用奥-高公式.）

9. 计算下列向量场的旋度：

1）$\boldsymbol{A} = xyz(\boldsymbol{i} + \boldsymbol{j} + \boldsymbol{k})$；

2）$\boldsymbol{B} = (y^2 + z^2)\boldsymbol{i} + (z^2 + x^2)\boldsymbol{j} + (x^2 + y^2)\boldsymbol{k}$.

10. 证明：若 $\boldsymbol{r} = x\boldsymbol{i} + y\boldsymbol{j} + z\boldsymbol{k}$，$\boldsymbol{a}$ 是常向量，则 $\operatorname{rot}(\boldsymbol{a} \times \boldsymbol{r}) = 2\boldsymbol{a}$.

11. 计算向量场 $\boldsymbol{A} = yz(2x + y + z)\boldsymbol{i} + zx(x + 2y + z)\boldsymbol{j} + xy(x + y + 2z)\boldsymbol{k}$ 的势函数.

12. 证明：若 $S$ 是光滑闭曲面，向量场 $\boldsymbol{F}$ 的分量有连续的偏导数，则

$$\oiint_{S} \operatorname{rot} \boldsymbol{F} \cdot \boldsymbol{n} \mathrm{d}\sigma = 0.$$

其中 $\boldsymbol{n}$ 是曲面 $S$ 的外法线向量.（提示：用 $S$ 上一条光滑闭曲线将闭曲面 $S$ 分成两部分，分别应用斯托克斯公式.）

 **答疑解惑**

# 部分练习题答案

**练习题 9.1(一)**

1. 1) 1.    2) $\dfrac{1}{2}$.    3) $\dfrac{1}{4}$.    4) 3.

**练习题 9.1(二)**

1. 1) 收敛.   2) 发散.   3) 发散.   4) 发散.   5) 收敛.

   6) 收敛.   7) 收敛.   8) 收敛.   9) 收敛.   10) 发散.

   11) 发散. 12) 收敛. 13) 收敛. 14) 发散. 15) 收敛.

2. 1) 不一定收敛. 例如, $\displaystyle\sum_{n=1}^{\infty} \dfrac{(-1)^{n-1}}{\sqrt{n}}$.

   2) 收敛. 易证(见定理5).

   3) 不一定收敛. 例如, $\displaystyle\sum_{n=1}^{\infty} \dfrac{1}{n^2}$.

   4) 收敛. $\sqrt{a_n a_{n+1}} \leqslant \dfrac{a_n + a_{n+1}}{2}$.

7. 1) 条件收敛.   2) 绝对收敛.   3) 条件收敛.   4) 条件收敛.

8. 1) $s > 1$ 绝对收敛; $0 < s \leqslant 1$ 条件收敛.

   2) $s > 2$ 绝对收敛; $0 < s \leqslant 2$ 条件收敛.

**练习题 9.2(一)**

1. 1) ①非一致收敛; ②一致收敛.   2) 一致收敛.   3) 非一致收敛.

2. 1) 一致收敛.   2) 一致收敛.   3) 一致收敛.   4) 一致收敛.

   5) 非一致收敛.

13. 1) 一致收敛.   2) 一致收敛.   3) 一致收敛.

    4) 非一致收敛.   5) ①一致收敛; ②非一致收敛; ③一致收敛.

**练习题 9.2(二)**

3. $\dfrac{3}{4}$.

4. 0.

311

7. $h'(x) = -2x \sum\limits_{n=1}^{\infty} \dfrac{1}{n^2(1+nx^2)^2}$.

8. $f''(x) = -\sum\limits_{n=1}^{\infty} \dfrac{\sin nx}{n^2}$.

**练习题 9.3**

1. 1) $r=2; [-2,2)$.      2) $r=1; (-1,1)$.

   3) $r=1; (-1,1)$.      4) $r=2; [0,4)$.

   5) $r=1; (0,2]$.      6) $r=1; (-1,1)$.

2. 1) $(-\sqrt{3}, \sqrt{3})$.      2) $\left[-\dfrac{1}{2}, \dfrac{1}{2}\right)$.

   3) $[-r, r], r = \min\left\{\dfrac{1}{a}, \dfrac{1}{b}\right\}$.

3. 1) $-\ln(1-x), [-1,1)$.      2) $\dfrac{1}{2}\ln\dfrac{1+x}{1-x}, (-1,1)$.

   3) $\dfrac{x}{(1-x)^2}, (-1,1)$.

   4) $\begin{cases} 1 + \dfrac{1-x}{x}\ln(1-x), & x \in [-1,0) \cup (0,1), \\ 0, & x = 0. \end{cases}$

4. 1) $\sum\limits_{n=0}^{\infty} \dfrac{(\ln a)^n}{n!} x^n$.      2) $\sum\limits_{n=0}^{\infty} \dfrac{x^n}{2^{n+1}}$.

   3) $1 - \dfrac{1}{3}x - \dfrac{2}{3^2 \cdot 2!}x^2 - \dfrac{2 \cdot 5}{3^3 \cdot 3!}x^3 - \dfrac{2 \cdot 5 \cdot 8}{3^4 \cdot 4!}x^4 - \cdots - \dfrac{2 \cdot 5 \cdot \cdots \cdot (3n-4)}{3^n \cdot n!} - \cdots$.

   4) $\sum\limits_{n=1}^{\infty} (-1)^{n+1} \dfrac{2^{2n-1}}{(2n)!} x^{2n}$.      5) $\sum\limits_{n=0}^{\infty} \dfrac{x^{2n+1}}{2n+1}$.

   6) $\sum\limits_{n=0}^{\infty} (-1)^n \dfrac{x^{2n+1}}{(2n+1)(2n+1)!}$.

   7) $\sum\limits_{n=1}^{\infty} \dfrac{nx^{n-1}}{(n+1)!}$.

   8) $\sum\limits_{n=1}^{\infty} (-1)^{n+1} \dfrac{x^{2n-1}}{(2n)!(2n-1)}$.

5. 1) $1 + \sum\limits_{n=2}^{\infty} \dfrac{(-1)^{n+1}(n-1)}{n!} x^n$.

   2) $2\sum\limits_{n=1}^{\infty} \left(1 + \dfrac{1}{2} + \cdots + \dfrac{1}{n}\right) \dfrac{x^{n+1}}{n+1}$.

   3) $\sum\limits_{n=0}^{\infty} \dfrac{2^{\frac{n}{2}} \sin\dfrac{n\pi}{4}}{n!} x^n$.

**练习题 9.4**

1. 1) $\dfrac{a+b}{2} - \dfrac{2(a-b)}{\pi} \sum\limits_{n=0}^{\infty} \dfrac{\sin(2n+1)x}{2n+1}$.

 2) $\dfrac{\pi}{2} + \dfrac{4}{\pi} \sum\limits_{n=1}^{\infty} \dfrac{\cos(2n-1)x}{(2n-1)^2}$.

 3) $\dfrac{2}{3}\pi^2 + 4 \sum\limits_{n=1}^{\infty} \dfrac{(-1)^{n+1}}{n^2} \cos nx$.

 4) $\dfrac{2}{\pi} + \dfrac{4}{\pi} \sum\limits_{n=1}^{\infty} (-1)^{n+1} \dfrac{\cos 2nx}{(2n)^2 - 1}$.

2. 1) 奇式展开: $2 \sum\limits_{n=1}^{\infty} \dfrac{(-1)^{n-1}\sin nx}{n}$;

 偶式展开: $\dfrac{\pi}{2} - \dfrac{4}{\pi} \sum\limits_{n=1}^{\infty} \dfrac{\cos(2n-1)x}{(2n-1)^2}$.

 2) 奇式展开: $\sum\limits_{n=0}^{\infty} \dfrac{\sin(2n+1)x}{2n+1}$;  偶式展开: $\dfrac{\pi}{4}$.

3. 1) $\dfrac{1}{2} - \dfrac{4}{\pi^2} \sum\limits_{n=0}^{\infty} \dfrac{\cos(2n+1)\pi x}{(2n+1)^2}$.

 2) $\dfrac{A}{2} + \dfrac{2A}{\pi} \sum\limits_{n=0}^{\infty} \dfrac{1}{2n+1} \sin(2n+1)\dfrac{\pi x}{l}$.

 3) $\dfrac{l^2}{3} + \dfrac{4l^2}{\pi^2} \sum\limits_{n=1}^{\infty} \dfrac{(-1)^n}{n^2} \cos \dfrac{n\pi x}{l}$.

**练习题 10.1**

1. 1) 无界,开区域.  2) 无界,闭区域.  3) 无界,闭区域.

 4) 无界,开区域.  5) 有界,闭区域.  6) 无界,闭区域.

2. 1) 闭区域.  2) 开区域.  3) 闭区域.

 4) 开区域.  5) 闭区域.(以上都是有界区域.)

5. 1) $\{(x,y) \mid 0 \le x^2 + y^2 \le 1\}$.  2) $\{(x,y) \mid 0 \le x \le 1, 0 \le y \le 1\}$.

 3) $\{0,0\}$.  4) $\varnothing$.

9. 1) $\{(x,y) \mid x^2 + y^2 < 2\}$.  2) $\{(x,y) \mid xy < 4\}$.

 3) $\{(x,y) \mid x \in \mathbf{R} \text{ 与 } |y| \le 1\}$.  4) $\{(x,y) \mid y > \sqrt{x} \text{ 与 } x \ge 0\}$.

 5) $\{(x,y) \mid |x| \ge 2 \text{ 与 } |y| \le 2\}$.

 6) $\{(x,y) \mid 2k\pi \le x^2 + y^2 \le (2k+1)\pi, k = 0, 1, 2, \cdots\}$.

 7) $\{(x,y) \mid 0 < x < p, 0 < y < p, x + y > p\}$.

10. 1) $f\left(\dfrac{1}{2}, 3\right) = \dfrac{5}{3}$;  $f(1, -1) = -2$.

 2) $f(y,x) = \dfrac{y^2 - x^2}{2xy}$; $f(-x, -y) = \dfrac{x^2 - y^2}{2xy}$;

$$f\left(\frac{1}{x},\frac{1}{y}\right)=\frac{y^2-x^2}{2xy};\frac{f(x+h,y)-f(x,y)}{h}=\frac{x^2+y^2+hx}{2x(x+h)y}.$$

11. $f(x,y)=x^2\dfrac{1-y}{1+y}.$

### 练习题 10.2

6. 1) 1.　　2) 4.　　3) 0.　　4) 1.

10. 1) $(0,0)$.　2) $x+y=0$.

　　3) $x^2+y^2=\dfrac{k\pi}{2}(k=\pm1,\pm3,\pm5,\cdots).$

　　4) $\{(k\pi,y)\mid k=0,\pm1,\pm2,\cdots;y\in\mathbf{R}\}\cup\{(x,k\pi)\mid x\in\mathbf{R};k=0,\pm1,\pm2,\cdots\}.$

13. $g(x,x)=f'(x).$

### 练习题 10.3

1. $f_x'(0,0)=f_y'(0,0)=0,f_x'=\dfrac{y^3-x^2y}{(x^2+y^2)^2},f_y'=\dfrac{x^3-xy^2}{(x^2+y^2)^2}.$

2. 1) $\dfrac{\partial u}{\partial x}=2x+y^3\cos xy,\dfrac{\partial u}{\partial y}=2y\sin xy+xy^2\cos xy.$

　　2) $\dfrac{\partial u}{\partial x}=\dfrac{y^2}{(x^2+y^2)^{\frac{3}{2}}},\dfrac{\partial u}{\partial y}=\dfrac{-xy}{(x^2+y^2)^{\frac{3}{2}}}.$

　　3) $\dfrac{\partial u}{\partial x}=-\dfrac{2x\sin x^2}{y},\dfrac{\partial u}{\partial y}=-\dfrac{\cos x^2}{y^2}.$

　　4) $\dfrac{\partial u}{\partial x}=\dfrac{1}{\sqrt{x^2+y^2}},\dfrac{\partial u}{\partial y}=\dfrac{y}{(x+\sqrt{x^2+y^2})\sqrt{x^2+y^2}}.$

　　5) $\dfrac{\partial u}{\partial x}=\dfrac{1}{1+x^2},\dfrac{\partial u}{\partial y}=\dfrac{1}{1+y^2}.$

　　6) $\dfrac{\partial u}{\partial x}=\dfrac{xy^2\sqrt{2(x^2-y^2)}}{|y|(x^4-y^4)},\dfrac{\partial u}{\partial y}=-\dfrac{x^2y\sqrt{2(x^2-y^2)}}{|y|(x^4-y^4)}.$

　　7) $\dfrac{\partial u}{\partial x}=-\dfrac{y}{x^2}e^{\sin\frac{y}{x}}\cos\dfrac{y}{x},\dfrac{\partial u}{\partial y}=\dfrac{1}{x}e^{\sin\frac{y}{x}}\cos\dfrac{y}{x}.$

　　8) $\dfrac{\partial u}{\partial x}=\dfrac{z}{x}\left(\dfrac{x}{y}\right)^z,\dfrac{\partial u}{\partial y}=-\dfrac{z}{y}\left(\dfrac{x}{y}\right)^z,\dfrac{\partial u}{\partial z}=\left(\dfrac{x}{y}\right)^z\ln\dfrac{x}{y}.$

3. $f_x'(1,2,0)=1,f_y'(1,2,0)=\dfrac{1}{2},f_z'(1,2,0)=\dfrac{1}{2}.$

4. 1) $r$.　2) $r^2\sin\varphi$.

5. 1) $\dfrac{\partial u}{\partial s}=\dfrac{\partial f}{\partial x}+t\dfrac{\partial f}{\partial y},\dfrac{\partial u}{\partial t}=\dfrac{\partial f}{\partial x}+s\dfrac{\partial f}{\partial y}.$

　　2) $\dfrac{\partial u}{\partial r}=2r\left(\dfrac{\partial f}{\partial x}+\dfrac{\partial f}{\partial y}+\dfrac{\partial f}{\partial z}\right),\dfrac{\partial u}{\partial s}=2s\left(\dfrac{\partial f}{\partial x}-\dfrac{\partial f}{\partial y}-\dfrac{\partial f}{\partial z}\right),\dfrac{\partial u}{\partial t}=2t\left(\dfrac{\partial f}{\partial x}-\dfrac{\partial f}{\partial y}+\dfrac{\partial f}{\partial z}\right).$

3）$\dfrac{\partial u}{\partial r}=\dfrac{\partial f}{\partial x}+2r\dfrac{\partial f}{\partial y}$，$\dfrac{\partial u}{\partial s}=\dfrac{\partial f}{\partial x}+2s\dfrac{\partial f}{\partial y}$，$\dfrac{\partial u}{\partial t}=\dfrac{\partial f}{\partial x}+2t\dfrac{\partial f}{\partial y}$.

10. 1）$\mathrm{d}u=\dfrac{1}{1+y}\mathrm{d}x+\dfrac{1-x}{(1+y)^2}\mathrm{d}y$.

　　2）$\mathrm{d}u=\dfrac{x\mathrm{d}x+y\mathrm{d}y}{x^2+y^2}$.

　　3）$\mathrm{d}u=\dfrac{(x^2+y^2)\mathrm{d}z-2z(x\mathrm{d}x+y\mathrm{d}y)}{(x^2+y^2)^2}$.

11. $\mathrm{d}x-\mathrm{d}y$.

12. 1）$2x+2y-z=1$；$\dfrac{x-2}{2}=\dfrac{y+1}{2}=\dfrac{z-1}{-1}$.

　　2）$z=\dfrac{\pi}{4}-\dfrac{1}{2}(x-y)$；$\dfrac{x-1}{1}=\dfrac{y-1}{-1}=\dfrac{z-\dfrac{\pi}{4}}{2}$.

13. $\dfrac{\partial z}{\partial l}=\cos\alpha+\sin\alpha$.

　　1）$\alpha=\dfrac{\pi}{4}$，　2）$\alpha=\dfrac{5\pi}{4}$，　3）$\alpha=\dfrac{3\pi}{4}$与$\alpha=\dfrac{7\pi}{4}$.

14. 1）$\dfrac{\partial u}{\partial l}=\cos\alpha+\cos\beta+\cos\gamma$.　2）3.

## 练习题 10.4

1. 1）$\dfrac{\partial^2 u}{\partial x^2}=12x^2-8y^2$，$\dfrac{\partial^2 u}{\partial x\partial y}=-16xy$，$\dfrac{\partial^2 u}{\partial y^2}=12y^2-8x^2$.

　　2）$\dfrac{\partial^2 u}{\partial x^2}=\dfrac{2xy}{(x^2+y^2)^2}$，$\dfrac{\partial^2 u}{\partial x\partial y}=-\dfrac{x^2-y^2}{(x^2+y^2)^2}$，$\dfrac{\partial^2 u}{\partial y^2}=-\dfrac{2xy}{(x^2+y^2)^2}$.

　　3）$\dfrac{\partial^2 u}{\partial x^2}=2\cos(x+y)-x\sin(x+y)$，

　　　$\dfrac{\partial^2 u}{\partial x\partial y}=\cos(x+y)-x\sin(x+y)$，

　　　$\dfrac{\partial^2 u}{\partial y^2}=-x\sin(x+y)$.

　　4）$\dfrac{\partial^2 u}{\partial x^2}=\dfrac{2x^2-y^2-z^2}{(x^2+y^2+z^2)^{\frac{5}{2}}}$，$\dfrac{\partial^2 u}{\partial x\partial y}=\dfrac{3xy}{(x^2+y^2+z^2)^{\frac{5}{2}}}$，….

2. 1）0.　　　　　　　　　　2）$-6(\cos x+\cos y)$.

　　3）$\mathrm{e}^{xyz}(1+3xyz+x^2y^2z^2)$.　　4）$\sin\dfrac{n\pi}{2}$.

4. $f_{xx}''(0,0)=f_{xy}''(0,0)=0$.

5. 1）$\dfrac{\partial^2 u}{\partial s^2}=\dfrac{\partial^2 f}{\partial x^2}+2t\dfrac{\partial^2 f}{\partial x\partial y}+t^2\dfrac{\partial^2 f}{\partial y^2}$.

$$\frac{\partial^2 u}{\partial s \partial t} = \frac{\partial^2 f}{\partial x^2} + (s+t)\frac{\partial^2 f}{\partial x \partial y} + st\frac{\partial^2 f}{\partial y^2} + \frac{\partial f}{\partial y}.$$

$$\frac{\partial^2 u}{\partial t^2} = \frac{\partial^2 f}{\partial x^2} + 2s\frac{\partial^2 f}{\partial x \partial y} + s^2\frac{\partial^2 f}{\partial y^2}.$$

2) $\dfrac{\partial^2 u}{\partial s^2} = t^2\dfrac{\partial^2 f}{\partial x^2} + 2\dfrac{\partial^2 f}{\partial x \partial y} + \dfrac{1}{t^2}\dfrac{\partial^2 f}{\partial y^2}.$

$$\frac{\partial^2 u}{\partial s \partial t} = st\frac{\partial^2 f}{\partial x^2} - \frac{s}{t^3}\frac{\partial^2 f}{\partial y^2} + \frac{\partial f}{\partial x} - \frac{1}{t^2}\frac{\partial f}{\partial y}.$$

$$\frac{\partial^2 u}{\partial t^2} = s^2\frac{\partial^2 f}{\partial x^2} - 2\frac{s^2}{t^2}\frac{\partial^2 f}{\partial x \partial y} + \frac{s^2}{t^4}\frac{\partial^2 f}{\partial y^2} + \frac{2s}{t^3}\frac{\partial f}{\partial y}.$$

9. 1) $f(x,y) = 5 + 2(x-1)^2 - (x-1)(y+2) - (y+2)^2.$

   2) $f(x,y,z) = 3\big[(x-1)^2 + (y-1)^2 + (z-1)^2 -$
   $$(x-1)(y-1) - (x-1)(z-1) - (y-1)(z-1)\big] +$$
   $$(x-1)^3 + (y-1)^3 + (z-1)^3 - 3(x-1)(y-1)(z-1).$$

11. $\displaystyle\sum_{m=0}^{\infty}\sum_{n=0}^{\infty}\frac{(x-1)^m(y+1)^n}{m!\,n!}.$

12. 1) $(0,1)$是极小点,极小值是 0.

   2) $(a,b)$是极大点,极大值是 $a^2 b^2$.

   3) $(2,1)$是极小点,极小值是 $-28$;$(-2,-1)$是极大点,极大值是 28.

   4) $(0,0)$是极小点,极小值是 0;$(0,\pm 1)$是极大点,极大值是 $\dfrac{b}{e}$.

13. $\dfrac{a}{3}, \dfrac{a}{3}, \dfrac{a}{3}.$

14. $\dfrac{2}{\sqrt{3}}a, \dfrac{2}{\sqrt{3}}a, \dfrac{a}{\sqrt{3}}.$

15. 底$=\dfrac{2\sqrt{A}}{\sqrt[4]{27}}$,高$=\dfrac{\sqrt{A}}{\sqrt[4]{3}}.$

## 练习题 11.1

1. 1) $\dfrac{e^y}{1-xe^y}.$    2) $-\dfrac{y(xy+2)}{x(xy+3)}.$    3) $\dfrac{\cos x}{2\sin y}.$

2. 1) $\dfrac{\partial z}{\partial x} = \dfrac{x^2-yz}{xy-z^2}, \dfrac{\partial z}{\partial y} = \dfrac{y^2-xz}{xy-z^2}.$

   2) $\dfrac{\partial z}{\partial x} = \dfrac{1+yz\sin(xyz)}{1-xy\sin(xyz)}, \dfrac{\partial z}{\partial y} = \dfrac{1+xz\sin(xyz)}{1-xy\sin(xyz)}.$

3. 1) $\dfrac{x+y}{x-y}.$

   2) $\dfrac{\partial z}{\partial x} = \dfrac{yz}{z^2-xy}, \dfrac{\partial z}{\partial y} = \dfrac{xz}{z^2-xy}.$

5. 1) $\dfrac{\mathrm{d}x}{\mathrm{d}z} = \dfrac{y-z}{x-y}, \dfrac{\mathrm{d}y}{\mathrm{d}z} = \dfrac{z-x}{x-y}.$

2) $\mathrm{d}u = \dfrac{(\sin v + x\cos v)\mathrm{d}x - (\sin u - x\cos v)\mathrm{d}y}{x\cos v + y\cos u}.$

$\mathrm{d}v = \dfrac{-(\sin v - y\cos u)\mathrm{d}x + (\sin u + y\cos u)\mathrm{d}y}{x\cos v + y\cos u}.$

8. $\left.\dfrac{\partial x}{\partial u}\right|_P = 0, \left.\dfrac{\partial x}{\partial v}\right|_P = \dfrac{\pi}{12}.$

9. 1) $\dfrac{\partial u}{\partial x} = \cos\dfrac{v}{u}, \dfrac{\partial u}{\partial y} = \sin\dfrac{v}{u}, \dfrac{\partial v}{\partial x} = -\left(\sin\dfrac{v}{u} - \dfrac{v}{u}\cos\dfrac{v}{u}\right), \dfrac{\partial v}{\partial y} = \cos\dfrac{v}{u} + \dfrac{v}{u}\sin\dfrac{v}{u}.$

2) $\dfrac{\partial u}{\partial x} = \dfrac{\sin v}{\mathrm{e}^u(\sin v - \cos v) + 1}, \dfrac{\partial u}{\partial y} = \dfrac{-\cos v}{\mathrm{e}^u(\sin v - \cos v) + 1},$

$\dfrac{\partial v}{\partial x} = \dfrac{-(\mathrm{e}^u - \cos v)}{u[\mathrm{e}^u(\sin v - \cos v) + 1]}, \dfrac{\partial v}{\partial y} = \dfrac{\mathrm{e}^u + \sin v}{u[\mathrm{e}^u(\sin v - \cos v) + 1]}.$

13. $\dfrac{\sin(x+y)\cos^2(y+z) + \sin(y+z)\cos^2(x+y)}{\cos^3(y+z)}.$

14. $\dfrac{\partial F}{\partial x} = f'[x+g(y)], \dfrac{\partial F}{\partial y} = f'[x+g(y)]g'(y), \dfrac{\partial^2 F}{\partial x^2} = f''[x+g(y)],$

$\dfrac{\partial^2 F}{\partial x \partial y} = f''[x+g(y)]g'(y),$

$\dfrac{\partial^2 F}{\partial y^2} = f''[x+g(y)][g'(y)]^2 + f'[x+g(y)]g''(y).$

## 练习题 11.3

1. 1) $\left(\dfrac{1}{2}, \dfrac{1}{2}\right)$ 是极大点,极大值是 $\dfrac{1}{4}$.

2) $\left(-\dfrac{1}{3}, \dfrac{2}{3}, -\dfrac{2}{3}\right)$ 是极小点,极小值是 $-3$,$\left(\dfrac{1}{3}, -\dfrac{2}{3}, \dfrac{2}{3}\right)$ 是极大点,极大值是 $3$.

2. $(0,0,1)$ 与 $(0,0,-1)$.

3. $(1,0,0), (0,1,0), (-1,0,0), (0,-1,0).$

4. $\dfrac{\sqrt{3}}{2}abc.$

5. $\dfrac{7}{4\sqrt{2}}.$

6. 最小值与最大值分别是对称矩阵

$$\begin{pmatrix} A & F & E \\ F & B & D \\ E & D & C \end{pmatrix}$$

的最小特征值与最大特征值.

**练习题 11.4**

1. 1) 切线：$\dfrac{x-\dfrac{\pi}{2}}{2}=\dfrac{y-3}{-2}=\dfrac{z-1}{3}$；法平面：$2x-2y+3z=\pi-3$.

   2) 切线：$\dfrac{x-1}{1}=\dfrac{y-1}{1}=\dfrac{z-1}{2}$；法平面：$x+y+2z=4$.

2. $M_1(-1,1,-1)$，$M_2\left(-\dfrac{1}{3},\dfrac{1}{9},-\dfrac{1}{27}\right)$.

3. 切线：$\dfrac{x-1}{3}=\dfrac{y-1}{3}=\dfrac{z-3}{-1}$；法平面：$3x+3y-z=3$.

4. 1) 切平面：$x+2y-4=0$，法线：$\begin{cases}\dfrac{x-2}{1}=\dfrac{y-1}{2},\\ z=0.\end{cases}$

   2) 切平面：$3x+4y+12z=169$；法线：$\dfrac{x}{3}=\dfrac{y}{4}=\dfrac{z}{12}$.

5. 切平面：$x+4y+6z=\pm21$.

7. 切平面：$ax\sin v_0-ay\cos v_0+u_0z=au_0v_0$；

   法线：$\dfrac{x-u_0\cos v_0}{a\sin v_0}=\dfrac{y-u_0\sin v_0}{-a\cos v_0}=\dfrac{z-av_0}{u_0}$.

**练习题 12.1**

1. 1) $\dfrac{1}{a}$.　　2) $\dfrac{2}{3}\ln 2$.　　3) $\dfrac{\pi}{4}$.　　4) $\dfrac{2}{\mathrm{e}}$.

   5) $\dfrac{2}{a}$.　　6) $\dfrac{b}{a^2+b^2}$.

2. 1) 收敛.　2) 发散.　3) 发散.

   4) $n-m>1$ 时收敛，$n-m\leqslant 1$ 时发散.

   5) 收敛.　6) 发散.　7) 收敛.　8) 收敛.

**练习题 12.2**

1. 1) $\pi$.　2) $\dfrac{\pi}{2}$.　3) $\dfrac{2}{3}$.　4) $\pi$.

2. 1) 发散.　2) 收敛.　3) 收敛.　4) 收敛.

   5) 发散.　6) 发散.　7) $p<1$ 与 $q<1$ 收敛.

7. 1) $\ln 2$.　2) $\ln \dfrac{1}{2}$.　3) 0.　4) 0.

**练习题 12.3**

1. $F(y) = \begin{cases} 1, & -\infty < y < 0, \\ 1-2y, & 0 \leqslant y \leqslant 1, \\ -1, & 1 < y < +\infty. \end{cases}$

2. 1) 1.　2) $\dfrac{8}{3}$.　3) $\ln \dfrac{2e}{1+e}$

3. 1) $\displaystyle\int_{-\pi}^{\pi} \dfrac{-2\sin x}{(1+y\sin x)^3}\,\mathrm{d}x.$

　　2) $-2\displaystyle\int_{x}^{x^2} xy\mathrm{e}^{-xy^2}\,\mathrm{d}x.$

　　3) $\left(\dfrac{1}{y}+\dfrac{1}{b+y}\right)\sin y(b+y) - \left(\dfrac{1}{y}+\dfrac{1}{a+y}\right)\sin y(a+y).$

4. $F''(y) = 3f(y) + 2yf'(y).$

5. $F''(x) = f(x+2h) - 2f(x+h) + f(x).$

9. $\pi\ln\dfrac{1+a}{2}.$

14. $\dfrac{1}{2}\ln a.$

15. $\arctan b - \arctan a.$

17. 1) $\dfrac{\pi}{8}$.　2) $\dfrac{\pi}{2\sqrt{2}}$.　3) $\dfrac{3\pi}{512}$.　4) $\dfrac{2(2n)!!}{(2n+1)!!}$.

**练习题 13.1(一)**

1. $\dfrac{1}{4}$.

**练习题 13.1(二)**

1. 1) 1.　2) 2.　3) $\mathrm{e}^3(3\mathrm{e}^2 - 2\mathrm{e} - 1).$

2. 1) $\displaystyle\int_{-2}^{2} \mathrm{d}x \int_{\frac{|x|}{2}}^{1} f(x,y)\,\mathrm{d}y = \int_{0}^{1} \mathrm{d}y \int_{-2y}^{2y} f(x,y)\,\mathrm{d}x.$

　　2) $\displaystyle\int_{-1}^{1} \mathrm{d}x \int_{-\sqrt{1-x^2}}^{\sqrt{1-x^2}} f(x,y)\,\mathrm{d}y = \int_{-1}^{1} \mathrm{d}y \int_{-\sqrt{1-y^2}}^{\sqrt{1-y^2}} f(x,y)\,\mathrm{d}x.$

　　3) $\displaystyle\int_{-1}^{1} \mathrm{d}x \int_{1-\sqrt{1-x^2}}^{1+\sqrt{1-x^2}} f(x,y)\,\mathrm{d}y = \int_{0}^{2} \mathrm{d}y \int_{-\sqrt{2y-y^2}}^{\sqrt{2y-y^2}} f(x,y)\,\mathrm{d}x.$

3. 1) $\displaystyle\int_{0}^{2} \mathrm{d}y \int_{\frac{y}{2}}^{y} f(x,y)\,\mathrm{d}x + \int_{2}^{4} \mathrm{d}y \int_{\frac{y}{2}}^{2} f(x,y)\,\mathrm{d}x.$

　　2) $\displaystyle\int_{0}^{1} \mathrm{d}y \int_{2-y}^{1+\sqrt{1-y^2}} f(x,y)\,\mathrm{d}x.$

　　3) $\displaystyle\int_{-1}^{0} \mathrm{d}y \int_{-\sqrt{4y+4}}^{\sqrt{4y+4}} f(x,y)\,\mathrm{d}x + \int_{0}^{8} \mathrm{d}y \int_{-\sqrt{4y+4}}^{2-y} f(x,y)\,\mathrm{d}x.$

4. 1) $\dfrac{1}{2e}(e-1)$.　2) 2.

5. 1) $\dfrac{7}{3}\ln 2$.　2) $\dfrac{2\pi}{3}(b^3-a^3)$.

6. 1) $\dfrac{\pi}{|a_1b_2-a_2b_1|}$.　2) $\dfrac{4}{3}(q-p)(s-r)$.

8. $4\ln 2+e^2+e^{-2}-4$.

9. 1) $16a^2$.　2) $4ab\pi^2$.

10. 1) $\dfrac{8}{3}$.　2) $2\pi$.　3) 6.

13. $\displaystyle\int_0^{2\pi} tf(t\cos\varphi,t\sin\varphi)\,\mathrm{d}\varphi$.

## 练习题 13.2

1. 1) $\dfrac{1}{364}$.　2) $\dfrac{1}{2}\ln 2-\dfrac{5}{16}$.　3) $\dfrac{1}{48}$.　4) $\dfrac{\pi}{6}$.

2. 1) $\displaystyle\int_0^1\mathrm{d}x\left[\int_0^x\mathrm{d}z\int_0^{1-x}f(x,y,z)\,\mathrm{d}y+\int_x^1\mathrm{d}z\int_{z-x}^{1-x}f(x,y,z)\,\mathrm{d}y\right]$

$=\displaystyle\int_0^1\mathrm{d}z\left[\int_0^z\mathrm{d}y\int_{z-y}^{1-y}f(x,y,z)\,\mathrm{d}x+\int_z^1\mathrm{d}y\int_0^{1-y}f(x,y,z)\,\mathrm{d}x\right]$.

2) $\displaystyle\int_{-1}^1\mathrm{d}x\int_{|x|}^1\mathrm{d}z\int_{-\sqrt{z^2-x^2}}^{\sqrt{z^2-x^2}}f(x,y,z)\,\mathrm{d}y$

$=\displaystyle\int_0^1\mathrm{d}z\int_{-z}^z\mathrm{d}y\int_{-\sqrt{z^2-y^2}}^{\sqrt{z^2-y^2}}f(x,y,z)\,\mathrm{d}x$.

3. 1) $\dfrac{16}{3}\pi$.　2) $\dfrac{8}{9}a^2$.　3) $\dfrac{1}{4}abc\pi^2$.　4) $\dfrac{4}{15}(b^5-a^5)\pi$.

4. 1) $\dfrac{1}{12}$.　2) $\dfrac{3}{35}$.　3) $\dfrac{\pi}{3}(2-\sqrt{2})(b^3-a^3)$.　4) $\dfrac{4\pi h^3}{3|\Delta|}$.

5. 1) $\left(0,0,\dfrac{3}{4}c\right)$.　2) $\left(0,0,\dfrac{7}{20}\right)$.

6. 1) $\dfrac{14}{45}$.　2) $\dfrac{4\pi}{15}(4\sqrt{2}-5)$.

8. $4\pi t^2 f(t^2)$.

9. $4\pi f(0,0,0)$.

10. 1) $\dfrac{\pi^2 a^3}{4\sqrt{2}}$.　2) $\dfrac{a^2bc\pi}{3h}$.

11. $\dfrac{4\pi}{3a}$.

## 练习题 13.3

1. 1) $p>1$ 且 $q>1$ 时收敛,其他情形发散.　2) $p>1$ 时收敛,$p\le 1$ 时发散.

3）$p > \dfrac{1}{2}$ 时收敛，$p \leqslant \dfrac{1}{2}$ 时发散.　4）发散.　5）$p < 1$ 时收敛，$p \geqslant 1$ 时发散.

2. 1）$ab\pi\mathrm{e}^{-1}$.　2）$\dfrac{\pi}{2}$.　3）$\dfrac{1}{(p-q)(q-1)}$.　4）$2-\sqrt{2}$.　5）$\pi^{\frac{n}{2}}$.

## 练习题 14.1

1. 1）$1+\sqrt{2}$.　2）0.　3）$\dfrac{a^2}{3}\Big[\,(1+4\pi^2)^{\frac{3}{2}}-1\,\Big]$.

　　4）$\dfrac{\sqrt{a^2+b^2}}{ab}\arctan\dfrac{2\pi b}{a}$.

4. $\dfrac{9}{16}$.

6. 1）$-21$.　2）$\dfrac{4}{3}$.　3）$-2\pi a(a+b)$.　4）①1；②1.

7. 1）$3\pi a^2$.　2）$4(1-\ln 3)$.　3）$\dfrac{1}{8}\pi m a^2$.

8. 1）$\pi ab$.　2）$\dfrac{3}{8}\pi ab$.

9. 1）$x^2+3xy-2y^2+C$.　2）$x^3-x^2y+xy^2-y^3+C$.

16. 点 $A \notin G, I(\xi,\eta)=0$；
　　点 $A \in G, I(\xi,\eta)=2\pi$.

## 练习题 14.2

1. 1）$\pi a^3$.　2）$\dfrac{\pi a^4}{2}\sin\alpha\cos^2\alpha$.

3. 1）$\dfrac{4}{3}\pi abc$.　2）0.

4. $-\dfrac{\pi}{2}h^2$.

5. 1）$3a^4$.　2）$\dfrac{2}{5}\pi a^5$.

7. 1）$-\pi a^2\sqrt{3}$.　2）$\dfrac{\pi}{8}a^6$.

10. $\dfrac{1}{3}(x^3+y^3+z^3)-2xyz+C$.

12. 1.

14. 1）0.　2）$4\pi$.

## 练习题 14.3

1. 1）$2xy^3z^4\boldsymbol{i}+3x^2y^2z^4\boldsymbol{j}+4x^2y^3z^3\boldsymbol{k}$.

2）$2x\boldsymbol{i}-2y\boldsymbol{j}+4z\boldsymbol{k}$.

3）$\dfrac{2}{x^2+2y^2-3z^2}(x\boldsymbol{i}+2y\boldsymbol{j}-3z\boldsymbol{k})$.

3. 当点 $A(x,y,z)$ 满足 $z^2=xy$ 时，**grad** $u$ 垂直于 $z$ 轴.

4. $\text{div}\,\boldsymbol{r}=3,\text{div}\,\dfrac{\boldsymbol{r}}{r}=\dfrac{2}{r}$.

5. 1）6.　2）$-24$.

7. 1）$3\pi a^2 h$.　2）$\pi h^3$.

9. 1）$x(z-y)\boldsymbol{i}+y(x-z)\boldsymbol{j}+z(y-x)\boldsymbol{k}$.

2）$2[(y-z)\boldsymbol{i}+(z-x)\boldsymbol{j}+(x-y)\boldsymbol{k}]$.

11. $xyz(x+y+z)+C$.

# 参 考 书 目

[1]强文久,李元章,黄雯荣.数学分析的基本概念与方法.北京:高等教育出版社,1989.

[2]邝荣雨,薛宗慈,陈平尚,等.微积分学讲义.北京:北京师范大学出版社,1989.

[3]王慕三,庄亚栋.数学分析.北京:高等教育出版社,1990.

[4]张筑生.数学分析新讲.北京:北京大学出版社,1990.

[5]方企勤,沈燮昌,廖可人,等.数学分析.北京:高等教育出版社,1986.

[6]何琛,史济怀,徐森林.数学分析.北京:高等教育出版社,1983.

[7]赵显曾.高等微积分.北京:高等教育出版社,1991.

[8]菲赫金哥尔茨.微积分教程.北京:人民教育出版社,1955.

[9]格林本卡,诺渥舍诺夫.数学分析教程.北京:高等教育出版社,1957.